科学文化经典译丛

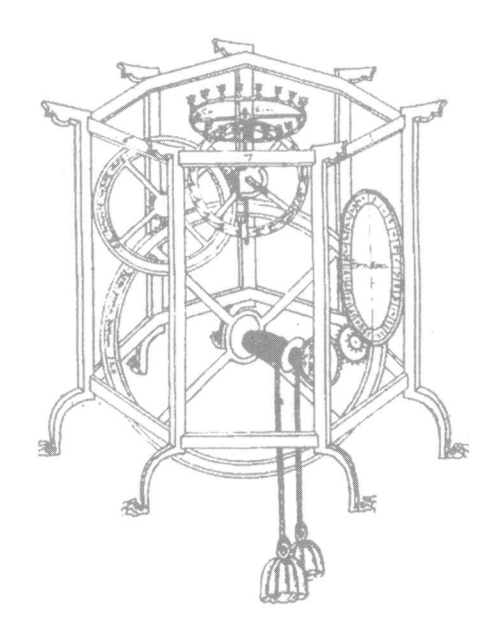

意大利科学史

细微处的精巧

UNA STORIA DELLA SCIENZA IN ITALIA
INGEGNI MINUTI

［意］卢西奥·鲁索　［意］伊曼纽拉·桑托尼　著
奚丹　译
罗兴波　崔鹏飞　审译

中国科学技术出版社
·北京·

图书在版编目（CIP）数据

意大利科学史：细微处的精巧/（意）卢西奥·鲁索,（意）伊曼纽拉·桑托尼著；奚丹译.—北京：中国科学技术出版社，2022.7

（科学文化经典译丛）

ISBN 978-7-5046-9654-0

Ⅰ.①意… Ⅱ.①卢… ②伊… ③奚… Ⅲ.①科学史—意大利 Ⅳ.① G354.6

中国版本图书馆 CIP 数据核字 (2022) 第 114490 号

© Giangiacomo Feltrinelli Editore Milano. First published in "Campi del sapere" in November 2010;
First published in Universale Economica – Saggi - in March 2019
The Simplified Chinese characters edition is published in arrangement with NIU NIU Culture Ltd

本书中文版由 Giangiacomo Feltrinelli Editore Milano 授权中国科学技术出版社出版。未经出版者书面许可，不得以任何方式复制或抄录或节录本书内容。

北京市版权局著作权合同登记　图字：01-2022-1864

总策划	秦德继
策划编辑	周少敏　徐世新　李惠兴　郭秋霞
责任编辑	李惠兴　郭秋霞　崔家岭
封面设计	中文天地
正文设计	中文天地
责任校对	张晓莉
责任印制	马宇晨

出　　版	中国科学技术出版社
发　　行	中国科学技术出版社有限公司发行部
地　　址	北京市海淀区中关村南大街 16 号
邮　　编	100081
发行电话	010-62173865
传　　真	010-62173081
网　　址	http://www.cspbooks.com.cn

开　　本	710mm×1000mm　1/16
字　　数	489 千字
印　　张	34
版　　次	2022 年 7 月第 1 版
印　　次	2022 年 7 月第 1 次印刷
印　　刷	河北鑫兆源印刷有限公司
书　　号	ISBN 978-7-5046-9654-0 / G·962
定　　价	128.00 元

（凡购买本社图书，如有缺页、倒页、脱页者，本社发行部负责调换）

前　言

本书目的有二，其一是为意大利科学史这一历史重要组成部分提供一个信息汇总，以便读者对意大利科学史有所了解。在我们看来，近几十年来意大利对科学史的研究愈加关注，无论在数量上抑或质量上都取得了长足进步，但对于学术界之外的普通读者，他们对科学史仍缺乏一种综合的整体性认知。如今，随着专业文献的大量增加，普通读者对于综述性作品的需求也日益明显。然而，唯有以阐述性文献提出的论点（对其展开讨论正是本书所著目的之二）为基石，上述综述的存在方能立足。这些我们认为亟待探讨的指导性思想随后将会逐一展现于读者眼前。

首先需要明确何为"科学"。提出难以实现的绝对评判标准大可不必，在我们看来，"科学"一词完全可以视作历经数个世纪发展起来的知识共同体的总称。尽管知识的内容和验证方法各不相同，但它们共有的基本特征使其明显有别于其他文化成果。这一知识共同体遵循特定的理论特征，其理论体系内部逻辑自洽，同时与外部现实保持明确且可验证的关系。以上两个要素具有同等重要的决定作用：通过内部逻辑自洽性，专业人士在检验单一命题与理论的相容性时可具有一致的评判标准，而理论与现实的牢固关系则使科学能够应用于现象预测或技术构想。

我们认为，此处提出的定义为"科学"提供了一个相对可靠而明确的标准。例如，托勒密的绘图法和如今的绘图法同属科学，它们都基于自洽的理论，都是将测绘所得信息综合纳入可实际使用的地图中，此举使地图避免了同欧洲中世纪及其他文明中传统意义上使用纯符号表示空间的方法相混淆。

此处所指"科学"的出现（限于科学进行全球范围传播之前，仅出现在希腊文明、阿拉伯文明和欧洲地区的初始阶段）有两个必不可少的条件：一方面，理论得到连贯发展，甚至具备独立于其实际应用的可能性；另一方面，对于现有理论工具无法解决的具体问题，人类意愿和兴趣所在是应对挑战的动力。换言之，科学的进步需要规避两种反复出现的诱惑。第一种是将兴趣纯然限制于能够直接运用于实际的论点［在马尔库斯·图利乌斯·西塞罗（Marcus Tullius Cicero）看来，罗马人对几何学的应用正是如此[①]］：这种做法必然会破坏科学理论的逻辑结构，概因科学理论的特征正是通过严格的逻辑推导链得出结论，逻辑链的一部分具有很强的直接实用性，其余部分则未必；另一种截然相反的做法，则是彻底割裂科学同实际的关系，造就所谓的"纯"科学，并深信科学应用会随之自动地大量涌现。细究第二条道路，好的科学自然可以在人类存续期间得以赓续，然而如果只着眼于解决科学内部自然存在的问题，长远来看，理论发展方向将会越来越狭隘，由具体问题所激发的新兴理论或促使现存理论取得宝贵质变的可能性，无疑也会被扼杀。

若要强调"基础"科学研究的重要性，不妨回想，纯粹出于认知目的

[①] 马尔库斯·图利乌斯·西塞罗的《图斯库路姆论辩集》（*Tusculanae disputationes*）的第一卷。译者注：该书国内尚未全集出版。西塞罗认为，希腊人将几何学奉为最高荣誉，而"我们（罗马人）则把这门科学的用途局限于丈量和计算。"（参见《论灵魂》，西塞罗著，王焕生译，西安出版社1998年出版，102-103页）。马尔库斯·图利乌斯·西塞罗（公元前106年1月3日至前43年12月7日），古罗马著名政治家、哲人、演说家和法学家。《图斯库路姆论辩集》包含的五场论辩是西塞罗给出的一连串哲学教育，以死亡教育开头而指向对幸福生活而言自足的德性。

而取得的科学成果造就了大量意想不到的实际应用，这是针对性研究无法获得的。欧洲核子研究中心（CERN）的网站上，有一个为阐明基础研究投资重要性而设立的页面，该页面显示，对蜡烛的研究和应用没有使电灯诞生，对电的好奇却带来了这一发明。这种启发性论述当然不乏道理，但同样值得肯定的是，许多"应用"型研究也贡献了始料未及的理论成果，这也是"纯"科研难以做到的。例如，得益于采矿技术人员以实际应用为目的，推动了对知识的不断探索，文化史上的诸多难题，如确定地质年代等，在18世纪初窥解决之道；又如，伽利略的划时代天文发现源于望远镜的发明，而望远镜则是水手们常用的工具（长期以来这个起源一直被人们避而不谈）。回到蜡烛和电灯的话题，即使没能发明电灯，我们也不应低估前人对火焰的研究，这促使罗伯特·威廉·本生（Robert Wilhelm Bunsen）等科学家发展了光谱学（随之诞生了天体物理学，并构成了量子力学的主要实验基础之一）。

笔者认为，科学史上为数不多的不变特征之一，是发展路径的不可预测性及基础研究与"应用"研究之间的基本互补性。在实际中，"应用研究"一词通常被视为"纯粹""基础"或"基本"研究的对立面，这便构成了误解的根源，因其混淆了同一范畴下两种截然不同的活动，导致对两者的表述错漏百出，更遑论根本站不住脚的对立立场。二者之一（即"应用研究"）致力于运用现有科学理论解决具体的实际问题：严格来说，正如人们多次指出的那样，在这种情况下本不应谈论科学，而应谈论科学应用，该领域的负责人员也应视为专业人士，而非研究人员。反之，另一部分人面对现有科学理论无法解决的具体问题，引入新观点，进而推动新的理论发展。因此，第二种类型的研究并非"纯"科学，因为它不属于理论科学范畴，更不应视为"应用"科学，因为它不是借助将理论应用到现实来取得进展，而是恰恰相反的方向。科学发展很大一部分都归功于此，譬如莱昂哈德·保罗·欧拉（Leonhard Paul Euler）[①]对船舶稳定性的研究[②]、伏特对电力的研究以及克劳德·艾尔伍德·香农[③]（Claude Elwood Shannon）引入的信息熵概念等。

　　科学理论对现实世界的影响似乎显而易见，但它们与具体问题动态式交互所产生的刺激性系统作用却常被低估。我们总会读到这种描述，即某个科学发现纯粹源于"机缘巧合"，一旦对为何"巧合"往往青睐于某些特定的科学研究这一问题进行深究，人们就能很容易地意识到，从统计学角度来看发生概率纯属随机的个体事件，其实应视为信息及问题进行基本流动后的产物，这一产物或出自其他看似毫不相关的科学领域，或源于具体的现实世界，乃至源于某一社区的生产、消费和需求。但无论如何，这种产物能为每一门科学提供养分。

　　一个神话般的科学史植根于集体想象，是真实事件进程深度畸变后的结果。人们往往有意识地扭曲现实。作为20世纪下半叶最伟大的物理学家之一，理查德·菲利普斯·费曼（Richard Phillips Feynman）[④]用数页篇幅概括了从牛顿到他那个时代的物理学史之后，继续写道：

[①] 译者注：莱昂哈德·保罗·欧拉（1707年4月15日至1783年9月18日）是瑞士数学家和物理学家，近代数学先驱之一。欧拉在数学的多个领域，包括微积分和图论都做出过重大贡献。他引进的许多数学术语和书写格式，例如函数的记法"f(x)"，一直沿用至今。此外，他还在力学、光学和天文学等学科领域做出了突出贡献。他也曾投入极大精力研究航海和船舶建造问题。

[②] 分析力学的部分基本概念可以追溯到这些研究，本书第五章将阐述这一被人刻意遗忘的事实。

[③] 译者注：克劳德·艾尔伍德·香农（1916年4月30日至2001年2月24日）是美国数学家、电子工程师和密码学家，被誉为信息论的创始人。1948年，香农借助热力学原理，发表了划时代的论文——《通信的数学原理》，引入了信息熵的概念，奠定了现代信息论的基础。

[④] 译者注：理查德·菲利普斯·费曼（1918年5月11日至1988年2月15日）是美国理论物理学家，以对量子力学的路径积分表述、量子电动力学、过冷液氦的超流性以及粒子物理学中部分子模型的研究闻名于世。因对量子电动力学的贡献，费曼于1965年与朱利安·施温格及朝永振一郎共同获得诺贝尔物理学奖。

> 必须得说，我刚刚所概述的，是"物理学家眼中的物理学史"，这段历史是物理学家告诉自己学生的一段神话传说，学生又传给他们的学生，这就意味着它不会完全真实，甚至不一定同实际的历史发展有关（反正我也不清楚！）。①

这段话清楚地阐述了众多广为流传的科学史相关观点的产生机制。费曼所描述（并接受到）的科学史被神话化的表现之一，便是将科学史降格为纯粹的"思想史"，割裂了同科学家意图解决的具体问题之间的联系。换句话说，通过忽略往往构成理论发展起源的实践性动机，人们假装科学与现实世界之间的联系只发生在理论到应用的过程中，而后者（应用）对理论做出的贡献，对此毫无兴趣的人们大可心安理得地视而不见。这种观点以不同的形式出现在专业科学史家的诸多论著中，特别是旧时的科学史家，他们大多接受过哲学教育，受制于哲学思维的窠臼，只专注于科学史和哲学史之间的相互作用，忽视了在科学突破中发挥重要作用的技术和经济要素。

近年来，斯蒂格勒定律（Legge dell'eponimia di Stigler）②的观点广为流传，根据该定律，如果某项科学发现被冠以某位科学家的名字，则该科学家必定不是其真正的发现者。这看起来只是一个笑话，但我们将其视为定律（可以被无数次证实，但无法证伪）的原因，至少部分源于科学成果在传播过程中出现的系统性偏差，这也是畸变形成的第二个重要缘由，即把跨越数世纪、集合数百名学者头脑中的思想演变历程，最终归结为少数特殊人物

---

① [Feynman]第6页。编者注："[Feynman]"为参考书目缩写，本书所参考的书目均采用缩写形式。

② 斯蒂格勒定律也被称为布洛赫定律、阿诺德原理等其他名称（如定律所言，这些人显然也不是该定律的真正发现者）。译者注：斯蒂格勒定律（英语：Stigler's Law）又称名字命名法则，是芝加哥大学一位很有幽默感的统计学家史蒂芬·史蒂格勒（Stephen Stigler）提出的。最简单的说法是"任何科学的发现都不是由其原有发现者的名字而命名"，即科学定律最后的命名大多归功于后来更有名望的科学家。斯蒂格勒自己认为该定律其实是罗伯特·金·默顿最先发现，因此"斯蒂格勒定律"本身的命名也符合这一定律。

做出的贡献。我们深信，科学知识的产生与所有历史过程一样，必然是集体合作的结果，而正如过去的民间历史一样，一系列"起源神话"却试图通过少数同名英雄①提出的一系列"奇思妙想"，将其转化为集体想象。

"起源神话"②显然意在掩盖历史发展的连续性，造成了畸变的第三个方面：系统性低估了传承的重要性。一位文艺复兴时期的著名学者这样写道：

> 我将尝试证明一个猜想，即艺术作品的卓越以及人类缔造的辉煌，不仅依托于个体创造力，更取决于新颖和传承的结合。③

同样的猜想从科学角度来看应该更加明显，但是漠视"创造力"的顽固神话，谎称通过观察自然便能直接推导出科学理论，企图让"创造力"就此隐形，致使科学史变得难以理解，甚至让大众生发出科学史无意义的成见。特别是迄今仍存在着一种自启蒙运动时期便广为流传的神话，认为现代科学的诞生得益于自旧文献所记录的传统中挣脱，并以纯粹理性导向的自然观察将其取代。这种神化，通过割裂集体记忆中古代科学和现代科学之间的基本联系，让后者的起源隐没于晦暗之中。这一短视的做法试图将科学史压缩至短短3个多世纪，并造成了极为严重的后果：人们普遍坚信，从过去几个世纪的历史看来，科学进程似乎能够长期地持续发展，自

---

① 译者注：此处的"少数同名英雄"，意指那些将集体合作的成果最终提出并得到冠名的科学家们，在起源神话的作用下，变成了以一己之力创造历史的影响，但实际上这个英雄人物的形象和史实天差地别，相同的仅有名字而已。

② 关于起源神话的一个有趣例子，是由一位科学家、一位科学思想交流的大师史蒂芬·杰伊·古尔德（Stephen Jay Gould）带来的，参阅［Gould BB］第40-56页。译者注：斯蒂芬·杰伊·古尔德（1941年9月10日至2002年5月20日）是一名美国古生物学家、演化生物学家、科学史学家与科普作家，在其职业生涯中，大多在哈佛大学担任教职，并曾在纽约的美国自然史博物馆工作。

③ 保罗·奥斯卡·克里斯特勒（Paul Oskar Kristeller）所著《文艺复兴时期的思想和艺术》（*Il pensiero e le arti nel Rinascimento*）第274页。

我更新。

如果将科学大厦的建造看作是集体成果，其中符合特定历史背景的具体问题，以及文化传承提供的概念工具共同筑成了大厦的地基，那么科学对历史的充分包容就变得显而易见了。同理，在特定的地理和年代背景下，将科学史与其他历史现象进行同等定位的益处也愈加鲜明。因此于我们而言，尝试去回顾一个国家的科学史是完全合理的。

意大利科学史同时展现出了几个尤为值得关注的特点。首先，在漫长的探索阶段，意大利发挥了至关重要的作用，理解意大利科学史对理清西方科学的形成过程也具有重大意义。

若是从狭义概念来界定"科学"一词，数百年间对古代文献的翻译和阐释，对其主题进行抽象归纳的工作，在中世纪晚期吸引了众多欧洲知识分子，这一工作尽管于科学复兴而言不可或缺，但由于它同具体活动无甚关联，并不能被视为完全的科学。现代科学的雏形诞生于意大利文艺复兴时期，彼时古代科学得以复苏，与工匠和艺术家在作坊中传承发展的知识发生碰撞，产生火花。一条连续的、时常被遗忘的线索，上承伽利略·伽利莱（Galileo Galilei）[1]和弗朗切斯科·雷迪（Francesco Redi）[2]等科学家，贯穿诸如季道波道（Guidobaldo del Monte）[3]等人，向下则将科学家及文献学家如菲德利哥·科曼蒂诺（Federico Commandino），专研古代

---

[1] 译者注：伽利略·伽利莱（1564年2月15日至1642年1月8日），意大利物理学家、数学家、天文学家及哲学家，科学革命中的重要人物。他的成就包括改进望远镜和其所带来的天文观测，以及支持哥白尼的日心说。伽利略做实验证明，受到引力的物体并不是呈匀速运动，而是呈加速度运动；物体只要不受到外力的作用，就会保持其原来的静止状态或匀速直线运动状态不变。伽利略被誉为"现代观测天文学之父""现代物理学之父""科学方法之父""科学之父"及"现代科学之父"。

[2] 译者注：弗朗切斯科·雷迪（1626—1697）是一位意大利医学家、昆虫学家，以否定无生源论而著名。雷迪最有名的贡献是1668年发表在《昆虫诞生实验》中的一系列实验，被认为是现代科学史上的里程碑。这本书是否定亚里士多德自然发生说的第一步。

[3] 译者注：季道波道（1545年1月11日至1607年1月6日），德尔蒙特子爵，不仅是16世纪意大利数学家、哲学家和天文学家，还是威尼斯城邦的弹道学专家。

科学的文艺复兴时期艺术家如莱昂·巴蒂斯塔·阿尔伯蒂（Leon Battista Alberti）[1]、皮耶罗·德拉·弗朗切斯卡（Piero della Francesca）[2]等科学巨擘相连通。

为避免本书中进行的分析太过流于意识，面对17世纪后半叶意大利科学研究看似迅速下降的热情，探讨科学与现实动机的关系为我们提供了解读的密钥。更确切地说，英国、荷兰和法国等国的科学发展实现了质的飞跃，都应归结于科学与技术之间出现的新关系，我们通过将同一时期欧洲其他国家与意大利的境况形成对比，可以更准确地定义其性质。

近代发生的事件虽然数量不多，但对揭示意大利历史来说却显得极为宝贵，它们构成了一个常常被人忽视的重要方面，对于心系意大利科学发展的未来的人而言，也能引发卓有成效的反思。

或许我们应该论证至今仍备受争议的观点，即早在1861年之前，意大利这个概念已经存在，不仅作为一个地理疆域，更作为一个文化群落。我们不同卷土重来的克莱门斯·文策尔·冯·梅特涅（Klemens Wenzel von Metternich）[3]的追随者徒费口舌，类似的论辩文献比比皆是；我们只希望

---

[1] 译者注：莱昂·巴蒂斯塔·阿尔伯蒂（1404年2月14日至1472年4月25日）是意大利文艺复兴时期的建筑师、建筑理论家、作家、诗人、哲学家、密码学家，是当时的一位通才。他被誉为是真正作为复兴时期的代表建筑师，将文艺复兴建筑的营造提高到理论高度。著有《论建筑》《论雕塑》和《论绘画》。

[2] 译者注：皮耶罗·德拉·弗朗切斯卡（约1415年至1492年10月12日），意大利文艺复兴早期画家兼理论家。弗朗切斯卡是皮鞋制造商的儿子，早年受到优良教育，1439年与人合作为佛罗伦萨新圣母医院创作湿壁画组画，1445年受托创作《慈悲之圣母》组画，1452年又为阿雷佐圣方济各教堂创作了湿壁画《十字架传奇》。弗朗切斯卡的大部分时间待在佛罗伦萨和桑塞波尔克罗，有时也在里米尼、阿雷佐、费拉拉和罗马工作。

[3] 译者注：克莱门斯·文策尔·冯·梅特涅（1773年5月15日至1859年6月11日）出生于神圣罗马帝国的奥地利帝国政治家，亦是该时代重要的外交家，以其保守主义思想闻名。梅特涅生于科布伦茨梅特涅庄园，就读于斯特拉斯堡大学和美因茨大学，见证过1790年莱奥波尔多二世和1792年弗朗西斯二世的加冕礼。游历英格兰后，获任命为尼德兰公使，第二年尼德兰被法国占领。1848年，奥地利爆发三月革命，梅特涅被迫辞职，逃往伦敦。1851年回国，1859年在维也纳病逝。

在本书中对客观因素的存在进行数次验证，使谈论一个民族科学共同体成为可能，即使其意义恐无法与其他伟大的欧洲民族国家相提并论。简而言之，我们将试图证实，使用（除拉丁语外）同一现代文学语言的意大利科学家们，他们之间的内部交流比与外部世界的沟通更加频繁，他们共享特定传承，有隶属于同一群体的意识，这一意识的存在不仅利于延续重要的本地传统，且使半岛内的人员流动得以加强，在意大利统一前的某些时期，人员的流动性甚至远胜于今。[1]

至此仍要说明：我们始终认为对科学家工作的理解同科学家的籍贯种族完全无关，因此本书讨论的重点将放在"意大利"半岛内进行的科学研究，而不是放在由"意大利人"进行的科学研究上。比如，都灵人朱塞佩·洛多维科·拉格朗日亚（Giuseppe Lodovico Lagrangia）在法国所著的作品——采用了法语化的姓名——约瑟夫·拉格朗日（Joseph-Louis Lagrange）[2]——不属于本书讨论范畴；同样，恩里科·费米（Enrico Fermi）[3]移民美国后于1942年在芝加哥建造的原子反应堆也不列入讨论。出于同样原因，我们将着墨于解剖学家安德雷亚斯·维萨里（Andrea

---

[1] 在第四章中我们将再次探讨这一主题，特别是探讨17世纪的情况。

[2] 译者注：约瑟夫·拉格朗日伯爵（1736年1月25日至1813年4月10日），法国籍意大利裔数学家和天文学家。拉格朗日曾为普鲁士的腓特烈大帝在柏林工作了20年，被腓特烈大帝称作"欧洲最伟大的数学家"，后受法国国王路易十六的邀请定居巴黎直至去世。拉格朗日一生才华横溢，在数学、物理和天文等领域做出了很多重大的贡献。他的成就包括著名的拉格朗日中值定理，创立了拉格朗日力学等。

[3] 恩里科·费米（1901年9月29日至1954年11月28日），美籍意大利裔物理学家，美国芝加哥大学物理学教授。1938年与犹太裔妻子移民美国。他对量子力学、核物理、粒子物理以及统计力学都做出了杰出贡献，"曼哈顿计划"期间领导制造出世界首个核子反应堆（芝加哥1号堆），也是原子弹的设计师和缔造者之一，被誉为"原子能之父"。费米拥有数项核能相关专利，并在1938年因研究由中子轰击产生的感生放射以及发现超铀元素而获得了诺贝尔物理学奖。他是物理学日渐专门化后少数几位在理论方面和实验方面皆能称作佼佼者的物理学家之一。

Vesalio）[1]于1543年出版的《人体的构造》（*De humani corporis fabrica*），鉴于该书是他在帕多瓦工作期间获得的研究成果；同样也将介绍瑞士生物化学家达尼埃尔·博韦（Daniel Bovet）[2]20世纪在罗马进行的研究。

---

[1] 安德雷亚斯·维萨里（1514年12月31日至1564年10月15日）是一名文艺复兴时期的解剖学家、医生，他编写的《人体的构造》（*De humani corporis fabrica*）是人体解剖学的权威著作之一。维萨里被认为是近代人体解剖学的创始人。

[2] 达尼埃尔·博韦（1907年3月23日至1992年4月8日）是一位瑞士裔的意大利药理学家。他出生于瑞士的弗勒里耶，是少数以世界语为第一语言的世界语母语者。1957年他被授予诺贝尔生理学或医学奖，以表彰他在肌肉松弛方面的进展和首次合成抗组胺的成就。

目　录

前言 ··· I

第一章　背景 ·· 1

1　古代科学及其没落 ··· 1
2　中世纪前期的科学知识 ·· 3
3　12 世纪的复兴 ··· 5
4　对"化石"的了解和尽力复原 ··· 9

第二章　文本研究难以满足实践需要（1202—1435） ···················· 12

1　意大利文化的第一个世纪 ··· 12
2　列奥纳多·斐波那契、算术学校和会计学 ··································· 14
3　宫廷科学文化 ··· 18
4　百科全书文献：不失为一个佳例 ·· 22
5　大学 ··· 24
6　医生、占星师和"理发师" ··· 29
7　神学家和逻辑学家撰写的关于光学和力学的文章 ························· 44
8　科技进步与科学 ··· 50

第三章　文艺复兴时期的视觉科学（1435—1575）……………… 58

 1 人文主义者与手工艺者的邂逅……………………………………… 58
 2 艺术家的科学成就和透视理论……………………………………… 66
 3 语言学与艺术之间的解剖学………………………………………… 73
 4 生理学与医学………………………………………………………… 82
 5 植物学和其他自然科学……………………………………………… 88
 6 数学人文主义、挑战和虚数………………………………………… 97
 7 波特兰海图和托勒密地图：从比较到综合………………………… 106
 8 文艺复兴时期的天文学……………………………………………… 112
 9 技术梦想和工程学…………………………………………………… 118
 10 迈向新物理学的第一步……………………………………………… 126

第四章　仪器科学与实验方法（1575—1670）……………… 133

 1 从视觉上的恢复到操作上的恢复…………………………………… 133
 2 现代力学的诞生……………………………………………………… 139
 3 意大利的天文学革命………………………………………………… 149
 4 流体研究：从水的测量到气压计…………………………………… 162
 5 数学上的新发现和无穷小方法的恢复……………………………… 169
 6 显微镜下的自然……………………………………………………… 176
 7 生命科学中的实验方法……………………………………………… 185
 8 科学之地……………………………………………………………… 192
 9 天主教、耶稣会和科学……………………………………………… 198

第五章　17世纪末的欧洲转折点……………………………… 206

 1 欧洲科学发展的新动向……………………………………………… 206
 2 科学与航海…………………………………………………………… 208

3　战争、生产技术和科学 ⋯⋯⋯⋯⋯⋯⋯⋯⋯⋯⋯⋯⋯⋯⋯⋯⋯⋯⋯ 211
　　4　国家科学政策 ⋯⋯⋯⋯⋯⋯⋯⋯⋯⋯⋯⋯⋯⋯⋯⋯⋯⋯⋯⋯⋯⋯⋯ 215
　　5　概览 ⋯⋯⋯⋯⋯⋯⋯⋯⋯⋯⋯⋯⋯⋯⋯⋯⋯⋯⋯⋯⋯⋯⋯⋯⋯⋯⋯ 216
　　6　意大利的迅速衰落 ⋯⋯⋯⋯⋯⋯⋯⋯⋯⋯⋯⋯⋯⋯⋯⋯⋯⋯⋯⋯⋯ 219

第六章　意大利科学的边缘化（1670—1839） ⋯⋯⋯⋯⋯⋯⋯⋯⋯ 223
　　1　概述 ⋯⋯⋯⋯⋯⋯⋯⋯⋯⋯⋯⋯⋯⋯⋯⋯⋯⋯⋯⋯⋯⋯⋯⋯⋯⋯⋯ 223
　　2　意大利精确科学研究的边缘化 ⋯⋯⋯⋯⋯⋯⋯⋯⋯⋯⋯⋯⋯⋯⋯ 231
　　3　意大利对生命科学的贡献 ⋯⋯⋯⋯⋯⋯⋯⋯⋯⋯⋯⋯⋯⋯⋯⋯⋯ 240
　　4　地质时代的深渊 ⋯⋯⋯⋯⋯⋯⋯⋯⋯⋯⋯⋯⋯⋯⋯⋯⋯⋯⋯⋯⋯ 249
　　5　从"电之夜"到电化学 ⋯⋯⋯⋯⋯⋯⋯⋯⋯⋯⋯⋯⋯⋯⋯⋯⋯⋯ 257
　　6　化学 ⋯⋯⋯⋯⋯⋯⋯⋯⋯⋯⋯⋯⋯⋯⋯⋯⋯⋯⋯⋯⋯⋯⋯⋯⋯⋯ 272

第七章　复兴运动和统一国家的前 30 年（1839—1890） ⋯⋯⋯⋯ 281
　　1　科学与复兴 ⋯⋯⋯⋯⋯⋯⋯⋯⋯⋯⋯⋯⋯⋯⋯⋯⋯⋯⋯⋯⋯⋯⋯ 281
　　2　数学的重新兴起 ⋯⋯⋯⋯⋯⋯⋯⋯⋯⋯⋯⋯⋯⋯⋯⋯⋯⋯⋯⋯⋯ 285
　　3　物理学家和天文学家 ⋯⋯⋯⋯⋯⋯⋯⋯⋯⋯⋯⋯⋯⋯⋯⋯⋯⋯⋯ 295
　　4　电气与工业工程的诞生 ⋯⋯⋯⋯⋯⋯⋯⋯⋯⋯⋯⋯⋯⋯⋯⋯⋯⋯ 304
　　5　化学家和工业：错过的机会 ⋯⋯⋯⋯⋯⋯⋯⋯⋯⋯⋯⋯⋯⋯⋯⋯ 308
　　6　博物学家和地质学家 ⋯⋯⋯⋯⋯⋯⋯⋯⋯⋯⋯⋯⋯⋯⋯⋯⋯⋯⋯ 315
　　7　生命科学与健康问题 ⋯⋯⋯⋯⋯⋯⋯⋯⋯⋯⋯⋯⋯⋯⋯⋯⋯⋯⋯ 321
　　8　民族意识与科学史 ⋯⋯⋯⋯⋯⋯⋯⋯⋯⋯⋯⋯⋯⋯⋯⋯⋯⋯⋯⋯ 330
　　9　仪器制造商和发明家 ⋯⋯⋯⋯⋯⋯⋯⋯⋯⋯⋯⋯⋯⋯⋯⋯⋯⋯⋯ 334
　　10　统一的意大利研究组织 ⋯⋯⋯⋯⋯⋯⋯⋯⋯⋯⋯⋯⋯⋯⋯⋯⋯ 339
　　11　总结 ⋯⋯⋯⋯⋯⋯⋯⋯⋯⋯⋯⋯⋯⋯⋯⋯⋯⋯⋯⋯⋯⋯⋯⋯⋯⋯ 345

第八章 从成功到灾难（1890—1945） 350

1. 意大利数学的黄金时代 350
2. 数学家的外部活动以及与贝内德托·克罗齐和乔瓦尼·秦梯利的冲突 357
3. 从电学到微观物理学 366
4. 世纪之交的生命科学和化学 373
5. 工业起飞、战争和研究组织 379
6. 两次战争之间的数学 388
7. "阿切特里的男孩"和"帕尼斯佩纳街的男孩" 392
8. 战争期间的生活和思想科学 401
9. 科学与法西斯主义 404
10. 灾难的各个层面 409

第九章 重建与危机（1945—1973） 419

1. 在灾难中幸存下来的意大利物理学 419
2. "二战"后的数学与计算机 427
3. 工业化学品的成功 433
4. 新的生物学进入意大利 435
5. 意大利国内情况和国际背景 440
6. 失败 445

第十章 对近期状况的一些考虑 454

致谢 465

参考书目缩写 466

人名对照 505

第一章

背 景

1　古代科学及其没落

符合前言中所提标准的真正的科学，在古代，更准确地说，在希腊化时代就已经存在，其中构成古代"数学"的学科（涵盖几何学、力学、光学、流体静力学、天文学、数理地理学、乐理等）对内发展出了严密的逻辑结构，对外同各类实际应用建立了牢固的联系。在同一文化熏陶下，还发展了各种经验科学，它们与科学理论的密切联系促进了技术领域质的飞跃（别忘了大量技术概念，如齿轮、传动带、活塞、阀门、螺旋桨以及对蒸汽、水流和太阳等能源的利用等，都继承自希腊时期）。[1]

古代科学的终章，是四波连续的毁灭性浪潮写就的。

---

[1] 古希腊时期的科技请参阅卢西奥·鲁索所著《被遗忘的革命——希腊科学思想和现代科学》一书。

第一波浪潮开始于公元前2世纪下半叶，以叙拉古城①陷落和阿基米德殒命为标志，当时罗马对希腊城邦的征战中不仅大肆屠戮资助科学研究的政治人物，还导致几乎所有馆藏书籍的分散佚失，希腊语知识分子也遭到大规模的驱逐。

罗马帝国时代的科学研究确有部分恢复，但水平完全无法与希腊化时代相比。随着时间的推移，研究不断没落，最终随着整个古典文明的分崩离析而湮灭。古代科学常被认为终结于公元415年，其标志性事件是新柏拉图派人物——希帕提娅（Ipazia）②（古代科学著作评论作者）因不愿皈依新宗教而被判有罪，最终在亚历山大被一群狂热的基督徒私刑处死。

在此之后，古代科学文化幸存之物寥寥无几。随后的两波毁灭性浪潮，将对科学或多或少感兴趣的哲学家也摧残殆尽，连带他们所保存的微不足道的科学发现也消亡无踪。第一波发生在希腊，以查士丁尼一世（Giustiniano）③在公元529年下令关闭哲学学校为标志；另一波则发生在随后一个世纪，随着阿拉伯人的征服，埃及和东方的毁灭浪潮也随之而来（但值得一提的是，阿拉伯人对科学的兴趣成为他们生存的倚仗，仅仅发生在征服时代数百年之后）。

---

① 译者注：早在公元前8世纪，叙拉古就由来自航海名城科林斯的希腊移民建立。公元前212年，曾经盛极一时的叙拉古被罗马军队攻陷。这座西西里岛上的最大城市随即遭遇到有史以来的最大规模破坏，数万人被掳去意大利卖为奴隶，积累数百年的财富和艺术品也被瞬间清空。

② 译者注：希帕提娅（生于350—370年，卒于415年3月），又译作海芭夏、海帕西娅，著名的希腊化古埃及新柏拉图主义学者，是当时名重一时、广受欢迎的女性哲学家、数学家、天文学家、占星学家及教师，她居住在希腊化时代古埃及的亚历山大港，对该城的知识社群做出了极大贡献。后世研究显示，她曾对丢番图的《算术》（*Arithmetica*）、阿波罗尼奥斯的《圆锥曲线论》（*Conics*）以及托勒密的作品做过评注，但均未留存。

③ 译者注：查士丁尼一世（拉丁语：Justinianus I；希腊语：Ιουστινιανός；约483年5月11日至565年11月14日）全名为弗拉维·伯多禄·塞巴提乌斯·查士丁尼（Flavius Petrus Sabbatius Justinianus），527—565年担任罗马帝国皇帝。由于他收复了许多失地，重建圣索菲亚大教堂并编纂《查士丁尼法典》，功不可没，因此也被称为查士丁尼大帝。

2 中世纪前期的科学知识

中世纪早期，欧洲拉丁语区的文化倒退导致科学知识几乎全然覆灭。即使在所谓的"加洛林文艺复兴（Rinascita Carolingia）"[1]之后，尽管人们尽力为部分神职人员提供更充分的教育，但学校课程中几乎没有什么内容可以算得上是科学。

在完全宗教化的学校中（如本笃会[2]管理的神职学校、由世俗神职人员组织的教区学校和主教学校），世俗文化几乎完全由语法学家的作品和肤浅的百科全书汇编组成，例如乌尔提亚努斯·卡佩拉（Marziano Capella）[3]和圣依西多禄（Isidoro di Siviglia）[4]等人的作品。[5] 学校教授的数学课程仅限于基础算术（例如乌尔提亚努斯·卡佩拉所著[6]课本中的内容），几何学几乎为零；只有在少数情况下，学生才能通过波爱修斯（Boezio）[7]编写的纲要，间接了解欧几里得

---

[1] 译者注：加洛林文艺复兴发生在公元8世纪晚期至9世纪，是由查理大帝及其后继者在欧洲推行的文艺与科学的复兴运动，被称为"欧洲的第一次觉醒"。

[2] 译者注：本笃会亦译为"本尼狄克派"，天主教隐修院修会，529年由意大利人本尼狄克（亦译"本笃"）创立于意大利中西部的卡西诺山。

[3] 译者注：乌尔提亚努斯·卡佩拉约活动于公元5世纪前后，古罗马后期的拉丁文散文作家，出生于阿尔及利亚。他坚持新柏拉图主义，对基督教采取积极态度，以对话的形式引入主题，在当时产生了一定的影响力。

[4] 译者注：圣依西多禄（560—636）是西班牙6世纪末、7世纪初的教会圣人、神学家。依西西多禄生于西班牙地中海沿岸城市卡塔赫纳，两个哥哥皆为主教。他曾长期担任塞维亚总主教，劝化西哥德人归化天主教。著有20卷的类百科全书《词源》，历史学著作《哥德族历史》，自然科学著作《天文学》《自然地理》等许多作品。636年逝世于塞维亚。1722年被封为教会圣师。

[5] 中世纪前期的学校情况，请参阅[Riché]。对于意大利半岛上的教学内容，尤其是中世纪时期意大利图书馆的藏书情况，请参阅[Manacorda]。

[6] 乌尔提亚努斯·卡佩拉，著有《论语言学与墨丘利之结合》（*De nuptiis Mercurii et Philologiae*）第四册。

[7] 译者注：亚尼修·玛理乌斯·塞味利诺·波爱修斯（拉丁语：Anicius Manlius Severinus Boëthius，也译作波伊提乌，生于480年，卒于524年或525年）是6世纪早期哲学家，也是希腊罗马哲学最后一名哲学家，经院哲学第一位哲学家。

的知识（仅包含部分命题的列表，没有任何演算证明）。天文学则通常只列出恒星和行星名称；更少见也更高级的研究是基于阅读伊吉诺（Igino）[①]和阿拉托斯（Arato）[②]的作品，了解星座的形状和相关神话传说。位于知识顶层的神职人员凤毛麟角，但他们也不过是能够计算复活节日期而已。部分涉及测量知识的书籍，也仅有对测量领域感兴趣的极少数技术人员阅读。

由于拉丁欧洲和发达程度更高的文化（首先是阿拉伯文化，以及部分拜占庭文化）之间有着零星的接触，以上概述中包含的几个极为罕见的特例不得不提。例如，葛培特（Gerberto d'Aurillac）[③]（即教皇西尔维斯特二世，1003年去世）曾在加泰罗尼亚学习，对数学和天文学抱有浓厚而精深的兴趣，能够使用和操作古老仪器，如星盘、天文图等，且通晓其原理。

欧洲最受外部影响的地区显然以西西里岛和意大利南部为代表，前者长期由阿拉伯人统治，后者部分由拜占庭人所占有。[④]

欧洲最重要的医学研究中心位于萨勒诺地区[⑤]。传说中4位医生的偶

---

① 译者注：伊吉诺为古罗马的天文学家和作家。

② 译者注：阿拉托斯（公元前315年或310年至公元前240年），古希腊颇具名望的诗人之一，以长诗《物象》（τὰ Φαινόμενα）传世，该诗对研究古代的天文学、气象学具有极大价值。

③ 译者注：教皇西尔维斯特二世（拉丁语：Silvester PP. II，约950至1003年5月12日），本名葛培特（Gerbert），999年4月2日至1003年5月12日出任教皇。他因在学术上的提倡而知名，比如重新引入消失在拉丁世界的希腊算盘与星盘，据说他也掌握了制作星盘的技术。

④ 阿拉伯人对西西里的统治随着1091年诺托城的沦陷而结束，拜占庭对意大利南方的统治终结则以1071年罗伯特·吉斯卡尔（Roberto il Guiscardo）率领诺曼人征服了巴里为标志。译者注：罗伯特·吉斯卡尔（英语：Robert Guiscard，约1015年至1085年7月17日）又称"狡诈者罗伯特"（"吉斯卡尔"的法文意指"狡诈的"），是一位诺曼人冒险家，因征服南意大利而著名。他从法国的诺曼底来到意大利，跟随较早来闯荡的欧特维尔族人在那不勒斯攻城掠地。他和弟弟鲁杰罗从家族基地的普利亚（Apulia）向外扩张，接连攻下卡拉布里亚、巴里和大半的西西里岛，几乎统一意大利南部。他先后担任普利亚伯爵和卡拉布里亚伯爵（1057—1059）、普利亚公爵和卡拉布里亚公爵并兼任西西里公爵（1059—1085，由教皇授予），曾经在1078—1081年自立为贝内文托亲王，不久又将亲王头衔交还其盟友——教皇。

⑤ 关于萨勒诺医学院的详情，请参阅［Kristeller Salerno］。

遇孕育了萨勒诺医学院的诞生，也标志着该地区成了意大利南部文化交汇地，这4位医生分别为希腊人、拉丁人、阿拉伯人和犹太人。萨勒诺医学院自10世纪末便声名远扬，得益于阿尔法诺·德·萨勒诺（Alfano di Salerno）[①]（1058年起担任萨勒诺地区主教）及供职于罗伯特·圭斯卡德（Roberto il Guiscardo）治下的萨勒诺诺曼宫廷的康斯坦丁·阿非利加努斯（Costantino l'Africano）[②]，医学院在随后的100年中得以蓬勃发展，贡献了诸多医学文献。身为迦太基人[③]的康斯坦丁，将希波克拉底（Ippocrate）[④]、克劳狄乌斯·盖伦（Galeno di Pergamo）[⑤]和其他阿拉伯文的医学著作翻译成拉丁文，成为首位将阿拉伯科学引入西方的人。

3　12世纪的复兴

对科学兴趣的第一次重大复苏发生在欧洲，发生在被称为"12世纪文艺复兴"的背景下[⑥]。

[①] 译者注：阿尔法诺·德·萨勒诺（死于1085年）从1058年到他去世一直是萨勒诺的大主教。在11世纪，他以翻译家、作家、神学家和医生而闻名。在成为大主教之前，他是一名医生，是萨勒诺医学院早期的伟大医生之一。

[②] 译者注：康斯坦丁·阿非利加努斯是一位生活在11世纪的医生。他生命的前半部分在北非度过，其余时间在意大利度过。他首先抵达意大利的海滨小镇萨勒诺，那里是萨勒尼塔纳医学院的所在地，他的作品引起了当地伦巴第和诺曼统治者的注意。康斯坦丁随后成为一名本笃会修士，在卡西诺山修道院度过了他生命的最后几十年。

[③] 译者注：迦太基是一个坐落于北非海岸（今突尼斯）的城市，与罗马隔海相望。

[④] 译者注：希波克拉底（古希腊文：Ἱπποκράτης），为古希腊伯里克利时代之医师，约生于公元前460年，卒年不详。后世普遍认为其为医学史上杰出人物之一。在其所身处之上古时代，医学不发达，他却能将医学发展成为专业学科，使之与巫术及哲学分离，并创立以之为名的医学学派，对古希腊之医学发展贡献良多，故今人多尊称其为"医学之父"。

[⑤] 克劳狄乌斯·盖伦（129—200），亦被称为佩加蒙的盖伦，是古罗马的医学家及哲学家。他应该是古代史中最多作品的医学研究者，他的见解和理论是欧洲起支配性的医学理论，长达千年之久。所影响的学科有解剖学、生理学、病理学、药理学及神经内科，在医学领域以外的影响有哲学及逻辑学。

[⑥] 这个概念首先被[Munro]所引用，随后在[Haskins RTC]的著作中被广泛使用。

这次文化觉醒有两个主要原因。首先，拉丁欧洲经济的发展伴随着城市化的再次兴起，贸易不断恢复，新阶级随之诞生，由此带来了新的问题，也为化解这些疑难提供了资源。其次，重新夺回西西里岛和伊比利亚半岛的大部分地区之后，拉丁文化与阿拉伯文化、希腊文化之间建立了两条备受重视的接触渠道。实际上，在西班牙和西西里岛均可方便地寻得希腊语和阿拉伯语的著作（通常是希腊语作品的阿拉伯语译本），能够理解其内容的阿拉伯学者也并不鲜见。

知识复兴的第一阶段，主要活动包括对上古作品的搜查并将其翻译成拉丁文。这类重要文化活动的中心之一位于托莱多，当时最活跃的翻译家克雷莫纳的杰拉德（Gherardo da Cremona）[1]于1140年前后迁居于此，他所翻译的阿拉伯文本，包括欧几里得（Euclide）的《几何原本》（*Elementi*）、托勒密（Tolomeo）的《天文学大成》（*Almagesto*）等书。对于杰拉德等译者做出的贡献，我们不可低估。学习阿拉伯语，用这种完全异于自身文化的陌生语言研究艰深的科学知识，再将文本翻译成拉丁语，从头开始创立术语等，是一项需要勇气和创造力的智力活动。幸而有了这些学者的付出，在此之前科学词汇几乎完全空白的拉丁语，成了当时欧洲通用的科学语言。

另一个重要中心位于西西里，彼时巴勒莫诺曼宫廷的氛围极其活跃。西西里地区的科学著作译本传播较少，如今远不如伊比利亚地区的翻译工作闻名。但这里的优势在于，其译文往往早于伊比利亚译本，且所译著作直接来自希腊文原本，而非转译自阿拉伯文本。[2]例如，卡塔尼亚教区执事——恩里科·阿里斯提普斯（Enrico Aristippo）翻译了亚里士多德的

---

[1] 克雷莫纳的杰拉德（拉丁语：Gerardus Cremonensis；英语：Gerard of Cremona；约1114—1187），是意大利翻译家。他是托莱多翻译院中最重要的翻译家，通过将阿拉伯人和古希腊人在天文学、医学和其他科学方面的知识译作拉丁语，使12世纪的中世纪欧洲得以再次复兴。杰拉德最知名的译作为托勒密的《天文学大成》。

[2] 请参阅［Haskins SHMS］第 155-193 页。

《天象论》（*Meteorologica*）第 4 册。公元 1150 年前后，巴勒莫的海军上将欧金尼奥（Eugenio）[①]（他还给我们留下了些许希腊语诗歌，希腊语是这位上将的母语）将托勒密的《光学》（*Ottica*）从阿拉伯语译为拉丁语，为我们提供了这部作品唯一的存世文本。1160 年前后，《天文学大成》出现了从希腊语直接译出的版本，比克雷莫纳的杰拉德从阿拉伯语文本所译的版本早了约 15 年。西西里地区直接从希腊语翻译的诸多作品中，包括欧几里得的《已知数》（*Data*）、《光学》和《反射光学》（*Catottrica*）等书。巴勒莫地区还出现了大量原创作品。鲁杰罗二世（Ruggero II）[②]将阿拉伯地理学家伊德里西（Idrisi，1165 年去世）[③]邀入他的宫廷，先于欧洲其他地区将阿拉伯制图法引入西西里岛：伊德里西主要著有《鲁杰罗之书》（*Liber Rogerii*），书中收录了从各种渠道获得的地图。

同一时期，萨勒诺医学院的文献创作节奏加快，为亚里士多德思想的传播做出了重要贡献。

意大利中北部也有译者进行工作，如勃艮第·皮萨诺（Burgundio Pisano）[④]将盖伦的几部作品和亚里士多德的部分作品从希腊语译为拉丁语。[⑤]

[①] 译者注：巴勒莫的尤金纽斯（亦称尤金）[拉丁文：尤金纽斯·西格斯（Eugenius Siculus），希腊语：Εὐγενὴς Εὐγένιος ὁ τῆς Πανόρμου；意大利文：巴勒莫的欧金尼奥（Eugenio di Palermo）] 有希腊血统，但出生于巴勒莫，而且受过良好的教育。上任之时，是当时为数不多的受过良好教育、会说多种语言的希腊和或阿拉伯语的行政人员。

[②] 译者注：鲁杰罗二世（Ruggero II，1095 年 12 月 22 日至 1154 年 2 月 26 日）是西西里国王，鲁杰罗一世之子，他继承了其兄西莫内的爵位。他于 1105 年以 "西西里伯爵" 名号统治，于 1127 年出任普利亚及卡拉布里亚公爵，后于 1130 年登基成为西西里国王，直至他 58 岁时驾崩。

[③] 译者注：伊德里西全名为阿布·阿布德·阿拉·穆罕默德·伊德里西·库尔图比·哈萨尼，是阿拉伯地区的地理学家、制图家和旅行者。

[④] 译者注：勃艮第·皮萨诺是 12 世纪的意大利法学家。他于 1136 年在君士坦丁堡担任比萨大使。

[⑤] 请参阅：[Haskins SHMS] 第 194-222 页；[Brams]。

在古代知识的发掘过程中，某些理念在如今看来会被不假思索地归纳为"古代思想"，然而，一部分截然不同于当时认知的概念早在12世纪就出现了。例如，孔什的威廉（Guillaume de Conches）①在1140年编写的《自然哲学对话》（*Dragmaticon philosophiae*）中断言，所谓的恒星实际上在进行着自身的空间运动，但因速度太慢而无法在人类个体的生命阶段中观测到，此外他还断言太阳具有吸引力。② 不过，这类观念（如那些反复出现的关于地球可能在运动的观念），绵延数世纪才引发了中世纪世界观的深刻变革。在起初的很长一段时间里，亚里士多德的希腊语著作对欧洲文化影响最深，由于亚里士多德文献先于希腊化科学的发展出现，因而更容易被接受。中世纪早期，只有亚里士多德的逻辑学著作面世，而从12世纪开始，各种从希腊语和阿拉伯语翻译而来的文献为欧洲知识分子提供了更广阔的研究空间。③ 这一改变影响巨大。13世纪期间的主要文化问题是，如何从基督教的角度处理古代哲学家的论点，而当时给出的主要答案之一，则是托马斯主义。④

---

① 孔什的威廉著《自然哲学对话》第三卷，据老普林尼（Plinio il Vecchio）所著《博物志》（*Naturalis Historia*）第二卷第95节所述，这一观点的提出最早可以追溯至古希腊天文学家喜帕恰斯。译者注：孔什的威廉，法国经院哲学家，生于诺曼底乌什地区孔什，沙特尔学派成员，通过研究古典世俗学术作品和研究经验科学，拓展了基督教人文主义，学生中包括沙特尔主教索尔兹伯里的约翰（John of Salisbury）。盖乌斯·普林尼·塞孔杜斯（拉丁语：Gaius Plinius Secundus，23年至79年8月24日）常被称为老普林尼或大普林尼，古罗马作家、博物学者、军人、政治家，以《博物志》（又名《自然史》）一书留名后世。

② [Russo RD] 中第343页、351页、433页中的内容引用了孔什的威廉著《自然哲学对话》第四卷中的观点。

③ 对于亚里士多德文献的拉丁文翻译历程，请参阅 [Brams]。

④ 译者注：托马斯主义是指中世纪神学家和经院哲学家托马斯·阿奎那创立的基督教神学学说，一种将亚里士多德哲学中的消极因素与基督教神学相结合的神学唯心主义体系。1879年由教皇十三世正式定为天主教的官方哲学。托马斯以万物应有"第一推动力"的说法，推论出上帝的存在，认为世界是上帝从虚无中创造出来的，有时间的开端，并不永恒存在，并把它描绘成由下而上递相依属的等级结构，每一低级的存在都把较高级的存在作为自己追求的目的，天主是最高的存在，也是万物追求的最高目的。

4 对"化石"的了解和尽力复原

从 12 世纪开始的翻译工作成了欧洲文化复兴的必要条件,但为何没有促进古代科学的再次崛起?首先,在此期间,古代科学文献中可供翻译的仅是极少部分。另外,翻译的文献往往是经过了二次或三次转译①,进行翻译的学者通常没有专业基础,对于重新发掘出的文献中所著内容和方法全然无知,因此翻译结果往往也不尽如人意。但主要问题不在于此。

部分知识可以完全以语言形式传播,例如语法、法律和逻辑。因此这类学科能够得以恢复,甚至快速发展,这一切绝非巧合。但是,另一部分学科知识的传播需要明确的图示说明,例如解剖学、对复杂机械的描述等。虽然时至如今,我们已无法得知希腊时期的原始文献中有多少图示,但可以确定,在随后不间断的复制和重印过程中,如果文字信息的传播准确合理,必定导致图示说明的迅速消亡。②当然,追溯至古代,作者们③也清楚地了解图示传播的困难,因此他们也忍痛放弃这一做法,改用文字的形式来进行信息传递,但仅在极少数案例中,天赋异禀的作者们能够仅通过文字传递出重建图示所需的所有信息。④图片时常会在手稿传抄的过程中遗失,马尔库斯·维特鲁威·波利奥(Marco Vitruvio Pollione)⑤作品的遭遇就是如此,或是因严重变形以至所绘物体无法辨识,例如中世纪亚历山大港

---

① 许多翻译成阿拉伯文的文献并非由希腊文版本得出,而是以叙利亚语为媒介。
② 希腊化时期文献通过莎草纸广泛传播的观点出现于[Weitzmann]。
③ 参阅老普林尼《博物志》第 15 卷第 4-5 页;托勒密《地理学》第一卷第 18 页。
④ 托勒密所著《地理学》正属于此类情况,书中描述了绘制地图所必需的所有信息。
⑤ 译者注:马尔库斯·维特鲁威·波利奥(生于约公元前 80 年至公元前 70 年,卒于约公元前 25 年)是古罗马的作家、建筑师和工程师,他的创作时期在公元前 1 世纪,其生平不详,连他的名字马尔库斯和姓波利奥也只是由伐温提努斯(Cetius Faventinus)提到过,他的生平年代主要是根据他的作品确定的。

的希罗（Erone di Alessandria）①、拜占庭的斐罗（Filone di Bisanzio）②等人有关空气动力学手稿中的插图便属于这种情况。直到如今，学者们通过对文本的仔细分析和艰难探索，才能够切实地复原所描述的设备。而其他情况下，例如解剖学作品中，中世纪学者手中的抄本仅包含象征性的图解，这些图解实际上毫无用处，因为都可从文本中立即推导出来。

当然，鲜有甚至没有插图只是众多普遍现象中的范例之一。12世纪的学者在尝试阅读古代科学著作时，往往缺乏对书籍内容相关背景知识的实际认知。比如，文本可能描述了一种缺乏关键技术的设备，或提及欧洲无法观察到的现象，或是文字仅简要说明概念而不描述推导过程。上述各类情况下，涉及的知识或多或少被曲解：脱离了促使其产生的具体背景，可以说，这些知识以一种"化石"的状态被传播。③

有时我们难以意识到科学文献在脱离语境后所造成的损失。不妨以几何学为例：如果觅得翻译质量上佳的欧几里得《几何原本》进行学习，那么我们可以重建图形（至少在平面几何范畴内④），了解定理的推导过程，对古代几何学也因此有一个全面了解的印象。然而这种印象在某种程度上而言是虚假的，因为希腊时期的几何学构成了一系列应用学科发展的基础：光学及以它为基础发展出的场景学（即透视原理）、力学（即机器科学）、数理地理学和制图学、天文学等。当然，欧几里得本人也撰写了不少涉及其他学科的

---

① 译者注：亚历山大港的希罗（10—70）是一位古希腊数学家，居住于罗马时期的埃及省。他也是一名活跃于其家乡亚历山大港的工程师，他被认为是古代最伟大的实验家，他的著作于希腊化时代科学传统方面享负盛名。

② 译者注：拜占庭的斐罗（公元前280—前220年）是亚历山大城的一位科普作家。著有九卷本《机械原理手册》（*Mechanike syntaxis*），现存部分包括第四卷，是关于战争中投射器具；第五卷是关于用空气或水驱动的吸水管及其他设备；第七卷、第八卷的部分片段是关于围城术；而第六卷（已失传）是关于自动装置的记述。

③ 请参阅 [Russo FR] 第13-19页。

④ 对于立体几何学科，《几何原本》第一版中提供了极为出色的插图，这些插图都是由菲德利哥·科曼蒂诺于1575年创作，这个版本对透视理论进行了充分展示，而在之前的版本中只有难以理解的各种数字［恩里科·甘巴（Enrico Gamba）澄清了这一点］。

论文。剔除几乎所有实际应用情景来重建几何,更像是一个抽象命题,只能沦为一场智力锻炼。当然,这种智力锻炼也很有用,几何学的知识能够以直尺和圆规绘图加以验证,这种与辅助工具的密切联系确保了该学科绝对的科学性。正因为此,我们也会发现,比起几何学,许多学科的境况只会更为糟糕。

简而言之,在这第一阶段,对一些古代科学知识的发掘为当时提供了大量的背景资料和头脑风暴,但实际可用的知识却微乎其微。具体问题只能凭经验解决,研究古代文献无法派上用场。这种现象造成了两个后果:一方面,它产生了一个至今还有人深信不疑的传说,即古代科学是抽象的,对实际应用毫无贡献;另一方面,在连欧几里得或阿基米德(Archimede)这样的作者都十分陌生的神学和哲学领域,充斥着各种个人认知,这也阻碍了几个世纪以来人们对古代科学方法的复刻。

若要谈论符合我们上述定义的真正的"科学",只有让古老的知识再次回到能让它们得以发展的实际背景中。然而撇去少数特例不谈,这一情景或许仍要数百年时间才会出现。

第二章

文本研究难以满足实践需要
（1202—1435）

1 意大利文化的第一个世纪

若要谈及"意大利文化"，首个元素可追溯到13世纪初，伴随着通俗语言的诞生（选择1202年为象征性日期的原因我们将在下一段中阐述）。即使从科学著作的角度来看，西欧在很长一段时间内拥有自然共通语（Koiné）[①] 文化，彼时，学者们大多用拉丁语进行写作和教学。不过，从13世纪开始，意大利陆续出现了使用通俗语言撰写的科学著作。

13世纪初（包括后来的时期），意大利半岛在统治和集权方面出现了截然不同的两个局面。意大利中北部以市政机构为基础，是欧洲城市自治发展的主要地区。而在南部，腓特烈二世（Federico II）统治下的西西里王国，继续走在诺曼君主创建的统一、中央集权国家道路上。在此期间，虽然两

[①] 译者注：自然共通语（koiné）亦称"共通语""折中共同语"，是指一种语言中的多个方言经过互相交流后，自然而然演化并且形成一种折中的共同语或通用语。

地的统治方式有所差异，但是南北经济却开始密切交流，南北互市的规模也超过了各自和外界互市的规模。①

从文化角度来看，这两个地区都充满了活力。

同诺曼国王一样，腓特烈二世也大力鼓励和推动文化融合，因此南部仍是拉丁文化、希腊文化和阿拉伯文化的首要交汇区。即使是在拜占庭帝国长期统治下的意大利南部，也存在部分希腊语文化团体，在某些知识分子的认知中，这些文化团体保留着甚至可以追溯到大希腊时代②的古老传统思想。值得注意的是，古代算术领域（即希腊计算艺术）的最后一篇论文，也是唯一存世的论文，是修士塞米纳拉的巴拉姆（Barlaam di Seminara）③于14世纪在卡拉布里亚用希腊语写成，他也是弗朗切斯科·彼特拉克（Francesco Petrarca）的希腊语老师。

北方城市（除了同君士坦丁堡结盟，大多属于威尼斯治下的城市以外）同欧洲各地的文化、商贸往来更为频繁。13世纪初，意大利南部是最为富庶的区域，不过这种优势到了13世纪末却开始逆转，中北部城市开始富足起来，这要归功于商贾阶层（即当时的企业家、制造商和银行家）在欧洲和地中海的贸易中发挥的重要作用。在意大利城市中，正如在其他欧洲国家城市一样，除了在教育领域发挥主导作用的神职人员，诸多专业人士，尤其是法律和医学方面的专家等，也被认为具有重要的社会作用。

通过检索和翻译希腊语和阿拉伯语文本而恢复的古代知识对欧洲文化发展仍具有重要作用，此时的流动渠道由二变三：除了西班牙和西西里岛原有的两个渠道外，13世纪时，以威尼斯为首进行的第四次十字军东征及拉丁人对君士坦丁堡的占领，成功开辟了第三个渠道。

---

① 请参阅 [Abulafia DI]（特别是第47-48页）。
② 实际上，中世纪前期，随着巴尔干半岛的移民涌入，卡拉布里亚和普利亚两地或多或少都被希腊化。
③ 译者注：塞米纳拉的巴拉姆是一位数学家、哲学家、天主教主教、神学家和拜占庭音乐学者。

13世纪的翻译人员中，穆尔贝克的威廉（Guglielmo di Moerbeke）扮演了一个特殊角色，对此我们后文还将详述。与上个世纪相比，翻译工作中更多地加入了文化辩论类作品，编译的新作往往是对古代文献的评论或概述。

这一时期的文化发展以大学的兴起为特征，构成了科学方法论复兴的重要步骤。但对于13世纪和14世纪来说，无论在意大利还是在整个欧洲，理论和实践水平之间的联系仍然空缺，鉴于这是科学的关键方面，因此在这一阶段，我们尚不能将上述所讨论的文化概念归类于我们开篇时所定义的，真正的"科学"当然也存在极为例外的情况，如数学学科，对此我们将在下一小节中进行讨论。这一时期的所谓"科学"文献，通常止步于对古文献的推敲，与实际活动几无关联。但能够解决部分行业中（如绘画、航海、工程等）实际问题的方法，却流于工坊行会之间口耳相传的境地，这些经验知识的积累与文献中的"高雅文化"并无明显融合。

2 列奥纳多·斐波那契[①]、算术学校和会计学

13世纪的意大利城市中，商人阶级成为领导，商业贸易成为当时最主要的经济活动，在这样的城市环境下，从更先进的文明中引入新的科学理念，将之与具体问题进行有效结合的首个领域，即是将阿拉伯算术和代数进行商业会计运用，也就不足为奇了。

纵观古典文明计算技术的发展到如今人类面临的问题，例如博弈论，经济需求一直是推动数学发展的主要刺激因素之一。我们不妨以时代更近更令人兴致盎然的事件为例，商业会计与相对数的传播使用之间的联系不

[①] 译者注：斐波那契又称比萨的列奥纳多，比萨的列奥纳多·波那契，列奥纳多·波那契，列奥纳多·斐波那契（英语：Leonardo Pisano Bigollo，或称 Leonardo of Pisa，Leonardo Pisano，Leonardo Bonacci，Leonardo Fibonacci，1175—1250），意大利数学家，斐波那契数列的开创者，并将现代书写数和位值表示法系统引入欧洲。

第二章 文本研究难以满足实践需要（1202—1435）

可谓不明显，而复利的计算与指数概念的发展也是相辅相成。[1]

13世纪初，大量学者为欧洲科学界和商业界引入了阿拉伯数学成果，其中的关键人物是列奥纳多·斐波那契（Leonardo Pisano）。斐波那契出生于1170年左右，是意大利最活跃的航海城市之一——比萨的商人，他曾在多个地中海港口长期进行贸易，并学习阿拉伯语。但他的作品表明他不仅是一位真正的数学家，甚至可称为那个时代最伟大的数学家。数次旅行和商贸活动，不仅使他充分知晓阿拉伯数学和希腊科学的重要元素，还了解了商业会计的需求。

1202年，斐波那契最广为流传的著作《计算之书》（Liber abaci）问世。[2] 这是一部真正的科学著述，三个以复杂的相互作用维持科学发展生命力的基本要素在该书中均有体现：古老的文化传统、具体问题带来的需求以及研究者自由的好奇心和创造力。作品共15册，前7册专门介绍算术基础和以9位数字为数位系统的计算规则[3]，尽管斐波那契师从阿拉伯人学到了这一系统，但实际上这些数字是印度人发明的，他也将之正确地称为印度系统（数字传到欧洲后，人们错误地以使用数字的人命名，称为阿拉伯数字，流传至今）。随后几册对包含商业算术技巧内容的算术题进行了说明（涉及社会问题或货币证券，但同时也包含了概念性算术内容题目，如简单三比例和复合三比例法则），其他则是各种问题和代数问题的集合，为解决上述实际问题提供方法。书中介绍的主要计算方法是"双假设法"，或称"盈不足术"。斐波那契也把负数作为方程的解，并以此来揭示并推导乘法运算的变号规则。[4]

虽然《计算之书》中大量篇幅均与商业应用相关，但考虑的许多问题

---

[1] 如果利息在到期时持续再投资，则以利息增加的资本增长的法则呈指数级增长〔如果每年收取和再投资 n 次，则 T 年内初始资本 C 成为 $C(1+r/n)^{nT}$；在 n 的背离下，此表述变为 Ce^{rt}〕。

[2] 唯一的拉丁文版本称为〔Leonardo Pisano：Boncompagni〕。唯一的现代语言译本为英文版，收录于〔Fibonacci：Sigler〕，其内容简介可参阅〔Giusti LA〕。

[3] 斐波那契将"0"视为附加的符号，而非数字。

[4] 请参阅〔Fibonacci：Sigler〕第510页。

都具有纯粹理论意义，最著名的当属"兔子问题"，计算由最初的一对兔子开始的增长率，由此产生了"斐波那契"数列；又如从某个广为流传的国际象棋游戏起源的传说中得到的启发，计算数字 2 的前 64 次幂之和；还有计算一定数量的连续数平方和，等等。这类问题并未根据其实际应用（通常也不存在）进行分类，而是根据它们的求解技巧进行分类，在该书第 12 册中列出，这确乎是一本标准的科学著作所特有的分类方式。

斐波那契讨论的部分主题非常古老，甚至可以追溯到埃及法老时期。例如将分数分解为数个最简分数之和的问题，虽然这类已经在公元前 16 世纪时期的莱因德数学纸草书中得到解决，但斐波那契在没有给出任何理由或应用场景的情况下引入了该问题①：我们无法找到确凿的理由证实其原因，只能认为他是向一个古老的问题致敬。

斐波那契在书中提出和解决的大部分问题涉及一次方程或二次方程、方程组的求解。但在作品最后一册中，他提出了一个极为有趣的问题：在知道初始资本和贷款期限的情况下，计算达到给定最终资本的利率。这个问题涉及 n 次方程的求解，引导了代数方程的发展：在随后几个世纪中，这一问题始终是数学研究的前沿课题。②

斐波那契还撰写了其他数学著作，如《几何实践》(*Practica geometriae*)（成书于 1220 年），以及成书于 1224 年、敬献给腓特烈二世的《平方数书》(*Liber quadratorum*)。

虽然《平方数书》是最能展示斐波那契能力和独创性的作品，但毫无疑问，《计算之书》对意大利和欧洲文化产生的影响最大，为数位系统在拉丁

---

① 请参阅［Fibonacci：Sigler］第 119 页。

② 实际上，设 x 为利率，n 为贷款年限，C_0 和 C_1 分别为初始和最终金额，那么这个问题可归结为解方程：$C_0(1+x)^n=C_1$。这是一个非常特殊的 n 次方程，只需开 n 次方根即可求解。具体的解决方法可以参考［Giusti LA］第 105 页。不过在当时的数学语言中，$(1+x)$ 的 n 次方必须列出所有项并通过口头表达，这使得该方程在形式上类似于 n 次的一般方程，从而有助于得出此类方程的通解。

欧洲的传播做出了决定性贡献。诚然，由于斐波那契所使用的方法相对新颖，导致理解其内容并非易事，不过我们可以想见，随后几十年中，斐波那契所推崇的方法的实际效用得到了比萨商人们的认可，并得到广泛应用，为此，1241年比萨市政府决定为他发放年金，奖励他在计算领域做出的贡献。①

斐波那契的著作以9世纪、10世纪的阿拉伯知识为基础，完全忽略了其后更先进的发展成果，即使如此，依然耗费数十年才被人们接受并加以应用，当时拉丁欧洲的数学水平已经下降至何种程度，可见一斑。

如同所有利于社会的科学进步一样，商人对于新技术的掌握，需要教育改革的辅助。由于少有当时的文献存世，我们无法确定改革于何时发生，但我们确信，这个时间不会太长（以当时的时间尺度来看），早在1265年的公证文件中，证人一栏中就出现了一位叫彼得罗（Pietro）的人，他的头衔是博洛尼亚的算术大师。②另一方面，从上文提到的1241年市政府决议文件中可以看出，斐波那契本人，甚至还有其他人，可能已经在比萨从事新技术教学有一段时间了。算术学校（学校根据所教授的数位系统课程而命名③）在13世纪最后25年出现在意大利各个城市，特别是托斯卡纳地区城市的记载中。而且在佛罗伦萨还出现了多个公立算数学校，而在圣吉米尼亚诺、博洛尼亚和维罗纳等地，由市政府成立的算数学校也涌现出来。市政机构的算术人员通常还担负着政府的财务预算和记账工作。

早在13世纪就出现了第一部以通俗文字书写的科学书籍：一位翁布里亚人编写的《算术书》（*Livero de l'abbecho*），作者姓名已不可考。④14世

---

① 文件列于［Ulivi SMA］第124页。
② 请参阅［Ulivi SMA］第124页。
③ 在古罗马和中世纪早期，数位系统（起源于遥远的美索不达米亚）虽然没有使用数字进行书写，但由于当时也使用算盘技术，所以部分数位系统被保留了下来，在当时的算盘上，人们也用行列表示单个、整十、整百等数位。这就解释了为什么"算盘"这一词同数位系统相关联，但随着阿拉伯数字的广泛传播，算盘这一工具的重要性逐渐降低。
④ 请参阅［Ulivi SMA］第126页。译者注：《算术书》是一本中世纪使用翁布里亚方言书写的算术手册，现保存在佛罗伦萨的里卡迪亚娜（Riccardiana）图书馆。

纪后关于计算的书籍大量增加,盛况一直持续到 16 世纪:目前存世的约 300 本,均使用通俗语言书写,并且内容相似,主要涉及商业计算和实用几何。① 尽管包含知识较为初级,但这类书籍均是以斐波那契《计算之书》为蓝本 [或者来自其缩略本——《初级算术手册》(*Trattato di minor guisa*),该手册是斐波那契出于教学目的编纂而成的,但并未流传至今]。

算术书籍与托斯卡纳的算术学校随后在艾米利亚、威尼托、伦巴第和翁布里亚地区迅速传播,虽然所教授的多为基础内容,且以实用目的为导向,但依然具有重要的科学功能:在相对重要的群体中普及了算术和初级代数相关的基本知识,为文艺复兴时期意大利地区代数研究的发展奠定基础。

在商人使用的书籍中,佛罗伦萨人弗朗切斯科·巴尔杜奇·佩戈洛蒂(Francesco Balducci Pegolotti)在 1340 年前后编写的著作尤为重要,书中首次列出了计算复利的数值表。②

长远来看,会计技术的发展也对数学研究的深化产生了重大影响,但在第一阶段,它局限于纯粹专业实践的范畴,并未形成理论探讨。意大利会计师的主要创新是引入复式记账法,从如今尚存的古代文件来看,这一技术应用可以追溯到 1340 年。③

3 宫廷科学文化

13 世纪上半叶的意大利地区中,神圣罗马帝国皇帝兼西西里国王的腓特烈二世(1194—1250)统治下的宫廷文化活动最为活跃。无论是意

---

① 所有著名算术书籍的目录请见 [Van Egmond]。
② 请参阅 [Balducci-Pegolotti]。[译者注:弗朗切斯科·巴尔杜奇·佩戈洛蒂所著《通商指南》(*Pratica della mercatura*)。]
③ 参见示例 [Antinori]。

大利文学的涌现、研究组织的建立,还是推动建筑、图形艺术乃至科学发展等方面,都能窥见腓特烈二世的身影,但对于这位当权者在其中扮演的角色,后人给出的评价不尽相同,从查尔斯·霍默·哈斯金斯(Charles Homer Haskins)、恩斯特·康特洛维茨(Ernst Kantorowicz)的赞誉,到大卫·阿布拉菲亚(David Abulafia)的批判。[1] 腓特烈二世(Federico II)[2]身边不乏各类学科学者,例如占星家米歇尔·史考特(Michele Scoto)和大师特奥多罗(Teodoro)[3],他们以"科学"为主题,写就了大量翻译和原创作品。最有趣的研究莫过于与动物相关的活动:腓特烈二世建立了一个外来物种动物园,一个水鸟繁殖区,他还建造了人工孵化器,为米歇尔·史考特总结伊本·西那(Avicenna)[4]的论文《动物学》(*De animalibus*),以及为焦尔达诺·鲁福(Giordano Ruffo)[5]撰写关于马匹的兽医论文提供了帮助。[6]

但毫无疑问,腓特烈二世对科学最重要的贡献就是他本人所撰写的关于猎鹰的论文:《捕鸟的艺术》(*L'arte di cacciare con gli uccelli*)[7],即使全然

---

[1] 请参阅[Haskins SHMS]第243-271页;[Kantorowicz]第266-379页;[Abulafia Federico II]第211-239页。译者注:查尔斯·霍默·哈斯金斯是美国历史学家、中世纪史权威。1870年生,幼年即开始学习拉丁文和希腊文。16岁毕业于约翰·霍普金斯大学,后来到巴黎和柏林学习。恩斯特·哈特维·坎托罗维奇,著名的德国犹太裔美国历史学家,是20世纪最伟大的中世纪史学家之一,专研中古时代的政治、思想史。大卫·阿布拉菲亚为地中海历史学家,著有《伟大的海》《腓特烈二世》等。

[2] 译者注:腓特烈二世(1194年12月26日至1250年12月13日)是霍亨斯陶芬王朝的罗马人民的国王(1212—1220年在位)和神圣罗马帝国皇帝(1220年加冕)。他也是西西里国王(称腓特烈一世,1198年起)、耶路撒冷国王(1225—1228)、意大利国王和勃艮第领主。

[3] 译者注:特奥多罗是腓特烈二世宫廷的教师和哲学家。

[4] 译者注:伊本·西那,欧洲人尊其为阿维森纳(阿维真纳),塔吉克人,生于布哈拉附近。中世纪波斯哲学家、医学家、自然科学家、文学家。

[5] 译者注:焦尔达诺·鲁福为腓特烈二世时期的兽医。

[6] [Ruffo]。

[7] [Federico II: Trombetti Budriesi]。

不提皇帝本人的其他头衔，这本著作也足以让腓特烈二世在科学史上占据显赫地位。《捕鸟的艺术》这一长篇著述（本书所引用的版本，包括原文本和意大利语翻译，总计1096页）涉及鸟类，尤其是鹰类的分类、解剖和行为研究，同时也介绍了它们的训练和狩猎技术。此外，书中还收录了对鸟类飞行原理，尤其是对动物心理学的观察。

在腓特烈二世的时代，科学研究仅仅停留于文本研究，而使《捕鸟的艺术》一书与众不同的，是它将理论和实践进行结合，并表现出了持续性的相互促进作用。腓特烈二世在撰写《捕鸟的艺术》时，借鉴了之前关于猎鹰的论文[①]和亚里士多德等人的著作（例如对伪称亚里士多德所著力学著作中的飞行力学内容进行了探讨[②]），并根据经验对借鉴和参考的内容进行了批判性的吸收。尤其对于亚里士多德著作的引用方面，虽然亚里士多德在其自身领域地

图1 《捕鸟的艺术》一书插图［源自 Ms. Pal. Lat. 1071，腓特烈二世之子曼弗雷迪（西西里国王）（Manfredi di Sicilia）[③]留存的手稿］

---

① 此前有关于猎鹰的资料见于 [Federico Ⅱ: Trombetti Budriesi]，引言第 lix-lxiv 页。
② [Federico Ⅱ: Trombetti Budriesi] 第 175 页。
③ 曼弗雷迪（1232年至1266年2月26日）是西西里国王（1258—1266年在位），为神圣罗马帝国皇帝腓特烈二世与意大利贵妇比安卡·兰恰的私生子。

位超然，但是腓特烈二世注意到亚里士多德并未练习过鹰猎，因此在引用其著作时反而更为谨慎。某些情况下，腓特烈二世采用了实验性的方法来解决问题：为了驳斥秃鹰通过嗅觉而非视觉来识别猎物的论点，腓特烈二世亲自进行实验，证明缝起眼睑的秃鹰无法找到食物。①

进一步审视腓特烈二世著作的特殊性，我们不难证实那个时代的"科学"研究规则。彼时无人思及进行实验研究，仅出于认知目的而进行实践活动，像猎鹰这样趣味性活动，涉及众多自然观察，为理论与实践相结合提供了一个难得的机会。

13世纪下半叶，教廷也成为从事"科学"研究的中心之一，特别是位于维泰博的教廷总部，其中不乏知识渊博的穆尔贝克的威廉（约1215—1286年，他曾在巴黎和科隆学习，并游历于希腊和小亚细亚）等人，威廉所从事的翻译工作尤为重要，其中包括对阿基米德、盖伦及亚里士多德作品的译释，有赖于他的工作，几乎所有如今已知的亚里士多德文献，均有拉丁语版本存世。活跃在维泰博的学者还包括数学家和天文学家坎帕努斯（Campano da Novara）②以及两位重要的光学著作作者：波兰人威特罗（Witelo）③和英国人约翰·佩查姆（John Pecham）④，我们将在下文中介绍。

---

① ［Federico Ⅱ: Trombetti Budriesi］第57-59页。
② 译者注：坎帕努斯（约13世纪初至1296年）是意大利数学家、天文学家。生于诺瓦拉，卒于维特尔博。他较早地将欧几里得的《几何原本》由希腊文和阿拉伯文翻译成拉丁文，并加入了许多有见解的评注，使该书成为最早印刷出版此书的蓝本。他还研究过三等分角、黄金分割律和弦切角的性质等问题，由他撰写的算术和初等几何教科书，因取材适当和语言通俗被广泛流传，沿用了近300年。
③ 译者注：威特罗又名维特隆（Witelon）、维特罗（Witelo、Witello）、威特里欧（Vitellio）或威特里欧·图林根波兰（Vitello Thuringopolonis），约出生于1230年，逝于1280年至1314年4月，波兰修士、神学家、物理学家、自然哲学家及数学家，也是波兰哲学史上的重要人物。
④ 译者注：约翰·佩查姆是英国数学家、大主教，著有《视学通论》《论数》等。1292年卒于萨里。

4　百科全书文献：不失为一个佳例

通常被意大利人认定为第一本意大利语"科学"著作的，是里斯托罗·达雷佐（Restoro d'Arezzo）于 1282 年用阿雷佐方言编写的《世界的构成》（*La Composizione del Mondo*）。[①] 我们为何需要提到这本著作呢？因为该书所从属的百科全书体裁，我们在后文中并不会进行探讨。中世纪的百科全书（如动物寓言集、宇宙志和其他相关文献）在文化史研究方向颇有建树，但并不归于本书主题的讨论范畴。并非因为它们不符合我们所选择的狭义"科学"研究领域（在本书后文中引用的书籍大部分也不归属于历史文化类），而是因为对百科全书类典籍的研究对于科学复苏收效甚微。

里斯托罗的书籍参考了大量的阿拉伯语文献，主题囊括占星术、气象现象、自然地理、植物、动物等。在此我们以法甘哈尼（Alfragano）[②] 的天文学论文为主要代表，里斯托罗多次引用了法甘哈尼的文献，并将其中的一个整章进行了翻译。里斯托罗对月球外观的解释能够很好地体现其所传播的天文知识处于何种水平，他认为，月球处于黑暗的地球和明亮的星星之间的，所以月球兼有明亮和黑暗两个部分。[③] 爱奥尼亚的巴门尼德（Parmenide）[④] 在公元前 5 世纪就很清楚这一概念，如月球散射的光源来自

---

① ［Restoro d'Arezzo：Morino］。

② 译者注：法甘哈尼是巴格达阿巴斯王朝天文学家，生于今乌兹别克斯坦费尔干纳，著作涉及天文学及天文仪器，在中世纪阿拉伯国家和西方国家广泛流传。他的作品对托勒密的《天文学大成》进行了概况，并加入了修正后的实验数据，据传对哥白尼和哥伦布都产生了影响。月球阿尔·法甘尼陨石坑以他的名字命名。

③ ［Restoro d'Arezzo：Morino］，II.2.8（存在不同观点的论述）。

④ 译者注：巴门尼德（古希腊语：Παρμενίδης ὁ Ἐλεάτης），前 5 世纪古希腊哲学家，是重要的"前苏格拉底"哲学家之一，是埃利亚学派的一员。生于埃利亚，主要著作是用韵文写成的《论自然》，如今只剩下残篇，他认为真实变动不居，世间的一切变化都是幻象，因此人不可凭感官来认识真实。

于太阳，但是这一切对里斯托罗来说却是陌生的。紧接着里斯托罗又补充表示，如果在月球上看到一个人的脸，那么这张脸必定是最尊贵的面容。

但是由于《世界的构成》是由阿雷佐方言所撰写的，客观现实与书本用语之间难免出现误差和出入。例如，里斯托罗解释说，在航行中共有12个方向的风，4个基本方位的风向让船只能够于4个方向行驶，同时还需算上两股侧风，以便人们需要沿与4个主要方向不完全一致的方向行驶。①

在《世界的构成》专门论述星星的长篇章节中，里斯托罗主要揭示了每颗行星的星象影响，在文论中不时可见托勒密天文学的一些罕见的概念，例如，托勒密指出行星的运动是沿着本轮和均轮进行的，②但由于托勒密理论中关于本轮及均轮的圆周半径和星体运动速度的细节缺失，所以严格来说，托勒密这一观念以"化石"概念③的方式传播之后，无论从可观察到的星象描述方面，抑或对古典天文典籍的诠释和修复方面，实用价值均不是很高，这是《世界的构成》一书的特性，也是所有隶属于这一类目书籍（百科全书类）的共同特性，这也侧面反映出，在复原上古科学方法理论的这一缓慢长河里，为何该类作品无法提供助益，也因而不被纳入作品链中。

某些时候，《世界的构成》也表达了诸多有趣的概念，例如，在山上发现的"鱼骨"被认为是洪水的证据④。显然，里斯托罗（或者说：他的消息来源）认为海洋化石的有机来源是确定的，并正确地推断出发现"鱼骨"的地面曾经被海水覆盖。正如我们将看到的那样，这些观念只有在历经数百年的

---

① ［Restoro d'Arezzo：Morino］，II.7.3。
② ［Restoro d'Arezzo：Morino］，I.11.3。译者注：本轮－均轮系统又称本轮－均轮模型，是由古希腊天文学家阿波罗尼乌斯提出（也有人认为是希帕克斯提出）的宇宙结构理论。随后的托勒密及其天文学体系下的不少人对该模型进行了改进和调整。
③ 译者注："化石"概念见本书第一章。
④ ［Restoro d'Arezzo：Morino］，II.5.8。

激烈争论之后才能得到确凿的肯定。① 然而，即使在这种情况下，通过百科全书式作品逸散出来的知识，最终也能够直接从古代资料中检索出来，中世纪百科全书文献作为媒介其实并非必要。

5　大学

在大学诞生之前，欧洲就已经存在了一些高等教育中心：我们上文提到过萨勒诺医学院，以及一个建于11世纪末、位于博洛尼亚的重要的法律研究中心，正是在这里，伊尔内留斯（Irnerio）和格兰西（Graziano）② 开始分别教授《民法》和《教会法》。然而，这些教育中心均是由个人倡议而组成，并未成立任何官方的正式机构。第一所真正的中世纪大学，成型于当时类似行会的一个协会组织设立的章程基础之上，在1190年左右于博洛尼亚设立，第二所大学于1210年左右于巴黎成立。但是，这两所大学在成立方法这一重要方面截然不同，也为后世大学的创立提供了两种不同的模式：巴黎大学脱胎于一个由学生和教师组成的团体，而博洛尼亚大学的前身则是仅由学生组成的自由协会，学生会有权从学生中选举校长并选择教师。这样的差异不可谓不重要，尽管目前这一差异对研究机构和文化内容产生了何种影响尚不明晰，但不排除它起到决定性作用的可能。

13世纪期间，大学在欧洲迅速扩散：1300年里已有15所大学成立，其中5所在意大利。③ 然而，只有少数大学在欧洲层面发挥了作用。大学不仅吸引了来自各国的师生，还为文化的发展做出了重要贡献。直到中世纪末，有7所大学中聚集了来自全世界各地的优秀人士，成为令人瞩目的重

---

① 例如，伏尔泰（Voltaire）在这一问题上的观点，比里斯托罗的更为生硬。
② 译者注：格兰西编写了《格兰西的法令集》（*Decretum Gratiani*），又名《教会法汇要》（*Concordantia Discordantium Canonum*），是一部由格兰西于1140年左右完成的教会法合集。
③ ［HUE I］第62-65页中列出了所有具有多年历史和可能已灭绝的中世纪大学。

要群体，其中两所在意大利：博洛尼亚大学和帕多瓦大学（帕多瓦大学是1222年从博洛尼亚大学分离出来的）。其他几所学校分别是英国的牛津大学和剑桥大学（剑桥大学和帕多瓦大学的情况一样，是从牛津大学分离出来的），法国的巴黎大学和蒙彼利埃大学以及西班牙的萨拉曼卡大学。①

在意大利兴起的大学中，必须提到的是腓特烈二世于1224年在那不勒斯创立的大学。那不勒斯大学是一所与众不同的、超前于时代的大学，准确地说，那不勒斯大学实际上是一所"国家"机构，是借助西西里国王腓特烈二世的个人意志而诞生的，其初衷是培养王国组织所需的官员。腓特烈二世在1231年的《梅尔菲宪章》（*Costituzioni di Melfi*）②（1241年进行修订补充）中也给出了萨勒诺医学院的第一个官方规定，腓特烈二世规定：如要在王国行医，首先必须通过萨勒诺学校教授的考试，并且必须参加学校安排的3年的逻辑学预科课程和5年的医学研究课程。③然而，萨勒诺医学院直到1280年才被承认为一所"大学"，当时它正处于急剧衰退的状态。

在谈及教学内容之前，我们得重申，中世纪的大学并不对学生的入学条件有任何特殊要求（因此，当时很有可能存在部分的文盲学生④），同时，拥有学校颁发的资格证书也不构成从事任何职业的必要条件（甚至连充分条件都不是）。唯一被认为有必要获得学术学位的职业即为大学教授本身。同时还需要强调的是，当时大学的学习水平并不一定高于其他学校。一些大教堂学校或修会的"通识教育"可以达到与许多大学相当甚至更高的水平。然而，在13世纪⑤，宗教学校对教友培训的重要性下降到几乎消失的地步，在此期

---

① [HUE I]第55页。

② 译者注：《梅尔菲宪章》又称《奥古斯都之书》（*Liber Augustalis*），是1231年9月1日神圣罗马帝国皇帝腓特烈二世在西西里王国颁布的新法典。

③《梅尔菲宪章》（*Costituzioni di Melfi*）第三卷第45条和第46条。关于1231年前萨勒诺学校的非正式性质，请参见[Kristeller Salerno]。

④ [HUE I]第174页。

⑤ [Grender]第14页。

间，市立和私立的非宗教学校开始涌现，并在下一世纪急剧增加。除开设小学之外，还为已经识文断字的学生设立了非宗教学校。这类非宗教学校主要教授学生算盘和文法（即拉丁语课程），也有部分学校负责教授学生法学和公证学，其中一些学校的水平可与大学相媲美。

彼时教育体系也以私人导师（不仅针对贵族家庭，也针对富有的商人和专业人士）和学徒制为基础，学徒制是建筑师和艺术家以及其他工艺制造行业的专属培训渠道。

要了解13世纪和14世纪的大学所推动发展和广泛传播的科学知识，首先必须提及的可能是这4个学院：神学、法律、医学和文理[①]。有时大学还会分立两个不同的法学院，一个教授民法，另一个专门研究教会法。神学院和法学院的教学内容与科学研究关系不大，因此，我们将着重谈论医学研究，但鉴于解剖学和生理学等学科的发展水平较低，因此我们可以看出，当时医学研究的"科学"性质难免令人生疑。

文理学院教授的课程显然与"科学"最息息相关。在文理学院设立文理教育[②]课程，即所称"四艺"（算术、几何、音乐、天文）和"三科"（文法、修辞和逻辑），这种古老的知识结构，起初大多经由乌尔提亚努斯·卡佩拉的作品传入中世纪文化。很快，除了在辩证法领域教授的逻辑学之外，几乎所有大学都增设了哲学科目，教学内容尤其以亚里士多德的自然哲学为主。

但不得不说，从各个意义上而言，文理学院都是一个较低层次的学院。其他3个学院的教学目的是培养统治阶级的权威成员，而文理学院的学生完成学习后，能够获得学院颁发的最高学历（文理硕士学历，可由已经拥有"文理

[①] 编者注：此处原文为"arti"，有人译为"人文"，有人译为"艺"，有人译为"文学"，结合本书后文该学院的教学内容，本书译为"文理"。

[②] 编者注：此处原文为"Arti liberali"，有人译为"文科"，有人译为"艺学"，有人译为"自由七艺"，也有人译为"博雅教育"等，本书与上文一致，译为"文理教育"。

学士"文凭的人获得）的学生，至多不过寄希望于在宗教学校或市政学校谋得一个教学职位：即使在当时，这个职位也远不能被看作拥有上流社会地位。一个不为培养任何职责明确的专业人员，仅出于对古老的知识结构致敬而存在的学院，只能被视为一个普通教育的培训场所，为更专业的学术学习做准备。"文理学士"所对应的拉丁文为"Artium baccalaureus"，对应的英文为"Bachelor of Arts"，时至今日，"文理学士"也仍被用来指代最低学术学位。

在文理学院就读的学生多为 14—16 岁，社会地位普通的男孩，他们通常以前都上过文法学校。高级别学生入院就读（通常只是非正式就读，没有报名注册），只是作为进入其他 3 个学院之一进行专业研究之前做的准备活动（尽管除了上文提到过的萨勒诺医学院外，当时还无严格的预科阶段规定）。文理学院教授的"文理学生"的教师往往是最年轻、收入最低的，他们自身通常是高等院校的学生。在此情况下，很明显，相比为了进行神学、法学和医学专业学习而教授的基础准备型文科知识，文理教育的价值无疑更高。虽然人们认为神学家理应掌握文理教育所涉及的一般通识，但未来的律师首先对修辞学，特别是司法演说更感兴趣。尽管许多人认为掌握所有的文理教育知识是最上选，但对于有抱负的医生来说，逻辑学和天文学课程被认为尤为必需（原因将在后文阐明）。

如上所述的情况下，"四艺"中进行的"科学"指导（通常由神学家或医生任教）往往非常初级，这一点也就不足为奇了。算术和音乐的研究主要源于亚尼修·玛理乌斯·塞味利诺·波爱修斯（Anicio Manlio Torquato Severino Boezio）的文本。在几何学课程中，人们能够读到少许欧几里得的知识，但天文学的研究在很长一段时间里一直处于非常低的水平，行星理论更是完全避而不谈。

意大利的大学，特别是博洛尼亚大学和帕多瓦大学，存在一些特殊性，部分是由其不同的法律性质而引起的。首先，这两所大学的神学系长期处于缺位状态（神学研究分别于 1360 年和 1363 年才引入至博洛尼亚大学和帕多瓦大学）。神学院的缺乏导致了最初文理学院的重要性较低，在牛津大学和巴黎大学，文理学院因与神学院的密切关系而得到加强，在理想情况下，文理学院应从属于神学院。

而在博洛尼亚大学和帕多瓦大学，情况则大不相同，处于从属地位的"文理学生"与医生组成了一个单一学院，名为文理和医学共同体。在帕多瓦大学，直到 1399 年之前，文理和医学共同体①都一直隶属于法律共同体。② 由于大学组织机构的不同，导致巴黎大学和牛津大学的文理学院所进行的科学教学与神学密切相关，而博洛尼亚大学和帕多瓦大学的科学教学则与医学密切相关。在许多情况下，教授"文理学生"的老师，在巴黎大学及牛津大学多为来自神学院的学生，而在博洛尼亚大学和帕多瓦大学则为医学院的学生。正如我们将看到的那样，医生对所有科学领域所做出贡献的重要性，将是意大利大学的一个特点，即使在接下来的几个世纪里，这一特点也将延续，这也是为什么意大利传统上对单一经验数据颇有偏好，但并不热衷于阐述抽象一般理论的根源之一。

博洛尼亚大学和帕多瓦大学的另一个有趣的特点，是将每个院系学生细分为"Citramontani"（意为来自半岛的学生）和"Oltremontani"（意为来自其他欧洲国家的学生）③，随后"Oltramontani"又进一步以"民族"细分：这一细节证实了对意大利文化统一性的认识已经出现。

归根结底，意大利的大学无论数量还是教学质量在欧洲都首屈一指，或许因为意大利的大学的"学生"性质，所以大学的强项首先是法律，然

---

① "Universitas"这一词语在中世纪含义与如今不同，当时该词特指为与教师相关的学生协会，而我们现在所说的大学，在当时被称为大学校（Studium Generale）。
② [HUE I] 第 110 页。
③ 译者注：今多见写作"Ultramontani。Citramontani"，指除了博洛尼亚本地学生之外，其他来自意大利本土的学生，即"来自半岛的学生"。"Oltramontani"则指来自其他欧洲国家的学生。

后是医学，对于日后意图从事利润丰厚且受人尊敬的职业的学生而言，两者都大有助益，而神学、逻辑学或一般的哲学等理论学科的空间在意大利的大学里则小得多：在 13 世纪和 14 世纪，这些学科的主要中心在牛津和巴黎。

6 医生、占星师和"理发师"[①]

尽管在古代和现代欧洲，医学的方法与天文学的方法有着深刻的不同，但我们有充分的理由对 13 世纪、14 世纪医学和天文学知识的发展进行比较研究。首先，在这两种情况下，正如其他学科的情况一样，此时的学科发展不是由科学研究（在我们上文所述的意义上）而推动的，而是以文本研究产生的。研究文本并将其翻译成拉丁语的工作已经成为 12 世纪的特点，而且这一特点于现在更为明显，与此同时，通过对发现的文本进行阐释、比较、评述和总结来进行缓慢的吸收和掌握。在当时，文本翻译这一工作除了需要语言技能之外，上述提到的两门学科的文本翻译，还需要对当时得以复兴的亚里士多德的逻辑有所了解后方能进行。另一方面，无论是天文学还是医学，其专业文献都具有相同的三重起源：有来自古典希腊的作品（尤其是希波克拉底语料库的医学文献和亚里士多德谈及两者的一些著作），也有帝国时期的希腊作品（尤其是托勒密的天文学和盖伦的医学）以及各种阿拉伯文的原本文献及其评论。希腊化时期的作品缺失的有：希罗菲卢斯（Erofilo di Calcedonia）[②]

[①] 译者注：本文此处的"Barbieri chirurghi"（理发师）指的是外科医生。在当时，外科医生的工作是由理发师来担任的。
[②] 译者注：希罗菲卢斯（生于公元前 335—前 280 年，卒于公元前 255 年）是一名希腊医生及最早的解剖学家之一，出生于迦克墩。用人脑做实验，开创了神经解剖学，在 2000 多年前发现了神经系统，证明了神经从脑部起源。

和埃拉西斯特拉图斯（Erasistrato de Ceo）[①]的医学论文，以及阿波罗尼奥斯（Apollonio）[②]和喜帕恰斯（Ipparco di Nicea）[③]的天文学论文均已遗失。当然，不同来源的文本往往相互矛盾，例如，享有巨大声望的亚里士多德的著作，无论与托勒密的作品还是同盖伦的著述都不相融合。

应该着重提出的是，尽管当时的学者将文本研究置于对自然的观察之上，这在当时被认为是由于文化的限制而产生的，但是对于当时的文化背景来说不失为最好的选择。在中世纪，如在加洛林时期的欧洲[④]或随后几个世纪的日本，对自然现象的直接而明智的观察（如今已经变得很困难）一直是人类所能做到的，但即使在这样的情况下科学仍未诞生。13世纪欧洲最大的新奇之处在于，它接触到了由过去积累的文明而孕育的强大的智力工具，而这种工具只有在被充分地吸收掌握之后才有可能被超越。由于在某些情况下，如罗马法、欧几里得几何和亚里士多德逻辑，"新"工具的有效性及其相对于中世纪早期可用工具的优越性很快显现出来，因此，人们对所有古代文本普遍充满信心，但是这种信心只有在经过几个世纪的研究工作后才会被细致入微的批判性审查所取代。

天文学和医学不仅需要实质上相似的智力工作，而且还通过医疗占星

---

① 译者注：埃拉西斯特拉图斯（英语：Erasistratus），（公元前304—前250）是古希腊解剖学家和塞琉古王国君主塞琉古一世的御用医生。曾在塞琉古王国凭借高超的医术而闻名遐迩。他在埃及亚历山大港创立了解剖学校，在此进行解剖学研究工作。他倡导原子对于人体的重要价值，为首位对人体的大脑和小脑进行深入研究的学者，此外，他还探讨了人体的心脏、动脉和静脉之间的关系。他的著述亦十分丰富。

② 译者注：阿波罗尼奥斯又译为阿波罗尼乌斯、阿波罗尼等，是古希腊数学家、天文学家。著有《圆锥曲线论》（八卷）和《论切触》。

③ 译者注：喜帕恰斯（约公元前190年至公元前125年）是古希腊伟大的天文学家、数学家。他编制出1022颗恒星的位置一览表；首次以"星等"来区分星星；提出了托勒密定理；发现了岁差现象。

④ 译者注：加洛林王朝自751年建立，911年覆灭。8世纪晚期至9世纪期间，出现了史称"加洛林文艺复兴"的局面，也被看作是"欧洲的第一次觉醒"。

第二章 文本研究难以满足实践需要（1202—1435）

学①巧妙地结合在一起，这是当时天文学的主要应用方式。即使是那些不相信占星术效用的人（尽管越来越少）也必须认识到，在完全吸收古代数学天文学的知识之前，要找到更好的应用方式绝非易事。

意大利依旧是重要医学院的所在地，萨勒诺医学院在13世纪的前几十年仍然是举足轻重的医学院，后来被博洛尼亚大学所取代，博洛尼亚大学、蒙彼利埃大学和巴黎大学构成了欧洲医学的三大支柱。随后，或许14世纪便能窥见端倪，但时至15世纪，我们可以肯定地看到，帕多瓦大学也开始渐渐崭露头角，走上历史舞台。除了当时整个欧洲医学和天文学之间存在的联系外，在博洛尼亚大学和帕多瓦大学，还增加了一个"文理和医学"的独立学院，这意味着天文学与其他"文理"一样，在该学院主要由医生或医科学生向有抱负的年轻医学生教授天文课程。所以，当时很多主要天文学著作的意大利作者都是医生，也就不足为奇了。

天文学于方法论层面与医学存在一个重要的差异：由于恒星的可观测运动轨迹比疾病的演化简单得多，也更具重复性，因此在生命科学达到类似的科学地位之前，早期的数学、天文学已先于生命科学在古代出现也极为可能。12世纪被译为拉丁语的主要是天文学文本，即托勒密的《天文学大成》，提供了一个数学模型，能够以合理的精度来描述太阳、月亮和行星的可观测运动，但由于书籍内容涉及的客观技术难以实现，以及克雷莫纳的杰拉德写出的拉丁译本的扭曲风格，导致了这本书并不容易阅读。因此，在大学里，人们倾向于略过这本著作，将天文学研究建立在以此为目的进行编纂的通俗著作之上，其中约翰尼斯·德·萨克罗博斯科（Giovanni Sacrobosco）②于

---

① 译者注：医疗占星学是占星学的分支之一，主要将患者身体部位及病症与星象相连接。
② 译者注：约翰尼斯·德·萨克罗博斯科（也被称为"Johannes de Sacrobosco""Sacrobosco""John of Holywood"）约1195年出生于巴黎（卒于1256年），是一位英国数学家、天文学家和占星家，尽管他的真实出身众说纷纭，他曾在巴黎大学任教。

1230 年左右在巴黎出版的《天体论》(*De Sphaera*)[1] 尤其成功。与其他类似的论文一样，萨克罗博斯科的著作通过规避托勒密行星理论的基本技术层面，达到了可读性的目的。

详细介绍托勒密《天文学大成》的第一部拉丁语著作是坎帕努斯于约 1261—1264 年出版的《行星论》(*Theorica planetarum*)[从他对教皇乌尔班诺四世(Papa Urbano IV)[2] 的献词可以推知其出版时间]。[3] 虽然我们对坎帕努斯知之甚少：可以肯定他是一名医生，在他撰写主要著作的那些年里，正如前文已经大略提及，他是维泰博教皇宫廷中著名学者团体的一员。坎帕努斯(卒于 1296 年)一生致力于翻译和撰写关于数学和天文的作品，其中包括了天文表和对欧几里得《几何原本》的翻译和评述。尽管 14 世纪出现了一本署名坎帕努斯的医疗占星学作品，但如今已无法考证是否是同一个人。[4] 因此我们无法确定，坎帕努斯是否如当时的许多医生一般，对天文学的兴趣是由占星术在医学中的应用所激发的。

在《行星论》这一作品中，虽然部分理论与《天文学大成》一字不差，但完全避开了托勒密对观测的引用和对引入模型的讨论。坎帕努斯从《天文学大成》中只摘选了用于描述每颗恒星运动的算法的阐述，他认为没有必要证明其有效性。同时，坎帕努斯还引用了其他文献，其中最主要的来源是法甘哈尼的学说(法甘哈尼的主要学说同样基于托勒密的行星假说)，坎帕努斯因此增加了两个在《天文学大成》中未涉足的论题：行星的距离和体积。坎帕努斯声称对行星的距离和体积了解得非常精确，而最

---

[1] 译者注：《天体论》是约翰尼斯·德·萨克罗博斯科最重要的作品，"De Sphaera"是该书"Tractatus de sphaera"(也被"De sphaera mundi")的缩写名称。它是中世纪迄今为止流传最广的天文学论文。

[2] 译者注：教皇乌尔班诺四世(拉丁语：Urbanus PP.IV；约 1195 年至 1264 年 10 月 2 日)本名雅各伯·庞塔莱翁(Jacques Pantaléon)，1261 年 8 月 29 日当选罗马主教(教皇)，同年 9 月 4 日即位，至 1264 年 10 月 2 日为止。

[3] [Campanus: Toomer]。

[4] [Campanus: Toomer] 第 23-24 页。

| 第二章　文本研究难以满足实践需要（1202—1435）|

重要的是这篇论文的主要目的，即描述赤道仪的构造和使用方法，这一仪器十分简单，可以用于测量星星经度。令人疑惑的是，坎帕努斯是否真的建造了这个仪器。即使他真的建造出了仪器，但仪器的水平也很有可能仅仅局限于当时典型的文本水平。无论如何，这项工作仍旧是中世纪古典天文学知识得以吸收的过程中重要的一步，因其对于了解古代仪器大有裨益，这些仪器一旦得以重建，人们便能将目光从书面研究转向观测天文学的恢复。

纵观天文仪器，由喜帕恰斯发明的星盘在当时发挥了核心作用，同时伊斯兰世界也在继续建造和使用这一仪器。欧洲人对星盘的兴趣，首先源于其占星用途，这可以追溯到12世纪文艺复兴时期［其先驱教皇西尔维斯特二世（Sylvester II）①不在讨论之列，他曾写过一篇非常简要的描述］，专门研究这一仪器的论文著述也多不胜数，直到16世纪末才声势渐消。最早在意大利创作的作品中，值得注意的有彼得·德·阿巴诺（Pietro d'Abano）②的著作，对此我们将在后文另行探讨，以及安达洛迪·内格罗（Andalò di Negro）③（1271—1334）的作品，他是一位热那亚贵族、医生和占星家，他受雇于罗贝托一世（Roberto d'Angiò）④，于那不勒斯成了一名教师，直至结束职业生涯。

古代医学并不像托勒密天文学那样包含预测性和可验证的理论，它

---

① 译者注：西尔维斯特二世本名"Gerberto di Aurillac"，945年出生于法国，是第一位法兰西籍教皇。他学识渊博，是著名的学者和教育家。但后世对其评价褒贬不一。
② ［Andalò di Negro］。译者注：彼得·德·阿巴诺（1257—1316）是一位意大利哲学家、博士和占星家，生活在13—14世纪的意大利。在生前意大利曾经两次指控他练习魔法，具体指控是"他在魔鬼的帮助下得到了所有的钱，并且拥有了贤者之石，"不过在第二次审判结束之前就死于狱中，但最终依然被判为有罪并且被执行火刑。
③ 译者注：安达洛迪·内格罗（1260年生于热那亚，1334年卒于那不勒斯）是意大利天文学家、地理学家和作家。
④ 译者注：罗贝托一世又称安茹的罗贝托（1276年至1343年1月20日）是那不勒斯国王，1309—1343年在位。

的发展路线并非完全线性,所以对古代医学知识的掌握更为困难。从 13 世纪末到 14 世纪初,采取的第一步是以一套相对统一的文本为基础教材,来确定几个主要大学的教学内容,当时的教材包括艾尔伯图斯·麦格努斯(Alberto Magno)①整理编写的《亚里士多德的动物学著作汇编》(*Zoologiche di Aristotele*)、希波克拉底文集和盖伦的一些著作[包括《论气质》(*De temperamentis*)和《论人体各部位的用途》(*De utilitate partium*),同样也包括伊本·西那(Avicenna)的《医典》(*Il canone della medicina*)②(其中只有少数章节列入研究范畴)]以及各种中世纪的摘要和评论,尤其是阿拉伯语的论述。以亚里士多德逻辑学和部分"生理学"基本理论为概念框架,将病理学和治疗学的知识穿插其中。治疗学既属于医学,也属于自然哲学,其基础是希波克拉底的 4 种体液(血液、黏液、黄胆汁和黑胆汁)学说,其不同的相对比例产生了 4 种气质(多血质、黏液质、胆汁质和抑郁质),以及 4 种原则(热、冷、湿和干),其比例被认为因器官而异。随后生理学被纳入更广泛的自然哲学范围,这也归功于医疗占星学,其中托勒密的《占星四书》(*Tetrabiblos*)③便是参考文本之一。正是每个人的星座决定了他的气质和对疾病的反应,而另一方面,疾病的传播是由于星体的影响(这也是术语医疗占星学得名的原因)而发生的。该疗法考虑了 3 种类型的干预措施:饮食、药物和手术,并以反向疗法的一般理念为基础,例如,某种疾病如果成因是干性强于湿性,则会开出湿

---

① 译者注:艾尔伯图斯·麦格努斯又可以翻译为大阿尔伯特(约 1200 年至 1280 年 11 月 15 日),是一位中世纪欧洲重要的哲学家和神学家,他是多明我会神父,由于他知识丰富而著名,他提倡神学与科学和平并存。有人认为他是中世纪时期德国最伟大的哲学家和神学家。他也是首位将亚里士多德的学说与基督教哲学综合到一起的中世纪学者。罗马天主教将他列入 36 位教会圣师之一。

② 译者注:《医典》是 17 世纪以前亚洲、欧洲广大地区的主要医学教科书和参考书。

③ 译者注:《占星四书》主要是讲述关于自然哲学以及占星术的学问,是一部有关占星学哲理与应用的极重要典籍,乃是亚历山大学者托勒密(约公元 90 年至约公元 168 年)在 2 世纪所成书,是托勒密 4 本重要著作之一,由于该书与占星术颇有渊源,许多占星术上的概念来自该书,使得《占星四书》直到今日仍被学习古典占星术的人们广泛传诵阅读。

性药物进行治疗。

上述提到的病理学和治疗学理论与托勒密天文学截然不同，但仍不能划入我们所定义的"科学"范畴。因为当时的病理学和治疗学不具备一个严密的知识内部结构，无法明确做到逻辑内部自洽，因而也无法将实际案例与文本进行比对，来确认二者是否相符，更进一步而言，其知识体系也不具备提供可靠预测的可能性。当时的病理学和治疗学学科知识仅有一个常规的参考框架，可以在其中插入大量不同来源的知识，包括诊断和预后的方法，植物和其他物质的治疗特性，以及全凭经验进行的外科手术（虽然主要的手术是"理发师"类外科医生的领域，但一些小手术也是由普通医生进行的）。

在天文学和医学领域，当时具有代表性和影响力的学者之一是彼得·德·阿巴诺（生于1248年或1250年，卒于1315年或1316年），他的论文在16世纪仍在印刷传播。对于他的生平我们知之甚少，我们只知道他曾在君士坦丁堡和巴黎居住和学习，从1306年起，他在帕多瓦大学拥有医学和占星学的教职。我们还知道他曾因异端邪说受到审判，但指控的性质和审判的结果都无法确定。从他留下的作品中我们可以看出，他首先对理论层面的哲学基础感兴趣，并试图将这些理论置于一个有机的知识框架中。

《天文学怀疑论》（*Lucidator dubitabilium astronomiae*）[1]是彼得·德·阿巴诺的主要天文学和占星学著作。该著作主要有两个目标，第一个目标是为托勒密天文学辩护，使其免受亚里士多德派对他的指控〔当时的主要论战对象是我们所称的阿尔佩特尔吉斯（Alpetragio），其本名为努尔·丁·阿尔比特鲁吉（Nur al-Din al-Bitruji）〕，亚里士多德派拒绝接受托勒密的偏心圆理论和本轮系统，认为它与天体的秩序和完美性相矛盾，同时，托勒密天文学体系需要一个与亚里士多德学说不相符的真空环境才能发挥作用；第二个目标是为司法占

---

[1] [D'Abano: Federici Vescovini]。

星术辩护，使其免受批评，尤其是免受哲学家和神学家群体的批评。哲学家和神学家认为只有不可破坏的天体运动才是真正的科学，他们不愿承认地球运动会受到天体影响，毕竟这一外界影响可以产生，那必定也可以被破坏。彼得·德·阿巴诺为托勒密学说所做的辩护，与其说是从技术层面上，不如说是从哲学层面上论证托勒密学说与亚里士多德学说的兼容性，但彼得·德·阿巴诺也将天文论证用于神学目的，在彼得·德·阿巴诺看来，分点岁差能够证明世界在时间上的起源，进而证明世界创造的真实性。除了占星学在医学上的应用外，《天文学怀疑论》还涉及它的逆向应用：将医疗占星术反用于天文学，这方面阿巴诺十分认可阿布·马谢尔（Albumasar）[①]的权威，认为气质理论不仅适用于人类患者，也适用于行星。

  彼得·德·阿巴诺在医疗工作方面的主要目标也与《天文学怀疑论》相似。《哲学家和医生之间分歧的调解人》(*Conciliator differentiarum philosophorum et medicorum*)尽管实际上构成了亚里士多德派和盖伦主义者之间争论的一部分，但彼得·德·阿巴诺的著作本意是试图调和这两个权威派别之间的矛盾。在《哲学家和医生之间分歧的调解人》中，彼得专门提出，带有占星术内容的小雕像具有治疗效果，这一学说在蒙彼利埃大学也得到了认可。为了阐述彼得作品中具体的医学内容，我们以《毒药论》(*De venenis*)为范本进行展示，在这部作品中，毒药是根据其作用的方式进行分类，例如，蛇怪会杀死任何看向它的人，努比亚唾蛇会杀死听到它"咝咝"声的人，诸如此类。口服摄入后起作用的毒药包括猫脑和月经血，与非常年轻的女性性交被视为解毒方法。书中所提及的另一种毒药是愤怒的红发男人的血，在血液被饮下的情况下（估计不常见），彼得开出了巴勒斯

[①] 译者注：阿布·马谢尔是中世纪波斯穆斯林星相学家，被认为是巴格达阿巴斯王朝最杰出的星相学家，生于大呼罗珊巴尔赫（今阿富汗），他编写的手册对穆斯林知识分子以及拜占庭帝国和西欧产生了重要影响。

坦西瓜的汁液作为解药。

很明显，就医学而言，薄弱的一般理论框架不允许在起源大相径庭的概念之间进行选择：效用或许已经在经验中得到验证的"祖母的食谱"，只会混杂于上古时期和那时新进兴起的迷信中一起被接受。

在具有医学意义的科学学科中，解剖学当然是最古老的（也是最早在欧洲复苏的），但在我们所谈论的几个世纪中，这一领域的知识进展缓慢，而且步履维艰。究其原因，首先，研究所使用的文本提供的信息很少，而且往往是相互矛盾的。盖伦没有像中世纪所认为的那样对人类进行过解剖，因此他的论文代表的水平，很可能比希罗菲卢斯和埃拉西斯特拉图斯已佚失原本的希腊作品更低。此外，他的主要解剖学著作《论解剖过程》（*Procedimenti anatomici*）当时在拉丁欧洲完全无人知晓；至于《论人体各部位的用途》本身并不包含太多的解剖学信息，而且在当时，人们是通过一个经常扭曲文本含义的汇编来阅读这本作品。即使文中所引用的阿拉伯语文本也并没有提供什么解剖学知识：这些文本主要出自拉齐（Rhazes）[①]的《阿尔罕布拉》（*Almansor*）第9册的导言，以及在病理背景下，对伊本·西那的《医典》中偶尔进行的一些发散。

1310年左右，蒙迪诺·德·卢齐（Mondino de'Liuzzi）（大约生于1270年，卒于1326年）在博洛尼亚大学取得了解剖学研究的划时代进展。13世纪时并不缺乏观察解剖的机会：外科医生实际上通过进行手术和遗体解剖来剖开活体和尸体，但这些解剖尽管偶尔可以提供信息，最终却是以实用为导向，而并非以认知为目的。然而，蒙迪诺将人体解剖作为一项系统

[①] 译者注：拉齐（865年8月26日至925年）是波斯医师、炼金术师、化学家、哲学家。在医学上，他发现了天花与麻疹是两种不同的疾病，并最早阐明了过敏和免疫的原理。在化学上，他发现了乙醇，并认为元素嬗变为金银是可能的。他创立了完善的蒸馏和提取方法，并通过蒸馏绿矾（油）和石油，分别发现了硫酸和煤油。

的学术实践进行引入。[1] 这种解剖学上的新做法[2]可以追溯到希腊化时代，很快传播到蒙彼利埃和其他各大医学系，但随后被放弃了。蒙迪诺写了多部作品，最著名的是 1316 年的《解剖学》(*Anothomia*)，几个世纪以来，《解剖学》一直是该学科的参考文献。[3] 当然，我们不能认为蒙迪诺的大胆创新会立即对解剖学研究的发展产生根本性的影响。由于一系列文化和技术上的原因，就如天文学发生的情况一样，解剖信息的基本来源在长时间内仍然是文本内容。解剖学的引入还需要归功于盖伦（盖伦并没有在人体上练习过解剖，但他读过相关的文献）对其重要性的一再强调，而且，与其说解剖是一种研究工具，不如说它是一种教学活动，用于对文本进行理解。即使到 1465 年，帕多瓦大学的章程也规定每年只有两次解剖活动，因此解剖活动在当时也应当十分罕见[4]。在这样的情形下，蒙迪诺的《解剖学》中描述了 3 个心室，也就不足为奇了[5]。这个谬误源于伊本·西那，他在心脏解剖这一观点上更倾向于信任亚里士多德的权威而非盖伦的论断。然而，解剖的实践在当时就已提供了对部分传统权威理论进行质疑的机会。阴茎的结构解剖就是这种情况，根据伊本·西那的说法，阴茎包含 3 个不同的孔道，用于排出精子、尿液和第三种液体。在这一点上，蒙迪诺并没有采用他的观点，同时，当时的另一位领先的意大利学者詹蒂莱·达·福利尼奥 (Gentile da Foligno)（卒于 1348 年）对这一说法的阿拉伯来源明确地进行过批判。

---

[1] 这一方面在 [Infusino Win O'Neill] 中被忽略了，[Infusino Win O'Neill] 一书认为对于解剖学研究的进展来说，13 世纪外科医生的工作比蒙迪诺的创新更为重要。

[2] 在萨勒诺医学院，只进行过猪的解剖。一些作者认为腓特烈二世授权在那里进行人体解剖，这样的观点源于对梅尔菲宪章条款（第三本的第 4.6 条）进行了断章取义的解释，该条规定医学生必须学习解剖学（这样的学习很可能是基于动物解剖和文本研究）。请参阅 [Kristeller Salerno] 第 532 页。

[3] [Mondino dei Liuzzi]；蒙迪诺的其他几部作品以手稿的形式保存下来，但从未出版。

[4] [Siraisi] 第 88–89 页。

[5] 请参阅 [Mondino dei Liuzzi] 中的《心脏解剖》(*Anothomia cordis*) 这一部分。

詹蒂莱·达·福利尼奥是博洛尼亚大学、锡耶纳大学、帕多瓦大学和佩鲁贾大学的教授,并将解剖学引入后两所大学,他极具声望,做出的贡献也十分令人瞩目。他的著作中包含了许多有趣的新观察,特别是在病理学和诊断学领域,例如,正是詹蒂莱发现了脉搏上升和尿量增加之间的关系,而且他关于尿检的许多观察也十分有趣且新颖。同时,詹蒂莱显然也是一个与时俱进的人,他是一位颇有造诣的希腊语和阿拉伯语专家,他主要对早期的作品进行评述,特别是对伊本·西那的《医典》进行过多次详细的分析,还对12世纪萨勒诺医学院的埃吉迪奥·科巴利恩斯(Egidio Corbaliense)医生的文献作品进行了分析,对脉搏和尿检方面的研究进行了论述。[1]詹蒂莱认为,对于未来渴望成为医生的学生而言,解剖学的学习是第一步,就像想要从事文学研究的人必须先认识字母表一样。然而,詹蒂莱这样具有现代意识的想法并未真正推及解剖学的发展,仅用于向人们证实阅读《医典》时不要省略简短的解剖学部分这一建议的合理性。詹蒂莱的观点在几个世纪里仍然具有现实意义,1501—1506年,他对伊本·西那的论述在威尼斯印制成3卷广为流传,便能很好地证明他的突出贡献。在1348年的大瘟疫中,詹蒂莱想近距离地帮助病人,不幸的是他也被感染,并很快去世了。这样的结局展现了詹蒂莱高尚的道德水平,却也凸显了那个时代医学的无能。在去世之前,詹蒂莱争分夺秒写出简短的小册子,名为《有关害虫的建议》(*Consilium de Peste*),这本小书介绍了当时席卷欧洲的新疾病。詹蒂莱给出的基本建议是他自己并不想遵循的:在瘟疫出现时,最好逃得远远的,等一切平息后再返回。

摆在我们面前的问题是,大学里教授的医学理论(似乎无法给出任何应对疾病的有效疗法)和13世纪、14世纪期间医生真正从事的医疗职业之间究竟有什么联系,又应当如何协调医生享有的高昂的报酬、显赫的社会地位

---

[1] [Gentile da Foligno:Timio]。

和他们在疾病面前的无能为力，这样的问题即使在现当代的资料中也被反复提出。①

首先得了解，当时的认知中，在大学的医学院中学习过医学，完全不是从事医生职业的必要条件，实际上，大多数医生从未上过大学。② 如果医学院所教授的学术理论不被认为是从事医学职业所必须的，我们应该能由此推断，对其实际效用产生怀疑也是可以接受的。大学教育无疑提高了医生的威望，也提高了医生治疗的平均收费，即使是仅凭经验专门从事特定手术的江湖医生，尽管社会地位较低，但在上流社会的圈子里也被需求。经验型医生往往可以通过实践来锻炼手艺，在许多情况下，即使没有读过盖伦或伊本·西那的书，经过数次实际案例的诊治后也能够给出诊断，并能包扎伤口、治疗骨折和使用自己掌握特性的草药来进行治疗，例如泻药或催吐剂。不可否认，当时医学主导理论中的某些要素对经验主义医生也产生了影响，但更多的或许是在他们对疾病的看法和谈论疾病的方式上，而不是在进行诊断和疗法的选择上。另一方面，即使接受过大学教育的医生也在很大程度上忽视了气质和情绪的理论，他们给出的诊断，特别是在治疗方法的选择上，大多还是根据经验制定处方。更何况，如果医生希望在治疗中依循希腊和阿拉伯的典籍开方用药，他们还需面临识别植物和获取植物的难题。

总而言之，实际应用的医学是一个雄心勃勃但仍然无效的理论（然而，这对于医学研究的合法化、构建第一个知识核心、证明医学发展者的社会作用和负责医学发展的机构所承担的成本而言是十分重要的）和很大程度上仍然依靠经验和流传下来的传统知识为基础的实际做法之间折中后的结果。

---

① 例如，参见马泰奥·维拉尼（Matteo Villani）的报告的第299页（[Villani: Aquilecchia]）；弗朗切斯科·彼特拉克的《家庭事务》（*Familiarum rerum*）的第十九卷。在《家庭事务》第109页将举出一个例子，表明即使在16世纪，一些开明人士也对医学缺乏信心。

② 例如，参见[Siraisi]第31-32页。

在帕多瓦大学的医学和占星学教授中，我们不得不提及雅格布·唐迪（Jacopo Dondi，1293？—1359），他的药典著作《药物或简单药物的聚合》（*Aggregator medicamentorum, seu de medicinis simplicibus*）于 1355 年完本，于 1476 年印制，直到 16 世纪仍不断重印。雅格布·唐迪如今因他建造的天文钟而被人铭记，也为他赢得了"Dall'Orologio"[①] 的称号并代代相传。然而，从其后几个世纪的科学发展的角度来看，他撰写的关于潮汐现象的简短小册子，即《大海的潮起潮落》(*De fluxu et refluxu maris*)[②] 可能更有趣。在当时的占星学中，借助月相和潮汐之间的相关性来证明星体对地球的影响真实存在，已经是司空见惯的方法了。此外，还有一种被盖伦所认可、但最早可追溯到老普林尼就已经提及的古老信仰，认为某些疾病的结局是吉是凶，取决于病情的关键阶段发生在潮汐上升还是下降时期，因此像唐迪这样的医生和占星家需要了解潮汐问题也理所当然。然而，使这本小册子变得非常有趣的是对作者潮汐的处理方式。尽管冗长啰唆，这本《大海的潮起潮落》基本写作结构遵从了典型的希腊式科学理论。首先以 6 个主题列出与潮汐有关的主要现象，然后阐述了对于理论的假设，最后从假设中推导出现象。这些假设确定了由月球和太阳引起潮汐的原因，并明确指出月球的作用大于太阳的作用，而且月球和太阳这两颗天体都倾向于在它们位于天顶或天底时引起涨潮，在它们出现在地平线时引起退潮。涨潮和退潮之间的可变高度差，满月和新月时最大，弦月时最小，通过观察可知其原理，在第一种情况下，两颗星体作用叠加，在第二种情况下作用相抵。唐迪在《大海的潮起潮落》的最后一章专门为这种现象的地理变异性进行了证明。综上所述，我们可以说，在《大海的潮起潮落》中，揭示了一个简单的天文理论，尽管完全不同于中世纪其他有关该论题的文献中

[①] 译者注："Orologio"在意大利语中为"时钟／钟表"的意思。"Dall"相当于英文中的"of"的意思。

[②] [Dondi：Revelli]。

列出的一长串原因，可这一理论能够有效解释潮汐的主要周期。我们可以猜测，这很可能是一种古老的理论，唐迪通过研读某些业已遗失的手稿对其进行了深入的了解。① 潮汐理论存在了很长一段时间，特别是在当时的帕多瓦大学及其周边，直到 3 个多世纪后，潮汐理论被纳入牛顿力学，为牛顿力学提供了宝贵但长期被低估的组成部分。

雅格布的儿子乔瓦尼·唐迪·达尔奥洛吉奥（Giovanni Dondi Dall'Orologio），（约生于 1330 年，卒于 1389 年）同他父亲一样，也是帕多瓦大学的医学和占星学教授，他因韵诗和与弗朗切斯科·彼特拉克的通信而为人们所知，更为知名的，是他制造了著名行星仪（图2）。这是一个由砝码驱动的小型装置，通过复杂的齿轮和表盘系统再现了《天文学大成》中所描述的太阳、月亮和 5 颗行星的运动。建造行星仪的古老传统由此首次进入拉丁欧洲。虽然该行星仪没有保存下来，但是我们现在可以根据乔瓦尼·唐迪留下的手稿来进行复刻。②

在乔瓦尼·唐迪关于行星仪论文的序言中，虽然并没有提及他所建造的行星仪的先例（他当然不可能不知道），但是他却详细阐明了原因。乔瓦尼·唐迪制造行星仪有三个目的，首先是为了保护托勒密天文学免受亚里士多德派批评者的攻击，这些反对者否认偏心圆和本轮系统存在的可能性，但是乔瓦尼·唐迪通过行星仪实际上证明了托勒密描述的运动的可能性；此外，通过揭示行星运动的机制，乔瓦尼·唐迪不仅可以将天文学真理的知识传播给少数能够理解天文学论文的特殊人群，还可以让更多的人知道这一事实。早在那时，乔瓦尼·唐迪就预见到当今那些想用专门的虚拟实验室取代实验的人的论调，他始终认为，只要他的行星仪还没有被遗弃，

---

① 这里提到的论文在 [Russo FR] 中有详细讨论。它首先基于唐迪的理论与波希多尼（Posidonio）在一部已经失传的作品中揭露的希腊化理论之间的相似性，这部作品可以通过斯特拉波（Strabone）、老普林尼和普里夏努斯·利迪奥（Prisciano Lidio）的论证和评述复原出一部分。

② 乔瓦尼·唐迪的描述发表在 [Dondi Astrarium] 上，英文翻译为 [Dondi: Baillie]。

就能够至少大大减轻生活中观察星星所需要付出的努力。从那时起，只要使用他的天象仪进行观察就能够推动天文学学科的发展。就像解剖学分析一样，乔瓦尼·唐迪的行星仪也具有对古代文本中包含的真理进行说明的教学功能。当然，在这两种情况下，在恢复古代技术的基础上取得的新成就，将使知识的进步远远超过原作者们的本意，客观上构成现代科学建设的重要一步。

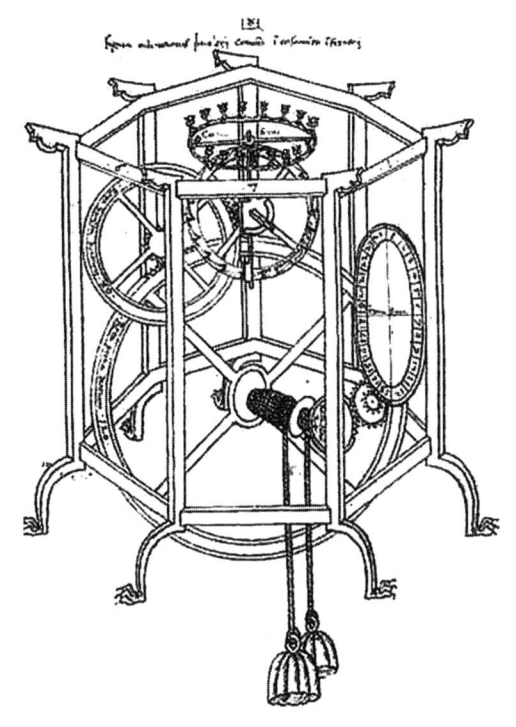

图2 运行乔瓦尼·唐迪的行星仪每天旋转一圈的发条装置。
伊顿公学①手稿第175号插图，转载于 [Dondi: Baillie] 第16页

---

① 译者注：伊顿公学（Eton College）全名为温莎宫畔伊顿圣母英王书院（The King's College of Our Lady of Eton beside Windsor），是英国著名的男子公学，位于英格兰伊顿。

7 神学家和逻辑学家撰写的关于光学和力学的文章

在希腊化时代，光学和力学一直是典型的科学理论，构成其内部特点的论证法，保证了光学和力学的逻辑连贯性，并实现了一系列实际应用，推动了光学和力学的发展，确保了光学和力学的有效性。力学，正如其名称的词源①所示，是作为一门为机器设计（如举重机或弹射器）提供助益的科学而诞生的，而光学则被应用于场景学（从而发展出了透视原理）、天文学和各种设备的建造，如透镜、燃烧镜和灯塔。

13世纪和14世纪期间，对于希腊和阿拉伯文本的恢复和研究，在欧洲重新唤起了人们对这些学科的兴趣，但是由于古代文本的内容脱离了应用，理论的意义无法不被扭曲。就解剖学和天文学而言，医生和占星家可以通过实际或假定的应用证明了他们所作研究的正确性。相反，力学和光学的研究对象似乎纯粹是推测性的，它们始终被看作是对于运动本质和光的性质的研究，首先是神学家们的专属研究领域，其次也能同逻辑学家和自然哲学家的研究沾边。让我们简单说明一下这些研究的几个特点，其主要研究中心是两所大学，其中文理学院从属于神学院，这两所大学分别是牛津大学和巴黎大学。

欧洲光学科学诞生于罗伯特·格罗斯泰斯特（Roberto Grossatesta）②之手，他是方济各会士、牛津大学神学教授和林肯主教。在罗伯特·格罗斯泰斯特的著作中，正如在他的后继者［其中包括罗吉尔·培根（Ruggero Bacone）③和其他几位方济各会士］的著作中一样，必须将罗伯特·格罗斯泰斯特

---

① 译者注：原文中的"Meccanica"一词，既指力学，同时也具有机械学的含义。

② 译者注：罗伯特·格罗斯泰斯特（约生于1175年，卒于1253年10月9日）是英国政治家、经院哲学家、神学家和林肯教区主教。

③ 译者注：罗吉尔·培根是英国方济各会修士、哲学家、炼金术士。培根在牛津大学就读时可能曾师从罗伯特·格罗斯泰斯特，后在牛津大学讲授亚里士多德的思想。

| 第二章　文本研究难以满足实践需要（1202—1435）|

本人的概念框架和嵌入其中的科学片段进行区分，这些片段来源各不相同（其中包括欧几里得和托勒密）并将其原封不动留存下来。从第一个角度来看，光作为被创造物的第一个实质性来源引起了人们的兴趣，光学定律是用来建立新柏拉图学派起源本体论的工具。从第二个角度来看，有趣的是，格罗斯泰斯特提到了一部如今已经无法识别的希腊作品（格罗斯泰斯特认为它是亚里士多德撰写的），据传在这部作品中，阐述了折射定律在仪器设备上的应用，这样的仪器能用于拉近远处物体和放大微小物体。① 林肯主教（Vescovo di Lincoln）阐述的折射定律很好地说明了他使用的方法与实验方法之间的差距（然而，他甚至被认为是实验方法的创始人②），事实上，它的表述只能解释为对文本的误解，在没有对所描述的现象进行直接观察的情况下阅读文本，这在当时习以为常。③

另一个或许是在不同的环境下嵌入其中的科学片段，是罗吉尔·培根的"物种繁殖学说"。它指的是一段距离内的所有作用，似乎隐含着光扩散定律，即强度与到达的球面范围成反比，即强度随距离平方成反比减小。④

格罗斯泰斯特经常谈到实验，但即使他没有明确地引用他所描述这些实验的来源（他经常这样做），这些实验一般而言也可以较为轻易地被识别出来。格罗斯泰斯特的工作，就像他那个时代的所有学者一样，仍然严格限制在字面上，包括对古代知识的吸收，在恢复旧文本的基础上阐述新文

---

① 罗伯特·格罗斯泰斯特的作品《论彩虹》（*De iride*）第73-74页（由鲍尔出版社出版）。
② [Crombie RG]。
③ 根据格罗斯泰斯特的说法，在任何情况下，折射光线都将遵循入射光线的延伸与入射点处介质之间分离表面的法线之间的平分线（《论彩虹》第74页）。因此，光线的偏转与折射物质无关，并且即使这两种方式在难以察觉的情况下有所不同，也不会改变这一规则。真正的实验者不会得出这样的想法，但可以解释为对文本插图中偶然出现的情况进行了以偏概全的概括。
④ 事实上，罗吉尔·培根将动作随着距离的减弱归因于立体角的减小，在该立体角下，力量可以看到被施加动作的物体，沿直线向各个方向发出的动作随距离变化的规律称为"数字相乘法（Multiplicatio Secundum Figuras）"，是通过观察动作发生的直线终止于球面而获得的[罗吉尔·培根所著《数学推理》（*Specula mathematica*）的第二章和第三章]。

本。格罗斯泰斯特的学生罗吉尔·培根在将所有知识编入《大著作》(*Opus majus*)时,认为通晓希腊语、阿拉伯语和希伯来语的知识是了解所有科学的准备阶段,这并非巧合。

在13世纪欧洲出现的光学文献中,有两部作品特别成功,均写于1275年左右:坎特伯雷大主教约翰·佩查姆的《通用透视》(*Perspectiva communis*)和波兰修道士、神学家和自然哲学家威特罗的《透视》(*Perspectiva*)。除了附加一份新柏拉图式的序言外,威特罗的作品基本上是对阿尔哈曾(Alhazen)光学论文的释义(阿尔哈曾又在托勒密的基础上加入了他自己的原创理解[①])。

在力学相关文本中[②],我们首先应该提到活跃于13世纪上半叶的焦尔达诺·内莫拉里奥(Giordano Nemorario)的静力学论著,以及他更为重要的著作《理性思考论》(*Liber de ratione ponderis*)。[③] 当时,力学理论主要在牛津大学进行研究,在一所由大主教和神学家托马斯·布拉德华(Thomas Bradwardine,1290—1349)创办的学校,以及在巴黎,由同一时期的让·布里丹(Giovanni Buridano)创办,由尼克尔·奥里斯姆(Nicola di Oresme)接任负责的学校进行推动。在这两个地方,力学的研究都与逻辑学和神学密切相关。至于资料来源,尽管阿基米德的论文《论平面图形的平衡》(*Sull'equilibrio delle figure piane*)和《浮体论》(*Sui galleggianti*)于1269年在维泰博被穆尔贝克的威廉翻译出来,但由于它们的技术水平明显高,所造成的影响很小。一个重要的来源是亚里士多德,但幸运的是,除了亚里士多德言论的汇编文本外,之后对文献的评述也被包含在内,这些评论不经意间为后续科学发展提供了信息。特别是在《理

---

① 关于阿尔哈曾的光学工作与托勒密的光学工作之间的关系,可以参阅 [Smith]。
② 对于中世纪力学而言,具体请参阅 [Clagett SMME],其中包含对这类文本的介绍和评论集合,该理论至今仍然有用。
③ 这些作品无疑基于希腊语或阿拉伯语来源,但来源的性质及其与13世纪文献的关系尚不清楚,对此一直存在各种猜测。

性思考论》中，奥尔比亚的辛普利丘（Simplicio di Olbia）（公元6世纪）陈述的一个论点，兰萨库斯的斯特拉托（Stratone di Lampsaco）[①]曾用该论点证明物体在自由落体时会加速。[②] 托马斯·布拉德华和让·布里丹似乎都受到了约翰·费罗普勒斯（Giovanni Filopono）（公元6世纪）的影响。约翰·费罗普勒斯在评论亚里士多德[③]的物理学时指出，一个弹丸在发射后，并不像亚里士多德认为的那样因为被空气推动而继续运动，而是因为在发射时有一个实体（也就是动力，让·布里丹称之为推动力）传递给它。[④] 因此，用中世纪的动力理论来超越亚里士多德的物理学也并非全无可能，这在一定程度上预示了现代力学的走向。

　　牛津学派（或者更准确地说是默顿学院）的主要贡献是对匀加速运动的研究，包括如今所说的默顿定理，根据该定理，匀加速物体与以恒定速度运动的物体在同一时间内运动覆盖的空间相同，该恒定速度等于其初始速度和最终速度之间的算术平均值。[⑤] 这是一项重要的成就，但它仍然是在对定义的结果进行纯逻辑探索的框架内。事实上，默顿学院的任何学者似乎都没有想过将这种研究应用于落体或任何其他实际意义上的运动。难以避免的是，

---

① 译者注：兰萨库斯的斯特拉托（前335年至前269年）是古希腊逍遥派哲学家，也是泰奥弗拉斯托斯死后吕刻昂的第三位院长。他特别致力于自然科学的研究，并在一定程度上增加了亚里士多德思想中的自然主义元素，他否认构建宇宙需要一位活跃的上帝，更倾向于将宇宙的运转置于自然界无意识的力量中。

② 辛普利丘在对亚里士多德的《物理学》进行评述时曾提到这一观点。具体请参考 [CAG]第十卷的第916页第12-27段。《理性思考论》也引用了 [Clagett SMME] 第288页的观点。译者注：奥尔比亚的辛普利丘一般简称为辛普利丘，是一位意大利主教。他被天主教会尊为圣人。

③ 参照辛普利丘在亚里士多德对物理学的评论的134页。

④ 具体参阅约翰·费罗普勒斯有关于对亚里士多德物理学的评论见 [CAG]，vol. XVII，第642页。人们普遍认为，费罗普勒斯的评注在中世纪并不为人所知，但我们当然无法假设我们对13世纪或14世纪的手稿有完整的了解。无论如何，辛普利丘"对费罗普勒斯的阐述"的论点肯定是众所周知的。

⑤ 特别是如果物体从静止开始，则覆盖的空间将因此可以用公式 $s=v_f t/2$ 表示，用 v_f 表示最终速度。使用关系 $v_f = at$ 我们得到现在熟悉的公式 $s=at^2/2$。

即使在这些猜测的源头（当然这一源头不可能包含世纪应用的动机），也能看到古代作品阅读的痕迹。

在意大利，对光学和力学的兴趣在很长一段时间内都是微不足道的，这也是因为意大利的大学文理院系，由于前文我们提到过的原因，对那些似乎对医学无用的内容并不感兴趣。在某一特定时间段，即1260—1270年，光学领域实际上在意大利有一个重大活动，但它是由波兰人威特罗和英国人约翰·贝查姆主导进行的，而且不是发生在大学里，而是发生在维泰博的教皇法庭上。

这种情况在14世纪的最后25年发生了显著变化。乔瓦尼·达·卡萨莱（Giovanni da Casale）、弗朗切斯卡·达·费拉拉（Francesco da Ferrara）和雅各布·达·弗利（Jacopo da Forlì）等学者将牛津大学和巴黎大学[①]倍加推崇的力学学说传播至帕多瓦，他们似乎在使用基于坐标的图形表示来研究运动学的重要思想中，尼克尔·奥里斯姆似乎早于乔瓦尼·达·卡萨莱（尼克尔·奥里斯姆以略显不同的形式阐述了类似的想法）。别忘了，雅各布·德拉·弗利是一名医生，医生对我们现在称为物理学的学科做出的贡献是意大利的一个长期特征，为意大利传统科学的发展构成一个更鲜明具体的特色。

尼克尔·奥里斯姆的图形方法和让·布里丹的物理学都在来自帕尔马的比亚吉奥·佩拉卡尼（Biagio Pelacani）的作品中进行了阐述。自1377年以来，比亚吉奥·佩拉卡尼在帕维亚担任哲学和逻辑学教授，后在博洛尼亚大学、帕多瓦大学和佛罗伦萨大学任教职，他发表了诸多与光学研究有关的著作，其中最重要的是1428年的《对光学问题的看法》（*Quaestiones perspectivae*）。

快速回顾一下研究涉及的一些问题，可以了解15世纪初光学（当时被

[①] 关于14世纪末以英国为主，包括法国的力学思想在意大利的传播，参阅［Clagett SMME］第703-711页。

称为透视学）的含义。比亚吉奥·佩拉卡尼感兴趣的问题之一，是许多其他作者已经争论过的视觉射线的性质问题[①]。这个话题让我们能够把握希腊主义和中世纪思想之间的差异。在欧几里得的《光学》中，视觉的数学模型是基于几何实体（使用视觉光线）来构建的，举例说明的话，就像在数学地理学中，球面的点被假定为地理位置的模型。在忽视数学模型概念的文明中，这些理论实体的性质只会成为困扰人的难题。而比亚吉奥·佩拉卡尼在《对光学问题的看法》一书中解决了视觉射线的问题（比亚吉奥·佩拉卡尼将"视觉射线"称之为"物种"）。比亚吉奥·佩拉卡尼认为这不是一个物体或实体形式的问题，而是身体的能力问题。比亚吉奥·佩拉卡尼学说的另一个重要观点涉及视觉行为的性质，在他看来，视觉行为是一种敏感与理性兼而有之的活动，因为感官灵魂与智力灵魂并没有分离。比亚吉奥·佩拉卡尼采用了新柏拉图式的理论[②]，批评了欧几里得用角度测量量化表观含量的想法。在他看来，外表是无法量化的。当然，这种观察有一定的道理：欧几里得模型（正如所有科学模型一样）均忽略了现实的一部分，尤其是我们对尺寸大小形成印象的某些心理方面。然而，正如我们后文将提到的，正是由于他们接受了被亚吉奥·佩拉卡尼所拒绝的欧几里得的理论，文艺复兴时期的画家所创造的表现方式才成为可能。

尽管从中世纪哲学思想史的角度来审视像比亚吉奥·佩拉卡尼这样的知识分子，肯定比用精确科学史的眼光来看待更为有趣，但他工作的影响之一，却是重新唤醒了人们对古代几何光学这一门真正的精确科学的兴趣，这门科学最终通过阿尔哈曾、托勒密和欧几里得等作家的作品而得以恢复。

另一位积极地将在牛津和巴黎发展起来的力学和光学知识引入意大利，特别是引入帕多瓦文学院的人物是保罗·威尼托（Paolo Veneto），他对逻

---

① 在比亚吉奥·佩拉卡尼的光学作品中，可参阅 [Federici Vescovini] 第 319-343 页。
② 普罗提诺（Plotino）所著《九章集》（*Enneadi*）第二册的第八章和第二章。

辑学领域做出的原创理论的贡献十分重要，但这不在本书的讨论范围内。

14世纪末，一些意大利的大学的文化辩论，无论从知识程度还是辩论质量，都达到了欧洲最高水平，即使是对于两个世纪前盛行于牛津和巴黎，无人能与之争锋的逻辑学、力学和光学领域，意大利也后来居上。尤其是帕多瓦大学的文理学院，已经做好准备，承担在几个世纪之内声名大噪的卓越角色。①

意大利正值复苏时期，但其时正是整个欧洲光学和力学研究创新能力明显衰竭的阶段。② 显然，科学的发展如果过度依托于从其他文化中获取文本进行研究，是绝不可能长期持续的，如果不出现新的刺激和研究方法论层面的质的飞跃，这样的发展最终会随着所获取文本的枯竭而消失。

8 科技进步与科学

我们已经看到，医学和占星学试图在一个具有哲学基础和学术地位的理论中，构建适用于实践的知识。炼金术便是一个部分相似的案例，它反过来将大量的经验知识插入到复合起源的薄弱的理论框架中。许多广为流传的论文通常是从阿拉伯语翻译过来的，而艾尔伯图斯·麦格努斯在1250—1254年，曾试图在《论矿物》(*De mineralibus*)中对其进行类似于医学和占星术的安排。然而，炼金术从未进入大学课程，一部分是由于教

---

① 参见，[Randall Padova] 和 [Clagett SMME] 第710-711页。威廉·莎士比亚在《驯悍记》中经常引用的一段话中说帕多瓦学院的句子，他指的显然是大学的文理系。译者注："我多么渴望有一天能造访迷人的帕多瓦——人文渊薮，学术摇篮。啊，我终于来了……来到帕多瓦，就像离开了浅小的池沼，纵身跃入知识的汪洋大海中！我在之中尽情畅游。"引自威廉·莎士比亚《驯悍记》。

② 力学的发展可参阅 [Clagett SMME] 第687-698页。光学的步伐也已停滞了一段时间，从13世纪威特罗和约翰·贝查姆的论文一直使用到17世纪这一事实便可证明。

皇圣若望二十二世（Papa Giovanni XXII）[①]在1317年禁止对炼金术的研究。

除上述提到的特例之外，实践型认知和上流文化相去甚远。在当时，就连外科医生掌握的清除结石和白内障手术的技术也不值得医学院传授，因此在大学和书面文本中根本对建造大教堂、船舶或机械构造框架、绘制海图或银行管理所需的复杂知识不屑一顾，也就不足为奇了。这不仅仅是对理念上认为的"低级活动"的蔑视，在某些情况下，如在大教堂的建造中，这项工作的成果受到高度赞赏，但行业内的知识仅在师徒之间秘密相传。建筑师似乎也依靠在建筑工地上的经验学到了必要的几何学概念，而不是从学校中习得。[②]因此，这个时期知识的某些重要部分缺乏文本的分析，只能通过所获得的结果来进行推测。

前几段所描述的知识在文化层面上至关重要，但其对现实产生的影响几乎可以忽略。在欧洲着手对这类只是进行恢复的几个世纪里，同时也经历了重要的技术进步阶段，这样的进步改变了生活和经济活动的方方面面，为后续的发展开辟了新的途径，但它并没有对上流文化产生直接影响。

新的会计制度和银行技术应运而生，纺织工业实现了机械化，冶金业得以革新，罗盘、海图和新型船舶得到了广泛传播，眼镜、手表、枪支和纸张也出现在这一时期。这些创新无法归功于科学进步，但它们与我们的主题有着间接的联系，因此需要提上一笔。事实上，他们扩展了可以用科学方法研究的现象学，并使创造仪器成为可能，这些仪器将在接下来的几个世纪的科学中发挥重要作用。此外，一些知识分子（如罗吉尔·培根就是一个极好的例子）清楚地意识到科学和技术之间存在着一种古老的联系，这样的联系应当得到振兴，其中一些人，如雅各布·达·弗利和乔瓦尼·唐迪·达

[①] 译者注：教皇若望二十二世（拉丁语：Ioannes PP. XXII；生于约1249年，卒于1334年12月4日）的本名雅各伯·迪埃塞（Jacques Duèse），1316年8月7日当选罗马主教（教皇），同年9月5日即位，至1334年12月4日。若望二十二世在法国亚维农与神圣罗马帝国皇帝路易四世对立，其后把路易四世开除教籍。

[②] [Shelby] 第397-398页。

尔奥洛吉奥，对科学知识和技术进步都做出了贡献。

意大利在新技术的获得方面走在了欧洲前列。指南针在欧洲的首次使用是在 1200 年左右，在意大利所属的几个海上共和国的资料中得到证实。纸张在欧洲的首次出现是在伊斯兰教治下的西班牙，但基督教内欧洲的第一个有记载的造纸厂是 1276 年建于法布里亚诺的造纸厂。① 第一副眼镜（用于老花眼）大约在 1290 年出现在意大利。欧洲第一个机械钟于 1309 年② 安装在米兰的圣欧斯托焦大教堂，第一个已知的机械钟制造商是上文提到的雅格布·唐迪。一份日期为 1326 年的佛罗伦萨官方文件涉及购买"铁球和金属制的大炮"③，这是欧洲第一份关于枪支的文件。

新技术的起源并不一定能够清楚地进行溯源。就会计和银行技术而言（在 14 世纪的意大利，除了我们已经提到的复式簿记外，还首次出现了汇票），这一技术的意大利的起源显然与意大利商人和银行家在当时的国际贸易中的特殊身份有关。在其他情况下（例如指南针、造纸或丝绸工业，在意大利出现的时间也早于欧洲其他国家），意大利的商业活动，特别是活跃于伊斯兰和拜占庭世界，显然有利于早期技术，往往是中国技术的间接传入。由于意大利人是首批与中亚和中国建立关系的欧洲人，有时甚至可以假设技术是直接从中国传入的。别忘了 1245 年由教皇英诺森四世（Pape Innocenzo IV）④ 派往可汗的传教士若望·柏郎嘉宾（Giovanni di Pian del Carpine）⑤ 的旅行，以及更为著名

---

① [Reynolds] 第 84-85 页。

② [Cipolla MT] 第 16 页。

③ 佛罗伦萨国家档案馆规定登记册第二十二卷第 15 页。发表于 [Bonaparte] 第三卷第 72 页第一部分以及佛罗伦萨国家档案馆规定登记册第 13 页。

④ 译者注：教皇英诺森四世（拉丁语：Innocentius PP. IV；约生于 1180 年或 1190 年，卒于 1254 年 12 月 7 日）原名西尼尔巴尔多·菲耶斯基（Sinibaldo Fieschi），1243 年 6 月 25 日当选罗马主教（教皇），同年 6 月 28 日即位，至 1254 年 12 月 7 日为止。

⑤ 译者注：若望·柏郎嘉宾（1180—1252）又译普兰·迦儿宾，意大利翁布里亚人，天主教方济各会传教士。1246 年，他奉教皇英诺森四世派遣，携国书前往蒙古帝国，抵达上都哈拉和林，晋见蒙古大汗贵由（窝阔台之子），成为第一个到达蒙古宫廷的欧洲人，并在蒙古行纪中留下了西方对蒙古帝国统治下的中亚、罗斯等地的最早记录。

的马可·波罗（Marco Polo）家族的中国之行：第一次是在 1265—1269 年，第二次是在 1271—1295 年（马可·波罗本人也参与其中）。就枪支而言，欧洲对武器的彻底革新毫无疑问是嫁接在中国的发明之上，这很快导致了欧洲武器与中国所发明的武器相去甚远。

一些产品，如眼镜和机械表，经常被当作原创发明进行介绍。然而，就这两种物品而言，都与古代传统相关，希腊记载的第一批透镜可追溯到青铜时代；机械钟继承于拜占庭世界的自动装置传统，更确切地说，是希腊、拜占庭和伊斯兰世界传统中建造的移动天象仪的一部分。从阿基米德行星仪到 1232 年大马士革阿尔·阿什拉夫（Al-Ashraf）捐赠给腓特烈二世的行星仪，许多能够再现天体运动的设备都被记录在案。[①] 虽然手表是行星仪的副产品，然而，由于使这些古代行星仪运转的机械装置的技术细节尚不清楚，因此对于欧洲机械钟的独创性水平具体包含多少，依然众说纷纭。如果你想利用重物的下落作为驱动力，就必须使用擒纵机构来减缓重物的运动，擒纵机构将下落转化为一系列交替运动。这类装置在中国似乎已经使用了很长时间，人们普遍认为欧洲第一个擒纵机构出现在比利亚德·德·洪内库特（Villard de Honnecourt）著名笔记簿的一张图纸（实际上并不十分清楚）中，该笔记本可以追溯到 1230 年左右。[②] 然而，要确定欧洲机械钟典型的特定机制（带有"原始平衡摆"的杠杆式擒纵机构）的起源并不容易。

可以想见，在当时的自主发明和简单复制进口物品之间还有着诸多猜测，但第三种可能性同样存在：由书面文本刺激的技术发展。罗吉尔·培根对古代技术[③]进行赞扬，其来源毫无疑问是来自上古文献。他认为，当一个新奇事物在实现之前出现在文本中时（这就是眼镜的情况，罗吉尔·培根在实现之

---

① [Haskins SHMS] 第 253 页。

② [Villard de Honnecourt：Bowie]。

③ [Bacone：Bettoni]。罗吉尔·培根在古人建造的技术奇迹中列出了没有划桨的船、没有动物拉的马车、潜入海底的工具、飞行的机器等，他只对飞行机器表示怀疑，但对重建古代技术的可能性则充满信心。

前准确地描述了它），很难不怀疑它的文学起源。正如我们将看到的那样，在接下来的几个世纪里，有意识地将书面资料中描写的古代技术进行恢复必将变得非常重要。

有时，新技术和科学之间的联系是显而易见的。古代科学设计的物体很少应用于实际应用，如星盘在航海中的使用就是这样的情况，它在地中海的效用似乎并不大。科学与技术之间的第二个可能的互动，是由专门介绍新的进口技术的科学论文构成的，一个罕见的例子是1269年皮里格里努斯（Pierre de Marincourt，拉丁语名：Petrus Peregrinus）在卢切拉市写的关于指南针的论文，即《论磁书简》（*Epistola de Magnete*）。①《论磁书简》这篇论文将球形磁铁视为一个微型地球，并解释了如何追踪子午线和识别磁极（从而引入了至今仍在使用的术语）。然后，《论磁书简》描述了放置在漂浮容器中磁铁的自发取向、相互吸引和排斥、磁化现象以及我们的教科书中仍然提到"破碎磁铁"的实验。虽然如今我们不知道该论文的来源，我们也无法确定在13世纪的文本中是否有可能出现唯一一篇没有来源的科学论文。因此，我们无法确定，对于罗盘而言，欧洲记载的实践应用优先于理论反思的观点是否也适用于引入罗盘的其他文明。

第三种可能性是将技术用于科学目的，典型的例子是乔瓦尼·唐迪的行星仪，其中复杂的机械技术用于演示目的。然而，当时新的开学成果似乎并未被实际应用。使得时钟和行星仪的制作成为可能的机械上的进步，与布里丹学派关于运动的学术论据毫无关系，眼镜制作的新技术与比亚吉奥·佩拉卡尼关于视觉行为本质的研究也没有任何联系。

两个平行且互不干扰的层面始终存在着，一个适用于理论知识，另一个保留给特定类别的技术人员，这在地图学中尤为明显。赫里福德地图（*Hereford mappa mundi*）于1300年左右在英国绘制（图3），并在赫里福

---

① [Petrus Peregrinus: Sturlese Thompson]。

德大教堂展出，地图显示了以耶路撒冷为中心的圆形地球，陆地遍布其中，由代表海洋的细线分隔开。地图上密密麻麻地记录着巨人、俾格米人、萨提尔人、半人马和其他来自不同土地的异形人类，以及《圣经》中记载的各种信息。赫里福德地图显然是一种世界观的视觉综合，而不具备任何实际用途。

图 3　约 1300 年在英国制造的赫里福德地图

1290 年左右在热那亚绘制的第一张欧洲海图，即《比萨港海图》（*Carta pisana*）[①]，虽然没有寓言性的象征意义，但是《比萨港海图》对地中海的绘制精度令人惊讶：这张海图显然是海员的工作工具，其目的是出海时能够在船上使用，而非用于教堂的展览（图 4）。

地图上几乎没有与内陆城市相关的地名，凸显了该地图的特殊实际用途。

---

① 参阅 [Mollat du Jourdin La Roncière] 第 11-13 页以及第 198 页。

地图上没有地理坐标，而是绘制了两个相切的圆，将其周长划分为16等分，并追踪将两个分区的端点相互连接并与中心相连的一些线而形成的线格网络。这就形成了一个称为风力菱形网格的航线网络，可允许水手们大致评估到达指定目的地的航线方向。地图上显示的比例尺是英里。意大利水手几十年来一直使用的指南针，这是他们识别和绘制海图的必备工具。这种地图被称为导航地图或航海指南（或者更确切地说是领航书，不要与航线混淆，航线是对路线的描述），并持续制作了几个世纪。热那亚和比萨学派后来加入了加泰罗尼亚、马约卡和威尼斯学派。绘制这些地图所需的技术知识，既不使用坐标，也不去使用投影方法，显然是通过水手和制图员的经验相结合发展起来的，制作这些地图的技术不是任何文本所讨论的理论主题，上流文化似乎也没有注意到它们的存在。

1397年，第一部载有托勒密《地理学》的希腊手抄本抵达佛罗伦萨。这一事件注定要彻底改变地图学和地理学，其后果我们将在后文进行讨论。

1419年，马里亚诺·迪·雅各布（Mariano di Jacopo）又称为塔科拉

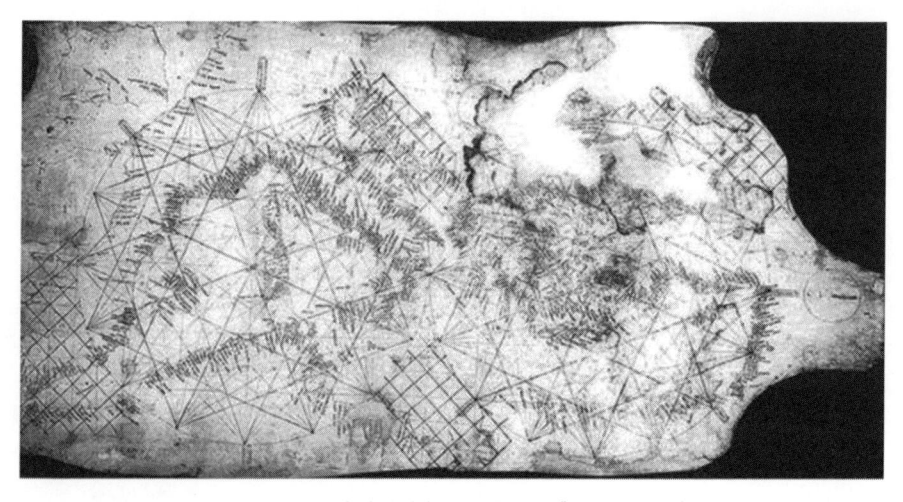

图4　1290年左右在热那亚绘制的《比萨港海图》

（Taccola）开始编写一部重要的工程类论文《论发动机》(De ingeneis)，[①]该论文借鉴了古典作家的作品，包含土木、水利和军事工程的文本和图纸。这类文本的传播，即试图利用对古代资料的研究来推动技术发展，是我们将在下一章讨论的新阶段的特点。

[①] 关于塔科拉的作品，参阅 [Galluzzi PL]。

第三章

文艺复兴时期的视觉科学
（1435—1575）

1 人文主义者与手工艺者的邂逅

在 15—16 世纪，意大利成了科学研究的主要阵地，也构成了文艺复兴的一个重要方面，尽管长期以来它的价值始终被低估，但不可否认的是，意大利的科学研究带来了方法上的革新，甚至欧洲科学的诞生也可以追溯至此。

以手工制品出口为基础的意大利经济在这一时期得以蓬勃发展，即使 16 世纪时半岛内大部分地区已失去政治自主权，意大利经济仍在持续增长。作为地中海的主要商业中心，威尼斯经过向意大利陆地内的扩张之后，在 15 世纪已经融入了意大利的文化现实，与此同时，佛罗伦萨和热那亚等城市在国际贸易和金融中也发挥着重要作用。意大利中北部地区国家的形成带动了其首都的人口增长，法院也成了赞助和公共工程投资的重要中心。

第三章 文艺复兴时期的视觉科学（1435—1575）

在文化层面上，第一批重要新奇事物的出现，与人文主义所建立的与古代文献材料的关系息息相关。人文主义者拒绝接受中世纪的拉丁语和阿拉伯语为文本媒介，他们更喜欢直接阅读典籍，通过确定术语的原始含义、对原文本中可能出现的文字增添进行辨别并判断其真实性，对经典进行批判性研究。自15世纪上半叶以来，始于洛伦佐·瓦拉（Lorenzo Valla）（生于1405年或1407年，卒于1457年）的文本批评，其后主要经由波利齐亚诺（Poliziano）完善，伴随着意大利学者与拜占庭文化之间联系的加强，人们能够获取大量新的希腊作品。商人和学者们纷纷前往拜占庭帝国尚存的领土寻找手稿，例如，仅在1423年的唯一一次旅行中，学者及商人乔瓦尼·奥里斯帕（Giovanni Aurispa）便将238份手稿带到了意大利。一些意大利人，包括著名的人文主义者瓜里诺·委罗内塞（Guarino Veronese），都曾去往君士坦丁堡深造学习。另一个重要贡献来自迁居意大利的一大批拜占庭知识分子：曼努埃尔·赫里索洛拉斯（Manuele Crisolora）在1397—1400年已经在佛罗伦萨执教；1416年左右，特拉布宗的乔治（Giorgio da Trebisonda）也抵达此地；许多拜占庭学者为1438年在费拉拉召开的主教会议来到意大利，会议后来转至佛罗伦萨继续进行，其中一些学者决定留在意大利，其中包括新柏拉图主义哲学家格弥斯托士·卜列东（Giorgio Gemisto Pletone）和红衣主教贝萨里翁（Giovanni Bessarione），他带来了重要的手稿珍本，并捐赠给了威尼斯市（这也构成了未来圣马可国家图书馆[①]建立的最初核心）。西奥多勒斯·加沙（Teodoro Gaza）于1440年迁往意大利；1453年君士坦丁堡陷落后移民的知识分子中，有约翰内斯·阿尔吉罗波洛斯（Giovanni Argiropulo）和两个拉斯卡利斯家族成员〔康斯坦丁（Costantino）和安德里亚·乔瓦尼·拉斯卡里斯（Andred Giovanni Lascaris）〕。

拜占庭知识分子中的一部分人，如西奥多勒斯·加沙和康斯坦丁·拉

---

① 译者注：又名马尔西安那（Marciana）图书馆，位于威尼斯圣马可广场。

斯卡利斯（Costantino Lascaris），也编著了关于希腊语词法学的手册，对在意大利开启希腊语研究的传统至关重要，这些从前鲜为人知的知识也因此传播到了少数有影响力的学者中。除了几所大学（博洛尼亚大学在1420年设立了一个希腊语教席）之外，在非大学的学校中也设立了希腊语教学：例如在威尼斯著名的圣马可学校和米兰的帕拉丁学校。

对于拜占庭移民学者在意大利文艺复兴中所扮演的角色，后世评价褒贬不一。在对此颇有微词的作者中，我们可以看到约翰·蒙法萨尼（John Monfasani）曾写过。

> 就文化层面而言，文艺复兴时期的希腊移民具有极其重要的意义。在某种程度上，这是西方历史上第一次巨大的人才流失。①

此后，同一篇文章中，他又以各种方式限制了这一判断的范围。其中一句话对于我们这个时代的"人文主义"知识分子对科学的思考而言很有启发：

> 诚然，移居国外的学者们是出色的翻译。但如果我们对他们所翻译的内容深究一二，就会发现，他们几乎只翻译科学作品作为翻译家，希腊移民们被限制在了一个狭窄的专业领域内。②

---

① culturally the Greek Renaissance migration was of enormous importance. It was in a way the first great brain drain of Western history. 参见［Monfasani］第5页。

② "È vero che gli emigrati furono traduttori eccezionali. Ma se esaminiamo cosa tradussero, troviamo che tradussero quasi esclusivamente lavori scientifici…come traduttori gli emigrati greci furono confinati in un'angusta specializzazione."的英文翻译为："It is true that the émigrés were prodigious translators. But if we examine what they translated, we find that they translated almost exclusively scientific works…as translators the émigré Greeks were marginalized into a narrow specialty". 参见［Monfasani］第12页。

在对新人文主义文化进行研究时，有必要将对大多数当代人来说较为明显的方面区分出来，这也是因为它在教育学层面上产生了更大的影响（并且仍然影响着"人文主义"研究的广泛概念，这一概念倾向于与科学研究形成对立），以及带来更深层次、更影响长期后果的部分问题，特别是在科学方面造成的影响。

第一个方面源于对西塞罗（Cicerone）的《论雄辩家》（*De oratore*）[①]等作品进行的阅读，从而形成的一种通过构建一个优越的"一般文化"，以雄辩的技巧为核心思想，以政治实践为目的的知识体系。与之相匹配的教育项目在很大程度上是以人文研究为特点，促进了一种修辞化的、全民化的和伦理化的教学模式，这种教学模式的建立主要基于对拉丁语演说家和历史学家作品的阅读，其受众也为未来的统治阶级成员。

除了对文本[②]的新批判态度、研究和教学之间关系的公认的中心地位，以及历史学作为一门学科的恢复（始于对古代历史学家作品的阅读）之外，更为深刻的方面在于接触到希腊哲学和科学的可能性，这要归功于有能力阅读原文并通过对原文本进行翻译和教学来传播其内容的知识分子们。在科学研究领域，虽然在前几个世纪主要以帝国时代的作者为支柱，在对中世纪文本进行阅读之后，人们如今对希腊化作品的研究正在加深，即使在希腊化作品缺失的领域，也有许多间接来源文本得以恢复。我们将在其后的许多例子中看出，这些著作和佐证在现代科学的诞生中起到了如何至关重要的作用。

意大利的文化和教育机构在 15 世纪的历史进程中经历了深刻的变革。对于大学预科教育，最富有的家庭仍然延续着雇用家庭教师的习

[①]《论雄辩家》是意大利印刷的第一部作品（1465 年左右在苏比亚科出版；1480 年在意大利出版了其他 3 个版本）。关于他对人文主义研究传统的影响，请参见［Narducci］第 315-316 页。

[②] 如果与 20 世纪末建立的普遍研究习惯，尤其是将研究建立在阅读译后资料基础上的英语国家的学者的习惯形成对比，那么对原著进行批判性阅读的重要性也就不言而喻了。文艺复兴时期的一位伟大学者对于这方面进行的广受赞誉的考量记载于［Kristeller PAR］的序言中。

惯，但向所有支付学费的学生开放的市政学校和公立学校成倍增加，而在 16 世纪下半叶耶稣会学校和其他宗教学校建立之前，教会学校对世俗化教育的重要性可谓微乎其微（对此我们将在下一章讨论）。在阅读和写作学校毕业之后，孩子们可以参加算盘教师的课程（以白话授课，往往有一半以上的学生参加）或"语法"（即拉丁语）课程，但部分城市也雇佣法律、音乐和医学教师。① 有时，例如在博洛尼亚，来自"中级"学校的教师也会进入大学进修。②

在非大学类院校中也有一些学校声名不斐，如 1408 年左右在威尼斯建立的里亚托哲学学校和 1446 年建立的圣马可人文学校；在米兰还有帕拉丁学校宫；一些著名的人文主义者组织了水准极高的寄宿学校，例如莱昂·巴蒂斯塔·阿尔伯蒂便是其中一员。

1400—1450 年，人文研究在文法学校和其他人文学校，乃至大学层面，都得到了确立。

与其他欧洲国家一样，大学的数量急剧增加；在 15 世纪上半叶出现或长期活跃的大学包括帕维亚大学、比萨大学、费拉拉大学和卡塔尼亚大学。大学的性质逐渐由学生为主的自由社团转变为由国家资助和控制的机构，在帕多瓦市刚刚并入威尼斯市，即 1405 年时，这样的情况就出现了，而在博洛尼亚，权力在 16 世纪时逐渐从学生团体让渡至教皇所属。

意大利大学文理院系的主要特点之一仍然是独立于神学研究，即使在后期引入了神学研究之后，文理院系仍然与医学院系联系紧密，特别是在帕多瓦大学，帕多瓦市在 15 世纪初成了欧洲的主要科学中心，③ 这种情况对于科学学科能够尽量少地受到神学和形而上学假设的制约十分有利。

---

① [Grender] 第 24 页。
② [Grender] 第 30 页。
③ 参阅 [Randall Padova]。

外国学生在帕多瓦大学占大多数，但在其他意大利[①]大学也不在少数，他们为人文主义在欧洲的传播做出了重要贡献。

在意大利文艺复兴时期，大学在文化，包括科学文化的发展中发挥了重要作用，但这一作用远非唯一。许多知识分子没有一所大学作为他们的参考标准，而是以王室法院、学院或非官方的私人团体为依照。我们也能够发现，数学人文主义的两个主要中心出现在当时没有大学的城市，在乌尔比诺，建立于蒙特费尔特罗公爵宫廷，以及在墨西哥，以弗朗切斯科·毛罗利科（Francesco Maurolico）为核心。"书院"（一个明确指代古典时代的术语）的建立起初是发生在意大利的一个现象，尽管这个现象不仅在意大利出现。这些"书院"最初是致力于文学和哲学研究的人文主义者协会，但在16世纪后半叶，其中一部分协会的兴趣扩展到了科学领域，专门从事特定领域研究的学院随之开始形成。

在文化培训场所和艺术生产过程中，有一个非常重要的地方便是创造者的工作室，在安德烈·德尔·委罗基奥（Andrea del Verrocchio）的工作室里进行培训的列奥纳多·达·芬奇（Leonardo da Vinci），只不过是文艺复兴时期不计其数的艺术代表所共有的一种培训模式中最生命远扬的范例。

复兴古代科学的一个基本要素，是人文主义者对典籍的不懈钻研与工匠作坊所酝酿的知识之间的邂逅。在此前几个世纪，这类知识仅以口口相传的形式秘密地传承着，并未形成书面文化。

这次邂逅的起源有几个成因。首先，一些艺术家和工匠已经意识到，对古代知识的不断恢复或许对于提高自身的艺术水平有所助益（尤其是透视和解剖之于绘画，以及力学的研究之于建筑），因此深觉与从事相关领域研究的人文主义者进行合作的必要性。另一方面，当这些人文主义者们在遇到包含科学或技术内容的古代典籍时，往往发现需要借助工匠们的专业技艺。换句话

---

① 例如，在锡耶纳和帕维亚，大约1500名毕业生中约有一半是外国人。参阅［HUE II］第418页。

说，与古代文献的接触最终重新引入了古代书面文化和技术之间的关系。

另一方面，不同的文化传统并非互不相容的，在某些情况下，它们甚至能够在同一个人身上得到融合。我们需要知道的是，工匠大师通常都能识文断字[1]，同样在某些情况下，不同的传统能够以极高的水平得到共存。例如，皮耶罗·德拉·弗朗切斯卡从小就学习数学；莱昂·巴蒂斯塔·阿尔伯蒂年轻时就培养了自己深厚的人文素养，但他仍然建议年轻人通过学习算盘和几何学来补充对典籍的阅读。[2] 米开朗基罗（Michelangelo）曾就读于一所语法学校，而人文主义者吉安诺佐·马内蒂（Giannozzo Manetti）曾就读于一所算盘学校，直到25岁时才开始学习拉丁语。再举一个例子，马基雅维利（Machiavelli）早期学习拉丁语，然后对算盘进修了研修，之后又回到了学习拉丁语的道路上。

不同文化传统之间的接触通常是由于来自不同背景的知识分子之间成年后结下的友谊带来的。才华横溢的建筑师和机械师菲利波·布鲁内莱斯基（Filippo Brunelleschi）年轻时曾跟随金匠当学徒，他的朋友保罗·达尔·波佐·托斯卡内利（Paolo del Pozzo Toscanelli）是一位毕业于帕多瓦大学的医生、天文学家和制图师，这位朋友正是他学习数学的良师益友。

同样，列奥纳多·达·芬奇在将近50岁时请卢卡·帕西奥利（Luca Pacioli）来为他解释初等数学问题，这展现了列奥纳多广泛的兴趣（或者可以说能力）和谦逊的态度，即使在当今也是令人难以置信的。

这些新的互动最初结成的果实之一，就是出现了工匠－作者这一类学者，他们不仅能够阅读经典文献，而且能够撰写全新文本，将对自身技艺有用的理论概念进行报告或重新加工。

在文艺复兴时期的科学中，在多重因素的作用下，视觉语言发挥了核心作用。

---

[1] 至少在威尼斯和佛罗伦萨是这样的情况。见［Grender］第54-55页。
[2] ［Alberti famiglia］，第一册第86页。

首先，在许多知识领域，为了重赋古代作品以意义，必须用插图对书面文本进行补充诠释，就解剖学、植物学、技术或地理主题的论文而言，这是重建文献写作背景必经的第一步骤，但仅这一步对于研究文献而言仍嫌不足。无论是经典作品还是受其启发而创作出的现代作品，艺术家和人文主义者在插图绘制方面找到了合作的沃土。

15世纪欧洲的经济和文化发展推动了图书市场的增长，刺激了该领域的技术进步，助力了印刷术的普及，而印刷术反之又深刻地改变了文化发展，不仅使图书的传播范围大大增加，而且使插图的质量得以保证。近代欧洲活版印刷术由约翰内斯·谷登堡（Johannes Gutenberg）于1450年左右在德国发明，大约15年后传入意大利，到15世纪末，威尼斯已成为欧洲的主要印刷中心。1495—1497年，在1821种已知版本的印刷品中，威尼斯共印制了447种出版物。排在第二位的是当时的巴黎，有181种出版物印制出版。[1]在威尼斯的众多出版公司中，由阿尔杜斯·马努提乌斯（Aldo Manuzio）创立的一家尤为重要，文本的选择和编辑均由他在阿尔丁学院（Accademia Aldina）召集的著名人文主义学者们全权负责。

科学与视觉语言之间的密切关系不仅涉及科学插图，而且还反向推动了视觉的科学研究，即该术语在古代含义中的"光学"，特别是对透视理论的发展做出了贡献。

科学发展的强烈推动力之一还源于地理学方面的新发现，这既是因为海洋航行对天文学、地图学提出的新问题，同时间接对其他学科提出了新问题，也因为在地理学方面获得了新的自然主义知识。

在这门新兴科学的诸多倡导者所面临的技术问题中，水利工程和火药研究方面的问题显得尤为重要（即使在那些出资赞助科学研究的贵族眼中也是如此）。水利工程的发展包含了对农业发展所必需的排水和渠化工程进行研究；火

---

[1] ［Febvre Martin］第186页。

炮的发展引申出了冶金和防御工事建设相关技术的进步，从而使弹道研究成为热门话题。

2　艺术家的科学成就和透视理论

莱昂·巴蒂斯塔·阿尔伯蒂（1404—1472）于1435年完成的《论绘画》(*De pictura*)① 一书的初稿，可以被看作文艺复兴时期科学研究的起点。在这部用拉丁语和白话书写的作品中，一位杰出的人文主义者（即莱昂·巴蒂斯塔·阿尔伯蒂本人）充分利用了他的几何和光学知识，以及他出众的古典文化底蕴，对绘画艺术进行了处理，在此之前，这一领域的知识只通过师傅和学徒之间的传授，才得以在作坊中流传。而通过这本论著，我们或许第一次看到了文化传统的交汇，这样的交汇正是科学研究在文艺复兴时期的特征。

在《论绘画》的开篇，作者写道：

> 我坚持认为原则上我们必须知道，点是一个不能被分割的标志。在这里，我把位于表面的一切东西都称为标志，以便确认它们均为肉眼可见的。对于那些我们无法看到的东西，没有人能够否认绘画者与它们的关系。这只是绘画者通过进行研究，假装自己能够看到。而这些点，如果按顺序连在一起，就会形成一条线。而在我们而言，一条线将是一个标志，其长度可以划分，但其宽度则薄得无法切割。数条线，几乎就像画布上的数根丝连在一起，构成了一个表面。

---

① [Alberti De Pictura]。

莱昂·巴蒂斯塔·阿尔伯蒂在这里借鉴了欧几里得的观点，采用了《几何原本》的第一个定义。然而，至少在阿尔伯蒂看来，模型展现出的严谨而冷酷的几何结构被转化为一门新学科，具体而生动，并与视觉感知直接相关：这便是"绘画"。有趣的是，注意到一个具体的元素始于对原始术语的准确恢复：阿尔伯蒂的"符号"实际上是对术语"σημεῖον"进行了字面翻译，欧几里得曾用它来表示"点"，自帝国时代以来，这个术语已经被删去，恢复为使用最古老的术语"στιγμή"（阿尔伯蒂的选择不太走运：我们所言的"点"是一种印痕，而拉丁语"στιγμή"一词，准确地说表示的是"打孔"，而并不是欧几里得使用的术语）。

阿尔伯蒂很清楚必须重现绘画和几何之间的一致性，这种一致性在古代就已存在，这也是他所看重的。事实上，在这篇短篇论文的结尾，他写道：

> 我希望画家能够尽其所能地学习所有的文理知识，但首先我希望他们能了解几何学。潘菲洛·迪·安菲波利（Panfilo di Anfipoli）是一位古老而尊贵的画家，年轻的贵族们从他那里开始学习绘画。他认为，如果一个画家对几何学知之甚少，他就不可能画出好的作品。[1] 这样的观点我十分赞同。

在阿尔伯蒂的工作中，对于希腊科学元素的重新运用，涉及了几何学和光学两个领域，在这两种情况下也能对古代知识进行复兴。降低严格程度所付出的代价（按顺序排列的点所形成的线显然是对前欧几里得及毕达哥拉斯所提概念的倒退），在很大程度上被能够刺激理论得到全新发展的实际应用所带来的新发现进行了补偿。

---

[1] 有关潘菲洛·迪·安菲波利的记录取自老普林尼（Plinio il Vecchio）的《自然史》（Naturalis Historia），XXXV，第76页。

我们已经注意到，在中世纪的拉丁传统中所言光学，即上古年代的视觉科学，在1428年以比亚吉奥·佩拉卡尼所著《对光学问题的看法》中为代表，已经成为脱离于应用的研究对象，这些应用将古代科学生硬地塞入形而上学和神学背景中。在阿尔伯蒂的作品中，光学则被用于解决画家所面临的一个具体问题，即如何确定一个精确规则，能够允许绘画创作与所描绘的真实物体具有相同的视觉效果。

这个问题，即物体透视如何实现，在希腊化时期已经构成了光学的主要应用目的之一[①]，但由于与之相关的古代论文尽皆遗失，因此以欧几里得光学为基础对该理论进行重建，也是必要为之的事。自14世纪以来，众多画家前赴后继，想要脱离古代论文，以试验的方法验证这一理论，结果却都不尽如人意。根据我们如今所拥有的文献表明[②]，菲利波·布鲁内莱斯基（1377—1446）是首位找到正确解决方案的艺术家。这位才华横溢的建筑师当然也经过了多次的尝试，其后，有赖于他与保罗·达尔·波佐·托斯卡内利的合作，使数学知识同大师级画家及建筑师的工匠知识进行结合，但与此同时，菲利波仍然坚持着中世纪的传统，他希望他获得的所有知识都能够保密。菲利波取得了巨大的成功，以至于他用来建造圣母百花大教堂穹隆顶的方法至今仍是人们百般猜测和激烈讨论的主题。

在《论绘画》中，透视问题首次成为理论探讨的对象。阿尔伯蒂利用欧几里得光学的概念，将问题分成两部分，一个正方形水平网格（例如瓷砖地板）在绘画时的表现，以及这个平面网格的各点所对应的垂直线在画中必须

---

① 基于欧几里得的光学内容所提出的希腊化时期透视理论是否存在，尽管在过去饱受质疑，但如今可以认为答案是肯定的。事实上，不仅有许多该理论应用于古代场景学（当时被称为理论）和绘画案例中的文学证明，而且还有对该理论要素进行报告的科学段落（Pappo, *Collectio*, VI, prop.51）和严格应用中心透视法的绘画（1961年发现的帕拉蒂尼宫面具室的壁画就是一个实际案例）进行佐证。关于透视法的一些迹象也可以在托勒密的《地理学》的VII, vi-vii 中找到。

② 最主要的佐证来源于安东尼奥·马内蒂（Antonio Manetti）的《菲利波·布鲁内莱斯基的一生》（*Vita di Filippo Brunelleschi*）。见［Manetti］第53-58页。

占据的高度；第二个问题比较简单，通过比例理论的基础就能够解决，而对于第一个问题，书中给出了正确的规则，但没有进行演示证明。

洛伦佐·吉贝尔蒂（Lorenzo Ghiberti, 1378—1455）是文艺复兴时期最早将艺术、科学和文学兴趣结合在一起的艺术家兼作家之一。洛伦佐·吉贝尔蒂是一位著名的雕塑家、金匠、画家和建筑师，他在1450年左右撰写的评论[1]一文，因文中所选择谈论的主题而颇为有趣，在大体上基于老普林尼的古代艺术部分和更为简短的关于现代艺术的部分之后，文章谈及了眼睛的解剖学和光学。不幸的是，这些"科学"的部分只不过是对中世纪作家（阿尔哈曾、罗吉尔·培根、威特罗和约翰·贝查姆）进行摘录，甚至完全没有提及在被菲利波·布鲁内莱斯基[2]加以应用之前约15年，便由阿尔伯蒂提出的新理论。15世纪的一篇关于光学的匿名论文也证明了新思想在令人信服的过程中所遇到的困难，人们曾经试图将该论文的作者指向保罗·达尔·波佐·托斯卡内利，因为其中明显有同样的段落缺失（如果作者确实是菲利波·布鲁内莱斯基的合作者，那情况就更令人费解了）。

皮耶罗·德拉·弗朗切斯卡（？—1492）于1474年撰写的《论绘画中的透视》（*De prospectiva pingendi*）中包含了完整的透视数学理论，他根据欧几里得光学原理通过几何学的方法推导出了这一理论。根据这些原理，物体各个点的视觉仅取决于它们被看到的方向，实际上可以将透视表现问题简化为一个几何问题（图5）。为了在一个平面上再现一个物体，只需绘出平面与连接眼睛和观察点的射线相交的每个交点即可。这是皮耶罗理论所遵循的方向，它尤其规定了一个水平面如何转化为其在垂直面上的表现。这一理论之所以重要，有几个原因，但最主要的是，它是文艺复兴时期阐述的第一个"新"科学理论。为了从之后数学发展的角度说明其重要性，我们可以观察一下，在皮耶罗所作的变换中，平行线对应于某一点上的收

---

[1] [Ghiberti]。

[2] [Della prospettiva]。

图 5 公元前 1 世纪帕拉丁学校的面具室壁画，清晰地显示了透视规则的应用

敛线（取决于平行线的方向），这一性质是引入"指向无穷远的点"的基础并将为射影几何的后续发展提供第一个萌芽。

这一理论是"全新的"，因为它从未在古代保存的论文中出现，但皮耶罗丝毫不怀疑他的工作是在重建古代成果之上的。事实上，他写道：

> 许多画家憎恶透视，因为他们不理解透视所产生的线条和角度的力量，因此，在我看来，必须阐明这种知识对绘画而言是多么必要。因为绘画如果不是将平面和物体根据眼睛在不同角度下看到的真实事物进行呈现，展示其增减强弱，且人们无法通过绘画本身的表现来判断它们的大小，即什么距离是最合适的，什么距离是最遥远的，则绘画毫无意义，因此在我看来，透视是必要的。

随后，许多古代画家获得了不朽的赞誉。如阿里斯多美奈斯

（Aristomenes）、忒修斯（Thasius）、波利忒斯（Polides）、阿佩洛（Apello）、安德拉米德（Andramides）、尼西奥（Nitheo）、宙斯（Zeusis）和许多其他人。①

皮耶罗·德拉·弗朗切斯卡理论的数学价值在其他著作中也得以证明，我们将在3.6节中进行讨论。

透视的历史，尤其是其在文艺复兴时期的复兴，一直是令人印象深刻的文学主题。② 在对此进行研究时，值得注意的是，欧几里得光学和透视理论带来的视觉感知和图画表现的某些方面的数学化，在古代和20世纪都引起了激烈的反对。当古代科学陷入危机时，用角度测量来对物体的表面大小进行量化的说法似乎是无稽之谈。③ 同样，在20世纪，文艺复兴时期重新发现的线性透视法则被许多学者认为是一种缺乏客观性的文化范式，他们认为存在不同的"透视法"，对不同的文化起作用。这一趋势由欧文·潘诺夫斯基（Erwin Panofsky）④的一篇著名文章开启，随着文化相对主义的广泛传播和对科学方法的日益不信任，这一言论愈发甚嚣尘上，对后世的许多文献也产生了影响〔包括引用的小萨缪尔·Y.埃杰顿（Samuel Y. Edgerton, Jr）的

---

① [Piero della Francesca DPP] 第128-129页。
② [Veltman] 中有大约15000个相关标题的参考书目。莱昂·巴蒂斯塔·阿尔伯蒂和皮耶罗·德拉·弗朗切斯卡的透视数学理论，及其对欧几里得进行假设的论述，在[Catastini Ghione] 中均能找到。在关于这个主题的众多著作中，我们还需提及[Edgerton] 和 [Dalai Emiliani] 中的贡献，以及关于皮耶罗·德拉·弗朗切斯卡的 [Dalai Emiliani Curzi] 中做出的论述。
③ 在本书的第二章中，我们已经提到了从古代晚期到中世纪阐述了这种观点的众多作者中的两位：3世纪的普罗提诺（Plotino）和15世纪初的比亚吉奥·佩拉卡尼。
④ [Panofsky]。译者注：欧文·潘诺夫斯基（1892—1968）是德国犹太裔艺术史学者，以图像学三段分析理论奠基后世图像学研究基础，并明确界定出"图像志"（Iconography）与"图像学"（Iconology）以及其分析应用。

作品]，尽管这种观点的产生是基于明显的误解。①

值得一提的是，文艺复兴时期恢复的透视法的客观价值，正如所有科学成果一样，只应用于所面临的特定问题的解决方案，并不意味着获得任何具体应用的完善。在我们所提到的实例中，根据透视规则表示的物体的形状，只有从特定视角进行观察，才能与现实中看到的形状相对应，而且对物体的视觉感知，不仅仅取决于其表面形状。

列奥纳多·达·芬奇（1452—1519）对于上述所言的科学方向上没有做出重大贡献。他自1651年以来以《绘画论》(*Trattato della pittura*)② 为标题收集的著作，最重要的是为绘画者们提供了许多巧妙的建议，例如如何记住人脸的形状以及如何对雾、对被照亮的人物肢体的反射、阴影的颜色、水的泡沫、衣服的褶皱和许多其他东西进行表现，而透视理论只是以前人所提的方式寥寥几笔带过。在3.10节中，我们将提及列奥纳多作品中几何光学在绘画方面的其他有趣应用。

透视学从意大利相当迅速地传播到整个欧洲，一些非意大利的论文作家和画家，其中最为重要的有阿尔布雷希特-杜勒（Albrecht Durer，1471—1528），都对其发展做出了贡献。然而，透视理论作为一种适用于特定类别艺术流派的技术，在很长一段时间内，与科学研究相比仍处于边缘地位，直到乌尔比诺数学学校的创始人菲德利哥·科曼蒂诺（1509—

---

① 特别是，潘诺夫斯基认为欧几里得的光学定理第八条，即物体的表面大小与它们的距离不成反比，与文艺复兴时期作者使用的透视法则不一致，根据后者提出的法则，所表现的物体的大小与它的距离成反比。由于后者的规则以基于欧几里得光学定理为基础，显然两者不可能存在矛盾。这种误解来自对欧几里得所提及的角度量与文艺复兴时期的规则所涉及的与图画表现有关的线性量之间的混淆。例如，在一幅画中，假设一个人的形象是30厘米高，为了在两倍的距离上表现同一个人，形象的高度必须减半为15厘米（正如阿尔贝蒂和皮耶罗·德拉·弗朗切斯卡所言），但欧几里得正确地指出，由于视角一致的原因，看到这一形象的角度不会减半。尽管在 [Gioseffi] 中已经清楚地解释过这个简单的问题，最近在 [Catastini Ghione] 中也是如此，但这种误解还是保留了很久，例如，在金·H.维尔特曼（Kim H. Veltman）对 [Edgerton] 的评论中仍然存在。

② [Leonardo pittura]。

1575）在其1558年于威尼斯印刷出版的关于克劳狄乌斯·托勒密（Claudio Tolomeo）的"地球平面球形图"的评论中迈出了重要一步，才将这一主题完全置于精确科学的核心。

托勒密的作品仅有从阿拉伯语译成的拉丁文版本，直到这时才被人们所理解，这种被现代人称之为"立体投影"的方法，阐述了如何在平面上表示天球的技巧。这种投影方法的研究对于星盘的科学理论发展是必不可少的，同时显然也会引起制图师的兴趣。菲德利哥·科曼蒂诺并没有局限于写一篇分析性的评论，意图让天文学家和制图师能够理解古代文本，而是在评论之前阐述了透视理论[1]，正如他在献词中解释的那样，他认为托勒密的作品属于同一学科范畴内，即古代绘制舞台布景的透视法（古代场景学）。菲德利哥·科曼蒂诺的论文述内容包含了以前从未达到的数学水平，这也是由于使用了阿波罗尼奥斯的圆锥曲线理论，但最重要的一点是，它将这一理论作为前提与托勒密的论文进行结合，为投影的通用理论指明了方向，其中适用于画家、建筑师、天文学家和制图师的投影理论可以作为特殊情况被单独列出，而这正好完全符合了科学理论的特点，即从许多的应用可能性中获得的逻辑独立性。

3　语言学与艺术之间的解剖学

文艺复兴时期医学研究领域的主要创新与解剖学有关。无须对特定解剖结构的描述所取得的进展进行详细分析，我们即可注意到文艺复兴时期解剖学得以腾飞的3个要素。

由人文主义研究提供的第一个基本要素，包括进一步检索古代文献，对文献进行更好的翻译，并对资料进行严格筛选，从其中找到可信度最高

---

[1] 这一阐述发表于 [Commandino; Sinisgalli]。

的部分。在 15 世纪和 16 世纪之间，希腊医学典籍已经能够被直接译出，这些典籍此前几乎只能通过阿拉伯文作为中介进行翻译，或仅有概要可供了解。这类译本中极为重要的，是自 1449 年以来一直活跃在意大利的拜占庭知识分子德米特里奥·卡尔孔迪拉（Demetrio Calcondila，1423—1511）对盖伦的主要解剖学著作《论解剖过程》进行的拉丁文翻译。

需要强调的是，对古代资料的研究绝不应视为对人体解剖学的"新"程序进行驳斥。现代解剖学不是通过颠覆旧时传统观念而诞生的，而是通过对古代传承下来的知识进行了长期筛选、修正和完善的工作而建立的。否则我们将无法理解为什么它恰好出现在欧洲，恰好出现在古代作品研究最为活跃的中心，这也要归功于身为典籍评论家的解剖学家们。更不应忘记，人体解剖学的实践可以追溯到希罗菲卢斯（公元前3世纪），他还著有一篇名为《解剖学》（*Sull'anatomia*）的论文，而复兴解剖学的想法正是从对相关文本的研究中生发的。[①] 文艺复兴时期的解剖学家们时常提及的，凭借经验总结出的解剖程序的必要性的陈述当然也很重要，但这类陈述都来源于古代典籍的作者们。

向现代解剖学发展的进程最初步履缓慢。在蒙迪诺·德·卢齐于 1316 年发表的论文之后，欧洲再无其他解剖学著作问世，这个空白一直持续到 1502 年由亚历山德罗·贝内代蒂（Alessandro Benedetti，1452—1512）所著的《人体解剖学史》（*Historia corporis humani sive anatomice*）在威尼斯出版。[②] 该作品是典型的人文主义产物，其主要目标和成果（当然不应被低估）涉及解剖学术语的标准化。解剖学词典在此之前一直由希腊语、阿拉伯语和拉丁语的混杂而成，通过对希腊语词条进行拉丁化，以及消除阿拉伯

---

① 关于希罗菲卢斯所做的人体解剖的证明 [由盖伦、特土良（Tertulliano）、阿维亚诺·维迪西亚诺（Aviano Vindiciano）、凯尔苏斯（Aulo Cornelio Celso）等人所提供]，在 [von Staden] 第 138-241 页中得以汇总和讨论。根据凯尔苏斯的说法，希罗菲卢斯还对国王移交给他的罪犯进行了活体解剖实验。

② [Benedetti; Ferrari]。

语词条，使解剖学词典得以规范化。贝内代蒂还提到了与他所忽略的身体结构有关的希罗菲卢斯所写术语（他在词典中发现了这些术语），例如与眼睛有关的术语。① 虽然亚历山德罗·贝内代蒂的选择并不都是最优解，但他所指出的方向被后来的解剖学家所遵循。这篇短小的论文（缺乏插图）在内容上可以说偏向于保守，尽管它的优点是经常将希腊和阿拉伯的各位权威人士之间的差异明确地展示出来。这篇论文的主要原创性贡献似乎与纤维的描述有关，贝内德蒂可能也用这个术语来对淋巴系统进行说明，他似乎也是首次对该系统进行说明的人。② 特别令人感兴趣的是作品第一章中对于可拆卸解剖场所的描述，这种由贝内代蒂本人引入的体系，在其后的几年中被迅速推广至许多大学。

无数文艺复兴时期的艺术家意识到，要想准确地描绘人体，至少需要了解骨骼和肌肉的结构，其中一些人，例如达·芬奇、米开朗基罗，或许还有安东尼奥·德尔·波拉约洛（Antonio del Pollaiolo），为此目的进行了尸体解剖。最著名的案例当然是达·芬奇的案例，他的解剖图一直是大量文献的写作主题，对其科学价值的评判也各不相同。有时达·芬奇描绘的人体结构是从盖伦的解剖学文献中"看到"，从而间接地从动物解剖学中推导出来的，③ 而在其他情况下，他是亲眼观察到的人体解剖学结构的第一个描绘者。④

达·芬奇对解剖学的主要贡献在于引入了文艺复兴时期解剖学的第二个全新但极为重要的要素：插图。⑤ 达·芬奇所绘解剖图不仅因其卓越的质量而引人注目（图6），同时还引入了部分新的插图技术，如矢状切面和横

---

① 参见 [Benedetti: Ferrari] 中的第18页。
② 参见 [Benedetti: Ferrari] 中的第32-33页。
③ 例如，在人类骨骼的描绘中（温莎，皇家图书馆，19012r），胸骨被分为7个部分，这正是盖伦从猴子身上观察到，并推及人类的。参见 [Pedretti A] 第85页。
④ 达·芬奇首次配图的人体解剖结构清单见 [Franceschini] 第180页和第185-186页。
⑤ 关于这一点，请参见 [Salvi]。

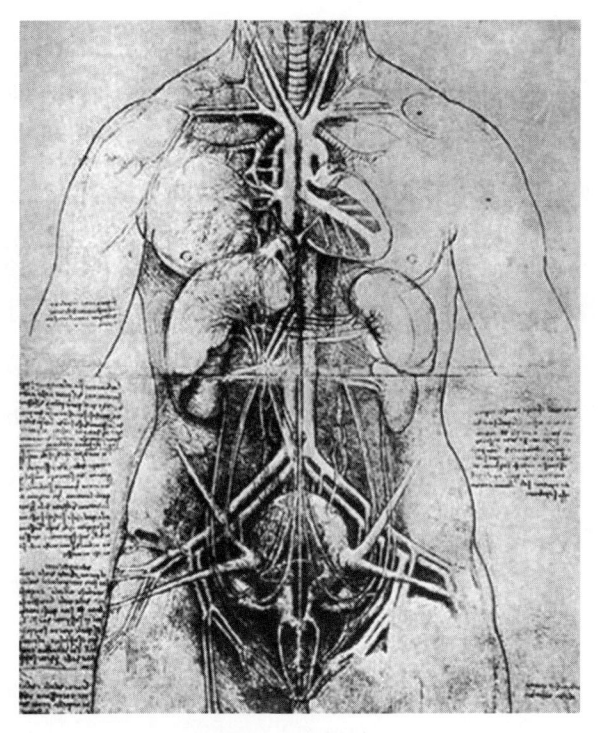

图 6　达·芬奇的画（温莎，皇家图书馆，12281r），其中女性身体的内部器官以透明化的方式进行展现

切面、连续旋转视图、用几笔勾勒出的结构"透明"地显示出下层器官，以及"结构分解"图。

第一批附有自然主义插图而非如中世纪手稿般纯粹象征性插图的解剖学文本，是雅各布·贝伦加里奥·达·卡尔皮（Jacopo Berengario da Carpi，约 1460—1530）的作品：他对蒙迪诺·德·卢齐的论文进行的长篇评述《对蒙迪诺·德·卢齐的超解剖解说》（*Commentaria super anatomia Mundini*）于 1521 年发表，第二年又出版了《解剖学简介》（*Isagogae breves*）。① 这些作品尽管标题朴实无华，但除插图外还包含了诸多创新论点，并且在

---

① [Berengario：Lind]。雅各布·贝伦加里奥·达·卡尔皮作品的优越性已经在 [Singer Anatomy] 第 97 页中指出。

许多方面都根据自身的直接观察对蒙迪诺所提出的概念进行了修订。雅各布·贝伦加里奥·达·卡尔皮是一位外科医生的儿子,也是伟大的印刷商阿尔杜斯·马努提乌斯的学生,他对于将源于古老外科手术中的实践性要素和新型印刷技术引入到学术性的医学传统方面发挥了重要作用。他也是第一篇关于颅骨骨折的论文的作者,在论文中他描述了颅骨骨折对于神经系统产生的后果和颅骨手术的要点。①

针对艺术家对解剖学进步所做出的贡献,人们常有不同评价。对于达·芬奇的情况而言,人们经常强调,由于他的绘画极为私人,导致这些画作对解剖学的后续发展没有产生任何影响。然而就我们所知,达·芬奇曾与医生马尔坎托尼奥·德拉·托雷(Marcantonio Della Torre,1481—1512)进行合作,希冀能够完成一部解剖学图解著作,并且在达·芬奇去世几十年后,欧洲当时最负盛名的医生吉罗拉莫·卡尔达诺(Girolamo Cardano)对他的解剖图进行了审查(并提出了严厉批评)。② 雅各布·贝伦加里奥·达·卡尔皮的文字中的两幅插图(手和脚的骨架)似乎也被达·芬奇所抄袭。③ 无论如何,画家和解剖学家之间的合作对于之后的解剖学插图得到普及自然十分重要。④ 至于艺术家对解剖学发展有何推动,我们可以看到,雅各布·贝伦加里奥·达·卡尔皮在《解剖学简介》中向外科医生和艺术家推荐他的插图,无疑这些插图肯定是他与一位艺术家合作的成果;安德雷亚斯·维萨里也曾表示希望自己的工作对这两类人(艺术家和解剖学家)都有用。在解剖学的进步对外科实践起到的影响微乎其微的时候(对医学实

---

① 《关于颅骨或颅骨骨折的论文》(*Tractatus de fractura calve sive cranei*),博洛尼亚,1518。贝伦加里奥作品的完整清单参见[Berengario:Lind],第217-218页。
② 吉罗拉莫·卡尔达诺的世界解剖学,[Cardano OO]第10卷第131页。根据卡尔达诺的说法,这些图纸没有什么价值,表明它们只是画家的作品,既不是医生也不是哲学家。
③ [Rifkin Ackerman Folkenberg]第14页。
④ 一本关于文艺复兴时期以来解剖学插图历史的参考书详见[Rifkin Ackerman Folkenberg]。

践也一样），解剖学家们显然把画家和雕塑家视为他们工作领域的一个重要区域。

附有插图的解剖作品中，来自费拉拉的乔瓦尼·巴蒂斯塔·卡纳诺（Giovanni Battista Canano，1515—1578）撰写的《人体肌肉解剖》（*Musculorum Humani Corporis Picturata Dissectio*）于1541年左右问世，书中包含了对人体上肢肌肉的优秀解剖插图。这部作品被认为是涵盖整个人体解剖学的系列丛书的第一部，然而却再也没有下文，或许是由于16世纪主要解剖学著作《人体构造》（*De humani corporis fabrica*）于1543年在巴塞尔出版。①《人体构造》的作者是安德雷亚斯·维萨里，佛兰芒人，他在鲁汶大学和巴黎大学学习后，1537年毕业于帕多瓦解剖学校，并成为该校解剖学的主要代表。《人体构造》一书可称是科学和艺术共同的瑰宝。书中所附的这些杰出的插图作品很可能是提香（Tiziano Vecellio）②，或是他工作室中其他画家的杰作，在以风景为画作背景下，人类骨骼和躯体被以十分生动鲜活的姿态精心绘制（图7）。

维萨里延续了将人体解剖实践与经典解剖学文本研究相结合的传统。他既为阿拉伯作家的作品注写了释义，也对盖伦的理论进行了评论。在他的代表作的序言中，他强调了古希腊解剖学家所做出的贡献的重要性，指出盖伦之后的学者们并未给解剖学增加任何有意义的知识，同时，他还对包括希罗菲卢斯和其学生安德烈（Andrea）在内的最古老的作者们的作品

---

① [Vesalio]。
② 直到19世纪，人们普遍认为的传统说法便是这些画作均为提香所绘。（从作品的序言中）我们得知，这些插图是在威尼斯绘制完成的，而安德雷亚斯·维萨里与提香的工作室素有来往。另一方面，（据说）与画家有私交的安尼巴莱·卡罗（Annibal Caro）曾提到过提香的解剖学作品，关于这些作品并无其他信息可供查询，除了其时间可追溯至为《人体构造》准备插图的同一时期。画作也一度被认为是在提香工作室工作的佛兰芒艺术家杨·范·卡尔卡（Jan van Kalkar）所画，主要是因为卡尔卡曾参与过维萨里早期解剖作品插图的绘制工作，但由于这两个系列的画作之间存在着巨大的艺术差距，这一推论也被推翻。

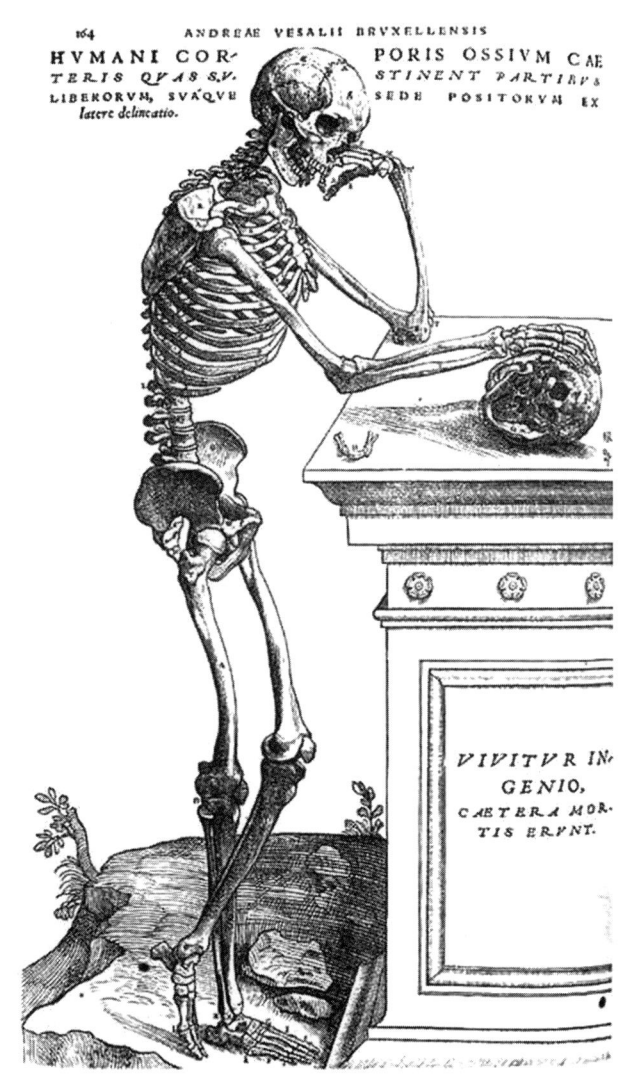

图 7　来自安德雷亚斯·维萨里所著《人体构造》(*De humani corporis fabrica*) 中的插图

已经佚失而深感遗憾。

　　维萨里为文艺复兴时期解剖学的重大进步带来了必需的第三个要素：人体解剖学实践的转变，早在 14 世纪初就在博洛尼亚得以恢复，解剖学也从一个单纯用于说明文本内容的教学工具转变为系统性的研究方法。通过比较 3 幅插图，可以得出一个常被提及的关于这一转变的图像性证明。约翰内斯·德·凯瑟姆（Johannes de Ketham）的《医学备编》（*Fasciculus medicinae*）于 1493 年在威尼斯印刷的版本中，插图所示的解剖学课程期间，教授一心一意地在椅子上朗读，其余两名助手解剖尸体并向学生指出身体的各个部分。在雅各布·贝伦加里奥·达·卡尔皮的《评注》（*Commentaria*）扉页上的木刻中，人物被缩减为两个：解剖助手和坐在他旁边的教授，书中也删去了。在维萨里作品的扉页中，仅余教授本人向学生展示解剖后的尸体。

维萨里所进行的大量解剖工作和他出众的敏锐性，使他能够在许多方面对盖伦的论点进行纠正，例如修订了盖伦对胸骨、颅神经、肝脏和静脉系统的许多特征描述。因为他的贡献，他被冠以"现代解剖学创始人"的头衔，至少在那些坚信科学起源神话的人眼中是这样。

许多解剖学家通过大量的解剖经验来丰富和纠正人体解剖学知识，其中同样身为帕多瓦解剖学校代表的维萨里乌斯的继任者：雷尔多·科隆博（Realdo Colombo, ?—1559）便是一个出色的例子。他与米开朗基罗合作的解剖学著作项目以失败告终（对此我们将在下一段详述），另一位继任者加布里瓦·法罗皮奥（Gabriele Falloppio, 1523—1562）也值得在此提及。

认为古代文本的语言学工作已变得毫无意义，显然是不智之举。16 世纪科学人文主义的主要成就之一，正是承认希腊化时期的科学比帝国时代的科学更加优越。1561 年在威尼斯出版的《解剖观察》（*Observationes anatomicae*）中，加布里瓦·法罗皮奥对希罗菲卢斯与盖伦相比的优越性进行了论证，他特别写道：

> 对我而言，在解剖学学科的问题上，希罗菲卢斯的观点便是《福音书》。
>
> 当盖伦对希罗菲卢斯的观点予以反驳时，我便认为他正在驳

斥医学《福音书》。①

此外，谈及人文主义对于经典文本的阐释对于 16 世纪科学发展工作的功劳，法罗皮奥对此一清二楚。对于盖伦在 2 世纪时忽略的、但早在公元前 3 世纪就已被希罗菲卢斯观察到的某些人体结构，法罗皮奥是首个进行说明的现代解剖学家，例如著名的子宫阔韧带上缘内管道，现在被称为输卵管，以及颞骨岩部内面神经通过的管道，如今被命名为面神经管。②③

意大利的解剖学研究并非完全集中在帕多瓦。活跃于乌尔比诺和罗马的巴托罗梅奥·埃乌斯塔基奥（Bartolomeo Eustachi，？—1574）和博洛尼亚的教授朱利叶斯·凯撒·阿兰齐（Giulio Cesare Aranzio，1529/1530—1589）同样位列 16 世纪下半叶重要解剖学家之中。埃乌斯塔基奥因在 1562 年描述了连接鼓室和咽部鼻部的长管，后来以其名字命名（欧氏管）而声名远播。埃乌斯塔基奥是描述了其他各部位结构，此外还引入了注射有色液体以突出血管的技术的第一人。他的解剖学作品［1564 年出版的《解剖学手册》（*Opuscula anatomica*），而更加完整的《解剖列表》（*Tabulae anatomicae*）直到 1714 年才出版］也因为一个数学层面的特殊性而引起众人的兴趣。在《解剖列表》中，图像被置于有刻度的长方形中，因此，无需插入指明各种器官的恼人线条，也不需要用字母进行标识，要说明图中的任何一点，只需给出其坐标即可。这是正交坐标系在 16 世纪广泛使用的一个例子（此后我们还会谈及这个话题），后来被称为笛卡尔坐标系（直角坐标系）。

---

① 该段拉丁语原文为：erophili…authoritas apud me circa res anatomicas est Evangelium. Quando Galenus refutat Herophilum, censeo ipsum refutare Evangelium medicum. 以上两段话都引自［von Staden］第 11 页。

② 译者注：输卵管的意大利语原文为"Tube di Falloppio"，面神经管的意大利语原文为"Acquedotto di Falloppio"。这两个人体结构被以法罗皮奥（Falloppio）的名字命名，足见这位医生的发现具有如何的重要性。

③ 关于希罗菲卢斯对这些结构的了解，可参见［von Staden］，第 167-168 页、第 233 页，关于输卵管的描述位于第 239-240 页，关于面神经管的描述见第 201-202 页。

› 81

朱利叶斯·凯撒·阿兰齐于1579年出版的《解剖观察》不仅首次描述了许多解剖结构（例如脑室和海马体），而且详细描述了各个器官的功能，迈出了解剖学与生理学相结合的发展过程中重要的一步。朱利叶斯·凯撒·阿兰齐写于1564年的《人类胎儿自由论》（*De humano foetu liber*）也陈述了他在胚胎学研究方面的部分成果，例如，他发现胎儿的血液与母亲的血液无关。

4　生理学与医学

生理学研究取得的进步可能无法与解剖学的卓越成就相提并论，但对于为日后的发展铺平道路同样功不可没。

在生理学领域，同样重要的因素之一就是对古典文献知识的进一步掌握。特别是在16世纪，对盖伦的主要生理学论文《关于身体部位的有用性》（*De usu partium*）的研究在各大医学系中盛行开来，在此之前，人们几乎只阅读该论文的纲要。[1]

由于威廉·哈维（William Harvey）[2]在1628年发现的血液循环通常被看做是托马斯·塞缪尔·库恩（Thomas Samuel Kuhn）[3]称之为"科学革命"[4]的那些范式转移[5]中的典型案例，因此简要回顾一下这个结论得出的过程，主要是16世纪的漫长旅程，就显得别有趣味。根据盖伦的理论，血液只往单一方向流动，从中心到外围，并被它所到达的各个器官消耗。

---

[1] ［Siraisi］第71页。

[2] 译者注：威廉·哈维（1578年4月1日至1657年6月3日）是英国医生，实验生理学的创始人之一。

[3] 译者注：托马斯·塞缪尔·库恩（1922年7月18日至1996年6月17日）是美国物理学家、科学史学家和科学哲学家，代表作为《哥白尼革命》和《科学革命的结构》。

[4] ［Kuhn］。

[5] 译者注：又称"典范转移"，最早出现于托马斯·塞缪尔·库恩的代表作之一《科学革命的结构》，用来描述在科学范畴里，一种在基本理论上对根本假设的改变。

第三章 文艺复兴时期的视觉科学（1435—1575）

更确切地说，静脉血由肝脏利用肠道的营养物质产生，并具有滋养身体各部分的功能，而动脉血负责把从空气中提取的、来自肺部的重要精气输送给它们。根据盖伦的说法，通过呼吸所汲取的精气在生命过程中的功能与燃烧过程的功能相似，这种有趣的类比可能是由实验得出的，实验表明在这两个过程都会导致空气耗尽，使呼吸和燃烧终止。

不可否认，盖伦的这些想法为血管系统的生理学研究提供了一个有价值的起点，他的观念包含许多今天仍被认可的基本概念，如血液通过分配营养和依靠从空气中提取重要元素来发挥双重功能；这两种成分分别来自肠道和肺部；血液以两种类型存在；动脉血的特征是富集空气中的元素；肝脏具有造血功能。与现代学说的主要区别在于，血液的运动完全是离心式的，而且速度十分缓慢，血液的生产和消耗的节奏完全相符。此外，盖伦认为静脉血中也含有极少量的空气，他推测这两种血液通过室间隔中看不见的孔隙，在心脏中会部分混合。

这种理论的一个重大突破，在于认识到血液不是经由所谓的"看不见的孔隙"直接从右心室流向左心室，而是通过肺部进行循环。人们倾向于将这种血液流动称为"小循环"，但实际上，如果没有大循环，就不可能有小循环，因为在没有大循环情况下，血液将永久性地积聚在心脏的左半部分。血液通过肺部自右心室流向左心室的想法在任何情况下都是了解循环的重要一步，而这个认知的来源却并不容易追溯。哈维认为这应该追溯到盖伦本人，只不过他的认知被后来人所篡改。他坚信，盖伦对心脏瓣膜的准确描述，必然伴随着对这些瓣膜功能原理的理解，因此对血液循环方向的了解也是理所当然的。人们或许会试图将哈维的推理延伸至希腊化时期的心脏瓣膜发现者[1]，但在缺乏佐证的情况下，我们必须从今天可追查到的对这一想法进行首次记录的作品开始进行解读。这个想法最初出现于阿

---

[1] 根据盖伦的说法，埃拉西斯特拉图斯比希罗菲卢斯更准确地描述了心脏瓣膜。参阅 [von Staden]，详见文本第119篇第222页。

拉伯学者伊本·纳菲斯（Ibn Nafis，1213—1288）对阿维森纳《医典》的评论。人们普遍认为，伊本·纳菲斯的工作并没有影响16世纪生理学的发展，但有一些迹象可能证实着相反的观点。[①] 无论情况如何，尽管纳菲斯的作品在19世纪不为欧洲所知，但并不意味着它在16世纪也无人问津，究其原因，当时人们对阿拉伯医学作品的兴趣要大得多，再者，彼时知识在很大程度上仍是通过口头和不用于出版的信件及其他手稿进行传播。

维萨里为恢复伊本·纳菲斯的想法迈出了第一步，他对室间隔中的孔隙的存在提出了质疑。然而，在16世纪下半叶，伊本·纳菲斯的理论重新完整地出现在3位作者的作品中，显然是独立于作品本身存在的：西班牙人米格尔·塞尔韦特（Michele Serveto）于1553年在其神学作品中阐述了神秘生理学，这一理论便是其中一部分，还有两位意大利作者：雷尔多·科隆博和安德烈亚·切萨尔皮诺（Andrea Cesalpino）。米格尔·塞尔韦特和雷尔多·科隆博都认为盖伦的学说与肺动脉的大小不相容，如果肺动脉要履行滋养肺部的唯一功能，那么肺部体积就会过大。这一观察直接挑战了盖伦医学学说的观点，即所有血管的任务只是供应它们所指向的器官。

在1559年科隆博死后，他的《解剖学原理》（*De re anatomica*）得以出版，（除了许多解剖学研究外，还包含对消化生理学的出色贡献），书中明确指出并不存在连接两个心室的孔隙，并且血液来自右心室，通过肺动脉（他称之为动脉静脉，采用了这个可追溯到希罗菲卢斯的古老术语）到达肺脏，在那里它重新吸收空气，

[①] 贝卢诺的医生安德烈亚·阿尔帕戈（Andrea Alpago）于1527年在威尼斯出版了他翻译的伊本·西那《医典》的拉丁文版本，并在其中增加了一份阿拉伯语版本的医学和药学术语词汇。为了这本著作，他参考了多位作者，其中提到了伊本·纳菲斯，这表明他极有可能读过伊本·纳菲斯对《医典》的评论。安德烈亚·阿尔帕戈在去世时留下了几个未出版的阿拉伯语译本。其中一份于1547年在威尼斯追授出版，文本中包含了伊本·纳菲斯另一部作品的拉丁文译文，其中十分隐晦地提及了与血液循环路径有关的问题，参见[O'Malley]。

然后通过静脉动脉返回另一个心室。[①]

著名学者安德烈亚·切萨尔皮诺（？—1603）在其1571年的《医学问题第五册》(*Quaestionum peripateticarum libri quinque*) 中，循环（*circulatio*）[②] 一词也首次出现，不仅专门提出了相同的理论，而且迈出了重要的又一步，他认识到，在静脉中，血液不是从心脏流向各处，而是以相反的方向流动。他在1593年的《医学问题第二册》(*Questionum medicarum libri duo*) 中重申了这一观点。

切萨尔皮诺的观点是至关重要的一步，不仅因为它与盖伦的概念相矛盾，最重要的是它的验证基于一个简单的观察法：当绑住肢体进行抽血时，可以观察到肿胀发生在绑带的下方而非上方，如果血液在静脉中的流动是朝向肢体末端，则肿胀理应出现于绑带上方。[③] 这是当时经常进行放血的所有医生反复观察到的现象，但从来没有人得出这个简单的推论，即血液的流动方向应该与盖伦所说的相反。如果我们和库恩一样承认，无法进行这样简单的推论是由于范式的力量在主导，这类范式将与一切相反的观察共存，直到"科学革命"带来范式转移，那么我们应该如何划定切萨尔皮诺做出的贡献呢？作为"常规科学"的其中一部分，还是作为哈维所完成的科学革命的重要步骤之一？他是第一个用一个简单的观察现象来对从前的

[①] 在这些心室之间有一个隔膜，几乎所有的人都认为通过隔膜可以进入左心室的入口，由来自右心室的血液通行；但他们错得离谱：血液通过动脉静脉流向肺部，而肺部的血量减少了；然后，空气伴随着血液通过静脉动脉流向左心室，然而至今没有任何人观察到这个过程，也没有任何文字可以证明，尽管这是最值得注意一个问题。见《解剖学原理》第1572版第325页，[Flourens] 第26页。

[②] 对于从心脏右心室通过肺进入左心室的血液循环，解剖时的现象能够很好地验证。见《医学问题第五册》，威尼斯，1593，第125页；[Flourens] 第27页。

[③] 一个值得我们思考的问题是：为什么静脉肿胀总发生于绑带下方，而并非另一侧；人们凭借经验对血液循环进行截断，知道使用绑带后能够使下方的血管鼓起，而非上方；正因为鼓起的血管并不在绑带上方。但如果血液和肠道中的物质要遍及整个身体，那么这一现象就应该在相反的一侧出现。在《医学问题第二册》第31页，[Flourens] 中对此进行的引用出现于第29-30页。

范式发起挑战的人，尽管这个挑战没有走到能够取代范式的地步。

在切萨尔皮诺的理论出现后，血流各个部分的所有流向都为人所知。这"仅仅"需要有人通过综合各种因素，来理解循环中发生的血液运动，其速度不应该与它的生产和消费速率相称，而是应该高得多，与血液所输送的营养物质的消耗速率相匹配。

解剖学和生理学方面取得的进展尚不能有效地应用于医学。文艺复兴时期医学的诊断和治疗方法，正如我们在2.6节中讨论过的早期的诊断和治疗方法一样，采用的是一套不具备说服力（且无效的）"理论"概念框架所提供的知识，但实际上主要是基于经验累积。

然而，虽然没有立即见效，但文艺复兴时期获取的医学知识的增长，对于为未来的发展做准备来说至关重要，这样的知识累积也是通过将典籍研究中获得的概念工具与从经验中获得的信息相结合而实现的。例如第一部关于儿科专著，《婴儿疾病和治疗手册》(*Libellus de aegritudinibus infantium ac remediis*)，由保罗·巴格拉多（Paolo Bagellardo）于1472年出版，他借鉴了古典传统和阿拉伯传统，以及乔瓦尼·巴蒂斯塔·达蒙（Giovanni Battista Da Monte，1489—1551）的形象：作为经验主义医学的坚定支持者，这位医生或许是首位引入在医院患者的病床前为学生授课这一习俗的人，他坚信能够以这种方式回归希波克拉底的传统，同时还针对盖伦的观点发表了一份博学的长篇评论。

在理论层面上，主要贡献可能是由吉罗拉莫·弗拉卡斯托罗（Girolamo Fracastoro，？—1553）做出的。身为彼得罗·蓬波纳齐（Pietro Pomponazzi）[①]的学生和哥白尼的朋友，毕业于帕多瓦大学的医学专业，天文学家、哲学家和诗人的弗拉卡斯托罗有着十分广泛的兴趣。在《对事物的

[①] 译者注：彼得罗·蓬波纳齐是意大利哲学家，文艺复兴时期亚里士多德主义的代表人物，他从人本主义的角度解读亚里士多德，讨论了灵魂的不朽，认为道德行为是人生唯一的正确目标，他的作品还涉及自由意志。

同情和反感》(*De sympathia et antipathia rerum*)一书中，他接受并发展了斯多葛哲学学派的世界理性思想，用自然法来解释事物之间的相互影响。在医学领域，他的主要作品是1530年出版的《梅毒》(*Syphilis sive de morbo gallico*)，该文献涉及当时在欧洲蔓延的疾病，在文章中被称之为梅毒，以及1536年出版的《传染与传染病》(*De contagione et contagiosis morbis et curatione libri tres*)一书阐明了传染的概念。弗拉卡斯托罗认为，疾病是通过看不见的细菌（他称之为种子）传播的，这些细菌可以在受感染的身体里迅速繁殖，并通过3种方式继续传播：直接接触、通过物体或通过空气。疾病的传染是通过不可见的小体这一观念由来已久，[塞克斯图斯·恩丕里柯（Sesto Empirico）将其追溯至公元前1世纪普鲁萨的医生阿斯克莱皮亚德斯（Asclepiade di Prusa）[1]，但弗拉卡斯托罗肯定从阅读卢克莱修（Lucrezio）[2]的文献中获益良多，他发展了这一想法引入了细菌的繁殖能力并分析了它们的传播方式]，并将其应用于与他同时代的疾病中，再次展示了利用从典籍中撷取的古代概念来分析新现象是多么富有成效。

在实用医学方面，主要的进步是在意大利各州设立了永久性的卫生行政官：15世纪初期设立于米兰，1486年在威尼斯及1527年在佛罗伦萨也相继设立。[3]这些行政官员的主要任务是预防和控制鼠疫的流行，这样的职位在欧洲其他地方并不存在。虽然当时的医学在治疗方面几乎可以称得上束手无策（彼时唯一有用的干预措施是切开疖子，以减轻痛苦或让已经开始的康复进程更快一些），但依然存在着一些预防措施，例如设置警戒线、烧掉被感染者的床垫和衣服以及对康复者进行隔离，或许是部分有效的，以减轻污秽和过度拥挤为目的的卫生措施也一样。我们也要感谢这些卫生行政官员引入了第一批卫生统计资料，这些资料的长期作用在其后逐渐显现出来。

对疾病载体的无知与使用具有某种部分解释力的范式并不冲突。例如，

---

[1] 塞克斯图斯·恩丕里柯所著《驳数学家》(*Adversus Mathematicos*)III，第5小节。
[2] 卢克莱修所著《物性论》(*De rerum natura*)VI，第1090-1286页。
[3] 关于该主题，可参阅 [Cipolla PHMPR]。

有人指出，成捆的羊毛和毛皮比木制或铁制物品更能传播瘟疫。将这种差异归因于"种子"（或鼠疫原子，术语各不相同，弗拉卡斯托罗引入的术语并未被普遍采用）附着于某些物质的能力更强的这个观点，缺乏对跳蚤在传播过程中起到的作用的认知，但这并不妨碍人们能够正确判断需要焚烧的物品是什么。同样，威尼斯人观察到疟疾只在淡水附近发生，并由此推断出要在里亚托附近的居民点根除疟疾，必须将河流从泻湖改道。[1] 如果我们要批评这一理解是"错误的"，因为现在我们已经了解，淡水本身并不危险，但是可能存活于其中的蚊子才是致病的，那么我们必须以同样的方式，批评那些认为是蚊子而不是疟原虫导致疟疾传播的人，也要批评那些在不了解疟原虫如何作用的情况下对其进行识别的人，等等。另一方面，如果人们认为对疾病的猜测可能出现的模型数量是无限的，而且是逐渐完善的，那么也必须承认，将瘟疫的原因归结于最优先附着在某些物质上的病菌，正是科学解释传染病迈出的重要第一步。

5 植物学和其他自然科学

许多植物（其中绝大多数被视为药物）公认的治疗特性使欧洲医生和药剂师在整个中世纪阶段一直保持着对植物学的浓厚兴趣。由单一植物构成的药物被称为"单味剂"，这个名字也被用来称呼具有（实际的或推断的）治疗功效的植物。中世纪时期的植物知识，一方面基于流行于当地的植物使用传统，另一方面基于对一些经典文本的解读：该主题的最高权威是迪奥斯科里德斯（Dioscoride Pedanio），（公元1世纪）的专著《药物论》（*De materia medica*），其中包括源于矿物和动物的药品，共讨论了813种不同植物的治疗特性；其他作品，如尼古拉·达马塞诺（Nicola Damasceno）的《植物

---

[1] 参见 [Lane] 第21页。

论》(De plantis)曾经被错误地认为是亚里士多德所著，重要性则相形见绌。然而在 16 世纪初，想要恢复所有迪奥斯科里德斯所著文本里的知识是绝无可能的。事实上，要识别《药物论》中描述的植物远非易事，尽管描述准确，也涉及拉丁欧洲存在的物种，语言问题和插图的缺乏[1]往往使识别成为问题。迪奥斯科里德斯的作品于 1478 年首次以拉丁文译本在锡耶纳的埃尔萨谷口村（Colle di Val d'Elsa）得以印制出版，而希腊文本的初版则于 1499 年由阿尔杜斯·马努提乌斯在威尼斯编辑完成。

泰奥弗拉斯托斯（Teofrasto）的植物学著作在拉丁中世纪始终不为人知，这本著作由移居意大利的拜占庭人文主义者之一西奥多勒斯·加沙翻译，译本于 1451 年完成，并于 1483 年在特雷维索出版。因此，在这个领域中，也有可能将来自早起希腊化时代的思想信息加入对帝国时代作品的阅读中。正如我们即将提到的，加沙的翻译对后来的科学发展产生了重要影响。事实上，首先是泰奥弗拉斯托斯的论文与迪奥斯科里德斯的著作略有差异，他对植物的结构、生理和分类都很感兴趣，而不仅仅是着眼于其可能拥有的治疗效果，这对于独立于药理学的植物学学科缓慢的建立过程颇有助益。此外，泰奥弗拉斯特斯传递的部分概念，即使在寻得合适的恢复机会之前会经历长时间的沉寂，但最终会被证明它们十分重要。例如，我们注意到，泰奥弗拉斯托斯讨论了植物从一代到另一代[2]发生的变化，其中明确区分了由于土壤或气候变化引起的形态变化与自发变化，并强调后者在植物和动物中都会出现，但不会发生在已经形成的个体中，只会发生在种子[3]阶段，这样的自发性变化是遗传的，通过许多代的逐渐修改，它们可以导致相当大的变

---

[1] 在迪奥斯科里德斯留下的作品中，只有两部最古老的作品包含了准确的插图，即保存于维也纳的《迪奥斯科里德斯》（Dioscurides Constantinopolitanus，约 512 年在君士坦丁堡出版）和保存于那不勒斯国家图书馆的《迪奥斯科里德斯》（可能源自同一原本）。

[2] 泰奥弗拉斯托斯所著《植物志》（Historia plantarum），II，iii。

[3] 泰奥弗拉斯托斯所著《植物之生成》（De causis plantarum），IV，4.11。

化[1]：使用现代科学家引入的术语，这显然是变异及其可能造成的影响。

16世纪时，在将书面传统与观察相结合一事取得了决定性的进展上，从而将植物学重新引入科学的范畴。印刷技术的提升所实现的第一个重要进步，便是由德国植物学家奥托·布伦费尔斯（Otto Brunfels）[2]、希罗尼穆斯·博克（Hieronymus Bock）[3]和莱昂哈特·福克斯（Leonhart Fuchs）[4]的工作促成的，他们（1530—1542）出版了描述中欧植物的文本并附有细致插图，这些植物对于希腊作者而言无人知晓。博克的文本中还提供了有关所描述植物栖息地的信息。

自16世纪30年代起，教授"单味剂"配制相关的课程内容，即是说植物学和药理学（这两个学科当时基本上是重叠的）的教学在意大利部分大学中得以设立。1533年，在帕多瓦设立了这一教席，并委任弗朗切斯科·博纳费德（Francesco Bonafede）为教师；1539年，博洛尼亚也采取了同样的举措，卢卡·吉尼（Luca Ghini，1490—1556）应召前往授课。这些学者引入的两项创新对该学科的发展至关重要：植物园和植物标本室。

中世纪时期本就存在用于种植药用植物的花园，但至此才首次以教学为目的建立了植物园，学生可以直接在园内对植物进行研究。比萨大学和帕多瓦大学之间对建立第一个植物园（或当时所说的"单味剂花园"）的优先权存在争议。官方文件表明，帕多瓦大学的植物园（拥有大约1800种不同的植物）是

---

[1] 泰奥弗拉斯托斯所著《植物之生成》，II，13.3。

[2] 译者注：奥托·布伦费尔斯（1488—1534），文艺复兴时期欧洲德国的神学家、植物学家。他著有一本重要的草本植物志《活植物图谱》。该书出版于1530—1536年，同时还附有照实物绘制的地图。此书曾在当时的欧洲产生了广泛影响力。

[3] 译者注：希罗尼穆斯·博克（拉丁名：Tragus，1498—1554）是文艺复兴时期德意志植物学家、医师和信义宗神职人员。他的著作是《新草药志》，其中涉及了近700种植物。他将中世纪的植物学建立在观察和描述的基础上，开始了其向现代科学的过渡。

[4] 译者注：莱昂哈特·福克斯（1501—1566）是文艺复兴时期欧洲的医生、植物学家，蒂宾根大学医学系的教授。于1542年出版了一本有影响的关于药用植物学的论著，书中有对北美物种的描述。一些植物之名即源于其下。

在弗朗切斯科·博纳费德的倡议下于1545年建立的。由卢卡·吉尼创立的比萨大学植物园可能略早一些（或可追溯至1543年或1544年），但其建立日期并没有详细记载。

卢卡·吉尼绝对是文艺复兴时期植物学发展的关键人物。他在博洛尼亚大学尝试建立植物园并未取得成功，随后，卢卡·吉尼迁居至比萨，在那里他得到了科西莫一世（Cosimo I de' Medici）的关键支持，在比萨建立植物园，后来又在佛罗伦萨兴建了另一所植物园。第二项创新也应归功于卢卡·吉尼，他发明了由干制植物标本和压制植物标本组成的标本馆。实际考察大量植物的可能性，包括对无法引进的外来植物进行的考察，对植物学的发展至关重要，例如，林奈（Linneo）[①]描述的许多非瑞典植物都是通过标本馆标本进行了解的。[②]

吉尼生前没有出版过植物学著作，但他创立了该学科的主要学派，彼得罗·安德里亚·马蒂奥利（Pier Andrea Mattioli）、赫拉尔多·西博（Gherardo Cibo）（他建立的一个重要的植物标本馆至今仍然存在[③]）、安德烈亚·切萨尔皮诺和乌利塞·阿尔德罗万迪（Ulisse Aldrovandi）都属于该学派。

彼得罗·安德里亚·马蒂奥利（1500—1577）于1544年出版的《关于迪奥斯科里德斯工作的论述》（*Discorsi sull'opera di dioscoride*）取得了巨大成功，其中识别和描述了约1200种药用植物。该书最初以意大利语撰写，没有插图，1565年出版了精心制作的插图版，并被翻译成拉丁文和各种欧洲语言，该书在很长一段时间内一直是参考文本。马蒂奥利在书中加入了诸多新的信息，让文本中所描述的植物更容易识别和确定，同时他也在迪奥斯科里德斯发现的植物的基础上增加了许多新物种，这些信息不仅

[①] 译者注：林奈（Linneo）全名为卡尔·林奈（Carl Linnaeus），是瑞典植物学家、动物学家和医生，瑞典科学院创始人之一。

[②] 参见［Mayr］第115页。

[③] 该植物标本馆位于罗马安吉莉卡图书馆，该图书馆正在创建一个可供查阅的电子数据库。

来自迪奥斯科里德斯，而且在很大程度上也来自泰奥弗拉斯托斯。[1] 他的工作得到了吉尼的帮助，吉尼向他寄送了许多植物，提供了相关信息，还附上了自己的一些意见。[2]

有赖于图文并茂的出版物以及植物园和植物标本室的出现，16世纪的学者们了解到的植物数量开始增长，以至于对它们的分类问题成为当务之急：需要对收集的信息进行逻辑结构化，以使植物学初具雏形。

第一个卓有成效的分类系统是由一位我们此前已经认识的生理学领域的科学家，安德烈亚·切萨尔皮诺建立的。他在《植物论》（1583年的著作，其中对超过1300种植物进行了说明[3]）一书中介绍的植物分类学一直沿用到18世纪，也被林奈所推崇。作为当时主要的亚里士多德派哲学家之一，切萨尔皮诺的体系很大程度上依赖于亚里士多德和泰奥弗拉斯托斯的思想。他作品中使用的术语是从这些作者那里借鉴而来的，这使得现代生物学家往往很难对他做出的贡献表示肯定。[4]

切萨尔皮诺所建立分类系统的一个显著特点是它的二分法特征。换句话说，植物生物是通过连续的排除法进行细分的，每次排除都通过对某个单一特征进行评估，直到单个物种被确定。这个分类方法基于亚里士多德的逻辑（但不是基于他动物学分类的范例[5]），与如今的分类原则相去甚远，可能显得过于人为。然而，我们不能忘记，在切萨尔皮诺的时代，分类的主要目的是为识别单个植物提供一个有用的系统，二分法系统针对这一目的给出

---

[1] 关于这一点，请参见 [Fausti]。

[2] 吉尼写给马蒂奥利的这些著作于1907年出版，参见 [Ghini]。

[3] [Cesalpino DP]。

[4] 例如，恩斯特·瓦尔特·迈尔（Ernst Walter Mayr）对切萨尔皮诺的分类学进行了别有深意的阐述，他毫不掩饰地指出，从切萨尔皮诺到林奈的所有博物学家所使用的分类原则都渗透着教条和学术术语，需要专门研究才能理解它们，见 [Mayr] 第108页。不难想象，复兴后的切萨尔皮诺同样不得不进行更为艰难的专业研究，才能理解如今生物学家们使用的行话。

[5] 这一点在 [Mayr] 第102页中得到了澄清。

的优良效率，表现在今天用于分类标本的检索列表仍然沿用了这一分类逻辑。① 在许多可能的二分法分类中，那些创建原则尽可能"自然"的群体，即由许多特征相似的植物组成，无疑是首选。切萨尔皮诺通过谨慎挑选用于二分法的个别特征成功地实现了这一点。这些特征主要与植物的生长和繁殖相关，并在双重标准的基础上被采用：明确的标准考量它们在生理学中的重要性，而隐含的标准（我们可以从已获得的结果中进行猜测）是指它们产生"自然"群体的能力，这些群体往往已经有传统名称。生殖器官（花和果实）提供了通常可以进行量化的特征（如花瓣的数量），其明显优势是可以获知明确的识别标准。当然，整个系统是以植物生理学知识为基础的，相关知识主要来自泰奥弗拉斯托斯，切萨尔皮诺声称自己是他的追随者。

切萨尔皮诺的植物学进一步证实了这样一个事实，即现代科学诞生于从古代典籍中恢复的概念工具与收集大量信息的新能力之间的结合。

在动物学领域，随着亚里士多德动物学著作的加沙译本在1476年出版，确保了该领域知识的重要进步，在此之前，人们只能通过艾尔伯图斯·麦格努斯对这些作品的解读而了解它们。动物学一直是亚里士多德兴趣的核心，他的作品将许多观念延续至现代，长期以来动物学一直受到他作品的影响，特别是动物行为学及动物解剖学（后者基于动物尸体解剖实验，昆虫类则基于活体解剖）。就分类学而言，即使我们已知的亚里士多德著作中没有描述完整的动物分类方式，但这在很大程度上是可以重建的，最重要的是，动物分类标准的可能性得到了详细讨论，并引入了新术语来确定系统分组，其中一些至今仍在使用，如昆虫、甲虫和鲸类动物的分类。②

---

① 例如，参见 [Pignatti]，这是意大利植物区系最完整的分析键（二分法）。
② 亚里士多德并没有创造全新的习惯术语，而是出于系统化的目的，或使用具有更多通用意义的词语，或使用他由已经存在的词语组成的术语，例如，昆虫类（"分段"）的情况，或多或少地对应于我们所说的节肢动物，拉丁语词源提供了对应昆虫纲和鞘翅目的词语（"长有内衬的翅膀"），在现代术语中保持不变。我们的"鲸目动物"来源于希腊语的"kètos"一词，在荷马（Omero）的作品中已经代表了"海怪"的意思，但亚里士多德将其用于有肺的胎生水生动物。

动物学和其他自然科学一样，其发展在很长一段时间内落后于植物学，这既是因为缺乏药理学提供的刺激，也因为保存或培育标本难度较大。特别是，彼时人们对动物学的分类始终难有多少兴趣，在最幸运的情况下，亚里士多德对于动物分类的观点能够得到采用，但通常动物们只是被按字母顺序进行划分。① 最有意思的著作往往因为它们基于第一手的观察，也是那些因为和经济利益挂钩针对特定物种写成的书籍。例如，许多作品都是关于蜜蜂和蚕的：第一部作品似乎是《养蜂论》（*Trattatello di apicoltura*）。一位匿名的佛罗伦萨作者使用白话文来书写的《有关于蜜蜂繁殖的奇妙的论文》（*Trattato volgare della meravigliosa generazione delle pecchie*），可追溯到1469—1473年中的一年。②

即使在矿物学（或者说为矿物学建立起到了奠基作用的知识）方面，最有意义的进展一方面是对古代作品的重新聚焦，另一方面是与经济活动直接相关的论文的发表。

在第一个方面，我们可以关注到，阿尔杜斯·马努提乌斯于1497年在威尼斯出版了泰奥弗拉斯托斯的短篇小册子《论石》（*De lapidibus*）的希腊文本。③ 在这篇短文中，一部分十分有意思的观点提到了"石化的"象牙和印度甘蔗。如要评估这本小册子对后来长达几个世纪的关于化石性质的辩论所造成的影响并不容易，但鉴于泰奥弗拉斯托斯的权威性，它可能对将化石解释为生物体转化的结果这种主流释义的形成颇有助益。

在第二个方向上，关于金属的提取和处理的各种作品得以印制出版。万诺乔·比林古乔（Vannoccio Biringuccio）所著的《火法技艺》（*De la pirotechnia*）（威尼斯，1540年）是欧洲出现的第一批关于该主题的出版物

---

① 举个例子，这就是康拉德·格斯纳（Konrad Gesner）的巨著《动物史》（*Historia Animalium*）中使用的系统，作品更多受到老普林尼的影响，而非亚里士多德的灵感。

② [Accorti] 第 xxix 页。

③ 在 [Mottana Napolitano] 上可以找到附带注解的一版意大利语译本。

之一，这是一部基于直接经验而非中世纪资料的论文，中世纪的资料在当时众所周知但经常受到嘲笑。[①] 比林古乔（在成为锡耶纳附近一个铁矿的矿区主管之前，他曾访问过弗留利、卡尔尼亚和德国的矿场）对矿物、金属、合金和许多技术工艺进行了说明，这些技术通常涉及化学反应。从后续的发展来看，许多观察结果似乎很有趣，其中包括我们将在第四章提到的，当铅被煅烧（即我们所说的氧化）时，重量会增加 8%~10%。[②] 比林古乔的作品是德国人格奥尔格·阿格里科拉（Georgius Agricola）1556 年的论文《论矿冶》（*De re metallica*）的主要来源，该论文最终得到青睐，主要因为它是用拉丁文写的（而比林古乔是用意大利文写的），所配插图也更为精美翔实。这些论文开创了技术文献的先河，是后来矿物学和化学稳步发展的重要前提。

从长远来看，自然史方面的学术著作整体而言对自然史的影响较小。例如，吉罗拉莫·卡尔达诺在他的百科全书著作 [《世界万物》(*De rerum varietate*) 和《精妙事物》(*De subtilitate*)] 中谈及包含植物、动物和矿物在内的许多主题，但他对这些主题的处理，基于他广博的知识和普遍的哲学论证，但只包含了孤立的、令人感兴趣的观察案例。[③]

一位对日后自然科学发展的重要特征极具前瞻性的思想家，是来自科森扎的贝纳迪诺·特莱西奥（Bernardino Telesio，1509—1588）。在他的《事物的本质应根据其自身的原则》（*De rerum natura iuxta propria principia*）中，他主张自然界具有统一性，并认为对现象的解释不应诉诸与之不符的概念。特别是，贝纳迪诺·特莱西奥不仅对亚里士多德提出的月下界和月上界之间的两种差异予以否认（即他否认地球和天体现象具有不同的

[①] 例如，比林古乔在谈到磁铁时取笑了艾尔伯图斯·麦格努斯，因为麦格努斯曾经写道有一些种类的磁铁能够从水中将金子、骨头甚至鱼吸上来，见 [Biringuccio] 第 115 页。

[②] [Biringuccio] 第 58 页。

[③] 例如，安东尼奥·瓦利斯内里 1695 年称赞了吉罗拉莫·卡尔达诺 1550 年在《精妙事物》中对茉莉花的描述，见 [Vallisneri]，第 200 页。我们将在本书的第 136 页再次提及在 [Vallisneri] 作品中的另一个引发众人兴趣的观察例子。

性质），而且还否认生物和无机体之间存在着本质的、不可跨越的区别。他还否认了灵魂的生理作用，并认为这一作用是由存在于大脑中的"精神"来执行的，从而让斯多葛派的理论重占上风。根据贝纳迪诺·特莱西奥的说法，在唯一的一次创世之后，自然界在没有来自神力的进一步干预下演变，主要是由于热和冷之间的永恒冲突，从而产生了独特的自然实体，包括生物。

这类观点明显受到斯多葛派和卢克莱修思想的影响，在此基础上，贝纳迪诺·特莱西奥规划了一个庞大的自然主义研究计划，涉及气象学、生物学、彗星、颜色、心理学和各类如今涵盖在地质学中的主题等[1]，这个研究计划也通过他创立和指导的科森蒂娜学院（Accademia Cosentina）的活动来实施。与其说是特莱西奥的个人成就，不如承认后来的科学发展深受他的普遍理念影响，尤其是他对弗兰西斯·培根（Francesco Bacone）、皮埃尔·伽桑狄（Pierre Gassendi）和托马斯·霍布斯（Thomas Hobbes）等思想家的影响。

在 16 世纪的最后几十年里，人们对自然主义的兴趣被散布各地的好奇阁（Wunderkammern）所激发，在这些好奇阁中收集了各类藏品：植物、矿物、动物、化石、考古遗迹、史前文物，时常也有简单的插图。如伽利略之类的科学家会对这些杂乱无章的收藏大加批评，毕竟这样的地方罕有什么科学价值。然而，希望能够拥有和触摸到真实物品，或至少在插图中看到它们的愿望，是几个世纪以来只能通过书面文字了解知识的群众对这个现象做出的正常反应，也是建立现代自然历史和考古博物馆的第一步。

---

[1] 泰莱西奥的多部小型作品的第一个校勘版，见 [Telesio]，是由科森扎一所学校的校长路易吉·德·弗兰科（Luigi De Franco）在 1981 年编辑的（当时由于学校的企业主义概念还没有被应用，校长仍然可以处理文化问题）。

6 数学人文主义、挑战和虚数

文艺复兴时期的数学有两条基本线索，它们经常在同一批作者身上交叉并存，其一是对希腊化时期数学成果的恢复，包括古代文献和概念上的吸收；其二是对算盘师和会计师使用的数字技术的反思而推动的新发展。

这两条线，连同来自艺术的刺激，都出现在可能是15世纪最具创造力的数学家皮耶罗·德拉·弗朗切斯卡的作品中。[①] 除了我们在第三章前文中已经讨论过的有关透视的论文外，还应对他的另外两部数学著作：意大利语写成的《算盘论》(*Trattato d'abaco*) 和拉丁语写成的《五种规则形体》(*Libellus de quinque corporibus regularibus*) 有所了解。

一位商人委托皮耶罗撰写的关于算盘的论文中表现出的数学水平大大超过了之前的所有论文，他不仅系统地借鉴了斐波那契和欧几里得的理论，还引入了重要的全新元素。关于代数部分的讨论从斐波那契对求解一阶和二阶方程的方法的阐述开始，但皮耶罗对《算术之书》中仅限于特定练习内容的主题进行了概括，并开创了就我们如今所知，一个注定具有伟大前途的研究领域，即增加了对三阶、四阶、五阶甚至六阶方程式的讨论，特别是在计算指定资本在给定年限内提供给定金额的利率时这些方程式的应用。这些方程解法总体而言并不正确，但在3个与利率有关的问题上，皮耶罗提供了正确的解决方案。而在体量异常庞大的几何部分中，在文艺复兴时期的文学作品中首次出现了后世被称为"黄金分割"的特殊关系，这一理念将在下个世纪大放异彩。

黄金分割在《五种规则形体》中起着重要作用，该书使用了欧几里得《几何原本》的最后一册为资料参考，但在数学方法的使用上有所不同，因

[①] 关于皮耶罗·德拉·弗朗切斯卡的数学成就（尽管长期以来一直被低估），可参阅 [Dalai Emiliani Curzi] [Daly Davis] [Field] [Gamba Montebelli Piccinetti]。

为尽管以"五种规则形体"为书名，但它不仅涉及5个柏拉图立体，还包含了欧几里得未加处理的其他几个几何主题的重要成果。尤其是皮耶罗发现了海伦公式，该公式将三角形的面积表示为边的函数，之后通过提出已知六边长度的一般四面体体积的计算方法对其进行了概括。①

对于十字拱顶表面积的计算以及两个直径相等的圆柱体与入射轴和正交轴相交的体积计算也十分有意思。后者的结果可能是通过从两个立体的相应截面的表面积相等推导出两个立体体积之间的相等而得出的。② 这个方法将由17世纪的博纳文图拉·卡瓦列里（Bonaventura Cavalieri）重新单独提出，同时，阿基米德已经在其论文《论方法》（*Sul metodo*）中进行了阐述。没有证据能够表明在皮耶罗的时代欧洲已经出现了阿基米德的论文[这份论文是海伯格（Heiberg）[3]于1907年在一个部分字迹仍可辨认的羊皮纸书中发现的]，但事实是，该论文的一个命题（其演示过程已经遗失）恰恰与皮耶罗所考虑的非常规立体有关。④

皮耶罗·德拉·弗朗西斯卡出生于1415—1420年，在印刷术问世于欧洲之前就已接受了良好教育，他从未想过这种技术将会应用于自己的著作，而他的学生（也是达·芬奇的老师），著名的修士卢卡·帕西奥利（约1445—1517？）则认为印刷术的存在至关重要，正是这位修士出版了欧几里得《几何原本》的拉丁译本和另外两部大获成功的作品：1494年的《算术、几何、比例总论》（*Summa de arithmetica, geometria, proportione et proportionalitate*）和1509年更为众人所知的《神圣的比例》（*De divina*

---

① 《五种规则形体》的论文之二的第十章。
② 《五种规则形体》的论文之四的第十章。包含皮耶罗推导过程的这个段落，在他的作品中没有得到证明，但在[Gamba Montebelli Piccinetti]第49-52页中以这样的推导路径给出了令人信服的解释。
③ 译者注：海伯格（Heiberg）全名为约翰·路德维格·海伯格（Johan Ludvig Heiberg），是丹麦语言学家和历史学家。
④ 这本复本在海伯格检查后被盗，并于1998年重新出现，目前正在使用允许阅读新部分的技术进行研究，例如[Netz Noel]，这也可以揭示现代早期出现的数学方法的起源。

第三章 文艺复兴时期的视觉科学（1435—1575）

proportione）。①

《算术、几何、比例总论》迅速成了该领域重要的参考文本，得益于它的迅速传播，为欧几里得流传下来的传统与算术师遵循的传统相统一做出了重要贡献。以皮耶罗为典范，该书在选择主题时借鉴了算盘相关的论文，但在处理主题时却遵循了欧几里得的解法，以比例理论为基础对所有命题进行了证明。此外，关于几何学的部分则通过加入数值方法遵循了欧几里得模型，正如皮耶罗所做的那样。这部著作之所以出名，还因为它包含了一个专门讨论会计的章节，在该章节中，复式记账法首次在印刷书籍中被详细阐述；这也导致了长期以来一直帕西奥利始终相信该系统的发明者便是书籍作者，而实际上，这个记账法已经使用了至少一个半世纪。事实上，《算术、几何、比例总论》一书几乎没有原创性可言。卢卡·帕西奥利对新成果的获得不感兴趣，他的目光更多放在了对现有知识的协调和普及，为此他毫不犹豫地公然剽窃。在《神圣的比例》（一部专门讨论黄金分割和柏拉图立体的作品，主要因达·芬奇的插图而闻名）中，他甚至将皮耶罗·德拉·弗朗西斯卡就同一主题所写的整个《五种规则形体》纳入书中，却没有注明作者。尽管乔尔乔·瓦萨里（Giorgio Vasari）已经谴责了这一剽窃行为，但这种谴责在很长一段时间没能引起重视，直到 20 世纪时，它与许多其他诸多作品的抄袭行为陆续得到证实。②

1515 年前后，博洛尼亚大学教授希皮奥内·德尔·费罗（Scipione del Ferro，1465—1526）找出了求解三次方程的方法，按照当时的习惯，他没有公布这个研究成果，只秘密地向部分学生透露，其中包括安东尼

---

① 对于卢卡·帕西奥利工作的评价，可在 [Giusti PMR] 中查看贡献。
② 我们相信，这个问题的证实是由朱利奥·皮塔雷利（Giulio Pittarelli，是意大利数学家，专攻几何和代数领域）首次提出的。随后其他作者也带来了新的证据，并使确定的抄袭行为数量成倍增加，这也涉及了许多其他作者。参见 [Pittarelli] [Mancini] 和 [Picutti]。

奥·玛丽亚·德尔·菲奥雷（Antonio Maria del Fiore）。①1535 年，在他的老师（即费罗）去世后，他想在一次公开的"数学挑战"中使用这一机密知识。这些挑战在当时十分普遍，通常过程会持续几天，在这期间，两个竞争者中的每一个都要尝试解出对手给出的问题（通常是 30 个左右）；工作机会的提供和参与者薪资的水平可能根据竞赛结果而评定：毫无疑问，这个挑战系统鼓励参赛者对他们所掌握的知识保密。挑战者询问了尼科洛·丰塔纳（Niccolò Fontana）[又名塔塔里亚（Tartaglia），因为他说话有障碍，法国军队在他小时候劫掠布雷西亚时的一次行动中曾经重创了他的面部]，也因此了解到这个公式的存在，安东尼奥·玛丽亚·德尔·菲奥雷正是用它来解出这类方程的。

塔塔里亚（1499—1557）出身低微，身为学者却以教授小学数学为生，但正如他所说，他仅凭一己之力成功找到了安东尼奥·玛丽亚·德尔·菲奥雷发现的解法。当时已经颇有名望的吉罗拉莫·卡尔达诺得知塔尔塔利亚能够解出三次方程时，力邀他到米兰并劝说他公布这个秘密，同时，卡尔达诺发誓不会泄露并答应将塔塔里亚介绍给米兰总督。②然而，在得到机会查看希皮奥内·德尔·费罗的原始手稿后，吉罗拉莫·卡尔达诺认为自己无需继续履行保密约定，并于 1545 年将他从塔塔里亚学到的解题公式写入了他的《大术》（*Ars magna*）中（书中诚实地解释了安东尼奥·玛丽亚·德尔·菲奥雷所扮演的角色和塔塔里亚事件）。

《大术》③不仅代表了现代代数的开端，而且可能是欧洲第一部阐述相关科学成就的作品，这些成就并非取自古代作者的贡献或由古代作者提出，这也对后来的研究产生了重要影响。卡尔达诺不仅阐述了希皮奥内·德尔·费罗的公式（今天称为卡尔达诺公式），而且还进行了演示，同时还借由他

---

① 可参阅 [Toscano]，这是一本关于讲述三次方程求解公式历史的令人愉快且记录翔实的书。
② 塔尔塔利亚在 [Tartaglia QID] 的第 9 本书中详细讲述了这个故事。
③ 英文译本为 [Cardano: Witmer]。

第三章 文艺复兴时期的视觉科学（1435—1575）

的学生洛多维科·费拉里（Lodovico Ferrari）的研究成果，解决了四度方程的典型案例。

希皮奥内·德尔·费罗的三次方程求解公式在数学史上占有重要地位，其中一个特点值得深入探讨。在这个公式里，正如在二次方程的求解公式中一样，有必要提取可能为负的量的平方根。然而，与二次方程的情况不同，这也可能发生在存在实数解的情况下。例如，很容易就能得知方程 $x^3=15x+4$ 中其解 $x=4$，但应用公式时，会遇到必须提取负数平方根的困难。利用现代复数理论，很容易发现公式中的虚数能够互相消除，从而得到实数解为 4。换言之，应用这个公式来寻找一个三次方程的实解，可能会暂时性地被带入到复数的范畴中。卡达诺公式的这一特点推动了在现代数学中引入复数。然而，卡尔达诺本人并没有采取这一步骤，尽管他在特定情况下引入了负数的根，[1]但他通常认为需要提取负数平方根的方程是不可解的。卡尔达诺本人对复数也持一种模棱两可的态度：在某些章节中，就像在《大术》第 37 章中一样，他系统地使用了复数，但通常他都会尽量规避复数的使用。

上述问题最终都在代表文艺复兴时期代数成就巅峰的著作中得以解决：拉斐尔·邦贝利（Rafael Bombelli）所著《代数学》（*l'Algebra, parte maggiore dell'aritmetica*），其中有关算术的主要部分写明了答案。该书可能于 1550 年汇编，1572 年在博洛尼亚出版，其中系统地使用了复数，并提供了可以找到所有解的一种理论，无论实数还是复数，无论三次方程式还是四次方程式。

在一个重要方面，邦贝利遵循的方法背离了古老的传统：接受负数的平方根而不问它们在什么意义上存在，也不用从已知量开始构造它们；引入它们的理由仅在于它们在其后的实用性。这种做法开辟了一条能够长期

---

[1] 参见［Cardano: Witmer］第 219 页。

通行的道路。①

我们绝不能认为意大利代数学家获得的新成果让恢复古代数学的工作变得毫无用处,尽管这些成果已经创造了一个在古代史无前例的新数学领域,对古代相关文献的恢复依然是我们谈及的整个时期和日后学科发展必不可少的一环。希腊古典数学家作品的原本、翻译和评论的出版,与古代科学复苏所带来的新著作的详细阐述密切相关,这确实是16世纪数学家工作的核心所在,如果没有这些,欧洲的后续发展将无法想象,尤其是意大利的发展。例如,邦贝利在梵蒂冈图书馆的一本手抄本中重新发现了丢番图(Diofanto)的著作,对数论的后续发展产生了决定性的影响。在以数学人文主义为特征的恢复和重新释义的过程中,出现了两个人物:来自乌尔比诺的菲德利哥·科曼蒂诺和来自墨西拿的弗朗切斯科·毛罗利科。

菲德利哥·科曼蒂诺(1509—1575),我们在前文中已经讲述过他关于透视做出的贡献,他接受了当时最好的教育。② 作为一名军事建筑师的儿子,菲德利哥·科曼蒂诺曾在一所人文科学和数学学校跟随私人导师学习拉丁语和希腊语,然后继续在帕多瓦和费拉拉的大学学习哲学和医学。在放弃了他认为缺乏真正认知价值的医学研究后,他致力于研究和创立一所学者学校(为乌尔比诺公爵和他的红衣主教姐夫服务)。除此之外,他还翻译了阿波罗尼奥斯《圆锥曲线论》的前4本书(也就是剩下的希腊语文本部分)、亚历山大的帕普斯(Pappo)的《数学汇编》(*Synagoge*)以及奥托里库斯(Autolico)和阿基米德的作品。他对欧几里得《几何原本》的评注译本优

---

① 再仔细分析一下就能注意到,邦贝利关注的是,按照古典传统,对他所考虑的立方体方程的实数根的存在进行几何学证明,但由于不具备虚数根的几何学解释,他无法始终对程序的中间步骤的使用量的存在进行证明。这个问题后来通过用成对的实数构造复数得到了解决,但数学家们使用仅由所获结果事后证明的程序,这种状态已经持续了几个世纪,物理学家们也仍然在遵循这种做法。
② 我们掌握的关于菲德利哥·科曼蒂诺生平的信息主要来自他的学生拉斐尔·邦贝利写的关于他的简短传记请参阅[Baldi],第494-520页。

于此前的所有翻译版本（图8）。因而这一版本成为几个世纪以来的参考文本。菲德利哥·科曼蒂诺的工作并不局限于翻译和评论，但在许多情况下，正如我们在前文谈及透视时所看到的，他以上古案例为典范，追本溯源，发展了对许多他认为具有隐喻性的或带有假设条件的理论，但这些理论他并未公之于众，例如日晷理论和固体重心理论。

弗朗切斯科·毛罗利科（1494—1575）的作品大部分未能发表，几个世纪以来一直被忽视，直到最近才重新引起人们的兴趣。[①] 尽管弗朗切斯科·毛罗利科（他曾任修道院院长，并于墨西拿耶稣会学院任教多年）的家人是从君士坦丁堡移民到西西里岛的拜占庭官员后裔，他的父亲安东尼奥·毛罗利科（Antonio Maurolico）曾是康斯坦丁·拉斯卡利斯[②]的学生，但他对古典希腊文本的编辑版本并没有文献价值。这些通常是根据已有的拉丁语译本，

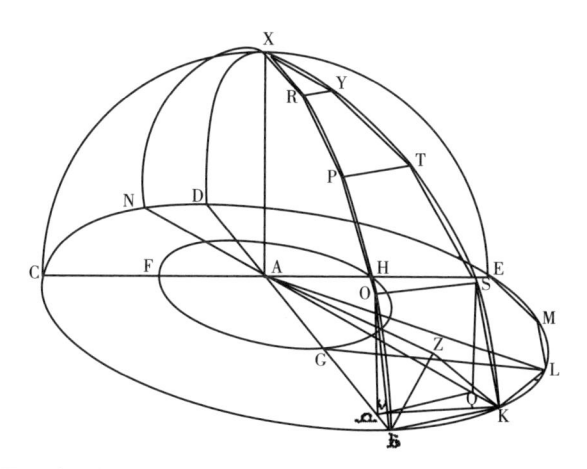

图8 菲德利哥·科曼蒂诺版的欧几里得《几何原本》中的插图，见 [Commandino Elementi] 第245页。科曼蒂诺（也曾研究过透视学）是第一个用可理解的图形说明欧几里得的立体几何定理的人

[①] 约有50位学者对弗朗切斯科·毛罗利科数学作品的电子版进行了约10年的研究。参阅 [Maurolyci Opera mathematica]

[②] 我们知晓的有关弗朗切斯科·毛罗利科的信息主要来自他的侄子撰写的传记。参阅 [Vita di Maurolico]。

在没有阅读原文的情况下再次编译的。真正让这些作品有意义的，是弗朗切斯科·毛罗利科对其进行的再创作，其中常常诞生了非常卓越的原创数学思考。例如，他重写的泰奥弗拉斯托斯和墨涅拉俄斯（Menelao）的《球形学》（*Sferiche*）是基于已有的阿拉伯语译本，但他添加了自己的想法，对论点进行了重塑，形成了一篇全新的关于球面三角学的论文。同样，在阿波罗尼奥斯的《圆锥曲线论》的前 4 册之后，紧接的是对随后两本书的推测性复原，这些书被认为已经散落（但随后人们找到了阿拉伯语译本）。圆锥曲线理论随后被极为新颖地应用在了关于日晷的论文中，从而重建了最古老的应用之一，在他所知的典籍中并没有对这个装置的记载。[①]

弗朗切斯科·毛罗利科最著名的作品之一是他关于算术的论文，[②] 许多学者都认为在其中找到了第一个完整的归纳法证明。[③] 事实上，在这种情况下，正如许多其他情况一样，能够推导出这个公式的道路是漫长而复杂的，其中的任何步骤都不能被视为绝对的"第一步"。[④] 弗朗切斯科·毛罗利科似乎是欧洲第一个[⑤] 有意识地使用归纳原理的人，而布莱兹·帕斯卡（他了解毛罗利科的工作并承认毛罗利科在该主题上的领先[⑥]）似乎是第一个对此做出明确陈述的人。当然，如果"归纳原理"这个术语仅限应用于它的现代形式化，

---

① 弗朗切斯科·毛罗利科的《时间线论》（*De lineis horariis*）的第 3 本书，根据此应用发展了圆锥曲线理论，发表于 [Maurolico: Sinisgalli Vastola]。

② 《两本算术书》（*Arithmeticorum libri duo*），作品包含在 [Maurolyci Opera mathematica] 中。

③ 例如，在 [Kline] 中肯定了弗朗切斯科·毛罗利科的领先，卷一，第 318 页。

④ 多年来，归纳原理 [曾被众人一致归功于布莱兹·帕斯卡（Blaise Pascal）] 一直在不断被追溯。在归功于弗朗切斯科·毛罗利科（在 20 世纪初提出）之后，在 [Rabinovitch] 中被追溯到 14 世纪的列维·本·吉尔松（Levi Ben Gerson），在 [Rashed IM] 中被归结于萨玛瓦尔（Al-Samaw'al, 12 世纪）和卡拉吉（Al-Karaji, 大约 1000 年前后），在 [Yadegari] 中被认为是源于 9 世纪的一名伊斯兰学者，在 [Acerbi] 中则被追溯至柏拉图。

⑤ [Rashed IM] 指出，弗朗切斯科·毛罗利科使用归纳原理的一些演示与萨玛瓦尔和卡拉吉的演示非常相似。当然，一位通晓阿拉伯语的西西里学者（毛罗利科似乎是这样）将阿拉伯数学中的部分已为人知晓的程序进行引入，这显然是说得通的。

⑥ [Kline]，l.c 中引用了布莱兹·帕斯卡的一封包含此致谢的信。

那么它就不能追溯到 19 世纪之前。

吉罗拉莫·卡尔达诺是意大利 16 世纪最出众也最具争议的人物之一。从引人入胜的自传和他的其他作品中[1]，展现出了一个复杂而聪慧过人的形象，他雄心勃勃，报复心强，在哲学争论和使用武器方面表现得非常在行。他是欧洲最受欢迎的医生之一，是那个时代最伟大的数学家之一，是备受赞誉的自然哲学家和占星家，是一位多产的作家，几乎在每个知识分支上都有成功的作品留存，他也是一位不折不扣的棋牌和骰子玩家。正是由于这最后一个爱好，他也写下了最为有趣的作品之一，一篇关于赌博游戏的小论文，这篇论文在他的一生中不断被修订，今日看来，它很有可能是概率计算历史的起点。[2] 遗憾的是，这部作品在他生前并未出版，只在他离世后，后人基于未准备出版的手稿得到整理印制，这部作品涵盖了在多种情况下对上述主题的连续性论证，并提出了一些解释方面的问题。然而，这是我们所知的第一本用数学术语来处理随机现象的著作。吉罗拉莫·卡尔达诺没有使用与我们所提的"概率"相对应的概念，尽管他在各种案例中计算了某一情况发生的案例数量与可能发生的情形总数之间的比率。作为一名出色的赌徒，他最关注的是确保赌博游戏公平性的条件，同时他也正确地判别了这一条件：对参与赌博游戏的玩家而言，有利的情况数量与对另一方有利的情况数量之间的比例必须与双方赌注之间的比例相等。[3] 因此，赌注的确定被简化为卡尔达诺经常（尽管并非一直）设法解决的组合问题。

---

[1]《自由生活》(*De proprio vita liber*)，巴黎，维莱里，1643 年。意大利语译本可见 [Cardano: Ingegno]。

[2] 卡尔达诺的《论赌博游戏》(*De ludo aleae*) 发表于 [Cardano: Tamborini]。[Ore] 的附录中有英文译本，其中包含对这部长期以来一直被忽视的作品的第一次重估（这一评估甚至有些夸张）。

[3] 因此，存在着有一个我们认为可以适用于整个游戏 [也就是说适用于存在的所有可能性] 的普遍比率，即是说赢的情况有多少种，将它们的数量与可能出现的所有情况的数量做一个对比。参阅 [Cardano: Tamborini]，第 63 页、第 15-19 页。

7 波特兰海图和托勒密地图：从比较到综合

正如我们在 2.8 节中提到的，中世纪存在着两种类型的大规模制图：第一种，没有实际用途的全球地图，旨在传达一种世界范围的观念；另一方面，从 13 世纪末开始，在地中海使用的称为航海图（或是领航书）的特殊海图诞生于意大利，随后也在伊比利亚半岛的部分地区出现。第二种类型的地图叠加在一个网格上，被称为风力菱形网格，由对应罗盘指示方向的多个线条构成。[1]

曼努埃尔·赫里索洛拉斯（Manuele Crisolora）是最早一批移民到意大利，并对这一领域进行了彻底变革的拜占庭知识分子之一。他于 1397 年从君士坦丁堡迁居至意大利并开始教授希腊语，在赫里索洛拉斯带去佛罗伦萨的手稿中，有一份克劳狄乌斯·托勒密的《地理学》(*Geografia*)，1409 年由赫里索洛拉斯的一个学生雅各布·德安吉洛（Jacopo d'Angelo）翻译成拉丁文。这部作品引起了广泛的共鸣，在印刷时引起的反响可谓惊人（1475 年在维琴察印刷，此后 1477 年印于博洛尼亚，1478 年印于罗马，1482 年印于佛罗伦萨，后来在欧洲各国都开始流传）。为了评估《地理学》重新发现的重要性及其影响，有必要对其内容的各个方面进行单独探讨。首先，托勒密的作品是一部数学地理学作品，成书基础是系统地使用我们今天所熟悉的球坐标系（纬度和经度），也基于至少在原则上可以确定这些坐标的方法，以及对地球大小的估量。其次，该作品明确讨论了制图学的基本问题，即如何在平面地图上表现球面的一部分，同时为了解决这个问题，书中提出了三种类型的投影，其中一种被推荐用于区域地图，而另外两种则被建议用于编制整个可居住世界的地图（根据托勒密的说法，这部分的面积约占地球表面的四分之一）。这部

---

[1] [Mollat du Jourdin La Roncière]。

作品的另一个重要特征就是犯了两个严重的错误：地球的线性尺寸被错误地估计为实际尺寸的 5/7［在希腊化时期，埃拉托斯特尼（Eratostene）就曾计算出了一个非常接近的值］，同时在经度方面也存在着系统性误差。[1] 最后，托勒密粗略地描述了他几乎没有掌握信息的地区，例如印度和印度支那，显然他还完全忽略了世界的某些地区，例如美洲和澳大利亚。

需要强调的是，当时使用的航海图，由于其成图依靠的经验性，加上一个多世纪以来不断地被使用，在地中海航行时远比托勒密的文本（其中经度还存在系统性误差）更加可靠，但是，由于它们不是基于科学的地理理论基础，这些航海图无法为想要计划远洋航行的人提供任何帮助。事实上，科学理论的一个基本特征就是对新的实验结果提供（可对其进行证伪的）预测，而在这种情况下，实践显然无法给出任何建议。

在 1409 年，地球的形状为球形是每个受过教育的人都知道的，因为它得到了所有权威的一致肯定：从柏拉图到亚里士多德，从老普林尼到乌尔提亚努斯·卡佩拉。然而，这是一个"固化"概念，正如我们在第一章中所给出的定义，这个概念并没有应用于制图和航海活动。托勒密作品的发现使它重新焕发了活力，将这个概念置于一个或许能够规划未开发的海上路线的理论背景中，比如向西航行就可以到达亚洲。这个可以追溯到古代的想法，[2] 可能出现在不止一个古代地理作品的读者的脑海中，其中包括保罗·达尔·波佐·托斯卡内利，他在绘制了一幅"托勒密"地图后，在给克里斯托弗·哥伦布（Cristoforo Colombo）的信中描述了这个想法。[3] 我们都知道完成这一壮举的实际后果，以及由于托勒密的两个系统性错误，导致大大低估（约 50%）了需要航行的距离，让这个任务显得更加容易完成。

---

[1] 可以想见，这两个错误并不是相互独立的。
[2] 斯特拉波所著《地理学》，I, i, 8。
[3] 关于著名的托斯卡内利遗失的地图以及它在哥伦布远航规划中的作用，可以参阅［Toscanelli cartografia］。

同样由于数学地理学的重新发现,当地理探索的季节开始时,意大利发现自己处于一个左右为难的位置。意大利水手和制图师几个世纪以来的经验以及半岛的文化中心地位对它十分有利,托勒密的地理著作在这里首次被翻译和出版,向西前往亚洲的想法也是在这片土地上酝酿的。另一方面,有待探索的地区与地中海世界相距甚远,欧洲君主制国家的能量越来越大,他们能够比意大利投入更多进行远洋勘探,这一切使意大利被推入新的探索活动的边缘。其结果,众所周知,最终变成了意大利人的贡献局限于代表欧洲国家各国以个人的身份加入这一探索,克里斯托弗·哥伦布和塞巴斯蒂安·卡伯特(Sebastiano Caboto)为西班牙远航,阿尔维塞·卡达莫斯托(Alvise Ca 'da Mosto)和亚美利哥·韦斯普奇(Amerigo Vespucci)为葡萄牙出行,乔瓦尼·达·韦拉扎诺(Giovanni da Verrazzano)代表法国出发,乔瓦尼·卡博托(Giovanni Caboto)为英格兰航行。

托勒密制图法的建立殊为不易。[1] 弗拉·毛罗(Fra Mauro)在1450[2]年左右制作的著名的平面图,从托勒密处借鉴了许多地名(将其拉丁语化),在部分情况下对其进行了修正,例如对波罗的海和斯堪的纳维亚半岛给出了更准确的信息,但明确拒绝他对于坐标的使用。[3] 弗拉·毛罗通过将不同来源的部分拼装在一起来构成了他的世界映像,而没有用任何新的普遍性理论来取代构成中世纪平面图基础的概念。

1477年在博洛尼亚印刷的托勒密作品的版本,是第一个将这位古代作者在地图上绘制经线和平行线网格的想法予以实现的版本。

将根据托勒密的规定制作的地图与航海图进行比较时,必须看到两者各有优缺点。叠放于航海图上的格子线,以风玫瑰图为参照,对应于始终

---

[1] 有关文艺复兴时期制图的历史,可参阅[Woodward HC]。
[2] 关于该年代的作品,具体请参阅[Falchetta]第143页。
[3] [Falchetta]第711页附注2892。

遵循指南针指示的同一方向行进的路线①，这十分利于航海图出行时的使用，而托勒密的任何投影都不具备这一特性。不过，根据托勒密的指示绘制的航海图有一个优点，参照它可以立即看到每个地点的地理坐标。因此，在托勒密的作品首次印刷后的大约一个世纪里，虽然地图的内容变化很快，并结合了通过探索逐渐得到应用的新知识，但这两个系统都没能在抗衡对方的过程中占据压倒性优势，也就不足为奇了。同时，托勒密地图、风力菱形航海图和试图提供新解决方案的海图同时被印制。例如，弗朗切斯科·罗塞利（Francesco Rosselli）在1508年绘制的平面图，总体上是"托勒密"式的，图中标注了平行线和经线网格，但首次采用了椭圆形的投影，用于表示整个地球。弗朗切斯科·罗塞利（他也是一位优秀的微型图画家）使用的投影法使地球的表现形式变得赏心悦目和和谐，但他的地图并不具备可以确保在实际使用中具有特别优势的数学特性。1544年塞巴斯蒂安·卡伯特绘制的平面图是托勒密地理网络与风力菱形航海图相协调的尝试之一。

16世纪的主要意大利制图师可能当数贾科莫·加斯塔尔迪（Giacomo Gastaldi，约1500—1566），他是一名服务于威尼斯的工程师，从1544年开始绘制地图，成为威尼斯共和国的官方"宇宙学家"。他的大量地图的印刻对于当时意大利的凹版印刷技术（大约在1500年引入佛罗伦萨）胜于木刻技术方面具有决定性作用，他的1548年版的托勒密《地理学》是第一个包含美洲大陆区域地图的版本。从所使用的投影技术的角度来看，加斯塔尔迪本质上是"托勒密派"，他忽略了航海图的传统制图方式，而其他制图师则延续了这一传统。

1569年，佛兰德斯制图师杰拉杜斯·麦卡托（Gerhard Kremer）最终实现了两种系统之间的新综合，他的拉丁化名称"麦卡托"（Mercatore）

---

① 至少这是制图师在使用罗盘玫瑰时展现出的意图。由于要将航海图与托勒密地图不同，它仅展现地球表面的特定部分，因此这一意图是否能够实现尚不完全清楚。在这种情况下，这些地图会根据经验绘制，导致了与杰拉杜斯·麦卡托（Gerardo Mercatore）同样的结果。

更为人所知。通过绘制经纬线的正交网格，其中平行线之间的距离随纬度的增加而适当增加，麦卡托绘制了一张新的地图，该地图保留了托勒密地图中存在的经纬度指示，但同时该地图在与北方保持等角条件的前提下，绘出了船只航行的直线。[1] 未来将有许多其他制图系统投入使用，[2] 但所有系统都将保留一个基本思想，即选择一个使某些量能够保持不变的投影（墨卡托投影中，保持了角度的不变），因此，制图的数学内容变得更加丰富。一位佛兰芒人找到了解决这一古老问题的办法，这一事实反映出了地中海地区海洋活动的重要性正在下降。几年后，大约在1575年，一直十分繁盛的威尼斯地图制作业，在与荷兰的竞争中一败涂地，毕竟荷兰拥有更为重要的市场。[3] 在那之后，意大利在地图制作领域的工作转而集中在半岛的区域地图上。

意大利城市在海上贸易中失去了核心地位，紧接着意大利地图制图学也随之衰落。要估量这对随后的科学发展影响有多么深远并不容易，但别忘了，制图学在几个世纪里一直为数学创造者提供了刺激，例如，它为莱昂哈德·保罗·欧拉的复杂分析的发展提供了刺激，也为卡尔·弗里德里希·高斯（Carl Friedrich Gauss）[4] 对误差理论和微分几何的问题提供了刺激。

在文艺复兴时期，地形学也迅速发展，构成了初等数学最早的应用之一，并为三角测量和探测仪器的发展提供了重要的推动因素（这些仪器与用于天文观测的仪器密切相关，有时甚至一致）。当然，我们前文已讨论过的制图方法，特别是坐标的使用，对地形学方法也造成了影响。

---

[1] 地球表面所有经线以相同角度相交的曲线称为等角航线。很容易看出，除了它们与子午线重合的特殊情况外，它们不是大圆航线。

[2] 可参阅［Snyder］，一本关于地图投影历史的有用书籍。

[3] ［Woodward IR］第18页；［Karrow］第620页。

[4] 译者注：卡尔·弗里德里希·高斯（1777年4月30日至1855年2月23日），出生于不伦瑞克，逝世于哥廷根，是德国数学家、物理学家、天文学家、大地测量学家。高斯被认为是历史上重要的数学家之一，并享有"数学王子"的美誉。

第三章 文艺复兴时期的视觉科学（1435—1575）

莱昂·巴蒂斯塔·阿尔伯蒂在他1445年的《数学游戏》（*Ludi rerum mathematicarum*）中已经解释了各种三角测量技术和角度测量工具的使用方法。阿尔伯蒂本人也得到机会，通过在1450年编写的《罗马城市描述》（*Descriptio urbis romae*）[①]中应用了这些方法，在书中他通过提供城市中[②]175个点的特定类型的极坐标，将罗马的地形展示出来。地形信息的传输没有通过图纸（在那时也完全缺失），而是通过坐标列表，这一想法显然是对托勒密在其《地理学》[③]中使用的策略应用于地形学方面的一种调整，旨在防止其在后续复制翻印的过程中出现损毁（如果使用当今的术语来解释，可以看作阿尔伯蒂更喜欢以数字形式而非模拟形式保存信息）。在列奥纳多·达·芬奇于1502年绘制的著名的伊莫拉[④]地图中，可能使用了莱昂·巴蒂斯塔·阿尔伯蒂引入的坐标系，无论如何这幅地图肯定受到了一部分影响。

地形学的进展是由数学家和工程师（特别是由参与了16世纪进行的多项运河工程的技术人员，这些工程需要精确的测量数据和绘制水文图）共同推动的，导致了探测仪器的显著改进。其中，塔塔里亚在他1546年的《各种问题和发明》（*Quesiti et inventioni diverse*）中谈到了这个问题。在16世纪，对人文主义表现出极大关注的知识分子们也表现出对地形学的兴趣。科西莫·巴托利（Cosimo Bartoli，1503—1572）是历史学家、外交家和乌米迪学院（Accademia degli Umidi）（即后来的佛罗伦萨学院）的主要倡导者，他致力于将方言的使用扩展到科学主题的处理方面。[⑤]在除了将莱昂·巴蒂斯塔·阿尔伯蒂的众多作品翻译成意大利语外，他还继承了阿尔伯蒂对地形学的兴趣，

[①] [Alberti Descriptio]。

[②] 这些坐标与通常的极坐标不同，它们都是无量纲的：径向坐标 p 被 p/d 比代替，d 是地图包含的参考圆的直径，因此，坐标与为了地图的描绘所选择的比例无关。

[③] 关于阿尔伯蒂对托勒密作品的了解，见马里奥·卡波（Mario Carpo）所著 [Alberti Descriptio] 引言的第18页。

[④] 皇家图书馆 12284。一些学者对这幅地图归属于列奥纳多提出了质疑。

[⑤] [De Blasi]。

并于 1564 年出版了自己的作品《如何测量距离、表面、身体、植物、宝藏、海拔，以及所有其他人类可能需要的地球事物》(*Del modo di misurare le distantie，le superficie，i corpi，le piante，le prouincie，le prospettiue，& tutte le altre cose terrene che possono occorrere agli uomini.*)。

各行政区域的设立推动了中等比例尺制图的出现，当时称之为地方志。第一个组织对其领土进行详细调查的地区可能是威尼斯共和国。1460 年，十国委员会的一项法令命令各城市、地区和城堡的总督绘制其管辖区域的地图，并将其发送给威尼斯。①

1536 年由军事工程师吉罗拉莫·贝尔阿玛托（Girolamo Bell'Armato）绘制的托斯卡纳地图成为后来作品相继模仿的典范，取代了微型图画画家的作品传统。②在接下来的几十年里，贾科莫·加斯塔尔迪绘制了许多地图，包括意大利地图和威尼斯共和国领土的区域地图。其区域地图的一个特点是将经线和纬线网格还原至虚拟状态，也就是说网格不会被表现出来，仅将两个坐标的值显示在边距中。正交坐标的方法（贾科莫·加斯塔尔迪像托勒密一样，将其应用于区域地图）已经被很好地掌握，以至于将它们的实际确定的步骤留给了读者（据说随图配备了一个角尺）。

8　文艺复兴时期的天文学

中世纪时人们对天文观测的兴趣寥寥，而且只关注恒星和行星，随后才开始扩展到彗星和新星，这两种星体在希腊化时期就已经有学者进行研究，③但由于它们与亚里士多德和托勒密提出的天体现象不变性的范式相矛

---

① [Almagià] 第 613 页。

② [Woodward IR]，第 25 页。

③ 塞内卡（Seneca）发表了对彗星的研究，认为彗星具有与行星相同的特性 [《天问》(*Naturales Quaestiones*)，VII：iv，1；xvii，1-2]。根据老普林尼的说法，新星的出现促使喜帕恰斯编制了他的星表 [《博物志》(*Naturalis Historia*)，II，95]。

盾，因此在《天文学大成》中没有被提及，并从随后的天文学中被删除；尤其是彗星，被与大气事件一起列入到月下界现象中。

保罗·达尔·波佐·托斯卡内利在佛罗伦萨对彗星进行了首次系统观测，他从1433年开始对彗星进行了多年的观测，也颇有成果，他将观测到的位置描绘在了星图上。[①]1468年，托斯卡内利还建造了圣母百花大教堂的大型圭表，以确定黄道的斜度。

16世纪主要的意大利天文观测学家可能是伊尼亚齐奥·丹蒂（Egnatio Danti，1536—1586）。丹蒂精通古典光学（尤其是他还将欧几里得的《光学》翻译成了意大利语），在天文学和制图学方面都十分活跃（1562年，他受科西莫一世委托绘制托斯卡纳的地图）。天文测量取得的更大精度的一个影响是教皇格里高利十三世（Gregorio XIII）在1582年颁布的历法改革。正是伊尼亚齐奥·丹蒂通过对正午太阳高度的精确测量，确定了儒略历中累积的10天误差（分点发生在3月11日而不是21日），从而为改革儒略历的决策做出了重要贡献。所采用的特殊解决方案，即把年份能被400整除的年份为闰年（所有的能被100整除的世纪年不算），是由天文学家阿洛伊修斯·里利乌斯（Luigi Lilio）提出的。

与我们在其他领域看到的情况类似，新的观测数据的获得，唯有依靠同步进行的对古代天文学文献的恢复，才能产生所谓的"天文学革命"，恢复古代天文学的工作有两条路径。首先，需要延续对《天文学大成》一书知识的吸收，尽管这项工作已经持续了近百年时间。由于托勒密的著作于12世纪在西西里译成的译本已经遗失，只有通过阿拉伯语的翻译才能阅读，比如克雷莫纳的杰拉德的作品也是如此，然而，该作品从未进入正常的大学课程，因此很少有人读到。关于本书的一个重要事件，是1451年特拉布宗的乔治将之直接从希腊文本中翻译成了拉丁语，但直到1528年才出

---

① 对于托斯卡内利对彗星的观测，可参阅[Celoria]。

› 113

版，即使在那时也很少有人阅读。格奥尔格·冯·波伊尔巴赫（Georg von Peuerbach）和约翰内斯·彼得·缪勒（Johannes Müller），即雷焦蒙塔诺（Regiomontano），应红衣主教贝萨里翁邀请，于1496年出版了《对〈天文学大成〉的概要》(*Epitome dell'almagesto*)，长久以来该概要都被作为参考文献。

对于复杂的托勒密算法的研究仍在继续，部分学者将更为古老的天文学理论予以保留或公之于众，这些理论可以追溯到希腊化时期甚至更早。15世纪末在帕多瓦教授医学和天文学的费德里科·克里索戈诺（Federico Crisogono）在其出版于1528年的遗作[①]，一本简短的小册子中，采用了我们在前文提及的雅格布·唐迪的潮汐理论，他将潮汐理论归结于日月的适当组合：在为牛顿综合理论的发展提供一个成因之前，这个理论长期以来一直被局限在小众所知的环境中。[②]1536年，年轻的来自卡斯蒂廖内科森蒂诺的乔瓦尼·巴蒂斯塔·阿米科（Cosentino Giovanni Battista Amico[③]，1512—1538）在与他的朋友贝纳迪诺·特莱西奥于帕多瓦读书时，发表了一篇著作[④]，其中他提出了同心球理论的一个变体［可追溯到欧多克索斯（Eudosso di Cnido），并被卡里普斯（Callippo）和亚里士多德修改后采用］。阿米科作品中的一些技术细节特别有趣，因为这些细节与伊斯兰天文学作品和哥白尼所采用的系统相符，它们似乎构成了思想传播链中的一个环节，通过意大利，可能将哥白尼与伊斯兰天文学传统联系起来。[⑤]吉罗拉莫·弗拉卡斯托罗在他的著作《同心论》(*Homocentrica sive de stellis*)（发表于1538年，但根据作者的说法，

---

① ［Crisogono］。
② 关于这一点，请参见［Russo FR］。
③ 在［Piovan］中记载了有关乔瓦尼·巴蒂斯塔·阿米科的少数传记信息，他死于谋杀。
④ 《关于天体的运动，根据亚里士多德学派原则，忽略偏心轮和本轮系统》(*De motibus corporum coelestium iuxta principia peripatetica sine eccentri cis et epicyclis*)，威尼斯，1536年。该作品于1537年在威尼斯重印，1540年在巴黎重印。
⑤ 关于这一点，请参见［Swerdlow］。

该书在1535年创作）中也提到了同心球的概念，这位作者我们曾在关于医学的章节提到过。

在费拉拉的人文学者西里奥·卡尔卡尼尼（Celio Calcagnini，1479—1541）的研究中，对前托勒密来源的资料探索得出了更有意思的结果。身为外交官、历史学家、教会人员和希腊著名翻译家，卡尔卡尼尼在对典籍的研究过程中滋养了天文学。他的论文《天立，地动，或地球的不断运动》（*Quod caelum stet, terra moveatur, vel de perenni motu Terrae*）于1544年在其去世后得以出版[1]，但可能写于1525年左右，文中他根据一些希腊和拉丁文的权威资料，论证了地球围绕其自身轴线所作的昼夜运动。波兰天文学家尼古拉·哥白尼（Niccolò Copernico）（他在定居东普鲁士之前曾在博洛尼亚、罗马、帕多瓦和费拉拉学习）的划时代思想也源自对古典文献的研究。哥白尼同时是一位受人尊敬的希腊语翻译，他在《天体运行论》（*De revolutionibus orbium caelestium*）的献词部分写道：

> 我感到很恼火：哲学家们对世界上最微小的事物都进行了如此仔细的研究，但他们却对全世界最优秀、最完美的工匠为我们创造的机器的运动一无所知。因此，我立志收集所有我能找到的哲学家的书籍，想要知道是否有人认为世界这个球体的运动与那些在学校教授数学的人所认同的运动并不相同。因此，我首先在西塞罗的文章中发现，尼切托认为地球是在移动的。然后在普鲁塔克（Plutarco）的文章中，我发现还有其他人持同样的观点。
>
> 因此，当我遇到这个机会时，我也开始思考地球的移动性。[2]

《天体运行论》与卡尔卡尼尼的论文相去甚远，因为哥白尼所做的不仅

---

[1] 参阅［Calcagnini］。
[2] 我们使用了科拉多·维万蒂（Corrado Vivanti）的翻译。

仅是肯定地球的移动性。认为地球自身正在运动的这一定论，恢复了阿里斯塔克斯（Aristarco di Samo）的古代日心理论，关于这一理论的证据正在不断积累，产生了巨大的、众所周知的文化后果，我们将在下一章再细谈这个问题，但从技术发展的角度来看，这并不重要。一个行星运动的天文模型在任何情况下都只有一个目的，那就是预测行星相对于地球的运动，如果它不是基于动力学理论，就像哥白尼的理论一样，那么说哪个物体是真正静止的就完全没有意义。关键在于，哥白尼同时依赖对托勒密[①]所用方法的完全恢复和新的观测数据，尽管这些数据已经显示出与他的理论有偏差（主要是由于过去几个世纪中小误差的不断积累），但已经足够他建立一个类似于托勒密的本轮系统，但与观察结果的一致性有所提升。

让我们谈回意大利对16世纪天文学做出的贡献，人文学者亚历山德罗·皮科洛米尼（Alessandro Piccolomini）在1540年出版了第一本星图册，其中他引入了用字母表（在他的时代用的是拉丁文）[②]中的连续字母来表示星座中亮度递减的星星，还有弗朗切斯科·毛罗利科的天文学著作，其中包括阐述古典天文学并对细节进行了修改的作品，以及1574年发表的关于新星的论文。然而，总体而言，随着大学教授天文学的比重下降，意大利在文艺复兴时期对于天文学研究起到的作用也减弱了。例如，在1508年的博洛尼亚，天文学的书籍只在节假日阅读，直到1569年天文学才恢复了常规教学，但也仅是作为数学阅读的一部分。[③]对天文学的兴趣随着对医疗占星术兴趣的减弱而衰退，在此之前，医疗占星术一直是推动这一领域研究的主要动机。在意大利，关于占星术的观点存在分歧：即使是在顶尖知识分子中出现的著名占星家（如吉罗拉莫·卡尔达诺）也与明确表达谴责立场的情况并存［其中乔瓦尼·皮科·德拉·米兰多拉（Giovanni Pico della Mirandola）

---

① ［Neugebauer ESA］第241-242页中强调了这一点。
② ［Suter］。
③ ［Bonoli Piliarvu］第127页。

和弗朗切斯科·圭恰迪尼（Francesco Guicciardini）等人就曾经明确表达这一立场］，这种表态最终于16世纪后半叶占据上风。教会的立场也发生了变化，直接导致了特伦托会议和1586年教皇西斯笃五世（Papa Sisto V）在教皇训令中对占星术进行谴责。

亚平宁半岛上占星术的衰落，或许是促使许多曾在意大利学习的天文学家接受前往其他国家任职的原因之一，尽管这些国家有时仍处于前几个世纪科学发展的边缘，但现在他们提供了更多的工作机会和资金。15世纪的主要天文学家之一约翰内斯·彼得·缪勒（除了《对〈天文学大成〉的概要》外，他还撰写了一篇关于医疗占星术的论文）在罗马工作后，先移居匈牙利，然后移居纽伦堡，在那里，他以托勒密理论为基础，在32年间计算了月球、太阳和行星的位置，并用自己制造的仪器开始进行系统的天文观测，他的学生伯恩哈德·瓦尔特（Bernhard Walther，1430—1504）在之后也接手了这项工作。

在我们所谈及的这个时期结束时，一些北欧国家的占星学正在蓬勃发展，没有显示出任何危机的迹象，有赖于天文观测台的建立，专业的天文学家-占星师可以全职工作，每天进行观测和测量，并进行必要的计算，以检查数据与理论的一致性，这也让观测天文学有了质的飞跃。1576年，丹麦和挪威国王开始在乌拉尼堡（Uraniborg）建造天文台，让当时最伟大的天文学家和占星家：丹麦人第谷·布拉赫（Tycho Brahe）使用。就在几年前，在黑森-卡塞尔的威廉四世（Guglielmo IV d'Assia-Kassel）的倡议下，德国在卡塞尔建造了另一座天文台，几年后，腓特烈二世为第谷·布拉赫建造了第二座天文台。

天文台不仅对获取天文数据而言至关重要，而且它们能够刺激精密仪器的建造和改进，以及推动了数字表的出版（最初是三角函数表，但对数表在不久后也出现了），在这两个领域，意大利都落后了。

9 技术梦想和工程学

现代物理学诞生的缘由之一是文艺复兴时期关于技术主题的文献。对新机器的发明者授予"特权"（当时的专利）证明了那个时代对技术进步的兴趣，这一现象在15世纪传播到意大利中北部（在14世纪就曾有一些先例），并在接下来的两个世纪里传播到欧洲其他地区。[①] 技术的进步首先被视为古代技术的恢复，并且构成了复兴古典文化尝试的一个重要方面（尽管长期以来被文艺复兴时期的历史学家所忽视）。

13世纪时，包括罗吉尔·培根在内的许多作家，已经表现出了认为古人拥有非常强大的技术能力的信念，在同世纪的比利亚德·德·洪内库特的著名绘画中，可以识别出希腊化技术的元素。[②] 对军事技术进行写作的传统从未中断，圭多·达·维杰瓦诺（Guido da Vigevano，14世纪）和德国作家凯瑟（Kyeser）[③]（活跃于1400年左右）都是其中代表，但在文艺复兴时期，新手稿的涌入以及人文学者和技术人员对理解和翻译这类手稿的兴趣趋于一致，民用技术的恢复有了质的飞跃。

通过阅读古代技术作品也并不一定能够重建其内容。有时，手稿描述的可能是传说中的物品（例如罗吉尔·培根提到的飞行器或据称是亚历山大大帝穿过的潜水服，后者可能用于暗指中世纪和文艺复兴时期作家设计过的许多水下呼吸器）或是对于古代作者曾经试图恢复，但最终徒劳无功的某些技术传统的错误传言［这是古代晚期一位匿名作者所著的《军事问题》（*De rebus bellicis*）就是这种情况］。即使作品的可

---

① ［Lamberini］特别是第49页。

② 例如，他通过复制拜庭人斐罗（Filone di Bisanzio）的《气动力学》第56章，可见［Philo: Prager］第26-27页，来表现"万向"悬挂装置，见［Villard de Honnecourt: Bowie］第66-67页。

③ 译者注：凯瑟（Kyeser）全名为康拉德·凯瑟（Konrad Kyeser），德国军事工程师，是《军事论文》（*Bellifortis*）的作者。

靠性得到保证，并且已经附上正确的插图来描述其内容（这是当时出版商的主要目标），但往往缺乏实际生产设备的技术，例如，带有密封柱塞的泵直到磨削和润滑技术得到充分发展，能够生产出与希腊化时期类似的金属制样品之前，已经设计了几个世纪。因此，具体从事防御工事和水利工程设计和施工的工程师们，写作的论文都只是对虚拟的技术进行的猜想。

技术著作的作者们借鉴了多位古典作者的作品：维特鲁威乌斯（Marcus Vitruvius Pollio）和弗朗提努斯（Frontino）的著作总是被系统地使用，而其他资料可能会零散地见于其中。在我们看来，将以几近失传的科学理论为基础（例如气动力学）形成的技术传播出来的文本特别有意义。克特西比乌斯（Ctesibio）和拜占庭的斐罗所写的气动理论著作实际上从未得到复原，而得以留存的斐罗和亚历山大港的希罗所写的气动力学论文主要包含对一系列装置的描述。这些装置的一部分已经在中世纪文献中出现过，但这些知识是如何被传播出来的，我们鲜有头绪。一些人推测制造这些器械的传统从未中断。[1] 但信息的传播是以拜占庭或阿拉伯手稿为媒介的说法也许更具有说服力。人们对技术手稿，尤其是对附有插图的手稿的兴趣，是众所周知的，即使不懂语言的人兴致也丝毫未减。[2] 对这些主题的兴趣也体现在 15 世纪所谓的匿名耶纳人的手稿中，其中包含亚斐罗所著《气动力学》的意大利语译本，我们将借此回到这个主题。对以希腊化气动力学为基础发展出的古代技术的反思，对于重要的科学发展不可或缺，而这些科学发展与原始理论之间的关联是我们很难确定的。

菲利波·布鲁内莱斯基（Filippo Brunelleschi）是推动技术进步的重要人物。就我们所知，1421 年，他曾请求佛罗伦萨共和国给予特权，对能

---

[1] 参见例如 [Valleriani]。

[2] 保罗·加鲁齐（Paolo Galluzzi）强调，由乔瓦尼·奥里斯帕（Giovanni Aurispa）引入意大利的一份插图详尽的希腊手稿，其内容包含了军事技术，在当时引起了技术人员和艺术家们的极大兴趣。[Galluzzi PL] 第 24 页，该手稿目前藏于巴黎国家图书馆的 Ms. Greco 2442。

够沿阿诺河逆流而上的船只的发明予以保护。在他设计的机器中,有一个配备了各种装置的强大绞盘,最重要的是,通过一个简单的机制可以扭转绞盘的方向而无须改变运动方向。绞盘后来经由多位作者重新设计,其中最著名的是列奥纳多·达·芬奇。[1] 菲利波·布鲁内莱斯基还设计了钟表,但正如他为透视学所做的研究一样,他没有留下任何关于他的机械发明的文字记录。

在15世纪,锡耶纳是涵盖技术内容的重要著作的传统写作所在地,这始于马里亚诺·迪·雅各布[又名塔科拉(Taccola)]的两部作品:《工程师》(*De ingeneis*)和《机器》(*De machinis*)。塔科拉设计军事技术、磨坊(尤其是潮汐磨坊)、绞车、提水机等。有时他会运用布鲁内莱斯基的想法(例如复刻了布鲁内莱斯基的绞盘),但更多的时候,他喜欢使用上古的资料:对于军事技术的论点,他借鉴了普布利乌斯·弗莱维厄斯·维盖提乌斯·雷纳特斯(Publius Flavius Vegetius Renatus)和弗朗提努斯。有时他描绘的解决方案根本不可能实现,如在他的一幅插图中,阿基米德式螺旋抽水机就能将水竖立起来[2],而在另一幅插图中,一个根本不可能创造出来的虹吸管将水引到山外。[3]

同样来自锡耶纳,保留了技术传统写作的另一个重要代表是弗朗切斯科·迪·乔治(Francesco di Giorgio, 1438—1501),他的第一部著作《手抄本》(*Codicetto*)几乎完全取自马里亚诺·迪·雅各布,除了对图纸中的细节进行修改以及将文本从拉丁语翻译成白话,新的创造也出现在后来的作品中,比如带有传动系统的战车。在弗朗切斯科·迪·乔治的前人没人应用、但在他系统性地使用了的技术元素中,有两个可能取自亚历山

---

[1] 列奥纳多·达·芬奇,《大西洋古抄本》,1083v。
[2]《工程师》I~II, c.38V。插图显示在[Galluzzi IR]第29页。
[3] 插图可在[Galluzzi PL]的第314页找到。虽然倒置的虹吸管(U形)原则上可以克服任何压差,但虹吸管(n形)却不能克服超过10米的高度差,这一观点在17世纪就被发现了。

大港的希罗的作品：蜗轮和齿板。弗朗切斯科还设计了许多型号的泵，这些技术的一部分并不依靠对古代技术追溯：在这些少数的例外情况当中就包括了对枪支的设计。

上述提到的匿名手稿也可以追溯到15世纪的锡耶纳工程师的写作范围：手稿中包含了各种各样的技术作品，包括拜占庭的斐罗翻译成意大利语译本的《气动力学》(*Pneumatica*)和马里亚诺·迪·雅各布的《工程师》。[①] 在手稿中还出现了降落伞和飞行人（图9），这两个主题也是随后列奥纳多进行探讨的。

另一位值得注意的作者是来自帕多瓦的医生乔瓦尼·丰塔纳（Giovanni Fontana）(1393? —1455)，他是《战争器械之书》(*Bellicorum instrumentorum liber*)的作者。尽管标题如此，这部作品涉及的是亚历山大港的希罗和斐罗作品中的3个典型主题，而并非战争工具（其中有一艘带桨轮的军舰）：自动化装置、液压装置和气动装置。它描述了虹吸管、喷泉；甚至是希罗所描述的汽转球（一种根据蒸汽释放的反应原理带动旋转的装置）。

罗伯托·瓦尔图里奥（Roberto Valturio）是马拉塔帝国的军事工程师，他活跃于里米尼，在他大获成功的作品《论军事事务》(*De re militari*)

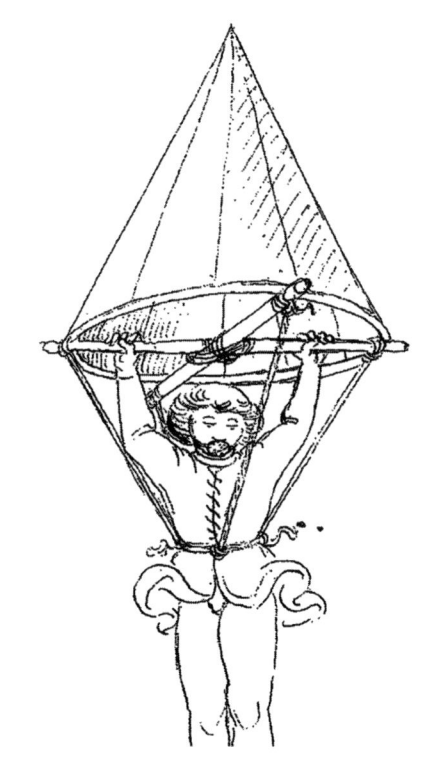

图9 匿名锡耶纳人所绘制的带降落伞的人（大英图书馆，附加手稿34113，c. 200v）

---

① 手稿的内容（保存在大英图书馆作为附加手稿，34113）在［Philo：Prager］第112-113页。

（1455年完成，1472年印刷）中，他引用了塔科拉的话，并且似乎经常从凯瑟的观点中得到启发，他设计了风车、镰刀战车、梯子和攻城塔、可拆分的桥梁和带侧螺旋桨的船只。该作品还包含一个液压部分，展示了当时最流行的希腊化设备：泵、虹吸管、阿基米德螺旋泵和戽斗水车。

列奥纳多·达·芬奇的著名技术图纸同属于所概述的传统作品之一。这些作品在插图质量上出类拔萃，但在内容上却与稍前期和同时代的作品有着共同的基本特征。一个独一无二的天才，在技术上奇迹般地能够领先于与他同时代的人们几个世纪的神话出现在19世纪末，当时的人们重新发现了列奥纳多的画作，并对其进行研究时，完全忽略了他的直系前辈和他所参考的古典资料，尽管许多作者对他的人物形象在评价上予以修订和降低，[1] 但这种神话依然广为流传。

现如今，列奥纳多·达·芬奇的大多数相关资料都可以重建。对于军事论据，他的来源通常是凯瑟，例如，带有大炮的"坦克"，带有多个管轮发射的"机枪"和身穿潜水服的潜水员（然而，这些也有许多其他作者曾经绘制过）。在许多其他情况下，列奥纳多作品中最初的古代来源是可以识别的，尽管我们往往对于列奥纳多是如何知道它们的一无所知。在列奥纳多作品里出现的希腊化技术元素中，有滚珠轴承、多种类型的齿轮、阿基米德螺钉、泵、平链、万向节、燃烧镜、弹射器、重复弩，甚至还有一个由上升的热空气操作的主轴驱动装置：典型的海伦装置。[2]

作为是一位兢兢业业的书籍收藏家，列奥纳多收藏的手稿主要是供私人使用，他的藏品中当然包括对所见所闻和所读内容的笔记。例如，他的一些水利工程图纸是否是他看过的项目或作品的插图，对此我们不能给出确凿的判断。[3] 显然，并非所有来源不明的，列奥纳多声称是自己设计的东

---

[1] 举两个例子供参阅：[Gille LIR] 和 [Randall Leonardo]。
[2] 《大西洋古抄本》c. 21r。列奥纳多对亚历山大港的希罗的了解已在 [Boas HP] 中注明。
[3] [Galluzzi IR] 第 63-64 页。

西都一定是他原创的。例如，在他记录的有关阿基米德到西班牙[①]旅行的细节，这样的报道仅供阅读，而时至今日依然没有任何素材报道了同样的消息，这一事实当然不能证明这是他的原始发明，只能证明如今我们对他作品中提到的素材来源尚未完全掌握。

列奥纳多最值得称赞的贡献（从人体解剖到苍蝇的飞行，从漩涡的描述到对光线效果的观察）都归功于他作为观察者、画家和插图画家的非凡天赋。一位该领域的权威专家写道：

> 实际上，这才是列奥纳多对 16 世纪科学论著的巨大贡献：使用插图。这可以在随后的建筑和解剖学论文中看到，如塞巴斯蒂亚诺·塞利奥（Sebastiano Serlio）和安德雷亚斯·维萨里的论文，更不用说从乔瓦尼·布兰卡（Giovanni Branca）到阿戈斯蒂诺·拉梅利（Agostino Ramelli）的机械类书籍，以及乌利塞·阿尔德罗万迪（Ulisse Aldrovandi）关于自然科学的巨著。[②]

就技术而言，插图的质量，尽管十分重要也相当必要，但再为上佳都是不够的。因此就像他的许多前辈一样，列奥纳多的那些计划也常常是无法实现的"技术梦想"罢了，[③]比如对飞行器的畅想就是这样的，这也不足为怪了。

在 16 世纪期间，致力于虚拟技术的文献越来越多地让位给与实际使用的技术相关的文献，特别是在海军和军事建筑领域：16 世纪的意大利人在

---

① 《阿什伯纳姆手稿》（Codice Ashburnham），2037，12b。
② [Pedretti M] 第 26 页。
③ 这个参考表达的应用是加鲁齐评价列奥纳多所说的（Leonardo da Galluzzi），参见 [Galluzzi IR] 第 61 页。

这两个领域占据了无可争议的优势。①

16世纪出版的许多关于军事建筑的论文的一个重要特点，就是试图使其成为一门基于数学的科学。贾科莫·兰泰里（Giacomo Lanteri）在1575年出版的作品《论欧几里得的防御工事》（*Delle fortificazioni secondo euclide*）的标题很好地表达了一个广泛认同的观念。实际上，在这篇论文和当时其他著作中使用的数学可以归结为一些初等几何的知识，其首要目的是用于确定最能满足炮兵防御和进攻需求的建筑形状。然而，正是借助这些作品，朝着作者所阐述的目标（这一目标将在几个世纪后随着建筑科学的创立而实现）迈出了两个必要的初步步骤。首先，与作品的实际应用不同，它界定了一种在中世纪前从未有过的，借助图画和书面论证来进行的理论设计活动；其次，确定了数学在这项活动中至关重要的作用，将对数学的研究专门留给相关学科的专家。如果缺少这两个要素，那么我们将在下章中讨论到的工程领域的后续发展，几乎是不可想象的。

对于文艺复兴时期意大利的许多区域性国家而言，对水的控制是一个极为关键的问题，因此，不仅在本段中提到的所有作者都对水利工程感兴趣，还包括塔塔里亚、吉罗拉莫·卡尔达诺和拉斐尔·邦贝利等数学家也对这个领域十分关注，这一点实在理所当然。

关于这个问题，我们唯一能够找到的古典文献是弗朗提努斯关于水渠的浅显之作。特定的理论知识或多或少都被简化为水是从上往下流的概念。因此，第一个在科学上解决的问题就是进行精确的高度测量，尽管这个问题早在15世纪就取得了进展。此外，初级数学还被用于编制待丈量地区地形图所需的其他测量范围。为了妥善解决水力问题，该领域的工程师们只能依靠经验和直觉。

---

① 例如，参见［Langins］第39页，关于防御工事的建造，以及［Ferreiro］第46-47页，关于海军建筑的论文。

测量流水数量的问题是一个持续争论了一个多世纪的主题。[①] 在米兰，对流水体量使用的计量单位是盎司，对应于从特定尺寸的长方形喷头中抽取的水。[②] 当然，很多人都明白，在一定时间内，水流的数量不仅取决于所经过截面的面积，但他们不知道如何量化其他因素。这是一个具有重要实际意义的问题，因为必须确保从运河中抽取灌溉用水的公平分配。列奥纳多和吉罗拉莫·卡尔达诺[③]等人也讨论了这个问题，但没有人能够以精确的定量理论解答它，而这种理论直到17世纪才能形成。16世纪的主要成果是由工程师贾科莫·索尔达蒂（Giacomo Soldati）获得的，他于1573年对喷头进行了改进，使它们流出的水量大致相同。索尔达蒂程序的有效性基于半经验方法，并且通过公开测量得以验证。这是在这个时期结束时工程师获得了专业水平提高的一个显著例子。

吉罗拉莫·卡尔达诺对机器，包括气动机器在内的思考[④]，就像他对水的思考一样，本质上是哲学和定性的，但证明了人们对于一个统一理论的急迫需求，该理论需要能够解释泵、虹吸管、举重机器和提水机，以及其他由希腊化科学家设计，并从古代作品中对其的描述中恢复的各类设备的功能。由于其中一些设备的功能很难在当时流行的亚里士多德理论基础上得到解释，对于这种统一理论的需要就愈发加剧（这只是手稿的写作传统偏爱与科学和技术类作品在时间线上不同步的哲学作品，从而给现代思想家带来的许多严重问题中的一个典型例子）。

1575年，菲德利哥·科曼蒂诺翻译的亚历山大港的希罗的《气动力学》

[①] 关于这个问题，特别是在米兰的处理方式，请参阅 [Maffioli C] 和 [Maffioli CS]。
[②] 使用不一致的测量单位的部分资料来自弗朗提努斯，他在一个地方用横截面来衡量水渠的流量，而在其他文章中他似乎意识到其他元素（如坡度）与之的相关性。
[③] 列奥纳多在法兰西学院的F号手稿中对这个问题进行了讨论，卡尔达诺则在他的第一本书《世界万物》（*De rerum varietate*）的第6章中对此进行了探讨。
[④] 这些思考被记载于《精度》中，可参见 [Nenci]。

得以出版，在此之前，人们大多是通过对相关应用的摘录来了解这部作品。该出版物使以前积累的问题能够在新的基础上得到解决，也为放弃亚里士多德物理学提供了新的理由。

10　迈向新物理学的第一步

在文艺复兴时期，通往现代机械科学的道路是缓慢而曲折的。在15世纪期间及之后，推动力理论和加速运动的运动学主题持续地被讨论，就像它们14世纪时在巴黎和牛津获得的发展那样。关于第一个主题，相关的讨论通过使用异于亚里士多德学说的概念，令学科基础发生了偏移，例如对推动力的讨论，但这种讨论没有从普通方法论的层面脱离亚里士多德的背景[1]；第二部分与微妙而极富价值的逻辑和数学研究有关，但仍然停留在纯粹的运动学领域。在这两种情况下，均与上一段提到的作品中设计和描述的机器无关。简单的机械理论即使在中世纪时，由于焦尔达诺·内莫拉里奥的探索而得到了部分恢复，但奇怪的是，尽管人们对举重的机器颇有兴趣，但却不再有任何这方面的探索者，导致相关设计仍然依靠着纯粹的经验基础。

从我们的观点来看，主要的新奇之处在于各种元素的出现，这些元素相互作用，使现代机械科学得以起飞。

15世纪的一位意大利学者值得我们关注，他是帕维亚大学的教授乔瓦尼·马里安尼（Giovanni Marliani）[2]，他在当时享有盛誉，并为列奥纳多·达·芬奇等人所铭记。事实上，他作品的很大一部分并不具有重要性：所探讨的问题都非原创，总体而言，他的论点也并不特别出色，但在1464

---

[1] 这或许是由于推动力理论的基础来自约翰·菲洛波努斯对亚里士多德的评论，即是说这个理论的信息本就被置于亚里士多德学说背景下。

[2] ［Clagett Marliani］。

年的《论速度比例》(*Quaestio de proportione motuum in velocitate*)（1482年在帕维亚出版）中，通过介绍了关于摆的运动和球在斜面上滑动的两个实验为引入点，他以薄弱的论据对牛津学派的运动理论进行了抗辩。[1] 对于这两个运动实验都没有什么特别值得一提的部分，但这两个案例，无论是源于真正的全新想法，还是作者借鉴了某本今日已无迹可寻的早期手稿，在机械文稿中显然是第一次出现，因此对读者而言十分新奇。

列奥纳多·达·芬奇对机械科学可能做出的贡献很难评估，因为他的笔记零散、相互矛盾，有时行文甚至十分隐晦。在某一段中，他似乎扩展了乔瓦尼·达·卡萨莱（Giovanni da Casale）和尼克尔·奥里斯姆（Nicole Oresme）给出的匀加速运动的示意图，这显然是该理论第一次明确应用于落体。[2] 然而，总的来说，他关于动力学的想法既不新颖也不严密。例如，以下是他关于推动力的部分内容：

> 推动力是一种由发动机转化为移动性的效力，并通过发动机产生的空气之间的波动来维持。而这种波动的产生，则是由于如果之前的空气没有将发动机发动时所排出空气造成的空隙填满，那么就会产生一个与自然规律相悖的真空区域。如果在空气分裂的地方没有其他数量的空气填进之前空出的地方，那么这一部分先前的空气就无法填充在它之前被空出的地方，因此造成了之后持续的结果。[3]

显然，这段话显然谈到了在序言中提及过的动力理论，但这段文章的

---

[1] [Marliani]，f.4r.；[Clagett Marliani] 第140页。

[2] 列奥纳多·达·芬奇，《法兰西研究所手稿》(*Codice M dell'Institut de France*)；[Clagett SMME] 第613–616页。

[3] 列奥纳多·达·芬奇，《大西洋古抄本》f.589v（原f.219v.a）。

其余部分却用于阐述与之完全不同的亚里士多德学说，根据这一学说，抛射物在发射后的运动，是由于空气填补了移动物体留下的空隙，从而继续推动物体位移。[1] 由于在列奥纳多的其他手稿中，同样出现了有关空气对物体运动的阻力的段落，因此让人们认为，列奥纳多关于机械理论的陈述只是从不同的且相互矛盾的来源中写下的笔记。

即使是我们已经提到的吉罗拉莫·卡尔达诺针对机械写就的论文，也不能被视为对新兴科学的贡献，这既是因为论文主题过于宽泛（文章谈及各种类型的机器，包括气动和液压式机器），但更重要的是由于定性论点的性质。

16世纪出现的对未来力学中的各种元素进行了预测的文本，正是1537年出版的尼科洛·塔塔里亚的《新科学》（*La nova scientia*）。

作为代数学家的塔塔里亚我们此前已经有了了解，而《新科学》是他的第一部作品。从作品中表现出理论水平来看他的《新科学》，应该说作品价值不大。基于亚里士多德对自然运动和受迫运动的区分，尼科洛·塔塔里亚认为他能够"证明"混合运动存在的不可能性，通过定性论点，能够得出的结论是，抛出物体的轨迹必须由直线和圆弧的组合组成。[2] 然而，《新科学》依然十分重要，因为它介绍了未来力学科学的各种成分，尽管并未设法将它们进行有效融合。首先，这部作品的主题和促使它产生的机遇十分离奇，如塔塔里亚论述了水平面上的倾角应为多少才能确保发射石炮的

---

[1] 亚里士多德的学说常常显得有点奇怪，但如果我们记得亚里士多德的主要兴趣是动物学的话，那么似乎就不那么奇怪了。他可能将他对鱼的游动和鸟的飞行所作的观察情况不太恰当地引申到了对抛射物的观察情况，因为前者的移动，正是由生物体本身引起了他们所浸入的介质的运动。

[2] [Tartaglia NS]，第10页。事实上，尼科洛·塔塔里亚紧接着补充说，他所说的"直线"部分实际上是难以察觉的弯曲，但他没有讨论曲线的性质，对两段轨迹中的一段（几乎完全）是直的，那么双方应该如何明确划分，也没有进行深入讨论。在1546年的《各种问题和发明》中，见[Tartaglia QID]，这些轨迹弯曲得更为明显，直线部分（塔塔里亚对其性质没有进行研究）已经消失了。

最大射程这一问题，并在文章的献词中指出，这个问题是在与一名射石炮炮手的对话中迸发的。其次，作者很清楚，这个问题必须以数学理论来处理，同时需要借助欧几里得的论述方式。在当时撰写的关于军事艺术的论文中，火炮问题或是以纯经验判断或定性的方式进行讨论，或是将欧几里得的方法应用于与弹道并无直接联系的问题（如与防御工事形状有关的问题）。塔塔里亚尝试将这两个要素进行结合，即使在他的工作中（以及随后的《各种问题和发明》）不能说取得了成功，但这个思路对日后的发展至关重要。但我们得承认，针对这个问题的解决方案出奇的正确：尼科洛·塔尔塔利亚使用瞬时参数得出正确结论，即发射石炮必须与地平线呈上倾斜 45° 角射击方能达到最大射程。他还表示，提出问题的这位炮手只有在进行了一定次数的投射之后，才确信他的解决方案是正确的。这也难免让我们琢磨，是不是炮手根据本身的经验，让这位数学家找到了问题的答案。在本书的任何案例中，除了具体的动机和为了进行尝试需要应用的演示方法外，还包括了实际的实验验证。这部作品主要是献给乌尔比诺公爵的（当时公爵治下的地方是数学研究和军事技术的重要中心）。

炮弹的轨迹是段和圆周弧的组合的想法可能看起来过于粗糙，但塔塔里亚可能没有其他更为严谨的理论来对此进行解释。他肯定仔细研究过欧几里得的《几何原本》，在其中作者没有使用任何其他类型的曲线，甚至很可能还没有机会对圆锥理论进行探讨。他还能用什么其他理论来构建运动轨迹呢？

只有到圆锥曲线理论的至少部分要素的知识得到普及之后，才能以不同的方式来处理这个问题；但并不用等太久，因为就在 1537 年，塔塔里亚出版了《新科学》的同一年，乔瓦尼·巴蒂斯塔·梅莫（Giovanni Battista Memmo）在威尼斯出版了阿波罗尼奥斯关于圆锥曲线的论文的前四本书的拉丁文译本。1543 年，尼科洛·塔塔里亚亲自出版了阿基米德各种作品的一个编订本，其中包括《抛物线的正交》（*Quadratura della* parabola）。①1550年，当吉罗拉莫·卡尔达诺在《精度》中再次对抛物运动的问题进行探讨时，抛物线理论已经十分为人所知，可以进入到对这种现象的描述阶段了。

吉罗拉莫·卡尔达诺与尼科洛·塔塔里亚一样，将抛射物的运动分解为多个阶段，但在第一个阶段（运动是剧烈的、笔直且是倾斜的）和最后一个阶段（运动时自然的、直线的和垂直的）之间引入了中间阶段，在这个阶段，运动是混合的，并且轨迹与抛物线非常类似。②

在为力学发展提供重要因素的经典著作中，我们必须记住卢克莱修的《物性论》（De rerum natura），这本书于1417年由波焦·布拉乔利尼（Poggio Bracciolini）重新发现，并于1473年在布雷西亚首次印刷（此后该书版本急剧增加：1483年维罗纳版，1495年和1500年威尼斯版以及16世纪的许多其他版本）。这部哲理长诗对文艺复兴时期的科学产生了翻天覆地的影响，特别是对原子论和机械论后来的传播起到了至关重要的作用。还需要强调的是，卢克莱修明确指出，不同重量的物体以相同的方式下落③：在更加"科学"的背景下，约翰·费罗普勒斯也提出过这一说法，但在16世纪，从拉丁诗文中读到它的可能性更大一些（如果几代人都在持续地从一部足够权威的经典著作中读到一条关于物理规律方面的陈述，那么想要不发现这条规律也挺难的）。

然而，力学重获新生的奠基性事件是阿基米德关于力学的论文的出版。1543年，在此前刚提及的塔塔里亚出版的编订本中，还包括了《平面和浮体的平衡》（Equilibri dei piani e I galleggianti，穆尔贝克的威廉的译本），

---

① 阿基米德这部作品的较早期印刷版由卢卡·古里科（Luca Gaurico）所编辑，发行量很小，以至于塔塔里亚认为可以在不注明引用的前提下直接进行复制，并声称自己只依靠古代手稿作为来源。译者注：卢卡·古里科是意大利占星家、天文学家、占星术数据收集者和数学家。

② 但是当球到达最高点时，它下降的方式不是一个圆，也不是直线，而是中间的一条线，几乎模仿抛物线的环绕线，就像BC一样，见［Cardano OO］，第3卷，第394页。参考图显示由两个直线段（斜线AB和垂直线CD）和中间弯曲段BC组成的轨迹。

③ 卢克莱修所著《物性论》II，第225-239页。

1544年希腊文本的初版在巴塞尔出版，1558年菲德利哥·科曼蒂诺在威尼斯出版了他对阿基米德其他著作的翻译本。菲德利哥·科曼蒂诺不满足于单纯的翻译，他注意到阿基米德在他的论文《浮体论》(Sui galleggianti)中声称，他知道旋转抛物面一段的重心位置，而在他当时唯一为人所知的力学著作中，他只确定了平面图形的重心位置，他通过发展立体物的重心理论来填补了这一空白。

古代光学的复兴并不局限于透视理论，尽管在16世纪透视理论在术语上也与其他光学学科分离开来。列奥纳多·达·芬奇从几何光学中汲取了其他的艺术应用，如古代的巨型雕像和巨幅绘画的比例技术[1]，以及因变形而导致的透视变形。[2]

人们对"照相机"也表现出极大的兴趣，关于这个主题，最早的已知来源是亚里士多德[3]，其他的伊斯兰和拉丁裔的中世纪作者也都写过关于它的文章，但在文艺复兴时期，由于它潜在的应用可能，又引起了新的兴趣。吉安巴蒂斯塔·德拉·波尔塔（Giovanni Battista Della Porta）描述了它在肖像画方面的用途，即使没有任何绘画能力，也可以机械地描绘房间墙壁上出现的东西：该应用部分预示了摄影的想法。包括列奥纳多在内的多位作者都密切关注的几何光学的另一个简单应用是阴影理论。弗朗切

---

[1] 列奥纳多·达·芬奇的《绘画论》，第432节。这个问题在古代就广为人知，其原因在于，与正常人比例相同的巨像似乎不成比例，因为其上部表现出的尺寸会因距离而缩减。
[2] 用透视法创作的作品必须将人眼置于所画形象的中轴线上才能看到，而变形作品则包括只有从"侧面"，即从一个与人物平面形成小角度的合适方向看，才会出现正确的形态的人物。这种技术最早的例子是《大西洋古抄本》（f. 98, già 35v.a.）中的两幅画，画的是一张脸和一只眼睛。
[3] 亚里士多德所著《论问题》(Problemata)，XV，912b，第11-20页。问题XV可能被认为属于亚里士多德，但根据皮埃尔·路易斯（Pierre Louis）[为《美丽的信件》(Les Belles Lettres)编辑过这部作品]的说法，这个问题可能基于以前的光学论文。文章最有趣的一段就是上文引用的一段，它指出太阳光线在日食期间穿过一个小洞，在地面上显示出月球的形状，形成两个相对的圆锥体，其顶点与小洞重合。

斯科·毛罗利科在他的《光学》（*Photismi*）①（其中似乎首次尝试量化照明，即物体接受到的光线）中也处理了半阴影的概念。

弗朗切斯科·毛罗利科还试图对折射现象和生理光学进行系统的解释。与他的彩虹理论（再现了亚里士多德和约翰·贝查姆的思想）和他基于安德雷亚斯·维萨留斯（维萨留斯对用眼镜矫正视觉缺陷所作的观察有一定的兴趣）的理论对眼睛结构的剖析，他建立折射定律所做出的尝试更有意义。他给出的建议，即折射角与入射角成正比，并不特别令人满意，但他提出了一个新问题②，并试图找到解决方案，就像他在照明方面所做的那样，这本身就足够有意义了。

拉丁文学中第一次提到使用透镜来建造望远镜的可能性，似乎是罗伯特·格罗斯泰斯特写于13世纪的《论彩虹》（*De iride*）。在文艺复兴时期，列奥纳多·达·芬奇③和吉罗拉莫·弗拉卡斯托罗的著作中对这一论题有了更清晰的说明，他们断言，通过两个镜头观察时，所有物体都会显得更大更近。④列奥纳多和吉罗拉莫·弗拉卡斯托罗都提到使用该仪器观察月球斑点，因此我们更加有理由怀疑，他们可能是从同一个来源得知的这个现象。由于我们没有找到关于莱昂纳多或吉罗拉莫·弗拉卡斯托罗或他们同时代的学者制造的望远镜的资料，我们遇到的或许是另一种情况中的一例，即在现代早期，文学知识先于实际应用，无论如何，这种情况持续的时间都不会太长。

---

① 弗朗切斯科·毛罗利科于1611年追印的所有光学作品都可参阅[Maurolico：Napolitani Takahashi]。

② 实际上，正确的折射定律早在10世纪时[当在伊本·萨尔（Ibn Sahl）的作品中出现时]就有记载，但在弗朗切斯科·毛罗利科的时代，西方似乎对它一无所知。

③ 列奥纳多·达·芬奇（Leonardo da Vinci）所著《法兰西古抄本E》（*Codice E dell'Institut de France*）。

④ 吉罗拉莫·弗拉卡斯托罗所著《同心论》II, viii; III, xxiii。

第四章
仪器科学与实验方法
（1575—1670）

1　从视觉上的恢复到操作上的恢复

在16世纪的最后25年，基本发生于意大利的对科学方法的重新运用进入了一个新阶段。如果我们将一个复杂的过程稍微进行概括，可以说是纯粹的语言和文本恢复阶段以及随后的以图像为中心的恢复阶段，在这个时期，被基于仪器的使用和建造以及实验方法的复兴的第三个阶段所取代，在部分情况下，实验方法还与在描述自然现象中运用到的数学知识的延伸进行了结合。当然，在中世纪和文艺复兴时期也使用了今天我们称之为"科学"的仪器，但是，除了部分基于几何学和几何光学的工具外，其他仪器与科学的关系在当时纯粹是虚拟的，因为它们不是在科学理论的基础上设计的，它们不用于研究，也不构成理论文献的讨论主题：例如天平、透镜和机械钟，都属于这种情况。皮里格里努斯（Petrus Peregrinus de

Maricourt）于 13 世纪撰写的关于指南针的论文就可被视为证实该规则的例外情况。

将科学发展带入新阶段的质的飞跃的起源，是多重要素汇合的结果，其中一些要素是清晰可辨的：对古代著作的研究，例如阿基米德的著作（最重要的从阿基米德那里学到了数学在力学和流体静力学现象的描述中的使用）以及亚历山大港的希罗和拜占庭的斐罗的著作《气动力学》（重新提出了实验仪器的使用）；我们在第 3.9 节末尾提到的工程学的发展中，借助数学工具对问题进行清晰地表述已经成为可能；自然主义研究的传统可以追溯到贝纳迪诺·特莱西奥。

新科学通常被描述为"伽利略式"。如果打算对一个复杂的知识运动进行命名，在这场运动中最杰出、知识最为渊博的代表者的名字无疑十分恰当，但这个名字的使用更多的是在过去，它被用来为一个最为广泛传播的起源神话保驾护航，也就是说，在人们的认知中强调伽利略·伽利莱是一个划时代的知识运动的唯一源由，而如今，我们将尝试阐述这一运动中汇集的集体智慧。

在希腊化时期记载的定量实验中，最为著名的一项是由埃拉西斯特拉图斯于公元前 3 世纪进行的动物生理学实验。他借助天平，证明了一只动物在没有食物或水的情况下，加上其新陈代谢产物的重量，其重量会低于初始重量。由此他推断，动物散发出的物质是无法直接观察到的。

在近代欧洲，有记载的最早的生理学定量实验，应该是来自科佩尔的医生圣托里奥·圣托里奥（Santorio Santorio，[1]1561—1636）在帕多瓦大学进行的实验。圣托里奥用一个天平对人体新陈代谢进行的校验，得出了存在"不显汗"（拉丁语术语为"Perspiratio Insensibilis"）的结论。[2] 我们甚至偶然间发现，这位医生，就像他的古代"前辈"一样，显然把安托万 - 洛

---

[1] 译者注：圣托里奥，意大利生理学家。最先在医疗实践中使用度量仪器，把定量实验法引入医学研究中，医学物理学派的早期代表。

[2] [Santorio]。

朗·拉瓦锡（Antoine-Laurent de Lavoisier）[①]提出的质量守恒定理视为显而易见的。人们普遍认为，圣托里奥不知道埃拉西斯特拉图斯的实验，因为谈到不可见的气的盖伦并没有提到揭示其存在的实验。圣托里奥考虑为医学提供定量基础，特别是使用准确的重量测量（包括粪便和分泌物）作为诊断的辅助工具。这位帕多瓦医生显然不是第一个对于使用天平来控制生理和病理的重要性表示肯定的人；例如，库萨的尼古拉（Nicola Cusano）[②]也曾写过这方面的文章。新颖之处在于，圣托里奥不只是写了这些，而是建造了一个椅子天平，并且实际应用于称量他的病人；除此之外，他还让他的朋友伽利略接受了这个实验。

　　天平并不是圣托里奥唯一使用的测量仪器，圣托里奥设计和制造了风速计、各种类型的温度计（也可用于临床）、湿度计和一个有趣的测量脉搏频率的仪器（Pulsilogio），该仪器主要由长度可变的摆锤组成：通过确定摆锤与患者脉搏同步的长度来测量频率。关于"Pulsilogio"的第一份文献可以追溯到1602年：与伽利略对钟摆进行第一次深入研究正是同一年。对于这两位科学挚友的研究之间的关系究竟是何性质，研究者们没有达成一致意见，但认为很可能存在相互影响。无论如何，有趣的是，自古以来不为人知的定量脉搏研究于1602年在帕多瓦重新出现，[③]并促成了新仪器的

[①] 译者注：拉瓦锡（Lavoisier），法国贵族，著名化学家、生物学家，被后世称为"近代化学之父"。

[②] 在1450年的《静态实验论》（De staticis Experimentalis）对话中。由于库萨的尼古拉提出了使用定量测量的原因，但没有提供所用仪器的任何细节或任何数值结果，很明显，他从未进行过他所说的测量，见[Ongaro]第21-22页。许多中世纪作者撰写了他们没有进行过的实验，却往往被认为是实验方法的"先驱"，与其说他们是成功预测了未来的人，还不如说他们仅仅是把过去的知识中残存的部分传递了出来，或许这样的假设会更为合理。译者注：库萨的尼古拉是文艺复兴时期神圣罗马帝国神学家，在德意志的库斯出生。他写有许多拉丁文论著，包括宗教和哲学著作。他最著名的论著《有知识的无知》（1440年）。该书论述了人类对上帝的理解。

[③] 在公元前3世纪，希罗菲卢斯引入了脉动频率测量（使用水钟进行）作为诊断测试，后来的医生也撰写了各种关于脉动的论文。

设计。在接下来的段落中，我们将列举几个测量装置和仪器，并进行逐一讲解。

对于某些无法精简为以可表现形式的物质存在的属性的全新关注，与将科学扩展到不仅对工匠，而且对技术员也有实际性帮助的方向的计划密切相关。伽利略所著《两门新科学的对话》(*Discorsi e dimostrazioni mathematiche intomo a due nuove scienze*。出版于1638年）的开头十分著名，这是在这一部分，伽利略在其中借由对萨尔维亚蒂（Salviati）[①] 说的话，宣称：

> 在我看来，威尼斯领主们在著名军火库的频繁实践，为极具思辨力的哲学家们提供了广阔的思考领域，特别是与"机械"相关的部分；在这里有各类工具和机器不断被人数众多的工匠们所使用，在他们中间，无论是他们前人所积累的经验，或是通过自己不断进行的实际观察，必然会出现很多相当专业且十分恰当的言论。[②]

这里表达的对技术世界的关注可能看起来并不新鲜。无需回溯太久，人们就可以在吉罗拉莫·卡尔达诺对机器的反思中、塔塔里亚写出的他与射石炮炮手之间的对话中，以及在16世纪许多关于防御工事科学（伽利略也教授过这个学科）的论文中，都能看到一种相似的态度。然而，在这些作品中，技术问题要么以纯定性的方式解决，如卡尔达诺，要么使用纯几何工具，只专注于物质现实中的形式方面。[③] 另外，伽利略正打算引入主题为"关于

[①] 译者注：萨尔维亚蒂全名为菲利波·萨尔维亚蒂（Filippo Salviati），佛罗伦萨贵族，1583年1月28日至1614年3月22日，意大利科学家，与伽利略私交甚笃。
[②] [Galileo Discorsi] 第49页。
[③] 列奥纳多所著《大西洋古抄本》中包含的关于建造技术的一些简短而有趣的注释倒可以算是一个例外，然而，这几乎不能被视为是一种对理论的阐述。

固体物体对抗被破坏时的抵抗力"的新科学，该作品 4 天中的前两天都是关于这一点的。让我们再次回顾他的发言：

> 谁不知道，如果不是奇迹般地改变四肢的比例，特别是骨骼的比例，使之大大超过普通骨骼的对称性，大自然就不能用 20 匹马来造出一匹大马，也不能造出比人高 10 倍的巨人。同样，如果认为在人造机器中，非常大的和非常小的都是同样可制作和可维持的，就是一个明显的错误：因为，诸如一些小的尖顶、小的柱子和其他坚固的物体可以被搬动、被拉伸和被竖起，都不会有断裂的危险，但非常大的物体，在任何意外情况下都会摔成碎片，原因不外乎于它们自己的重量。①

建筑师们一直都知道此前关于塔尖和柱子的说法，但他们认为这是经验性知识，关于材料的意外损坏并不适合用理论来进行处理。相反，伽利略的想法是建立一门新的科学，不仅仅局限于几何学，但与几何学必须同样严谨，这个学科不仅能够处理外部形式的问题，而且还能将物质的内部聚集特性，同时能够做出关于结构的绝对尺寸的推导。就在上一段引用文字之前，伽利略批评了当时流行的观点，并用如下文字介绍了新的学科：

> 将物质的所有缺陷抽离出来，并假定这些缺陷是完美的、不可改变的、不会受任何意外突变的影响的，所有大型机械和小型机械都使用唯一的相同材料，以相同的比例制成，除了在自身力量和对外来暴力的影响进行抵抗这两方面有所区别，在所有情

---

① [Galileo Discorsi] 第 52-53 页。

况下，大型机械和小型机械表现出的情形都完全一致；但它越大，它就以相应比例变得越弱。既然我已经假设了这种物质是不可改变的，也就是说，物质的性状始终相同，很明显，对这个材料而言，作为一种永恒的、必要的存在，人们会从现象中找到一些范例讲解，可以产生不亚于其他数学类作品更直接、更纯粹的论证。①

在这本著作谈及的问题中，有一个至今仍被称为"伽利略问题"。假设一个水平架板可以被视为一个矩形，一端固定，一端自由，自由的一端载着一个重物，其问题是断裂载荷（即导致架板断裂的最小重量）是如何随着其他三边的变化而变化。如果考虑架板仅承受其自身重量，那么面临的就是一个结构性优化的问题：确定架板的形状，使所有横截面的抗断裂性相等。伽利略强调了他的研究成果对船舶建造业的实用性。

在《两门新科学的对话》中，对上述段落所提到的问题和其他问题给出的解决方案，即使并非全都正确，伽利略的新科学也为现代建筑科学②的发展开辟了道路，更宏观地说，为不被拘束于几何学范畴的物理学开辟了道路。此外，他用数学来描述动物形状与其绝对尺寸之间关系的想法，为另一个方向打开了一扇窗户，而这个方向直到几个世纪之后才被重新提及。

关于伽利略这本杰作，我们仅看标题就能了解到，作者并没有把建立新的"自然哲学"作为自己的目标（例如，牛顿就想这么做），而是设定了一个显然低调、温和得多的目标，即针对部分明确限定了范围的现象，研究其相关的具体的"新科学"：这一特点（我们已经提到过，这正是意大利科学传统的典型特点）并没有削弱这本著作的重要性，毕竟其重要性并不在于结果的绝对适用性，而是在于方法的新颖性。

---

① ［Galileo Discorsi］第 51 页。
② 关于"伽利略问题"的后续发展的具体信息刊登于［Benvenuto］中。

2 现代力学的诞生

从中世纪力学到现代力学的过程在 16 世纪的最后四分之一的时间开始加速。乔万尼·巴蒂斯塔·贝内代蒂（Giovanni Battista Benedetti，[1]1530—1590）经常被学者们一致推到聚光灯之下，他发展了动力理论（特别强调了运动能够保持直线的趋势），他所采用的论证方式似乎比他的任何前辈都更接近惯性原理。在他 1585 年的一部作品中，也有这样的说法：在某些情况下，例如运动发生时物体重心的高度没有改变（比如球体在水平面上滚动时），运动可以由一个极小的力引起（*quamlibet minimam vim*[2]）：这个说法非常接近于惯性原理的说法，与伽利略 1591 年写在《论运动》（*De motu*）中的说法也非常相似：

> 在这些条件下（即没有摩擦力的情况下），任何一件可移动物体，在与地平线等距的平面上，都会被最小的力推动产生位移，即使是比所有推力都小的力。[3]

以及出现时间早得多的亚历山大港的希罗也曾说道：

> 我们将表明，任何重物处于这样一个位置（即在没有摩擦力的水平面上）都可以被一个小于任何给定力的力所移动。[4]

---

[1] 参见：例如 [Koyré SG] 第 40-55 页和 [Clagett SMME] 第 724-727 页。
[2] [Benedetti DSMP] 第 156 页。
[3] 本句的拉丁语原文为：Quae omnia si ita disposita fuerint, quodcumque mobile super planum horizonti aequidistans a minima vi movebitur, imo et a vi minori quam quaevis alia vis. 参阅 [Galileo EN]，卷一，第 299 页。
[4] 亚历山大港的希罗所著《力学》（*Mechanica*）。

亚历山大港的希罗的言论对近代早期科学家可能产生的影响通常被排除在外,因为希罗的作品直到19世纪才发现了阿拉伯语版本。然而,即使在这种情况下,正如在许多其他类似情况下一样,我们不能排除有关该作品的一些信息在16世纪是可供阅读了解的,也因为在罗马的图书馆[①]中似乎存在着希罗作品的副本,克里斯托弗·克拉维乌斯(Cristoforo Clavio)在1579—1580年写下的笔记,隐约提到他应该在罗马学院开设的数学课程中,其中在力学部分中包括了希罗的《力学问题》(*Quaestiones mechanicae*)。[②]

在乔万尼·巴蒂斯塔·贝内代蒂的著作中,还可以读到一个著名的论点,该论点表明,与亚里士多德的观点相反,下落物体的运动速度不取决于它们的重量。如果将两个明显以相同方式下落的相等物体视为构成一个双倍重量的单一物体,则下落速度不会改变:因为,一个物体的下落方式与它的一半的下落方式相同。[③] 乔万尼·巴蒂斯塔·贝内代蒂只比较具有相同比重的物体,但是当伽利略再次提出相同的论点时,这种多余的限制被他明智地删去了。下落速度与重量无关,这一点曾被亚里士多德否认,但为卢克莱修和约翰·费罗普勒斯所了解,因此进入了学者广泛接受的概念范围内:这是恢复科学和克服亚里士多德的自然哲学中重要的一举。

尽管乔万尼·巴蒂斯塔·贝内代蒂的工作很重要,但它并没有在我们这一章节关注的方向上做出质的飞跃,因为它仍然停留在对运动的理论描述的范围内,基于对原始资料的研究分析,与技术或实验都没有关系。相

[①] 希罗作品阿拉伯文版的发现者伯纳德·卡拉·德沃(Bernard Carra de Vaux)曾在罗马发现了希罗《力学》的两份希腊文手稿,但这两份手稿都已丢失,见[Erone:Carra de Vaux],导言,第6-7页。

[②] [Baldini LIS] 第175页。可以排除克里斯托弗·克拉维乌斯打算参考帕普斯中展示的亚历山大港的希罗作品的可能性,因为帕普斯的作品也包含在程序中。

[③] [Benedetti DSMP] 第174页。

反，在16世纪的最后25年中，为这一领域的后续发展埋下重要伏笔的，是在乌尔比诺市取得的成就，当时的乌尔比诺既是数学人文主义的主要中心（前文中我们已经提到了乌尔比诺数学学校的创始人菲德利哥·科曼蒂诺进行的对古代知识的恢复工作），也是科学仪器制造的主要中心：在乌尔比诺制造的罗盘、角规、星盘和其他仪器在意大利和国外都很受欢迎。[1]

机械学，顾名思义，是作为一门机器的科学而诞生的，但在焦尔达诺·内莫拉里奥和匿名文献《理性思考》(*De ratione ponderis*)出现后，机械学中关于机器设计这一重要方面被忽视了：即使在文艺复兴时期，理论机械学和机器设计之间也没有什么重要关联，机器设计基本上是在经验基础上进行的。由于古代著作的各种版本和翻译的流通，人们对机器理论的兴趣在16世纪下半叶迅速增长。最有影响力的是亚里士多德的《机械学》(*Questioni meccaniche*)和阿基米德的论文《论平面图形的平衡》(*Sull'equilibrio delle figure piane*)。两部著作之间有着深刻的差异，一部主要基于自然哲学的定性论证，另一部基于公理演绎法，但这样的差异在当时并未立即被察觉。许多作者认为他们可以将阿基米德的部分元素插入到亚里士多德的概念框架中，其中"自然"运动被认为与"受迫"运动大不相同，每个物体都有自己的"自然位置"。在推动阿基米德方法走向盛行的过程中，1577年在佩萨罗出版的一部作品：乌尔比诺侯爵季道波道（Guidobaldo Del Monte, 1545—1607）的作品《力学之书》(*Mechanicorum liber*)发挥了重要作用。

季道波道曾是菲德利哥·科曼蒂诺最好的学生，在工程技能的造诣也备受推崇（1588年，他被任命为托斯卡纳大公国防御工事的检查员），他在历史中扮演着重要角色，也是年轻时的伽利略的保护者，也成为伽利略部分作品的灵

---

[1] [Gamba] 第18-21页。

感来源。①

在季道波道关于力学的论文（1577年以拉丁文出版，但4年后被翻译成意大利文）中，发展了关于机械的统一理论，该理论使用欧几里得证明方法，并遵循了至少可追溯到希罗的传统，将它们归结到五种"简单机械"：杠杆、绞盘、螺旋、楔形和斜面。

这项工作既与恢复希腊科学的工作密切相关，特别是菲德利哥·科曼蒂诺已经着手修复的阿基米德的成果［其中，季道波道为阿基米德的力学论文写了一篇《解析》(*Parafrasi*)，并写了一篇关于"螺旋式输送器"的作品］，也与机器的实际建造密切相关。为了验证他的定理，季道波道在乌尔比诺的工场制造了各种仪器，包括一个重心与悬挂中心重合的天平和特殊的滑轮系统。在他的另一部关于天文主题的作品中描述的仪器之一，是一个机械计算器，它用齿轮来表达分和秒的度数。②

尽管季道波道在很大程度上使用了阿基米德的几何方法，但亚里士多德自然哲学的影子仍然存在于他的作品中：在他的一些论证中，出现了自然运动和受迫运动以及自然位置的概念。伽利略的早期论文《论力学》(*Le mecaniche*)写于1592—1593年的第一版③从未出版，这篇论文在许多方面都遵循季道波道的模型来处理简单机械的研究，但却决定性地采取了彻底消除亚里士多德某些概念的步骤，比如自然位置和"人工"与"自然"之间的所有区别：从此，以演绎方式发展的力学科学，不再区分自然和人工产生的运动。

伽利略作品中研究的机械之一是斜面：通过假设斜面角度越来越

---

① 例如，伽利略的"几何和军事指南针"是对季道波道提出的类似仪器的改进，参阅 [Drake] 第76-77页。

② [Gamba] 第85-87页。

③ 罗马诺·加图（Romano Gatto）在对 [Galileo Mecaniche] 所写的介绍性文章中确定了这一日期。译者注：罗马诺·加图是一位数学史学家。直到2010年，他一直担任巴西利卡塔大学理学院数学史数学教授。他参与了各种国际研究项目，尤其是力学史。

小，我们已经提到的《论运动》中关于沿水平面运动的陈述得到了重申和肯定。①

众所周知，物体的运动是伽利略在他的《两门新科学的对话》里论述的两门新科学中第二个主题，他在这个主题上取得的成果，不仅被认为是他做出的主要贡献，而且常常被认为是近代力学诞生的起点，更广泛地说，是近代物理学的诞生之始。其结果基本上有两个方面：①最初静止的物体下落运动所遵循的时间定律（指出覆盖的空间与时间的平方成正比）。②不垂直抛出物体的下落呈抛物线形状。

对于第一点，我们注意到，已知物体的运动是匀加速的（即速度与时间成正比），② 使用默顿定理可以很容易地推导出时间定律。③ 这就是伽利略遵循的道路，他对该定理的证明（他以略微相异的方式进行了重新表述），如同 14 世纪以来许多之前的证明一样，远远谈不上严谨。博纳文图拉·卡瓦列里（Sarà Bonaventura Cavalieri，1598？—1647）是成功地用他的不可分割的几何学圆满地证明了这个命题的第一人。

甚至下落体进行匀加速运动的想法也并不新鲜：多明戈·德索托（Domingo de Soto④，1494—1570）早在 1545 年就已经肯定了这一观点，但这位西班牙学者将自己的理论局限于纯粹的口头阐述，而伽利略最重要的新颖之处，在于用他著名的斜面实验来验证这一定律的想法。人们对伽

---

① 和伽利略一样，亚历山大港的希罗也从对倾角趋于零的斜面的考虑中推导出了我们所提到的这一说法。
② 伽利略长期以来一直认为速度与行进的空间成正比：在《两门新科学的对话》中，这种可能性被一种奇怪的先验推理排除在外，并因严重错误而失效，参阅 [Galileo Discorsi] 第 203-204 页。
③ 让我们回顾一下，这个"定理"（实际上并没有被默顿学院的学者们证明）指出，一个匀加速的物体，在给定时间相同的情况下，与一个以恒定速度运动的物体所走的距离相同，后者的速度等于其初始和最终速度的算术平均值。伽利略对此的表述见 [Galileo Discorsi] 第 208-209 页。
④ [de Soto]，f. 92v；另参阅 [Clagett SMME] 第 591-592 页。

利略在时间测量方面的误差程度进行了大量讨论，显然这个误差受到了当时技术水平低下的制约，[1]但他的实验的历史重要性，在于首先地确定了一个未来能够不断取得成功的方向。

我们继续来看第二点，今天抛物线形状在我们看来是垂直下落运动在顺时针方向上的一个简单结果，但这仅仅是因为我们习惯于使用运动的叠加原理，将运动沿着两个正交分量分解。实际上，抛出物体的抛物线形状在它与落体定律的逻辑联系被解释清楚之前，就已被人们认识，并且在一个世纪的时间里，详细追溯导致这一过程的曲折路径，特别能够给予人们启发。在 3.10 节中，我们已经回顾了首先由尼科洛·塔塔里亚进行，随后由吉罗拉莫·卡尔达诺延续的，在这个问题上采取的步骤，卡尔达诺显然是第一个在这方面引入抛物线概念的人。季道波道在这个问题上也踏出了重要一步。他写道：

> 如果你在水平线上方抛出一个球，或用弩，或用大炮，或用手，或用任何其他工具，那么在下降时的路程与在上升时的路程相同，在水平线下方旋转，由自然运动和受迫运动相结合，使绳索不被拉动，形成的就是这个图形，一条类似于抛物线和双曲线的可见线，使用链条比使用绳索更容易看到这一点。[2]

---

[1] 伽利略声称，他通过称量从一根连接到水箱的管子中流出的、收集在玻璃杯中的水，来测量小球在斜面的各个部分移动所需的时间。这种试图恢复古代水钟技术的尝试当然不可能生产出一种精密仪器，因此人们难免对他通过多次重复实验总是获得相同结果的保证表示怀疑。另一方面，伽利略自己对其"时钟"可靠性也表示过怀疑，但他通过使用另外两种时间测量系统来进行证明：有时伽利略声称用"手腕的节拍"来测量时间，而他最聪明的想法，无疑是当球通过固定间隔的目标时弹奏的音符声音，通过耳朵判断音符时间间隔的可能相等。

[2] 吉迪·乌巴尔迪（Guidi Ubaldi），圣玛丽侯爵，数学的沉思，签名手稿（现存于巴黎国家图书馆）引自［Libri］，第四卷，第 397 页。

第四章　仪器科学与实验方法（1575—1670）

吉罗拉莫·卡尔达诺曾经认为，与抛物线的相似性只涉及中间部分，在以上这段话中，却扩展到整个抛射物的运动轨迹，但与双曲线的近似可能性在此也得到了承认。轨迹相对于垂直轴的对称性得到了强调：抛射物上升和下降遵循的竟然是同一类型的路径，这一事实着实令人惊讶，因为根据当时的理论，它应该是不同的运动，一种是受迫运动，另一种是自然运动。季道波道认为轨迹类似于抛物线或双曲线，但实际上它与今天称为悬链线的曲线相吻合，也就是说，链条悬挂两段被固定的一个平衡构型（正如季道波道猜测的那样，与抛物线和双曲线不同）。亚里士多德自然哲学的观点证明了这种巧合的合理性：在这两种现象中，都存在着自然运动和受迫运动的结合（因为重量的自然作用在这两种情况下都存在，而发射物的受迫作用对应于链条固定两端的力，也是受迫的）。然而，这位作者显然并不甘心止步于此。引用这段话后不久，他继续说：

> 对这种运动的实验可以通过拿一个染有墨水的球，把它拉到几乎垂直于地平线的桌子平面上，如果球跳起来，它还是会染上一些墨点，从这些点的存在可以看出，它会升起，也会下降。

季道波道显然也将实验方法用于他的力学研究，甚至他比伽利略要更早预见到，需要研究物体沿斜面（在他的案例中选择了几乎垂直的斜面）的运动，认为运动的定性特征将保持不变。通过翻转台面，他可能已经证实了悬挂的链条可以很好地与小球画出的虚线重叠，[①] 而与抛物线和双曲线的比较肯定没有那么容易。根据季道波道的学生穆齐奥·奥迪（Muzio Oddi）的佐

---

① 事实上，如果悬链线各点之间的高度差与悬挂点之间的距离比很小，则悬链线可以非常近似为抛物线的弧。

证，年轻的伽利略也参与了墨球实验。① 多重因素作用下，我们很可能将这些实验定为发生在 1592 年，这无疑构成了一个先验的看法。②

1632 年，博纳文图拉·卡瓦列里在他的《燃烧镜》(*Specchio ustorio*) 中，专门介绍了古代的圆锥截面理论及其各种应用（正如标题所示，它们大多是古代的），以与今天使用的方式基本相似的方法，证明了物体轨迹的抛物线形式。

伽利略对这本作品十分不满，认为卡瓦列里挪用了属于自己的结果。在给切萨雷·马西里（Cesare Marsili）③的一封信中，他写道：

> 我不能向尊敬的阁下隐瞒这样一个事实，即这一通知对我来说并不愉快，因为看到我四十多年的研究，其中大部分是我满怀信心地委托给上述这位神父的，现在却被夺走了，而我在如此漫长的劳动之后如此热切地渴望着，并向自己承诺的荣耀却被触及了。对我而言，真正促使我对这个运动进行推演的第一个意图，就是找到这条线，如果一旦找到，去证明它就不太难，尽管如此，只有我这么一个尝试过数次的人，知道我为找到这个结论付出了多少努力。④

10 天后，博纳文图拉·卡瓦列里给出了让伽利略非常满意的答复，将抛物线形状的想法归功于他，并为没有提及也没有获得授权就擅自发表了

---

① 纳文图拉·卡瓦列里在一封信中报告了穆齐奥·奥迪的证词（日期为 1632 年 9 月 21 日）。参见 [Galileo EN]，第 XIV 卷，第 309-310 页，我们将返回到该信函。

② 这个日期在 [Renn Damerow Rieger] 第 54-66 页中获得。在考虑的要素中，有一份 1592 年的笔记，其中保罗·萨尔皮（Paolo Sarpi）重复了季道波道对实验的考虑（这可能是伽利略向他报告的）。

③ 译者者：切萨雷·马西里（1592 年 1 月 31 日至 1633 年 3 月 22 日）是意大利知识分子，也是伽利略的助手。

④ 1632 年 9 月 11 日的信，[Galileo EN]，卷 14，第 303 页。

结论而道歉。① 然而，博纳文图拉·卡瓦列里归功于伽利略的是"抛物线的思想"，而不是它的演示证明。事实上，他说他曾经听伽利略说过在这个问题上的"经验"，这些经验起源于季道波道，但伽利略并未提到过他未发表的演示证明；他补充说，他担心伽利略不会认可他的演示，显然，对于结果，卡瓦列里并不打算将其归功于伽利略。

所引用的两封信提供了重要的信息：首先，伽利略强调，对抛物线轨迹形状的研究是他关于物体运动研究工作的第一个目标（因此可以得出，这一研究应先于他关于时间定律的研究）；此外，他提到的"40年"把我们的时间线带回1592年；从这两封信中也可以看出，伽利略已经确定了抛物线形状，但没有提供对它的证明。因此，博纳文图拉·卡瓦列里的演示是原创的。伽利略何时以及为何从季道波道处得到的认为轨迹是一个近似于抛物线或双曲线的悬链线的想法，转变为真正的抛物线的想法，还有待了解。

在《两门新科学的对话》的第二部分中，伽利略借助萨尔维亚蒂，表示：

> 在墙顶固定两个钉子，与地平线等距，两者之间的距离是我们打算放置半抛物线的长方形宽度的两倍，从这两个钉子上挂上一条细链，其长度与棱柱的长度一样长：这个链子弯曲成抛物线状，这样，用链子的路径点在墙上，我们将描绘出一个完整的抛物线。②

伽利略在这里确信悬链线和抛物线是重合的。这是他长期以来的一个信念，因为他多次尝试证明两种曲线之间的一致性可以追溯到帕多瓦时

---

① 博纳文图拉·卡瓦列里，引用信件。
② [Galileo Discorsi] 第186页。

期，①即1592年至1610年。因此，他在设立了两个错误观点的基础上，得出了抛物线形式：季道波道错误地认为抛物线轨迹轨迹与悬链线一致，在这个错误之上，伽利略错误地认为曲线与抛物线重合。

在《两门新科学的对话》的第四部分，伽利略表达了这样的信念：抛物线和悬链线是两条不同的曲线，虽然十分相似。我们不知道他是什么时候改变了自己的观点，但他显然是在长期撰写《两门新科学的对话》（出版于1638年，但也综合了不少多年前的素材）期间改变的。无论如何，在卡瓦列里证明了物体轨迹的抛物线形式之后，这两条曲线之间的关系，如果我们承认应该被认为是不同的，那么就季道波道的观点而言，必然要颠倒过来论证：物体的轨迹不应再被认为是类似抛物线的双曲线，而是类似双曲线的抛物线。

伽利略认为他与博纳文图拉·卡瓦列里分享了他对物体轨迹的抛物线形式的"发现"，从而给了卡瓦列里实质性的帮助，这无疑是正确的，但对于《两门新科学的对话》中的演示，我们反而必须认为，是伽利略从博纳文图拉·卡瓦列里的演示证明中受益。

即使可以追溯到伽利略在其作品《两门新科学的对话》中提出的诸多关于物体运动的灵感的来源（在某些案例里我们已经找到了），而科学杰作的主要特征之一，就是能够在那个时代存在的想法中精准地选出那些对构建最终胜出的综述而言有用的想法，在这方面，伽利略以十足高超的技巧取得了成功。然而，这些伟大的作品在欣赏它们的同时，切忌将它们神话化，即是说，避免将集体的、复杂的文化过程全然归功于某一位"同名"英雄，通过如尼科洛·塔塔里亚、吉罗拉莫·卡尔达诺、季道波道、伽利略、博纳文图拉·卡瓦列里和我们没有提及的许多其他人所奉献出的成果和他们曾经犯下的错误，才最终得以确定轨迹的抛射物形状。

---

① 伽利略所作的诸多尝试被记录在未发表的手稿中，这些手稿在 [Renn Damerow Rieger] 中被仔细研究。

应该指出的是，即使是博纳文图拉·卡瓦列里和伽利略的论证，也没有提供一个可供炮兵使用的理论。射击方向的随机性（由于弹丸和炮口的不规则形状）和空气阻力的未知影响并不是唯一需要克服的障碍。即使是在没有阻力的情况下向完全已知的方向射击，也不知道如何计算出击中任意高度目标所需的射击方向。埃万杰利斯塔·托里拆利（Evangelista Torricelli）在他 1641 年的《论重物的运动》(*De motu gravium*)中提出了解决最后一个问题的方法和表格。而克服其他两个障碍将需要更长的时间。

3 意大利的天文学革命

在为专业天文学家的全职工作配备天文台的组织方面，意大利各州远远落后于北欧各国。第谷·布拉赫和约翰内斯·开普勒（Giovanni Keplero）基于大量的观察和计算所做出的智力上的功绩，在意大利是不可能的，因为意大利根本不存在这类机构。尽管如此，尼古拉·哥白尼发起的天文学革命的一个重要部分仍是以意大利为舞台。为了理解这场改革的性质，我们需要单列一节来进行解答。

在古代，将运动归结于地球自身［首先发生在自转方面，由埃拉克利德·庞蒂科（Eraclide Pontico），然后由阿里斯塔克斯引入日心说］已经深刻地改变了人们对宇宙构成的看法。如果我们认为星座固定的昼夜运动只是地球自转造成的运动表观，那么就没有任何理由认为固定恒星是嵌入在旋转的物质球体中的；如果我们接受了日心说，就必须认为恒星离我们有十分遥远的距离（以解释没有发现可见的视差效应），其结果就是必须将它们视为大天体。我们知道，昼夜自转运动的第一个支持者埃拉克利德·庞蒂科已经想到了存在多个世界的可能性，而塞琉西亚的塞琉（Seleuco di Seleucia）古则主张宇宙的无穷性；克莱奥米德斯在他的流行作品中以令人信服的方式，论证了恒星的尺寸与地球相比是巨大的；杰米努斯（Gemino）解释说，恒星的球体没有物理实体，只是一种用于表示其角坐标的数学意义。[1]普鲁塔克（Plutarchus）传播的理论不仅支持多个世界，而且还克服了"天体"和"地球"之间的二分法，认为天体的运动遵循了我们在地球上可以观察到的相同的物理定律。[2]

尽管以地球为中心、以恒星水晶天球为边界的封闭世界的古老观念再次盛行了15个世纪，但我们提到过的前托勒密的天文观念，还有许多古老观念的残余，与之相关的许多证言得以留存，在古代晚期和中世纪，他们四处窥探，但要想重新占据上风，就必须经历一个漫长而非线性的过程。哥白尼恢复了日心说，但没有从他复杂的技术工作中推导出宇宙学中重大的定性结果。根据亚历山大·柯瓦雷（Alexandre Koyré）[3]的一个独特但自相矛盾的表述，哥白尼还不属于哥白尼式的，从这个意义上说，人们普遍认为哥白尼式的革命在他的作品中只完成了部分。他克服了亚里士多德的引力概念，恢复了古老的观点，即引力不仅指向地球中心，在其他天体上也同样作用，[4]但他的宇宙仍然是一个封闭的世界，受到恒星水晶天球的限制，行星仍然被置于旋转的物质球体上。

为了使能够解释自然现象的统一科学理论有出现的可能，就必须克服天象和地球现象之间的二分对立。伽利略在这个方向上迈出了决定性的

---

[1] 在 [DG]，328b，第 4-6 页（其中也引用了塞琉西亚的塞琉古关于宇宙无限的观点）和 [DG]，343，15 中给出了所引用的埃拉克利德·庞蒂科的想法。从恒星上看到的太阳会像恒星在我们面前出现一样的说法是在 [Cleomede]，I，8，19-31。杰米努斯（Gemino）的说法见于 [Gemino]，I，23。译者注：杰米努斯是一位希腊哲学家和天文学家，可能生活在公元前1世纪下半叶（公元前80—前10年）。他是《现象导论》的作者，这是一篇关于天文学的论文。

[2] 这些观点可参考普鲁塔克所著《论月面》（*De facie quae in orbe lunae apparet*）第923-924页。

[3] 译者注：柯瓦雷全名为亚历山大·柯瓦雷（法语：Alexandre Koyré，英语：Alexander Koyré，1892年8月29日至1964年4月28日），生于俄罗斯帝国塔甘罗格，法国科学哲学家与科学史学家。他是第一个提出"科学革命"说法的史学家。

[4] 此观点可参考普鲁塔克所著《论月面》924E。

一步，他在天文观测中引入了著名的望远镜。在 1610 年的《星际信使》（*Sidereus nuncius*）中，伽利略对于他的新发现的描述，包含了我们在本书中着眼的新科学的所有典型要素。通过新仪器观察的星星不再被描述为发光点，其唯一可观察的数据是几何位置，并揭示了它们的所有物质性。月亮的山脉、金星的相位、木星的卫星和土星的奇怪形状，包括伽利略后来感兴趣的太阳黑子，都表明了天体包含着的性质与人们在地球上观察到一样，都是各不相同的、复杂的和多变的。

当伽利略颠倒了两颗星体的位置，用照亮月球的"地球之光"来解释在月球黑暗面上可观察到的微弱辉光时，地球现象和天体现象之间的任何实质性差异都被否定了。这个特征超越了伽利略的个人发现，虽然这些发现奠定了伽利略学说基础，但这却也是伽利略天文学的基本特征。

在那些恢复了日心说的宇宙论成果的思想家中，焦尔达诺·布鲁诺（Giordano Bruno）的地位也很突出，他在 1583—1584 年接受了日心说，并支持哥白尼在这个方向上完成他的工作。在他看来，哥白尼应该受到赞扬，其原因正如他在《圣灰星期三晚餐》（*Cena delle ceneri*）中所写：

> 他捡拾起那些源自古代的、众人弃之如敝屣的生锈碎片，将它们清理干净，放在一起，再把它们重新拼接，通过运用用他更趋于数学而非自然科学的论述，他使我们"日心说"的原因比它的对立论调更为真实。[1]

另外，在所引用的这段话出现之前不久，布鲁诺也曾明确批评哥白尼将其研究限制在一个纯粹的数学论证层面。相反，布鲁诺将日心说转变为与亚里士多德-托勒密宇宙学全面对立的概念，还恢复了宇宙的无限性、

---

[1] [Bruno]，第一次对话，第 344 页。

世界的多重性和恒星的物质球体不存在等古老思想。① 对布鲁诺来说，天地之间没有对立；除此之外，他还写道：

> 这样我们就知道，如果我们在月球或者其他的星星上，我们不会和身处此地很不一样，甚至情况会更糟；因为其他的星体对它们自身所有的存在物会同样好，甚至更好，也为了它们的动物获取最大的幸福。②

因此，即使没有望远镜，布鲁诺也已经可以看到，如果借用贝托尔特·布莱希特的话来说，天体不在那里。显然，这种概念上革命的发生不仅仅归功于工具的全新应用。

然而，伽利略的观察带来了支持日心说的新论据：特别是从对金星相位的观察可以推断出，至少那颗行星围绕太阳旋转。③

《星际信使》中宣布的天文发现也具有应用潜力，伽利略在此基础上设计了一种确定经度的新方法。这个过程比确定纬度要困难得多。位于同一平行线上的两个观察者，由于地球的自转，在几个小时内看到相同的恒星，如果不知道观察的确切时间（相对于某些非地区时间的记录），则无法通过天文观测估计经度。测量两个位置之间经度差异的一种方法是精确计算观测到同一天文事件的各当地时间之间的差异。然而，能够及时定位的天文事件

---

① 《论无限、宇宙和诸世界》（*De l'infinito, universo et mondi*）（威尼斯，1583 年）这部作品致力于说明宇宙的无限性和世界的多重性。在《圣灰星期三晚餐》中也说明了固定天空的不存在。见 1584 年，[Bruno]，第五次对话第 439-443 页。

② [Bruno]，第一次对话，第 349 页。

③ 将地球、太阳和金星的位置称为 T、S 和 V，角 STV 是可直接测量的，并且对金星相位的观察可以估计角 SVT 的度数，因此在每个时刻，三角形 STV 的所有角度都可以看作已知的。假设地球到太阳距离恒定（这一假设就我们所知不涉及重大错误，因为太阳的表观大小具有良好的恒定近似值），这使我们能够于太阳所在的固定系统中追踪金星的轨道，并通过恒星进行定向。

并不多。喜帕恰斯曾建议使用月食,但其缺点是非常罕见。伽利略发现了木星的 4 颗卫星可以提供持续性事件,从而构成一个真正的天文钟。一旦给出了它们运动的精确表格,只需观察它们的位置即可了解任意选定位置的时间。这种方法似乎更适用于在陆地上而不是在船上进行经度确定,因为船的振荡使得用望远镜观测非常困难,但伽利略相信他能够克服这个困难。① 然而,尽管西班牙统治者曾经承诺向解决确定经度问题的人提供奖励,但伽利略却未能说服对方相信他这一理论系统的有效性。②

日心说除了带来了一场巨大的文化革命,还带来了对运动观念的根源性修正。事实上,鉴于地球在我们看来是静止不动的,那么只有当人们相信相对运动而不是绝对运动是可观测的,才有可能成为日心说的拥趸。运动相对性的古老思想在中世纪不时地重新出现,例如 12 世纪在孔什的威廉的作品中,以及在 14 世纪在尼克尔·奥里斯姆(Nicole Oresme)③ 的作品中,但在布鲁诺所著的《圣灰星期三晚餐》中,对此也有特别清晰和有效的表述,其中观察到,在移动的船上,现象的发生方式与静止时相同。特别是,如果你从船上起跳,那么仍然会落回船上起跳点相同的位置;如果你从桅杆顶部扔下一块石头,或者从桅杆底部垂直向顶部扔一块石头,石头依然会落回桅杆底部。

伽利略在一篇非常著名的文章中,以一种更丰富、更清晰的方式,引用了上述船上的例子。④

虽然在古代晚期和中世纪,占主导地位的亚里士多德理论自 13 世纪以

---

① 这是伽利略在 1618 年 11 月 13 日致西班牙托斯卡纳大公大使的一封信中所说的,他向大使简要地介绍了他的方法,见 [Galileo EN] 卷十二,第 228-231 页。
② 该奖项由腓力二世(Filippo II)于 1567 年设立,由其继任者腓力三世(Filippo III)增加,但从未颁发。
③ 孔什的威廉所著《论世界哲学》(*De philosophia mund*),II,7;尼克尔·奥里斯姆所著《天地通论》(*Le livre du ciel et du monde*)II,25,该章节在 [Clagett SMME] 第 655-660 页中有记载。
④ [Galileo EN],第七卷,第 212-214 页。见 [Galileo: Sosio] 第 227-229 页。

来一直被插入到一个框架中，使之与基督教神学兼容，但在 16 和 17 世纪重新出现的古代科学的一些元素，似乎与之相去甚远。尤其是原子论，基本上是通过卢克莱修的作品而得以恢复的，很难与作为《物性论》中一部分的唯物主义概念分离开。皮埃尔·伽桑狄不得不对其进行基督教版本的改写。

日心说通过其最初的技术伪装，并没有给教会机构带来特别的问题［即使有几位天主教神学家，包括路德（Lutero）[1]和墨兰顿（Melantone）[2]，对此立即表示了反对，并对它潜在的颠覆性力量甚为忌惮，即使主要存在技术方面的限制，这个学说依然在天主教国家中广泛传播。[3] 即使在 1600 年布鲁诺被判处火刑之后，伽利略依然不是唯一一个坚信自己可以调和日心说与天主教正统论的人，他希望通过避免侵入神学领域进行研究，并希望神学家能够承认科学在其自身领域具有自主性。

然而，1616 年 2 月 24 日，圣公会的一项法令谴责了哥白尼主义，对于太阳是世界的固定中心和地球并非静止的说法进行了指责。[4] 教廷不禁止在天文学中使用哥白尼假说，前提是日心说仅仅被认为是一种假说，而不被认定为真理。1615 年 4 月 12 日，红衣主教贝拉明（Bellarmine）[5]

---

[1] 译者注：路德全名为马丁·路德（Martin Lutero），德意志神学家、哲学家，原为神圣罗马帝国教会司铎兼神学教授，于 16 世纪初发动了德意志宗教改革，最终是全欧洲的宗教改革促成基督新教的兴起。

[2] 译者注：墨兰顿全名为腓力·墨兰顿（Filippo Melantone，或译作菲利普·梅兰希通，1497 年 2 月 16 日至 1560 年 4 月 19 日），为著名的早期基督新教信义宗神学家，是第一个将信义宗神学系统化的人。

[3] 关于莱因霍尔德（Erasmus Reinhold）在 1550 年和 1551 年之间根据哥白尼的作品编纂的《普鲁士星历表》(Tavole Pruteniche) 在意大利的传播情况，见 [Proverbio]。然而，绝大多数天文学家并没有在哥白尼主义的宇宙学方面表明立场。

[4] 与 1616 年的法令和 1632 年伽利略的审判有关的文件查阅 [Processo Galileo]。

[5] 译者注：贝拉明全名为罗伯·贝拉明（意大利语：Roberto Bellarmino，1542—1621）是一名天主教红衣主教，文艺复兴时期欧洲神学家之一。16 世纪后期至 17 世纪初期，他曾在罗马耶稣会学院从事讲授神学的工作。他在《圣经》通俗本的修订工作中发挥了极为重要的作用。担任过天主教卡普阿总教区总主教。他被天主教会列为教会圣师。他曾参与天主教会对布鲁诺和伽利略的审判。

在一封著名的信中明确表达了宗教当局的立场，该信函是写给试图将日心说与圣经进行调和的修士保罗·安东尼奥·福斯卡里尼（Paolo Antonio Foscarini）的：

> 我想说的是，在我看来，尊敬的伽利略先生十分谨慎地使自己的学说止步于"根据假设"，而并非绝对肯定，就像我一直相信的哥白尼所肯定的那样。因为如果只是假设地球在动，太阳静止，比利用偏心轮和本轮学说更能解释一切表象，那这个说法很好，对任何人都没有危险；这对数学家来说已经足够了：但想要确认太阳确实处于世界的中心，并且只在其内部自转而不会从东到西运行，同时地球在这个天空中仅排第三，并且以极快的速度转动，这就是一件非常危险的事情，不仅会激怒所有经院哲学家和神学家，而且会因为致使圣经失去真实性而损害到神圣的信仰。
>
> 要我说，如果太阳真的位于世界的中心，地球在天空的第三层，太阳不是围绕地球转动，而是地球围绕太阳转动时，那么对于似乎言论与之相反的圣经的解释，就有必要非常小心，与其说所证实的内容是错误的，不如说我们尚不能完全理解。但我不相信存在这样的证明，除非它展示给我看：证明假设太阳在中心，地球在天空中，我们所看到的表象都被保存下来，和证明事实上，太阳在中心，地球在天空中，压根不是一回事；对于第一个论证，我相信可能存在，但对第二个我有很大的疑问，在有疑问的情况下，人们便不应该离开教皇们所阐述的圣经。①

罗伯·贝拉明的观点，特别是他对于数学家应该满足于何处的暗示，

---

① 这封信在 [Galileo EN] 卷 12 第 171-172 页以及 [Baldini LIS] 第 314-315 页中均有记载。

我们需要一个题外话来解释它的起源。

古代数学包括了所有以论证法为特征的理论，这使命题之间彼此均可推导，只需要根据理论的假设（或原理）来创建推导长链。这种结构是希腊化理论的特点，如几何学、光学、流体静力学和各种天文理论。然而，论证方法决不能支持整个理论，它依赖于原理的选择，针对这一点，方法的选择无法提供任何帮助。判断一个理论有效性的一个标准是它拯救现象的能力，即对观察进行解释的能力。例如，阿里斯塔克斯已经证明，行星的可观察运动与从他的理论原理（假设地球和行星围绕静止不动的太阳作匀速圆周运动）推导出的运动相一致。然而，古代科学家们已经明白，一种能够"挽救"这种现象的连贯理论可能不是唯一具有这些特性的理论（这在20世纪被称为科学理论的不确定性）。在这一点上，最有趣的一段话是由辛普利丘告诉我们的，并且通过阿佛洛狄西亚的亚历山大还可以往上追溯到杰米努斯的观点。在其中，辛普利丘还写道：

> 有时（天文学家）通过"假设"找到了挽救现象的方法。例如，为什么太阳、月亮和行星似乎在不规则地运动？如果我们假设它们的圆形轨道是偏心的或者恒星在一个本轮上运动，那么出现的不规则性将被保留下来，并且就有必要研究这种现象会用多少种不同的方式表现出来。[①]

亚里士多德学派的哲学家，阿佛洛狄西亚的亚历山大和辛普利丘，这些学者们都将这样的思虑传承了下来（当然这种思虑源头可以追溯到希腊化时期的科学家），用它们来推定天文学家使用的方法，以及更普遍的数学家们（今天我们会说是科学家）使用的方法，比自然哲学家的方法要略逊一筹，哲学家

---

① 辛普利丘所著《对亚里士多德物理学评注》（*In aristotelis physicorum libros commentaria*），[CAG]卷9，第291页、第21-292页（原文如此）、第19页。

们认为他们可以证明自己陈述的绝对真理。托马斯·阿奎那（Tommaso d'Aquino，1225—1274）非常清晰地表明了这个论点：

> 有两种不同的方式来证明一个事物。第一个是用充分的证据证明这个事物根源的原则的准确性；因此，在物理学中，有足够的理由证明天空运动的均衡性。证明事物的第二种方法不在于用充分的证据证明其原理，而是展示其效果与先前设定的原理推断出来的效果相一致；因此，在天文学中，人们开始意识到偏心圆和本轮系统，正是由于通过这个假设，可以拯救与天体运动有关的可感知的现象；但这不是一个足够令人信服的理由，因为这些明显的运动同样可以通过另一个假设来拯救。①

自然地，在托马斯·阿奎那的新语境中，数学从属于自然哲学，自然哲学从属于神学。

根据前面的段落，很明显，罗伯·贝拉明的立场（这将成为1616年法令颁布后的教会权威立场）并不是为减少日心说的影响而专门设计的简单权宜之计，以挽救对部分圣经章节的解释，正如今天可能会出现的某些现象。教会的立场当然具有这种能力，并且处于辩论场中的主角可能也是以这种方式对它进行认知的，但它基于一种古老的哲学立场，被放置到与其原始表述相去甚远的背景中。遵循神学领域中可追溯到托马斯的传统，罗伯·贝拉明在他的论点中使用了一种古老的认识论，该认识论认为科学理论是作为可供使用的模型存在，其真实性无法从其有效性中推

---

① 圣托马斯·阿奎那所著《神学大全》（*Summa theologica*）第一部分，问题 XXXII，第 1 条。我们使用了利贝罗·索西奥（Libero Sosio）的翻译，在 [Galileo：Sosio] 第 549 页注 1。译者注：利贝罗·索西奥是一位意大利翻译家和哲学史学家。

导出来。① 这种复杂的情况有助于解释为什么像保罗·费耶阿本德（Paul Feyerabend）这样的哲学家，在罗伯·贝拉明和伽利略之间的论战中对前者做了重新评估。在这场争论中，双方之一认为，它有权禁止它认为非正统的科学观点，并对继续坚持这些观点的人进行惩罚，这在今天看来足够令人反感。然而，如果我们能将这场辩论的内容与它的这一宏观特征分开，那么必须认识到，除了一般不可能得出绝对真理这一点之外，在当时也没有任何天体力学，能够让1616年的几乎没有什么证据可以证实的日心说，自称是唯一"真理"。伽利略随后试图用他的潮汐理论，用"物理"演示来证实日心说，但他的尝试没有成功。

在1616年之前的意大利，继伽利略之后，最重要的天文学人物是耶稣会士克里斯托弗·克拉维乌斯（Cristoforo Clavio，1538—1612）和乔瓦尼·安东尼奥·马吉尼（Giovanni Antonio Magini，1555—1617）。克里斯托弗·克拉维乌斯出生于德国，但从1561年到去世一直活跃于罗马，是托勒密体系的最后一位权威支持者。克拉维乌斯是极具影响力的作者，作品包括欧几里得的《几何原本》其中一版和对约翰尼斯·德·萨克罗博斯的《天球论》的评论，当时包括伽利略在内的许多科学家都对此进行了研究，克拉维乌斯是公历改革的主角之一，也是天文学研究在罗马学院的发起者（最负盛名的耶稣会学校，成立于1551年），该学院迅速成为天文学领域的国际知名中心。他对托勒密体系的坚持没有对新的观察和发现产生偏见性的桎梏。在1572年的新星和1604年的新星相继出现之际，他坚持认为这是一个真正的天文现象和非气象现象，从而帮助推翻了亚里士多德关于天空不变的信仰。1610年，当罗伯·贝拉明就伽利略在《星际信使》

---

① 这一立场在伊壁鸠鲁（Epicuro）中已经得到认可，他指出那些对因果解释表现出偏好的人会陷入神话思想［伊壁鸠鲁所著《给皮托克勒斯的信之和第欧根尼·拉尔修的哲学生活》（*Epicuro, Lettera a Pitocle, in Diogene Laerzio, Vitae philosophorum*），X，§87。卢克莱修所著《物性论》卷V，第526-533页］。

上宣布的发现询问他的意见时，克里斯托弗·克拉维乌斯迅速建造了一个类似于伽利略的望远镜，并借助向伽利略本人征询的建议，重复了他的观察并证实了他的发现。[①] 为了真理，克里斯托弗·克拉维乌斯赌上自己的权威，违背了他的意愿，为摧毁他所信仰的托勒密体系划出了重要一笔。

乔瓦尼·安东尼奥·马吉尼是博洛尼亚的数学教授，去世于 1588 年，他是那个时代著名的天文学家。在他的天文学理论中，首先试图在不接受哥白尼的日心说的情况下纳入哥白尼所取得的技术改进，然后将开普勒的元素纳入布拉赫的系统，这一理论并不特别有意义，他对占星术的热情在今天也无法吸引我们。然而，乔瓦尼·安东尼奥·马吉尼是一位优秀的天文观测学家、星历表编纂者和仪器制造者，他为使意大利天文台的标准能够达到欧洲最先进天文台的技术水平做出了重要贡献。

1633 年，对伽利略的审判以他被定罪而告终，这在一段时间内阻碍了哥白尼主义在意大利的传播。在接下来的几十年里，意大利天文学发展的主要倡导者之一，耶稣会士乔瓦尼·巴蒂斯塔·里乔利（Giovanni Battista Riccioli，1598—1671），在尽管有越来越多的论据支持日心说的情况下，依然坚定地对其表示反对。这种受意识形态偏见支配的反对意见，使利乔里提出的一般天文学理论毫无意义，但他对观测天文学的贡献是显著的；尤其是他对 1500 颗固定恒星的坐标进行了精确测量，描述了月球表面，并提出了许多至今仍在使用的术语。

对伽利略的审判所带来的危机，尽管推迟了 17 世纪中叶之后哥白尼天文学在意大利的发展，但并未能阻止前行的步伐。这一阶段的主要成果是由两位截然不同的科学家获得的，但他们不仅是日心论者，而且都相信开

[①] 这些信息可以从两位科学家之间的通信中推导出来，见［Lattis］第 7 章。

普勒定律的有效性，他们分别是卡西尼（Cassini）[①]和博雷利（Borelli）[②]。

乔瓦尼·多梅尼科·卡西尼（1625—1721），1650—1670年在博洛尼亚大学担任教授，将意大利天文学的技术水平引领至欧洲最高水平。他建造了特别精确的仪器（其中包括一个大日晷和一个大约6米的望远镜），他用这些仪器获得了许多在同时代中最为出色的天文测量结果。通过大日晷对太阳视运动的研究，他对开普勒的理论进行了重要的实验证实，亦证伪了反对它的布拉赫的理论。除此之外，他还研究了火星和木星的自转运动。他为了确定经度，使用伽利略提出的方法编制的木星卫星运动的精确表格，在1675年被奥勒·罗默（Ole Rømer）[③]用来进行光速的第一次测量。

伽利略试图用他的潮汐理论给出日心说的物理证据，他将其归结于地球自转和公转运动的共同影响。这是一个意义重大的尝试，虽然没有成功，但它尝试使用机械论证来解释天文现象。[④]事实上，要建立一个真正的能够解释地球和天文现象的统一理论，就必须建立一个"天体力学"，即找到一种方法来描述恒星的运动，使用与地球现象相同的力学概念，这是哥白尼、伽利略和开普勒都没有做到的。太阳对行星施加作用的古老观念被开普勒采纳了，然而，开普勒认为太阳的光线，就像手臂和手一样，紧紧抓住了行星并引导它们围绕着太阳转动。

在17世纪试图理解行星运动原因的学者中，我们至少必须记住吉

[①] 译者注：卡西尼全名为乔瓦尼·多梅尼科·卡西尼（Giovanni Domenico Cassini），是一位在热那亚共和国（今意大利境内）出生的法国籍天文学家和水利工程师。

[②] 译者注：博雷利全名为乔瓦尼·阿方索·博雷利（Giovanni Alfonso Borelli），是意大利文艺复兴时期生理学家、物理学家和数学家。他在克里斯蒂娜女王的资助下，继承了伽利略开创的通过观察来检验假设正确性的方法，对木星的卫星、动物运动的机理和血液的成分都有研究，还通过显微镜研究了植物的气孔运动，被称为"生物力学之父"，美国生物力学学会设置了博雷利奖作为该领域的最高奖。

[③] 译者注：奥勒·罗默（Ole Rømer），丹麦天文学家。他学成后，即进入法国路易十四（Luigi XIV）政府从事天文相关事务，17世纪末期返回祖国丹麦。

[④] 有关伽利略潮汐理论的说明，尤其是其先例及其在其他作者中的发展，请参阅[Russo FR]。

尔·佩尔索纳·德·洛百瓦尔（Gilles Personne de Roberval）[1]，他在1644年发表的天文学作品，尽管是以阿里斯塔克斯的作品所展现在世人眼前，但阐述了非常重要的引力思想，而伊斯梅尔·布里阿德斯（Ismaël Boulliau）[2]在1645年的《天文哲学》（*Astronomia philolaica*）中，试图重建毕达哥拉斯天文学，他认为引力应服从于平方反比定律。

乔瓦尼·阿方索·博雷利（1608—1679）于1666年在意大利对木星卫星运动进行的研究[即《行星物理学》（*Theoricae Mediceorum Planetarum ex causis physicis deductae*）]，对天体力学的构建做出了重大贡献。乔瓦尼·阿方索·博雷利认为：卫星围绕木星进行的运动，与行星围绕太阳以及月球围绕地球的运动遵循相同的规律。这一基本思想来源于古老观念的启发，这个理论认为，在所有情况下，作用在较小物体上的离心力都被较小物体对较大物体的吸引力所平衡。[3] 文章中的具体表述如下：

> 我们将假设——这似乎无法否认——行星有一种自然的倾向，要把自己与它们所围绕的天体结合起来，而且它们真的在竭尽全力去接近它，行星接近太阳，木星的卫星接近木星。同样可以肯定的是，圆周运动给移动体带来了远离其旋转中心的推动力。……因此，我们可以假设，行星倾向于接近太阳，同时，通过其圆周运动，它获得了远离位于中心的太阳的动力；由此可见，只要对立的力量保持相等（一个力实际上被另一个力所抵消），行星在某一个确定的距离之外将不能接近或远离太阳，因此，它将呈现出平衡状

---

[1] 译者注：吉尔·佩尔索纳·德·洛百瓦尔，法国著名的数学家、物理学家和机械设计师。
[2] 译者注：伊斯梅尔·布里阿德斯，17世纪的法国天文学家和数学家。
[3] 就月球而言，普鲁塔克在《论月面》，923C-D 里清楚地表达了这个想法；而在塞涅卡的作品中，同样的概念（以不那么明确但足够清晰的方式）扩展到行星围绕太阳的运动（《天问》，VII, xxv, §§6-7）。

态,就像它在漂浮一样。①

博雷利还展示了如何通过一个实验来模拟这一现象:通过旋转一个斜槽导轨,球可以在其中滑动,绕着通过其最低点的垂直轴旋转,有一个特定的角速度,能够保证此时的离心力可以维持球在导轨上的一半高度,正好平衡其下降的趋势。他还试图用物理原因解释为什么轨道是椭圆的(同时验证了开普勒的这一结果),但在这一点上,乔瓦尼·阿方索·博雷利的复杂论证不是那么令人满意。

在很长一段时间内,意大利对天文学没有再做出任何同等重要的贡献,其原因我们将在后文详述。关于西芒托学院的最近消息可以追溯到1669年,乔瓦尼·阿方索·博雷利是其中最杰出的成员之一。1670年,乔瓦尼·多梅尼科·卡西尼接受路易十四(Re Sole)的邀请,离开意大利前去指导巴黎天文台,开创了法国天文学家的时代。博雷利的想法由惠更斯在荷兰得到发展,而在英国,首先由胡克和哈雷,然后由牛顿得到发展[他在《原理》(*Principia*)中承认乔瓦尼·阿方索·博雷利是他的少数几个前辈之一]。

4 流体研究:从水的测量到气压计

文艺复兴时期的建筑师和作者们对液压和古代气动设备都表现出了浓

---

① 对应的拉丁语: ...supponentes id, quòd videtur non posse negari, quòd scilicet planete quemdam habeant naturalem appetitum se vniendi cum mundano globo, quem circumeunt, quodque reuera contendant omni conatu ipsi appropinquare, planetae videlicet Soli, Medicea vero sydera Ioui. Certum est insuper quòd motus circularis mobili impetum tribuit se remouendi à centro eiusmodi reuolutionis, ...; supponamus igitur planetam niti Soli ipsi appropinquare, quoniam interim ob circularem motum impetum acquirit se amouendi ab eodem centro solari, hinc est, quod dum aequales euadunt vires contrariae (altera enim ab altera compensatur) neque vicinior, neque remotior fieri potest ab ipso Sole vltra, certum, ac determinatum spatium, ideoque planeta libratus apparebit, & supernatans. 参阅[Borelli]第47页。

厚兴趣，在很长一段时间之内，都不足以产生可以被视为特定属于流体科学的结果。水利工程方法在15世纪和16世纪之间取得了重要进展，但实际上仅限于经验性流程和基于几何学的地形技术的混合。另外，通过拜占庭的斐罗所译版本的《气动力学》（*Pneumatica*）等作品的传播，以及各种希罗式装置的知识的扩散，人们对古代气动学的兴趣一直得以保持，首先表现在图纸的绘制和定性的哲学讨论中，这些都无法为设计师和建设者的工作提供有用的概念基础。

技术的进步与古代著作的进一步传播和翻译相结合，显著改变了16世纪最后25年的情况。

菲德利哥·科曼蒂诺（Commandino）于1575年（他去世的那一年）出版的希罗《气动力学》的拉丁语译本特别重要，主要原因有二。首先，不同于目前已知的拜占庭的斐罗的作品，希罗的著作不仅限于对器具的描述，还包含一个简短的理论介绍，书中首先解释了空气是一种物质，它有自己的体积，也可能发生变化，例如由于压缩作用，体积就会变小。根据希罗的说法，这些体积变化取决于单个空气颗粒之间存在的空间的大小是可变的。希罗否认宏观维度下连续空隙存在的可能性，但空气中微小间隙的存在也与亚里士多德对空隙的绝对否定不相容，因为它很好地解释了一系列现象，为原子论提供了新的论据，并且由于卢克莱修的重新发现，原子主义得以重生。

1582年，奥雷斯特·万诺奇（Oreste Vannocci）（他是我们在第3.5节中所提到的万诺乔·比林古乔的侄子）应建筑师贝尔纳多·布恩塔伦蒂（Bernardo Buontalenti）的要求，将希罗的作品翻译成了意大利语，贝尔纳多·布恩塔伦蒂使用了一些希罗式的装置，给他为美第奇建造的普拉托利诺公园（Parco di Pratolino）增光添彩，其中包括奇妙的水上游戏装置和各种自动装置。希罗的著作《论自动机的构造》（*Sulla costruzione di automi*）被菲德利哥·科曼蒂诺的学生贝纳丁诺·巴耳蒂（Bernardino Baldi）翻译成意大利语，并于 1589 年在威尼斯出版。同年，当时领先的液压工程师乔瓦尼·巴蒂斯塔·阿莱奥蒂（Giovanni Battista Aleotti）出版了希罗《气动力学》的另一个意大利语译本。

由于贝尔纳多·布恩塔伦蒂和乔瓦尼·巴蒂斯塔·阿莱奥蒂等技术人员的浓厚兴趣和卓越技能，在 16 世纪末，拜占庭的斐罗和亚历山大港的希罗的气动装置开始不仅以图像的方式传播，而且在对其进行功能性上的复制层面也流传开来。

在重新复刻出的古代装置中，不仅有为玩耍而设计的物品。伽利略十分感兴趣的空气温度计（或温度计）的出现，促使了定量热学的起步，随后出现各种类型的压力泵和抽吸泵对于之后的科学发展尤为重要。[①]

阿戈斯蒂诺·拉梅利（Agostino Ramelli）于 1588 年在巴黎出版的《论各种工艺机械》（*Diverse et artificiose machine*）既显示了意大利工程学院当时达到的水平，也展现了提水设备的重要性。[②] 所展示的 195 台机器（其中许多使用水力运作）中，有 112 台是用来提水的，其中许多是由各类泵组装而成的。

即使当时的技术还不允许生产金属泵，即类似希腊化时期装有密封柱塞的圆柱体，但内衬皮革的木材模型已达到足够的生产效率，可以被广泛使用。

常见的情况之一是，当一项技术达到其可能应用范围的极限时，用来解释它的理论往往会陷入危机：这种现象是技术与科学进步之间的主要联

[①] 在亚历山大港的希罗的作品中，实际上只有吸气泵，但通过对气泵中使用的注射器进行详细的用法说明，明确解释了吸气泵的工作原理（《气动力学》，II, xviii）；[Heron PA]，252-254。拜占庭的斐罗在他的《气动力学》第 7 章中描述了温度计。

[②] 据编辑该作品英文版的玛莎·教格·努迪（Martha Teach Gnudi）称，阿戈斯蒂诺·拉梅利的论著对了雅各布·利波德（Jacob Leupold）的《机器制造场》（*Theatrum machinarum*）（1724—1739）产生了极大的影响。并且通过这本作品，也影响了加斯帕尔·蒙日（Gaspard Monge）指导下的在巴黎综合理工学院进行的机械研究。见 [Ramelli] 第 37 页。

系之一。虹吸管、注射器或泵的吸入作用被解释为真空是不可能存在的，举例而言，真空的存在会迫使注射器吸入的水跟随柱塞做持续的向上运动。① 当抽水机一开始被用来取水时，上述解释并没有问题，直到有人意识到，当需要克服的高度差超过18英尺（约10.5米，1英尺=0.3048米）时，他们就再也无法从蓄水池中抽水。伽利略在《两门新科学的对话》的第一部分对这个观察结果进行了汇报及讨论②，试图对传统解释进行挽救，即把水泵的吸力作用归结为真空阻力，也就是自然界对真空的排斥力，他假设这种阻力可以施加一个最大的力，这个阻力超过18英尺高的水柱的重量，就像一根绳子不能提起超过其断裂载荷重量的重物一样（因此，在关于物体破碎所受到的阻力问题的科学背景下，对这个问题的讨论并非巧合）。

在《两门新科学的对话》的同一部分，伽利略没有将它与前一个问题联系起来，而是为后来可能面临这个问题的学者提供了一个重要元素，即描述了两种称量空气的方法。两者中更简洁的方法，是通过盖上瓶盖并用注射器注入水来压缩烧瓶内的空气。在对装有水和压缩空气的烧瓶进行仔细称重后，将多余的空气排出后重新称重。这两个重量之间的差异显然代表了多余空气的重量，其体积在正常条件下等于注入烧瓶中的水的体积。因此，先前的重量差与水的重量差之间的比率给出了空气相之于水的相对密度。伽利略得到的数值大约是真实数值的两倍，但该方法的原理无疑是颇具巧思的。

伽利略的著作发表一段时间后，数学家加斯帕罗·贝尔蒂（Gasparo Berti，1600—1643）决定在罗马进行一项公开实验，以验证在高于18英尺的高度吸水的可能性。③ 他在一栋建筑的外墙上固定了一根22英尺高的

---

① 这也是希罗在他的《气动力学》开篇对虹吸管做出的解释。见［Erone PA］，第36页。
② ［Galileo Discorsi］第64—67页。
③ 加斯帕罗·贝尔蒂的实验见［Prager］。对埃万杰利斯塔·托里拆利做出发现的历史进程的总结，见［Shea］第17—39页。

垂直管子，管子的盖子一端浸在一个装满水的容器里，并将水从上面倒下来灌满。在塞住上端盖子后，他拔掉了下端管盖，并验证了水的下降，直到比容器中的水位高出 18 英尺。

1644 年，埃万杰利斯塔·托里拆利（Evangelista Torricelli，1608—1647）根据加斯帕罗·贝尔蒂的实验、伽利略对空气重量的测量以及他对阿基米德流体力学的知识［这些知识至少部分地被包括伽利略在内的多位作者恢复了。在这个问题上，伽利略先是写了《小天平》(*La bilancetta*)，然后写了《谈论水中的物体或在水中移动的物体》(*Discorso intorno alle cose che stanno in su l'acqua o che in quella si muove*)］，引导了一场概念上的革命，明确地基于亚里士多德关于厌恶真空的概念摒弃，为实验研究开拓了一个新的研究领域。其基本思想是，在加斯帕罗·贝尔蒂的实验中，管中存在的水柱不像之前所有人认为的那样，被管子上部的真空吸引所致，而是由空气的重量带来的压力所致。空气通过施加压力，可以将物体向压力较低的方向推动（例如顶部封闭管中的液体），这个想法只是阿基米德流体静力学在对空气进行讨论的情况下的延伸。[1] 埃万杰利斯塔·托里拆利写道：

> 我们生活在一个由不可或缺的空气充满的深湖底部，从不容置疑的经验中可以体会到它的重量。[2]

然而，尽管我们知道空气具有可测量的重量，但在 1644 年之前，没有

---

[1] 阿基米德在他的论文《浮体论》中提出的定理（即真正的"阿基米德原理"）指出，放置在同一高度的流体的相连接部分，只有在它们被同等压缩的情况下才处于平衡状态，而且它们的压缩程度由上面的柱子的高度来决定。在对物体浮力的应用中，如果柱子的高度并不相同，阿基米德便使用柱子的重量代替了柱子的高度。将这样修改过的定理应用于加斯帕罗·贝尔蒂实验的容器中的两部分水，一部分放在液体的自由面附近，另一部分放在相同的高度，但其上被管中的水所覆盖，我们推断，在平衡条件下，水柱的重量等于与整个大气高度相同的空气柱的重量。

[2] 1644 年 6 月 11 日写给米开朗基罗·里奇的信，见［Torricelli］，第 658 页。

第四章　仪器科学与实验方法（1575—1670）

人设想过这个想法：这只是众多例子中的一个，从这些例子中我们可以看出，要想提出哪怕是稍有新意的想法是多么困难。埃万杰利斯塔·托里拆利从他的解释中推断出，用水银代替与空气同样压力的水，会使水银柱缩短许多倍，因为水的密度比水银的密度低；因此，一个高度更容易实现的管子就足够了。

此外，埃万杰利斯塔·托里拆利还意识到，这个实验装置除提供了一种获得真空的简单方法外，还可以成为测量空气密度变化的使用装置。以下是他写给米开朗基罗·里奇（Michelangelo Ricci）[①]的信：

> 我已经向他提到过正在进行某种关于真空的哲学实验，不是简单地制造真空，而是通过一种仪器来显示空气的变化，由现在的沉重而用法艰难的，变为更轻巧更薄的。[②]

气压计因此诞生了。

由于本笃会修士贝内代托·卡斯特利（Benedetto Castelli，1577—1644）解决了古老的水测量问题，在埃万杰利斯塔·托里拆利的实验出现之前18年，液压学也进入了科学领域。

贝内代托·卡斯特利曾经是伽利略在帕多瓦大学的学生，并终生将自己视为伽利略的弟子，是伽利略学派的关键人物，伽利略学派的几位主要代表人物，如博纳文图拉·卡瓦列里、埃万杰利斯塔·托里拆利和乔瓦尼·阿方索·博雷利都是卡斯特利的学生。在他1628年出版的论文《论流水的测量》（*Della misura delle acque correnti*）[③]中，他提出了现代被称

[①] 译者注：米开朗基罗·里奇（Michelangelo Ricci，1619—1682）是一位意大利主教和数学家。
[②] 1644年6月11日写给米开朗基罗·里奇的信，见［Torricelli］，657页。
[③] ［Castelli MAC］。

› 167

为连续性方程的东西。贝内代托·卡斯特利首先指出，考虑到一条河流的水位在每个时间点上都是恒定的（即我们所说的静止状态），在单位时间内流经水道的所有部分的水量也都是相同的。在对河床与河岸正交的截面（为简单起见，分别假设为水平和垂直）进行考虑的情况下，贝内代托·卡斯特利观察到，水的流速相同，则水流量与截面面积成正比，在相同的面积下，水的流量与水的速度成正比。因此，水穿过不同截面的速度（假设每个截面中的所有点流速相等）与这些截面的面积成反比。通过这几个简单的命题，一个自弗朗提努斯（Sesto Giulio Frontino）时代以来一直没有解决的问题得到了答案。

然而，必须指出的是，即使是贝内代托·卡斯特利的成果，可能还是得益于16世纪的学者们进行的大量的文本编辑工作，特别是焦尔达诺·内莫拉里奥写于13世纪的《理性思考论》得以印刷出版［1565年在威尼斯，由尼科洛·塔尔塔利亚（Niccolò Tartogia）编辑］，在此之前，这部作品几乎被完全遗忘。事实上，这项研究贡献了一个精彩的论点，证明了落体的加速度。观察自由落体中的一线水流，很容易验证出这一丝水线越往下变得越细，直到变成水滴。这篇论文最初的匿名作者解释道，尽管表达方式稍显简洁，他使用的方法和贝内代托·卡斯特利的推理类似，主张速度的增加可以从剖面面积的减少推断出来[1]。这位13世纪的匿名作者提出的观点实际并不新奇，正如我们从辛普利丘[2]那里知道的那样，这一理论可以追溯至兰萨库斯的斯特拉托（Stratone di Lampsaco）（亚里士多德所创立吕克昂学园的第二位继任者）。然而，《理性思考论》的作者比辛普利丘更清楚地说明了这个理论：他很可能有其他更详细的描述。

---

[1] 文本在［Moody Clagett］第224-227页。
[2] 辛普利丘所著《对亚里士多德的物理评论》的卷十第916页、第12-27页。

5 数学上的新发现和无穷小方法的恢复

一些数学作品继续探索文艺复兴时期开辟的领域，而没有涉及古典作品：例如，季道波道在他的《对三本书的看法》(*Perspectivae libri tres*)[①]中，继续沿着他的导师菲德利哥·科曼蒂诺指示的方向前进，对于与绘画技术脱离了直接关系的透视理论进行了详细阐释，这为未来射影几何的发展投去了有趣的一瞥，伽利略在他的短文《关于骰子游戏的思想》(*Sopra le scoperte dei dadi*)[②]中，有意或无意地将吉罗拉莫·卡尔达诺的结果用于概率计算。

然而，对古代文本的研究仍然对数学的学科发展至关重要，即使在新的科学环境下，对于这类文本的阅读刺激了该学科在许多方面开始向与经典模型不同的方向发展。

在本文所探讨的作者中，除了欧几里得和阿基米德、丢番图（其作品于1570年由拉斐尔·邦贝利首次翻译，但直到一个世纪后才出版），以及阿波罗尼奥斯（其关于圆锥的论文经历了一个不算短的时间才被人们所吸收掌握），都变得十分重要。前4本书已于1537年首次以拉丁文出版，但正是由于菲德利哥·科曼蒂诺在1566年对作品进行的翻译，将第一任译者译文中所缺乏的内容进行了深刻理解和补充之后，才真正将阿波罗尼奥斯的理论元素引入了当时的数学知识，并使这些知识真正能够被实际应用。开普勒能够发现行星轨道的椭圆性，不仅是基于该书1566年的翻译版本，也基于菲德利哥·科曼蒂诺在阿波罗尼奥斯文本基础上证明的圆锥理论命题。[③] 对阿波罗尼奥斯作品知

---

① [Del Monte P]。
② [Galileo EN] 卷8，第591-594页。
③ 在《天文新星》(*Astronomia nova*) 第59章中，火星轨道的椭圆性得到了证明，开普勒根据菲德利哥·科曼蒂诺在对阿基米德的作品《论圆锥体和球体》(*Sui conoidi e gli sferoidi*) 的评论中所证明的一个命题来描述椭圆的特征。

识的吸收涉及的另一个重要步骤，是博纳文图拉·卡瓦列里于1632年创作的《燃烧镜》，它揭示了阿波罗尼奥斯理论的最基本部分以及适用于各个物理领域的应用范围；文章不仅展现了物体轨迹的抛物线形状，并且特意指出，抛物面镜除可以用作燃烧镜外，也可以用作反射镜，建立在夜间将光线发送到远处的灯塔也因而可以实现：这一观察为建造现代灯塔铺平了道路。1661年，阿波罗尼奥斯专著的第Ⅴ、Ⅵ和Ⅶ卷第一版在佛罗伦萨出版。如今只有阿拉伯语译本得以存世，这个版本由乔瓦尼·阿方索·博雷利编辑，是他与来自叙利亚的亚伯拉罕·埃切尔（Abramo di Echel）合作翻译的成果。

对其他作者兴趣的扩大，不应该致使我们认为对欧几里得和阿基米德的恢复性文本的掌握已经完成。欧几里得的比例理论，基于一个为不可比数量之间的关系赋予意义的定义，在很长一段时间内无法被数学家们理解，对他们来说，这似乎是无用而费解的知识，[1]正如阿基米德用来计算面积和体积的方法，包括由圆内接和外切正六边形开始对逐次逼近法的考虑，用基础方法对有限的表面或体积之和进行计算，这似乎也是毫无意义且费解的。阿基米德方法基本上等同于现代数学分析方法，它没有明确使用无限小或无限大的数量，比起更加出于直觉的、不那么严格的其他演算程序，显然这种方法更受到学者们的偏爱。

伽利略在他的《两门新科学的对话》中，详细讨论了无穷大和无穷小的概念。从严格的数学角度来看，最具有价值的段落可能是那段著名的段落，其中他表明无限集可以与它们自己的部分放在双元对应关系中，举出

---

[1] 对伽利略来说，欧几里得关于两种关系相等的定义显得特别复杂，这是不必要的。伽利略在《两门新科学的对话》（比欧几里得关于比例的定义多了一天）中批评了欧几里得的定义。他把量之间的关系看成是真正存在的实体，而不需要定义，所以量之间的相等在他看来是一个明显的概念。1872年，理查德·戴德金（Richard Dedekind）根据欧几里得的定义得出了实数的现代定义。

自然数集和完全平方集之间的双元对应关系的例子。[1] 这个观察结果朝着一个新的方向开启了一扇窗，尽管这个方向直到在几个世纪后才得到后续的推动，但这个结果无法立即用于当时所研究的力学问题，就此而言，它仅仅是一个插曲罢了。力学中使用的论证没有那么严谨。以匀加速物体的运动为例，为了得到代表速度随时间变化的线下方的三角形面积等于物体行进空间的结果，[2] 伽利略将这个三角形视为由无限段组成，并用辩证性的技巧将对段的测量变为对面积的测量。

伽利略曾尝试使用过的观点可追溯到前欧几里得时期的数学理念，即平面由直线组成，就像布由线组成，书籍平面的体积由书页组成一样，这一观点被他的学生博纳文图拉·卡瓦列里正式进行总结。在他的《用新方法促进的连续不可分几何学》（*Geometria indivisibilibus continuorum nova quadam ratione promoat*）中，博纳文图拉·卡瓦列里聪明地将两个体积之间的比较简化为被一系列平行平面截取的平面图形之间的比较（同样，两个表面之间的比较也是被一系列平行线截获的线段之间的比较）。

埃万杰利斯塔·托里拆利提出了不可分割的几何学概念，他也考虑了"弯曲的不可分割"，但这个概括并不像博纳文图拉·卡瓦列里的理论那样严谨。埃万杰利斯塔·托里拆利意识到这种方法可能会导致错误的结果，因此使用的很是谨慎，反而重新证明了用"古人的方法"获得的定理。在他关于无限概念的数学成果中，对于拥有无限表面积的无限固体可以具有有限体积的证明，引起了特别的轰动：[3] 这种可能性在古典论文中找不到任何例子进行阐述，其命题中明显矛盾的方面可以通过将固体想象成一个容器，其体积可以用有限数量的油漆进行完全填充，但对于它来说，相同有

---

[1]〔Galileo Discorsi〕第 77—79 页。

[2] 这一结果使伽利略得到了"默顿定理"，然后他从中推导出自由落体中物体的时间定律（见本章上文）。

[3] 他所考虑的固体，称为托里拆利小号（*Tromba di Torricelli*），其边界受到通过围绕其渐近线旋转等边双曲线的分支得到的表面与旋转轴正交的平面的限制。

限数量的油漆不足以涂抹其表面。

埃万杰利斯塔·托里拆利研究了今天我们认为对应函数 $y=x^n$（其中 n 也是负数或分数）的图形的曲线，计算每个点的切线方向和相关的平面面积，并意识到，在这种特殊情况下，这两种操作是彼此的逆向关系。在托里拆利离世后大约 20 年，伊萨克·巴罗（Isaac Barrow）（众多被称为"分析学之父"中的一位）在他写于 1669 年的《几何学讲义》（*Lectiones geometriae*）中，将这一观察扩展到一般曲线的情况。

求导和积分运算之间的基本反演定理被称为托里拆利－巴罗（Torricelli-Barrow）定理，也许这个命名恰如其分，但由于埃万杰利斯塔·托里拆利和艾萨克·巴罗提到的都是曲线而不是函数，并且都谈到切线和面积而并非导数和积分，因此，这种将结果归功于以当前使用的语言表达它们的强烈倾向，令许多人觉得不当。那些坚持为牛顿和戈特弗里德·威廉·莱布尼茨（Gottfried wilhelm Leibniz）的无穷小微积分具有绝对创新性而辩论的人们强调，这不仅仅是语言的改变，因为分析方法能够让人们对数学现象的探索成为可能，这种数学现象远比古典几何学家所能接触到的更为广泛，而且往往不能以几何学的方式来观察。问题是，数学分析的基本要素，如推导和整合操作之间存在的关联，在它们最初被认可为几何学的几何框架内是可以看到的（正如那些仍然在教学中使用几何直觉的教师所知道的那样）；在接下来的几个世纪中对新的分析区域的探索，正是通过最初对语言的重大变化来实现的。

希腊数学家曾试图用几何结构来解决所有问题，托勒密天文学的算法就是一个例子，这些算法可以让人们很容易地用指南针和量角器确定行星在任何时候的位置。然而，在现代，因为数表，特别是对数表［由约翰·纳皮尔（John Napier）于 1614 年首次出版］的传播，数字方法比几何方法更有效。从古代欧几里得几何到现代解析几何（或人们常称作"笛卡尔"几何）[①]，几何学的转变并非像人们有时引导学生们相信的那样，是源于使用坐标的新思想，而是源于数表实际上的传播，方便了坐标系统性大规模的使用，从而将几何问题转化为数字问题，颠覆了数学两个领域之间的陈旧关系。例如，阿基米德和阿波罗尼奥斯很清楚，抛物线上一个点的纵坐标与其横坐标的平方成正比，但对他们来说，这是"曲线"的一个特殊属性，它仍然是基本的数学实体，而现代人则优先考虑数值关系，并将曲线简化为函数"$y=kx^2$"的图形。

我们绝不应该认为古代没有数表的概念（喜帕恰斯已经编制了三角函数表），但是肯定没有编制过像现代的表格一样，具有如此密集的数值和如此之多的有效数字。这并不难理解：只是到了现代，数表的潜在用户数量才跨过了对于大批量生产创造市场所需必要门槛。印刷术的诞生也是出于同样的原因：只有当复制的数量超过一定的门槛时，熔化铅字并从中组成印刷子模供印刷机使用，才会比用笔书写更便宜。正是印刷过程确保了表格中数字的可靠性，这在手写本中是不可能的。归根结底，现代数学的主要创新，就像一般的现代科学一样，不是由于古代所缺乏特定的天才头脑，而是诞生于科学方法使用者数量的增加所带来的经济形成的规模。

现代无穷小分析并不是牛顿和莱布尼茨思想陡然之间结出的硕果，而是一个长达几个世纪过程的结果，这个过程在18世纪更加义无反顾地继续下去，在此期间，古老的无穷小分析同时在3个方面被吸收和改良：通过放弃旧的严格性而得到简化（直到19世纪下半叶才重新恢复）；它们被扩展和应用至更多的数学对象；它们最终被翻译成更多的数字和更少的几何语言。

[①] 例如，让我们稍微回顾一下，在托勒密的《地理学》中，球坐标和（在区域地图中）正交平面坐标都被现代法国人称为"笛卡尔"坐标（但实际上阿波罗尼奥斯和阿基米德已经使用过了）。

在这条道路的重要组成部分，意大利的贡献至关重要。除了基本上用经典几何术语来表述的博纳文图拉·卡瓦列里和埃万杰利斯塔·托里拆利的成果外，我们至少还需要记住彼得罗·安东尼奥·卡塔尔迪（Pietro Antonio Cataldi，1548—1626）和彼得罗·门戈利（Pietro Mengoli，1626—1686），在他们的作品中我们还可以找到在数学环境中的无限算法。

彼得罗·安东尼奥·卡塔尔迪在他 1613 年的《以非常简单的方式处理求数字的平方根》（*Trattato del modo brevissimo di trovare la radice quadrata delli numeri*）中，介绍了现在被称为"连分数"的算法，即寻找迅速收敛到实数（在他看来是整数的平方根）的有理数序列的算法；根据各种要素表明，这种算法被认为已经被希腊数学家所掌握，但我们目前找不到关于它的任何古代资料。

更重要的是博纳文图拉·卡瓦列的学生彼得罗·门戈利在级数研究和积分程序方面的贡献。在他 1650 年的作品《新的算术求积或分数的加法》（*Novae quadraturae arithmeticae, seu de additione fractionum*）中，他对各种级数进行了研究：他找到了几何级数（阿基米德在特定情况下进行了求和）和连续三角形数的倒数之和（证明总和与部分和之间的差值可以小于任何正数），证明调和级数发散，发现交替调和级数的和为 ln2。《几何学的美好元素》（*Geometriae speciosae elementa*）中也研究了极限的概念，其中也引入了积分的概念，定义为一个平面图形的面积，作为所包含的和包含的多矩形的面积的共同极限。如果与后来的作品，例如牛顿的作品相比，彼得罗·门戈利作品的严谨程度尤其值得赞赏。

彼得罗·门戈利影响了莱布尼茨和约翰·沃利斯（John Wallis）[1]，他们都曾经提到过他，但我们无法得知他的方法和结果是直接被牛顿知道还是只通过沃利斯得知的。然而，由于意大利的科学衰落，他的作品被遗忘了，

---

[1] 译者注：约翰·沃利斯（John Wallis），英国数学家，对现代微积分的发展有贡献。

而且至今仍时常被遗忘。①

博纳文图拉·卡瓦列里的另一位学生，斯特凡诺·德·安杰利（Stefano degli Angeli，1623—1697）也值得一提，因为著名的苏格兰数学家和天文学家詹姆斯·格雷果里（James Gregory）（许多人认为"泰勒"数列扩展的作者是他）曾经表示，1664—1668 年，自己在帕多瓦求学时是斯特凡诺的学生，也正是通过斯特凡诺，他才开始研究无穷小分析。詹姆斯·格雷果里撰写了对无穷小分析最早的系统性阐述之一——《几何的通用部分》（Geometriae pars universalis）。关于这项工作，马克斯·德恩（Max Dehn）和恩斯特·海灵格（Ernst Hellinger）曾经写道：

> 值得注意的是，几十年后，当分析处于革命性发展状态时，其作品的严谨程度远低于詹姆斯·格雷果里，也低于在牛顿和莱布尼茨的发现之前写作的作者的一般水平。(例如惠更斯②、门戈利、巴罗)。③

与其他国家相比，意大利发展起来的数学与经典几何方法论相关联的时间更长。意大利数学家在适应新方向时表现出来的这种迟缓，通常被归咎于文化限制，换言之，意大利数学家们首先在阐述上，其次是在新概念工具的获取上，都有着令人遗憾的延迟。实际上，正如前面的引述中所言，

---

① 例如，他的名字并没有出现在莫里斯·克莱因（Morris Kline）流行的《古今数学思想》（Storia del pensiero matematico），见［Kline］中。译者注：《古今数学思想》主要介绍了近代数学的发展历史。

② 译者注：惠更斯全名为克里斯蒂安·惠更斯（Christiaan Huygens）或译海更士、海更斯，1629 年 4 月 14 日至 1695 年 7 月 8 日，荷兰物理学家、天文学家和数学家，土卫六的发现者。他还发现了猎户座大星云和土星光环。

③ 英文原文为：It is remarkable that some decades later, at the time when analysis was in a state of revolutionary development, exactness was at a much lower standard than with Gregory, and generally with the authors writing before the discoveries of Newton and Leibniz (e.g. Huygens, Mengoli, Barrow). 参见［Dehn Hellinger］。

放弃经典方法，将数学的轴心从几何转变为分析，在严谨性方面付出了高昂的代价。[1] 在意大利，人们或许不太愿意承担这样的代价，因为在计算效率方面，人们对作为交换获得的好处的兴趣并不浓厚。重要的是，尽管对数表引起了博纳文图拉·卡瓦列里、彼得罗·门戈利和其他一些数学家的兴趣，但它不仅没有起源于意大利，而且在意大利的传播非常缓慢。1615年，也就是对数表出版一年后，第一批对数表已经在英格兰成为非数学家也开始使用的工作工具，正如我们在造船师约翰·威尔斯（John Wells）的案例中所知道的那样。[2] 几年后，另一位已经出版了航海用数表[3]的英国人，天文学和航海专家亨利·布里格斯（Henry Briggs），他引入了十进制对数。

意大利的差异可能更多地源于社会和经济结构，而不是数学家的文化怠惰。在 17 世纪初的英国和法国就已经出现了数字方法（以及更普遍地适用于经济相关活动的科学结果）的受众群体，这些受众群体随后将成为加快科学发展的根本性因素，然而在意大利，这样的受众群体是缺失的或不足的。

6　显微镜下的自然

16 世纪末自然科学的状态可以由当时伟大的博物学家之一——来自博洛尼亚的乌利塞·阿尔德罗万迪（Ulisse Aldrevand，1522—1605）为代表，他在学习文学、法律、哲学、数学和医学之后，由卢卡·吉尼

---

[1] 放弃欧几里得结构，特别是数量理论，将数字实体作为基本的数学讨论对象，可能是通过放弃严谨性或创建一个新的实体性的严谨理论。第二条路通向实数理论，直到 19 世纪下半叶才有人走过。与此同时，数学已经取得了极大的发展。

[2] ［Ferreiro］第 43 页。

[3] 布里格斯是一家大型贸易公司（伦敦弗吉尼亚公司）的股东，他于 1610 年出版了他的《航海改进表》（*Tables for the Improvement of Navigation*），并于 1622 年出版了一篇关于西北航道的论文。除了航海，他的兴趣还包括造船、采矿和其他技术类学科。

（Luca Ghini）引领，进入植物学领域，从1561年起承接了博洛尼亚自然科学的第一任教习。他的著作涉及鸟类、"昆虫"（这个术语的含义如此之广，以至于它包括了海马）、鱼类、树木、矿物、怪兽和其他主题。他的大量作品受到了科学史家的严厉批评，原因之一是作品中包含了未经严格审查的各种来源的信息；至于他所提出的分类标准，则采用了一种混合了形态、生态和行为标准的完全无法融合的混乱规则。例如，昆虫被区分为陆地和水生，至于鸟类，在涉及的类别中，有一种分类甚至根本不符合最基本的分类标准，比如"在尘土中洗澡的鸟类"。

要想理解乌利塞·阿尔德罗万迪工作的意义，必须记住，在他所处的时代，从事动物学和矿物学（正如我们已经解释过的，植物学当时处于更高的发展阶段）研究时，学者的目标是收集信息，这一项必须先于他们对信息的批判性检查，尤其是从纯粹的口头学术信息转变为标本研究，或者至少转变为高质量图像的研究。如果我们不考虑他的著作，而是考虑他在博洛尼亚建立的植物园，以及他的植物标本馆，其中珍藏有7000种植物和18000种不同的自然物品，我们对乌利塞·阿尔德罗万迪的评价就会有所改变，他用这些藏品创建了世界上早期的自然历史博物馆。他的博物馆，或者他所称之为"剧院"，还收藏了数千幅描绘动物、植物、矿物和怪兽的水彩画，以及他的出版物的插图汇编。视觉知识的核心作用，作为文艺复兴时期文化的典型特征，以稍显迟滞的步伐，扩展到了动物学和矿物学领域。

在当时，除植物学外，其他的分类标准尚未建立，人们对自然的兴趣只能表现在对毫无章法的收藏物中，就像乌利塞·阿尔德罗万迪所做的那样。那时也有许多私人"好奇阁"应运而生：欧洲著名的好奇阁之一是那不勒斯药剂师费兰特·因佩拉托（Ferrante Imperato，1550—1625）家中的好奇阁，他在1599年的一部重要著作[①]中描述了他的收藏和研究（图

[①] 在《自然史》第二十八卷，它讨论了矿山和石头的不同状况。一些植物和动物的历史也在其中提及，但至今都没有被发现。那不勒斯，1599。

10），作品中他还论证了化石的有机来源等问题。

费兰特·因佩拉托是地球科学的先驱：他最令人记住的贡献，就是正确地解释了海洋的盐度和水蚀作用，并描述了一部分地层序列。

在17世纪初，博物学家与天文学家同时获得了同等重要的，能够在长期内产生影响的成果，并且开始用仪器为媒介的视觉代替直接视觉。

吉安·巴蒂斯塔·德拉·波尔塔①的1589年版《自然魔法》（*Magia naturalis*）中有一幅显微镜图，凸透镜为物镜，凹透镜为目镜（其中还出现了一幅望远镜图）。伽利略在1610年研发的显微镜可能是同一类型的，即是说它几乎与望远镜同时出现，我们从约翰·沃德伯恩（John Wodderburn）

图 10　费兰特·因佩拉托的一幅展示了他的收藏的书籍插图

---

① [Della Porta]，第十七卷，第10章第269-271页、第278-279页；另见[Govi]第13页、第29-30页。

的见证中得知了望远镜的存在。[①]1624年，其时荷兰显微镜在意大利已经为人所知了数年，伽利略在给费德里科·切西（Federico Cesi）的信中写道：

> 我给阁下送来了一个显微镜，让您能够把最微小的东西也看得清晰，我希望您能够从中获取愉悦，而不仅仅是一个小小的欢喜，正如它所带给我的那样。我迟迟没有将它送给人，是因为我还没能先将它简化到完美，我尚未找到完美地加工晶片的方法。我怀着无限的钦佩之情注视着许多小动物；其中跳蚤很可怕，蚊子和飞蛾很漂亮；我看到了苍蝇和其他小动物是如何攀附于镜子上走来走去，甚至能够从下往上看。但是您将有一个非常广阔的领域来观察数以千计的细节，我恳求您将其中最为奇特的事情告知于我。[②]

亲王费德里科·切西（Federico Cesi，1585—1630）创立了意大利猞猁之眼国家科学院（Accademia dei Lincei），乔瓦尼·巴蒂斯塔·德拉·波尔塔和伽利略·伽利莱后来成为该学院的成员。他的科学兴趣，就像他的同伴们一样，主要是对自然主义，并且他们从新仪器的使用中获益良多。1625年，学院为了纪念教皇乌尔班诺八世（Papa Urbano Ⅷ，他的家族徽章上有3只蜜蜂），特意出版了《蜜蜂图解》（*Melissographia*），它由一张大纸组成，除了献词和一段简短的文字外，还精确地描绘了3只蜜蜂（图11）。图画中的象征意义兼具了科学意义，因为三幅图像分别显示了昆虫的背、

[①] 约翰·沃德伯恩，《马丁·霍基针对四颗新行星有争议的恒星新闻提出的四个问题》（*Quatuor problematum quae matinus horky contra nuntium sidereum de quatuor planetis novis disputanda proposuit*）帕多瓦，1610年，[Galileo EN]，重印版，第三卷第147-178页；关于伽利略的显微镜的段落在[Govi]中也有引用。

[②] 1624年9月23日的信，在[Galileo EN]第十三卷第167-168页。

图 11 《蜜蜂图解》(*Melissographia*)（1625）

腹和侧视图，其中还有肉眼无法观察到的解剖细节；在纸页的下边缘，注明了插图是基于弗朗切斯科·斯泰卢蒂（Francesco Stelluti），（学院的创始人之一）用"显微镜"[另一个猞猁创造的术语：约翰内斯·费伯（Johannes Faber）]所做的观察。这是第一份报告了微观观察结果的印刷出版物。

同年，即 1625 年，学院出版了《养蜂场》(*Apiarium*)，也是单张印刷，但巨量而繁杂的内容充斥纸业，遍布关于蜜蜂主题的各种文字：在各种题外话、对蜜蜂道德品质的拟人化描述，充满了对教皇的影射以及各种混杂的经典语录[①]中，也有对昆虫的社会生活的详细观察，尤其是对蜜蜂在显微镜下的解剖学检查。关于蜜蜂的显微解剖学的进一步信息被弗朗切斯科·斯泰卢蒂纳入其1630年出版的佩尔西乌斯（Persio）的译本中。

显微镜的使用在那段时间开始普及。物学家乔瓦尼·巴蒂斯塔·法拉利（Giovanni Battista Ferrari）在1633年出版的论文《花卉文化》（*De Florum Cultura*）中还包括了种子的显微图解。

意大利猞猁之眼国家科学院开展了紧张的自然科学活动，但这些活动基本上没有公之于众：例如，那不勒斯植物学家法比奥·科隆纳（Fabio Colonna）是学院的成员，他延续了安德烈亚·切萨尔皮诺的工作，根据对生殖器官和种子的检查，对许多新植物进行分类。

最具挑战性的项目是《墨西哥宝典》（*Tesoro Messicano*）的出版，这是一部关于墨西哥动植物的作品，基于弗朗西斯科·埃尔南德斯（Francisco Hernández）的手稿（他曾代表腓特烈二世对墨西哥物种进行了7年的研究），或者说基于雷奇（Recchi）的汇编[②]：大量关于古典资料中未知的自然界的材料，为新生的自然科学提供了重大的刺激，特别是为植物学分类标准提供了宝贵的试验平台。这项工作由费德里科·切西在1610年代开始，在他去世后仍然持续了很长时间，直到1649—1651年才完成并出版，除了原始材料外，还包括学院成员所写的文字：切西最积极的合作者托约翰内斯·费伯（Johames Faber），特别总结了许多关于意大利猞猁之眼国家科学院对动物（通过对它们进行解剖和显微镜检查，以及通过在自然界内进行生境和行为观察来研究）、植物、矿物和化石所进行的未发表的研究报告。此外，

---

① 其中，人们注意到，蜂巢细胞的边数等于昆虫的腿数：这一观察显然被老普林尼采纳了，他认为他可以用这种荒谬的方式解释细胞的六边形（而乌尔巴诺八世报告的希腊化论点已经解释了六边形的壁可以使细胞的面积/周长比率最大化）。

② 弗朗西斯科·埃尔南德斯的手稿包含4000多幅彩色插图，在一场大火中被烧毁。那不勒斯人纳尔多·安东尼奥·雷奇（Nardo Antonio Recchi）（他的继任者是菲利普二世的私人医生）制作的纲要"仅"包含了600幅插图，也一直处于手稿状态，并在一次那不勒斯之行中引起了费德里科·切西的注意。

他还报告了费德里科·切西发现的蕨类种子和一系列肉眼看不见的小动物。

大卫·弗里德伯格（David Freedberg）[1]记录了当时实际的工作范围，他在英国和法国发现了6000多幅未发表的插图，这些插图来自最后的灵思派之一卡西亚诺·德尔·波佐（Cassiano Dal Pozzo）的"纸张博物馆"，他是费德里科·切西死后学院的主要插画师。这些插图包括有史以来借助显微镜制作的最古老的插图。

研究的主要对象包括化石，在这些化石的性质上，学院成员的意见是有分歧的。1616年，法比奥·科隆纳论证了贝壳化石和鱼鳞化石的有机来源，他认为这些化石是鲨鱼牙齿化石，而此前它们曾被认为是自然矿物来源衍生的奇异产物。1637年，弗朗切斯科·斯泰卢蒂在他的《矿物化石木材论》（*Trattato del legno fossile*）中否认了木材化石的有机来源，声称它们是地球变形的结果。

对化石和岩石的研究将导致一场与天文学类似的概念革命[2]，并同样带来了大量的文化后果：天文学者将表明，与宇宙的广袤相比，人类经验的范围在空间上是微不足道的，而在时间上也是可以忽略的。这两场革命都将发生在18世纪，在前几个世纪的成就基础上，以古代思想的恢复为奠基。

我们已经看到，在希腊化时期，恒星的球体是如何第一次被摒弃的[3]；至于对化石的古代研究，[4]斯特拉波报告说，埃拉托色尼在距离大海很远的地方，特别是在锡瓦绿洲的阿蒙神庙中观察到海洋化石（当时显然没有人怀疑它们的有机性质）后，他推断海岸线一定发生了变化。[5]我们不知道埃拉托色

---

[1] [Freedberg]。
[2] 参见本书第六章。
[3] 参见本书第四章。
[4] 有关希腊和罗马时代大型脊椎动物化石的研究，请参见[Mayor]。
[5] 斯特拉波《地理学》第一卷第3-4页。

尼将这些现象判定为哪个时间限度，但由于斯特拉波在同一语境中还提到了兰萨库斯的斯特拉托的观点，即黑海将被河流携带而至的碎片完全填满，他可能指的是大陆形态的转变需要很长时间。

远离海洋的海洋化石见证了我们今天所说的地质变化 [这归功于色诺芬尼（Senofane）等人]，这样的古老观点不时地重新出现，例如在列奥纳多·达芬奇著作的各种段落中 [在《大西洋古抄本》和《莱斯特手稿》（*Codice leicester*）中]，这通常被认为是古时对未来思想的大胆预测，但对它们的恢复过程缓慢且喜忧参半。

由于这两本书的出现，意大利在1669年至1670年朝着我们所谓的"时间尺度的革命"迈出了重要的一步。

1669年，丹麦人尼古拉斯·斯坦诺（Niccolò Stenone，丹麦语：Niels Stensen）的《天然固体中的坚硬物》（*De solido intra solidum naturaliter contento dissertationis prodromus*）在佛罗伦萨出版。这项工作基于在托斯卡纳进行的自然主义研究，作者（已皈依天主教并成为主教）在托斯卡纳的科学环境中研究多年，这部作品本身也构成了地质学（这个术语是由乌利塞·阿尔德罗万迪于1603年创造的）和古生物学作为科学学科诞生的一个重要阶段。特别重要的是，尼古拉斯·斯坦诺创立了地层学：他认识到地层的序列可以提供它们的相对年代，他还意识到非水平或不连续的地层是在它们形成之后经历的后续事件导致的，并描述了他在托斯卡纳观察到的地层结构。

关于化石，尼古拉斯·斯坦诺不仅论证了它们的有机来源，而且还制定了简单的规则来确定相对年代：例如，通过发现嵌在岩石中的贝壳（正如书籍标题中暗指的情况），尼古拉斯·斯坦诺推断出，当贝壳留下印记的岩石还是流动状态时，它们就是固体。尼古拉斯·斯坦诺说明了这个想法的各种延伸和应用。[1]

---

[1] 对尼古拉斯·斯坦诺工作内容重的精彩信息做出总结在 [Gould QCAD] 第69-79页。

1670 年，墨西拿画家阿戈斯蒂诺·席拉（Agostino Scilla）出版了《被感觉幻灭的徒劳猜测》(*La vana speculazione disingannata dal senso*)，在该书中，除了尼古拉斯·斯坦诺的作品之外，他还对化石的有机来源在此进行了辩论。在这项工作中，正如我们在许多其他案例中看到的那样，所呈现的论文具有双重来源很容易被记录下来，这两个来源包括直接观察和对典籍的阅读。在第一页中，阿戈斯蒂诺·席拉写道：

> 我在去卡拉布里亚大区的路上，在雷焦市上方几英里处，看到了数量非常可观的蜗牛和条纹贝壳以及类似的其他贝壳，甚至没有被裹入其中。我无法看完它们，也无法把它们挖出来；在我看来，它们能够被保存了这么久，尤其是在离海平面很远、很高的地方，在那些陡峭的山里走了六英里多的路程，实属不易。我好奇地询问了那些村民，他们坦率地回答说，刚才说的这些贝壳从大洪水时期就被海水运到那里了。
>
> 我回到墨西拿，在这里有机会通过继续阅读一些书籍来打发闲暇的时间，以满足我私人的奇妙的兴趣，这些书都成了古代的成果，我陷入了斯特拉波构造的一个地方，那里总让我感到好奇。①

当然，斯特拉波的那个地方，阿戈斯蒂诺·席拉曾用拉丁语翻译道，引用埃拉托色尼、尼古拉斯·斯坦诺等人的话，就是讨论在内陆发现的海洋化石。阿戈斯蒂诺·席拉还引用了其他古代资料，包括普鲁塔克，他们以海洋化石的发现为基础，认为现在出现的土地在古代曾被海洋占据，但阿戈斯蒂诺·席拉并不接受这些观点。虽然在整部作品中，阿戈斯蒂诺·席拉有力而清晰地论证了化石的有机起源，但对于为什么许多

---

① [Scilla] 第 39-40 页。

海洋化石最终会远离大海，阿戈斯蒂诺·席拉更倾向于他所询问的村民的意见，而不是埃拉托色尼的意见，事实上，阿戈斯蒂诺·席拉还指出：

> 因为他（上帝）希望到处都有迹象可以表明他的正义，以及表明他可以用各种方式轻松地惩罚忘恩负义的人，因此他在无数个地方向我们表明，于他而言，大海是一个顺从的使者，甚至违背他自己的环境，在高山上旅行，每走一步，他都留下证据谴责那些不相信造物主力量的人。①

《被感觉幻灭的徒劳猜测》的优点之一是身为画家的作者所作图画的准确性，和其在欧洲的影响，对解决化石起源问题做出了重大贡献。特别是在英格兰，在约翰·伍德沃德（John Woodward）可能没有标注就对它进行引用之后（因此被指控抄袭），1696年阿戈斯蒂诺·席拉的工作成为威廉·沃顿（William Wotton）向英国皇家学会报告的主题。②

7 生命科学中的实验方法

帕多瓦大学解剖学学校的传统得以延续，并由加布里瓦·法罗皮奥的学生和继任者——西罗尼姆斯·法布里休斯（Girolamo Fabrici d'Acquapendente，1537？—1619）予以加强，他的研究突破了该学科的传统界限，为生理学提供了更多空间（他写过关于呼吸、听力和发声等方面的文章）并引入了比较解剖学的元素。在1603年的《论静脉瓣膜》（*De venarum ostiolis*）中，西罗尼姆斯·法布里休斯描述了静脉瓣膜，从而为威廉·哈维理解血管系统提供了另一个重要元素，威廉·哈维前一年毕业于帕多瓦

---

① [Scilla] 第90页。

② [Rossi ST] 第44页。

大学，而西罗尼姆斯·法布里休斯正是他的导师。并最终于 1628 年提出了现代血液循环理论。[①] 西罗尼姆斯·法布里休斯声称在 1574 年观察到了静脉瓣，有证据表明他在 1578 年或 1579 年向他的学生展示了静脉瓣，并且是第一个详细描述静脉瓣的人，但这些结构的发现早于这个时间，其成果也被归于不同的作者（根据安德雷亚斯·维萨里的说法，首先应该考虑来自费拉拉的乔瓦尼·巴蒂斯塔·卡纳诺，据说他在 1545 年就曾告诉了维萨里关于静脉瓣的情况）。

西罗尼姆斯·法布里休斯也为胚胎学的基础做出了重要贡献，特别是在 1600 年的《胎儿的形态》（*De forma foetu*）和 1621 年的《论蛋和小鸡的形成》（*De formatione ovi et pulli*）中分别描述了人和鸡的胚胎形成。

西罗尼姆斯·法布里休斯在胚胎学案例中使用的比较不同动物解剖结构的想法，被卡拉布里亚裔的那不勒斯医生马可·奥雷利奥·塞韦里诺（Marco Aurelio Severino，1580—1656）系统地使用，他是第一本比较解剖学著作：1645 年在纽伦堡出版的《人畜共患病》（*Zootomia democritaea*）的作者。书中披露了对包括 17 种无脊椎动物在内的大约 80 种不同动物物种进行解剖的结果，以比较不同动物器官之间的相似性，这些相似性证明包括人类在内的所有生物都存在着共有的单一原型。他在那不勒斯学习医学期间遇到了托马索·康帕内拉（Tommaso Campanella）并受到他的影响，但更多的是受贝纳迪诺·特莱西奥著作的影响，他从这些著作中汲取了自然界的基本统一思想和作为知识基础的感官经验的重要作用。马可·奥雷利奥·塞韦里诺领导了一场激烈的反亚里士多德和反学术的争论。他的第一手解剖观察很多，偶尔也很有趣，但水平参差不齐。他的工作在通往文艺复兴时期科学的道路上戛然而止，主要是由于缺乏理论，因此没有明确的研究和论述方法，这一点无法通过从各种来源的解剖学描述中，包括古代和文艺复兴时期提取的哲学思考来弥补。

[①] 有关推动这一结果的发现的先前历史，请参见本书第三章内容。

在不列举当时众多的解剖学发现的前提下，我们注意到这些发现大多仍然是重新发现的。例如，公元前3世纪希罗菲卢斯已知的淋巴系统，[1] 于1622年在米兰被加斯帕罗·阿塞利（Gasparo Aselli，1581—1625）通过观察到了一只狗的乳糜管而重新发现。

弗朗切斯科·雷迪（Francesco Redi，1626—1697）在方法论上取得了质的飞跃，他是17世纪科学界的领军人物之一，但科学史家尚未给予他应有的关注。[2] 在他1668年的代表作《昆虫产生的经验》（*Esperienze intorno alla generazione degli'insetti*）[3] 中，他通过仔细的实验研究，推翻了由亚里士多德权威认可的古代信仰，即从腐肉中能够自发产生幼虫和昆虫。威廉·哈维在1651年的《动物的生殖实验》（*Exercitationes de generatione animalium*）中也谈到了这个问题，得出的结论是生命总是"以某种方式"从鸡蛋中诞生，但承认"蛋"（以一个非常广泛的含义）又可以自然发生[4]。

弗朗切斯科·雷迪通过一系列实验澄清了腐肉中出现的幼虫的来源，这些实验也可以用来展示实验方法的本质。[5] 他把切好的肉放在8个容器中，4个密封，4个开放，并观察到除了开放的容器外，所有的容器中都有幼虫形成。为了确认容器的封闭性只具有他所假设的防止苍蝇产卵的功能，而不会影响到允许自然发生产生幼虫所需的空气流通，他再次重复了这个实验，并用其他覆盖着面纱的容器取代了密封容器，这在防止昆虫进入的同时也不会妨碍允许空气流通，验证结果没有发生变化。在这些简单的实验中，既出

---

[1] [von Staden] 第180-181页，第226-227页。

[2] 他已出版的作品仍然缺失可靠的评注版本；至于他的大部分未发表的著作，它们不仅没有出版，而且基本上也未得到发掘。已经发表的作品和各种其他材料可在由沃尔特·贝尔纳迪（Walter Bernardi）编辑的网站（www.francescoredi.it）上找到。

[3] [Redi]。

[4] 译者注：此处的自然发生指生物无父母而产生。

[5] 朱利奥·梅泽蒂（Giulio Mezzetti）是《新意大利》（*La Nuova Italia*）的作者，这本书可能是最好的意大利中学科学教育手册，他选择通过对弗朗切斯科·雷迪实验的描述准确地向孩子们解释实验方法。

现了在类似条件下多次重复同一实验的想法，以消除不受控制的变量的随机影响，也出现了每次改变一个条件，而并非纯粹从单一类型的实验中得出结论，而是从实验组和对照组的比较中得出结论的想法。显然，如今已经成为典型的实验方法程序，第一次出现在这里，特别是出现在生命科学领域：它们的引入甚至比验证自然发生并不存在的重要发现更为意义深远。

弗朗切斯科·雷迪是一位具有深厚古典文化底蕴的知识分子，他在论文中仅用了较少的篇幅来描述自己的实验，而对涉及过这一论题的作者们进行了详尽而博学的摘录介绍。他对自然发生的古代和现代支持者发起了论战［前者包括亚里士多德和老普林尼，后者是威廉·哈维和阿塔纳修斯·基歇尔（Athanasius Kircher）①］，但他并没有忘记经过这么多世纪艰苦地研究而重新发现的正确观点，早在荷马创作的作品中已经出现。在《伊利亚特》（Iliade）第19卷中，阿喀琉斯（Achille）担心他死去的朋友帕特罗克洛斯（Patroclo）尸体的命运，对他的母亲忒提斯（Teti）说：

我担心在此期间，墨诺提俄斯（Menezio）的强壮儿子
苍蝇会从青铜器割开的伤口进入
并生出虫子，毁坏身体。②

---

① 译者注：基歇尔，17世纪德国耶稣会成员和通才。他一生中大多数时间在罗马学院任教和做研究工作，就非常广泛的内容发表了大量细致的论文，其中包括埃及学、地质学、医学、数学和音乐理论。他就埃及圣书体的研究之后为让－弗朗索瓦·商博良的工作铺平了道路。
② 弗朗切斯科·雷迪引用了荷马的希腊文，但没有进行翻译，在此我们更希望使用罗莎·卡尔泽奇·奥涅斯蒂（Rosa Calzecchi Onesti）的版本。在对古代关于这个问题的观点的评论中，弗朗切斯科·雷迪省略了他所引用的亚历山大·波里希斯托（Alessandro Poliistore）的一段话，这段话由第欧根尼·拉尔修（《哲人言行录》，VIII，§28）转述，将毕达哥拉斯派的观点归结为动物不能自然发生，而必须从其他动物中诞生。但弗朗切斯科·雷迪肯定读过这本《哲人言行录》（因为他引用了第欧根尼·拉尔修的话，而就在离前一段话不远的篇幅中，他陈述了相反的观点，对自然发生表示赞成），而且鉴于毕达哥拉斯学派的威望，这本书对他的影响甚至超过了荷马。

尽管弗朗切斯科·雷迪确信一个生命体只能从其他生命体中诞生，但他认为在某些情况下，并不一定需要同一物种的父母；特别是在他对"浮游昆虫"（一种植物寄生的膜翅目昆虫科）的研究中，雷迪得出结论，这种昆虫是从宿主植物中产生的。

弗朗切斯科·雷迪是一位典型的宫廷科学家：他出生于意大利的阿雷佐，在前后两位托斯卡纳大公的宫廷里进行科学活动，雷迪也是他们的私人医生，没有教学义务，与大学也没有联系，但他是大公科学政策的主要负责人，也是西芒托学院的创始成员之一。在他发表的作品中，特别重要的是他的《在活体动物中发现的对活体动物的观察》（*Osservazioni intorno agli animali viventi che si trovano in animali viventi*），这似乎是对寄生虫学的第一次系统研究。大公为他提供了狩猎和捕鱼的收获，以及大公的动物园中自然死亡的外来动物供他进行解剖，雷迪利用大公提供的便利，对动物进行了数千次尸体解剖，但他在此基础上得出的大部分结论仍有待在他未发表的作品中发现。

自亚里士多德时代起，力学就被应用于动物运动。17世纪，在用体内运动解释生命功能方面取得的成功（威廉·哈维的血液循环理论就是最突出的例子），以及流体理论的同时发展，使人们能够提出将所有生理学发展为解剖力学的计划，即对生命现象或许可以还原的运动的力学研究（包括固体、液体和气体）。用最严谨的方式追求这一方案的实现（笛卡尔也曾提及这一点）的科学家是乔瓦尼·阿方索·博雷利本人，他也曾研究过天文运动的力学原因，为天体力学的基础做出了贡献。

博雷利1608年出生于那不勒斯，是贝内代托·卡斯特利在罗马时的学生，贝内代托·卡斯特利举荐他在墨西拿任教席；然后他去了比萨和佛罗伦萨，最后在罗马定居，并在克里斯蒂娜女王（Cristina di Svezia）的庇护下生活。他从事实验解剖学工作，写了关于几何学、力学、医学（提出了一种类似于吉罗拉莫·弗拉卡斯托罗的卢克莱修式的传染病理论）和其他主题的作品，但他的代表作是我们曾经提到过的关于美第奇行星①的论文和《动物的运动》（*De motu animalium*），该论文经过多年起草，于1680年追授出版。这篇论文既研究了动物的外部运动，提出了一系列力学定理，也研究了动物的内部运动，阐述了可以解释肌肉、呼吸和所有生理功能的力学理论；例如，肾脏的作用被解释为通过无法直接观察到的微观血管对血液进行机械过滤，其血管形状便于从血液构成元素中将尿液的元素筛选出来。

乔瓦尼·阿方索·博雷利创立的学科被称为医学机械力学，它将人体作为机器来研究，是18世纪机械学发展的一个重要前提，但他的工作除了在骨骼和肌肉系统中正确地应用了力学外，并没有对生理学的进步做出决定性的贡献。从技术角度来看，更重要的结果是由17世纪科学界的一位领军人物——马尔切洛·马尔比基（Marcello Malpighi，1628—1694）获得的。他与博雷利的方案相同，也正是由这个方案开始进入解剖学领域。

马尔切洛·马尔比基的概念与乔瓦尼·阿方索·博雷利的概念的相似性在他的这段话中的一开始就有明显表现：

> 因此，在必然始终恒定运行着的自然界的事物中，人类的智慧并不那么活跃，以至于人类无法成功地揭开自然界的大部分鬼斧神工。因此，我们怀着敬佩的心情看到了天文学的发现。我们身体的机器也是如此，它们是医学的基础；因为这些机器是由绳索、丝线、横梁、杠杆、布、流动的液体、水箱、河道、毛毡、筛子和类似的机器组成的。通过解剖学、哲学和力学对这些部分的研究，人类已经掌握了它们的结构和用途，而且通过先验性的证明，已经开始初具模型，通过这些模型，他把这一事实的因果关系清楚地展现出来，并先验性地给出其原因，通过这一系列的成果，

---

① 译者注：伽利略在《星际使命》中把木星周边的新卫星命名为美第奇星。

> 加上语言的帮助，在理解了自然界的运作方式的基础上，人类创立了生理学和病理学，以及后来的医学艺术。[1]

理论的重要性，使得构建生理过程的模型成为可能，这是使生命科学与天文学处于同一水准的基本方面。马尔切洛·马尔比基在推行他的计划时，所使用的技术设备和概念武器超过了他的任何一位前辈。首先，在他的结论中，显微镜（弗朗切斯科·雷迪曾将这个工具作为辅助性的使用）被认为是显微解剖学的基础，因此成为一种研究的基本工具。此外，马尔切洛·马尔比基沿着马可·奥雷利奥·塞韦里诺指出的道路继续前进，系统地使用动物的尸体解剖和活体解剖推及对其他动物和人类的解剖学和生理学知识的理解。特别是，通过对法国解剖学家克劳德·奥布里（Claude Aubry）（在西芒托学院，克劳德·奥布里的名字为"Claudius Auberius"）首次提出的想法进行了恢复，他系统地使用了"自然显微镜"。即对某些在显微镜下不可见或几乎不可见的结构，通过对相应的放大的物种进行观察研究。马尔切洛·马尔比基不仅观察自然界中的标本，而且还是标本切片方法的先驱之一：他使用了煮沸、在各种液体（如醋和石灰水）中浸泡以及染色技术；更广泛地看来，他还发明了一系列具有可行性的实用操作方法，可以突出他感兴趣的结构或功能部位。

第一个巨大的成功同时涉及呼吸和循环的生理学：1661 年，马尔切洛·马尔比基在《关于肺的解剖观察》（*De pulmonibus observationes anatomicae*）中首次描述了他在青蛙活体内观察到的肺泡，以及灌溉肺泡的毛细血管网络。有赖于他所设计的一系列技术（他对气管和支气管树进行充气，用一种特殊的技术排空血液，等等），不仅解释了肺部呼吸的机制，而且最终直接证

---

[1] 马尔切洛·马尔比基先生对题为《给朋友的一封关于现代医学研究的信件》（*De recentiorum medicorum studio dissertatio epistolaris ad amicum*）的信件的答复，见 [Scienziati Seicento] 第 1082 页。

明了小循环的存在：事实上，在此之前，只能观察到血液从心脏到肺以及从肺到心脏的通道，而要观察完整循环，就必须观察肺内微细毛细血管的情况。这项研究也是自然界微观思想所做出的最杰出的应用之一，因为在青蛙身上比在哺乳动物身上更容易看到（在显微镜下）动脉和静脉毛细血管网络之间的连接。

马尔切洛·马尔比基的工作范围相当广泛，无法在此简要描述。其中，他对感觉器官（根据他自己的机械概念，他认为最基本的当数触觉和味觉）、神经纤维和腺体系统进行了新的描述。在他 1669 年的作品《论蚕》(*De bombyce*) 中，他建立了昆虫的显微解剖学，描述了昆虫的三个阶段：幼虫、蛹和成虫。对于欺骗了雷迪的植物寄生虫的情况，他通过实验证明了亲代的存在，从而对自然发生理论进行了最后的打击。这个成果于他而言，是作为对植物解剖学和生理学进行系统研究的衍生产物。

马尔切洛·马尔比基的工作并不是孤立的。我们不能忘记年轻时的洛伦佐·贝利尼（Lorenzo Bollini，1643—1703）在 1662 年发表的《肾脏的结构和用途》(*De structura et usu renum*)，其中就研究了肾脏的微观结构。然而，意大利的科学重要性正在减弱。马尔比基的许多作品在他的家乡博洛尼亚遭到了激烈的反对，但却出现在英国皇家学会的《哲学汇刊》(*Philosophical transactions*) 中，他是该学会的通信会员，他的作品还以信件的形式寄给了英国皇家学会（这些作品是第一批符合当今意义上的"科学文章"中的一部分）；他于 1687 年的《论文全集》(*Opera omnia*) 和他的遗作都在伦敦出版。

8 科学之地

即使粗略地看一下科学产生的地方，从地理意义上以及从负责研究的环境和组织的角度去审视，也能发现情况极其复杂多样。初步估计，有两个地理区域似乎是科学发展的特权中心：威尼托-埃米利亚地区，以帕多瓦和博洛尼亚地区的传统大学为中心，但也外延至各公国和托斯卡纳地区。然而，其他地区也做出了重大贡献。在罗马，有一项重要的文化活动，但无论是在科学领域还是在艺术领域，它更多地是由知识分子的持续流动提供养分，而非持续性的学校推动。在意大利南部的自然主义研究领域，卡拉布里亚的传统可以追溯到贝纳迪诺·特莱西奥，马可·奥雷利奥·塞韦里诺就仍然隶属于该传统，以及那不勒斯传统，其中以费兰特·伊佩拉托（Ferrante Imperato）等学者为代表，尤其包括以吉安巴蒂斯塔·德拉·波尔塔为首的学术团体，他们开始在生理学和光学领域进行实验活动，同时保持与文艺复兴时期自然魔法的联系。墨西拿也是一项意义重大的科学活动的发源地，至少从弗朗切斯科·毛罗利科时代到阿戈斯蒂诺·席拉时代是这样。

时至今日，尽管与当今言论相逆，我们也有必要明确强调，在当时的科学文化中，除了谈及那些无疑具有重要意义地方和区域层面及欧洲层面外，还有一个重要的国家层面，它源于共同的语言，并通过紧密的内部流动和便捷的通信交流，在具有自己特定文化传统的科学环境中形成。当代的许多年轻人接触统一的半岛语言[①]是从电视中知道的，事实上他们可能不了解，当伽利略从比萨搬到帕多瓦时，他不必学习一种对他来说十分陌生的语言（也不必像今天有些人声称的那样，在这个问题上接受审查）。这不仅是因为官方的大学课程是用拉丁语讲授的，而且首先因为托斯卡纳语在威尼斯共和国长期被作为一种文化语言使用[正是威尼斯人皮埃特罗·本博（Pietro Bembo）将14世纪作家们的托斯卡纳语理论化，成为整个半岛的文化语言，在16世纪，威尼斯是意大利语书籍的主要出版中心；不仅涉及文学作品，而且威尼斯大使给教皇的报告也是用"意大利语"，即托斯卡纳语书写的]。

使用当时的通信往来资料，可以很容易验证国家科学界的存在。例如，

---

① 译者注：即标准意大利语。

如果翻阅伽利略收到的许多信件，他在当时的欧洲享有重要地位，也是公认的重要人物，①便会发现其中只有一小部分来自意大利以外的地区（如果作者不是侨居海外的意大利人，在这些情况下信件语言显然是拉丁语）。大多数信件是用意大利语写成的，是从意大利半岛范围内的各地寄来的；当然，这些信件的地理分布显然不可能是同一个地方，因为（为了方便理解，我们在此使用当前地区的划分）大部分属于托斯卡纳、威尼托和罗马，其次是艾米利亚-罗马涅，但重要的通信者也会从伦巴第、马尔凯、坎帕尼亚、利古里亚和翁布里亚寄来信件，甚至还有来自西西里岛和弗留利的信件。

科学家在半岛上从一个国家到另一个国家的流动可以用几个例子来说明，这些例子是从当时的主要科学人物中选出的。来自布雷西亚的贝内代托·卡斯特利在帕多瓦学习，并在比萨和罗马任教；来自皮埃蒙特的博纳文图拉·卡瓦列在比萨成了贝内代托·卡斯特利的学生，并在博洛尼亚担任教授；来自法恩扎的埃万杰利斯塔·托里拆利在罗马学习，并成为托斯卡纳大公的数学家。那不勒斯人乔瓦尼·阿方索·博雷利曾在比萨学习，并在墨西拿和比萨任教，后移居罗马；博洛尼亚人马尔切洛·马尔比基除了在比萨和博洛尼亚任教之外，还在墨西拿教书，后在罗马结束其职业生涯。当时半岛上的大学讲师的流动性可能比今天更大。在国家科学环境中，即使是来自没有相关特定传统的城市的人也能找到自己所属的位置：例如，利古里亚没有任何重要的学校，但热那亚人巴蒂斯塔·巴利阿尼（Battista Baliani）②通过与伽利略保持通信联系，开展了重要的科学活动，而利古里亚人乔瓦尼·多梅尼科·卡西尼成为在博洛尼亚工作的意大利主要天文学家。

学术权力也存在一个重要的国家范畴：例如，伽利略的意见往往对当

---

① [Galileo EN]，第十至第十八卷。从我们在这个章节中关注的角度来看，伽利略写的信意义不大，因为被保存下来的一小部分信件的地理分布，并不能被认为代表了原始的地理分布。

② 译者注：巴蒂斯塔·巴利阿尼全名为乔瓦尼·巴蒂斯塔·巴利阿尼（Giovanni Battista Baliani），是意大利数学家和物理学家。

时各国的数学教授职位分配起着决定性的作用。

正如我们在前一个时期已经注意到的那样，科学研究不仅在大学中进行，同时也在其他一些机构中，以及以私人为主导的方式进行。在教育机构中，耶稣会学院具有特别重要的意义。耶稣会由依纳爵·罗耀拉（Ignazio di Loyola）于1540年创立，很快选择了教学作为其主要活动；1548年，该会的第一所学院在墨西拿成立；1600年，该会在意大利有49所学院，一个世纪后增至111所。我们将在下一节讨论这些机构的主要科学活动：罗马学院（Collegio Romano），以及与之相关的一个数学学院，还有各省的主要学院（其中帕多瓦的学院尤为重要），与大学形成了激烈的竞争［在教皇保禄五世（Papa Paolo V）对威尼斯共和国颁布的禁令导致其于1606年关闭之前］。

脱离教学任务的科学活动可以通过统治者或其他人物的赞助得以确保。在这方面特别活跃的是托斯卡纳大公：弗朗切斯科·雷迪、伽利略·伽利莱和埃万杰利斯塔·托里拆利都为他们服务，后两位甚至拥有"大公数学家"的头衔。其他科学活动由生活能够确保自给自足的贵族主导进行（例如，季道波道侯爵、费德里科·切西亲王和热那亚贵族乔瓦尼·巴蒂斯塔·巴利阿尼就是这种情况）或是将研究作为专业人士的附带活动，例如医生和药剂师等职业。

许多学院继续在促进和组织科学研究方面发挥着重要作用，其中许多学院也致力于，或者专门致力于科学研究。每个学院都有一个章程，规定了它的宗旨和组织形式，以及它自己的文化特征。例如，在我们提及过的许多人中，墨西拿的锻造学院（Accademia della Fucina），尽管它并不是完全科学化的，但学院中出现了阿戈斯蒂诺·席拉和马尔切洛·马尔比基等人，以及由吉安巴蒂斯塔·德拉·波尔塔在那不勒斯创立的大自然的秘密学院（Academia Secretorum Naturae），这个学院的关注点聚焦于自然魔法和新实验主义两者之间。有两个学院在很长一段时间内保持着十分理想的参考价值，它们发挥了特别重要的作用：意大利猞猁之眼国家科学院和西芒托学院。

意大利猞猁之眼国家科学院于 1603 年由 18 岁的费德里科·切西亲王与 3 个年轻的朋友［弗朗切斯科·斯泰卢蒂、荷兰医生约翰内斯·凡·希克（Johannes Heckius）和阿纳斯塔西奥·德·菲利斯（Anastasio de Filiis）］共同创立，以一个具有启蒙和宗教意义的协会自居。学院成员的职责，包括严格的知识纪律、成员之间的互助和对创始者王子的崇敬，在一份多次修改的长文，即猞猁章程[1]中得到了全面分析。学院的活动在经历了阿纳斯塔西奥·德·菲利斯的去世和约翰内斯·凡·希克陷入疯癫之后只剩下两名成员，此后又受到费德里科·切西父亲的严重阻碍，但最终在 1610 年得以复兴，当时吉安巴蒂斯塔·德拉·波尔塔接受邀请成为其中的一员；次年，伽利略加入了学院，不久之后又接受了其他几名成员的加入。我们在第 4.6 节中提到的自然主义研究，在其创始人去世后于 1630 年结束；随后的活动由卡西亚诺·德尔·波佐协调，主要涉及对已经开展的项目进行的保护工作，其主要成果是 1649—1651 年《墨西哥宝典》的出版。1657 年，卡西亚诺·德尔·波佐去世后，学院被认为已经消亡。

同样在 1657 年，在托斯卡纳大公斐迪南多二世·德·美第奇（Ferdinando II de Medici）的兄弟莱奥波尔多王子的倡议下，西芒托学院正式诞生，将前几年在托斯卡纳宫廷进行的实验研究活动正式化。西芒托学院由统治家族建立而成，但这并不是唯一让西芒托学院比它的意大利前辈们更接近欧洲国家未来的国家学院的唯一新颖之处。其他学院的活动主要是举行会议，在会上介绍和讨论个别成员的贡献，而西芒托学院则是作为一个实验性的实验室成立的，学院内有自己的科学设备，由美第奇家族资助；其成员必须集体工作，其成果也归于整个学院。它没有学院章程，因为莱奥波尔多·德·美第奇（Leopoldo de'Medici）亲王授予的无条件权力而让章程变得毫无用处。学院成员包括大公国的数学家埃万杰利

---

[1]《意大利猞猁之眼国家科学院》2001 年版，第 218 页。

斯塔·托里拆利、乔瓦尼·阿方索·博雷利和伽利略最年轻的弟子温琴佐·维维安尼（Vincenzo Viviani）。

宫廷贵族洛伦佐·马加洛蒂（Lorenzo Magalotti）被任命为学院秘书，负责起草会议记录，他于1667年发表了《自然体验论文集》（*Saggi di naturali esperienze*）①，其中描述了所进行的一系列实验。人们可以通过阅读实验分组的12个部分的清单来了解所进行的活动：与自然气压有关的实验；投票中的各种实验；天然冰实验；关于人工震动的实验；关于新观察到的热和冷对改变金属和玻璃容器内部容量的影响的实验；关于水压缩的实验；关于积极轻度②不存在的实验；关于磁铁的实验；关于琥珀和其他电性物质的实验；关于不同流体中的部分颜色变化的实验；关于声音运动的实验；关于射弹的实验；各种各样的实验。

从这些标题中已经可以看出，学院的兴趣主要集中于没有嵌入数学理论的现象。一些测量项目经常会进行，例如对音速的测量，估计为每5秒钟1佛罗伦萨里，这个结果显然是非常出色的。③在学院自身的活动领域内，成果水平似乎很高，至少可以与其他欧洲国家取得的最佳成果相媲美。该机构的国际声望表现在：最初，巴黎科学研究院和英国皇家学会都把西芒托学院作为一个模板。然而，该模板后来被法国和英国修改，主要是放弃了结果的匿名性。

1667年，获得外交职位的洛伦佐·马加洛蒂停止了会议记录，没有人接替他的这项工作，从那时起，关于学院科学活动的记录文件就停止了。这个日期通常被认为是西芒托学院的解散日期；然而，我们知道在1667年之后，莱奥波尔多·德·美第奇将弗朗切斯科·雷迪和尼古拉斯·斯坦诺

---

① [Magalotti]。
② 译者注：这是西芒托学院进行的一场烟雾是否能够在真空中存在的实验。
③ 用通常的佛罗伦萨里换算成米得到的结果会非常好，但由于测量必须用一个有效单位表示，这显然是一个幸运的巧合。

增选为学院成员，并且至少在 1669 年之前一直有会议召开，之后就没有更进一步的消息了。[1]

9 天主教、耶稣会和科学

根据一个广为流传的认知，伽利略为近代科学之父，天主教会是现代科学的主要敌人；尤其是耶稣会，成了参与反对现代化和科学的文化力量的中流砥柱。对伽利略的审判和谴责将是冲突的一个插曲，它将见证意大利天主教势力的胜利，这将在数百年间阻碍科学发展。然而，几十年来，特别是基于对耶稣会士科学贡献的重新评估，上述的史学纲要（最终可追溯到启蒙运动）的修订一直在进行。

让我们首先观察一下，虽然 1616 年对哥白尼主义的谴责和 1633 年对伽利略的审判，确实以一种相当清晰明了的方式见证了宗教当局对研究自由的严重限制，但我们必须要避免把 17 世纪的科学倡导者视为世俗主义和反宗教的知识分子，否则就属于想当然地套用后世的立场。不仅本笃会的贝内代托·卡斯特利、耶稣会的博纳文图拉·卡瓦列里和其他宗教人士是伽利略学派的主要支持者，而且伽利略本人的天主教信仰也没有任何理由去怀疑，但我们也不能忽视开普勒在天文学中[2]使用的神学论据，以及牛顿对宗教的深厚兴趣，他用相似的方法来推断力学的结果或圣约翰（San Giovanni）《启示录》（*Apocalisse*）的隐藏含义。[3] 这场引导科学研究最终

---

[1] 在 [Caverni]（第一卷第 198-205 页）中揭露的关于 1667 年之后学院存在的文件经常被忽略，但在 [Baldini SG] 中被认为是"无可挑剔的"，第 408 页第 10 条。

[2] 例如，开普勒认为，他可以根据其总质量必须等于太阳和整个行星的质量这一论点，计算出恒星晶体的厚度，因为这三种结构作为神圣三位一体的形象，必须是相等的。

[3] 在介绍牛顿的《天启论》（*Trattato sull'Apocalisse*）时，毛里齐奥·马米亚尼（Maurizio Mamiani）写道：因此，为了充分理解牛顿的光学或力学或宇宙学，人们还必须理解他对启示录的解释。事实上，在所有这些科目中使用的认知工具是一样的。参阅 [Newton: Mamiani] 第 19 页。

第四章　仪器科学与实验方法（1575—1670）

从宗教限制中解放出来的漫长斗争，显然是以一条参差不齐的战线进行的，不仅体现了世俗和宗教、天主教徒和新教徒、科学家和外行之间的分歧，而且还体现了思想家的个人品行。

另外，耶稣会及其数以百计的学者，连同培养欧洲天主教统治阶级的学校，构成了一个强大的知识分子组织，其目的是在文化的基础上捍卫宗教正统，这在原则上就与科学中出现的新事物互不相容。耶稣会倡导的基本理念是基于学科之间的等级秩序，有机地构建一种统一的文化：下级学科必须毫无异议地接受上级学科的认定。我们不要忘记，尽管当时的知识体系支离破碎，但即使在当代科学中，也存在这种类型的从属关系：例如，生物学不能与物理学相矛盾（尽管它不能被简化为物理学），物理学家也不能用他自己的实验来证伪一个数学命题。然而，耶稣会的文化方案与科学进步之间的不相容性，源于学科的方法论和内容相关的特征，及学科特定的等级顺序，即神学居于首位，其次是形而上学，然后依次是物理学（在自然哲学的意义上），最后是数学（在古典和广泛的意义上，包括天文学、几何光学和机械学）。医学和生物学研究没有被列入等级制度，因为它们不属于耶稣会的兴趣范围。数学从属于自然哲学是由于它的方法，正如我们在第四章中提到的，被认为只允许从假设中推导出结果，而并不是为了获得绝对真理。另外，自然哲学必须依照亚里士多德学派的说法，因为自然科学是从形而上学中推导出亚里士多德的基本假设，而植根于托马斯主义传统，关于神学、形而上学和亚里士多德主义之间的联系，正是由高等学科基于完全不同于我们今天所认为的科学的论证基础上建立的。因此，很明显，一个天文学家或者一个修习力学的学生，想要根据自己的观察和实验颠覆亚里士多德物理学的主张，就不可能不破坏耶稣会教学基础的整个知识结构，从而破坏了其存在的理由。

科学进步的要求与耶稣会士的文化方案之间的不兼容，从前面的简短综合中似乎已经十分明显，然而，这只是在原则上而不是事实上：这是过去几十年科学史学修订后的主要结果，主要应该归功于乌戈·巴尔迪尼（Ugo Baldini）。[①] 想要出版作品的教会成员必须先将作品提交给一个内部审查机构，而非提交给普通的教会当局。对这些机构的工作进行研究，就能发现教会内部，特别是神学家、哲学家和数学家之间，存在着强烈的紧张关系，这些紧张关系有数百件被审查的作品为证，其中许多作品从未公布于世。因此，耶稣会士不应被认为是由一群志向一致的思想家组成的犹如铁板一块的军队；事实上，并不是教会成员的所有知识成果都完全符合其文化计划。这也不足为奇：耶稣会学院的声望不可能不吸引年轻的知识分子，他们对知识的渴望最终与被迫遵守亚里士多德观点的要求发生了致命冲突。

"创新者"并不总是被压制。在许多情况下，亚里士多德的假设被丢弃在耶稣会学派传播的教义中，在他们的思想体系中产生了无法解决的矛盾。即使在天文学中，最初对哥白尼主义的广泛同情在1616年哥白尼遭到谴责后被压制了，地心说也许是亚里士多德宇宙论中唯一被挽救的分支。天界的不朽与不可改变，被克里斯托弗·克拉维乌斯和克里斯多夫·沙伊纳（Christoph Scheiner）双双抛弃，并最终被排除在教学内容之外，天球的坚固性也遭受了同样的命运。德国耶稣会士克里斯多夫·沙伊纳在今天被人们记住，更多是因为他在太阳黑子问题上与伽利略进行的长期争论，但不能忘记，这场争论首先涉及观察的优先级：两位学者几乎同时使用仪器观察到在一个重要问题上与亚里士多德宇宙学相悖的现象。在朱塞佩·比安卡尼（Giuseppe Biancani）[②] 的倡议下，甚至托勒密体系也很快被放弃，取而代之的是第谷·布拉赫提出的体系，该体系在运动学上完全等同于哥

[①] 特别是在［Baldini LIS］中。在关于这个问题的大量书目中，我们只能提到［Baldini Clavius］和［Feingold］中的文章。
[②] 译者注：比安卡尼（1566—1624），是意大利耶稣会士、数学家和天文学家。

白尼体系。[1]

接受亚里士多德自然哲学的约束并没有在所有领域产生同样的后果。虽然它使得对物体运动的原创性研究几乎不可能，并且严重限制了天文学研究，但在我们现在认为是物理学，当时被称为特殊物理学（Physica Particularis）的某些领域，在亚里士多德学说中发挥的核心作用较小，在这些领域中，耶稣会学者的研究，特别是实验研究，更自由，更有趣。磁性现象和物理光学就是如此。

传统上将磁性现象的科学研究追溯到威廉·吉尔伯特（William Gilbert）于 1600 年出版的《论磁》（De magnete），尽管皮埃罗·佩来格里诺（Pietro Peregrino）在 13 世纪的成果的重要性有时也被认可。然而，最新发现的耶稣会士莱昂纳多·加佐尼（Leonardo Garzoni, 1543—1592）在 15 世纪 80 年代写的关于《磁铁的处理》（Trattati sulla calamita）论文，大大改变了历史图景，这些论文是自 13 世纪的作品以来关于这个主题的第一个实质性进展。[2] 莱昂纳多·加佐尼在亚里士多德理论的背景下处理磁性现象，但在第二篇论文的第一部分中，他列出了 90 项实验观察，其中许多看起来是原创的并且是由他亲自进行的。尽管威廉·吉尔伯特的原创成就，特别是在承认地磁作用方面，无疑是重要的，但我们现在可以确定，莱昂纳多·加佐尼的论文（尽管没有出版，但作为手稿有相当大的流通量[3]）是

---

[1] 第谷·布拉赫的系统为太阳系的各个组成部分分配了与哥白尼系统相同的相对运动，与后者的区别仅在于它认为地球是固定的，而不是太阳（这足以使它与 1616 年的神圣教廷法令相容）。没有任何观察可以明显区分这两个系统。从现代力学的角度来看，将太阳和地球作为固定参考系的结果并不相同，因为后者离惯性要远得多，但在当时这些力学概念还没有被阐述；相反，人们认为这两个系统中只有一个是"真实"的，因为运动被认为是绝对的。

[2] ［Garzoni: Ugaglia］。

[3] 马里奥·贝蒂尼（Mario Bettini）在莱昂纳多·加佐尼去世后，贝蒂尼的侄子要求他出版该文本，但被他拒绝了，认为手稿的广泛流传已经足够。参见［Garzoni: Ugaglia］第 12 页。

《论磁》中相当一部分内容的来源。[1]

在莱昂纳多·加佐尼所做的实验中，有一个实验是为了验证磁铁之间的吸引力倾向于重建初始结合体的假设（这个假设得到了皮埃罗·佩来格里诺的肯定，并被普遍接受）：它包括观察到沿平行于磁轴的平面切割的磁铁的两个部分，根本不倾向于以原始位置重新结合。其他实验涉及通过放置不同的材料来屏蔽磁力作用的可能性，以及被磁化的铁屑的运动状态，其中，莱昂纳多·加佐尼提出了一个有趣的观察，即如果在被磁化后，铁屑被混合，整体运动状态不再具有磁性，尽管每一个颗粒仍然被磁化。

莱昂纳多·加佐尼的工作显示了新兴物理科学的一个重要阶段，在这个阶段中，尽管处于一个普遍的亚里士多德框架内，也没有大量使用数学的情况下（数学的应用在磁学问题上仍然需要很长时间才能出现），已经有了对实验的系统使用。

另一位引用莱昂纳多·加佐尼作为资料来源的耶稣会学者尼可罗·卡贝奥（Niccolò Cabeo）1629年的《磁力哲学》(*Philosophia magnetica*) 不再具有重大意义：我们现在可以发现，卡贝奥只有在他能引用吉尔伯特的论文（在此期间出版）才会脱离莱昂纳多·加佐尼的观点。

在磁学研究领域，贝内代托·卡斯特利的短篇文章《关于磁铁的讨论》(*Discorso sopra la calamita*) 做出了意义重大的贡献。[2] 贝内代托·卡斯特利根据类似于莱昂纳多·加佐尼的铁屑实验，但用磁屑进行，他构建了一个可磁化材料的模型，假设它们包含无序的磁体，在外部磁体的作用下，它们会朝向一致的方向，产生集体磁性。可磁化的材料被分为两个不同的类别，取决于其磁化是永久的还是随着外部磁铁的移除而停止。卡斯特里将他的模型的结果与实际实验结果进行比较，从中推导出的不是这一现象的真理，而是它的实用性。这也许是第一篇用物理现象的基本成分从无序到有序或反之的

---

[1] 两部作品的分析比较见 [Garzoni: Ugaglia] 第60-68页和第319-323页。
[2] [Castelli calamita]。

过渡来解释现象的论文，预示了统计力学中即将出现的重要论据。

回到耶稣会的范围内（我们知道，卡斯特利是本笃会教徒），一个重要的人物是大主教马可·安东尼奥·德·多米尼斯（Marco Antonio de Dominis，1560—1624），他是达尔马提亚人，从1588年起在帕多瓦耶稣会学院教授数学直到1592年，这似乎是威尼斯省耶稣会科学传统的起点之一。马可·安东尼奥·德·多米尼斯起初是由于他的宗教出版物而被研究：他从天主教转到英国圣公会，随后他又重返天主教，导致他被两个教会所厌弃，但他自欺欺人地认为，他可以在国家教会联合会的背景下重新团结基督教会。他反对教皇至上的著作是后来司法权主义的灵感来源之一。他的生命结束在圣天使城堡里，那时对他判处死刑和记录抹煞之刑[1]的审判正在进行中。

从我们的角度来看，马可·安东尼奥·德·多米尼斯的价值在于他的两部科学著作，这两部著作在不同时期出版，但显然都是基于他在帕多瓦教书时的笔记：1611年出版的《光学和彩虹中的光线》（*De radiis visus et lucis in vitris perspectivis et iride tractatus*），以及1624年出版的《一条运河或大海潮起潮落的景色》（*Euripus, seu de fluxu et refluxu maris sententia*）。[2]第二篇是关于潮汐的论文，它采用了我们在雅格布·唐迪和费德里科·克里索戈诺那一部分已经提到过的月球－太阳理论。关于伽利略的潮汐理论是对他进行审判的主要原因，[3]该作品尽管是以同伽利略的观点做论战的情况下出现，在其最具新意的方面显得薄弱，但仍然揭示了一种比伽利略理论更有效，对于现象的解释更接近于牛顿理论的新观点，它实质上构成了

---

[1] 译者注：记录抹煞之刑（拉丁文为 damnatio memoriae），本义是除去记忆的诅咒，但作为一种刑罚，往往施加于对国家或教会名声有极大损害的人，具体方法一般是抹去此人做出的一切功绩，包括销毁所有文字档案。

[2] ［De Dominis De radiis］［De Dominis Euripus］。

[3] 伽利略利用他的理论，即潮汐是地球自转和公转的结果，为日心说提供了物理证明，从而违反了1616年的法令，该法令允许哥白尼的假设作为工具性使用，但不允许肯定其为物理真理。

牛顿理论的重要组成部分。①

另一部作品是专门论述光学的，包含了望远镜的理论和对彩虹现象的解释；后者被勒内·笛卡尔（René Descartes）采纳（他没有引用出处，也许是为了尊重记录抹煞之刑的法令），并在一定程度上预示了牛顿的理论。② 还展出了用装满水的球形碗做出的"人造彩虹"实验，多米尼斯声称这是亲自进行的。事实上，由于一些阿拉伯作者和弗莱堡的狄奥多里克（Teodorico di Freiburg）在 1300 年左右已经描述了相同的实验，因此这个实验很可能只是从文献中提取的描述。

毫无疑问，在这两部作品中，作者展示了对重要的、鲜为人知的资料的获取，这也极大地影响随后的科学发展，③ 特别是通过它们在英格兰的传播（马可·安东尼奥·德·多米尼斯在该国度过了几年，包括在牛津大学和剑桥大学任教，而且罗马颁布的记录抹煞之刑在英国不具有效力）。

18 世纪意大利最重要的光学著作是耶稣会士弗朗切斯科·马里亚·格里马尔迪（Francesco Maria Grimaldi，1618—1663）的《关于光、颜色和彩虹的物理数学》(*Physico-mathesis de lumine, coloribus et iride*)，于 1665 年追授出版，其中阐述了光的衍射的实验发现。这篇论文有一个奇怪的结构，人们对它的解释各不相同，但无论如何都证明了耶稣会士所坚持的亚里士多德学说给他们的科学活动带来了诸多复杂问题。作品的第一部分以宣布发现衍射为开端，包含了一篇基于实验结果的系统的论述，而第二部分较短，在方法和语言上都是亚里士多德式的，得出了与第一部分的

---

① 牛顿可以把马可·安东尼奥·德·多米尼斯的理论纳入一个更普遍的理论中，从他的力学原理中推导出德多米尼斯认为是假设的太阳和月亮作用。

② 牛顿在他的《光学原理》中写道：这道彩虹是由太阳光通过雨滴的折射形成的。一些古人已经理解了这一点，著名的大主教马可·安东尼奥·德·多米尼斯在他的书《来自视线和光芒》(*De radiis visus et lucis*) 中发现并更充分地解释了这一点。见 [Newton Opticks] 第 169 页。

③ 就光学方面的工作而言，其来源尚未确定，参见 [Ziggelaar]。可能关于潮汐的工作也是基于今天我们没有掌握的资料，特别是对昼夜不等的周期的解释。关于这一点的讨论见 [Russo FR]。

命题相矛盾的结论。

想要评估耶稣会学者的科学活动，必须认识到，耶稣会的文化方案与科学进步在原则上无疑是不相容的，因此对"耶稣会科学"本身进行重新评价是不可接受的，[1] 但对个人的贡献却不能用这种方法进行认知，因为在一些情况下，这些贡献与亚里士多德的假设相矛盾。另外，科学进步也与其他文化方案发生冲突：例如，切萨雷·克雷莫尼尼（Cesare Cremonini）和其他帕多瓦教师的以标榜溯源于亚里士多德的阿维罗主义使他们比托马斯主义者更接近"伽利略"物理学，这一点值得怀疑。

耶稣会士中［同时也存在着与科学方法相距甚远的知识分子，如阿塔纳修斯·基歇尔或丹尼洛·巴托利（Daniello Bartoli）］实验科学家的存在，今天看来似乎比传统史学所认为的更具有重大意义，表明产生现代科学的文化运动远非一个单一的可判定的"父亲"能够带来的，这样的成果一直是一种影响深远的集体现象，其规模如此之大，以至于在出于与它不相容的目的而创建的僵化组织中也无法遏制。

天主教经常被认为比新教更敌视现代科学，有两个事实似乎支持了这一观点，第一个是 17 世纪下半叶一些新教国家科学进步的加速；第二个是天主教教义与新教教义相比，与亚里士多德主义断绝联系的时间更迟。很明显，这是两个相关的现象，但这并不能证明英国等国家的科学进步有宗教原因（正如唯物主义学者有时会这么奇怪地认为）；此外，要如何解释信奉天主教的法国同样取得了重要的科学发展同样是个难题。似乎更合理的考虑是，天主教教义适应新科学的延迟是由于天主教中心积累的科学延迟，在我们看来，这种延迟的起源完全是一种亵渎的性质，我们将尝试在下一章中进行说明。

---

[1] 在试图进行这种重新评价的贡献中，特别强调了伽利略方法对来自耶稣会的文化元素的所谓依赖，我们可以举出威廉·华莱士（William Wallace）的贡献，见例如［Wallace］。

第五章
17 世纪末的欧洲转折点

1 欧洲科学发展的新动向

在 17 世纪末，欧洲的科学发展因新的重大转变而得以加速。这种转变与科学在意大利的作用的缩减密切相关，以至于有必要在我们的叙述中暂时停住脚步，以便我们集中注意力对其主要的新特征做一个探讨。

在集体想象中，这个转折点往往与牛顿的形象和他在 1687 年出版的《自然哲学的数学原理》(*Philosophiae naturalis principia mathematica*) 中阐述的结果紧密相连。实际上，这是一个影响深远的集体现象：牛顿的成果，尽管很重要，却是对罗伯特·胡克（Robert Hooke）、爱德蒙·哈雷（Edmond Halley）和克里斯蒂安·惠更斯等科学家先前已经得出的成果的无缝衔接，他们开启了新型的科学发展，而这种发展在未来很长一段时间内将成为西方文明的特征。

科学成果获取速度的加快伴随着研究组织的一系列创新。1662 年英国皇家学会正式诞生；同年罗伯特·胡克被聘为"实验员"：这是欧洲历史上第一个带薪实验研究职位；1665 年，第一本科学期刊开始出版：皇家学会的《哲学汇刊》；1666 年，在让 - 巴蒂斯特·柯尔贝尔（Jean-Baptiste Colbert）的倡议下，科学院在巴黎成立了；类似的机构出现在所有主要的欧洲国家里，在接下来的几十年里，它们也为自己构建了印刷机构。从那时起，科学期刊的数量呈指数级增长，直至今日。[①]

科研成果和进行研究的组织方式的新颖性，甚至让人出现了"近代科学"在 17 世纪末突然诞生的错觉。实际上，正如我们所看到的，欧洲早在 12 世纪就开始了科学的复兴，然后经历了重要的发展阶段；到 15 世纪，科学已经与应用建立了牢固的关系，近代欧洲对实验方法的系统使用至少可以追溯到 16 世纪末。另一方面，工业革命将在我们此处聚焦的时间段之后大约一个世纪到来。与古希腊科学的密切关系同样不能被看作已经结束，古希腊科学对牛顿等科学家产生了深远的影响，并且得益于科学家、语言学家们正在着手准备古代文本的新版本，因此古代文献得以继续恢复。[②] 那么决定转折点的新因素是什么？

我们将在接下来的两段中简要描述 17 世纪末和 18 世纪上半叶之间得到发展的科学及其对此的一些应用之间的关系，试图准确地表明，正是在这种关系中（其重要性长期以来严重被低估，并且对此仍然有各种不同的解读方式），引发新发展速度的变化已经发生。

---

① 这不是对"指数"一词的比喻或近似使用。通过在半对数刻度上绘制期刊数量与年份的关系，在最初的振荡之后得到一条几乎完美的直线。这张图在各种书中都有报道：例如，在弗拉基米尔·阿诺尔德（Vladimir Arnold）关于常微分方程的优秀文本中，见 [Arnold EDO]，第 25 页，它正是用来说明指数增长现象的。
② 例如，爱德蒙·哈雷的文献学工作尤为重要，他出版了阿波罗尼奥斯和亚历山大的墨涅拉俄斯（Menelao di Alessandria）的书籍。

2 科学与航海

人们往往可能会低估航行对科学发展的刺激的重要性。自古以来，在海上通过观察星星来确定自己在海上的方向的能力，正是天文学发展的主要原因之一。[1] 指南针的使用为第一次磁性研究提供了机会，从皮埃罗·佩来格里诺的作品到莱昂纳多·加佐尼[2] 的作品，再到1600年威廉·吉尔伯特的著名论文。

在17世纪，航海所提出的问题的科学意义有了质的飞跃。就光学而言，别忘了被伽利略巧妙地用于证实其发现的望远镜起源于荷兰，是一种供水手使用的仪器，望远镜除了成为研究天文学的必要工具外，还提供了重新发现折射规律的机会。此外，自古代以来就中断的灯塔建设，由于恢复了古代的反射镜和圆锥剖面理论而得以恢复，在17世纪末刺激了反射镜建设技术的发展，这同时也使反射式望远镜的建设成为可能。

我们已经提到了地图学在为数学的重要发展提供机会方面所发挥的重要作用。在17世纪，海图所达到的精确度使其进一步完善，以至于能够确定地球的确切形状，这个先决条件是必不可少的。关于地球是扁平的椭圆体还是拉长的椭圆体的问题被争论了很久，直到牛顿理论和精确测量的结合，最终解决了这个问题，既提供了极地扁平化的证据，也是对牛顿力学的一个重要肯定。

即使是之前部分留存下来的潮汐理论，也在新航线为海洋港口发展提供了推动力的情况下重新焕发活力，并取得了重要成果，其中围绕重心的

---

[1] 我们所知道的最古老的希腊天文学作品是辛普利丘写给米利都的泰勒斯（Talete di Mileto）的《航海天文学》(*Astronomia nautica*)，参阅 [CAG]，第十卷第23页、第29页。
[2] 关于皮埃罗·佩来格里诺的信息见第二章注释，关于莱昂纳多·加佐尼的信息请参阅第二章第203-204页。

运动理论，[1] 后来构成了牛顿力学的主要动机和应用之一。[2]

在刺激科学取得重要发展的问题中，我们在第 4.3 节中已经提到过的远洋经度的确定，特别受欢迎。[3] 在西班牙君主采用颁发奖金的举措之后，荷兰政府首先效仿了类似的举动，然后在 1714 年由英国政府紧随其后，表示向任何找到有效方法的人提供两万英镑（在当时是一大笔款项）。这个问题是用不同的方法解决的。一部分人，比如伽利略，试图使用天文钟，正如喜帕恰斯在古代就已经提出的那样；其他人试图通过测量磁偏差来确定经度（实际上，人们观察到罗盘指示的方向与大地北之间的角度因地而异）。在两个方向上获得了新的科学结果作为附加产品：例如，正如我们在第四章中看到的那样，乔瓦尼·多梅尼科·卡西尼编制的木星卫星运动的精确表格，用伽利略提出的方法测量经度，让人们第一次测量到了光速。

最终证明，成功的路线是研发出了精确的时钟，通过显示出发港口的时间，可以计算出与通过太阳位置确定的当地时间之间的差异。经度问题极大地刺激了机械钟理论的发展，特别是两位一流科学家和一位制表师：惠更斯、胡克和约翰·哈里森（John Harrison）（他最终获得了英国政府的奖金）。他们是一个荷兰人和两个英国人，都是参与远洋航行国家的公民，这也许不是巧合。与此同时，惠更斯还研发了第一个精确的摆钟（一天中累积的误差从以前最好的钟的十分钟降到了几秒钟），以及使这些设计能够实现的重要的力学理论发展。然而，大型摆钟必须保持其轴线完全垂直才能正常运作，这不是一种适用于帆船上的仪器；水手们需要的是尽管处于颠簸状态而不影响其运作的钟。这个问题的解决方法是用一个能够围绕自己的重心摆动的天平

---

[1] 围绕重心的运动首先是由沃利斯研究地月系统时提出的，作为他对伽利略潮汐理论 [Wallis] 的改写的一部分。
[2] 根据万有引力理论，牛顿在《原理》中基本上推导出了两个与之前的经验一致的结果：开普勒定律（适用于行星和卫星）和潮汐理论。
[3] 特别是在 1993 年的会议和广受欢迎的报告取得了巨大的公开的成功之后。1993 年会议参阅 [Andrewes]；报告参阅 [Sobel]。

来代替钟摆；这个解决方案（上述3个人都曾为之努力研究过）同样不仅需要新的技术设备，还需要力学理论方面的进步。

  航行所带来的其他重要问题涉及船舶的建造和操纵。为船舶设计提供理论基础的想法可能首次出现在 1677 年的论文《海军建筑》(*Architecture navale*) 中，作者查尔斯·达西 (Charles Dassié) 在论文中指出，直到他那个时代，数学只被用于民用和军用建筑，而不是海军建造。① 这似乎并不完全真实：例如，我们已经看到，1615 年约翰·威尔斯在他的船舶设计计算中使用了纳皮尔在前一年发明的对数，但在这种情况下，它是算法的工具性使用，用来验证由经验法则得出的结果，而达西则是指从严格的理论中推导出设计规则，指明一个在实际有用的结果产生之前需要更多的研究方向。1680 年，威廉·凯尔特里奇 (William Keltridge) 向船舶建造科学的出现迈出了重要的第一步，他开始系统地使用他设计的船舶比例图。②

  对海军建筑问题进行理论解释的第一次真正尝试来自伯纳德·雷诺·埃利萨加雷 (Bernard Renau d'Elizagaray)，他在 1679 年出版了《关于帆船结构的备忘录》(*Mémoire sur les constructions des vaisseaux*)，10 年后出版了《帆船操纵理论》(*Théorie de la manoeuvre des vaisseaux*)。在第一部作品中，他认为他证明了椭圆截面的船体对水的阻力最小。在第二部作品中，他对帆船的运动进行了理论解释（包括对逆风航行技术的解释），试图根据船体数据从理论上推导出船体性能。这两部作品的重要性并不在于所获得的结果，因为这些结果被验证中的各类错误所破坏，而是在于开创了一条道路，让其他作者将以更好的结果继续前进。

  关于在流体中运动的物体所遇到的阻力的研究，第一个值得注意的结果是由埃德姆·马略特 (Edme Mariotte)［他在 1686 年的《论水和其他流体的运动》(*Traité du mouvement des eaux*) 中阐述了阻力与速度的平方成正比的规律］和牛

---

① 引自 [Ferreiro] 第 14 页。

② [Ferreiro] 第 14 页。

顿获得的研究成果，牛顿在次年将《原理》的第二册专门用于研究这一问题。在 18 世纪，流体力学在与船舶运动问题的有关方面继续得到发展，在丹尼尔·伯努利（Daniel Bernoulli）于 1729 年左右写的《流体力学》（*Hydrodynamica*）中得到了它现在的名字。该理论对确定船体的形状只做出了很小的贡献，[1]但对于发展许多其他应用的方法论方面发挥了重要作用。伯纳德·雷诺·埃利萨加雷关于船舶操纵的论文也是错误百出，但它激起了许多一流科学家的干预，如克里斯蒂安·惠更斯和约翰·伯努利（Johann Bernoulli），他们关于帆船运动的工作为矢量微积分的发展做出了重要贡献。

在解决船舶运动稳定性问题的论文中，我们只能提到莱昂哈德·保罗·欧拉写于 1741 年，出版于 1749 年的基础书籍《航海学》（*Scientia navalis*）。书中涉及的问题已经被阿基米德利用抛物面船体找到了解决方法。[2]虽然在 18 世纪的头几十年里，古代的结果仍未被理解，但在欧拉的工作中（以及在与他同时代的其他作者独立于他的工作中），这个问题首次得到了通用于任何情况下的概括，即使不是那么严格。在《航海学》中，欧拉对刚体力学理论做出了重要贡献，特别是引入了惯性主轴的概念。

3 战争、生产技术和科学

无论是在古代、近代还是当代，对科学发展的重要刺激都来自军事应用。从近代开始，枪支的使用就使弹道学方面的问题得到了革新。即使尼科洛·塔塔里亚的尝试推导出了物体在真空中的抛物线运动的正确理论，这也不能直接适用于火炮问题，原因至少有两个。首先，空气阻力的影响

---

[1] [Ferreiro] 第 340 页。
[2] 阿基米德十分明确地只考虑了旋转抛物面的情况，但他的结果可立即扩展到椭圆抛物面的情况。

无法计算；其次，为了使该理论在武器设计中发挥作用，有必要从侧面研究从枪口射出的子弹的运动（称为外部弹道学）和内部弹道学，即对子弹在枪管中由于装药爆炸产生的气体所造成的压力推动导致的运动进行研究。在这两种情况下，这些都是关于流体中的物体运动的问题。因此，丹尼尔·伯努利在我们上文已经提到的同一部著作（即《流体力学》）中论述了内部弹道的研究，这并非巧合。

本杰明·罗宾斯（Benjamin Robins）在 1742 年的《枪炮学原理》（*Principles of gunnery*）中对内部和外部弹道学的研究都取得了重要进展。对空气阻力造成的影响研究在理论上和实验上都有涉及。实验方法要求测量子弹在离发射它的武器不同距离处的速度：这不是一项容易的任务，本杰明·罗宾斯通过发明弹道摆完成了这项任务；通过在子弹的轨迹上插入一个能够吸引住它并围绕固定悬挂点自由摆动的物体，他可以从摆动的物体在撞击后到达的高度推断出弹丸撞击前的速度。这一推论需要有完全非弹性碰撞的正确理论为支撑，而弹道摆在促成这一理论方面发挥了作用。[①]实验结果使罗宾斯认识到，阻力不仅不是速度的线性函数，而且当速度接近音速时，他也与埃德姆·马略特所说的与速度的平方成比例有非常大的差别，尽管这个理论对低于音速的速度有效。即使假设了平方律，要计算子弹的轨迹，也必须解决一个非线性微分方程：这个问题从欧拉那里得到了一个出色的几乎能够解决问题的方案。

罗宾斯开发的弹道学不仅刺激了重要的理论发展，而且还得到了具体应用，尤其是被奥地利炮兵所应用。[②]

军事应用中，一直吸引着科学家，特别是数学家兴趣的其中一项便是堡垒建设。17 世纪末，军事和民用工程也经历了深刻的变革。事实上，当

---

① 需要说明的是，今天在力学教材中解决这个问题的简单性取决于能量守恒原则的使用，而这一原则在本杰明·罗宾斯的时代还没有被提出。

② [Steele]。

时在建筑科学方面并没有取得重大的理论进展，尽管科学家-建筑师的出现，如英国的克里斯多佛·雷恩（Christopher Wren）和罗伯特·胡克，带来了一些有影响力的成果，以及埃德姆·马略特在伽利略问题上取得了一些重大进展。[①] 然而，最重要的创新并不是理论性质层面的。首先，伽利略清晰地提出了建筑尺寸的问题，但即使在18世纪，这个问题也不能通过可用的理论工具得到解决，它面临着材料机械性能的系统试验和编制精确的经验表。同时，工程师一职的准备、招聘和社会角色也发生了变化。1680年，法国军事工程队的录取工作开始实行数学科目的考试。[②]1714年，法国成立了桥兵团（Corps des Ponts）；1729年，贝尔纳·福雷斯特·德·贝利多尔（Bernard Forest de Belidor）的《工程科学》（*La science des ingénieurs*）手册建立了技术工程手册的传统。

为满足新的绝对主义国家[③]的需要，将工程师转化为一个由行政机构管理的同质化专家团队这一做法，[④]对精密科学的发展做出了重要贡献。具备以数学为基础的统一培训经历的新型工程师，构成了科学界和社会其他部门之间的重要联系，有助于将研究成果转化为具体应用，并为研究人员提供了实验问题和数据，为培训新型工程师而设立的学校也成了重要的应用研究中心。

在17世纪末发展起来的应用于公民生活中的数学应用中，不能不提以政治算术为名的统计学[⑤]的第一次出现。在商人约翰·葛兰特（John Graunt）于1662年在伦敦出版的第一张出生和死亡率表中，已经能够观

---

① 例如，见[Benvenuto]第274页。

② [Langins]第81页。

③ 译者注：欧洲16—17世纪出现的绝对主义国家，是从传统国家向现代国家过渡的一个阶段。

④ [Langins]第62页。

⑤ 至少在现代社会。由乌尔比安（Ulpiano）编制并收录在《法尔其第法》（*Lex falcidia*）中的人寿年金计算表的出现，使人们怀疑对于统计学方面的考虑在古代也有先例。

察到一些规律的存在（例如男性和女性出生人数之间的 14/13 比率的恒定性），这些规律很长一段时间内都会用于对统计现象进行科学分析。约翰·葛兰特的表格在荷兰立即被应用于年金的计算，并促生了一种特殊的文献，这种文献最初是由威廉·配第（William Petty）于 1690 年的《政治算术》(*Politic arithmetic*) 发起的。这些研究的科学意义很快就被察觉了，这一点从克里斯蒂安·惠更斯和爱德蒙·哈雷等科学家发表的相关主题作品中可以看出。

在科学、生产活动和公民生活之间交叉作用的领域中，应该强调科学设备的生产，它从个别科学家的偶然活动转变为一个生产部门，虽然小众但具有经济重要性，得到了迅速增长，最重要的是这些仪器具有战略意义。主要生产中心之一很快成为伦敦，这也归功于罗伯特·胡克在创造全新设备这一领域的开创性活动，他大量生产了各类新设备，[①]同时发掘了现有仪器的新用途：例如，罗伯特·胡克发现气压计可用于预测天气，这个应用很快广泛流行开来。新仪器的生产主要涉及钟表、光学仪器（特别是显微镜、手持望远镜、望远镜和探测仪器）、温度计、气压计、湿度计和其他天气预报设备。最初出于实用目的而设计的仪器被用于科学研究目的，但依然相互伴随并交替出现了反向过渡：在意大利首次用于科学观察的简单显微镜在布商中得到流行，例如用于分析织物的质量，但正是一个拥有自己的工作显微镜的荷兰布商，安东尼·范·列文虎克（Antoni van Leeuwenhoek），被罗伯特·胡克描述自己利用显微镜进行观察的出色作品 [《显微术》(*Micrographia*)，1665] 所深深吸引，最终成为当时领先的显微镜学家。列文虎克发现了最早的微生物、肌肉的条纹结构、血液的有形成分和许多其他事物；1673 年，英国皇家学会发表了他的第一个显微观察结果。

---

① 在 [Bud Warner]（一本关于所有时代的科学仪器的历史百科全书）中，罗伯特·胡克的名字是被引用最多的。

4　国家科学政策

我们在此讨论的科学发展转折点的一个基本新特点,是民族国家科学政策的出现:君主和精英们开始认为资助科学研究是对其国家经济和社会进步的重要投资。

戈特弗里德·莱布尼茨在给欧根亲王（Principe Eugenio di Savoia）的一封信中清楚地表达了这些新想法,他在信中主张维也纳创建一所科学学院:

> 为了完善艺术、制造业、农业、两种类型的建筑（即民用和军用）、对国家地形的描述、采矿,以及为穷人提供工作,鼓励发明家和企业家,以及最后为涉及国家民事和军事经济的一切内容,需要建立天文台、实验室、植物园、动物园、自然和人工珍品储柜。[1]

最早致力于科学政策的国家是路易十四时期的法国,这主要归功于权臣让－巴蒂斯特·柯尔贝尔的努力。在他的倡议下,科学院于1666年成立,它获得了财政支持,用于完成昂贵的科学壮举,如精确测量地球子午线,甚至精度达到了1°,这使人们第一次有可能知道地球的尺寸,其精度可与公元前3世纪埃拉托斯特尼获得的精度相媲美。让－巴蒂斯特·柯尔贝尔建立的其他科学机构包括巴黎天文台和一所水文学校。

英国的科学政策与法国不同,国家的直接干预大大减少,但由于统治阶级成员的直接财政投入,出现了与法国类似的机构（尽管没有能力组织昂贵的

---

[1] 引述于 [Hall] 第192页。

科学探索）。英国皇家学会由其成员自筹资金建立，在其正式章程的建立和发起定期出版原始研究成果方面都比巴黎科学院早。可以与巴黎天文台相提并论的是成立于1675年的格林尼治天文台，它由私人出资，但设备和声望都丝毫不逊色。

其他欧洲国家也设立了科学机构。在这些学院中，特别重要的有1700年在选帝侯（后来的普鲁士国王）腓特烈一世（Federico I）的倡议下在柏林成立的皇家科学院，以及1724年在圣彼得堡成立的俄罗斯科学院。

伴随着国家科学政策而来的是国家科学竞争，例如笛卡尔派的法国人针对反笛卡尔派的英国人，或者英国人和德国人之间关于牛顿或莱布尼茨在发展无限小分析方面优先权长期争论。

5　概览

贯穿整个前工业时代，人们往往倾向于忽视或淡化科学理论和技术应用之间的关系。造成这种态度的原因有很多，包括有意无意地将工业革命后的西方文明作为首选的比较点（与之相比，之前所有的科学技术应用都不可避免地被抹去了），以及存在着一种普遍倾向，即在科学家工作中，对那些在世界范围内有直接影响的发展比对那些主要具备实用意义的发展更受重视。例如，在集体想象中，对日心说的辩护与伽利略的名字联系在一起，远远超过了他对机器尺寸的重要工作，而牛顿《原理》第二册中对流体中物体运动的研究，当然也没有他对行星运动规律的推导那样有名气。

然而，在所谓科学革命的发展过程中，来自应用问题的刺激带来的重要作用是毋庸置疑的：前面几段所举的例子很容易就能找到更多。文献中更有争议的是对逆向关系有效性的判断，即17世纪和18世纪的科学理论在解决实际问题方面的真正作用。从乔纳森·斯威夫特（Jonathan Swift）

的激烈讽刺开始[1]，包括一些权威科学史家在内的许多作者，都认为当时的科学方法是无效的，他们尤其强调了科学家提出的许多针对所谓具体问题的解决方案都是不切实际的。[2]

在判断科学在技术发展中发挥的作用时，问题不在于提出的科学应用中有多大比例是有效的，而在于是否有真正有用的部分，以及这部分在多大程度上影响了技术发展。

毫无疑问，在某些领域，如光学设备和制表业，17世纪和18世纪之交的科学在推动技术发展方面发挥了重要作用。此外，在许多情况下，没有实现其原定目标的科学研究对于最初没有预见的应用发展至关重要。

在最近的一些著作中[3]，科学在航海和军事技术发展中的重要性得到了正向的关注，我们已经在前面的段落中进行了简要举例说明，但即使不进行详细分析，也有两个要素是显而易见的：首先，当时欧洲主要国家的统治阶级深信科学研究对这些产业带来的发展，以及通过这些产业对自己国家的发展具有战略重要性；另一方面，他们所采用的系统有效性能够被以下事实证明：正是在本章节关注的这个时期，大约在工业革命之前的一个世纪，欧洲国家在航海和军事方面超过了所有欧洲以外的许多国家。当时奥斯曼帝国和中国在航海和军事方面获得了世界霸主的地位，并将其保持了两个多世纪。

开明的统治者对科学的兴趣不仅是由于技术应用，而且还因为他们坚

---

[1] 莱缪尔·格列佛（Lemuel Gulliver）在拉普达岛参观的拉加多学院，里面住着一些从事无脑无用实验的知识分子怪人，是对英国皇家学会赤裸裸的讽刺。译者注：《格列佛游记》（*Gulliver's travels*）是爱尔兰牧师、政治人物与作家乔纳森·斯威夫特以笔名执笔的匿名小说，原版因内容招致众怒而经大幅改变于1726年出版，1735年完全版出版。作者假借虚构人物外科医师莱缪尔·格列佛一系列神奇的旅行经历，对当时的科学家、辉格党和汉诺威王室进行了激烈的讽刺，批评英国对爱尔兰的压迫和辉格党的外交政策，以及揭示人类的劣根性。

[2] 关于科学理论和应用（特别但不局限于战争应用）之间关系的长期辩论，在 [Steele Dorland] 的导言中作了简要总结。

[3] 特别是在已经提到的 [Ferreiro] 和 [Steele Dorland]。

信，从科学中可以获取控制和治理大型民族国家的宝贵智力工具。制图学在这方面的意识形态功能已被多次强调，[1] 甚至可能强调得有点过多。[2] 出于同样的目的，统计学的重要性是也显而易见的，而且这个名字本身就说明了这一点。也许不太明显的是，科学与国家控制武器和船舶的大规模生产的需求之间的关系。只有迫使制造商遵守详细的设计图纸，才能有效地进行这种控制，进而使生产所带来的问题转入科学研究成为可能，并激发这种研究。有权势的大臣让-巴蒂斯特·柯尔贝尔主张在理论上发展海军建筑的热情就很好地说明了这一点。[3]

　　国家组织并不是新科学的唯一主角。如果说在法国，他们发挥了至关重要的作用，那么在英国和荷兰等国家，私人倡议更为重要，在这些国家，除了贵族之外，在经济和政治层面都获得了迅速崛起的商人和工匠的中产阶级成员往往发挥了关键作用。例如我们需要提到的，如今已经与罗伯特·波义耳（Robert Boyle）的名字联系在一起的著名气体定律，即波义耳定律，这样的重要成就，是富有的罗伯特·波义耳和他年轻而出色的全职助手罗伯特·胡克之间合作的结果。当成为英国领先的科学家之一时，罗伯特·胡克通过与各类工匠保持持续的合作关系，开展了他作为科学仪器设计师的杰出工作。我们已经看到政治算术（即统计学）和微生物学是如何在两个商人（一个是英国人，另一个是荷兰人）的倡议下诞生的，而著名的确定经度的问题，罗伯特·胡克和克里斯蒂安·惠更斯两个如此优秀的科学家之间的竞争推动了这个问题的发展，最终由一个木匠的儿子——钟表匠约

---

[1] 参见 [Woodward HC]。

[2] 除了在技术上更容易控制领土之外，地图学还一直具有意识形态功能，通过地图上使用的符号（和铭文）传递特定的空间概念。然而，在我们看来，一些作者有可能过于坚持第二点，以至于他们混淆了纯粹的具有象征性和反映意识形态地图（如中世纪的平面图）与可用于导航或军事行动的科学地图之间的区别。这显然是广泛传播（同时也很危险）的认知趋势的一个特定方面，这种认知趋势否认科学传统的一切客观价值。

[3] [Ferreiro] 第 37-38 页。

翰·哈里森以技术上的有效方式解决了。通常情况下，工匠和商人的工作为科学的发展做出了贡献，他们为具有理论背景的科学家提供了新的材料来进行思考。

为了简要总结 17 世纪末科学发展中出现的新情况，可以说，在文艺复兴时期，科学在精英消费领域得到了主要的应用（从绘画到医学，从建筑到占星）。在这个时期，科学方法论的力量不断增强，它将古代知识的恢复与系统的实验和仪器的设计进行了结合，使科学适用于具有巨大经济和政治利益的活动，如航海和战争，对宏大的民族国家的组织也十分有用。在 17 世纪下半叶，科学在政府和商业资产阶级的关注中获得了特权地位，这使它能够在成果、应用和投资增加所形成的良性循环的推动下得到指数式增长。

只需几个例子就足以说明，在早期阶段，意大利对新的可能性就绝不陌生。乌尔比诺公爵试图将对科学的赞助与防御工事和火炮的发展结合起来；威尼斯共和国政府要求伽利略就海军技术问题提供建议，同时出于导航和工程学目的，要求他专注于物体建造和适用于军事目的的理论研究；托斯卡纳大公爵的科学政策，他们创建的学院被欧洲其他国家作为典范纷纷效仿。然而，当科学在新的方向上迈出决定性的一步时，半岛内的国家很快就被超越了。

6　意大利的迅速衰落

意大利在 15 世纪末基本上失去了政治独立，但在 16 世纪仍保持着重要的经济和文化作用。

虽然意大利南部已经积累了相当长的经济滞后，但意大利北部和托斯卡纳的制造业生产在 16 世纪下半叶继续增长，这个阶段被卡洛·玛丽亚·奇波拉（Carlo Maria Cipolla）称为意大利经济的"圣马蒂诺之夏"（Estate di San Martino）——昙花一现，当时被认为是 16 世纪末出现转机的最初迹象，但最终导致了 1619 年非常严重的危机。1620 年后米兰、热那亚和威尼斯的出口崩溃，同年阿姆斯特丹取代热那亚成为国际金融的主要中心。在那几年之内，出于某些在此我们不做公开的原因，

> 意大利从一个加工原材料和出口制成品和服务的国家，变成了一个由大贵族和农民构成的，主要出口农产品的农业国家。①

根据我们在前面几段中提到的情况，很明显，在意大利半岛上，没有存在任何其他欧洲国家所具备的条件能带来 17 世纪下半叶科学发展的转折点。远洋航行和各大国家军事和民事组织的需求带来的刺激是不存在的；一个宽泛的科学政策超出了统治者的可能性和利益点；最重要的是，在其他国家，通过使用新的科学研究成果构成了消费市场的社会阶层，能够为科学研发提供资金和刺激，而在意大利，这一切都是缺乏的。

但是，一个高水平的文化传统不会在几年内消亡。意大利的科学衰退伴随着几代人的经济衰退，首先展现出来的是一种相对衰退：在半岛上继续产生有影响力的科学成果，但是当前面段落中描述的转折点发生时，意大利并没能参与其中，于是它很快在这个成为推动其他国家发展的领域内被远远甩开，其原因在于其他欧洲国家已经为科学发展构筑了新的核心力量。

为了说明意大利和北欧国家在科学仪器领域的技术差距的反转，让我们回忆一下，1666 年，著名的苏格兰天文学家和光学师詹姆斯·格雷果里在伦敦未能以令人满意的方式建造他所设计的望远镜，决定转而求助于帕多瓦的工匠。②1713 年，一位名叫安东尼奥·瓦利斯内里的科学家写信给他的一位朋友，希望从一位路过威尼斯的英国人那里获得一台显微镜，这

---

① 这句话摘自卡洛·玛丽亚·奇波拉［Cipolla SFEI］第 72 页。
② ［King］第 71 页。

样他就能最终观察到精子，因为他在意大利用现有的仪器一直无法看到精子。①

在仪器制造方面的超越主要取决于新的独立生产中心的出现，但在某些情况下，似乎也有技术的直接输出。例如，我们知道，在 18 世纪，意大利的气压计、温度计和其他仪器的制造商移居到法国、荷兰和英国，创立了一些公司，这些公司在很长一段时间内都在这些特殊产品的生产中占据重要地位。②

如果我们设定一个象征性的日期作为意大利被超越的时刻，我们也许可以选择 1670 年，这一年欧洲最伟大的天文学家，意大利人乔瓦尼·多梅尼科·卡西尼从博洛尼亚（他从 1650 年起就在那里开展他的天文研究）搬到巴黎，在那里他被路易十四邀请去指导新的天文台。除了这个象征性的事件之外，从一些重要的日期来看，这也是关键的一年：我们已经提到，1665 年英国皇家学会开始出版《哲学汇刊》；1666 年在巴黎成立了科学院；1669 年举行了最后一次西芒托学院的会议；1675 年建立了格林尼治天文台。

在 1660—1670 年的 10 年间，意大利出现了几本重要的出版物。在生命科学领域，马尔切洛·马尔比基的《关于肺的解剖观察》（1661）和《论蚕》（1669），以及朗切斯科·雷迪的《昆虫产生的经验》（1668）；在物理科学领域，乔瓦尼·阿方索·博雷利关于木星卫星运动（1666），朗切斯科·马里亚·格里马尔迪主要研究关于发现光衍射（1665）和由他译注的洛伦佐·马加洛蒂的《自然体验论文集》（1667）。彼得罗·门戈利的《几何学的美好元素》（尤其是书中首次出现了严格的积分定义）不包括在所考虑的 10 年中，因为这本书的问世日期是 1659 年，但关于地球科学的两部基本著作被包括在内，分别是尼古拉斯·斯坦诺 1669 年的《天然固体中的坚硬物》

---

① 安东尼奥·瓦利斯纳里，1713 年 1 月 27 日致路易·布尔盖（Louis Bourguet）的信，引自［Generali Intr］第 53 页。

② ［Banfield］第 10—13 页。

和阿戈斯蒂诺·席拉发表于次年的作品。

在接下来的 10 年里，意大利没有出现同等重要的出版物。新的道路上，出现了诸如克里斯蒂安·惠更斯 1673 年的《摆钟论》(*Horologium oscillatorium*)，安东尼·范·列文虎克 1674 年的原生动物发现，或是同一年，罗伯特·胡克在工作中提出了一个新的天体力学，在多个方面预见到了牛顿的综合论述，等等。然而这一切对意大利而言，在很长一段时间内都显得如此陌生。[①]

[①]《证明地球运动的尝试》(*An attempt to prove the motion of the Earth from observations*)。

第六章

意大利科学的边缘化（1670—1839）

1 概述

在本章所研究的漫长时期内，欧洲科学在17世纪末因新的理论成果的出现、技术刺激和应用以及国家科学政策之间富有成效的相互作用而引发了指数式的增长。特别是由于无穷小分析的发展使数学的效力得到了极大的扩展（在那些被许多流行著作称为有史以来最伟大的4位数学家中，有3位活跃在这个时期：牛顿、莱昂哈德·保罗·欧拉和卡尔·弗里德里希·高斯，第4位当然是阿基米德）。胡克、惠更斯、牛顿以及后来的约瑟夫·拉格朗日和皮埃尔·西蒙·拉普拉斯（Pierre Simon Laplace）等科学家作品中的力学成为一门演绎科学，同时它让天体运动得到了非常精确地计算，并为机械工程师提供设计规则：这门科学的力量如此惊人，以至于由它产生了作为普遍哲学概念的机械论；形成了波动光学、电学和热力学，从而完成了经典物理学的整个大厦的建构。18世纪下半叶在英国开始的工业革命，开启了科学、技术和经济之间关系的新阶段，显示了科学技术不仅可以用于特定部门，如航海和战争工业，还可以从根本上改变大规模生产的方式。化学成为一门独立科学，在19世纪初产生了工业化学。与天文学和地质学所揭示的广度和跨度相比，人类经验在空间和时间方面的限制被证明是微不足道的（天文学和地质学也得到了相应的科学地位，在实际应用和智力刺激方面均成果累累）。在生命科学领域，植物学和动物分类学、实验生理学、组织学、微生物学、比较解剖学和其他学科得到了发展，为医学提供了新的基础，并产生了具有重大文化意义的新概念，如进化论的首次出现。

总而言之，人们通常意义上理解的"近代科学"诞生了，由专精于各个学科领域的专业研究人员推动其发展。近代科学能够用基于其自身发现带来的技术成果改造世界，并深刻地改变人类文化。

如果我们全面审视意大利对这一宏伟发展做出的贡献，我们会发现，它既不能与法国或英国等国家的贡献相提并论，也不能与意大利科学家在前几个世纪的中心地位相提并论。恰恰是意大利科学在这项工作的总体经济中表现出来的整体边缘性，促使我们必须用一个章节来讨论这个漫长而复杂的时期。

如果我们再仔细分析一下这个问题，首先需要克服对当时所有的意大利研究都给出统一的负面判断的旧时倾向，即使在简明扼要的叙述中，也要区分不同的学科领域和时间段，同时要兼顾半岛内各个国家的差异。

至于学科领域，必须区分精确科学（最初由数学、天文学、力学和光学组成，从18世纪末开始，增加了化学和其他物理学分支）和自然科学（也出现了一系列新的专业学科的诞生和发展）。就前者而言，在意大利进行的研究的边缘化，虽然还存在着一些明显的例外（其原因将不难确定），但总体而言是毋庸置疑和显而易见的，但我们将发现，对于生命科学和更广泛的自然科学来说，情况并非如此，在这些领域，意大利科学家，正如近几十年来从历史学研究中越来越清楚地展现出来的那样，至少在某些研究方向上，长期以来一直保持着竞争力。这证实了我们前一章的论点。根据这一论点，在科学进步领先的欧洲国家，在 17 世纪最后 30 年发生的新现象，基本上都和精确科学领域及其与技术（特别是航海和军事类）之间有关系。还必须强调的是，18 世纪的物理学不应被视为全部包括在这一领域中：除了从一开始就属于物理学领域的力学和很大一部分光学知识之外，还有一种唯象的和定性的物理学在蓬勃发展，它更接近于自然科学：即使在这个物理学领域（包括对电现象的研究，这些现象在 19 世纪才会被数学化），意大利学者也获得了具有重大价值的成果，这一点并不奇怪。

从时间的角度来看，我们可以区分出一个最初的阶段，这一阶段大约持续到 18 世纪中期，其特点是意大利半岛上的科学活动相对停滞，而在该世纪下半叶则出现了复苏，即使在意大利各州中还有一些延迟，但科学发展受到了开明君主的改革推动，以及同样受到启蒙思想启发的私人倡议的刺激。在第一个阶段期间，至少在物理数学领域，1670—1710 年的出版物数量有所下降，[1]各科学中心的重要性发生了重大变化。托斯卡纳中心的比萨和佛罗伦萨地位急剧下降，但首先在博洛尼亚得到恢复，然后从 18 世纪上半叶开始在帕多瓦得以恢复。意大利北部的另一个重要中心是帕维亚。在 18 世纪下半叶，都灵的重要性逐渐显现出来，佛罗伦萨也重整旗鼓。那不勒斯是意大利半岛的主要知识中心之一，特别是启蒙思想的中心，但尽管它是重要的科学活动的发源地，它在这一领域的成果并没有达到与哲学、经济和法律作品相同的水平。

在 18 世纪下半叶，新的学院（包括官方的和私人的）、期刊和科学机构诞生了。在伦巴第，在哈布斯堡的玛丽亚·特蕾西娅（Maria Teresa d'Asburgo）的帮助下，布雷拉天文台诞生于 18 世纪 60 年代，植物园建

---

[1] [Baldini ASPS] 第 532-535 页。

立于1774年。1775年，莱奥波尔多二世（Leopoldo II d'Asburgo-Lorena）在托斯卡纳创立了佛罗伦萨皇家物理与自然历史博物馆。1783年，维托里奥·阿梅迪奥三世（Vittorio Amedeo III di Savoia）对在约瑟夫·拉格朗日、乔瓦尼·弗朗切斯科·西尼亚（Gianfrancesco Cigna）和莫内西利奥的安杰洛·萨卢佐（Angelo Saluzzo di Monesiglio）的倡议下于1757年成立的都灵私人协会予以了官方认可，并在都灵成立了皇家科学院。1778年，费迪南多四世（Ferdinando IV）在那不勒斯创立了皇家科学院和美术学院，博物馆、图书馆、植物园和天文台都由该学院设计。这些举措有着天壤之别：最有效的科学政策之一是维托里奥·阿梅迪奥三世的政策，而波旁王朝创建的学院似乎并没有取得很大的成果；甚至所鼓励的研究性质也各不相同：例如，在都灵，工程研究得到了极大的推动，而在托斯卡纳，工程研究可供施展的空间较小（那里的"工程师队伍"直到1825年才创立）。

耶稣会一直控制着天主教国家教育领域的一个重要部分，在1773年被镇压后，君主们的科学政策伴随着国家对教育领域的加速干预。

意大利君主的所有科学倡议都有一个共同的要素：旨在增加直接可用的研究成果而不是基础科学研究。例如，维托里奥·阿梅迪奥三世尝试利用都灵学院现有的化学技能来解决军装所需染料的供应问题，但收效甚微。威尼斯在各省建立了各地方下设的农业学院；在托斯卡纳，博物学家乔瓦尼·阿杜诺（Giovanni Arduino）（曾任威尼斯共和国的农业主管）和乔瓦尼·塔吉奥尼·托泽特（Giovanni Targioni Tozzetti）被委以重要的官方任务，包括农学、矿产资源检测、土壤保护和水调节等相关项目。意大利国家资助的海外科学考察也带有经济目的：例如，活跃于植物学、矿物学和地质学的博物学家维塔利亚诺·多纳蒂（Vitaliano Donati）受撒丁岛国王委托前往埃及和印度执行任务，他肩负了双重目的，其一是采购都灵收藏的标本，其二是了解这些国家的采矿和农业技术。

| 第六章　意大利科学的边缘化（1670—1839）|

君主们的政策符合当时大多数意大利科学家的个人倾向，他们把对解决具体问题的传统偏好与启蒙运动所传播的社会承诺结合起来，然后正如我们今时今日看到的那样，首先投身于能够产生经济影响，或者是对实际社会或理想社会能够带来影响的研究和创举，甚至在那不勒斯王国，这一做法也并不鲜见。①

可以想象，只有那些具有明确科学结构的大国才会觉得对基础研究进行资助是理所应当的，这注定不会产生一些直接的影响，但是许多应用型研究肯定会在整体上从中受益。另一方面，有更强大的科学团体存在时，进行直接研究就可以在相关领域发挥巨大作用；而在其他情况下，则不需要全新的方式和新的理论来解决问题，只需要将其他领域所获得的科学成果应用于特定的主题研究中。最终的结果是科学水平的提高。

为重新启动意大利的科学研究而采取的最重要的私人行动之一是在1782年成立的意大利协会（Società Italiana）［该协会很快就以"四十人学会"（Accademia dei Quaranta）为名被众人所熟知，因被邀请加入科学家的数量得名］，该协会是在维罗纳的数学家、工程师和化学家安东尼奥·玛丽亚·洛格纳（Antonio Maria Lorgna）的倡议下成立的，将来自意大利半岛的各国学者团结在一个机构中，即意大利协会，它能够与主要欧洲国家的国家科学院相媲美。② 安东尼奥·玛丽亚·洛格纳得到了鲁杰尔·朱塞佩·博斯科维奇（Ruggero Giuseppe Boscovich）、拉扎罗·斯帕兰札尼（Lazzaro Spallanzani）和亚历山德罗·伏特（Alessandro Volta）等意大利顶尖科学

---

① 一个例子是费迪南多·加利亚尼（Ferdinando Galiani）在困难重重中进行的对王国进行制图调查的项目：这个项目很重要，特别是它对技能培训有很大影响。然而，这是一个由经济学家［他将技术方面的工作委托给制图师乔瓦尼·安东尼奥·里兹·赞诺尼（Giovanni Antonio Rizzi Zannoni）］提出的项目，由直接的经济动机形成，这是科学领域的极限。

② ［Farinella］。

家的支持，洛格纳打算通过私人和自愿合作的方式来克服由于缺乏统一的国家背景而导致公共国家科学政策的不可能存在性。这种合作是在"爱国主义"的激励下，通过通信来实施的。

一批以传播和革新科学文化为目的的期刊涌现出来。例如，来自帕维亚的化学家路易吉·瓦伦蒂诺·布鲁格纳泰利（Luigi Valentino Brugnatelli，1761—1818）在这方面非常活跃。1788 年，他创办了欧洲物理图书馆（Biblioteca fisica d'Europa），1792 年创办了《化学年鉴》（*Annali di chimica*），1808 年创办了《物理、化学和自然历史杂志》（*Giornale di fisica, chimica e storia naturale*）。即使在泰拉莫这样的边缘城市，由于化学家文森佐·科米（Vincenzo Comi）的努力，双月刊《欧洲与两西西里王国的科学贸易》（*Commercio scientifico d'Europa col Regno delle due Sicilie*）诞生了。

尽管存在着我们上述提到的那些举措，但在 18 世纪末，意大利科学家甚至在他们长期保持竞争力的自然科学和生物科学领域也失去了竞争力，这首先是因为在法国和其他国家，更为有效的举措得以实施，带来了更大的进展：在巴黎建立了许多中央机构，如 1783 年为矿物学和地质学研究成立的皇家矿业学院和 1793 年成立的国家自然历史博物馆，并在殖民地和其他国家系统地组织了自然考察。其结果是，一个世纪后出现了类似于 17 世纪末对精确科学造成巨大影响的质变现象。我们将在后文回到对这一点的讨论。

在法国时期，意大利人直接接触到了当时领先的科学力量的结构和代表。这对加强他们的学习和更新他们的知识和仪器产生了重要影响，这要归功于仿照了阿尔卑斯山另一边的国家最具成效的教学和科学结构的建立，但在许多领域，他们对法国的文化依赖也随之进一步加强：特别是在数学方面，与法国学校的互动逐渐出现了排他性和单方面的倾向。

在复辟时期，君主们的科学政策在许多情况下都出现了倒退，他们担心科学进步与自由思想的传播之间可能存在联系：例如，在撒丁岛王国，维托里奥·埃马努埃莱一世（Vittorio Emanuele I di Savoiu）不仅取消了个别物理和化学学科的教席，甚至还取缔了法国时期建立的科学院。① 意大利半岛内的平均科学成就水平在这一时期达到最低点。

两个可以追溯到 1880 年左右的密切相关的欧洲现象，与离我们很近的现象出现了一些有意思的相似性。② 科学技术取得的一些成功，例如热气球③的首次飞行，给大众留下了深刻的印象，引发了对"科学普及"的需求，公报和其他广为流传的出版物以短小精悍的文章满足了人们这种需求；简而言之，我们今天所习惯的科学的快速普及诞生了，同时也传播了对科学力量不加批判的信念，即使是那些无法阅读真正的科学著作或严肃的科普著作的人也拥有了这样的信念。第二个现象也受到机制危机的青睐，它似乎为新出现的但尚不足以形成的科学研究的部分方式开辟了空间，成了伪科学的传播。④ 占卜者、动物磁气说追随者（即自诩为"动物磁学"专家）、占星术师、颅相学或各种占卜术的爱好者，为古老的信仰披上了一层"科学性"的外衣，不仅取得了巨大的公众成功，而且在法国启蒙运动的重要部门的支持下，在知识界成为一种时尚［例如，古代占星医疗学已经在《百科全书》（*Encyclopédie*）⑤的"感应"（Influence）条目中被列出］。在意大利，这些新趋势迅速找到了追随者，这并不奇怪。特别是在那不勒斯，自然魔法的传统仍然存在，

---

① ［Ciardi］。

② ［Ferrone］中描述了这两种现象。

③ 1782 年 12 月 14 日，孟格菲兄弟（Fratelli Montgolfier）使用热气球进行了第一次升空；热气球在意大利的首次飞行可以追溯到 1783 年 11 月 15 日，当时马西里奥·兰德里亚尼（Marsilio Landriani）在蒙扎皇家公园升起两个气球。1784 年，那不勒斯王国的天才军官文森佐·卢纳尔迪（Vincenzo Lunardi）制造了第一个使用氢气的气球。

④ 我们今天所处的类似情况表明，许多人在使用"伪科学"这个词时，还打上了双引号，并聪明地在前面加上形容词"所谓的"。

⑤ 这一点在［Ferrone］第 93 页中指出。

甚至连启蒙时期的吉凶理论都得到了蓬勃发展。①

目前科学思想在意大利传播稀少的原因之一，往往被认为是一种固有的文化传统，这种文化传统倾向于人文和司法研究领域，对科学则表现出不理解和排斥的态度。应该强调的是，这样的传统在文艺复兴时期是完全没有的，文艺复兴时期的代表人物包括具有统一文化的知识分子，他们植根于经典知识，对现代科学的诞生做出了重要贡献，而在 17 世纪的伽利略、雷迪和马尔比基身上表现出来的也是如此。这种文化传统形成于 17 世纪和 18 世纪之交，是意大利科学边缘化的结果而不是原因。它的发起人之一无疑是当时意大利最伟大的知识分子之一詹巴蒂斯塔·维柯（Giambattista Vico），他把深刻的预见性直觉与对当时科学的，特别是对解释自然现象的数学模型的严重的缺乏理解结合起来。②

然而，也必须说，如果 18 世纪和 19 世纪初意大利的文化霸主确实是文学，那么意大利文人与科学的疏离是一个广为流传的现象，但不是一个普遍现象。贾科莫·莱奥帕尔迪（Giacomo Leopardi）提供了一个重要的反例，他对自然和人类的概念植根于对科学新成果的深刻理解，在某些方面甚至是极富预见性的：这是一个很有意义的案例，因为除了他异于常人的智力之外，贾科莫·莱奥帕尔迪在早期获得的科学文化表明，在 19 世纪早期的意大利，即使是在外省的家庭教师也能得到最前沿的科学教育。③

---

① [Ferrone]。文森佐·费罗内（Vincenzo Ferrone）的书（1989）对于理解 18 世纪末的一些文化现象和 20 世纪末的某些类似现象都非常有用。导言中解释说，"既然现在大家都明白科学是一个受历史条件制约的信仰体系，而理性的标准又是历史层面上可变的，也许现在是时候让 18 世纪末的迷信者、道士和吉凶论理论家重新考虑一下他们视为启蒙世界边缘的论题了。"同样在导言中，吉凶理论的出现被描述为那不勒斯启蒙运动试图解决邪恶存在的古老问题，它们在用新的理性的方式同时也使用了古老的形式驱除其邪恶影响。

② 例如，见 [Micheli]，第 552-563 页。维科对他那个时代的科学的误解在 [Hosle] 中得到了很好的说明和例证（特别是见第 50-51 页、第 87 页）。

③ 贾科莫·莱奥帕尔迪的科学知识及其在文学作品中的运用已经被不同的作者分析过，特别是在 [Polizzi] 中。关于莱奥帕尔迪的科学（尤其是生物学）思想及其在雷卡纳蒂工作中的核心地位，可以阅读 [Della Corte]。

2　意大利精确科学研究的边缘化

在这里所考虑的整个时期，意大利并没有大量参与精确科学的前沿研究，在较发达的欧洲国家，精确科学集中于一个学科团体（通常由同一群人进行研究），这些学科相互关联，同时与工程学联系紧密，例如：数学分析、解析几何、刚体和流体力学、天体力学、光学以及从 19 世纪初开始的热力学。意大利的科学研究传统并没有停止，但更多的时候，它只限于在其他地方发展的思想中加入一些细微变化在滞后的时间里传播出去，或者转向被阿尔卑斯山北部国家的科学家们认为是边缘的领域。当一个科学家认为自己有能力在科学前沿领域做出重要贡献时，国家的科学状况却迫使他不得不移民海外：约瑟夫·拉格朗日就是这种情况，他在自己的城市都灵发表了第一部数学作品后，移民到了法国，改名为朗切斯－路易·拉格朗日（Joseph-Louis Lagrange），并成为当时的顶尖数学家之一。

意大利数学家，从博纳文图拉·卡瓦列里和埃万杰利斯塔·托里拆利到彼得罗·门戈利和斯特凡诺·德·安杰利，一直走在引入无穷小分析的前列，但当这一分析理论的发展得到加速并大大修改了分析方法时，他们就再也无法参与其中了。微分计算在意大利由于没有受到应用带来的问题的充分刺激，延迟了几十年才回到半岛上，宛如一个舶来品。尽管莱布尼茨在 1689—1690 年逗留在意大利，但他所阐述的微积分原理直到 18 个世纪的首个 10 年才开始在意大利真正得到传播，但即使如此，它仍然局限于少数数学家的零星使用。在这个新领域的第一批重要贡献中，可以看到雅各布·弗朗西斯科·黎卡提（Jacopo Francesco Riccati，1676—1754）的付出，特别是他在 1724 年研究的微分方程，至今仍以他的名字命名。

尽管黎卡提和其他一些数学家进行了研究，但在整个 18 世纪上半叶，新方法仍然鲜为人知。第一个实质性的变化来自玛丽亚·加埃塔纳·阿涅西（Maria Gaetana Agnesi，1718—1799）的工作，她是一位来自伦巴第的数学学者，致力于在意大利传播分析法。在长期研究洛必达侯爵的作品后，玛丽亚·加埃塔纳·阿涅西写了一部《适用于意大利青年学生的分析学指南》（*Istituzioni analitiche ad uso della Gioventù Italiana*）的著作，于1748年发表，获得了巨大的成功，为扩大意大利分析学学生的数量做出了根本性的贡献。这本书（1775年被翻译成法语，1801年被翻译成英语）包含关于"阿涅西的女巫（箕舌线）"的钟形曲线的描述（一个已经被不同的数学家研究过的三次曲线），但它缺乏原创性的成果。

一个科学分支的"边缘化"状态是由历史性因素决定的，这个因素的定义是将常年处于边缘状态的领域、拥有过辉煌历史但已明确过时的领域、仍被暂时搁置但注定要卷土重来的领域，以及新兴领域进行了整合。这就解释了在某些情况下，在那个时代从事被认为是边缘化问题研究的意大利科学家，在如今回看时，是如何获得了被认为是位居先锋的成果。

就数学而言，意大利学者延续着古老的传统：即使在被欧洲各主要研究中心抛弃后仍继续工作的领域，是欧几里得几何学。

这一领域的研究主要包括对改进欧几里得的文本做出的尝试：自古代晚期以来，《几何原本》的主要缺陷是第五条公设，其阐述（其原始表述为：两条线被第三条线切割，如果它们与这条线在同一侧形成的内角的总和小于两个直角，那么它们在这一侧必然相交）被认为不是非常清晰。试图通过推导前四个定理而将这一条也变成定理的人很多：其中包括古代的托勒密和普罗克洛（Proclo），12世纪的纳西尔丁·图西（Nasir al-Din al-Tusi）和17世纪的约翰·沃利斯。

在继续朝这个方向努力的数学家中，值得一提的有阿普利亚人维塔尔·焦尔达诺（Vitale Giordano，1633—1711），他于1680年在罗马出版了《欧几里得几何原本的恢复和促进》（*Euclide restituto overo gli antichi elementi geometrici ristaurati e facilitati*），即用他自己的补充和变体丰富了

《几何原本》的翻译。[1] 最相关的补充包括对第五公设的"证明"。人们已经注意到（其中包括克里斯托佛·克拉维乌斯），这个公设可以从维塔尔·焦尔达诺认为他能够证明的声明中推导出来，即与直线等距离的点的位置是一条直线。尽管基于一连串公理，但这个证明是有缺陷的（就像今天，考虑到非欧几里得几何学中的第五公理被否定，结果似乎很明显，它必然是不完美的），但其中一些公理具有本质的意义。[2]

在这一方向上，其作品的重要性远超于此的，是乔瓦尼·吉罗拉莫·萨切里（Giovanni Girolamo Saccheri，1667—1733）。他是一位耶稣会神父，曾在米兰学习数学，并在帕维亚和都灵教授数学和哲学。在他的主要作品《欧几里得无懈可击》（*Euclides ab omni naevo vindicatus*，意大利语：*Euclide mondato da ogni neo*）中，他也认为自己可以证明欧几里得的第五公设。该作品出版于1733年，即他去世的那一年。

在致读者的序言中，乔瓦尼·吉罗拉莫·萨切里写道：

> 任何被引入数学学科的人都不能忽视欧几里得的《几何原本》的价值和卓越性。关于这一点，我带来了著名的证人，阿基米德、阿波罗尼奥斯、比提尼亚的狄奥多西（Teodosio di Bitinia），以及几乎无数其他直到我们这个时代的数学家，他们都在使用欧几里得的《几何原本》，只不过他们是将其看作始终成立的、完全无可争议的原则。然而，这样的名声并不能阻止古今众多伟大的几何学家在这些同样美丽、无论如何赞扬都不为过的《几何原本》中找到某些缺陷并对它们进行批评。他们指出的三个缺陷，我将立

---

[1] [Bonola] 第 12-14 页；[Tampoia] 包含焦尔达诺作品的文选，包括第一册的所有命题。

[2] 特别是，维塔尔·焦尔达诺考虑了所谓的"萨切里四边形"，即两条边相等且垂直于第三条边的四边形，并正确地证明了与两个直角相邻的边与对边等距，它足以使其垂直（彼此相等）的两条边也等于从该边到另一边的第三个垂直线段。

即在此揭露。①

在乔瓦尼·吉罗拉莫·萨切里看来，欧几里得作品中的3个缺陷，第一个是第五公设，在萨切里作品的第一部分专门用于对此进行证明。萨切里认为，他可以通过其不合理性来证明第五公设，为此他对第五公设进行了否定，并从中正确地推导出了许多命题，从而在实际上超出了他的原始意图，构建了非欧几里得几何学的第一个定理核心。②

萨切里没有考虑过将那些对他而言只是通过不合理性来进行证明的正确步骤被接受为有效性定理的可能性，这也不足为奇。心理和文化层面的难题都阻碍着接受另一种几何学来代替欧几里得几何学，以至于一个世纪后，即1829年，卡尔·弗里德里希·高斯在给弗里德里希·威廉·贝塞尔（Friedrich Wilhelm Bessel）的一封著名的信中仍然写道：

> 在空闲时间，我还思考了另一个问题，对我来说，这个问题已经困扰我40年了：几何学的第一个基础是什么：我不知道我是否

---

① 翻译位于[Saccheri: Frigerio]第59页。
② 他考虑了维塔尔·焦尔达诺所考虑的同一个图形：边AB和DC相等并垂直于BC的四边形ABCD，并正确地证明：(1) A和D中的角相等；(2) 如果在这样一个四边形中，A和D中的角分别是锐角、直角或钝角，那么其他每一个同类型的四边形也会发生同样的情况；(3) 如果A和D中的角是直角，欧几里得的第五条定理就会出现。证明的过程是，从所考虑的角度是钝角或锐角的假设（分别是椭圆和双曲几何的特征的假设）中推导出许多命题，以便对它们进行证伪。在驳斥锐角假设时，乔瓦尼·吉罗拉莫·萨切里的错误更加明显，但他的命题链特别有趣：事实上，在正确地证明了双曲几何的各种非三段式定理之后，他认为基于一个没有正确使用无穷大概念的谬误推理，从而得出了一个荒谬的结论。在驳斥钝角假说方面所犯的错误更为微妙，这种错误实际上并不能追溯到萨切里，而起因于欧几里得本人。第五公设，在其最初的表述中，不仅在欧几里得几何中有效，而且在椭圆几何中也有效，因此，乔瓦尼·吉罗拉莫·萨切里可以从钝角的假设中正确地推导出它。他认为自己得出了一个矛盾的结果，因为通过使用《几何原本》第一册的定理，他可以证明直角的假设，但实际上他所使用的欧几里得的命题不仅是基于五个公设，而且还基于《几何原本》命题（I, 16）中使用的一个隐含的假设，它排除了椭圆几何的情况。

|第六章　意大利科学的边缘化（1670—1839）|

曾经告诉过你我对这个问题的看法。在这个问题上，我也进一步坚定了许多想法，而且我的信念，即我们无法完全仅凭借理论就找到几何学，如果可能的话，这个信念变得更加坚定了。同时，我在很长一段时间内都不打算为了发表而阐述我对这个问题的非常广泛的研究，这种事在我的有生之年也许永远不会发生，因为如果我想完全表达我的观点，我害怕会听到维奥蒂亚人的哭泣声。[①]

我们可以问问自己，乔瓦尼·吉罗拉莫·萨切里的工作是否以及在多大程度上有助于为明确非欧几里得几何学构建开辟道路。可以肯定的是，乔瓦尼·吉罗拉莫·萨切里的作品得到了许多评论和无数次引用。特别是，他的作品在乔治·西蒙·克鲁格（Georg Simon Klügel）[②] 在1764年的作品中得到了分析和详细说明，其中提到了约翰·海因里希·朗伯（Johann Heinrich Lambert，发表过与乔瓦尼·吉罗拉莫·萨切里的类似作品的作者）、卡尔·弗里德里希·高斯和沃尔夫冈·博利亚（Wolfgang Bolyai）。

在意大利，也有一个强大的代数传统，自16世纪以来就没有停止过，这是一个没有被主要数学学校忽视的课题。对代数方程的研究导致了两个主要问题，这两个问题不应相互混淆：确定任何次数的代数方程是否总是允许有解，以及是否总是有可能通过对方程的系数进行有限数量的基本算术运算和开方来获得这些解。第一个问题，经过可追溯到17世纪的多次尝试，在1799年由卡尔·弗里德里希·高斯给出了肯定的答案（证明了现在被称为代数基本定理的定理）。在第二个问题上，保罗·鲁菲尼（Paolo Ruffini，1765—1822）做出了重大贡献，他于1799年在他的一篇论

---

① [Gauss]第200页。我们抄录了[Agazzi Palladino]中的翻译第96页。
② 乔治·西蒙·克鲁格是《对证明平行理论的主要尝试的回顾》(*Conatum praecipuorum theoriam parallelarum demonstrandi recensio*)的作者，1764年于哥廷根发表。关于乔瓦尼·吉罗拉莫·萨切里的作品，可以阅读[Toth Cattanei]。

文①中"证明"了对于次数高于四的方程，一般不可能找到一个公式，通过对系数进行加、减、乘、除和开方来提供解决方案。该证明使用了置换群的理论，而如今仍不被认为是完整的，因为它将一个后来才被尼尔斯·亨利克·阿贝尔（Niels Henrik Abel）证明的结果假设为已知的，但它包含了解决问题的基本想法。该定理如今一般被称为阿贝尔-鲁菲尼定理（Teorema di Abel-Ruffini），以代表其被证出的两个不同阶段。

保罗·鲁菲尼在让国际社会接纳他的作品时遇到的困难，证明了当时意大利数学家的相对孤立和低评价。法兰西学院任命成立了审查保罗·鲁菲尼作品的委员会，由拉格朗日、阿德里安-马里·勒让德（Adrien-Marie Legendre）和西尔维斯特·弗朗索瓦·拉克鲁瓦（Sylvestre François Lacroix）组成，但这项审查从未完成，显然是因为拉格朗日在他打算用于考虑该问题的有限时间内，根本无法理解结果是否正确。②鲁菲尼很满意地收到了奥古斯丁-路易·柯西（Augustin-Louis Cauchy）的一封信，称赞他的工作是一个完整的证明，但为此他不得不等待22年。③同时，在1814年，托马斯·杨（Thomas Young）曾告诉他，读过他的回忆录的皇家学会成员认为这个证明是正确的，但皇家学会没有按照惯例对收到的回忆录作出判断。④因此，缓慢而冷淡的国际反应似乎并不是因为发现了证明中的漏洞。

甚至物理学和天文学的研究也没有发展到与最先进的欧洲国家相媲美的水平。天文学几乎完全是作为一门观察科学来发展的 [在这个方向上取得的成

---

① [Ruffini]。
② 在1811年4月19日的一封信中，见致 [Barbieri Cattelani] 第658页，让·巴蒂斯特·约瑟夫·德朗布尔（Jean Baptiste Joseph Delambr）通知保罗·鲁菲尼，他的回忆录在拉格朗日手中，在他看来，拉格朗日不会做出判断，而其他委员在没有拉格朗日的判断下，可能不敢表达自己的意见。
③ 1821年9月20日的信，对 [Barbieri Cattelani] 目录中的1902号。
④ 1814年3月17日的信件，在 [Barbieri Cattelani] 目录中的第814号。

果之一是牧师天文学家朱塞普·皮亚齐（Giuseppe Piazzi）在 1801 年发现了第一颗小行星——谷神星］，而意大利学者对天体力学没有做出重大贡献。

在物理学科中，最受欢迎的学科之一是水力学，这在一个技术落后、经济持续严重依赖水资源调节的国家并不奇怪。意大利开发的水力学与莱昂哈德·保罗·欧拉和丹尼尔·伯努利等人开发的理论流体动力学几乎没有关系。它更像是一门经验学科，也是由博物学家发展起来的。所面临的具体问题的不同性质导致了方法的深刻多样性。在 17 世纪和 18 世纪之交，还有一位著名人士多梅尼科·古列尔米尼（Domenico Guglielmini，1655—1710），他是马尔比基大学的博士，他还研究过晶体学、天文学和其他主题。他在河流水力学方面取得了重大成果，主要是在经验的基础上，得到了莱布尼茨和丹尼尔·伯努利等人的赞扬。在整个 18 世纪，以水调节问题为动力继续产生了大量文献，如 1821—1824 年在博洛尼亚出版的《意大利水运动问题研究者文集》（*Raccolta di autori Italiani che trattano del moto dell'acque*）中所证明的那样。该研究领域最重要的代表是一位牧师，他曾是斯帕兰扎尼的学生，乔瓦尼·巴蒂斯塔·文丘里（Giovanni Battista Venturi，1746—1822），他通过实验研究了管道中流体流动的压力和速度之间的关系，并描述了仍以其名字命名的效应。

就一般物理理论而言，意大利 18 世纪最具原创性和趣味性的贡献是耶稣会士鲁杰尔·朱塞佩·博斯科维奇（1711—1787）[①]的贡献。博斯科维奇出生于拉古萨（现杜布罗夫尼克），父亲是塞尔维亚人，母亲是意大利人，他就读于家乡的耶稣会学院，后来在罗马学习，并在罗马学院完成学业。随后，他在半岛内四处流转进行工作，并曾在法国、英国和俄罗斯逗留。

博斯科维奇也是一位作家和考古学家，但他的科学兴趣包括土木和水利工程、天文学、大地测量学、光学等；他致力于以自己的方式促进科学

---

① 关于博斯科维奇的成就的简要总结见 [Casini]。他的作品的国家官方版本，计划采用数字格式，目前仍处于早期阶段（http://www.edizionenazionaleboscovich.it/）。

概念现代化，并组织了布雷拉天文台，他将其提升到欧洲最先进的天文台的水平，部分归功于他在设计和完善光学仪器方面的工作。在他 1759 年发表的最雄心勃勃的作品中，提出了一种新的物理理论，部分基于对牛顿和戈特弗里德·莱布尼茨① 思想的综合，根据这一理论，物质是由没有广延的原子组成的，与一种力相互作用，在小距离上它们互相排斥（当距离趋于零时，它就会互相排斥，防止接触），随着距离的增加，它从排斥性转变为吸引力，反之亦然，直到它在远距离时呈现出引力的趋势。凭借这一优势，鲁杰尔·朱塞佩·博斯科维奇打算解释所有的自然现象，包括化学和电学现象。在附录《论空间和时间》（De spatio et tempore）中，他发表了对牛顿空间和时间概念的极具刺激作用的评价。

鲁杰尔·朱塞佩·博斯科维奇的工作对后续科学的真正影响不容易评估，但似乎十分微弱。他的工作显然被后人引用和欣赏，他们一再把他作为后来理论的"先驱"进行重新发现②，但不是被他工作的实际延续者进行引用。

在与意大利传统紧密相连的诸多当时被认为是逆流的选项中，鲁杰尔·朱塞佩·博斯科维奇对数学的应用更多的是以几何形式，而不是以当时已经确立的分析学形式。有一位物理学家和数学家与他进行了严肃的论战，他就是保罗·弗里西（Paolo Frisi，1728—1784），曾是一位巴尔纳伯教派的牧师，获得了教皇的许可之后，他回归了非宗教的身份。作为伦巴第启蒙运动的倡导者，特别是《咖啡馆》（Il Caffè）杂志的推动者，保罗·弗里西（他致力于将鲁杰尔·朱塞佩·博斯科维奇从布雷拉天文台开除，1773 年将他

---

① 《自然哲学的理论已被简化为自然界中唯一存在的力定律》（Philosophiae naturalis theoria redacta ad unicam legem virium in natura existentium）（维也纳，1759）。
② 不仅他关于空间和时间的观点一再被视为相对论的预言，而且他试图提出一个关于自然界所有力量的统一数学理论，也被认为是第一个具有科学性的"万物理论"，见[Barrow]。

第六章　意大利科学的边缘化（1670—1839）

因"观察能力差"而被开除[①]）将针对博斯科维奇作品的论战与他自己的工作相结合。在他反对博斯科维奇的论战中，弗里西通过专门论证了数学分析在物理研究中的重要作用，将博斯科维奇的反耶稣会的观点（在1773年该会被镇压时，被证明是成功的）与他传播让·勒朗·达朗贝尔（Jean Baptiste Le Rond d'Alembert）和牛顿的思想所作的努力结合起来。但在他以水力学为重点的实际科学研究中，保罗·弗里西背离了他在理论上倡导的分析性力学，认为不可能通过分析来处理这些问题，经验性方法的使用是不可或缺的。

鲁杰尔·朱塞佩·博斯科维奇和保罗·弗里西[②]之间的争论很好地说明了18世纪意大利本土发展的精确科学的边缘性（也说明了为何原创性在科学争论中有可能成为一种障碍）。失败者博斯科维奇当然是最具原创性的，但他所走的道路被后来科学发展的主要进程严重忽视，第一代开尔文男爵威廉·汤姆森（William Thomson, Ist Baron Kelvin）或伯特兰·罗素（Bertrand Russell）等科学家对他提出的概念进行追认并没有改变他的历史角色；而保罗·弗里西之所以可以被认为是胜利者，则是因为他是欧洲科学思想的代言人，但实际上他并没有对这些思想作出重大贡献，甚至他在具体工作中始终与这些思想保持着距离，并完全融入了经验水力学的地方传统中。显然，在这种情况下，意大利的科学传统也是植根于国家的具体情况，要用意志行为来颠覆它们并不容易。

在受鲁杰尔·朱塞佩·博斯科维奇影响的物理学家中，有安布罗焦·富西涅里（Ambrogio Fusinieri，1775—1852），他在与法国数学物理学的争论中，设想了一个由单一的持续性和活跃性并存的被物质占据的宇宙。这个构思使他得以将他在实验中研究的一系列分子现象（毛细血管、渗透作用、催化活动，等等）框定在一门科学中，这门科学放弃了用应用于一系列

[①] 鲁杰尔·朱塞佩·博斯科维奇在布雷拉的活动以及为使他被免职而进行的阴谋活动都记录在［Schiaparelli Boscovich］中。

[②] 关于这个争论，可以阅读［Redondi GSIP］第687-697页。

特定流体（如卡路里、电流体和乙醚）的数学分析工具来解释一切的不切实际的机械主义妄想，保持了对实验结果的忠实。这是一个有趣的尝试，将当时意大利的科学性实践转移到理论层面，它在定性的实验调查中表现最好，而在数学物理学中则展现出了自身最大的弱点，它正确地在机械主义的普遍性中发现了阿尔卑斯山以北国家数学物理学的弱点。[1]然而即便如此，这些理论本质上仍然是科学史上的死胡同。

3 意大利对生命科学的贡献

意大利的生命科学研究并没有遭受类似于我们在上一节中遇到的崩溃。

在马尔切洛·马尔比基的学生中，最重要的人物是安东尼奥·瓦利斯内里（Antonio Vallisneri，1661—1730），他的论文主题囊括了自然科学和生物科学的各个领域，从动物学到植物学，从胚胎学到医学和地质学，他甚至对哲学和语言也兴趣浓厚。[2]意大利的颓势对安东尼奥·瓦利斯内里的工作产生了影响，即使他难以获得符合需求的科学仪器（在很长一段时间里，他无法获得与北欧使用的显微镜类似水平的仪器[3]），也对他作品的有效传播造成了一些障碍。然而，伽利略、弗朗切斯科·雷迪和马尔切洛·马尔比基传承下来的传统在他身上仍然可以辨认，尽管其中混杂了不同来源的元素，而且他的著作在当时的欧洲引起了很大反响，即使后来几乎被完全遗忘。瓦利斯内里解决了意大利科学著作影响力下降的问题，一方面努力加强自

---

[1] 安布罗焦·富西涅里的理论也可以在［Redondi GSIP］中读到（特别是第721-729页，在那部分可以看出，安布罗焦·富西涅里的科学理论是在复辟时期的文化中被意识形态化的）。

[2] 安东尼奥·瓦利斯内里生前在意大利享有很高的声望，但后来他的知识分子形象长期以来被忽视，直到最近，随着他的作品的意大利版开始出版，其中包括了许多未发表的作品，才重新成为历史学界关注的对象。关于这位科学家的形象，可见［Generali AV］和［Generali Intr］。很多有用的信息也可以在［Vallisneri EN］上找到。

[3] ［Generali Intr］第 liii-lv 页。

己语言中使用的科学词汇，另一方面，他在1710年与斯基皮奥尼·马菲（Scipione Maffei）和阿波斯托罗·泽诺（Apostolo Zeno）一起创办了《意大利书信报》（*Giornale de letterati d'Italia*），这份杂志在持续30年的时间里产生了相当大的影响。这份涉及科学、历史和文学的期刊在促进思想交流方面被证明是切实有效的，它对于欧洲文化的重要代表人物的稿件表示了热烈的欢迎，为半岛地区发展出来的思想的国际性传播做出了重大贡献。

安东尼奥·瓦利斯内里对昆虫世界倾注了大量精力，他对昆虫世界进行了准确的形态学描述，有时延伸到内部结构，研究了昆虫的生殖繁衍和变态过程，观察了它们的行为，并试图开始系统地对昆虫进行分类。虽然他创立的分类系统以生态学为基础，并借鉴了形态学的标准，但是此套分类系统发展的并不成功。然而，他所进行的行为观察却十分重要，他在观察中运用了系统创新的实验方法（例如：重现蚁丘内部结构，令蚂蚁建造蚁丘的过程清晰可见）。同时，他结合其所观察到的生物的复杂性行为，由此对笛卡尔的机械唯物主义提出了反对（笛卡尔理论认为昆虫行为不具有自主性）。对于螺蠃蜂照顾幼蜂的行为，他写道：

> 只需放置一定数量的蜘蛛网，或毛毛虫，或苹果，或任何其他足以提供让幼虫们生长到一定大小的有营养的食物。对幼虫的照顾与营养的提供需要谨慎与仔细，否则过多的营养物质会阻碍幼虫的细胞，使其不能正常生长或是结茧蜕变，如果营养过少，则幼虫会被饿死。这令我感到疑惑，因为出现的这个现象并不如伟大的现代天才笛卡尔所设想那样：昆虫只是一台台小小的机器。[1]

---

[1] 安东尼奥·瓦利斯内里《关于许多昆虫的奇怪起源、发展和令人钦佩的习俗……》（*Della curiosa origine, degli sviluppi, e de' costumi ammirabili di molti insetti...*），摘录在［Generali Intr］第LXII页中报道。

在反对机械唯物主义的过程中，安东尼奥·瓦利斯内里开始相信所有的动物均是拥有灵魂的。他设想出一条"伟大的生命链"，这个链条可从昆虫到人不断地延伸：这一构想对后来的生物科学研究具有重要的意义。他对昆虫的动物行为学观察为勒内-安托万·费尔绍·德·列奥米尔（René-Antoine Ferchault de Réaumur）提供了重要资料，使列奥米尔在这一问题上发展出了更胜于瓦利斯内里的研究成果。

安东尼奥·瓦利斯内里最有影响力的作品是其于1721年出版的《无论来自精子或卵子的人类和动物诞生史》（*Istoria della generazione dell'uomo, e degli animali, se sia da' vermicelli spermatici, o dalle uova*），他在该书中支持卵子先成论的观点，并提出了衍生理论。这种论点可以推导出一个极端推论：每个生物体都源于一个预先形成的卵子，从而推断在夏娃（人类始祖）的卵巢中，已经蕴含了整个人类的起源，就像是形成了一个巨大的俄罗斯套娃。如今，他的《演变顺序及物种之间的联系学术集》（*Lezione Accademica intorno all'ordine della progressione, e della connessione che hanno tutte le cose create*）更被人们熟知，其中揭示了重建"物种链"的构思，从昆虫学领域开始，系统地扩展到整个自然界。

安东尼奥·瓦利斯内里天性中的个性折中主义反映在他研究对象的多样性上，其中包括寄生虫学和新生的地球科学。寄生虫学至少可以追溯到1684年弗朗切斯科·雷迪关于人和动物的寄生虫的研究，在17世纪末，贾钦托·塞斯托尼（Giacinto Cestoni）为此做出了重要贡献，他发现了导致人类疥疮的螨虫（疥螨）。瓦利斯内里对肠道蠕虫的研究做出了贡献，在一次严重的牛瘟流行期间，他提出了活体传染的理论，根据这一理论，疾病是由可以从一个人传给另一个人的微小蠕虫引起的。这些研究将传染理论置于寄生虫学的背景下，由他的学生卡洛·弗朗切斯科·科格罗西（Carlo Francesco Cogrossi）在这一理论方向上继续进行。

在地球科学领域，安东尼奥·瓦利斯内里为化石的有机性质进行了论证（虽然论证是正确的，但在他的时代已经不具有原创性），并在他的作品《关于喷泉起源的学术讲座》(Lezione accademica intorno all'origine delle fontane)中，探讨了淡水和地表水的起源问题，在研究山地岩层的形态和岩性成分的基础上证明了其陨石起源。

在昆虫研究方面，对自然发生的信念已经被弗朗切斯科·雷迪和马尔切洛·马尔比基（以及被安东尼奥·瓦利斯内里更充分地进行了证明，他在这个问题上沿着他导师的脚步进行了进一步的实验）所修改，但在滴虫类，即安东尼·范·列文虎克于1674年在他浸泡植物物质的水中发现的微观生物体（我们现在归类为单细胞生物）方面，这种信念再次以勇猛的势头出现。自然学家约翰·特伯维尔·尼达姆（John Turberville Needham）和乔治－路易·勒克来克·德·布丰（Georges-Louis Leclerc de Buffon）提出了类似的理论，根据这些理论，滴虫类将通过"有机分子"的聚集自发形成（当时提出的这一概念与目前的同名概念并不一样，但也代表构成生物体的微粒，只是当时认为它们并非一种活体）。

1765年，《关于约翰·特伯维尔·尼达姆勋爵和布丰勋爵发生系统的显微观察论文》(Saggio di osservazioni microscopiche concernenti il sistema delle generazioni de' Signori di Needham e Buffon)在摩德纳出版。基于精确的显微镜观察和巧妙的实验，它证明了滴虫类具有动物性（这一点曾被某些作者否认），并在此情况下驳斥了自然发生理论。特别是，书中指出：

> 除了这个，我看不出我们可以得出任何其他推论，因为它们（滴虫类）的诞生必须以卵、种子或预先组织好的微粒的存在为基础，无论我们用什么给它命名，但我们将会以细菌同属的方法叫它。①

---

① [Spallanzani: Castellani] 第403页。

这篇论文是 18 世纪伟大的生物学家之一：拉扎罗·斯帕兰札尼（1729—1799）在生物领域的第一部作品。必须指出的是，尽管这篇论文得到了约翰·特伯维尔·尼达姆和伏尔泰等人的赞赏，但滴虫类能够自然发生的想法却死灰复燃；1802 年，让-巴蒂斯特·德·拉马克（Jean-Baptiste de Lamarck）仍然相信它，在摩德纳发表的作品展现出的划时代重要性，似乎只有等到下个世纪才被路易·巴斯德（Louis Pasteur）明确阐述。①

拉扎罗·斯帕兰札尼接受的教育经历鲜为人知：我们只知道，在雷焦艾米利亚的耶稣会学院上学后，他开始在博洛尼亚学习法律，随后转向数学和物理学，但不清楚是谁让他开始出现了学习自然科学的想法，特别是学习了他在《关于约翰·特伯维尔·尼达姆勋爵和布丰勋爵世代制度的显微观察论文》中展现出来的，已经完美掌握的显微镜技术。② 我们进一步证明了这样一个事实：即使是在相对较近的时代，即使对于那些在我们的记忆中留下痕迹的作者，他们的科学知识文献和知识传播所遵循的复杂网络依然是我们无法得知的。

拉扎罗·斯帕兰札尼不仅研究了最小生物的生殖繁衍问题，还研究了蚯蚓、蝾螈和其他动物的再生能力以及缓步动物脱水后的再生（具有非凡复原能力的小动物，拉扎罗·斯帕兰札尼在 1777 年对这类动物进行了描述和命名）。

约翰·特伯维尔·尼达姆写道，拉扎罗·斯帕兰札尼对自然进行了拷问；实际上，他是生物学领域实验方法能够达到全新水平的主要倡导者，这种实验方法也是基于通过人工复制来阐明生命过程的系统化尝试。

---

① [Castellani RS]。

② [Castellani LS]。可以排除的是，拉扎罗·斯帕兰札尼从小安东尼奥·瓦利斯纳里（Antonio Vallisneri Jr）那里学到了很多东西，尽管瓦利斯纳里当时在经济上帮助他继续学习。卡洛·卡斯特拉尼（Carlo Castellani）认为，马尔比基的传统已经完全消亡，拉扎罗·斯帕兰札尼是由某个熟练的业余爱好者带领开始的显微镜研究，可能是雷焦学院的耶稣会中的某个人。

在血液循环研究领域，人们必须记住拉扎罗·斯帕兰札尼对静脉和动脉毛细血管（这是马尔切洛·马尔比基在青蛙身上发现的，拉扎罗·斯帕兰札尼首次在温血动物身上进行描述）之间联系的观察，以及他对耗氧量和身体组织的呼吸之间关系的研究。拉扎罗·斯帕兰札尼通过研究人类、各类动物和植物的呼吸过程来解决与呼吸有关的问题，从而将他的研究扩展到整个生物范畴，并证明了身体中所有组织而不仅仅是肺部参与到了这一重要功能中。他的研究在他的《呼吸论文集》（Memorie sulla respirazione）中得以追述出版。在他进行的生殖研究中，拉扎罗·斯帕兰札尼是第一个证明精液不与卵子接触就不能受精的人，并进行了人工受精（在母狗体内）。

他对生理学做出的最重要的贡献可能是关于消化系统。直至当时占主导地位的机械论观点认为消化基本上是一个切碎的过程（这一概念部分可追溯到博雷利，它似乎被博雷利对鸟类胗的功能的观察所验证），而拉扎罗·斯帕兰札尼通过在自己身上进行的实验，证明消化过程是通过胃分泌的一种液体的作用而发生的，他称为胃液，他也在体外研究了这种液体的作用。

在拉扎罗·斯帕兰札尼的工作中，生理学已成为一门实验性学科，不再能还原为对活体进行的解剖学，而是包括化学和所有已知物理学领域的复杂过程。他做出的众多贡献，同样基于他在不同国家进行的实地研究和创建丰富的实验室博物馆。其中我们尤其需要提到关于在干水母与水接触时可观察到发光现象的实验。以及关于蝙蝠的实验，后者使斯帕兰札尼第一次了解到基于对声波的发射和接收的定向机制。

18世纪下半叶初期，瑞士人阿尔布雷希特·冯·哈勒（Albrecht von Haller，1708—1777）将肌肉纤维的基本特性确定为刺激性，被认为是（独立于感官和神经系统）通过收缩对刺激做出反应的能力。

刺激性理论，通过将生物学建立在生命物质的特定属性上，易于进行实验分析。它可以同时克服对机械论和活力论的依赖性，在意大利有大量的追随者。[1] 其中特别重要的是菲丽丝·丰塔纳（Felice Fontana, 1730—1805）的研究，他试图在物理学理论的模型上给这个理论一个坚实的"科学"基础，阐明5个"肌肉刺激性定律"[2] 并将该理论应用于各种实验调查：关于心跳、虹膜的运动、蝰蛇毒液的作用、动物被电击中的死亡；其中一些研究对于所使用的显微技术也很重要。[3]

菲丽丝·丰塔纳是18世纪下半叶托斯卡纳科学和科学政策的领军人物：尤其是在1775年，他受大公任命，组织和指导新成立的佛罗伦萨物理和自然历史博物馆。[4] 他承担了博物馆内设计和建造科学仪器的工作，在这一领域创造了新的技能，他计划以皇家学会为模板建立一个学院，但没有被接受。他对导致严重饥荒的小麦锈病的研究使他能够识别和描述导致该病的微观寄生虫（禾本科锈菌），这对于仍然年轻的微观寄生虫学领域而言是十分重要的成果。

18世纪的自然研究，包括例如维塔利亚诺·多纳蒂（1717—1762）在意大利和巴尔干半岛进行的研究。他在这些研究的基础上还开发了一个表示物种之间关系的系统。该系统由一个网络组成，物种是其中的节点。[5] 这个系统相当成功：它被布丰采用，并由林奈做了一系列改进。

然而，意大利对自然主义研究的贡献总体上是不大的，尤其是在本章所论及的时期的后半部分。解剖学家和病理学家的成就水平更高。特别是乔瓦尼·莫尔加尼（Giovanni Battista Morgagni, 1682—1771）对病理解剖学做出了奠基性的贡献，他甚至有时被认为是病理解剖学的创始人。

---

[1] [Dini] 第25-68页。

[2] [Fontana: Barsanti] 第45-77页。

[3] 菲利波·帕西尼（Filippo Pacini）是意大利文艺复兴时期作为大学学科的显微解剖学的创始人之一，他在1848年指出，如果继续沿着丰塔纳开辟的道路前进，意大利在这一领域的研究将保持与最先进国家的竞争力，见[Dini]，第56页。

[4] [Contardi]。

[5] [Duris Gohau] 第45-46页。

乔瓦尼·莫尔加尼的主要作品于 1761 年以拉丁文出版，是给一个假想的通讯员的 70 封信，包含了他一生的研究成果。标题为《疾病的位置与病因》(De Sedibus et causis morborum per anatomen indagatis) 的信中所表达的基本论点是：疾病有确切的原因，它们可以在特定的器官中找到，这一点可以通过对已故病人的尸检来确定。这在当时是一个新的理论，与传统的方法（当时认为疾病是影响整个机体的原则之间的平衡被打破所导致的）形成对比，对后来的医学研究产生了深远的影响。

乔瓦尼·莫尔加尼的工作是一个优秀传承的一部分：他的老师安东尼奥·玛丽亚·瓦尔萨尔瓦（Antonio Maria Valsalva, 1666—1723）和他的学生安东尼奥·斯卡帕（Antonio Scarpa, 1752—1832）都因许多解剖学发现而被人记住；例如，正是安东尼奥·玛丽亚·瓦尔萨尔瓦首次对耳朵作了准确的描述（将听觉器官分为外耳、中耳和内耳也是他的功劳）。

意大利已经失去了它在 16 世纪获得的卫生部门架构和医院组织方面的首要地位，但 1700 年摩德纳医生贝纳迪诺·拉马齐尼（Bernardino Ramazzini, 1633—1714）在帕多瓦出版的《论职业病》(De morbis artificum diatriba) 对社会医学做出了重要贡献。这部作品第一次系统地研究了各种职业的健康风险，描述了其特有疾病的演变过程。尽管应该谨慎下定论，但我们或许可以同意目前流行的观点：这本书代表了后来被称为"职业医学"的诞生。

贝纳迪诺·拉马齐尼检查了工作中使用的化学品对矿工、镀金工、陶工、玻璃制造商和油漆工等工人造成的损害；下水道清理工（他们迟早会因工作而失明）和染色工（他们在工作中需要使用人的尿液）所遭受的生物损害；因体力活动或身体姿势引起的疾病；以及最后，由工作环境条件引起的疾病。

文章的最后一部分肯定是完全原创。在这部分中消除了智力职业和体力职业之间的区别，详细描述了智力劳动（胃痛、背痛、视力问题）导致的病理，直到得出以下结论。

因此，学者们虽然性情开朗，却逐渐变得忧郁和阴沉；因此有人说，忧郁的人是聪明的；但也许应该说，聪明的人会变得忧郁，也就是说，血液中关于精神投入的精神部分已经被消耗掉了，而更阴郁和沉闷的部分则留在体内。①

还有一个对医学这个职业做出的自嘲评论：

令人惊讶的是，在严重的流行病、恶性发烧、胸膜炎和其他在人群中传播的疾病中，临床医生仍然能保持免疫力，这几乎是他们的职业特权。我相信这与其说是由于他们采取了预防措施，不如说是由于他们的大量运动和良好的幽默感，因为他们总是赚得盆满钵满。我注意到，医生最重的病，从来都是在无人生病时展现出来的样子。②

在18世纪末，最先进的欧洲国家在自然科学和生物科学领域的发展，使意大利在这些领域的贡献变得边缘化，就像一个世纪前的精确科学一样。然而，如果我们更详细地观察这个问题，就必须能做出区分。巴黎国家自然博物馆等机构的建立，无疑使意大利学者无法跟上库维尔和拉马克等自然学家在动物学、比较解剖学和植物学等领域进行的协调性的系统研究，使他们只能从事研究当地自然学的特殊性和承担传播其他地方发展出来的理论的小任务。

然而，在18世纪末和19世纪初，对意大利研究的传统负面判断，在那些最接近医疗或兽医实践，以及那些对人力和财政投资需求较少的领域，必须得到矫正。当然，即使在这些领域，意大利也没有出现与更先

---

① [Ramazzini] 第584页。

② [Ramazzini] 第589-590页。

进国家的研究中心相媲美的研究中心，大学教学的平均水平也没有能够设法跟上科学进步的步伐。但同样成为事实的是，可以追溯到马尔切洛·马尔比基和拉扎罗·斯帕兰札尼的传统从未被完全中断，因为在个别学者的工作中依旧产生了宝贵的成果，这些成果往往被后来的历史学家低估了。[①]

对于生理学，除了伽伐尼的划时代实验（我们将在另一部分进行讨论）之外，我们还需要记住路易吉·罗兰多（Luigi Rolando，1773—1831）对大脑的研究，这些研究对定位大脑功能的概念做出了决定性的贡献。[②]

再举一个例子，阿戈斯蒂诺·巴西（Agostino Bassi，1773—1856）对白僵病（一种造成严重经济损失的蚕病）的研究也相当重要，他成功地从一种微小的真菌中找到了病因，对新生的细菌学做出了重大贡献。[③]

4 地质时代的深渊

在18世纪，发生了两次类似的具有重大意义的概念革命。天文学革命的完成是以一个巨大的宇宙取代了封闭的宇宙，即取代了由固定的恒星球体所环绕（哥白尼、伽利略和开普勒仍然相信这一点）的概念，而整个太阳系只是其中一个再小不过的细枝末节。同时，科学也揭示了在时间方面新的和未曾预料到的无限性。

18世纪初的欧洲人相信，宇宙和人类一样，有大约六千年的历史，只要把《圣经》中族长们生长子的年龄加起来，就可以准确计算出来这个数字。在18世纪下半叶，大多数知识分子都意识到，与地球历史（如今估计为数百万年的）相比，人类的历史是短暂的。他们对地壳非常漫长的演变开始

---

① 对这一时期意大利生理学的部分重新评估见于［Dini］的前三章。
② ［Rolando; Dini］。
③ ［Porter］。

有些微的了解，这样的了解与对生命演变获得的认知密切相关，它为对生命的演变进行研究铺平了道路。正如保罗·罗西（Paolo Rossi）所表明的，这是一场涉及考古学家、历史学家和语言学家以及自然学家的革命，但地质学作为一门科学学科的缓慢兴起对它的完成至关重要。[1]

虽然"地质学"一词在1603年已经被乌利塞·阿尔德罗万迪用于与化石相关的领域，但这门新的科学直到18世纪末才被视为能够确立为一门独立学科，尤其是与矿物学的分离。在18世纪，它的研究是由两类人进行的，他们在地质学家的职业形象形成之前就已经产生了：一类人是自然科学家，他们一般都受过大学教育，尤其是他们所涉及的课题将证明对新科学至关重要（如山脉的结构或化石的性质）；另一类人是采矿技术人员，他们的培训最初只通过学徒制进行。

意大利对新生的地球科学的贡献是很重要的，而且这些贡献同样来自这两个类别的专业人士。英国人查尔斯·莱尔（Charles Lyell）[2]对此作出了权威性的证明，他在其著名的《地质学原理》（*Principles of geology*），（1830—1833年出版）中，对自己国家的滞后表示遗憾，并列举了欧洲大陆上最先进的地质学家，与德国人和法国人并列，给了意大利人相当的篇幅。

关于在山区发现的海洋化石的起源讨论，可以追溯到古代，这个讨论持续了整个18世纪，是提出地质演变理论的主要机会之一。为了让大家了解关于这个问题的辩论程度，我们在此举个例子：伏尔泰曾对此给出意见，认为这可能只是一些过路的旅行者所吃的饭菜的残留物。[3] 在18世纪初，最常见的解释是将这些化石的起源归结为普遍的洪水；约翰·伍德沃德在1714年的《地球自然史》（*Naturalis historia telluris*）中提出了一个更复杂

---

[1] 导致现代发现新时间尺度的历史在［Rossi ST］中进行了分析，其中对文化方面表现出了浓厚的兴趣，最近在［Rudwick］中提供了更多技术信息。

[2] ［Lyell］。

[3] 伏尔泰关于这个问题的多个段落在［Rossi ST］第119页中给出。

的理论，假设在地球中心有一个充满水的空洞，与海洋相通，在不同时期可能淹没地球表面并覆盖山脉。

在意大利，安东尼奥·瓦利斯内里在其1721年的作品《在山上发现的海洋生物尸体》（*De' corpi marini che su' monti si trovano*）中谈到了这个问题，威尼斯修道院院长安东·拉扎罗·莫罗（Anton Lazzaro Moro，1687—1764）在其1740年的作品《在山上发现的"甲壳类动物和其他海洋生物尸体"》（*De' crostacei e degli altri corpi marini che si trovano su' monti*）中也涉及这个问题。比安东尼奥·瓦利斯内的工作更有意义的是安东·拉扎罗·莫罗阐述的全新解读，它为新生的地质学提供了一个重要的新元素。他对各种假说都进行了讨论，但没有明确表达自己的立场。在论证了有关化石的有机起源和海洋起源问题，并根据流体静力学的理论排除了水位可能比当时的山脉更高的可能性之后，莫罗以无可挑剔的逻辑推断，山脉一定出现了上升。以小岛的突然出现作为证据，1707年，人们在圣托里诺岛附近突然看见了它，并且看到它在肉眼可见的范围内不断变大，随后在最大的岛屿上发生了强烈的地震。莫罗认为火山的力量是能够通过使山脉从海中冒出来而使其升高的因素：通过这种方式，他不仅成功地解释了山上海洋化石的起源，而且成功地解释了山本身的起源。以我们的观点来看，安东·拉扎罗·莫罗如今被称为"火成论"的这个提法，高估了火山活动造成的影响，这实际上并不是造成山脉形成的唯一因素，但他无疑将一个极具能量的真正的转变原因引入了辩论。区分原始山脉（未分层）和次要山脉（由前者喷出的熔岩层形成）也很重要。莫罗的著作在国外有一定的影响，这也得益于1751年和1775年问世的两个德文版本。但在意大利，尽管得到了拉扎罗·斯帕兰札尼的权威支持，但似乎很少有人接受这个新理论。

安东·拉扎罗·莫罗（曾任神学院院长，后任私立学院院长）基本上是一个"理论"型学者，他的研究主要依靠他的文学知识，而托斯卡纳的自然学家乔瓦尼·塔吉奥尼·托泽特（1712—1783）是一名医生，他积极参与实地研究和公国的科学政策。他在植物学方面做出了重要贡献（他也是佛罗伦萨植物园的管理员），他对托斯卡纳的自然和历史很感兴趣，组织了托斯卡纳的地形测绘工作，并负责各种具有相当经济意义的问题：例如预防饥荒和植物寄生虫的研究（他是这项工作的发起人之一）。在这个章节谈到的主题中，我们对1751年至1754年出版的六卷《托斯卡纳之旅》（*Relazioni dei viaggi per la Toscana*）需要特别介绍，书中包含了丰富的矿物学观察（乔瓦尼·塔吉奥尼·托泽特是18世纪意大利积累最多最丰富的矿物收藏家们之一）和地质观察。[①] 其中，托斯卡纳的地形凸起部分被分为一级山脉和二级山丘。该分类法采用了莫罗的术语，但意义不同。因为它不是基于莫罗书中提出的理论，而是基于对地形的描述性的方面（因此该分类法并不适用于全球所有的地形起伏，而只是对托斯卡纳的地形进行了直接考察，这并非偶然）：原始山脉的特点是存在蜿蜒的地层，次级山脉被认为是最近形成的，其特点是水平地层。

维罗纳人乔瓦尼·阿杜诺（1714—1795）是地质学的主要先驱之一，他是一位具有采矿背景的古典型学者。在威尼斯当局即将任命他为农业总监时，他进行了自我介绍。在他描述自己受到的教育的页面中，我们看到了很多有意义的东西：

我在青少年时期学习过文学，然后在维罗纳学习了几年的绘画；在我还年轻的时候，我去了克劳森的矿场和蒂罗尔的其他地方，在那里学习冶金；在机会的引领下，在我对普遍的矿物学和关于化石王国的一切科学非常强烈的倾向和发自内心的推动下，我去了那里。

要在这个著名的学科上取得成功就必须了解几何学，特别是实用几何学，并且至少对刚体和流体的静力学、力学、水力学以

---

① [Vaccari CSN]。

及矿物建筑学有足够的了解。有必要知道如何从山的外表推断其内部结构，在它们的内部，哪些潜藏着真正的矿物，这些是对于化学学科的科学探索和真正的实践；检测，即一门通晓如何对所有种类的矿物和化石进行精确的测试并知道如何发现它们的性质、混合物和所含物质的艺术，是绝对不可缺少的；同样，自己知道如何整理、放置，并在必要时进行金属和其他矿物物质的融合、分离和提纯的能力也是必不可少的。[1]

乔瓦尼·阿杜诺在蒂罗尔的学徒生涯结束后，一直与德国矿业界保持着联系（这一点从他使用的术语中也可以看出来，他的术语中含有大量的德语词汇）。他进行了大量的采矿活动，首先在维琴察担任希奥矿场的主管，然后在托斯卡纳（在那里他还担任了公国的矿场主管）和摩德纳工作，之后回到了维琴察。从托斯卡纳时期开始（在此期间，他与乔瓦尼·塔吉奥尼·托泽特有联系），他的兴趣越来越多地从矿业基础扩大到他自己在1760年出版的《关于各种自然现象的信札》(*Due lettere sopra varie osservazioni naturali*) 中被定义为"地质学"的领域。起源于尼古拉斯·斯坦诺的地层学本身并不新鲜，但阿杜诺在他的信中提出了一个新的地层划分：将整个地球表面（而不仅仅是山区）分为四个等级的地层，并以不同的矿物成分为特征。尽管阿杜诺使用了初级、次级、三级和四级等术语，却没有赋予它们如今所使用的时代顺序意义（这些术语有时被误写），而他在这个方向上跨出了意义深远的步伐。同样在1760年，他在给小安东尼奥·瓦利斯内里的信中，就不同地层中包含的化石问题写道：

> 上述水生、石化动物物种的完善程度不同，在被我分类为次

---

[1] 这些段落在 [Vaccari GA] 第27页、第29-30页。

级的山脉地下层中比较粗糙、不完善，在上层中根据后来形成的顺序逐渐变得完善起来，以至于在最后一层，即形成山地和第三层丘陵的山地中，我们看到这些物种的形态很完善，而且在各个方面都与现代海洋中可以看到的相似。[1]

这是一段很少有人注意到的内容，[2]尽管它明显预言了后来的地层古生物学。在乔瓦尼·阿杜诺的其他重要贡献中，包括承认岩石形成过程中各种原因的并存：与冶金过程的类似使他相信火成岩形成过程的重要性，但同时他也认识到了水在其中起到的重要作用，不仅因为它的冲刷作用，而且因为溶液中物质的结晶作用，能够推动各种石头和大理石的产生。乔瓦尼·阿杜诺和他那个时代的其他学者一样，[3]坚持现实主义的立场，认为在过去的地球中发挥作用的力量，今天仍然存在。

乔瓦尼·阿杜诺的地质研究并没有让他结束作为技术人员的工作。18世纪60年代，他与来自摩德纳的陶瓷技师杰米尼亚诺·科齐（Geminiano Cozzi）合作，根据阿杜诺的建议，科齐是第一个将高岭土用于瓷器工业生产的人。[4]理论和实践知识之间的密切关系在阿杜诺的思维中至关重要，并成为他所坚持的现实主义立场的基础。

其他对古生物学做出重要贡献的意大利学者包括雅格布·巴托洛梅奥·贝卡里（Jacopo Bartolomeo Beccari，1682—1766）和安布罗吉奥·索尔达尼（Ambrogio Soldani，1736—1808），他们被普遍认为是微观古生物学，即微观化石研究的奠基人。我们之后还将与作为生理学家和化学家的雅格布·巴托洛梅奥·贝卡里再次见面。

[1] 引自［Vaccari GA］第176页。
[2] 它的重要性在［Vaccari GA］第177页中被强调。
[3] 乔瓦尼·阿杜诺对来自贝卢诺的医生雅各布·奥多尔迪（Jacopo Odoardi）和小安东尼奥·瓦利斯内里就这个问题所写的内容也表示了赞同。参阅［Vaccari GA］第183-185页。
[4]［Vaccari GA］第190-191页。

第六章　意大利科学的边缘化（1670—1839）

在 18 世纪下半叶的欧洲，采矿业开始从大量的矿业知识中受益，这些知识是采矿业技术人员做出的重要贡献带来的：不仅化学和矿物学这些不可或缺的科学得到了极大的发展，而且用于确定矿址的地质知识也变得有用。从 18 世纪 80 年代开始，古生物学开始被用来确定地质层。因此，需要有专门的机构来培训采矿技术人员，一些欧洲国家成立的"采矿学院"，在矿物学和地质学领域的专业培训的重要性随着时间的推移而逐渐增加。[①] 其中第一所是萨克森选侯国（Elettore di Sassonia）于 1765 年在弗莱贝格建立的弗莱贝格工业大学（该国的经济自中世纪以来一直严重依赖银矿），它为后来建立的其他学院提供了模式，特别是哈布斯堡帝国于 1770 年在班斯卡什佳夫尼察（今斯洛伐克）建立的学院，以及普鲁士于 1774 年在柏林建立的学院。其他欧洲国家也出现了多所矿业学院：在法国，矿物学和地质学的专业培训被委托给 1783 年在巴黎成立的皇家矿业学院，该学院也受到弗莱贝格模式的影响，但采用了更多的理论教学；古生物学研究当时主要在 1793 年在巴黎成立的国家自然历史博物馆中组织进行，在那里出现了著名的库维尔古生物学派，同时也受益于许多在国外组织的科学考察活动。

在英国，也许是由于私有矿山的分散化，[②] 直到 1851 年才出现采矿学校。在 19 世纪的头几十年，对于该领域的英国学者而言，前往欧洲大陆学习仍然是培训必不可少的一部分。

在意大利，早在 1752 年就在都灵兵工厂开设了一所矿物学学校，专门用于培训一些军官，但除此之外再没有出现类似于德国和法国的培训机构。这也毫不奇怪，从 18 世纪的最后几十年开始，意大利的地质学和古生物学研究在没有国家机构和项目支持的情况下，越来越难以与欧洲主要国家的研究相抗衡。

19 世纪初最重要的意大利古生物学家可能是乔瓦尼·巴蒂斯塔·布罗

---

① [Vaccari AM]；[Brianta]。

② [Vaccari AM] 第 165 页。

基（Giovanni Battista Brocchi，1772—1826），他在拿破仑时期是意大利王国矿业委员会的监察员（采矿与古生物学研究的关系一直很密切）。他在矿物学、动物学和植物学方面的研究扎根于在整个半岛和埃及进行了不懈地实地研究。他的主要著作《亚平宁化石贝壳学》（*Conchiologia fossile subapennina*）于1814年分两卷出版，对地层古生物学做出了重要贡献。在题为《对物种灭绝的思考》一章中，乔瓦尼·巴蒂斯塔·布罗基解决了化石中记录的物种消失的问题。当时关于这个主题有3种主要论点：一些人赞成林奈的观点，认为动植物只是搬到了其他地方，具体位置还没有被人们观察到；相反，乔治·居维叶（Georges Cuvier）承认物种灭绝，将其原因归结于周期性的自然灾害；最后，让-巴蒂斯特·拉马克提出了化石物种逐渐转变为目前存在的物种的假设。乔瓦尼·巴蒂斯塔·布罗基对之前的3个论点都表示了反对，他认为物种整体和个体一样，会根据控制其发展的规律走向自然死亡。

乔瓦尼·巴蒂斯塔·布罗基的工作获得了许多国际奖项，但更多的是由于他提供的在意大利发现的化石的新信息，而不是他对普遍生物学辩论的贡献。[1] 有意思的是，一些历史学家为了强调其重要性，专门指出乔治·居维叶本人曾对它大加赞扬[2]：意大利研究从属于各大学派，特别是法国学派，表现得十分明显，并且人们认为半岛的学者除非对当地自然主义特征做出令人称道的贡献，才能够跻身于研究前沿的行列。

最后我们还需要提到，在地球科学的边缘，有一个领域，在我们这个时代甚至不能被认为是完全科学的，但该领域的意大利学者由于显而易见的原因长期保持着卓越的地位，特别是对地震和火山爆发的研究。维苏威

---

[1] 然而，乔瓦尼·巴蒂斯塔·布罗基关于灭绝的论文并非完全没有得到关注：例如，查尔斯·莱尔就提到了它，见[Lyell]第255-256页，同时他也多次提到这位意大利古生物学家。

[2] [Giacomini]。

天文台的历史图书馆包含了丰富的 17 世纪和 18 世纪的意大利文本，这些文本主要是在根据历史的观察基础上对这些主题进行了讨论。例如，由伊格纳齐奥·索伦蒂诺（Ignazio Sorrentino，1663—1737）撰写的 1690—1730 年维苏威火山爆发的纪事，其中包含对火山产物的沉积学和当地火山岩的有趣观察，如"坎帕尼亚凝灰岩"。

本笃会的安德里亚·比纳（Andrea Bina，1724—1792）曾经从事水利工程和电力方面的工作，1751 年，在他的作品《关于地震原因的推理》（*Ragionamento sopra la cagione de' terremoti*）中，详细描述了他发明的地震记录机制的功能。该仪器由一个沉重的钟摆组成，配备了一个可以在沙子上做记号的尖角：从凹槽的方向和宽度可以推断出震荡的方向和强度。该装置被许多人认为是第一个钟摆式地震仪。①

5 从"电之夜"到电化学

至少从米利都的泰勒斯时代（约公元前 600 年）起，人们就知道擦过的琥珀具有吸引非常轻的物体的特性，他将其与磁铁的效果联系起来。普鲁塔克对这一现象的解释是，将摩擦的效果归结为打开孔隙，通过这些孔隙中能够逸散出一些发射物，这些发射物能够创造出真空来吸住物体。②

1550 年，吉罗拉莫·卡尔达诺在《精度》中列出了磁铁和琥珀效果之间的一些差异。同年，吉罗拉莫·弗拉卡斯托罗在《对物体的吸引与排斥》中指出，即使是钻石，如果被摩擦，也能吸引小的物体。"电"这个词出现于 1600 年，当时威廉·吉尔伯特在《论磁石》中扩展了卡尔达诺的清单。在其他方面，这位英国学者概括了吉罗拉莫·弗拉卡斯托的观察，指出琥

---

① [Gliozzi]。
② 普鲁塔克，《柏拉图问题》（*Platonicae quaestiones*），公元前 1005 年。普鲁塔克对磁性提供了类似的解释，这也在卢克莱修《物性论》，VI，第 1022-1041 页中有所报道。

珀（希腊语为"Elektron"）与磁铁不同，但与其他各种物质存在共性，这些物质被他称为电体，具有摩擦时吸引同属性小颗粒的特性。①

在17世纪，电的实验研究吸引了意大利和国外各种科学家的兴趣。耶稣会士尼可罗·卡贝奥在其1629年的《磁力哲学》一节中专门讨论了这个问题，概述了受普鲁塔克所传播的古代解释启发的理论。他的论述首先因其描述的实验而具有一定的重要性，其中许多实验似乎是原创的。特别是，尼可罗·卡贝奥显然是第一个描述由于静电产生排斥现象的人。他观察到一个通电的物体，在吸引小的金属碎片后，通过传导给它们充电后将它们推开。然而，他没有注意到任何排斥性，只是将这种效果描述为简单的反弹。

西芒托学院进行了许多实验，目的是确定新的导电物质，并试图改变引起吸引力的所谓发射物。这些实验例如通过改变温度、在托里切利式真空中进行、以各种方式屏蔽通电体、将其弄湿等方式研究这种效果。②

这个话题在阿塔纳修斯·基歇尔③和他的圈子里引起了很大的兴趣。阿塔纳修斯·基歇尔开创了一种持续了很长时间的时尚。在他创建于罗马的著名博物馆中组织了一系列电气现象展览，这些现象是从那些可以激发公众想象力的展览中遴选出来的，例如，它展现了用蜡烛的烟雾摩擦琥珀或

---

① [Gilbert]，第二册，第二章第74-96页。关于吉尔伯特的论文对卡尔达诺和弗拉卡索罗的论文的部分依赖性（两者都被吉尔伯特标注了引用），也见于[Heilbron]，第174-175页。吉尔伯特指出，除了钻石之外，许多其他宝石和其他物质也具有"电"的特性。
② 洛伦佐·马加洛蒂的《自然实验论文集》中只提到了少数实验；其他许多实验都记录在学院保存的未发表的日记中，见[Magalotti]第247-252页；[Heilbron]第198-202页。
③ 德国耶稣会士阿塔纳修斯·基歇尔（1602—1680）自1635年以来一直活跃在罗马，他在罗马学院组织了欧洲的"好奇阁"之一，在那里他收集了他认为可能引起人们兴趣的各种物品：有考古发现的小物件、自然物体和他自己设计的机器。在这个博物馆里，他还组织了使用魔法灯笼和其他"科学"仪器的表演。其中，以自己的方式获得所有知识，但始终偏爱自然魔法的阿塔纳修斯·基歇尔认为自己能够阅读埃及象形文字，但他的"阅读"基于文字符号所具有的神奇和象征价值，最终被证实是一个纯粹幻想的果实。在声名扫地几个世纪之后，这位17世纪的耶稣会士在20世纪末"卷土重来"，这可能是由于他神奇而壮观的科学概念得到复兴。

使花朵向煤块鞠躬的效果。① 在阿塔纳修斯·基歇尔的耶稣会学生中，最重要的贡献来自弗朗切斯科·拉娜·泰尔齐（Francesco Lana Terzi）。在她1670 年的《先兆》（*Prodromo*）中（之所以被人记住，首先是因为它包含了一个由产生了真空的球体提升的"飞行船"的设计）中，拉娜与基尔歇处于相同的自然魔法背景下，但他描述了许多他自己和其他人进行的实验，写出了 17 世纪关于电的最完整的论文。②

从那时起，意大利的研究似乎也在这个主题上停滞不前。18 世纪上半叶，对电现象的研究尤其在英国、法国、德国、荷兰和美国取得了进展。不提理论阐述，只说当时，在 30 年代制造了第一台能够积累电荷的静电机器；并在 1746 年制造了第一个电容器（莱顿瓶）；还设计了电探测器；并且在 1747 年出现了第一个带有刻度的验电器，由让·安托万·诺莱（Jean Antoine Nollet）设计用于测量身体的带电程度（尽管这种设备实际测量的内容这个问题长期以来一直悬而未决）；18 世纪中叶，本杰明·富兰克林在避雷针中发现了电学的第一个实际应用。

尽管刚刚列出了这些进展，但在 18 世纪的大部分时间里，可以说几乎完全没有数学工具和实用应用的电学研究仍然局限于科学的外围领域。这是一个首先适合好奇阁或电之夜的主题，在那里，通过设法让被邀请来的女士们感到"震惊"或通过展示颜色各异的装置来获得讲座的成功。在法国，让·安托万·诺莱长期以来被认为是最伟大的电力专家（图 12），也因其组织此类娱乐活动的出众能力而闻名。

在这个被欧洲主要研究中心忽视的领域，18 世纪一些最伟大的贡献来自一个自学成才的美国政治家—本杰明·富兰克林。意大利学者在这个领域中能够比在物理学的其他领域更好地找到一席之地，也实在不值得惊讶。

有利于意大利学者参与电学研究的一个因素是因为它们与生理学接

---

① [Heilbron] 第 185 页。
② [Heilbron] 第 190 页。

图 12 让·安托万·诺莱在凡尔赛宫廷中展示了通过电击年轻人所获得的效果,来自 [Nollet]

近,关于这一点在意大利出现的第一部完全致力于该主题的作品中已经有所提及:1746 年在威尼斯匿名出版的论文,长篇标题为《关于电学:或者说,关于实验物理学揭示的物体的电力,广泛地宣称电光的性质和奇

第六章 意大利科学的边缘化（1670—1839）

妙的特性；添加了两篇关于此类力的医疗用途的论文》（*Dell elettricismo: o sia, Delle forze elettriche de' corpi svelate dalla fisica sperimentale, con un' ampia dichiarazione della luce elettrica sua natura, e maravigliose proprietà; aggiuntevi due dissertazioni attinenti all' uso medico di tali forze*），其中对电光的性质和奇妙的特性进行了广泛阐述；还有两篇与这些能量的医学使用有关的论文。所提到的电光当然是指火花的电光。这篇论文采用叙事手法，系统地阐述了欧洲电学研究的状况。其中有一些值得注意的原创元素，特别是在电流体的理论中，文章认为，因为电流体是由相互排斥的粒子形成的，所以被认为是膨胀的。从技术角度来看，对真空中观察到的电的描述也很有趣（对卡贝奥挖掘出来的旧式解释进行了证伪），还有各种类型的电子计（Elettrimetri）（这个词在其他地方没有被证实，在意大利语中之后被静电计"Elettrimotro"或电镜"Elettroscopio"这两个词取代），其中阐述了早期的有关电流体理论之一。还提出了"生命活力"的物质与"电物质"[①]相同的猜想，并讨论了如何给猫通电或给女士"电击"的问题。作品最后研究了电可能适用的医学应用。显然，作者是一名医生，并最终被确认为尤西比奥·斯瓜里奥（Eusebio Sguario），他是一位有声望的专业人士，或许不愿意将自己的名字卷入被认为不合格的研究中，从而损害自己的名誉。[②]

其他医生，如朱塞佩·维拉蒂（Giuseppe Veratti，1707—1793），探索了电的治疗应用可能，但意大利研究的转折点来自皮埃蒙特的一位虔诚的学校神父乔瓦尼·巴蒂斯塔·贝卡里亚（Giovanni Battista Beccaria，1716—1781），他是都灵大学的物理学教授。本杰明·富兰克林在1747年起发表的一系列作品中提出了一个理论，根据该理论，每个物体都含有一定数量的天然"电液"，这些电液处于平衡状态，就不会造成任何影

---

① [Sguario] 第358-360页。关于路易吉·伽伐尼（Luigi Galvani）之前提出的许多关于"动物电"的假说，见[Pera]第63-68页。

② [Scienziati Settecento] 第835-836页。

› 261

响。当天然电液的数量过多或不足时，平衡被改变，身体就会带电。尽管富兰克林的论述组织较差，而且往往前后文不连贯，但贝卡里亚仍然意识到，这位自学成才的美国人的见解，为那些能够赋予这个主题以更科学的形式的人开辟了空间。为此，他撰写了《人工和自然电力书籍二》（Dell'elettricismo artificiale e naturale libri due）一书，于1753年在都灵出版。该书包括许多原始实验的描述和对理论的各种调整，为欧洲科学家接受单流体理论做出了重大贡献。[1] 乔瓦尼·巴蒂斯塔·贝卡里亚的原始贡献之一是找到了能够测定两个导体之间放电方向的方法。不难猜到，富兰克林对这位意大利人的工作充满热情，并开始了与他长达30年的通信。

然而，英国物理学家罗伯特·西默（Robert Symmer）认为单流体理论似乎与各种实验不相容，他在1759年再次提出了法国人查尔斯·弗朗索瓦·德·西斯特奈·杜菲（Charles François de Cisternay du Fay）已经提过的两种对立流体的理论，并对其进行了修改。一位来自都灵的解剖学家、曾是乔瓦尼·巴蒂斯塔·贝卡里亚学生的意大利医生乔瓦尼·弗朗切斯科·西尼亚（1734—1790）加入了这场辩论，并找到了支持双流体假说的实验论据。[2] 1769年，乔瓦尼·巴蒂斯塔·贝卡里亚通过发展一个基于报复性电力概念的复杂变体来为单流体理论辩护。[3]

1775年，亚历山德罗·伏特（1745—1827）通过一封信的发表参与了这场争论，他在信中根据自己发明永久起电瓶的经验，反对乔瓦尼·巴蒂

---

[1] 关于富兰克林的工作和乔瓦尼·巴蒂斯塔·贝卡里亚的工作之间的关系以及后者的影响，见 [Heilbron] 第 365-372 页。

[2] 乔瓦尼·弗朗切斯科·西尼亚的一个实验是通过用带电的丝带接触绝缘的铅板并将手指靠近铅板来进行的。铅板和手指之间产生了火花。通过移除丝带，人们可以验证其带电性没有变化，并且实验可以重复多次，每次都能获得新的火花。用富兰克林和乔瓦尼·巴蒂斯塔·贝卡里亚的单流体理论似乎很难解释这样的实验，因为必须假定带子可以提供无限量的电流。

[3] 该理论基于这样的假设：如果两个物体被相反地电化（一个有多余的电液，另一个有缺陷的电液），使它们接触而消除的电在分离时又恢复了。该理论的应用需要复杂的论证，对许多类实验中的每一个都不同。

斯塔·贝卡里亚的理论。① 我们在此没有必要去讨论亚历山德罗·伏特的理论优点，因为他的理论也很繁琐，而且注定是昙花一现。同样没有必要去讨论关于起电瓶发明的优先权的争议，因为好几个物理学家都宣称自己有这种发明。事实上，伏特的仪器（一个带绝缘手柄的金属圆盘，放在一个同样绝缘的表面上）并不特别新颖，因为它能够进行的实验是被许多学者已经进行过类似的，其中就有乔瓦尼·弗朗切斯科·西尼亚。② 然而，有意思的是，亚历山德罗·伏特以他的论点和他的起电瓶，不仅成功地击败了报复性电力理论，而且还马上造成了巨大的国际反响。显然，尤其应该感谢乔瓦尼·巴蒂斯塔·贝卡里亚和他的学校，使得意大利科学家在电力主题上重新获得了他们在物理学和数学中缺乏已久的知名度。

伏特后来的贡献之一，是在1782年的回忆录中向国际社会介绍了他两年前发明的电容器：③ 一种基本上通过在起电瓶上涂抹绝缘漆而获得的仪器，其目的是检测少量的大气电。它不是第一个电容器——如今我们知道1746年制造的莱顿罐才是最先出现的。然而，是伏特的作品引入了电容器的概念和术语（后来被翻译成其他欧洲语言），并提供了一个理论定量：

> 不需要很长时间就能发现，一个给定量的电力以较小的强度产生的情况下，有更大的容量，或者说，当需要更多的电力来达到一定的强度时，道理是相同的；反之亦然。简而言之，容量和电力，或电压，是成反比的。

---

① 这封信是寄给英国科学家约瑟夫·普利斯特里（Joseph Priestley）的，可以在［Volta OS］第93-100页中找到（但印刷版中的增编不见了）。另见［Heilbron］第412-421页。

② 用起电瓶进行的实验特别是与上文第266页注2提到的乔瓦尼·弗朗切斯科·西尼亚的实验非常相似。在电场中，绝缘表面所起的作用与西尼亚实验中的丝带相同。

③ 亚历山德罗·伏特，《制造最弱电的方法，无论是自然的还是人工的，都非常敏感》（*Del modo di rendere sensibilissima la più debole elettricità sia naturale sia artificiale*），哲学汇刊，72（1782），第237-280页；转载于［Volta OS］第120-152页。另见［Heilbron］第453-457页。

我将在此原则上指出，我用电压一词来表示（我很乐意用这个词来代替强度）带电体的每一点，为处理其电力并将其传递给其他物体而作出的功；这种功力在能量上一般对应于吸引、排斥等迹象，特别是测电器被拉长的程度。①

这里介绍了电荷、容量和电压的关系，今天用公式 Q=CV 表示，称为"伏特定律"②，这可能是电学中引入的第一个定量关系。

为了发展电学，当时正规的物理学学习似乎没有什么用处：富兰克林 10 岁就离开了学校；亚历山德罗·伏特在耶稣会学院学习，但从未进入大学学习；在我们提到过的意大利人中，尤西比奥·斯瓜里奥和乔瓦尼·弗朗切斯科·西尼亚是医生。他在 1791 年出版了《肌肉运动中的电学原理》(*De viribus electricitatis in motu musculari commentarius*)，③发起了现代科学最重要的辩论之一。他与亚历山德罗·伏特对立，并牵涉当时的许多科学家。④

这项工作是基于一系列涉及电力和青蛙的肌肉和神经系统解剖的长期实验。1781 年 1 月 26 日，有一个实验引起了人们特别的注意，并被人们传统上记录为路易吉·伽伐尼的"第一个实验"，当时人们注意到，如果用手术刀的刀尖触碰一只剥了皮的青蛙腿上的神经，而旁边的人用手指从静电机上引出火花，使其放电，腿上的肌肉就会明显收缩。"第二次实验"（按照通常采用的传统编号）是在 6 年后进行的，在没有人工电力干预的情况下，仅仅通过将连接到四肢肌肉的金属导体与插入脊髓的另一个金属导体接触，

---

① [Volta OS] 第 138-139 页。

② 亚历山德罗·伏特后来借助数字举例说明了这种关系。当然，这三个量还没有形成它们目前的含义，它们是通过口头"定义"（如亚历山德罗·伏特对电压的定义）和引入这样的定量关系以及测量仪器的设计之间复杂的相互作用而形成的。

③ 意大利文译本见 [Galvani OS] 第 237-320 页。

④ 关于路易吉·伽伐尼和亚历山德罗·伏特之间的争论，[Pera] 和 [Bernardi FV] 中的内容是十分有用的。

就引起了同样的收缩。通过分析这些和其他许多实验，路易吉·伽伐尼认为他最终可以证明人们经常作为假设的动物电的存在，他认为这种电是在肌肉中形成并通过神经排出的。粗略地对他的复杂论点进行概括，可以说，根据路易吉·伽伐尼的说法，第一个实验显示了电的生理效应，第二个实验显示了生物体自主产生的电的存在。

亚历山德罗·伏特重复了路易吉·伽伐尼的"第二个实验"，并给它一个完全不同的解释：从纯物理的角度观察现象，他把注意力集中在用于连接神经和肌肉的双金属电弧上，并做出电力来自金属的异质性，而不是来自青蛙的假设。双金属电弧对路易吉·伽伐尼来说，具有导体的被动性功能，而对伏特来说则具有电动势的主动性功能。

1794年，路易吉·伽伐尼进行了另一项实验，他认为这项实验至关重要：他撤除了金属，通过连接神经和肌肉获得了收缩，没有任何金属或任何其他物体的干预。亚历山德罗·伏特反对说，在这样的实验中，必须湿润神经和肌肉之间的接触点，并认定湿润的导体是电的发生器。为了证明这一点，他进行了进一步的实验，并在1796年年底，由于他的电容测电仪，他完全除去了青蛙的存在，只靠通过两种金属的接触就能够检测到电的流通。

在他写给拉扎罗·斯帕兰札尼并于1797年出版的《动物电学回忆录》（*Memorie sull'elettricità animale*）中，伽伐尼澄清了他和伏特的立场之间的差异。

> 他（伏特）希望这种电与所有物体所共有的电相同；而我，我认为这种电是特别的，只适用于动物的。他认为不平衡的原因存在于所使用的设备中，特别是存在于金属的差异中；我则认为这个原因存在于动物机器中。他把这种原因定义为偶然的和外在的；我则认为是自然的和内在的。如果我们只从不平衡这一点来

考虑，①他把一切归于金属，没有归于动物；我把一切归于动物，没有归于金属。

路易吉·伽伐尼认为，他将通过进一步的实验（今天被电生理学家认为是最基本的）来一劳永逸地决定这个问题。在这个实验中，他只通过青蛙两条大腿的脊椎神经进行接触，消除了任何外来物质的使用。

路易吉·伽伐尼通过许多其他实验，试图将异质金属导体之间接触所产生的效应放大（现称为接触起电），并利用导体和电解质系统，创造出了伽伐尼电池：这是第一次创造出有可能连续生产和使用电力的装置，在此之前，在实验室中只能以静电的形式使用。1800年3月20日，路易吉·伽伐尼在寄给英国皇家学会主席的信中宣布了他的装置的发明：

> 经过长时间的沉默，对此我不奢求您的谅解，但我很高兴向先生，您，并通过您向皇家学会通报一些奇妙的成果，这些成果是我在进行不同种类的金属简单的相互接触，以及通过其他不同种类的导体的接触所激发的电的实验中得出的。无论是液体还是含有一些其他物质，它们的导电能力都是由此引起的。这些结果中最主要的一个，甚至可以说它几乎包括了所有其他的结果，就是建造了一种仪器。就其效果而言，也就是说，就其能够在很多方面引起的骚动而言，它类似于莱顿瓶。而且更好的是，它类似于带弱电的电堆。但是，这种电堆能够不断地发挥作用，也就是说，其电荷在每次放电之后都会自行恢复，总之，它得益于一种不灭的电荷，一种电力，或一种对电液实行的永久性冲力。是的，我所说的仪器，或许会让您感到惊奇，但它不过是一些不同类型的优

---

① [Galvani OS] 第429页。

| 第六章　意大利科学的边缘化（1670—1839）|

良导体以一种特殊的方式排列之后的组合。①

电堆的发明为亚历山德罗·伏特带来了无可争议的科学荣耀，最终为对他有利的长期争论画上了休止符。这至少是19世纪实证主义历史学流传下来的版本，并长期存续到20世纪。然而，今天很明显这两位科学家的理论都是科学的，构成了两个模型。这两个模型足以有效地开辟新的途径，但不足以完全描述它们所设计的实验中出现的复杂现象。生理学家通过移除金属并结合神经和肌肉获得了收缩；物理学家通过移除青蛙并以适当的方式结合金属，获得了电流。他们中的一个人正确地掌握了动物电的存在，另一个人掌握了不同金属之间接触的效果，但他们都无法解释对方的实验，甚至他们自己的实验也并非被完全解释出来。特别是亚历山德罗·伏特，他不明白他所发明的电堆并不是仅仅通过不同导体之间的接触，即通过现在以他的名字命名的效应（这将很快导致平衡的情况），而是通过在他认为只是被动导体中发生的一系列化学反应来发挥作用。

亚历山德罗·伏特的胜利还占了与年龄有关的便宜（路易吉·伽伐尼于1798年去世，他最有影响力的支持者拉扎罗·斯帕兰札尼也于1799年去世）。这首先得益于18世纪末物理学在生理学方面享有更大的文化声望，以及电堆开辟的新技术可能性，这些都被立即察觉到。而电生理学的发展将导致路易吉·伽伐尼的一些想法得到恢复，这将是非常缓慢的过程。亚历山德罗·伏特提供仪器作为佐证其理论的策略（在与贝卡里亚的争论中，他提出了起电瓶，在与路易吉·伽伐尼的争论中，他提出了测电器和电堆）也有助于他的胜利。② 这并不奇怪，工具，特别是当它们的有用性一经发掘，比理论更具有说服力。

路易吉·伽伐尼当然没有被遗忘，"用直流电予以刺激"（Galv-

---

① 这封信发表在《皇家学会会刊》第XC卷第二部分第403页以下，是用法语写的。我们使用了马里奥·格里奥齐（Mario Gliozzi）在 [Volta OS] 中的翻译第514-534页。

② 关于亚历山德罗·伏特的策略，见，例如，[Pera] 第177页。

› 267

anizzare）的存在就证明了这一点：对于一个科学家来说，在非技术词典中被记住当然是一种特殊的、也许是独一无二的荣誉。路易吉·伽伐尼在19世纪初的影响还可以从"生命原理具有电性本质"这一思想的传播中看出。虽然在当时，电可以构成某种自然界的统一元素的想法变得很流行，而且还想象出一种浪漫和定性的电学，与启蒙运动和数学力学相对立，但是对路易吉·伽伐尼的记忆在技术层面上被蒙上了一层阴影，使得科学界对这一争议的意见不平衡地倾向于亚历山德罗·伏特。

在许多人眼里，各种因素有助于将伽伐尼理论推入科学的黑暗领域。从试图利用伽伐尼的成果为诸如通过动物电感应物体[1]等伪科学辩护，到"动物电"与弗朗茨·梅斯梅尔[2]倡导的"动物磁"之间可能存在的联系。这一论调也被许多"电医学"（认为电击是一种几乎普遍的救助措施）的支持者提出，再到伽伐尼的外甥（他创造了"电化学"一词）为吸引公众对他叔叔的研究和他本人研究的兴趣而选择的拙劣手法。乔瓦尼·阿尔迪尼（Giovanni Aldini，1762—1834）是一位拥有博洛尼亚大学学位的物理学家，是伽伐尼家中一个姐妹的儿子。他已经参与了伽伐尼的部分研究，并沿着这条道路继续，将他舅舅的研究扩展到温血动物，并与伏特的发现相结合（他实验了电堆产生的电流对肌肉的影响）。但他同样组织了不少恐怖而惊心动魄的展览并大大赢得了公众和媒体的注意力，他在展览中展示了电流对被处决者的尸体产生的肌肉收缩作用。[3]

---

[1] 必须指出的是，亚历山德罗·伏特和拉扎罗·斯帕兰札尼共同参与了反对这类科学庸医传播的斗争。
[2] 弗朗茨·梅斯梅尔（Franz Anton Mesmer，1734—1815）认为，身体产生了一种重要的磁力，它可以用于治疗目的。1784年，法国学院任命的一个权威委员会否认了他的理论的科学性，但未能阻挡他吸引的众多追随者。
[3] 最著名的表演是1803年在伦敦的表演［Parent］。阿尔迪尼在1807年于伦敦发表的关于电流的研究著作《电化作用的后期改进》中，还提出过通过电可以使尸体复活的假设。1818年，玛丽·雪莱（Mary Shelley）在她著名的《弗兰肯斯坦》（*Frankenstein*）中重新提出了这个想法，其中正是通过电流使无生命的怪物被赋予了生命。

回到乔瓦尼·阿尔迪尼和亚历山德罗·伏特之间的争论，还必须指出的是，这场争论引发了一场明确的国际辩论，并没有简单地以坚持一方或另一方竞争者的论点而告终 [在下一段中，我们将提到乔瓦尼·法布罗尼（Giovanni Fabbroni）的原始立场，但许多其他科学家以自己的想法对这个立场进行了干预]，也没有像人们长期认为的那样基于学科划分造成先入为主的立场。[1] 有物理学家和数学家反对亚历山德罗·伏特，也有医生为他辩护，而有些人则改变了自己的观点，例如化学家路易吉·瓦伦蒂诺·布鲁格纳泰利就三次改变了自己的观点。

在18世纪和19世纪之交，首先要感谢亚历山德罗·伏特的成果和夏尔·奥古斯丁·德·库仑（Charles Augustin de Coulomb）在1785年至1791年期间发表的作品。这些作品都是在使用了精细的实验仪器的基础上进行的，电学因此进入了一个新的阶段：放弃了其作为先锋学科和边缘领域的性质，迅速在物理学中获得了重要的地位。一方面，库仑定律也因其与引力定律相同的形式，展现出了利用数学物理学工具来解决电学问题的可能性，尽管这样的工具是为力学研究而开发的；另一方面，亚历山德罗·伏特的研究（尽管它也对引入定量关系做出了一些贡献，但首先是在定性物理学领域进行的，尤其是在这一领域还开发了能够检测微小效应的仪器），随着电堆的建造，开辟了一个涵盖大量应用可能性的新世界，其对化学的巨大助益也立即显现出来。事实上，电堆在他发明的同一年就被用于电解水。1807年，电解法使汉弗里·戴维（Humphry Davy）发现了钾、钠、钡、钙和镁。与此同时，路易吉·瓦伦蒂诺·布鲁格纳泰利已经开始将电解技术应用于电镀镀金的过程。根据上文中已经提到的种种事例来看，在19世纪头几十年里，关于电的研究迅速增加的同时，意大利学者的贡献也在减少，他们再也没有发挥过在路易吉·伽伐尼和亚历山德罗·伏特争论时那样的主导作用，

---

[1] 这两点在 [Bernardi FV] 中得到了澄清。

这也不足为奇。然而，这一传统并没有停止，并继续产生重要的成果，正如我们将在下一章谈到的那样。

在19世纪的前几十年，意大利最重要的贡献涉及与生理学有关的研究（如阿尔迪尼已经提到的那些）和仪器的制造。对亚历山德罗·伏特的起电瓶进行改进：能够突出一个小的初始电荷，并使其倍增以产生火花，这是由提比略·卡瓦洛（Tiberio Cavallo）、阿梅代奥·阿伏伽德罗（Amedeo Avogadro）（他在化学方面的成就更加著名，我们将在后面讨论到）和朱塞佩·贝利（Giuseppe Belli）[①]设计的；1812年，维罗纳修道院院长朱塞佩·赞博尼（Giuseppe Zamboni）发明了能够提供3—5千伏电压的干电池，用于驱动钟表和其他设备[②]；1830年，朱塞佩·多梅尼科·博托（Giuseppe Domenico Botto）描述了一个电动机的原型。

在19世纪早期研究电力的意大利学者中，最杰出的（继亚历山德罗·伏特之后，但其主要成果可以追溯到前一世纪）可能是莱奥波尔多·诺比利（Leopoldo Nobili, 1784—1835），[③]虽然他是一位物理学家，也研究过分子间作用力、光学和热学，但他的记忆（因与法拉第对立的严酷争论而受损）首先与电研究有关，他在研究中涉及电流的生理效应、电化学、新生的电磁学，尤其是仪器的设计。为了研究生物体中存在的微弱电流，他于1825年制造了高灵敏度的无定向电流计，[④]并于1827年首次在有机组织（青蛙）中检测到电流，但他不知道如何解释，将其归结为物理效应。[⑤]莱奥波尔多·诺比利还

[①] ［Leschiutta］,［Belli］。

[②] ［Leschiutta］第13页。

[③] 可在莱奥波尔多·诺比利的［Tarozzi］文章中阅读到相关内容。

[④] 形容词"无定向的"（Astatico）指的是通过使用两个平等的、方向相反的、刚性连接的磁针来中和地球磁场的影响。要测量的电流通过相反地缠绕在两根针上的线圈，虽然地球磁场的影响被抵消了，但电流的影响却因此增加了一倍。

[⑤] 关于莱奥波尔多·诺比利对电生理学的贡献，见［Mazzolini］。多年以后，根据他后来的研究，莱奥波尔多·诺比利重新解释了这个想法，把电流归结为热电效应。

想到用他的电流计来测量最近发现的由热电效应产生的微弱电流,即在由两种不同金属组成的闭合电路中,其联结点保持在不同的温度。通过将无定向电流计与一系列双金属电路相结合,莱奥波尔多·诺比利获得了一种能够检测微小温差的仪器,他称之为热电偶,该仪器将被马其顿·梅洛尼(Macedonio Melloni)用于他自己的辐射热的研究并加以改进。诺比利设计的两台仪器都具有高灵敏度和低精确度的特点,也就是说,它们有助于检测到小的影响,而不是去测量它们的数值,这是路易吉·伽伐尼和亚历山德罗·伏特的研究在本质上属于定性的物理学的传统。

进行纯粹定性研究的还有法学家和业余物理学家吉安·多梅尼科·罗马格诺西(Gian Domenico Romagnosi,1761—1835)在1802年进行的实验,该实验可能是18年后汉斯·奥斯特(Hans Christian Ørsted)的著名实验的前瞻,即通过观察罗盘针的偏差来证明电流的磁效应。吉安·多梅尼科·罗马格诺西关于这个主题的两篇文章[1]事实上并不完全清楚:他肯定提到了在一个实验中观察到磁针的偏差;在这个实验中,使用了一个"在不同的间隔间以链条方式用银线连接"的伏打电堆,但对于该银线是否连接到电堆的两极或电路是否开放,一直存在争议。吉安·多梅尼科·罗马格诺西谈到链条的"最后衔接"这一点使人们想到的是第二种假设,但由于他也谈到了"电化液体的流动"[2],人们因此推断电路已经关闭。此外,由于指针在从银线上移开之前是与银线接触的(验证了偏差持续存在),所以怀疑电流的磁效应是叠加在静电效应上的。无论如何,由于阿尔迪尼在1804年的一篇广为流传和引用的作品中提及了这个实验,作为"电化作用使磁

---

[1] 这些文章(发表在《特伦托日报》和《罗韦雷托日报》上)在[Stringari Wilson]上被与其他文件一起转载和分析。
[2] 这种表达方式只在第二条中使用,在[Stringari Wilson]中重新发表之前,它已经被历史学家忽略了。

针偏离"的证明，人们① 可能会想，为什么在随后的 15 年里没有人想到要证实或证伪这一点，并随之重新提出电和磁的主题之间的联系，尽管这种联系自卡尔达诺的时代以来似乎就已经断开了。1830 年，奥斯特写道，对罗马格诺西工作的了解将加速电磁学的发现。②

6 化学

现代化学科学经过数百年的孕育慢慢兴起，直到 18 世纪才成为一门独立的科学学科。促成这门学科起飞的知识是由物理学家、博物学家、药剂师、尤其是医生开发的（直到 19 世纪上半叶化学才在医学系进行授课，这绝非偶然）。在 18 世纪下半叶，越来越多的采矿技术人员和开始自称为地质学家的学者们加入其中。

"化学"这个术语来源于一个古希腊词（"χημεία" 或 "χυμεία"），它是通过删去阿拉伯人添加在上面的科目而恢复的，阿拉伯人在中世纪将其转化为炼金术。在从中世纪炼金术到化学科学的过程中，罗伯特·波义耳 1661 年的著作《怀疑的化学家》（*The skeptical chymist*）经常被认为是重要的一步，其中明确提出了思想的经典起源。

实际上，在这本著作中，很少有内容是今天的化学家会认为属于化学学科的，但在这一小部分中，有一些重要的概念，由于长期以来的习惯认知，有可能被视为理所当然出现的。我们可以尝试着列举其中的一

---

① 特伦特的物理学家吉安·多梅尼科·罗马格诺西［原文如此］认为，电化学会使瞄准的视网膜下降［乔瓦尼·阿尔迪尼，《关于电流的理论和实验论文》（*Essay théorique et expérimental sur le Galvanisme*），巴黎，1804 年，第 304 页，引用自［Stringari Wilson］第 121 页］。约瑟夫·伊萨恩（Joseph Izarn）的《电镀手册》（*Manuel du galvanisme*）（巴黎，1805 年）也提到了吉安·多梅尼科·罗马格诺西的实验，这本书和乔瓦尼·阿尔迪尼的书一样，在随后的几年中被广泛引用。

② "他的观察报告将加速电磁学的发现"［汉斯·奥斯特（Hans Christian Ørsted），热电学，爱丁堡百科全书，大卫·布儒斯特（David Brewster），爱丁堡百科全书第十八卷］。

些：原子的存在；原子的连续运动[①]；由原子聚集形成的分子的存在[②]；热的本质在于促进原子运动[③]以及由于火引起的原子速度的增加可以分裂分子的观点。[④]这些概念在现代科学中发挥了重要作用，但无论是在波义耳的时代还是在一个世纪之后，它们都没有真正被写入一个能够解释实验事实的理论当中。应当注意的是，虽然分子和原子的概念在各种解释中幸存下来，但没有真正地发挥作用。直到在阿梅代奥·阿伏伽德罗和斯坦尼斯劳·坎尼扎罗（Stanislao Cannizzaro）的作品中才有所改变，我们将在后文提到这些作品。这就是我们所说的"化石知识"。波义耳基于古代怀疑论，以对话的形式写了他的论文。他显然从古代怀疑论的主要来源，即塞克斯图斯·恩丕里柯[⑤]的作品《驳教师》中提取了分子的概念，并将其传递给了后来的化学家。除了炼金术论文中描述的许多依靠经验给出的化学程序外，从古代科学中继承的其他思想还包括了物质守恒定律，这在卢克莱修和其他资料中均有明确指出，[⑥]

---

① ［Boyle］第38页。

② ［Boyle］第38页。在罗伯特·波义耳之前，分子的概念是由皮埃尔·伽桑狄提出的。

③ ［Boyle］第62页。在传承这一思想的古典作家中，普鲁塔克也是其中之一［在几个地方出现；如：《问题一览》（*Quaestionum convivialium libri*），677E；《第一次感冒》（*De primo frigido*），945F；《自然问题》（*Quaestiones Naturales*），919A-B］。

④ ［Boyle］第62页。

⑤ 见塞克斯图斯·恩丕里柯，《驳数学家》（*Adversus Mathematicos*），X，§§ 42-44，在那里他谈到了最小集合体，其重组改变了物体的质量。见塞克斯图斯·恩丕里柯对这种集合体使用的术语（ὄγκος）在拉丁文中通常被翻译为数量，但现代作者在这种情况下更愿意使用缩略语分子。（罗伯特·波义耳在英文第一版中谈到了数量）。

⑥ 卢克莱修，《物性论》，II，294-296（在这里，物质通过转化得以守恒被看作原子的不可破坏性的证明）。物质守恒经常被隐晦地使用，例如在埃拉西斯特拉图斯对他的生理学实验的解释中。另一个证据（特别重要，因为物质的守恒是通过重量计量来量化的，而且还涉及空气状物质）是由琉善（Luciano di Samosata）提供的，他在《泽莫纳克斯传》（*Vita di demonatte*）中回忆说，当哲学家被问及燃烧1000个单位的木头能得到多少单位的烟雾时，泽莫纳克斯回答说：称一下灰烬，剩下的是烟。

以及同质混合物和物质之间的明确区别。[1]

以古老的原子论为基础，建立一种能够用力学术语解释化学现象的理论，是科学家们所做的一种尝试。牛顿也参与其中，但并没有给出很好的结果。燃素学说（一种被认为是包含在可燃物体中并在燃烧过程中释放）或其他在17世纪和18世纪上半叶之间发展起来的理论获得更好的效果。然而，化学研究绝不是在古代概念的基础上阐述在一般理论上的尝试就止步的。尤其是在18世纪期间，开展了大量的实验工作，这些实验与各种应用密切相关，从生理学到农学，从矿物学到各种工业过程。如此积累的知识最终使化学得以起飞，使物质、原子、分子和物质守恒等概念重新焕发活力。

在意大利，第一个化学教席于1737年在博洛尼亚大学成立，由雅格布·巴托洛梅奥·贝卡里（1682—1766）负责。[2] 贝卡里在博洛尼亚获得哲学和医学学位后，在他同时代的莫尔加尼手下学习，并成为一名医学教授。他从生理学开始，通过对营养学的兴趣进入化学领域。今天，他作为酪蛋白和麸质的发现者而被人们铭记，这两种成分是他于1728年从小麦面粉中分离出来的。尤其是麸质的发现引起了大众特别的兴趣，因为这是第一次在植物中发现一种物质（实际上它是两种蛋白质的结合），其特性直到发现之前都被认为是动物成分的特征。在贝卡里的其他研究中，关于暴露在光线下的氯化银（当时称为"角形月亮"）变黑的研究值得一提：这种效果将成为摄影过程的基础。

在18世纪，"空气化学"特别重要，它产生于这样的认知：空气不是固定不变的气态物质。在燃烧和呼吸等日常过程中也会发生化学反应，各种

---

[1] 在这一点上，最明确的古代资料可能是约翰尼斯·斯托拜乌斯（Giovanni Stobeo），《牧歌I》（*Eclogae I*）关于同一主题的其他段落见于斐罗（Filone di Alessandria），《语言的混乱》（*De confusione linguarum*）和斐罗所著《混合物》（*De mixtione*）。

[2] [Crespi Gaudiano]。

气态物质参与其中。

我们已经有过了解的生理学家菲丽丝·丰塔纳从事空气化学研究，虽然他的成果时至今日几乎被完全遗忘，但在当时曾被约瑟夫·普利斯特里、卡尔·威廉·舍勒（Carl Wilhelm Scheele）和安托万 – 洛朗·德·拉瓦锡[1]等化学家系统地引用：例如，他发现"燃素空气"（氮）、"脱燃素空气"（氧气）、"固定空气"（二氧化碳）和"可燃空气"（氢）都以不同的速率被热的煤块所吸收。

亚历山德罗·伏特也对空气化学做出了重大贡献，特别是在分离甲烷方面。在 1777 年发表的关于该主题的文章中，他把甲烷称作沼泽原生的可燃空气。意识到"可燃空气"可以被电火花点燃后，伏特制造了一把枪，它的引爆物是由普通空气和可燃空气的混合物提供的；然后他使用同样的枪和其他爆炸性混合物进行化学实验和测量可燃气体的存在，以确定空气所起的作用。

在意大利进行的化学研究通常具有直接的经济利益。维罗纳人安东尼奥·玛丽亚·洛格纳，我们介绍"四十人学会"的创始人时曾经谈到他。他是为威尼斯共和国服务的军事工程师，对水利工程领域和具有军事意义的化学应用都很感兴趣。他的《硝石的形成和增强研究》（*Recherches sur la formation et la multiplication des nitres*）获得了法国科学院的二等奖，于 1786 年在巴黎出版，旨在改善生产火药所需的硝石的供应。米兰人马西里奥·兰德里亚尼（Marsilio Landriani，1751—1815）也曾在哈布斯堡政府担任各种官职，他也参与了类似应用的研究。他的化学研究使他在 1770 年代的欧洲科学辩论中获得了突出的地位，后来几乎被完全遗忘，直到近代才被重新评价。[2]

---

[1] [Abbri CT] 第 270 页。
[2] [Beretta]。

乔瓦尼·法布罗尼（1752—1822），[1]起初是菲丽丝·丰塔纳的得力助手，然后成了菲丽丝·丰塔纳在佛罗伦萨博物馆的主要竞争对手和继任者，他也从事对经济有直接帮助的科学研究，以及政治和经济方面的研究（他特别主张贸易完全自由）。他从事农业、采矿和制造技术方面的工作，这些兴趣促使他对植物生理学和化学进行研究。他在后一领域的主要成就是在电化学方面，是电化学的先驱之一。1793年，他以其回忆录《金属间的化学作用》(*Dell'azione chimica dei metalli nuovamente avvertita*)参与了路易吉·伽伐尼和亚历山德罗·伏特之间的争论，对不同金属在潮湿环境中接触时可以观察到的电现象做出了独到的解释。这本回忆录（1799年被翻译成英文）在欧洲广泛流传，特别是在伏打电堆发明之后。乔瓦尼·法布罗尼在这项发明之前就已经指出了研究这类现象中所涉及的化学反应的必要性，而亚历山德罗·伏特甚至在后来也忽略了这一点。对这类化学反应的研究为后来的电化学奠定了基础，但乔瓦尼·法布罗尼的贡献却被那些科学史家忽略了，他们在谈到这个问题时只关注亚历山德罗·伏特的形象。[2]

总的来说，意大利对18世纪化学的贡献并非无关紧要，而是传统意义上被低估了。[3]这可能也是因为这些贡献不涉及当时占据该领域的任何主流的带有普遍性的理论。遵循我们多次提到的古老传承，意大利的学者更喜欢研究特定主题，而不是建立雄心勃勃的综合性论述。

安托万-洛朗·德·拉瓦锡（Antoine Lavoisier，1743—1794）也被认为是物质守恒原理的提出者，他常常被认为是"现代化学的创始人"。那些不相信起源神话的人更愿意说，在1770年代和1780年代之间化学之所以取得了根本性的进展，部分原因是获取了前几十年积累的大量知识，另一部分原因是取得了重要的新成果，如氧气的发现（将燃素学说束之高阁，使人

---

[1] [Pasta]。
[2] 这一点在[Bernardi FV]第43-44页中得到澄清。
[3] [Di Meo]第xxvii-xxviii页。

们更好地了解燃烧现象）和氢的基本性质，其他一系列新元素的鉴定，以及化学反应定量研究的开始（产生了化学计量学，使古老的物质守恒原则具有新的意义）。得益于约瑟夫·普利斯特里、亨利·卡文迪什（Henry Cavendish）、克劳德·贝托莱（Claude Louis Berthollet）、安托万-洛朗·德·拉瓦锡、卡尔·威廉·舍勒等众多科学家做出的这些进步，定义统一的理论框架和连贯的术语成为可能和必要，并以此为基础架构了由专业化学家共同培养的专业学科。18世纪70年代，安托万-洛朗·德·拉瓦锡意识到一场"化学革命"已经在进行中，他打算投身于其中，没想到有一天这门学科会被后人视为他的创造物。

巴黎，当时欧洲的主要科学中心，也在化学领域取得了领先地位，分三步完成了所谓的"化学革命"。首先是在1787年出版了《化学命名法》（*Méthode de nomenclature chimique*），由克劳德·贝托莱、安托万-弗朗索瓦·德·福克罗伊（Antoine-François de Fourcroy）、安托万-洛朗·德·拉瓦锡和路易斯-伯纳德·居顿-莫尔沃（Louis-Bernard Guyton-Morveau）组成的小组自1782年以来一直在研究该方法。这项工作给出了物质和元素的明确定义，并引入了新的命名法，这些命名法在很大程度上保留至今，其基础是新的元素名称、根据化学成分定义的物质类别的名称（例如，氧化物名称的诞生，以及酸和盐的使用得到明确的辨析），以及在组成元素的基础上形成的个别物质的名称，并使用其所属类别的独特后缀（因此，例如，传统的"维纳斯硫酸盐"变成了"硫酸铜"）。用标准化的常规术语（对内部人员有用，而对于没有系统研究过的人则无法理解）取代不连贯的、取自普通语言的传统术语，是化学作为一门独立的科学学科诞生的必要步骤。

化学革命的另外两个步骤都是在1789年进行的，即创办了第一本专门研究化学的杂志《化学年鉴》（*Annales de Chimie*），并出版了安托万-洛朗·德·拉瓦锡的论文，确定了这门科学的新的系统结构（包括以新的顺序并根据现代发现呈现的化学基础论文）。一种特殊的化学职业诞生了，它们将承担起发展本门学科科学的任务，并逐步减少甚至消除医生、物理学家和自然学家的化学研究的空间。几乎整整一个世纪之前，剑桥大学在物理学领域也发挥了类似的作用，为欧洲提供了一个力学框架。

同样在这种情况下，正如我们在其他领域看到的那样，建立一门基底坚实且相对统一的科学，是由设备齐全的科学中心的专家发展起来的，因此意大利学者又一次处于边缘地位，因为他们通常专业性不足，彼此之间缺乏协调性，并且对解决直接应用利益的个别问题尤其感兴趣。

还必须说的是，处于边缘区域的大学很少有能力对巴黎做出的选择再强硬地增加其他备选项，这在某种程度上加强了中心和边缘之间的差距，使巴黎的研究成果无法逾越。意大利化学家路易吉·瓦伦蒂诺·布鲁格纳泰利在18世纪末提出不同于巴黎的理论和命名法的尝试，在这方面具有重要意义。例如，路易吉·瓦伦蒂诺·布鲁格纳泰利希望把热量和光（安托万－洛朗·德·拉瓦锡[①]认为这两者也是元素）放在与其他化学元素相同的水平上，认为它们是物质的可能组成部分。他的模型能够像拉瓦锡的模型一样解释当时已知的实验事实，但没有获得成功。布鲁格纳泰利的命名法（例如，它拒绝使用"氮"这个词，因为它不是唯一使生命发生的气体，也拒绝使用"氢"这个词，因为它不是水的唯一成分）尽管在德国和英国取得了部分成功，但法国仍然拒绝采用它，这就足以使这个命名法与他关于热和光的建议一起被遗忘。

意大利人对于新系统抵制的原因，还在于拉瓦锡模型的客观局限性，该模型首先基于"空气化学"，最初并没有提供合适的术语来表达在其他应用研究领域开发的多元知识。直到世纪之交，与拉瓦锡名字相关的新化学才得以在意大利建立。[②]

19世纪早期意大利化学家的边缘化被半岛上唯一具有历史意义的成就所证实：阿梅代奥·阿伏伽德罗（1776—1858），一位都灵贵族，他在教

[①] [Baldini LVB]。
[②] 关于意大利对法国化学革命产生的反应的分析，见[Seligardi]。

第六章　意大利科学的边缘化（1670—1839）

会法专业毕业后，除了履行重要的政治和法律职能外，还致力于物理学特别是电现象方面的工作，在都灵大学担任"高等物理学"（即数学物理学）学科的教师，但他也抽出时间进行理论化学的研究。为了解释其主要成就，有必要提及欧洲化学的一些进一步的发展。

以化石状态流传了几个世纪的古老原子理论终于被约翰·道尔顿（John Dalton）重新激活，他用该理论来解释定比定律［由约瑟夫－路易·普鲁斯特（Joseph-Louis Proust）提出］和倍比定律（他自己阐述的）的规律。根据道尔顿的理论（1807年首次提出），需要假定基本物质的分子由一个原子组成，除非能够证伪，则可推导由两种元素组成的物质的分子由两个原子组成。实验数据表明，结合成水的氧和氢的重量之比始终为8，因此，通过假设氧原子的重量为氢的8倍来解释，在我们所使用的的符号中，这意味着水的分子式被假设为HO。

1809年约瑟夫·路易·盖－吕萨克（Joseph Louis Gay-Lussac）阐述了他的气体体积定律，根据该定律，气体物质的组合总是以简单的体积比发生。在盖－吕萨克这里，他通过实验发现，总是从两体积的氢气和一体积的氧气中获得两体积的水蒸气。

在1811年出版的一部基本著作中，阿梅代奥·阿伏伽德罗提出了一个假设，这个假设最后成了以他名字命名的定律：

> 在同等温度和压力下，同等体积的气态物质都含有同等数量的分子数。

这一假设使我们有可能同时解释盖－吕萨克的体积定律，并确定参与气体间化学反应的物质的不同分子中，存在的原子数量之间的比率。就水而言，盖－吕萨克的结果，结合阿梅代奥·阿伏伽德罗的假设，推断出两个水分子是由两个氢分子和一个氧分子形成的。因此，一个水分子是由一个氢分子和半个氧分子形成。我们从中得出的结论恰恰与道尔顿的想法相反：即使是像氧气这样的基本物质也是由几个原子组成的分子构成的。满足阿伏伽德罗推论的最简单的分子组成是那些现在用 H_2O、H_2 和 O_2 的公式表示的，分别代表水、氢和氧。

阿梅代奥·阿伏伽德罗的假说（通过提供了实验基础，最终给分子的概念以活力。自波义耳时代以来，它一直在各种解释得以留存，但在化学理论中始终没有一个明确和有效的作用）被作为一种可能性而被引用。但是，尽管它在几年后被安培单独地重新提出，它在随后的半个世纪中没有被接受。化学界可能不愿意接受来自像都灵这样的边缘中心以及像阿伏伽德罗和安培这样科学家的想法，因为他们主要是物理学家，本身就不能被视为"专家"。[1]

---

[1] ［Avogadro：Ciardi］第 30-36 页。马可·恰尔迪（Marco Ciardi）推测，对阿梅代奥·阿伏伽德罗假设的接受受到阻碍，其中包括强大的瑞典化学家约恩斯·雅各布·贝采利乌斯（Jöns Jacob Berzelius）的敌意，也是由于与阿梅代奥·阿伏伽德罗在其他问题上和这位瑞典科学家存在的科学分歧（尤其是阿梅代奥·阿伏伽德罗否定了他的想法，即有机物的化学成分与无机物的化学成分具有不同的性质，并遵守它们自己的规律）。

第七章
复兴运动和统一国家的前 30 年（1839—1890）

1 科学与复兴

在上一章所涉及的时期，意大利无论在经济上还是在科学生产和技术技能方面，都远远落后于最先进的欧洲国家。在意大利的知识精英中，特别是从 19 世纪 30 年代开始，人们越来越意识到，这几项不是独立存在的问题。为了通过生产和服务的现代化来改善国家的经济和公民的生活条件，有必要在教育和研究结构上实现质的飞跃，使意大利赶上其他更发达国家的水平。

大多数致力于这项事业的知识分子（尽管不是全部）认为，意大利落后的主要原因之一，不仅在于其政府不愿意进行普遍被认为是进步所必需的改革，而且在于国家政治结构的分裂，这使得意大利与英国和法国等大国相比处于劣势地位；同时，这些国家还能够从国家给予科技领域的政策中受益。因此，从通常的政治意义上讲，民间和文化对科学研究和技术现代化发展的干预，成为复兴运动的一个重要方面。

不幸的是，在通往20世纪的历史进程中，对于历史中的政治水准和文化及科学水平之间的密切联系的认识逐渐淡化（同时带来的退化我们将在最后几章中谈到），为集体记忆中对复兴运动的平庸印象留下了传播的空间。复兴运动被剥夺了它的某些最具有代表性的方面，无论是自从国家统一以来——尤其是在法西斯时期传播的胡编乱造的版本中，还是在后来出现的似是而非的诋毁版本中（正如在所有颠倒黑白的版本中出现的那样，它完整地保留了以前结构的基本方面）。

认真考虑复兴时期的精英们进行的国家教育和科学结构建设工作的成果和局限性，除了是评价整个复兴现象的一个重要因素外，还可以为思考当今面临的问题提供切实有用的比较条件。

在传播经济、统计、教育和技术领域新思想的杂志中，有自1824年就在米兰出版的《世界统计学年鉴》（*Annali universali di statistica*），由吉安·多梅尼科·罗马格诺西长期指导，他对电气现象也很感兴趣。该杂志致力于捍卫经济自由主义的思想，其撰稿人包括亚历山德罗·伏特、梅尔基奥·乔伊（Melchiorre Gioia）和加富尔伯爵（Camillo Benso Conte di Cavour）。卡罗·卡塔尼奥（Carlo Cattaneo）也长期与之合作，直到于1839年在米兰创办了一份新的期刊，这本期刊在以前的主题中更明确地加入了有关科学进步的内容："理工学院（Il Politecnico），应用于社会繁荣和文化的每月研究汇编"。

在第一期的序言中，卡罗·卡塔尼奥写道：

在一个对某些人而言可能显得雄心勃勃的标题下，我们想宣布最朴实而谦逊的意图，那就是为我们的同胞提供一个定期收集最前沿知识的平台。对于科学研究的薄弱地区来说，这部分真理可以很容易地培植实践领域的沃土，并进一步成长为对社会共同繁荣和公民共存的助力和安慰。但愿理工学院能给有进取心的一代人带来一些刺激和一些有益的建议，国家似乎可以从这一代人身上期待新的富足和辉煌的增长。

该杂志坚持实证科学和技术的价值，坚信具体的基础设施建设和教育系统建设，以及能够刺激创新知识得以传播的培训系统的建立都是十分有必要的。这一切应该从被认为是从意大利经济必要基础的农业开始，但最终目的是通过加强应用研究和科学研究发展工业部门。

杂志的合作者不仅包括国际知名的科学家，还包括来自米兰工业界的工程师和专业技术人员。最能体现"理工"思想路线的人物，正是参与应用科学的科学家和工程师。

还有一个不仅在思想上，而且以具体方式为技术发展做出贡献的机构是手工艺促进会（Società d'incoraggiamento d'arti e mestieri），它于1838年在一群伦巴第企业家、专业人士和知识分子的倡议下在米兰成立（但直到1841年才开始运作）。该协会最初的活动包括奖励由手工艺人、工匠大师或其他发明家引入的技术创新。协会很快决定设立自己的工业化学、工业物理和机械几何课程，后来又增加了工业机械学和其他课程。

对促进科技进步感兴趣的君主，包括在其统治的第一阶段的托斯卡纳大公莱奥波尔多二世（Leopoldo II di Toscana），他在19世纪30年代末通过召集几个最优秀的意大利科学家重新启动了比萨高等师范学校，并在1846年重新创立了师范大学［该大学由拿破仑（Napoleone Bonaparte）建立，是巴黎师范大学的一个分支，但在拿破仑时期结束时被关闭］。当时它是一个以培养中学教师为目的的机构。

我们选择1839年作为复兴运动科学的象征性起始日期，因为这一年发生了一件事，很好地代表了当时科学进步和国家统一进程之间的关系：第一次意大利科学联合会（Riunioni degli Scienziati Italiani）的召开。

意大利的政治和文化分裂反映在众多参与科学的机构之间缺乏互动，其中大部分机构都平平无奇：社团、学校、私人圈子、大学、学院、天文观测站和军事学校。建立意大利科学家定期大会的愿景不仅包括促进国家社会内部的交流，而且源于增加意大利与欧洲其他国家的文化交流的需要，外国客人也被诚挚地邀请参加。此外，该活动的象征性意义也立即显现出来：科学家们的聚会意味着对政治上统一的渴望。

1839年，在莱奥波尔多二世的支持下，第一次科学家定期大会在比萨组织召开。倡议的发起人在宣布大公允许会议召开的信中，首先提到了1822年以来在德国组织的类似大会，并将其作为一个典范。①

随后的会议从1840年到1847年，每年分别在都灵、佛罗伦萨、帕多瓦、卢卡、米兰、那不勒斯、热那亚和威尼斯举行。第一次比萨会议的参与者有421人，随后人数不断增加，佛罗伦萨会议的参与人数达到880人，威尼斯会议的人数约为1500人。

科学交流的水平非常不平衡：大多数的浅显贡献与重大成就的交流交织在一起，其中一些我们将在后文再次讨论。

第一次会议的国际参与度非常有限，但随后人数不断增加。至于外籍参会人员的科学水平，平均来说不是很高，但也有很好的出席率。例如，第一台可编程计算机的创造者查尔斯·巴贝奇（Charles Babbage）在1840年的都灵②会议上展示了他的"分析机"，次年他参加了在佛罗伦萨举行的第三次会议，著名植物学家罗伯特·布朗（Robert Brown）也出席了会议；数学家卡

---

① 这封信转载于［Atti Prima Riunione］第lxix-lxii页。
② 查尔斯·巴贝奇（Charles Babbage）的分析机是计算发展中的一个里程碑，因为它是第一台不仅能够进行一些简单的操作，而且能够运行程序的计算机。查尔斯·巴贝奇认为他参加都灵会议是如此重要，以至于他把他的自传献给了意大利国王维托里奥·埃马努埃莱二世（Vittorio Emanuele ll di Savoia），以表示对他父亲卡洛·阿尔贝托（Carlo Alberto di Savoia）的感谢，是他使这次会议举办成为可能。见［Babbage］第v页。

尔·古斯塔夫·雅各布·雅可比（Carl Gustav Jacob Jacobi）参加了1843年的卢卡会议，并进行了一次意义重大的交流。

交流会议的政治性质引起了半岛内各国政府的不同反应：从托斯卡纳①大公的赞成态度到教皇的公然敌视，教皇不仅从未想过主办会议，而且禁止自己的信徒参加，1846年的会议除外。②

1847年威尼斯会议后，会议中断了，直到意大利统一后才继续召开。在1848年的起义中，许多科学家站在前线，结束了政府和科学界之间的合作，而这种合作正是让科学会议得以召开的前提。甚至托斯卡纳大公莱奥波尔多二世也改变了态度，变得不信任乃至敌视大学，以至于1851年他决定减少比萨的教席数量。

在复兴运动期间，许多科学家将科学和组织工作与政治斗争结合起来，直接参与革命运动和独立战争，而在统一后，他们中的许多人承担了政治职责。在之后的章节中，我们将看到这类活动的错综复杂，以及在各个科学领域取得的成果的例子。

2　数学的重新兴起

在意大利复兴时期和统一后的头几十年里，在意大利取得的最重要和

---

① 大公也意识到这一举措可能带来的危险。他在回忆录中这样叙述他对吕西安·波拿巴、卡尼诺和穆西格纳诺亲王（Lucien Bonaparte, 1st Prince of Canino and Musignano）所提建议的反应："这个想法出现在我的脑海中，同时成为第一个人的愿望也随之浮现；看来，位于意大利中心的托斯卡纳，虽小但文化底蕴浓厚，如果能引起人们的向往，也不能给人带来阴霾；如果政府把这件事抓在手里，它可以不受误导地得到管理。我猜想大会会让他们把目光转向托斯卡纳：她会展示她所拥有的科学财富，而我的研究项目也会得到青睐。"参阅［Leopoldo II］第224页。

② 1846年，教皇前所未有的许可极大地点燃了来自教皇国参与者的政治希望。然而，这些希望在第二年就破灭了，因为教皇国的动荡导致教皇庇护九世（Papa Pio IX）再次拒绝参会许可。

最持久进展的科学当然是数学。[1]

复兴时期的数学家值得公众和历史学家给予更多的关注，这并不是因为他们的研究成果，尽管成果也十分显著，而是因为他们建立的学校将在随后的时期结出更丰硕的果实，使意大利的数学处于国际最高水平，也因为他们在国家的科学、技术和教育结构的组建架构中发挥了主导作用，这也是由于他们中许多人的直接政治干预。

复辟时期，意大利数学研究水平低下；数学方面的国际交往基本上可以归结为法国数学带来的普遍影响（此外，法国数学领域在整个欧洲都掌握着明显的霸权）；尤其是意大利数学家，也因为初生的民族自豪感，对拉格朗日学派保持着从属和边缘地位，拉格朗日移居巴黎后并没有中断与意大利的联系。

法国数学家奥古斯丁－路易·柯西对意大利数学界的去本土化做出了重大贡献，他对数学分析作为一种严谨的理论的建立打下了良好的基础。当他因政治原因不得不离开法国时，在1831—1833年柯西来到都灵教书，也在意大利发表了各种作品，特别是为"意大利图书馆"（1816年在米兰创办的杂志，偶尔发表数学文章）写了一篇关于函数的级数展开的重要意大利文论文，他在其中证伪了拉格朗日关于这个问题的各种陈述，[2] 但意大利人对于他们主要参考点受到攻击的反应最初都是消极的。

意大利数学复兴的主要中心是都灵、比萨以及米兰和帕维亚地区。在都灵，来自皮亚琴察的罗马法机构教授、自学成才的数学家安吉洛·杰诺其（Angelo Genocchi，1817—1889）的活动非常重要。第一次独立战争失败后，他选择搬到都灵，开始了关于几何、分析、数论和数学史的宏大创作：他的学生中有朱塞佩·皮亚诺（Giuseppe Peano）。

比萨大学的数学研究在1840年得到了大公莱奥波尔多二世的初步推动，特别是对于数学物理学家奥塔维亚诺·法布里齐奥·莫索提（Ottaviano

---

[1] 关于19世纪意大利数学的有趣论文在［Bottazzini］中可以查阅。
[2] 该论文主要介绍了函数 $\exp(-1/x^2)$ 的经典例子，其在零点的导数全部为零。

Fabrizio Mossotti）的任命十分重要。他的学生包括恩里科·贝蒂（Enrico Betti，1823—1892），一位杰出的数学家，从1850年开始对埃瓦里斯特·伽罗瓦（Évariste Galois）的理论进行了重要研究。

虽然米兰当时没有大学，但它是一些对数学感兴趣的文化机构的所在地，并与帕维亚大学有联系。加布里欧·皮奥拉（Gabrio Piola）是一位没有学术地位的米兰数学家，但他在弹性理论[①]方面的工作却非常出色。他在自己家里组织了三周一次的会议，与一群年轻人讨论数学的新发展，从而对丰富这个城市的科学环境起到了助益。加布里欧·皮奥拉是第一个意识到柯西的方法可以真正提高数学严谨程度的人，他成为柯西方法在意大利的主要传播者。经常出入皮奥拉家的人中有弗朗切斯科·布里奥斯基（Francesco Brioschi，1824—1897），他注定要在伦巴第和意大利的数学（和工程学）领域中发挥关键作用。[②]

弗朗切斯科·布里奥斯基来自一个富裕的米兰家庭，家庭中几代人都是工程师，他在伦巴第地区接受了当时最好的科学培训。[③]1842年至1845年，他在帕维亚大学参加了为有抱负的工程师开设的三年期的数学课程。1846年至1847年，他在米兰的各种科学机构进行了深度的学习，参加了布雷拉天文台的天文学学校，参加了手工艺促进会的课程，在那里他成为工业物理课程的教学助手。最重要的是在加布里欧·皮奥拉的家里，他在那里提出了他第一部作品的主题，1847年出版的《论地球球体的热运动》（*Sul moto del calore nel globo della terra*），其中他比较了让·巴普蒂斯·约

[①] 新近对加布里欧·皮奥拉（Gabrio Piola）贡献的评估表明，国际社会对其了解不够，见［Capecchi Ruta］。
[②] 应该强调的是，弗朗切斯科·布里奥斯基的研究并没有建立在完全的空白上。在他的老师中，有文森佐·布鲁纳奇（Vincenzo Brunacci，也是奥塔维亚诺·法布里齐奥·莫索提的老师）和安东尼奥·玛丽亚·博尔多尼（Antonio Maria Bordoni）：这两位远非平常的数学家，为帕维亚数学学校保持体面的水平做出了贡献，直到它真正起飞之前。
[③] 关于弗朗切斯科·布里奥斯基的有趣文章见于［Lacaita Silvestri］。

瑟夫·傅里叶（Jean Baptiste Joseph Fourier）和西梅翁·德尼·泊松（Siméon Denis Poisson）处理热传导方程式的技术。

1848年和随后的几年里，布里奥斯基积极参加了起义：在"米兰五日"运动中被警察逮捕，他立即被起义者释放，并被临时政府任命为中学教师；他是意大利共和协会的创始人之一；随后他作为志愿者在贾科莫·美第奇（Giacome Medici）的指挥下加入了朱塞佩·加里波第（Giuseppe Garibaldi）的部队，并于1850年成为伦巴第马志尼中央委员会的代表之一。他在"五日运动"后的政治活动仍然不为奥地利政府所知，奥地利政府没有反对他在帕维亚大学担任应用数学教授的任命。在接下来的几年里，他开始了引人注目的数学创作，主要涉及微分和代数方程（特别是他研究了五阶和六阶的代数方程，他通过应用椭圆和非线性函数的理论解决了这些问题），而在政治上，他向加富尔的立场靠近。

弗朗切斯科·布里奥斯基在帕维亚的当地学生中，有另一位数学复兴的主角：安东尼奥·路易吉·高登齐奥·朱塞佩·克雷莫纳（Antonio Luigi Gaudenzio Giuseppe Cremona，1830—1903）。[①] 克雷莫纳出生于帕维亚一个可以算是没落家庭的普通职员家中，在很小的时候就被卡洛里（Cairoli）家族引入加里波第的社交圈，他从小就经常去那里，与贝内代托·卡洛里（Benedetto Cairoli）成了好朋友。18岁时，他作为志愿者参加了第一次独立战争，并参加了威尼斯共和国的保卫战；不久后，他遇到了艾丽莎·法拉利［（Elisa Ferrari），是尼古拉·法拉利（Nicola Ferrari）的妹妹，是朱塞佩·马志尼（Giuseppe Mazzini）的密切合作者］，1854年两人结婚。回到平民生活后，他进入帕维亚大学学习，在那里他是弗朗切斯科·布里奥斯基的学生，深受器重。1853年，他被授予"土木工程和建筑学博士"的头衔，并在一段时间内以"应用数学复读生"的身份留在大学。1856年，他投身于

[①] 克雷莫纳的著作和有关他的重要材料可在 [Archivio Luigi Cremona] 中找到。

| 第七章 复兴运动和统一国家的前 30 年（1839—1890）|

中学教学（在帕维亚、克雷莫纳和米兰的不同学校），同时与大学圈层保持联系，并发表了各种数学研究文章。

振兴数学研究的愿望也出现在半岛的其他中心。这个领域[1]的第一份意大利杂志《数学和物理科学年鉴》（Annali delle scienze matematiche e fisiche）于 1850 年在罗马创办。这要归功于罗马教廷神学院的一位牧师和教师巴纳巴·托托里尼（Barnaba Tortolini）的个人倡议，尽管他工作于一个科学研究备受打压的环境中，但他是少数在外国杂志上发表过文章并与欧洲各界接触的意大利数学家之一［他的作品被柯西和约瑟夫·刘维尔（Joseph Liouville）等人引用］。他的《数学和物理科学年鉴》中，大部分刊登的是意大利人的作品，在很小的程度上也刊发外国人的文章[2]［其中就有阿瑟·凯莱（Arthur Cayley）、卡尔·雅可比和詹姆斯·约瑟夫·西尔维斯特（James Joseph Sylvester）等人的文章］，为半岛各邦的学者提供了相互接触的机会，并开始使意大利的数学成果为国外所知。[3]

正是通过巴纳巴·托托里尼和《数学和物理科学年鉴》，弗朗切斯科·布里奥斯基接触到了恩里科·贝蒂，他们共同组建了一个协会，为意大利数学的未来发起了重要的倡议。1857 年，弗朗切斯科·布里奥斯基说服巴纳巴·托托里尼将《年鉴》转变为全国性的数学杂志，并在实际的全国范围内创建了一个集体编辑部（除了巴纳巴·托托里尼、弗朗切斯科·布里奥斯基本人、恩里科·贝蒂和安吉洛·杰诺其之外，所有的学者都已经定期为该杂志投稿），并将其名称改为《纯数学和应用数学年鉴》（Annali di matematica pura e applicata）（从而彻底完成了向一个专门的数学期刊的演

---

[1] 第一本专门研究数学的期刊于 1810 年在法国创办，随后在普鲁士（1826 年）和英国（1837 年）也相继出现。

[2] 关于巴纳巴·托托里尼的《年鉴》内容的统计资料见［Martini］。

[3] 这一点在 1857 年 4 月 28 日，反教权主义者弗朗切斯科·布里奥斯基给恩里科·贝蒂的信中得到了极大的认可，这封信对该杂志提出了非常严厉的批评，参见［Lacaita Silvestri］第 73 页。显然，在前几年，已经有了值得国际关注的意大利数学作品。

› 289

变)。此外，还引入了期刊和书目部分。在布里奥斯基看来，由于外国期刊在国内的传播很少，因此有必要设立这个部分。新的《年鉴》将成为欧洲该领域的主要期刊之一（巴纳巴·托托里尼在1865年被排挤出走，在1866年中断后，在米兰恢复出版）。

另一个重要的举措是1858年恩里科·贝蒂、弗朗切斯科·布里奥斯基和菲利斯·卡索拉蒂（Felice Casorati）到法国和德国的旅行：这是一个著名的事件，经常被用来象征意大利数学重新进入国际背景，以至于有可能成为一个"神话"起源。①

恩里科·贝蒂、弗朗切斯科·布里奥斯基和安吉洛·杰诺其本应一起出发，但后者在最后一刻被菲利斯·卡索拉蒂取代。卡索拉蒂是弗朗切斯科·布里奥斯基的青年学生，理所应当继承帕维亚的数学传统。他们三人前往巴黎、哥廷根和柏林，与当时的一些领先数学家进行了私人接触。特别重要的是，在德国与卡尔·魏尔施特拉斯（Karl Weierstrass）、利奥波德·克罗内克（Leopold Kronecker）、约翰·彼得·古斯塔夫·勒热纳·狄利克雷（Johann Peter Gustav Lejeune Dirichlet）、尤利乌斯·威廉·理查德·戴德金（Julius Wilhelm Richard Dedekind），特别是伯恩哈德·黎曼（Bernhard Riemann）建立的关系。长期以来一直无可争议的法国影响开始让位于德国数学学派的影响，皆因德国数学研究在那些年里正处于上升阶段。

意大利统一后，复兴运动时期的数学家们能够在机构层面上实施他们的科学政策，他们研究活动的推进，与科学和教学结构的重组步调统一，使进一步的发展成为可能。

弗朗切斯科·布里奥斯基还负责了米兰理工大学 [刚建成时的名字是高等技

---

① 这段插曲无疑是非常重要的，但是，由于统一前的意识形态本身造成的对统一前数学发展水平的过度低估，无疑促使它成了突然重生的象征 [根据可追溯到维多·沃尔泰拉（Vito Volterra）的传统]。

术学院（Istituto Tecnico Superiore）]的建立和指导，他还成为教育部颇有影响力的秘书长，在1874—1876年，这个职位由恩里科·贝蒂担任（在那个时代，选择有价值的科学家出任公共教育秘书一职是可能的）。一些数学家被任命为王国的参议员（如贝蒂、布里奥斯基和克雷莫纳）和高级教育委员会成员；克雷莫纳还曾短期担任过部长。

比萨成为意大利主要的数学研究中心。莱奥波尔多二世已经重建的师范学校（Scuola Normale），在1862年8月17日由部长卡洛·马泰乌奇（Carlo Matteucci）拟定的皇家法令中，被改造成一个国家机构，新名称为高等师范学校（Scuola Normale Superiore）。学校虽然在形式上保留了培训高中教师的职能，但实际上，由于规章制度的规定和学生人数较少，学校成了一个具有选择性的精英机构，其目的是发起研究。恩里科·贝蒂是高等师范学校的教师之一，他在1865年接管了学校的领导权，并一直负责到他去世（1874—1876年的两年除外，当时他是教育部的秘书长）。

师范学院的重新启动得益于伯恩哈德·黎曼1863—1865年在比萨的长期逗留，他在德国成了恩里科·贝蒂的朋友，对贝蒂和卡索拉蒂的研究都产生了深远的影响，将他们推向了复变量的研究，尤其是将恩里科·贝蒂引入了数学物理的道路。由于伯恩哈德·黎曼的停留、恩里科·贝蒂的参与和介入、里卡多·费利西（Riccardo Felici）的存在以及学校通过有力组织，使教师和一群素质上佳的学生之间能够产生持续的交流互动，师范学院成了一个国际水平的研究中心和数学家的摇篮。

在1864—1866年，比萨最杰出的人物之一是欧金尼奥·贝尔特拉米（Eugenio Beltrami，1836—1900），他曾是弗朗切斯科·布里奥斯基的学生，1859年因政治原因被伦巴第-维内托铁路管理局解雇，他对非欧几里得几何[1]和数学物理学做出了重要贡献。他最著名的成果是构建了一个双曲

---

[1] 贝尔特拉米对这一问题的首次研究是在研究高斯和拉格朗日的制图作品的基础上进行的，这是一个由间接应用刺激数学研究的例子。

非欧几里得几何学的欧几里得模型（贝尔特拉米的伪球面）。[1] 这个模型表明（但不是贝尔特拉米本人观察到的）如果欧几里得几何不矛盾，双曲几何也不矛盾。

1864 年至 1877 年间，最为人所知的几位学者，例如乌利塞·迪尼（Ulisse Dini）、朱利奥·阿斯科利（Giulio Ascoli）、切萨雷·阿尔泽拉（Cesare Arzelà）、萨尔瓦多·平切尔（Salvatore Pincherle）、格雷戈里奥·里奇·库尔巴斯托罗（Gregorio Ricci Curbastro）和路易吉·比安基（Luigi Bianchi）都毕业于师范学校：对于那些对数学有过研究的人，这些名字都很熟悉。乌利塞·迪尼是微分几何学重要著作的作者，尤其是一位具有国际地位的分析家，成为比萨数学家的一个重要参考基准。他在比萨担任了 55 年的教授，并在 1900 年成为比萨高等师范学校的校长。其他人也担任了各类职务，共同为加强多所意大利数学学校做出了贡献。

在前教皇国的所在地：博洛尼亚和 1870 年后的罗马，也对数学研究的发展作出了相当大的参与。

早在 1860 年，博洛尼亚刚被并入新成立的国家，教育部长特伦齐奥·马米亚尼（Terenzio Mamiani）就任命安东尼奥·路易吉·高登齐奥·朱塞佩·克雷莫纳担任为他设立的高等几何学教席。这项任命，可能更多的是由于已经具有影响力的弗朗切斯科·布里奥斯基的推荐，而不是由于这位三十岁的数学家做出的科研成果。因为他的贡献在当时并不引人注目，结果证实这一举荐是特别有远见的，就像特伦齐奥·马米亚尼在同一场合做出的其他任命一样。[2] 在接下来的几十年里，克雷莫纳作为意大利代数几何学派的奠基人，在国家科学和教育结构的重组中都发挥了重要作用。

---

[1] 换句话说，贝尔特拉米证明了（非欧几里得）双曲面几何与合适的曲面的欧几里得几何相吻合，这可以在三维欧几里得空间实现。

[2] 在博洛尼亚任命的教授中（没有经过竞争的情况）有 1860 年 25 岁的焦苏埃·卡尔杜奇（Giosuè Carducci）和两年后的数学家欧金尼奥·贝尔特拉米，当时 26 岁。

|第七章　复兴运动和统一国家的前30年（1839—1890）|

克雷莫纳在博洛尼亚大学高等几何课程的讲座中提出的观点，在意大利科学界得到了超乎寻常的（但肯定不仅仅在这个范围内）广泛传播：

即使几何学没有像它已经做到的那样，为美术、工业、力学、天文学和物理学提供了直接服务；几个世纪的经验没有任何迹象表明，最抽象的数学理论在最近的时间里产出了以前甚至不敢猜想的应用；我还是要对诸位说：这门学科值得你们去爱它；它的美是如此崇高，以至于它不能不对年轻人慷慨而完整的灵魂产生高度的教育影响，把它们提升到宁静而无可比拟的真理的诗意中去！。[①]

1860年11月，克雷莫纳本着服务精神，为未来的工程师开设了描述性几何学的课程：这是他对数学的具体应用产生兴趣的初心。1867年，他被布里奥斯基召至米兰理工学院教授图形静力学。1880年，博洛尼亚大学聘用了毕业于高等师范学校的切萨雷·阿尔泽拉（Cesare Arzelà）和萨尔瓦多·平切尔（Salvatore Pincherle），师资得到了进一步加强。

1870年后，人们通过召集有名望的学者，试图在罗马建立一个重要的数学研究中心：1873年，欧金尼奥·贝尔特拉米和克雷莫纳搬到那里，承担重组和指导工程师学院的任务。

在统一后的时期，数学家们对中学也产生了积极的兴趣，这不仅是在理论层面和撰写、翻译书籍方面（在1856—1858年的两年时间里，贝蒂与一位合作者已经翻译了几本法语教材），还在政治-组织层面。1867年，人们决定将欧几里得的《几何原本》引入传统学校，同时由贝蒂和布里奥斯基编辑的版本也得以面世。克雷莫纳为这一教材的选择进行了辩护，他专门为此写道：

[①] 克雷莫纳的序言载于［Pepe］第199-215页。引用的这段话在第214-215页。

> 随便其他人怎么说，但欧几里得仍然是我们拥有的最合乎逻辑、最严格的体系：所有后来的体系都是混合的、不纯粹的；想要弥补一个缺陷，就会陷入其他十个更严重的缺陷，最重要的是，它们不再是真正的几何体系。①

1871 年，射影几何的学习滞后两年被引入技术学院：这基本上是源于克雷莫纳的想法，他希望数学在这些学院也有教育价值。②

正如托托里尼的杂志在教皇国引起的反响一样，在统一后的时期，属于科学欠发达的中南部地区的学者们也提出了重要的复兴倡议。1863 年，朱塞佩·巴塔格利尼（Giuseppe Battaglini）在那不勒斯开始出版《意大利大学生数学杂志》（*Giornale di Matematica ad uso degli studenti delle Università italiane*），该杂志既发表原创性研究成果，也发表教学文章，对非欧几里得几何学在意大利的传播发挥了重要作用。

更为重要的是乔万·巴蒂斯塔·古奇亚（Giovan Battista Guccia，1855—1914）提出的倡议，他是一位来自巴勒莫的富有的数学家，毕业于克雷莫纳③，1884 年成立了私人的巴勒莫数学社团（Circolo matematico di Palermo），其《汇报》（*Rendiconti*）将成为主要的国际数学期刊之一。

到了 19 世纪 80 年代，意大利数学家群体与 50 年前的情况相比已经有了很大的进步。通过成员相互之间的交流以及与欧洲主要科学中心的不断

---

① 1869 年 9 月 8 日克雷莫纳给贝蒂的信，见 [Cremona] 第 52 页。克雷莫纳的观点通常被认为是过时的，因为它是在由希尔伯特开始的鼎鼎大名的几何学发展之前发表的，大卫·希尔伯特（David Hilbert）的发展促使欧几里得理论被逐出学校。然而，鉴于 20 世纪几何学教学的演变，将克雷莫纳引文的最后几句话与我们这个时代最伟大的数学家之一最新写的东西进行比较是很有意思的：有精神障碍的"抽象数学"狂热者已经把所有的几何学从教学中驱逐，而数学与物理学和现实的联系主要是通过几何学进行的。参阅 [Arnold SIM] 第 75 页。

② 关于克雷莫纳对中学教育的参与，见 [Brigaglia]。

③ 译者注：此处的克雷莫纳是意大利北部城市的地名，位于伦巴第大区。

沟通情况，数学家们开展的研究现在已经迅速融入了首先在法国和德国开辟的领域内。尽管很少有顶级的成果，但仍然为欧洲数学的发展做出了重大贡献。

3 物理学家和天文学家

19世纪的物理学在研究方法上分为不同的领域：数学物理学和实验物理学。数学物理学发展出了严谨的演绎理论来解释实验物理学所发现的现象。虽然两者都是由出众的学者造就的，但由于理论物理学的尚未出现（理论物理学在20世纪会穿插在两者之间[①]），使得它们没有今天看起来的这么泾渭分明，也不允许我们把19世纪的数学物理学视为物理学之外的东西。1896年意大利物理学会成立时，成员中既包含实验物理学家，也不乏数学物理学家的身影，这并不是巧合。

在19世纪，物理学（包括数学物理学和实验物理学）得到了极大的发展，在机械和光学的旧领域中加入电学和热力学，完成了现在被称为经典物理学的大厦。新学科与技术发展有着明确的关系。对作为第一次工业革命特征的热力机器的反思促成了热力学诞生，而当伏特的电堆和电磁感应的发现，引发了一个基于理论发展和技术进步之间持续互动带来的增长过程时，电力研究已经摆脱了其边缘地位。在19世纪上半叶，电的主要应用是电化学和电报（19世纪40年代开始普及），这刺激了理论上[②]的新进展，反过来使变压

[①] 理论物理学起源于19世纪末的德国。在意大利，第一个以这个名字命名的大学教席于1926年授予恩里科·费米（在此之前，他曾经始终被认为是一位数学物理学家）。第三门学科是建立在与实验研究和由定理组成的严谨理论的阐述完全不同的活动之上，在很长一段时间内是不可想象的。我们将在后文简要地回到这一论点（请参阅下文第394页）。

[②] 例如，建造长长的电报线需要发展一种理论来定位线路断裂，并发现如何减少耗散。一旦发现使用高压电流很方便，就需要制造变压器［最早的模型之一是由维尔纳·冯·西门子（Ernst Werner von Siemens）发明的，西门子是一家大的电报公司的创建者和所有者］。

器、发电机和电动机的建造成为可能。在 19 世纪末，与化学和电学的发展有关的一系列新技术被引入（特别是光谱学和稀有气体能否导电的研究），这些技术使一部分微观现象成了焦点，这些微观现象导致了 20 世纪对物理学的理论基础进行了深刻的修正。新兴的统计力学对热力学做出的微观解释是在这个方向上踏出的第一步。

在数学物理学领域，19 世纪上半叶最杰出的意大利人是奥塔维亚诺·法布里齐奥·莫索提（1791—1863）。1813 年，从帕维亚毕业后，莫索提[①]受雇于布雷拉天文台，在那里他不仅按照要求用通常的方法计算星历表，而且还开发出了类似的新方法——根据四个观测位置计算天体的轨道。这些关于天体力学的著作，经过高斯的仔细审阅，为他带来了国际科学界的关注。在同一时间段，他还从事流体力学和弹性问题的研究。我们不知道他是否隶属于菲利波·博纳罗蒂（Filippo Buonarroti）的教派（崇高完美大师协会），但可以肯定的是，在 1823 年，他的名字被奥地利警方在该教派一位密使要联系的名单中发现，他不得不离开米兰和意大利。

在瑞士和伦敦逗留后，莫索提于 1827 年到达布宜诺斯艾利斯，在那里停留了 8 年，作为数学家、天文学家、物理学家、气象学家和地形学家进行了紧锣密鼓的工作，1835 年他转到科孚大学。1840 年，他回到意大利，在比萨大学接受了一个数学物理学的教学职位，在那里他为该大学数学学院的建立做出了重要贡献。

1848 年，在 57 岁时，莫索提指挥了由志愿教授和学生组成的托斯卡纳大学军队。可能是高估了他所掌控的部队的军事效率，他坚持要他们在前线行动，并于 5 月 29 日将他们卷入到库尔塔托内和蒙塔纳拉的战斗中。当天在他领导下作战的比萨大学的科学家中，来自莫利塞的地质学家莱奥

---

① 莫索提的早期传记在 [Liberti] 中得到了重建。

波尔多·皮拉（Leopoldo Pilla）在战场上牺牲。①

1859 年，莫索提成为托斯卡纳国家委员会的成员。

莫索提的主要科学发现涉及分子力，他将其解释为是由分子和其周围的以太原子之间的相互作用造成的。该理论预测了在非常短的距离内的排斥力和在较长距离内的吸引力，可以解释各种毛细现象和电介质的行为，这归结于分子由于周围以太的变形而承担的极化。目前仍在使用的克劳修斯－莫索提方程，最初就是在这一理论框架内得到的。

在 19 世纪下半叶，意大利的数学物理学成果主要涉及连续体力学问题（弹性和流体动力学）。最重要的贡献是恩里科·贝蒂（他曾是莫索提的学生，并与他在库尔塔托内并肩战斗过）和欧金尼奥·贝尔特拉米：这两位学者我们已经因为他们在纯数学方面的成果而做过介绍。两人还致力于电学、热力学和新兴的统计力学的研究。②

这些都是值得注意的例外情况，因为总体而言，意大利对后两个学科的贡献是很小的。另一个例外是布朗运动，它吸引了意大利人的兴趣，也许是因为它最初与生命科学之间的联系。③1840 年，朱塞佩·多梅尼科·博托对这一主题进行了实验性工作，他在各种植物中研究了这一现象。④1865 年，物理学家乔瓦尼·坎通尼（Giovanni Cantoni）⑤和生理学家尤西比奥·厄尔（Eusebio Oehl）观察了两块用沥青密封的显微镜载玻片之间的

---

① 莱奥波尔多·皮拉的科学、人文和政治生活可以被重建，这要归功于他每天写日记的习惯，该日记已经出版，见 [Pilla]。

② 在 [Gallavotti] 中指出了 [Beltrami] 和 [Betti] 作品的突出地位，在这些作品中，分别从统计力学的新观点来研究电荷和质量系统。

③ 植物学家罗伯特·布朗在 1827 年观察到悬浮在水中的花粉粒液泡内的小颗粒的无规则运动，最初将其原因归于出于细胞的活力。他随后意识到，同样的运动（后来被称为布朗运动）也是由小的无机颗粒进行的。

④ [Guareschi NSMB]。

⑤ 乔瓦尼·坎通尼（1818—1897）是 1848 年"米兰五日"起义的组织者之一。他是帕维亚大学的物理学教授，曾多次担任该校校长，统一后曾担任王国的参议员。

液体层中的布朗运动,证实它们在一年内保持不变。更重要的是 1867 年乔瓦尼·坎通尼独自一人发表的著作,他也在实验证据的基础上进行了论证,第一次确定了分子热扰动现象的原因。① 古代时期曾经被认为是由于原子② 造成的无规则运动,也曾被现代学者传承了下来(例如在波义耳的著作中),在实验的基础上成为科学的一部分。

尽管有一些显著的贡献,但在意大利没有形成可与纯数学相媲美的数学物理学派或实验物理学派——也许在研究电现象的传统方面除外,对此我们将在后文回到这个问题。在 19 世纪上半叶,具有国际水平的实验物理学家是马其顿·梅洛尼(1798—1854),但他几乎是在完全孤立的环境下工作的。

来自富裕家庭的马其顿·梅洛尼首先在他的家乡帕尔马的皇家美术学院学习,然后在巴黎学习,在那里他非正式地学习了巴黎综合理工学院的课程。1827 年,他成为帕尔马大学的物理学教授,但在 1830 年 11 月 15 日,他向他的学生宣读了一篇颂扬巴黎起义的演讲,因此被解雇。次年 2 月,帕尔马起义后,他成为临时政府的一员。当公爵夫人重新回到城市后,他不得不流亡到巴黎。在那里,他与同样流亡在外的莱奥波尔多·诺比利密切联系,在困难重重中继续工作,其中尤其包括财务上的困窘。1834 年,

---

① [Cantoni]。他特别写道:"好吧,我认为,在液体中这些极微小的固体颗粒的舞动,可能是由于在同一温度下,这些固体颗粒的速度和从各方面撞击它们的液体分子的速度不同而引起的。"这基本上是当时路易斯·乔治·古伊(Louis Georges Gouy)在 1888 年假设的解释,后来由于让·巴蒂斯特·佩兰(Jean Baptiste Perrin)的作品而被接受。尽管在 [Guareschi NSMB] 中已经强调了乔瓦尼·坎通尼工作的重要性,但它几乎总是被忽视。最新的评价见于 [Gallavotti]。
② 卢克莱修有一段优美的文字解释了在被一束阳光照亮的尘埃中观察到的不规则运动,把它归结为空气中原子运动具有的更大的无序性,参见《物性论》,II,112-141,为类似于坎通尼研究的现象提供了一个解释。我们同时还注意到,尽管气体原子的不规则运动的想法在当时显然已经被遗忘,但扬·巴普蒂斯塔·范·海尔蒙特(Jan Baptista van Helmont)在 17 世纪使用希腊语"混沌"(Chaos)一词的佛拉芒语音译创造了"气体"(Gaz)一词。

第七章　复兴运动和统一国家的前30年（1839—1890）

他对辐射热的研究为他赢得了著名的拉姆福德奖章，该奖章是英国皇家学会在法拉第的建议下颁发的。

在他的科学名声传遍整个欧洲后，1838年公国特赦了他，但梅洛尼更愿意在那不勒斯居住，在那里他先被任命为工艺美术学院院长，然后创建和指导了维苏威观测所（第一个火山观测所，于1845年在意大利科学家第七次会议期间启用）。1848年的起义中，他又一次挺身而出，冲在前排，这使他又一次被解雇，并在波蒂奇退休。他一直在那里生活，直到去世。在他生命中的最后几年，他穷困潦倒，有赖于外国同事的帮助，他才得以维持生计。

通过用他设计的复杂的实验装置（部分装置是通过对莱奥波尔多·诺比利的仪器进行完善而获得的）检查辐射热，并通过研究反射、折射和偏振等问题，梅洛尼证明了这种辐射的行为像光一样，他的结论为日后被确认为电磁波的统一理解铺平了道路。正是由于他的成果，今天我们得以把他研究的主要对象称为"红外线"。

在梅洛尼与迈克尔·法拉第往来的信件中，我们发现其中一封将他在意大利孤立环境中的痛苦展露无遗，尽管这并不妨碍他继续他的通信和科学工作：

> 我在这个国家的地位仍然不变我已经一无所有，除了我的学术职位和被致命的激情严重侵蚀的遗产的残余，正是这激情驱使我卷入科学的旋风。无论处于顶峰还是陷落低谷，我仍然要将能够给予我继续追寻学术道路的可能性归功于普鲁士大使的庇护，或者更应当说，归功于这位杰出科学家的影响，对普鲁士国王、对他们的统治者和主人的影响！我想你们已经猜到他是谁了。[1] 另一方面，我记忆中荣耀加身的阿拉戈（François

---

[1] 这里指的是亚历山大·冯·洪堡（Alexander von Humboldt）。

Arago），虽然在如今的政治时局下，不能像其他时候那样对我，但直到他宝贵的生命的最后时刻，他仍然向我挥洒他最动人的友谊的财富而你，我亲爱的和杰出的同事，难道不是经常向我施以恩惠吗？洪堡、弗朗索瓦·阿拉戈和法拉第等人的这些令人尊敬和志趣高雅的迹象，对我来说是真正的科学爱好者所能追求到的最高等级的财富，只要他们在我心中保持活跃和繁荣，不幸的人生变故就不会摧毁你最忠实和感激的仆人和朋友马其顿·梅洛尼的勇气。[1]

在电磁学领域，从路易吉·伽伐尼和亚历山德罗·伏特开始就有一个不间断的传承，意大利在这门学科的实验和技术方面的贡献是巨大的。

卡洛·马泰乌奇在电解现象，特别是电生理学方面取得了重大成果。他的学生和助手里卡多·费利西（1819—1902）从1851年到1859年对感应电流进行了系统的实验研究。他得出的规律此前已经在理论基础上形成，但他是第一个直接验证这些规律的人。詹姆斯·克拉克·麦克斯韦（James Clerk Maxwell）对电磁感应现象学的阐述是以费利西的作品为基础的，而费利西的作品时至今日已经很少有人记得了。[2]

1864年，麦克斯韦通过从理论上推导出电磁波的存在并计算出其传播的速度，证明电磁波包括光（梅洛尼已经将其与红外线统一起来，当时称为"辐射热"）。1885年，海因里希·鲁道夫·赫兹（Heinrich Rudolf Hertz）朝着对这类实体的统一理解又迈出了重要一步，他在实验中发现了波长更大的波。在意大利人在这一领域获得的第一批贡献中（其技术重要性将很快随着无线电的发明而变得清晰），我们至少应该记住奥古斯托·里吉（Augusto Righi，1850—1921）和特米斯托克莱·卡尔泽基·奥涅斯蒂（Temistocle

---

[1] 1853年12月12日梅洛尼从波尔蒂奇的莫雷塔（Moretta di Portici，那不勒斯附近）给法拉第的信，载于［Faraday SC］，卷二第699页。
[2] ［Maxwell］第183-187页、第303页。

Calzecchi Onesti，1853—1922）的贡献。

得益于对众多光学、电学和磁学现象的研究，奥古斯托·里吉拥有辉煌的学术生涯（1905年，他还被任命为王国的参议员）。在对赫兹波的长期和系统性的实验工作中，他设计了一个能够产生1厘米长度的波的振荡器（比赫兹所揭示的波长短得多），并研究了一系列的特性，验证了它们是与光相同性质的实体的假设。

特米斯托克莱·卡尔泽基·奥涅斯蒂终其一生都是高中物理教师，在1884年开始了一项实验研究，研究影响金属粉末的电阻率变化的可能原因。这些研究促使他发明了金属屑检波器：一个由小玻璃管组成的装置，置于两个电极之间，其中含有镍和银粉以及微量的汞。这种简单的仪器在1884年和1885年发表在《新实验》（*Nuovo cimento*）上的文章中有所描述，它使检测电磁波成为可能，电磁波改变了管内内容物的电阻，对无线电的发展具有重要意义。然而，特米斯托克莱·卡尔泽基·奥涅斯蒂的工作鲜为人知，只是在爱德华·布朗利（Édouard Eugène Branly）和奥利弗·洛奇（Oliver Joseph Lodge）（他将金属屑检波器由意大利语词"Coesore"翻译成英语"Coherer"）提出类似装置后才被重新发现。

在19世纪中期，天文学由天体力学和观测天文学组成，前者也是数学物理学的主要领域之一，后者（只使用光学望远镜）则构成了其实验性的对应部分。

当时意大利的天文学水平很低。在国家统一的时候，意大利拥有10个天文台，但没有一个可以与巴黎和格林尼治的天文台相比。仍然是在1874这一年，天文学家彼得罗·塔奇尼在提交给公共教育部长的一份报告中指出，一个欧洲天文台的高标准的财政预算超过了意大利十个天文台的预算总和。[1] 观测站显然存在着亟须合理化和资源集中的问题（正如大学面临的问题

---

[1] [Tacchini] 第7页。

一样，但力度更大，因为在这种情况下教学研究的优势是显而易见的），但在这方面提出的建议并没有得到具体落实。

如果说观测天文学不得不受到资源分散的影响以至于严重限制了仪器的质量，那么天体力学（当时在其他欧洲国家正在取得重要进步）的情况就更糟糕了：在莫索提之后，意大利没有任何具有国际意义的成果。

在19世纪下半叶，最重要的观测结果是由乔凡尼·维尔吉尼奥·斯基亚帕雷利（Giovanni Virginio Schiaparelli，1835—1910）获得的，他发现了金星和水星运动的新特点，尤其是他因对火星的精确观测而闻名。我们将在他对于科学史的研究部分再次提到这位科学家。

1859年，罗伯特·威廉·本生（Robert Wilhelm Bunsen）和古斯塔夫·罗伯特·基尔霍夫（Gustav Robert Kirchhoff）[1]在发射光谱方面的著名成就，为化学界引入了一种检测存在于其他无法检测的痕迹中的元素的方法，并导致了大约20种新元素的发现。然后，天文学家们发现了通过分析光谱研究天体的可能性，为天体物理学铺平了道路。老牌学校不愿意迅速转换为全新的方法，而新的研究所需的实验仪器成本又很低，这使得一些意大利科学家能够成为新领域的主角。[2]

恒星光谱学的首次研究是由乔瓦尼·巴蒂斯塔·多纳蒂（Giovanni Battista Donati）于1862年在佛罗伦萨进行的。作为莫索提和卡洛·马泰乌奇的学生以及作为阿米奇天文台负责人一职的继任者（他把天文台搬到了阿尔切特里），多纳蒂采用乔瓦尼·巴蒂斯塔·阿米奇（Giovanni Battista Amici）的一些建议，开发了最初的天文光谱学。这位托斯卡纳天文学家也因发现了几颗彗星而闻名，他是第一个对彗星的尾巴进行光谱分析的人。

---

[1] 这两位著名的德国科学家主要从事化学研究，前者从事热力学和电工技术（即当时在德国发生的第二次工业革命的所有尖端部门）。

[2] 关于19世纪下半叶意大利天体物理学的概述，请阅读[Chinnici]。

其他意大利人，包括洛伦佐·雷斯庇基（Lorenzo Respighi），也从事天文光谱学的研究，但主要的贡献是耶稣会神父安吉洛·西奇（Angelo Secchi，1818—1878）做出的，他和英国人威廉·哈金斯（William Huggins）一起，被普遍认为是将光谱技术引入天文学的首创者。[①]

1848年，罗马共和国驱逐了耶稣会士，西奇去了英国和美国，在那里他大量地进行了科学接触。1849年，意大利政治局势的变化推动他回国，并接受了罗马学院天文台台长的职位。在50年代，除了天文学之外，他还从事大地测量学、地球物理学和气象学的研究，还配备了一个磁力观测仪和气象观测站。

安吉洛·西奇首先将光谱观察应用于太阳系的研究，发现了火星上的暗通道，确定了木星的气态性质，并分析了土星环的结构等。他对太阳进行的准确的光学和光谱研究使他获得了重要的结果：特别是，他确定了太阳黑子中光球层的冷斑，并表明太阳的直径不是恒定的，而是会受到长期颤动的影响。

随后，从1863年到1868年，安吉洛·西奇核查了4000多颗恒星的光谱得出的结论是，除了少数例外，大部分恒星都可以根据光谱的吸收线分为4种基本类型。安杰洛·西奇的分类直到本世纪末才被接受，对这个分类法的修订产生了当时的哈佛光谱分类法。

罗马并入意大利王国后，由于一项特别法令，安杰洛·西奇被任命为天文台台长，而天文台在他死后才被并入意大利王国。

1871年，安杰洛·西奇、彼得罗·塔奇尼（Pietro Tacchini）、洛伦佐·雷斯庇基等人成立了意大利光谱学家协会，其协会创办的《论文集》（*Memorie*）成为天体物理学的主要国际期刊。

---

① 例如见［Pannekoek］第389页。

4　电气与工业工程的诞生

在19世纪，科学巩固了自身在技术指导和工业发展方面的作用，同时，通过以此为目的创建的新学科——如分别由化学和电学产生的工业化学和电工技术——为媒介，更进一步确定了其定位。虽然我们将看到意大利对工业化学的诞生几乎没有做出贡献，但电力领域的悠久传统推动了至少两位意大利科学家对电工技术的发展做出了重要贡献：安东尼奥·帕奇诺蒂（Antonio Pacinotti，1841—1912）[1] 和加利莱奥·费拉里斯（Galileo Ferraris，1847—1897）。

物理学家路易吉·帕西诺蒂（Luigi Pacinotti）的儿子，来自比萨的安东尼奥·帕西诺蒂在他家乡的大学学习，他也是莫索提、恩里科·贝蒂和里卡多·费利西的学生。1859年，他成为第二次独立战争的志愿者，并在同年构想了他的"小机器"（正如他说的，在"枪炮中"发展了他的灵感），他总是这么称呼它。第二年，他建造了第一个功能完美的型号（发电机），并于1865年在《新实验》[2]中对此发表了准确的描述，但从未想过要申请专利。

该设备的基本要素是环形电枢，后来被称为帕西诺蒂环，当它旋转时可以产生几乎恒定的连续电流，反之，当提供电流时，它就会旋转；换句话说，该机器既可以作为电动机，又可以作为发电机。以前的旋转装置［如希波吕式·皮克斯（Hippolyte Pixii）制造的仪器］只能产生不连续的一连串电流脉冲，无法在实践中使用。

他发表在《新实验》的文章没有得到关注。1864年，安东尼奥·帕奇诺蒂承担了一个科研任务，期间他访问了巴黎一家工坊，在那里他见到了老板兼首席机械师齐纳布·格拉姆（Zénobe Gramme）。他向格拉姆提供

---

[1] ［Polvani］,［Egidi EI］。

[2] ［Pacinotti］。

了他的文章（未发表）的复印件，并解释了机器的工作原理，希望工坊能够生产它。当时两人似乎并没有达成合作，但在 1869 年，齐纳布·格拉姆开始自行对这台机器进行工业化生产，他对机器进行了一些修改，其中一些修改比原版要差劲，一些则是基于西门子的想法。安东尼奥·帕奇诺蒂在 1871 年注意到了这一点，并为他的发明要求优先发明权。1875 年，在维尔纳·冯·西门子的倡议下，他获得了道义上的认可，在维也纳国际展览会上被授予金质奖章。[1] 1881 年，在第一届国际电力大会上，展览会评委会承认了他的优先发明权。除了他生前获得的经济成就外，格拉姆还因建造了第一个工业发电机而被追认。

1885 年，加利莱奥·费拉里斯找到了一种使用交流电产生旋转磁场（有可能带动机械旋转）的方法，从而使异步电动机的诞生成为可能。[2] 这是一项具有重大工业意义的发明，但费拉里斯（顺带一提，他最初将他发明的机器视为计数器，而不是动力发动机）也没有费心为其申请专利。然而，在 1888 年他发表了一篇解释如何获得旋转场[3]的文章，43 天后，尼古拉·特斯拉（Nikola Tesla）在美国获得了 5 项制造电动机的专利，其中一项是异步电动机。[4] 1892 年，获得特斯拉专利的西屋电气和通用电气开始了异步电动机的工业生产。两家公司都自由地使用了属于公共领域的意大利人的想法。加利莱奥·费拉里斯并不缺少唯一让他感兴趣的奖项：来自道德层面的认

---

[1] 西门子在他的自传中也对帕奇诺蒂的工作表示赞赏，他写道："当我想到在我建立了发电机的原理之后，我并没有立即想到在平板机中应用具有相反感应的两个半绕组做平行插入，而是在几年后才通过帕奇诺蒂使用的程序才得出这一结论，一想到这我就不禁感到有些羞愧。"见 [Siemens] 第 142 页。

[2] 以前的电机要么以直流电运行，要么是同步的，即它们必须在电流的每个周期转一圈。在第二种情况下，需要一个伺服电机来使它们同步。

[3] [Ferraris]。

[4] 加利莱奥·费拉里斯和特斯拉之间的长期争端在 [Silva] 中得到了详尽的重现。

可。① 他对自己工作的经济价值表现出极度地不关心（"我是一个教授，不是一个实业家！"②）。如果从个人层面而言这种态度值得欣赏的话，整件事却以一种令人担忧的方式表明，在当时的意大利，不仅是"纯"科学家在社会学和文化层面上与企业界有多么遥远的距离，甚至像费拉里斯这样的工程师（他非常关注专业技术人员的培养问题）也是如此。

加利莱奥·费拉里斯（他涉及过光学和声学的研究）对电气工程做出的其他重要贡献，主要表现在阐明概念方面。特别是，他完善了变压器理论，说明了在交流电穿过的导体中耗散的功率基本上取决于电压和电流之间的相位差，并开发了使用矢量计算来表示正弦电量的方法。他是意大利电工协会的创始人之一，并于1896年被任命为王国参议员。

意大利的工业工程在国家统一后不久诞生于米兰和都灵，这两座城市后来成为著名理工学院的所在地。1859年的《卡萨蒂法》③（*Legge Casati*）的出台，之后在米兰建立了高等技术学院，在都灵建立了附属于大学物理和数学科学学院的工程师应用学院。米兰的高等技术学院于1863年开始运行，分为三所学校，其中一所旨在培训机械工程师。1862年，意大利工业博物馆也在都灵诞生，隶属于农业、工业和商业部，"目的是促进工业教育和工商业的进步"。费拉里斯于1869年毕业后，先后在工业博物馆任教授助理，在工程应用学院任教授。

这些机构，连同之前在米兰存在的手工艺促进会，在培养新生工业的领导层和更新意大利文化方面都发挥了重要作用，而且是以间接的方式。

---

① 作为死后得到道德认可的一个例子，我们可以引用爱迪生在1925年发出的电报，当时正值费拉里斯的房子被改造成一个专门纪念他的博物馆："我很高兴地祝贺你们意大利人把加利莱奥·费拉里斯出生的房子提升为辉煌的圣地，以鼓励后代，他是向世界揭示电气科学之美的最伟大的人。"引自[Egidi EI]第36页。

② 这句话在[Firpo]中被引用。

③ 译者注：《卡萨蒂法》是关于基础教育和义务教育的法律，其重点在于建立一个中央集权的教育制度。

我们尤其应该着重说明工业博物馆和都灵理工大学对经济思想的发展所做的贡献，既通过学校教授们取得的成果，如萨尔瓦多·科涅蒂·德·马蒂斯（Salvatore Cognetti De Martiis）和路易吉·伊诺第（Luigi Einaudi），也因为培养了包括维尔弗雷多·帕累托（Vilfredo Pareto）在内的众多知识分子。

米兰工业工程的组织主要依靠两个人的工作：弗朗切斯科·布里奥斯基和朱塞佩·科隆博（Giuseppe Colombo）。前者从成立之初就规划和指导了高等技术学院，特别是创立了工业工程系，这在意大利是没有先例的，同时继续着他的数学分析研究工作，在许多层面上为促进米兰和意大利的技术－科学文化而行动。他协调米兰各文化机构的活动，以参议员的身份对议会行动进行倡议，并担任公共教育部的秘书；从1866年起，他还接手了《理工学院》（*Politecnico*）的学报编辑工作，这是卡罗·卡塔尼奥的作品，他把它变成了意大利工程师的期刊。

朱塞佩·科隆博（1836—1921）是弗朗切斯科·布里奥斯基的学生，他领导了未来的理工学院的机械部，并在学院校长去世后继任了该学院的校长。科隆博20岁时从帕维亚毕业，成为一名工程师，之后立即在手工艺促进会担任教职。1859年，他成了加里波第的志愿者，从1864年起，他在高等技术学院担任工业机械学科的教授。人们记住他并不是因为他的科学论著，而是因为他密集的教学、知识普及、组织、创业和政治活动（他还担任过众议院主席，两次担任部长，多次担任议会委员会中影响力可观的成员），这使他成为米兰工业化的主角之一。他的《民用和工业工程师手册》（*Manuale dell'Ingegnere civile e industriale*）由他的朋友乌尔里科·霍普利（Ulrico Hoepli）于1877年出版，在很长一段时间内一直是意大利工程师的参考文本。值得一提的是，出生于瑞士的书商兼出版商乌尔里科·霍普利也通过他的系列手册（他将这一术语引入意大利语）为意大利技术文化的发展做出了重大贡献。

1881年，朱塞佩·科隆博和加利莱奥·费拉里斯都参观了在巴黎举行的国际电力展览会，爱迪生的照明系统在会上得到了展示。[①] 两个意大利人的反应非常不同。受政府委托起草官方报告的费拉里斯很谨慎：他说他很欣赏发电机的力量，但对灯泡和分配系统都心怀疑虑。另一方面，科隆博则充满热情：他迅速成立了一家公司，并前往美国与爱迪生协商，以购入机器和意大利对其系统的独家权利。因此，欧洲大陆的第一个发电厂于1883年在米兰的圣拉德贡达路建成，但其机器是从美国进口的，并在美国技术人员的指导下进行组装。

看来，在传播技术技能和创业文化方面发挥了重要作用的理工学院，在当时没能在产业和研究之间建立纽带发挥重要的联系作用。在米兰，理工学院的主要讲师之一科隆博，并不因其研究活动而特别耀眼，却以企业家和技术引进者的身份在第一座发电站的建设中发挥了领导作用（科隆博立即成了意大利爱迪生公司的总经理，后来成为该公司的总裁）。而在都灵，杰出的讲师如加利莱奥·费拉里斯和阿斯卡尼奥·索布雷洛（Ascanio Sobrero），其研究因其对于实际应用的影响而引起了最大的兴趣，却没有以任何方式与意大利的商业界进行互动。

1887年，工业家卡洛·埃尔巴（Carlo Erba）向米兰理工大学捐赠了40万里拉，成立了卡洛·埃尔巴电工学院（Istituzione Elettrotecnica Carlo Erba，IECE）。然而，这也不是商业世界和研究之间的互动，因为IECE是一所"电力专科学校"，只进行教学活动。

5 化学家和工业：错过的机会

就化学而言，与其他科学学科一样，意大利的研究水平在复辟时期达

[①] 关于巴黎展览会后导致意大利电力工业诞生的事件，见 [Maiocchi RCE]。

第七章 复兴运动和统一国家的前 30 年（1839—1890）

到最低点后，在两个主导人物的领导下，在复兴时期又开始上升：卡拉布里亚的拉斐尔·皮里亚（Raffaele Piria）和西西里的斯坦尼斯劳·坎尼扎罗。

拉斐尔·皮里亚[①]，在雷焦卡拉布里亚上完中学后，在那不勒斯学习医学，并于 1834 年毕业。他对化学的兴趣多于对医学的兴趣，毕业后他仍留在大学里担任药物化学课程的助教。从 1837 年到 1839 年，他在巴黎待了两年，在那里他开始了有机化学的研究，特别是对水杨酸的研究，与当时法国化学界无可争议的领导者让-巴蒂斯特·安德烈·杜马（Jean-Baptiste André Dumas）合作。回到那不勒斯后，他在马其顿·梅洛尼的帮助下建立了一所化学和实验科学的公立学校，但没有取得什么成功。1842 年，他在比萨大学获得了一个化学教席。在那里，他与年轻的斯坦尼斯劳·坎尼扎罗和切萨雷·贝尔塔尼尼（Cesare Bertagnini）组成了一个小组，后世传统中认为这是意大利新化学的起源。

1849 年，与比萨学术当局的关系恶化，部分原因是分配给实验室的资金减少。皮里亚先是搬到了佛罗伦萨（在那里他对罂粟碱进行了特别重要的研究），然后从 1855 年起搬到了都灵。

皮里亚是卡洛·马泰乌奇的密友，他与卡洛·马泰乌奇有许多共同的想法和目标。1855 年，他与马泰乌奇一起创办了《新实验：物理学、化学及其在医学、药学和工业技术中的应用杂志》（*Il Nuovo Cimento：giornale di fisica, di chimica, e delle loro applicazioni alla medicina, alla farmacia ed alle arti industriali*），[②] 这份杂志与化学学院之间联系紧密，并长期享有巨大的国际声誉。

1860 年，在加富尔的指示下，皮里亚前往那不勒斯担任公共教育部

---

① [Piria], [Focà Cardone], [Di Meo] 第 119-126 页。

② 早在 1844 年，皮里亚和卡洛·马泰乌奇与莫索提和莱奥波尔多·皮拉一起，在比萨创办了昙花一现的《新西芒托》杂志。

长，任路易吉·卡洛·法里尼（Luigi Carlo Farini）的副手。在他担任这一职务的短暂时期内，他起草了一个改革小学教育的项目。该项目得到批准，但没有实施。1862年，他恢复了在都灵的研究活动，并被任命为王国参议员。

拉斐尔·皮里亚的科学工作是当时科学快速增长趋势中的一部分，即确定天然有机材料的活性成分并开发其合成方法。这类研究将彻底改变药理学，使古老的草药贸易被边缘化，并创造了制药业。然而，皮里亚（他是第一个合成水杨酸的人，这是制成阿司匹林的一个重要步骤）似乎没有获得任何具有直接药理学意义的成果。同时，他的研究尽管有几次在证伪当时被普遍接受的化学理论方面产生了重要的影响，但仍然局限于实验领域，从未形成过理论：他不信任纯粹的理论工作，并依靠一种稍显粗放的实证主义形式，他相信理论可以从事实中"自发"归结出来。[①]

斯坦尼斯劳·坎尼扎罗（1826—1910）出生于巴勒莫，他的父母其中一方与波旁王朝有关（他的父亲曾任警察局长和西西里岛大审计院院长，他的姑姑是王后的侍女），另一个则出自自由主义家庭（他的3个舅舅在参加加里波第的运动中牺牲）。

1841年，15岁的斯坦尼斯劳·坎尼扎罗进入巴勒莫医学院学习，在那里参加了各种课程，特别是生理学和化学课程，但从未获得过学位。1845年，他搬到了那不勒斯，在那里他遇到了马其顿·梅洛尼，从他那里学到了实验方法的雏形。

1845年在那不勒斯举行的意大利科学家会议上，坎尼扎罗发表了3篇关于生理学主题的文章。他被梅洛尼介绍给拉斐尔·皮里亚，后者为这位19岁的学生提供了一个职位，担任他在比萨的实验室的特别培训师。

1845年至1847年期间，坎尼扎罗通过参加皮里亚的讲座和遵循他对水杨酸、天冬酰胺和罂粟碱的研究来学习实验有机化学。他回到巴勒莫过

[①] 他最得意的学生斯坦尼斯劳·坎尼扎罗很好地说明了这一点。见［Cannizzaro Discorso］第35-36页。

暑假，并留在西西里岛参加了第二年起义的准备工作，期间他被选入下议院，并作为军官与波旁王朝的军队作战。革命失败后，他不得不移民到巴黎，在那里他与法国前沿的化学家一起工作了几年。1851 年，他来到撒丁王国，继续他在巴黎开始的研究，先是在亚历山德里亚，然后在热那亚。坎尼扎罗在有机化学方面取得了许多重要成果，但他作为科学家的名声主要归功于 1858 年出版的两部作品，出版时他谦虚地称其为教学作品：发表在《利古里亚大区医疗》(*Liguria medica*) 上的《热那亚大学原子理论讲座》(*Lezione sulla teoria atomica fatta nella R. Università di Genova*)[①]，以及后来更为著名的、发表在《新实验》上的《化学哲学教程概要》(*Sunto di un corso di filosofia chimica*)（以下简称《概要》）。[②]

对于不是化学史专家的读者来说，要完全掌握这些作品中的新颖之处并不容易。这并不是因为在跟随着斯坦尼斯劳·坎尼扎罗提出的清晰的论点方面存在问题（撇开术语方面的一些差异，这些论点提出的概念今天已经为人们熟悉），而是因为在他的作品之前就存在的关于分子和原子的概念迷宫中很难确定自己的方向。[③] 我们只需记住，不是每个人都坚持原子理论，也不是所有的原子学家都区分了原子和分子，而有些人使用了 3 个不同的概念："物理原子""化学原子"和分子；阿梅代奥·阿伏伽德罗定律没有被接受；不清楚纯元素的分子是否能够由多个原子组成；没有人能够计算出原子重量。

坎尼扎罗建立了一个连贯的化学理论，其基础是已被后来的科学所接受的原子和分子的概念以及阿伏伽德罗定律。对于阿伏伽德罗定律，坎尼扎罗通过证明一些热解离现象中似乎与之相矛盾的实验结果，使之最终被国际社会接受。在《概要》(*Sunto*) 中，他阐述了现在被称为"坎尼扎罗法则"的规则：一旦根据阿伏伽德罗定律计算出分子量，就可

---

① 该作品转载于 [Di Meo] 第 225-248 页。

② [Cannizzaro Sunto]。

③ 有兴趣了解这一主题的读者可以阅读 [Cerruti LS]。

以通过比较各元素在其各种化合物中的重量数量来确定原子量。坎尼扎罗确定了几乎所有已知元素的原子量，使德米特里·伊万诺维奇·门捷列夫（Dmitrij Ivanovič Mendeleev）得以编制他的表格并指出其周期性。《概要》还包含了对化合价理论的重要贡献，该理论被公认为是可变的。

1860年，加里波第在西西里岛登陆后，坎尼扎罗去了巴勒莫，在那里他在特别国务委员会任职，后来担任有机化学和无机化学教授。在他周围聚集了一批学者，使巴勒莫成为有机化学的重要研究中心。1870年，坎尼扎罗的小组创办了《意大利化学杂志》（*Gazzetta chimica italiana*），这是意大利在该领域的第一份杂志。随后《新实验》开始被定性为一份专门讨论物理学的杂志。

1871年，作为使新首都成为重要研究中心的总体计划目标的一部分，坎尼扎罗被任命为罗马大学的教授，同时被任命为王国参议员。他继续开展重要的研究活动，创建了一个罗马有机化学学校。许多杰出的科学家都出自这个学校［包括贾科莫·恰米奇安（Giacomo Ciamician）和拉斐尔·纳西尼（Raffaello Nasini）］，并积极参与议会活动（他也是参议院的副主席），特别是在教育、研究和捍卫国家的世俗性问题上十分活跃。体现他服务精神的活动包括组织海关化学实验室，负责分析海关和税务所需的货物。

皮里亚拥有巨大的学术权力，以至于意大利的大部分化学教席都由他的学生占据。有些人是杰出的科学家：除了斯坦尼斯劳·坎尼扎罗，我们还应该提到切萨雷·贝尔塔尼尼（1827—1857），他在早逝之前在导师手下对有机化学做出了重大贡献。其他人大多是资质平庸的学者，只因为是胜利者团队的一员而获得了利益。[①]

至于来自皮里亚体系以外的化学家，我们至少应该介绍弗朗切斯

---

① 例如，保罗·塔西纳里（Paolo Tassinari）和彼得·皮亚扎（Pietro Piazza）的情况就是如此。皮里亚的学术政策已被路易吉·切鲁蒂（Luigi Cerruti）在多个场合进行阐述。

科·塞尔米（Francesco Selmi，1817—1881）和阿斯卡尼奥·索布雷洛（1812—1888）。① 在摩德纳毕业的弗朗切斯科·塞尔米因为参加了1848年的起义而不得不离开公国，重新回到都灵，在那里他遇到了索布罗。塞尔米与英国人格雷厄姆·托马斯（Graham Thomas）并列为胶体化学的创始人。1867年，50岁的他在博洛尼亚获得了他的第一个教授职位，开始研究毒理学化学，在这个对他来说是全新的领域做出了重要贡献。阿斯卡尼奥·索布雷洛曾在都灵、巴黎和吉森的李比希实验室学习，他首先在都灵的机械和艺术应用化学学校教授"艺术应用化学"，然后在工程师应用学校教授"矿石分析化学"（即应用化学）。他与塞尔米合作研究胶体发现了各种物质，但他的名字首先与硝化甘油有关，他于1847年在都灵发现了硝化甘油。索布雷洛在自己身上测试了这种物质用于药物的治疗效果，但被其巨大的爆炸力吓坏了。阿尔弗雷德·诺贝尔（Alfred Nobel）凭借炸药（通过让多孔材料吸收硝化甘油，从而使炸药的操作没有过多危险）发家致富，他深刻地认识到阿斯卡尼奥·索布雷洛的发现对于自己所获得的财富方面发挥了多大的作用，于是授予他终身年金。

化学的经济重要性是第二次工业革命的主要动力之一，在19世纪得到了巨大的发展，但在意大利化学工业的发展非常晚。我们可以通过回顾与全国硫酸生产有关的数字来了解统一后早期的发展规模：这是一种只需要硫黄就能生产的物质（它从西西里和罗马涅出口到许多欧洲国家），它是当时大多数工业化学过程的基础（特别是需要它来生产纺织工业消耗的苏打、合成肥料和许多炸药，包括硝化甘油）。1870年，意大利的年产量为1万吨，而英国为50万吨。② 1869年，卡罗·卡塔尼奥宣布了伦巴第科学和文学研究所设置的布兰比拉奖，以支持这位开始生产过磷酸钙的工业家，这种珍贵的合成肥料自1843年以

---

① [Guareschi AS]。关于阿斯卡尼奥·索布雷洛的大量杂项新闻，其中一些是有用的，见于 [Garbarino]。

② [Trinchieri] 第24页。

来一直在英国生产。[1] 该奖项由路易吉·切鲁蒂（Luigi Cerruti）获得，但由于农民对人工化肥的不信任，该公司在意大利很难找到买家。

在 1870 年至 1890 年的 20 年，意大利的化学工业有了很大的发展，尽管还远远不够。一些新产品问世，部分已有产品产量增加（就硫酸而言，1890 年的产量已上升到 6000 万千克），但其他产品依然缺乏：例如，直到 19 世纪末，意大利还没有合成染料的生产。然而，这里值得关注的一点是，化学工业的（发育不良的）增长与学术研究的发展之间几乎没有关系。虽然伦巴第和意大利北部其他地区的化学工业开始发展，但主要的研究中心在巴勒莫和罗马，并不涉及工业利益的主题。

以拉斐尔·皮里亚和斯坦尼斯劳·坎尼扎罗为代表的化学家都对工业问题不感兴趣，其他意大利化学家也没有设计出任何可应用于工业上的工艺。即使在意大利大学的实验室里合成了有经济价值的新物质，也没有开发出生产过程。为大家举一个例子：意大利第一个硝化甘油的生产是由总部设在瑞士的 S.A. 诺贝尔炸药和化学品公司（S.A. Dinamite Nobel e Prodotti Chimici）开始的，它显然使用了诺贝尔的专利。然而，硝化甘油的发现者阿斯卡尼奥·索布雷洛一直从事应用化学的教学工作，"对皮埃蒙特的化学工业发展非常有效"[2]。1858 年，加富尔显然是因为阿斯卡尼奥·索布雷洛在应用方面的专长，派他到伦敦参加国际博览会。学术界的化学家对工业家们给出的建议，很可能仅限于向他们介绍由国外开发的和属于公共领域的工业品的生产过程。米兰理工大学的第一门工业化学课程（当时课程采用的名称是"技术化学"）是在 1883 年开设的，尽管布里奥斯基早在 1867 年就要求这样做了。[3]

即使像米兰的卡洛·埃尔巴（1811—1888）这样的药剂师，一开始在

---

[1]　Il bando è riprodotto in [Trinchieri]，第 78 页。
[2]　[Guareschi AS] 第 351 页。
[3]　[Maiocchi RSSII] 第 882 页。

药房的密室里凭经验开发新的药物制备方法在 19 世纪中叶后不久就发展了自己的业务，创造了第一个国家制药业的雏形，但他们似乎与有机化学的学术研究也没有明显的互动。

6　博物学家和地质学家

工业革命出现后，欧洲国家对自然学科的兴趣迅速增长：可以通过地质研究来确定的矿产资源对发展而言越来越重要，正如查尔斯·莱尔（对英国在该领域的落后感到遗憾）曾多次指出这一点；反过来，古生物学主要作为地质学的辅助工具而发展，[①]因为化石主要被用来识别地质地层。19世纪地质学和生命科学之间存在着密切的联系，地质学家查尔斯·莱尔对达尔文的影响和后者关于地质学方面的著作就很好地说明了这一点。人们还应该记得，生物科学为工业（以及农业）带来的直接收益，在这个时代并不是绝对新鲜事物：仅举一个例子，我们记得，当巴斯德在 1862 年引入现在被称为"巴氏杀菌"的方法时，食品已经能够被保存 50 年，使用的是商人（后来的工业罐头商）阿佩尔经过几年的实验发现的类似（尽管不是完全相同）方法。阿佩尔的研究是由拿破仑设立的一份丰厚奖金引起的，奖励给任何能够为军队准备不易腐烂的食物的人。

另一方面，自然史研究与地理研究有着密切的相互作用，主要受到欧洲大国航海和殖民扩张需求的强烈刺激，这些国家创建地理协会的目的也是为了组织制图和自然方面的探索性考察。第一个是 1821 年在巴黎成立的地理学会，其创始成员与其他科学家和探险家一起，包括一些当时最伟大的博物学家，如乔治·居维叶和德国人亚历山大·冯·洪堡；英国皇家地理学会成立于 1830 年。

[①]　这种依赖关系的记忆长期留存在大学课程的设置结构中，其中古生物学的教学对象是地质学家和自然学家，而不是生物学家。

正如我们所看到的，自18世纪下半叶以来，欧洲各国已经出现了自然领域的学习和研究机构。首先是矿业学院，为培训专业技术人员而设立，也成为矿物学和地质学领域的研究中心。随后出现了具有更广泛目标的机构，在这些机构中，来自不同学科的专家可以以协调的方式进行全职工作，他们可以利用技术仪器、大型图书馆，尤其是在集中购买、获得捐赠、获取战利品、搜集从殖民地进口的材料以及在探索性探险中收集的大量博物学收藏品。第一个机构是1793年在巴黎成立的国家自然历史博物馆，它在很长一段时间内一直是该领域的参考典范。

由国家出于经济和政治原因资助的新的欧洲机构和个人倡议网络，使博物学在19世纪的发展得到飞跃。在这方面我们可以举两个例子，首先是在乔治·居维叶指导下在国家自然博物馆进行的研究，这通常被认为是比较解剖学的诞生，以及达尔文根据他在皇家海军双桅船上参加测绘探险的5年期间收集的数据提出的自然选择进化理论。

转折点在18世纪末和19世纪初已经出现。让-巴蒂斯特·拉马克、乔治·居维叶、查尔斯·莱尔和其他一些人的名字一直刻在集体记忆中，成为这一现象代表性的"同名英雄"，而在他们背后，大量的研究人员活跃于这一领域，将传统的"自然史"转变为众多相互作用的专业学科。

在意大利，由于政治和经济形势的原因，上文中描述的新事物几乎完全缺失。[1] 因此，当17世纪末半岛上产生的精确科学变得边缘化时，自然主义研究一直保持着较高的地位，但在19世纪上半叶也严重落后，这并不令人惊讶。

在19世纪的头几十年里，意大利的自然史学家们大多将自己限制在描述性的研究上，对欧洲革命性的概念发展基本上保持着被动的旁观，这也

---

[1] 例如，半岛上的自然历史博物馆基本上都是收藏品，缺乏足够的人员和资金，无法成为真正的研究中心。佛罗伦萨的物理和自然历史博物馆是一个例外，它有自己的教席，但我们已经说到过，丰塔纳试图通过将一个学院与它联系起来以便扩大其研究活动的计划没有实现。

|第七章 复兴运动和统一国家的前30年（1839—1890）|

是因为这些学者往往在培养了自身所有或部分自然史科学研究素养的同时也培养了其他兴趣。许多研究工作涉及对某一地区的矿物和动植物物种的描述，这些都是由医生或药剂师在半业余的基础上进行；另一方面，即使是学术界的博物学家，也几乎没有专业性，以自然科学为目的组织的探险活动，就数量和资金数额而言，都无法与法国或英国相比。

在复兴运动期间，特别是在统一后，自然史科学领域取得了一些进展，但这些进展并没有成功地将意大利研究人员权威性地纳入国际辩论的主导领域。学者们的专业知识增加了，与各学科有关的期刊和国家协会也成立了，但活动大多局限于描述性的层面，或者是对其他地方阐述的理论进行传递，甚至很少有修改。一个重要的创新是在以地方或区域为基础开展的工作中，增加了关于半岛各种自然方面的系统性工作。夏尔·吕西安·波拿巴（Carlo Luciano Bonaparte）是意大利科学家会议（Riunioni degli Scienziati Italiani）的主要推动者，已经出版了《意大利动物群图谱》（*Iconografia della fauna italica*）这一著作；随后，几部专门介绍意大利植物群的作品也诞生了。①

由于意大利土壤的特殊性，出现了跨越自然科学和物理科学边界的两个学科：火山学和地震学，意大利学者是这两个学科的先驱。② 我们已经提到，第一个火山观测站是1845年落成的维苏威火山观测站。地震学的一个

---

① 巴勒莫出身的植物学家菲利波·帕拉托雷（Filippo Parlatore）于1844年在佛罗伦萨创办了《意大利植物学杂志》（*Giornale botanico italiano*），他还于1845年创立了意大利中央植物园。1848年，帕拉托雷开始了一项艰巨的工作——编写《意大利花卉》（*Flora italiana*）一书，他的学生洛多维科·卡尔德西（Lodovico Caldesi，1848年曾任罗马共和国制宪会议成员）也参与了这项工作。统一后，出现了两部意大利植物志汇编：第一部由文森佐·切萨蒂（Vincenzo de Cesati）、拿破仑·帕塞里尼（Napoleone Passerini）和朱塞佩·吉贝利（Giuseppe Gibelli）在1868年至1886年出版。第二部由乔瓦尼·阿尔坎杰利（Giovanni Arcangeli，他在植物生理学方面也有重大贡献）于1882年出版。
② 乔治·达尔文［George Darwin，是查尔斯·达尔文（Charles Darwin）之子］是研究潮汐力的主要学者之一，他为意大利学者在这些领域的先锋作用提供了权威的证明，参见［Darwin］第114-118页。

重要步骤是由蒂莫特奥·贝尔泰利（Timoteo Bertelli）神父 1826—1905 完成的。他设计了能够检测微震的设备（第一个这样的设备是 1868 年建造的测距仪），并开始对其进行系统研究，发现了微震活动、季节性周期和大气压力趋势之间的关联。

国家统一后，意大利做出了各种尝试，试图重现在其他欧洲国家建立的有利于自然史科学发展的机构和举措。1867 年，意大利地理学会成立，它组织了几次探险活动，首先是 1869 年对非洲的探险活动。其他纯粹的自然考察是由私人组织的：例如，植物学家奥多阿多·贝卡利（Odoardo Beccari）曾经参加过英国的考察，并在 1869 年创建了《新意大利植物学杂志》(*Nuovo giornale botanico italiano*)，他在印度尼西亚和其他国家组织了一些考察。部分自然历史博物馆的规模也被扩大了，卡洛·马泰乌奇试图将佛罗伦萨的物理和自然历史博物馆改造成一个可以与他的法国模板相媲美的机构。在那些由私人发起的倡议中，德国动物学家安东·多恩（Anton Dohrn）也是其一，他在 1872 年建立了那不勒斯动物学站，该站后来成为一个重要的国际研究中心。

然而，总体而言，主要欧洲国家的机构结构和举措是不可能复制的。特别是在意大利，也许是由于探索进行的规模较小，并且大多集中在政治或传教的目的上，没有取得与法国人和英国人所取得的科学成果相媲美的收益。

到 19 世纪中期，主要的欧洲国家已经组织了系统的调查，用以编制国家地质图。这项工作对民用和经济发展的许多方面至关重要，无论是从确定矿产资源和铁路及隧道的最佳路线，还是涉及预防自然灾害。

在意大利也是如此，在统一之后，1861 年 12 月 12 日的一项法令促成了意大利地质图绘制项目的诞生。在 1862 年的前几个星期，意大利地质调查局成立了，以执行这项计划。

|第七章 复兴运动和统一国家的前 30 年（1839—1890）|

意大利在这一领域有着辉煌的传统，[①]但尽管如此，绘制地质图的工作在 1900 年间还是一拖再拖。最终的地图在 1970 年才交付，当时以前的许多工作已经过时了。这次失败的原因是什么？彼得罗·科西（Pietro Corsi）表示，各种竞争（大学地质学家和采矿工程师团队之间、皮埃蒙特人和托斯卡纳人之间、工业和农业利益的代言人之间）以及地质委员会成员的定期大量变动也对这项工作造成了阻碍，他们将大部分时间用于激烈地批评他们的前任所做的工作。[②]

个人理论研究的传统结合复制在国外获得的成果的愿望，仍然不足以为企业创造出它们必要的机构。而除此之外，企业除了从生产领域获得更大的刺激外，也是科学、技术和行政技能之间密切协作持续数百年历史的成果。委员会成员之间天然的争端，与其说是失败的原因，不如说是不可能完成这项雄心勃勃的任务所造成的挫败感的结果。

在 19 世纪上半叶，各种达尔文之前的进化论在意大利有很大的传播，尽管这种传播依然是有限的。[③]1859 年《物种起源》（*Origine delle specie*）出版后，达尔文的理论在意大利的传播最初有些滞后，但并没有花太长时间就建立起了相关理论。菲利波·德·菲利皮（Filippo De Filippi）于 1864 年在都灵举办的《人与猿》（*L'uomo e le scimie*）讲座，首先在《综合理工学院学报》上发表，随后又多次在小册子上发表。[④]在该讲座中，这位都灵动物学家为达尔文的理论进行了有力的辩护，准确地指出了其在意识形态层面贡献的最重要的结果：人类是否有可能是其他灵长类动物的后

[①] 请参阅上文 6.4 章节。

[②] 围绕项目第一阶段的复杂事件在［CGI 课程］中有所阐述。

[③] 例如参见［Courses LI］。

[④] 该讲座也被转载于［Giacobini Panattoni］，同时还有米歇尔·莱索纳（Michele Lessona）、保罗·曼特加扎（Paolo Mantegazza）和乔瓦尼·卡内斯特里尼（Giovanni Canestrini）的文章。

代，这是达尔文本人尚未明确处理的一个主题，该讲座至今仍很著名。[1] 在接下来的 20 年里，达尔文主义在意大利科学界站稳了脚跟，这尤其要感谢都灵的米歇尔·莱索纳、帕多瓦的乔瓦尼·卡内斯特里尼和佛罗伦萨的保罗·曼特加扎（后者，诚然不是一个极有深度的学者，但却是一个多产的成功作家，尤其是他还撰写了妇女人工授精的实验，在当时是意大利实证主义受欢迎的代表之一）。

鉴于实证主义施加的文化霸权以及反教会情绪在复兴运动圈子里的蔓延，宗教人士中的反对派被生物学家相当快地拒绝也是理所当然的［尽管在非生物领域的博物学家中仍有一些反对派，如著名的修道院院长和地质学家安东尼奥·斯托帕尼（Antonio Stoppani）］。在 19 世纪末的意大利，与 20 世纪和 21 世纪的美国不同，没有人会想到要禁止教授进化论。此外，早在 1851 年，在达尔文的作品出现之前，像乔瓦尼·巴蒂斯塔·皮安恰尼（Giovanni Battista Pianciani）这样博学的耶稣会士就曾试图将达尔文之前的进化论形式与《圣经》相调和，认为神圣的文本不应按照字面意思来解释：这种态度与今天美国的创世论者的态度相差甚远。

因此，我们认为，我们不能像人们常说的那样，[2] 把"宗教信仰精神的主导地位"列入 19 世纪下半叶在意大利发展的自然史理论相对落后的主要原因。正如我们已经提到的，从国家科学结构的不充分发展中寻找落后的原因似乎更合理。还因为在这个具体案例中，介入了进化论辩论的意大利学者的主要局限性并不在于他们没有坚持达尔文主义，而是在于他们缺乏原创性。

对意大利 19 世纪最后几十年生命科学发展最有害的意识形态可能是实证主义的讽刺和异常版本，例如切萨雷·龙勃罗梭（Cesare Lombroso，1835—1909）在其臭名昭著的基于颅相学进行的犯罪人类学研究中衍生出

---

[1] 他的作品《人类的起源和性别选择》（*The descent of man and Selection in relation to sex*）直到 1871 年才出现。

[2] 例如阿尔贝托·奥利维奥（Alberto Oliverio）在他对 [Scarpelli] 的介绍中提到的。

来的版本（此外，它在国外获得了广泛的成功）。我们还注意到，人类学诞生于殖民国家，是对殖民地原住民的研究，从 19 世纪中叶开始，在意大利作为一门独立的科学得到发展，但已经有了很大的滞后。在查士丁尼·尼科鲁奇（Giustiniano Nicolucci）和保罗·曼特加扎（Paolo Mantegazza）（意大利第一位人类学教授）等学者的作品中，人类学并不像龙勃罗索的犯罪学应用那样不合理。

还必须说明的是，虽然意大利的动物学和植物学思想的基本方面几乎都局限于对其他地方的辩论做出回应，但在具体问题上取得了重要成果。例如乔瓦尼·巴蒂斯塔·阿米奇讨论到的植物生理学问题，以及对作为疾病媒介或载体的动物物种的研究，我们将在下一节讨论这些问题。

7　生命科学与健康问题

直到 18 世纪末，解剖学和生理学构成了一个统一的课程，在医学院中作为病理学的预备学科进行学习。在 19 世纪的头几十年里，有两门新的学科从这个统一的整体中产生：显微解剖学，不久之后被称为组织学，在细胞理论出现后，于 19 世纪 30 年代末被确立为一门科学；以及实验生理学，虽然至少可以追溯到拉扎罗·斯帕兰札尼，但在 19 世纪的头几十年里，特别是由于弗朗索瓦·马让迪（Francois Magendie）的工作，法国才承认它是一门独立的大学科目。虽然坚持认为生命现象有其自身的性质，与其他自然法则不可分割的活力论仍然有许多支持者，但在相反的方面，18 世纪的旧机械论继续向物理主义演变，其目的是用物理化学术语解释生物过程，但不完全局限于机械论：在被认为对解释生命现象至关重要的物理学分支中，许多人认为电学具有特殊作用。

尽管生理学领域的实验已经有了一些最早的追随者，但在复兴运动初期，意大利在这些领域也被最先进的欧洲国家所超越。并不是说生物实验的传承被完全中断了，①而是半岛的大学通常不会教授这个学科的方法论；甚至自17世纪以来就具有显赫传统的显微观察仍然是大学常规课程的主题。

然而，在复兴运动期间，特别是在统一之后，生理学领域所获得的振兴远比其他自然科学更重要。在第一次意大利科学家会议上提交的沟通往来中，已经有一些证明了在这一领域弥补失地的愿望：在其中一份通讯中，来自皮斯托亚的出身卑微的医生菲利波·帕奇尼（Filippo Pacini，1812—1883）描述了他在手指和脚趾皮肤深层发现的细胞②；在另一份通讯中，加埃塔诺·普恰蒂（Gaetano Puccianti）和路易吉·帕西诺蒂声称第一个获得了动物电存在的证据。③

帕奇尼的发现是在1835年，当时他还是个学生，至少在意大利④没有引起注意，直到1844年，德国人弗里德里希·古斯塔夫·雅各布·亨勒（Friedrich Gustav Jakob Henle）和阿尔伯特·冯·科立克（Rudolf Albert von Kölliker）出版了《论帕奇尼的细胞》（*Über die Pacinischen Körperchen*）一书，在书中他们更详细地描述了帕奇尼所说的细胞结构。这是帕奇尼长期以来致力于研究，同时为普及显微镜实践和组织学教学而进行的长期斗争获得的第一个成果，首先是在比萨和佛罗伦萨，他应邀在那里任教，随后也得到了意大利其他大学的邀请。

菲利波·帕奇尼的主要科学成就是确定了霍乱的传染性，确定了一种特殊的弧菌为病原体，并对其进行了描述——这些于1854年就已经出现的

---

① 关于19世纪上半叶意大利生理学的状况，见［Dini］第69-208页。
② ［Atti Prima Riunione］第177页。
③ ［Atti Prima Riunione］第50-51、253-258页。
④ 菲利波·帕奇尼甚至在他的家乡托斯卡纳也与学术界相对疏远，这一点可以从比萨第一次会议的会议记录中看出：他提出在动物学和比较解剖学会议上展示显微镜下的细胞，但被告知将他的演示移到医学会议上更合适。

成就直到它们的发现者死后才被承认。[1] 在一些情况下,菲利波·帕奇尼还在他的生理学研究中使用了物理学的方法,例如在他关于肋间肌力学的工作中,以及在他关于渗透现象和生物体内吸收的工作中都能找到物理学的踪迹。这些研究为他提供了机会,对观察、实验、假设和理论之间的关系进行了重要的认识论层面的反思,其中包含了对医生和生理学家的粗暴经验主义的严厉批评,他们是"经验事实的崇拜者",低估了理论在真正的实验方法中所发挥的重要作用。[2]

加埃塔诺·普恰蒂和安东尼奥·帕奇诺蒂所谓的动物电的发现在仔细检查后被证明是没有根据的,因为他们的实验存在着其他可能的解释方式,但它证明了意大利研究人员对实验电生理学的兴趣,这在客观上也导致了卡洛·马泰乌奇工作中最重要的结果的出现。

卡洛·马泰乌奇[3](1811—1868)出生于弗利,父亲是一名医生,在家乡以惊人的速度完成中学学业后,14岁时通过考试进入博洛尼亚大学哲学和数学系二年级。16岁时他发表了第一篇科学著作[4],18岁时以一篇关于通用机械学的论文毕业。然后他在巴黎待了一年,在那里他参加了课程并进行了实验研究,这使他赢得了弗朗索瓦·阿拉戈和亨利·贝克勒尔(Henri Becquerel)等人的赞赏。回到意大利后,他继承了自加尔瓦尼时期便延续下来的传统,参与创立了电生理学。

他在19世纪30年代做出的科学成果,包括电化学和各种生理学领域的著作,使他与法拉第及很多欧洲科学家保持着通信联系,但这是在家庭朋友的慷慨帮助下私人进行的,与任何大学和任何机构都没有关系。1840

---

[1] 直到1965年,"霍乱弧菌"才被正式采用成为霍乱弧菌的学名。
[2] 关于菲利波·帕西尼的认识论贡献,可能值得更深入的研究,见[Dini]第113-117页。
[3] 对于卡洛·马泰乌奇的传记,特别是他的政治活动,[Bianchi]的资料仍然十分有用。
[4] 论文《关于电对主要水质现象形成的影响》证明了马泰乌奇早期对电现象的兴趣和他在实验方法方面的能力。

年，29岁的他已经得到了国际认可，被莱奥波尔多二世大公任命为比萨大学的教授，他是由亚历山大·冯·洪堡推荐的。1848年，大公任命他为托斯卡纳军队的民事专员，并将各种外交任务委托给他。卡洛·马泰乌奇的政治理想是希望为意大利建立一个独立和立宪制的君主国联邦，这在当时似乎与大公国的政策完全吻合。50年代，在莱奥波尔多二世发动的反动事件之后，卡洛·马泰乌奇虽然仍然是一个忠诚的臣民，但不再担任任何重要的政治职务。除了紧张的科学活动之外，他还进行了大量的说教和组织工作，也是为了技术和公民生活的进步；除此之外，他还担任电报局主任和1857年佛罗伦萨农业展览的专员；他在这个时期的书籍包括《电力课程应用于工艺美术、家庭经济和治疗》(*Lezioni di elettricità applicata alle arti industriali, all'economia domesticica e alla terapeutica*)。在政治上，他继续支持联邦主义立场，尤其是在《综合理工学院学报》上发表的备受卡罗·卡塔尼奥好评的各种文章中表露无遗。

1859年7月，托斯卡纳临时政府（在导致大公离开的骚乱后成立）任命卡洛·马泰乌奇为特使前往柏林和都灵。在接下来的几个月里，这位科学家成为将托斯卡纳并入皮埃蒙特的支持者，次年这个意见就得到了执行。

卡洛·马泰乌奇早在1834年就开始了他的电生理学研究，将大量时间用于研究电鳐的电器官：在这个案例中，动物电的存在是毋庸置疑的。他最重要的发现是在1841年和1842年之间做出的，涉及肌肉电流。通过用导体将肌肉内部的一个点连接到其表面的一个点上，他观察到了电流，从而最终成功地证明了动物电的存在。自路易吉·伽伐尼的实验以来，动物电的真实性（不包括配备有电器官的生物体）一直存在争议。然而，卡洛·马泰乌奇并不了解电在神经系统中发挥的作用，当这个问题被埃米尔·杜·布瓦-雷蒙（Emil Heinrich du Bois-Reymond）清楚地阐明后，他在几年内都不承认其同事的成果的价值。然而，我们也应该记住，埃米尔·杜·布瓦-雷蒙之所以开始研究电生理学，是因为他受到了意大利人的文章的刺激。①

卡洛·马泰乌奇在国家科学发展中的重要性，在于他与活力论概念进行的斗争，这一斗争旨在将生命科学纳入基于物理学和化学的有机知识体系中，这样的贡献甚至超过了他所取得的成果。今天，人们很容易批评他基于哲学实证主义，在物理主义概念中表现出来的还原论，但在当时，这个概念框架对于促进新科学成果出现的能力还远未枯竭，关于这一点赫尔曼·冯·亥姆霍兹（Hermann von Helmholtz）等人将在后来进行证明。马泰乌奇在理论、教学和组织层面上领导了这场战斗，特别是在统一之后，他成为参议员和教育部长。作为部长，他成功地让议会通过了一项法律，授权他重新组织意大利大学的学习，并借此机会增加了"硬科学"在医学系课程中的比重：这一创新遭到了各院系的反对，在他的任期结束后，各院系又迅速恢复了以前的状况。

尽管总体框架相对落后的，统一前的意大利生理学并不缺乏有价值的代表人物。除了菲利波·帕奇尼和卡洛·马泰乌奇，巴托洛梅奥·帕尼扎（Bartolomeo Panizza，1785—1867）也是实验人体和比较生理学方面重要研究的作者。其中最值得称道的，是他确定了各种神经的走向和功能，阐明了静脉在吸收方面的普遍作用（以前认为只发生在淋巴管中），并且是第一批确定大脑某些区域功能的人之一。

意大利统一后，由于一些因素，生理学领域的研究出现了质的飞跃。首先，部分归功于马泰乌奇，实验生理学和显微解剖学的教学岗位迅速建立起来。此外，其中一些职位由杰出的外国学者担任：1861年，荷兰生理学家雅各布·莫尔肖特（Jacob Moleschott）成为都灵大学生理学教授职位的持有者，他是由部长弗朗切斯科·德·桑克蒂斯（Francesco de Sanctis）邀请来的。雅各布·莫尔肖特在理论层面上也很活跃，他

---

① 正是他的老师约翰内斯·彼得·缪勒邀请埃米尔·杜·布瓦-雷蒙发展卡洛·马泰乌奇的肌肉电流经验。

倡导基于生理学层面的科学医学和基于哲学唯物主义理论的生命现象的物理主义观点；他后来成为意大利公民和王国的参议员。1862年，德国生理学家莫里茨·希夫（Moritz Schiff）因其在甲状腺方面的工作而闻名，被卡洛·马泰乌奇部长召到佛罗伦萨的物理和自然历史博物馆，在那里一直待到1876年；接替他的是亚历山大·赫尔岑（Aleksander Herzen），一位俄罗斯裔学者，曾在伯尔尼读书。一些旅居国外的意大利学者对生理学研究的去地方化也做出了重要贡献。例如，曾是帕尼萨学生的尤西比奥·厄尔（1827—1903），从帕维亚毕业后在奥地利、德国、法国和英国的研究所工作了几年，最后回到了生理学的教师岗位。他的成就尤其包括关于唾液的研究，他对帕维亚显微解剖学学校的建立做出了很大贡献。

在意识形态层面上，当年意大利医学的重要代表萨尔瓦多·托马西（Salvatore Tommasi）观念上的"转变"凸显了活力论的迅速失败，他曾经坚持哲学唯心主义和活力论，随后在几年的时间里成为一个生理学中哲学实证主义、达尔文主义和实验主义的权威支持者之一。[1]

生理学和组织学的革新成果在统一后的几十年中活跃的两位科学家的身上清晰可见。

朱利奥·比佐泽罗（1846—1901）在医学、生理学和组织学的历史上发挥的作用长期被低估。[2]1866年，20岁的他在帕维亚毕业于医学专业，在那里他曾是尤西比奥·厄尔和保罗·曼特加扎的学生。在随后的两年里，他作为志愿者参加了第三次独立战争，随后他在苏黎世、维也纳和柏林的重要病理学家的实验室学习。1872年，26岁的他成为都灵的正式教授和意大利猞猁之眼国家科学院的成员。

他的第一个重要科学贡献涉及骨髓的造血功能，他与恩斯特·纽曼

---

[1] 关于萨尔瓦多·托马西思想的不同阶段，见［Dini］第151-169页。
[2] 有关比佐泽罗的参考书目，请参见［Vigliani］。其中包括科学家的生物书目列表。

第七章　复兴运动和统一国家的前 30 年（1839—1890）

（Ernst Neumann）共同发现了这一点；随后他发现了血小板在血液凝固中的作用。他对组织再生能力的研究和对实验技术的贡献也特别值得关注（尤其是，他设计了突出核运动的比佐泽罗法和测量血红蛋白的染色细胞技术）。在其他成就中，朱利奥·比佐泽罗首次描述了幽门螺旋杆菌，他称之为螺旋杆菌。他曾在一只狗的胃里观察到这种细菌[①]：这是导致大多数胃炎和溃疡的细菌。20 世纪末在澳大利亚重新发现了这种细菌。

朱利奥·比佐泽罗将大量精力用于教学和培训研究人员，使都灵成为在病理学、生理学和显微解剖学方面具有国际地位的科学中心。他的许多学生后来都成为各中心的领导人。正是他将显微解剖学作为一门独立的课程引入意大利并写下了第一本意大利语教材；他的《临床显微镜手册》（*Manuale di microscopia clinica*）被翻译成多种语言。

他对保障公众健康的社会干预（当他因眼疾而不得不放弃显微镜下的工作时，这成为他的主要兴趣）体现在各个层面。他推动了都灵市的各项举措，如改造供水和污水处理系统，建立卫生实验室和阿梅迪奥·茨沃尼米尔传染病医院（Ospedale Amedeo di Savoia）；他与路易吉·帕利亚伊（Luigi Pagliai）一起创办并指导《卫生和公共健康杂志》（*Rivista d'igiene e sanità pubblica*）；他还通过传播卫生和医学的基本概念处理医学预防问题。在政治行动方面，他既是一名宣传员［主要在《意大利人民日报》（*Gazzetta del Popolo*）上发表文章］，也是各种机构的成员（他是高级卫生委员会和公共教育委员会的成员和皮埃蒙特卫生协会主席，从 1890 年起担任王国参议员）。他是被称为"教授们的慈善社会主义"的社会运动的主要倡导者之一，这个运动主要关注各类社会问题。

朱利奥·比佐泽罗是构成国际科学环境的一部分，同时对科学知识对国家领土造成的影响感兴趣。他既积极从事基础生物研究，又致力于社会、

---

① 例如，见 [Mobley Mendz Hazell] 导言和第三章。

政治和组织工作，很可能代表了"科学复兴"的最佳方面。①

卡米洛·高尔基②（1843—1926），一个地区医生的儿子，毕业于帕维亚，也曾在巴托洛梅奥·帕尼扎那里学习。毕业后，他开始行医，但仍与大学界保持联系，与切萨雷·龙勃罗梭和朱利奥·比佐泽罗合作。后者虽然比他年轻3岁，但已被保罗·曼特加扎任命为普通病理学实验室主任。在朱利奥·比佐泽罗的实验室，他进行了实验研究，发表了获得国际认可的作品。直到1872年，他在医院院长的竞争中获胜，因此搬到阿比亚泰格拉索。他在自家厨房的一个设备齐全的实验室里继续研究，1873年他设计了给神经组织染色的黑色反应法（或称高尔基染色法），这为他赢得了1906年的诺贝尔奖。通过实现一小部分随机比例（通常为1%至5%）的神经细胞的强烈黑色着色，克服了可视化神经组织复杂结构的困难，其分支变得清晰可见。实际上，高尔基将他所看到的结构解释为"弥漫的神经网络"，并且从未想过要承认神经元的个体性，但他对神经系统的描述做出了重要贡献。

1885年，高尔基（他于1876年回到帕维亚担任教授，在那里创建了一个重要的显微解剖学学校）确定了两种疟原虫，分别对应引发了被称为三联症和四联症的疟疾发烧。在接下来的几年里，他成功地详细描述了疟原虫周期和疾病过程之间的关系。在细胞学领域，他的名字首先与高尔基体的发现有关，这是如今所有医学生都知道的。这里没有必要列举他的其他解剖学和生理学发

---

① 卡米洛·高尔基在纪念比佐泽罗逝世一周年时所作的文章中，以一种令人印象深刻的方式频繁地使用了"科学复兴"这一说法。相反的观点认为，意大利的科学，特别是生物科学，在复兴运动和后统一时期达到了它的最低水平。这种说法主要流传于20世纪70年代和80年代，在对复兴运动时期的成果进行普遍性贬损的情况下传播开来。例如，阿尔贝托·奥利维耶奥在其对［Scarpelli］的介绍中表达了这一点：在他看来，事情在1950年之后才开始改善，这要感谢萨尔瓦多·卢里亚（Salvador Edward Luria）、丽塔·列维-蒙塔尔奇尼（Rita Levi-Montalcini）和罗纳托·杜尔贝科（Renato Dullbecco）等科学家。令人遗憾的是，这些都是移民科学家，他们的研究与意大利没有什么联系，意大利只是这些科学家接受培训和晚年退休时所在的地方。

② ［Mazzarello］。

现的长长清单。像当时的许多科学家一样，他以各种方式向社会提供他的技能，例如接受了帕维亚市的卫生委员的职位。1900年，他被任命为王国的参议员。

朱利奥·比佐泽罗和高尔基之后并非后继无人。在本段的最后，让我们回顾一下一个鲜为人知的人物，他可以体现出19世纪意大利科学界普遍存在的一些优点和缺点。爱德华多·佩龙西托（Edoardo Perroncito，①1847—1936）是一个鞋匠和一个女裁缝的儿子，20岁时在都灵毕业于兽医专业。在短暂的市政兽医工作后，他进入都灵兽医学校，1873年被授予病理解剖学教席，1879年被授予意大利第一个寄生虫学教席。

佩龙西托研究了各种各样的课题，更多的是依靠自己的专业技能而不是对文献的细致研究，既饱受了缺乏专业能力的指责，也赢得了著名的国际认可（包括维也纳帝国大学的荣誉学位和法国动物学会的荣誉会员）。

1879年，他解决的问题使他一举成名——矿工贫血症——这种病曾使数千名挖掘哥达隧道的工人死亡。爱德华多·佩龙西托与病理学家卡米洛·博佐洛（Camillo Bozzolo）合作，确定了该病的原因是一种侵扰受害者十二指肠的线虫［十二指肠钩口线虫，由安杰洛·杜比尼（Angelo Dubini）在1843年发现，当时他还不了解其致病作用］。通过在实验室里对从受害者身上发现的虫卵孵化出来的虫子进行实验，他找到了一种自然疗法（一种蕨类植物的提取物），用它来根除这种疾病。② 爱德华多·佩龙西托在各种问题上与巴斯德多次合作，在巴黎学习了这位法国科学家用于生产炭疽病疫苗的方法后，他于1887年在都灵成立了路易·巴斯德实验室，负责生产该疫苗。

可以说，即使在19世纪的意大利的生命科学领域，最好的成果也是在那些不以宏大的概念综述为目的，而是在追求具体目标的研究中获得的。这些目标往往具有直接的医学利益，如霍乱和疟疾的案例，并且可以在没

---

① ［Balbo］。

② ［Perroncito］。

有高额资金支持的情况下展开研究（甚至还可以在厨房里进行，如高尔基染色法的出现就是如此）。

8　民族意识与科学史

复兴运动期间，在国家统一的基础上组织研究的新冲动，伴随着通过历史文献来恢复国家的科学传统的必要性。这些历史文献可以重建意大利的科学传统，并使它为人所知：对内，提供文化认同的要素和批判性反思的有用观念；对国际社会，往往不可避免地引导人们将科学史与近代以来推动成功的文化战略得以实施的学校历史联系起来。

但是即使我们略过不谈，这也不是沙文主义的诉求（在意大利，这种观点在后来的时期病态地蔓延开来），而首先是对文本和信息的检索以及对结果的批判性分析的工作。这些工作不仅由致力于科学史研究的全职学者进行，而且也由各个学科的专家进行。

就数学而言，意大利的历史文献传承，至少可以追溯到贝纳丁诺·巴耳蒂（Bernardino Baldi）[1]，而且从未完全消亡。在本章所论及的时间段之初，特别重要的是《意大利数学科学史》（*Histoire des sciences mathématiques en Italie*）[2]，由古列尔莫·利布里（Guglielmo Libri）（因政治原因移居法国的佛罗伦萨贵族，数学家和藏书家，因从意大利和法国图书馆偷窃大量手稿和古籍而臭名昭著）分四卷出版。这部作品的价值在于注释中写明了许多未发表的数学作品的节选，这些节选约占全文的一半。其他各种作者对意大利数学史也做出了重大贡献［例如，西尔维斯特·盖拉尔迪（Silvestro Gherardi），他收集了尼科洛·塔塔里亚和洛多维科·费拉里之间的数学挑战标语牌，或者数学家欧金尼奥·贝尔特拉

---

[1] 贝纳丁诺·巴耳蒂的《数学家传》（*Vite de'matematici*），见［Baldi］，大约是1590年的作品。

[2] ［Libri］。

| 第七章　复兴运动和统一国家的前 30 年（1839—1890）|

米，他提醒了众人对被遗忘的乔瓦尼·吉罗拉莫·萨切里的作品给予关注]，但在这个领域的主要成就可能是彼得罗·里卡尔迪（Pietro Riccardi）1870 年至 1893 年在摩德纳出版的巨著《意大利数学书目》（*Biblioteca matematica italiana*），其中收集了直到拉格朗日之前意大利作者印刷的几乎所有数学作品的准确书目记录。

在意大利产生的科学史也是在远离复兴运动的意识形态环境中培养起来的。巴纳巴·托托里尼鼓励他的学生、罗马王子巴尔达萨雷·邦康帕尼（Baldassarre Boncompagni，1821—1894）研究科学史，让他在《阿卡狄亚学会报》（*Giornale Arcadico*）上发表了他的《关于 16—17 世纪意大利物理学发展的研究》（*Studi intorno all'avanzamento della fisica in Italia tra il xvi e il xvii secolo*）。当教皇庇护九世（Papa Pio IX）成立新灵思教皇学院时，巴尔达萨雷·邦康帕尼成为该学院的成员，并曾一度担任学院的秘书。巴尔达萨雷·邦康帕尼从年轻时就对分析和研究古代文献感兴趣，他特别研究了莱昂纳多·皮萨诺的作品，详细地重构了他的生活并追踪了他所有的作品，后来还编辑了他的作品 [《实用几何》（*Practica geometriae*）、《算盘书》（*Liber Abaci*）和各种小册子]。

1868 年，巴尔达萨雷·邦康帕尼开始在自己的印刷厂印刷并出版《数学和物理科学的书目和历史公报》（*Bullettino di bibliografia e storia delle scienze matematiche e fisiche*），1890 年完成第二十卷。它是欧洲第一批完全致力于科学史的期刊之一，得到了包括安东尼奥·法瓦罗（Antonio Favaro）在内的意大利主要学者的合作，并享有相当高的国际声誉。其主要议题是中世纪科学和科学知识从阿拉伯世界向欧洲的传播。

由于拒绝接受 1870 年对罗马的占领，巴尔达萨雷·邦康帕尼没有成为意大利猞猁之眼国家科学院的成员，也拒绝了昆蒂诺·塞拉（Quintino Sella）提出的新王国参议院的席位。在他生命的最后几年，他最为挂心的是他浩如烟海的图书馆，他想让学者们能够使用图书馆中的资料。为此，他曾想过将其送予梵蒂冈图书馆。但由于一系列的阻碍，这位罗马王子的藏书传给了他的继承人们。他的继承人则通过分批出售让这些藏书最终四散于世。

佛罗伦萨的牧师拉斐尔·卡维尼（Raffaello Caverni，1837—1900）是一个有争议的作者，他的著作涉猎物理学和其他实验科学的历史。他对于意大利科学史的工作，始于1878年关于温度计历史的专著，以六卷本的《意大利实验方法的历史》（*Storia del metodo sperimentale in Italia*）[1] 结束。该书从1891年开始出版，主要致力于伽利略学派及其先驱。拉斐尔·卡维尼的作品在1970年得到重印之前几乎完全被忽视，如今我们很难确定其作品被遗忘在多大程度上是由于它的客观局限性，又在多大程度上是由于它的反成规性。[2] 拉斐尔·卡维尼没有像与他同时代的科学史家们那样局限于报告事实和总结作品，而是试图在文化传统的背景下重建科学知识的增长脉络，既分析科学家个人的"思想史秘辛"，又揭示这一过程的集体性质。一方面，所使用的哲学和心理学工具可能显得不足，而且在一些情况下，卡弗尼的重构随心所欲地偏离了文献材料，坚持自己先入为主的论点；但另一方面，必须承认，对于历史所展现出的不寻常的雄心，对应着的是前所未有的不计其数的卷轴材料，在许多情况下，他似乎以敏锐的洞察力正中要点。拉斐尔·卡维尼坚信不存在真正的创造型天才[3]，并因此淡化了伽利略的形象，而支持多个鲜为人知的前辈。尽管这些观点可能看起来带有特殊的敌意，但无疑是原创的、有生命力的思想，对于他阐明当时被世人忽视的伽利略之前的科学传统大有裨益。当然，这无疑也促使了他被胜利的潮流边缘化，毕竟当时的主流口径是将伽利略视为科学方法的唯一创始人。降低实验方法在伽利略研究中发挥的作用（在他看来，伽利略经常通过先验推

---

[1] [Caverni]。
[2] 关于这项工作的最新研究，见 [Castagnetti Camerota]。
[3] [Caverni] 第一卷第26-27页。

第七章 复兴运动和统一国家的前 30 年（1839—1890）

理的方式推导出后来被人们认为是经过经验证明了的观点[1]）当然无助于保存对卡弗尼工作的记忆。卡维尼与他的旧友，1890 年至 1909 年出版的《伽利略·伽利莱作品国家版本》(*Edizione nazionale delle opere di galileo galilei*) 的编辑安东尼奥·法瓦罗的决裂也正是因此。[2]

我们已经提到的化学家弗朗切斯科·塞尔米也开始反思意大利的化学史。[3] 在评估意大利在这一科学领域的贡献时，弗朗切斯科·塞尔米得出的结论是，虽然复辟时期代表了意大利的一个严重颓废阶段，但意大利在 18 世纪和 19 世纪初的贡献却被低估了。在他看来，造成这种低估的原因是意大利科学家的局限性。他们虽然取得了重要的个人成果，但没有继续坚持直到取得能够产生国际影响的综合成果。另一位化学家和化学史家伊西利奥·瓜雷斯基（Icilio Guareschi）在 1908—1909 年的《化学史》(*Storia della chimica*) 中，恰如其分地将分析从个别研究人员的主观局限性转移到他们工作的环境所带来的局限性当中。[4]

正如我们在巴尔达萨雷·邦康帕尼的《新闻简报》(*Bullettino*) 中看到的那样，意大利学者的科学文献并不局限于国家传统。天文学家乔凡尼·维尔吉尼奥·斯基亚帕雷利（1835—1910）是本世纪古代天文学史伟大的学者之一。在其他方面，他对卡里普斯的行星系统进行了一个巧妙的重建，这一切仍然以对这个问题的研究为基础，这也是第一个理解欧多克索斯和卡里普斯提出的同中心球体不是物质球体，与古代晚期以来人们一直认为的那样

---

[1] 例如，拉斐尔·卡维尼拆穿了温琴佐·维维安尼关于偶然间发现钟摆摆动的等时性的说法，并记录了季道波道和伽利略关于物体轨迹形状的实验，其中包括试图验证基于亚里士多德论证的假设。

[2] 安东尼奥·法瓦罗毕业于帕多瓦大学数学系，然后在都灵的应用学院（Scuola di Applicazione）成为一名工程师。在对数学史感兴趣之前，他对地震学和工程学感兴趣。在巴尔达萨雷·邦康帕尼的帮助下，他在《新闻简报》(*Bullettino*) 上发表了许多作品，包括对伽利略的研究。

[3] 特别是在 [Selmi]。也可以参见 [Di Meo]，第 xxvii-xxviii 页。

[4] [Di Meo] 第 xxxi 页。

不同，而只是类似于现代傅里叶数列的计算算法的元素。这对理解古代思想是一个重要贡献，尽管古典主义者可能没有完全理解其重要性。

9 仪器制造商和发明家

在19世纪的过程中，科学和技术进步加速，深刻地改变了欧洲人和美国人的生活，然后传播到世界其他地方，这不仅是科学家和工程师的工作。另外两个重要角色，他们或许与前者重合，也或许与他们有或多或少的距离。他们是科学仪器的制造者，他们使科学家的研究和教学成为可能。除此之外，发明家的身影也不可忽视。19世纪被称为"发明的世纪"：那时的科学技术进步确实足够迅速，为创新的生产方法和产品开辟了巨大的潜在应用范围，同时又保持在一个有限的复杂水平上，足以允许和鼓励个人想法做出贡献。工具制造和发明活动都可以在手工业者的水平上进行，也可以在严格的工业背景下进行。在本世纪的过程中，明显向后者发生转变。

在这些领域，意大利也是从严重落后的位置起步的。在19世纪中叶，意大利使用的科学仪器来自英国，或者更多地来自法国，而德国人占据的市场份额在本世纪下半叶出现增长。统一时，意大利生产并出口到各国的达到欧洲级别的科学仪器只有摩德纳的乔瓦尼·巴蒂斯塔·阿米奇[①]制造的光学仪器。

作为一名政府官员的儿子，乔瓦尼·巴蒂斯塔·阿米奇曾在自己的家乡学习，在那里他聆听过保罗·鲁菲尼等人的讲座。当拿破仑时期关闭的摩德纳大学于1815年重新开学时，他被任命为几何学、代数和三角学的教授。然而，阿米奇的主要兴趣始终是光学：他很快就建立了自己的工作室，用于建造他所设计或进行完善的光学仪器。

---

① 他发表的作品收集在［Amici］中，其中也包含了传记类信息。

1831年起义后在摩德纳成立的临时政府任命乔瓦尼·巴蒂斯塔·阿米奇为公共教育省长。公爵回来后,这位科学家更倾向于离开摩德纳,接受了佛罗伦萨物理和自然历史博物馆的天文学家职位。他被正式任命为比萨大学的天文学教授,但实际上他很少去比萨,而是以一个光学仪器制造商的身份继续在佛罗伦萨从事他的主要活动。他用这些仪器对当时在皮蒂宫的天文台进行了设备上的完善。然而,他确实为重启比萨大学做出了贡献,他努力把莫索蒂叫到那里,还试图将马其顿·梅洛尼也聘至比萨,但未获成功。1839年,他是呼吁在比萨召开第一次意大利科学家会议的通告书上签名的六个人之一,并积极参加了其中的5个会议。

乔瓦尼·巴蒂斯塔·阿米奇将他设计的仪器(包括消色差望远镜和浸入式显微镜)用于天文和显微观测。这些使他在植物学方面取得了重要的成果。1841年,著名植物学家罗伯特·布朗在佛罗伦萨举行的第三次意大利科学家会议上认识了阿米奇,买下了他的一台显微镜,并鼓励他研究兰花的受精问题。阿米奇在热那亚第八次会议上提交的关于这一研究问题的工作成果,阐述了从前一直被误解的花叶植物受精机制,并得到了国际上的广泛认可。

在统一后的意大利开始了范围有限但质量很好的科学仪器的工业生产。1863年乔瓦尼·巴蒂斯塔·阿米奇去世后,他的继任者乔瓦尼·巴蒂斯塔·多纳蒂指导佛罗伦萨天文台,利用佛罗伦萨技术研究所的车间和曾为阿米奇工作的工人成立了伽利略工作室(Officine Galileo),最初主要为天文台(1872年转移到阿塞特里)制造光学和机械仪器,但后来大大扩大了产品范围。

伊格纳齐奥·普罗(Ignazio Porro,1801—1875)是一名皮埃蒙特军官,他对军队用于测量的仪器进行了重大改进。他对于新生的国家科学仪器行业中也发挥了重要作用。退役后,普罗先是在都灵,后又在巴黎开设了一家生产光学仪器的工坊。他对摄影技术的完善做出了贡献,其中包括引入了第一个长焦镜头的使用。他最著名的是使用现在以他的名字命名的棱镜(普罗棱镜)来校正望远镜和双筒望远镜的图像。虽然他的设备最终被普遍接受，但他并没有得到他所希望的名誉上的认可或经济上的成功。回到意大利后，他创办了几家公司，但在他有生之年运气不佳。他于1865年创立的菲洛特尼卡（Filotecnica）公司在成为萨尔莫伊拉吉（Salmoiraghi）公司后，在全国范围内变得非常重要［安杰洛·萨尔莫伊拉吉（Angelo Salmoiraghi）是伊格纳齐奥·普罗的学生，曾作为合伙人加入该公司，在创始人去世后，于1876年成为公司的唯一所有者］。

1864年在米兰成立的另一个由伊格纳齐奥·普罗参与建立的光学和精密机械工坊是意大利技术研究所，该研究所后来发展成为一个重要的机电工业。

总的来说，意大利对19世纪的发明贡献不大，特别是如果我们把电工的贡献排除在外，关于电工，其中一些人我们已经在上文提到过了。在电力领域，灯泡的设计也是值得一提的。1880年，亚历山德罗·克鲁托（Alessandro Cruto，1847—1908）利用在烃类保护条件下将石墨沉积在铂金丝上获得的灯丝制造的灯泡非常成功，因为它们比爱迪生几个月前制造的灯泡寿命长得多。他在都灵省阿尔皮尼亚诺市建立的工厂一直经营到1889年，也生产了一些出口产品，但经过一系列起伏，最终被飞利浦接管。[1] 阿图罗·马里尼亚尼（Arturo Malignani，1865—1939）使用特殊方法，通过在灯泡中获得真空而制造于乌迪内的灯泡也比竞争对手的质量要好，但马里尼亚尼宁愿通过将专利卖给爱迪生而获得一大笔财富：朱塞佩·科隆博在这笔交易中充当了中间人。[2]

当然，在意大利没有可以与托马斯·阿尔瓦·爱迪生（Thomas Alva Edison）、亚历山大·格拉汉姆·贝尔（Alexander Graham Bell）或维尔纳·冯·西门子（Werner von Siemens）相提并论的人物，他们依靠自己的专利建立了工业帝国。正如我们在安东尼奥·帕奇诺蒂和加利莱奥·费

---

[1] ［Baudraz Palmucci］，［Maiocchi MIC］。
[2] ［Ferraris Provini］。

拉里斯的案例中所看到的那样，一些注定要成为成功产品的绝妙想法也是由意大利人提出的，但使它们踏上工业成功之路的几乎从来都不是发明家。

一个著名到已经成为象征性的案例[1]是安东尼奥·穆齐（Antonio Meucci，1808—1889）和他的电话以及他与亚历山大·格拉汉姆·贝尔的长期法庭斗争，最终以失败告终。直到最近，电话的发明几乎被普遍归功于贝尔。根据巴西里奥·卡塔尼亚（Basilio Catania）收集的文件，2002年6月11日，美国国会通过了一项动议，承认安东尼奥·穆齐的发明优先权，指出如果安东尼奥·穆齐在两年前为更新其专利证书付费，贝尔就不可能在1876年为其装置申请专利；然而10天后，加拿大议会通过了一项有利于贝尔的相反提案。毫无疑问，安东尼奥·穆齐的装置更早，而美国1887年的裁决，认为安东尼奥·穆齐只使用了机械装置来传递语音，与现存的文件资料显示和电话的命名本身都是矛盾的。然而，今天我们不可能评估安东尼奥·穆齐电话的功效，因此我们不能排除贝尔（他当然有机会探询到穆齐的设计）对其进行了基本的改进，从而创造了第一个真正的电话。另一方面，贝尔公司的财务稳固，安东尼奥·穆齐的财务困难，以及他的告诫书（即一种临时专利证书）由于未能支付10美元的更新款项而过期的事实都是毋庸置疑的。

另一个著名的例子是内燃机的"发明者"[2]：皮亚里斯特之父欧金尼奥·巴桑蒂（Eugenio Barsanti，1821—1864），他是佛罗伦萨西门尼天文台的力学和液压学教授，以及工程师费利斯·马图奇（Felice Matteucci，1808—1887）。与其他意大利发明家不同，欧金尼奥·巴桑蒂和费利斯·马图奇在不同的欧洲国家为他们的发动机的各种版本申请

---

[1] 以恩波利·达·朱利安诺（Giuliano da Empoli）的《默奇氏综合征》（*La sindrome di meucci*）（马西利奥出版，2006年）为例。

[2] 很少有所谓的"发明"可以完全归于一个人。在这种情况下，我们指的是欧金尼奥·巴桑蒂（Eugenio Barsanti）和卡洛·马泰乌奇建造了第一台高效的内燃机并申请了专利，使之具有实际用途。

了专利，他们建造了可供使用的样品机（第一个是由空气和氢气的混合物驱动的发动机，在 1856 年持续运行了数月，用于移动木槌和剪刀[1]）并试图在比利时工业化生产。然而，即使在这种情况下，由于欧金尼奥·巴桑蒂的突然死亡和费利斯·马图奇患上的精神抑郁症，产品的商业化投产最终还是失败了。首批工业生产的电机是德国发明家尼古拉斯·奥托（Nikolaus Otto）随后获得专利的电机。

不太著名的案例包括朱塞佩·拉维扎（Giuseppe Ravizza，1811—1885），他的大键琴抄写器在技术上向现代打字机迈出了重要一步，但只得到了象征性的认可。乔瓦尼·卡塞利（Giovanni Caselli，1815—1891），一位曾与莱奥波尔多·诺比利一起学习的修道士，发明了传真电报机（图 13），这种设备可以通过电报线将用绝缘墨水在金属片上描画的图画传输到另一端。[2] 尽管最初取得了一些成功（1865 年，巴黎和里昂之间启用了传真电报机，从 1867 年起，服务扩展到马赛，只是在 1870 年停止了），但这个想法最终被搁置了大约一个世纪，直到 19 世纪 70 年代传真机开始普及。在那不勒斯的德拉·波尔塔测量师技术学院（Istituto Tecnico per Geometri Della Porta）还保存着一台原始的传真电报机。

在意大利进行的技术革新数量稀少，可能是由于来自仍然相对落后的经济体系只能带来微弱的刺激，没有为存在于较发达国家的所有文化、法律和经济要素的传播提供条件，这些要素对于将想法转化为商业上成功的产品是不可缺少的：从提供资本到建立技术人员、科学家和工业家之间的有效沟通渠道，[3] 到发展"专利文化"。

---

[1] [Borchi Macii]。
[2] 该设备通过一个笔尖以连续的线条传输扫描图纸的结果，该笔尖在遇到干燥的墨水时打开一个电路。接收装置进行了类似的扫描，用电化学过程将与第一幅画中的墨水所占的位置相对应的点涂黑。两个设备中的扫描由两个摆锤引导，通过同一条电报线进行同步。
[3] 例如，维尔纳·冯·西门子的自传为当时德国建立此类渠道的功效提供了一幅生动的画面。见 [Siemens]。

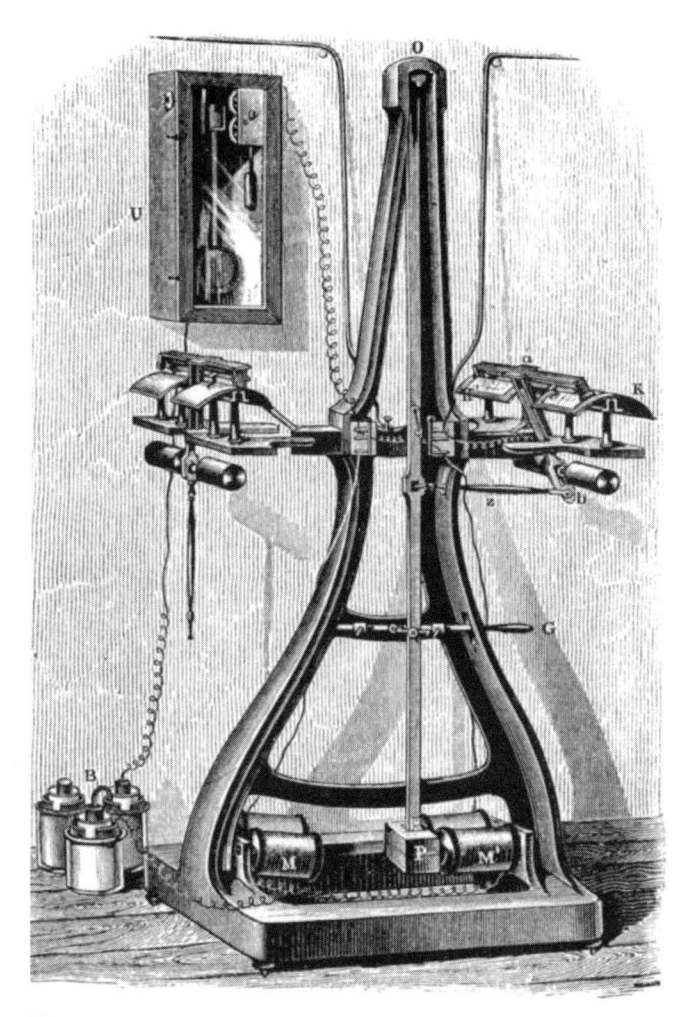

图 13　乔瓦尼·卡塞利的电报。可以看到连接到电报线上的电磁铁，用来同步驱动扫描的摆锤。来自 [GN Badeker] 第一卷第 855 页中的插图。

10　统一的意大利研究组织

在统一之前，半岛各州的学校系统在总体结构上没有什么不同，但学习的范围和质量却有很大差别。

小学教育在皮埃蒙特和伦巴第的普及程度最高，而波旁王国的文盲率最高。在拿破仑时期,科学研究的加强在北方和各公国已经成为一种坚实可靠的资产,而在波旁王朝的意大利却昙花一现,在教皇国没有留下任何痕迹。

大学的水平同样十分参差不齐。为了了解19世纪中期罗马大学的水平,我们需要阅读1846年12月7日一群学生递交给教皇庇护九世的请愿书。以下是其中的几个段落:

> 虽然国家的基础是法律,但对这些法律的研究在我们的大学里却处于非常可悲的状态。
>
> 无论是手术还是药物,都不具备所需的全部条件。建立一个产科诊所是非常必要的,在那里,年轻人可以学习分娩的操作,这样的话,他们就不会因为缺乏经验而突然间杀死两个人。一所病理和外科解剖学学校也是同样必要的。
>
> 化学分为无机物和有机物,但只有第一部分被教授。
>
> 在工程学校里,理论应该与真正的实践相结合。
>
> 但是,至高无上的圣父,为了学习科学,我们非常需要书籍,由于我们不可能在家里拥有所有的书籍,所以有必要求助于图书馆;但这些图书馆只在我们上课的日子和时间开放。这就是为什么我们请求阁下确保大学图书馆至少在周四和晚上开放几个小时,如果您发现图书馆内并没有很多书,恳请您提供它们。[1]

在后来关于他们竟然敢于向教皇提出恳求的那一天的事件的叙述中,学生们写道:

> 我们被教皇的荣誉所感动,我们竭尽所能地想要争取这样的荣誉。我们被国家的慈善所感动,我们首先希望从教育中获得幸

---

[1] 罗马大学的学生对教皇庇护九世陛下所做的事和要求,见[Pepe]第226-228页。

福和健康。因此,这就是我们为颂扬教皇庇护九世而设定的目标。如果我们中的一个人以私人身份擅自以所有人的名义向他提出请愿,要求不再以金钱为交换提供学位和学历,我们不知道这是否是一个不合理的请求。这有两个原因,第一是我们看到教皇现在无法做到这一点,因为国库紧张。①

出售学位的做法,如果能缓解教皇国库的问题,就以最具有说服力的方式认可了罗马大学的落后,但这并不妨碍个别有价值的学者出现在罗马,如巴纳巴·托托里尼、巴尔达萨雷·邦康帕尼和安杰洛·西奇。

统一意大利的教育制度基于将《卡萨蒂法》②逐步扩展到整个国家领土,该法于1859年11月13日颁布,适用于撒丁王国(刚刚吞并伦巴第)。

《卡萨蒂法》规定,小学为期四年,分为两个阶段。每个阶段为两年,第一阶段免费,第二阶段学费由各市镇支付。每个市镇都有义务在主要城镇建立至少一所两年制学校,而独立的村庄只有在至少有50名适龄儿童入学的情况下才有义务建立学校,而且只有较大的市镇必须提供第二个两年制学校。理论上,父亲有义务保证其子女在公立小学就读,但前提是居住地有这类学校,同时家长不选择通过其他方式为子女提供教育。小学教育在任何情况下都是强制性的,但逃学现象在很长一段时间内仍然很严重,而且不会受到惩罚。1861年的文盲率为78%,到20世纪的第一个10年才降到50%以下。

1859年的法律在小学之后设立了三类公立学校:三年制的"普通"学校,旨在培养教师,以及两类"中等"学校:传统学校和技术类院校。

古典教育分为五年制文法学校和随后的三年制高中,毕业后可以进入

---

① [Pepe] 第219-220页。

② [legge Casati]。加布里奥·卡萨蒂(Gabrio Casati)是意大利政治家,出生于米兰。是《卡萨蒂法》的主要推动者。

所有大学院系。技术教育也分为两个层次：三年制技术学校之后是技术学院，根据 1860 年的《马米亚尼条例》(Regolamento Mamiani)，技术学院由四个部分组成：行政－商业、农艺、化学和物理－数学。物理－数学部分为期四年，允许进入大学的理科院系（经过两年的理科学习，也可以学习工程学）。在异教徒改革之前，通过这个经常被遗忘的渠道，没有学习过拉丁文的人也可以拿到学位。这所学校确保了科学，特别是数学方面的准备学习，远远优于后来的科学高中。这一点从对时间表的核查中可以看出，例如：在第三年，每周有 6 个小时的数学课、4 个小时的描述性几何课、3 个小时的物理课和 3 个小时的化学课。[1] 一些科学家，如维多·沃尔泰拉 (Vito Volterra) 和列奥尼达·托内利 (Leonida Tonelli)，都曾接受过这种培训。

在国家完成统一的时候，由于几个世纪的政治分裂，意大利大学的数量明显高于法国或英国的大学数量，这在很多人看来数量明显过多。尤其是卡洛·马泰乌奇，他坚信将国家资源集中在数量较少的大学机构中是比较好的。由于无法克服当地的阻力[2]，他在 1862 年担任教育部长时提出了一条法律，将州立大学分为两类：第一类包括都灵、帕维亚、博洛尼亚、比萨、那不勒斯和巴勒莫（1866 年，当威尼托被吞并时，帕多瓦被加入其中，1870 年又增加了罗马）；第二类是其余的大学，包括热那亚、帕尔马、摩德纳、锡耶纳、马切拉塔、墨西拿、卡塔尼亚、卡利亚里和萨萨里。所授予学位的法律价值没有差别，学生的课程也没有差别，但教授的工资和分配的资金都有相当大的差别（比例为 5∶3）；其想法是将研究工作集中在一流大学，其他大学基本上只承担教学职能。

这种区别在 1889 年被废除，至少在官方意义上被废除，今天普遍看来

---

[1] 对技术学院的物理和数学部分的分析见 [Graffi SFM]。
[2] 唯一的一次镇压尝试，即《卡萨蒂法》所规定的对萨萨里大学的镇压，被第二年的一项法律推翻了。

特别令人遗憾。然而，我们可以注意到，这种制度，加上教授的良好工资水平，创造了一种流动性，防止小型机构的教学水平过低。事实上，由于来自一流大学的年轻学者通常具有更多的科学资格，往往是他们占据了二流大学的教授职位，这种人员的流动也使小型机构的学生能够获得在大型机构发展的一些技能。为了保证所有地方都有一个体面的学习水平，马泰乌奇法还规定对课程和考试进行集中控制，并只为一流大学保留学位授予考试。像当前这样的制度，其特点是不同层次的大学不断增加，但其学位具有同等的法律价值，每个席位都有自主权，几乎没有流动性，而且基本上是一个地方性的招聘系统，在不能保证教育的最低水准的层面上，增加了所有可能的退化进程。

回到统一后的意大利，大学教席要么由部长直接授予（从部长的角度而言，显然是教师本人名声在外），要么通过竞争获得。在后一种情况下，由部长任命委员会成员。在这两种情况下，他的唯一义务是获得高级教育委员会（Consiglio Superiore della Pubblica Istruzione）（也由部长任命）的咨询意见。竞争制度在1880年后开始盛行，而在统一后的前20年里，以两种方式分配的教席数量大致相当。1882—1883年引入了竞争委员会和高级理事会的选举。

除了大学之外，卡洛·马泰乌奇还想建立一些类似于法国的、针对特定目的的顶级科学机构。首先得到加强或建立的是比萨的高等师范学院、米兰的高等技术学院和佛罗伦萨的物理和自然历史博物馆。然而，事情的发展并没有遵循卡洛·马泰乌奇的意图。他想把佛罗伦萨博物馆（他在1865年成为该博物馆馆长）打造成与巴黎国家自然博物馆相媲美的高级研究机构的计划以失败告终。至于比萨的高等师范学校，它是在拿破仑的授意下建立的，是法国体系的一个片段，卡洛·马泰乌奇打算把它作为其他两个类似机构的典范，它取得的成功既显著但又不完整。正如我们在数学方面所看到的那样，高等师范学校在迅速展现出培养具有国际地位的研究人员的能力之后，由于其学生人数少和其独特性，始终无法在国家公民社会中发挥作为它的原型的法国大学校系统类似的作用，仍然是一个主要建立于对它而言十分陌生的逻辑系统中的一根珍贵的羽毛。

在第5章中，我们提到了欧洲许多国家科学院的出现和巩固，它们不仅在协调科学家方面发挥了重要作用，而且在政治权力和国家科学界之间进行调解，帮助研究实现被认为在经济和政治上有用的目标指明方向。

纵观统一前的学院和其他意大利科学协会，可以看到一个明显的多变的世界，它被赋予了自己丰富的文化内涵，但也表现出了一种过时的传统，反映了半岛的政治分裂，以及可追溯到远古时代的在他乡建立的一种科学和技术之间的紧密联系。

意大利统一后，在国家基础上合理化和协调科学资源的计划不可能不涉及学术界。昆蒂诺·塞拉，在1870年罗马被吞并后，是力推罗马成为国家科学之都的项目的最坚定支持者，[①]他想通过重新创建意大利最古老的学院——意大利猞猁之眼国家科学院，为意大利提供一个设在首都的国家级学院。该学院在经历了长达几个世纪的中断后，于1847年恢复了活动，当时庇护九世创建了一个新的国家教皇学院。随后，塞拉于1874年进行了决定性的重建，并将其改为后来的意大利猞猁之眼国家科学院。第二年，由安东尼奥·玛丽亚·洛格纳创建的科学院，即所谓的国家科学院（Accademia dei XL），从摩德纳转移到了罗马。大部分国家资金都集中在这两个机构，而对许多地方学院不利。

意大利科学家会议在1848年的事件后中断了，在斯坦尼斯劳·坎尼扎罗的要求下，1862年恢复了第十次会议，在此期间成立了意大利科学进步协会，这个机构被认为对于意大利科学家会议的稳定和定期产生了作用。这次复兴并不成功，部分原因是作为第一次会议动力的政治动机已经消失，

[①] 作为1862年、1864—1865年和1869—1873年的财政部部长，昆蒂诺·塞拉大量参与了罗马的建设和文化复兴。

而且从 1875 年开始，意大利科学进步协会也变得不活跃，直到下个世纪初再次由维多·沃尔泰拉激发了活力。

11　总结

毫无疑问，在本章所讨论的 50 年中，复兴运动的几代人成功地大幅度提高了意大利的科学研究水平。意大利数学学派的成功是最为重要的，在其他学科中，与之相匹配的是主要集中在特定领域的进展，如安东尼奥·帕奇诺蒂和加利莱奥·费拉里斯开发的电气工程，朱利奥·比佐泽罗和高尔基的显微解剖学，安杰洛·西奇的天体物理学。以及在化学领域，除了斯坦尼斯劳·坎尼扎罗的重要成果外，还有对有机化学特定领域的研究。

科学家们的政治干预，首先是在复兴运动的斗争中，然后是在建设国家教育和科学结构以及促进国家公民进步所必需的立法和行政工作中。这是他们行动的一个重要方面（今天的学者往往难以理解），也表明了复兴运动在知识阶层拥有的广泛基础[1]，并且使统治阶级对科学家们在社会中所扮演的角色进行广泛的承认成为可能，科学家们也因此被要求成为统治阶级的一个完整部分。在王国的参议员中（当时他们都是终身制，由国王任命），有我们提到的大多数科学家。与今天由普选产生的议员的平均文化（以及道德）水平相比，值得我们反思并揭示了某些复杂的问题。

复兴运动的科学家们的公民行为和国家意识（这是当时所谓的爱国主义的重要组成部分）也体现在他们中的许多人在中学教学中和分配大学教授职位的政策中所花费的精力，虽然大学教职的任免不乏赞助现象，[2] 但与最近的时代

---

[1] 关于大学教授和学生参与复兴运动的论文和文件集，可以查阅 [Pepe]。
[2] 我们已经在第 295 页举出了一些没有竞争的任命的例子。对 1880 年以后举行的数学（以及部分物理学）竞赛结果的分析见 [Graffi concorsi]。

相比，总体上似乎更值得赞赏。

然而，在成功的同时，意大利的科学研究也存在着严重缺陷，它基本上没有参与当时许多最重要的理论的形成，从热力学到统计力学，从詹姆斯·克拉克·麦克斯韦的电磁学理论到达尔文的进化论，同时对生产活动带来的影响也很小。

意大利科学家的工作似乎集中在两个独立而遥远的部门：一方面是数学研究，另一方面是实验或经验型研究，旨在实现单一的、具有条件限制性的目标。在第二个领域，既有像菲利波·帕西尼、加利莱奥·费拉里斯或卡米洛·高尔基这样具有重大价值的科学家，也有工匠型的发明家：在这两种人中，由于在个人层面上展现出了兴趣的缺乏或缺少必要联系等原因，研究几乎从未与国家的经济现实和在本章节所涉及周期结束时起步的工业化进程有过互动。

各个科学学科的研究人员之间，纯研究与应用型研究之间以及后者与工业和服务业之间的密集互动网络，不仅从国家层面出现在了具有长期统一传承的国家，如法国和英国，甚至在德国也有发现（在那里，统一进程与第二次工业革命同时发生，这与德国科学研究的非凡进步密切相关），但在意大利却没有出现，意大利的现代化和科学进步的进程具有的文化和政治基础，似乎远远大于依托的经济基础。

复兴运动知识分子的努力成功地在意大利复制了国外框架的个别要素，但没能复制它们的整个互动网络，因此只能在国家范围之外实现。

我们已经多次看到，在科学中，理论和具体现实之间的两种互动是必不可少的：现有理论在现实中的"应用"和用已知理论无法解决的具体问题对新理论发展进行刺激。学科之间的交流也在这两个方向上进行，例如，数学和物理学之间以及物理学和工程学之间的相互作用。

在19世纪的意大利，两个方向中的一个似乎占了主导地位："应用"，即将普适性理论强行降到特定问题的水平。数学家所发挥的主导作用首先

第七章 复兴运动和统一国家的前30年（1839—1890）

证明了这一点。正如我们所看到的，在意大利，是数学家创建和指导了理工学院；甚至像安东尼奥·路易吉·高登齐奥·朱塞佩·克雷莫纳这样的数学家，也表现出对纯数学的明显偏爱，只是出于爱国主义和服务精神才接受处理应用问题。意大利数学家当然能够很好地"应用"理论，为国家做出巨大的贡献，但他们很少直接受到具体问题或其他科学的刺激而进行新的理论发展：研究的刺激几乎完全来自阅读法国和越来越多的德国数学作品，而在法国和德国，数学成果往往有外部动机，特别是来自物理学，这几个国家的物理学进展比意大利大得多，也是因为它反过来不断受到工业问题的刺激。

让我们举几个例子。尼古拉·莱昂纳尔·萨迪·卡诺（Nicolas Léonard Sadi Carnot）通过对热力发动机的思考，为热力学的构建做出了贡献；约瑟夫·傅里叶通过对热力学问题的数学化，开发了新的数学工具；[1] 罗伯特·威廉·本生和古斯塔夫·基尔霍夫为了满足对精确化学分析的需求，创造了光谱分析。然而，意大利科学家一般倾向于走相反的路线，要么是出于实用目的，如将经典的数学方法应用于水力学，要么是出于纯粹的认知目的，如用光谱学研究恒星。

人们通常认为，数学研究在意大利享有特权，因为其成本低。这一假设当然抓住了部分真相，但我们不能忘记，在较发达的国家，最昂贵的研究得到了资助，甚至是由私人资助，这不是因为慷慨的赞助，而是因为这种资助被认为是一种方便的投资；而在意大利，人们反而期望科学会单方面产生经济效益，沿着从纯科学的天空之路下凡走向物质生产。从这个角度来看，数学家的特权作用是不可避免的。

这种情况可以用化学的例子来说明，当时化学与第二次工业革命的主要驱动部门之一密切相关。在意大利，19世纪化学的发展既不是由新生的

---

[1] 约瑟夫·傅里叶在他的《热的解析理论》（*Théorie analytique de la chaleur*）中引入了以他名字命名的数列展开，作为描述热传播的函数的一种计算手段。

化学工业的需求引发的，也不是由药理学的需求引发的，而是从延续皮里亚和坎尼扎罗在巴黎开始的研究推动的，并且是在国际化分支的背景下继续进行的，这种分工并没有给意大利带来任何能够收获工业成果的作用。路易吉·切鲁蒂在19世纪初对形势进行的总结，应用于之前的几十年或许更加贴切：

> 我们遇到了享有毋庸置疑的国际声誉的科学家，例如贾科莫·恰米奇安、伊西利奥·瓜雷斯基和安杰洛·萨尔莫伊拉吉。他们的研究往往集中在重要的天然化合物组，从生物碱到樟脑，但他们从未接受过完整地确定复杂结构和全合成所研究分子的关键性挑战。因此，他们出色的研究成果往往被简化为一种非常有选择性的预备型化学，其作用在于教导全世界的化学家如何通过特定的反应来确定或调整某些结构方面的细节。这正是我们所看到的那种完全符合国际分工做出的贡献，其成果在巴斯夫或霍赫斯特的研究和发展领域得到了体现。[1]

即使是意大利的电工技师在对于工业有重大利益的课题上所进行的研究，也未能在国家范围内产生重大效益。

意大利的科学研究没有受到国家生产现实的充分刺激，更多的时候局限于对那些诞生于其他地方的研究做出贡献，而这些研究在其他国家也能找到结论和实际应用，像意大利地质图测绘项目这样的国家牵头事项的失败也证实了这一点。因此，在意大利研究薄弱的经济生产力和其私人赞助的稀缺之间引发了一个恶性循环；正如我们将看到的，尽管有一些明显的例外，总体而言这个恶性循环一直持续了很长时间。

---

[1] ［Cerruti CON］第172页。

上述情况的另一个后果是系统性地低估了意大利的贡献，这一点经常被注意到，这不仅由于拥有更具影响力的科学文献的国家在文化战略方面的胜利，而且还取决于大量的概念性综述和在应用方面的成功对个人科学发现造成的影响，也在综合评估和集体记忆中占据了统治地位。正如在意大利几乎总是发生的那样，即使个人科学发现在概念上是极为重要的，它们也注定要成为一个拼图的碎片，最终将在其他地方重新组装起来。如果今天很少有人记得霍乱弧菌是由菲利波·帕西尼发现的，硝化甘油是由阿斯卡尼奥·索布雷洛发现的，而许多人则将这两项发现与海因里希·赫尔曼·罗伯特·科赫（Heinrich Hermann Robert Koch）和阿尔弗雷德·诺贝尔这两个太过有名的名字联系在一起，这当然是因为采用能够控制霍乱流行的策略的是科赫，而使硝化甘油的爆炸力得到实际应用的是诺贝尔。

第八章

从成功到灾难
（1890—1945）

1　意大利数学的黄金时代

由复兴时期的几代人进行的意大利数学学校的重建工作在20世纪初取得了最佳成果。意大利数学家不仅在该学科的各个领域，特别是在几何学领域取得了重要的技术成果，恢复了古老的传承，而且他们将自己的活动扩展到两个明显相反的方向，尽管这两个方向实际上是相通的，直接推动了这两个分支在科学史上创造出最丰硕的成果并且得以蓬勃发展。在数学方法被应用于从经济学到生物学等各种新领域的同时，批判性反思也在加深：在世纪之交关于数学基础的辩论中，可以看到意大利人的身影，同时我们的一些数学家在认识论和历史性方面也做出了重要贡献。

1908年在罗马举办的第四届国际数学大会上，在意大利进行的研

第八章 从成功到灾难（1890—1945）

究的突出地位得到了官方的认可。① 朱尔·亨利·庞加莱（Jules Henri Poincaré）在《时代报》（*Les temps*）中评论这次大会时写道：

> 大约三十年来，意大利的数学运动一直非常活跃。我不愿意提及名字，因为我认为，或者说我确信，我遗漏了一些重要的人。然而，我不能不提到大会主席和共和国参议院副主席彼得罗·布拉瑟纳（Pietro Blaserna），著名的分析家维多·沃尔泰拉，在曲面理论方面迈出决定性一步的卡斯特尔诺沃、恩里克斯和塞韦里，以及最重要的乔万·巴蒂斯塔·古奇亚，他在几何学方面做出了十分出色的工作，并在巴勒莫建立了一个国际数学协会和世界上最知名的数学期刊之一。②

庞加莱对巴勒莫数学社团（Circolo matematico di Palermo）及其《汇报》（*Rendiconti*）的看法得到了广泛认同。巴勒莫数学社团在全世界拥有近千名成员，是当时最大的国际组织，其杂志具有国际性和多语言性，为欧洲最优秀的数学家提供了一个具有极大权威性的中立会议场所。③ 1908 年，由法国科学院颁发给最优秀的数学家布迪厄（Prix Bordin）奖，因其在代数几何方面的研究而被并列授予两位意大利人费德里戈·恩里克斯（Federigo Enriques）和弗朗切斯科·塞维里（Francesco Severi）。第二年，该奖项再次被并列授予两位意大利人朱塞佩·巴涅拉（Giuseppe Bagnera）和米歇尔·德·弗朗西斯（Michele de Franchis），以表彰他们在同一领域的工作。在那些年里，意大利的数学学派被普遍认为是世界第

---

① 大会每四年举行一次。第八届大会也在意大利举行（1928 年在博洛尼亚）。此后，意大利再没有被选作会议地点。

② 报道于 [De Masi] 第 63 页。

③ 关于《报道》和巴勒莫数学社团，见 [Brigaglia Masotto]。

三，仅次于法国和德国学派。

　　安东尼奥·路易吉·高登齐奥·朱塞佩·克雷莫纳建立的学派，由恩里科·德奥维迪奥（Enrico d'Ovidio）和他的学生科拉多·赛格雷（Corrado Segre）延续，逐渐将兴趣的焦点从射影几何转移到曲线和代数曲面的研究。在19世纪90年代至第一次世界大战期间，由于吉多·卡斯泰尔诺沃（Guido Castelnuovo, 1865—1952）和费德里戈·恩里克斯（Federigo Enriques, 1871—1946）的工作，以及后来弗朗切斯科·塞维里（1879—1961）的加入，产生了一个代数几何学派，在世界首屈一指。这门学科以全新的形式重振了古代意大利学者对几何方法的偏爱，其主要中心首先是都灵，然后是罗马。路易吉·比安基（1865—1928）和格雷戈里奥·里奇－库尔巴斯托罗（1853—1925）的微分几何研究也非常重要。里奇先是独自一人，然后与他的学生图利奥·列维－齐维塔（Tullio Levi-Civita, 1873—1941）（同样是数学物理学的各领域内重要研究者）一起，发展了张量微积分和绝对微积分学（根据这两位数学家的代表性著作的标题而得名，这些著作最初被作者设想为教学著作），这与意大利数学物理学家传统上始终青睐的领域的应用密切相关：弹性和电磁学。绝对微积分计算花了很长时间才得到重视，可能是因为它在几何学家看来与应用过于紧密，而在数学物理学家看来则过于困难和抽象。只有在阿尔伯特·爱因斯坦（Albert Einstein）找到框定广义相对论的语言后，它才变得有名。

　　20世纪初的意大利分析学也很出色，特别是在比萨师范学院，这所我们已经在上文提到过的，迪尼所领导的学校持续取得了优异的成绩；我们只需记住在比萨，朱塞佩·维塔利（Giuseppe Vitali, 1875—1932）于1899年毕业，圭多·富比尼（Guido Fubini, 1879—1943）于次年毕业。对于朱塞佩·维塔利（他在高中教书了很长时间，独自一人进行他的研究），我们尤其要感谢他提出的绝对连续函数的概念，针对测度论①做出的重要成果和维塔利-勒贝格定理（Teorema di Vitali-Lebesgue）②[这个定理是他与亨利·勒贝格（Henri Lebesgue）同时分别发现的]。圭多·富比尼现在为数学专业的学生所熟知，是因为以他的名字命名的定理，该定理允许在特定条件下使用逐次积分的方法计算双重积分，他不仅在分析学的各个领域，而且在群论和射影几何学方面都取得了重要成果。此外，对于当时的数学家来说，跨越学科的所有内部界限，甚至有时也跨越外部界限，是很正常的一件事。例如，贝波·列维（Beppo Levi，1875—1961），他首先因其在积分理论方面的成果而被人记住，他与科拉多·赛格雷一起毕业于代数几何学方向，他对代数几何学的贡献很大，他的研究活动从函数分析到逻辑，从理论物理到电气工程。

在20世纪初活跃的意大利数学家中，朱塞佩·皮亚诺（1858—1932）和维多·沃尔泰拉（1860—1940）是两个截然不同的杰出人物。

皮亚诺是都灵学派的代表人物，他曾是安吉洛·杰诺其的学生，对分析学做出了重要贡献，但他首先是20世纪初发展起来的关于数学奠基的辩论的第一批先驱者之一，也是数理逻辑的创始人之一。在1889年出版的拉丁文小册子《算术原理新方法》（*Arithmetices principia nova methodo exposita*）中，他通过皮亚诺公理（如今这5条公理以他的名字命名）推导出算术的公理化。③他的另一个最著名的成果出现在第二年的作品《关于填满整个平面空间的曲线》（*Sur une courbe qui remplit toute une aire plane*）中，其中他证明了（通过展示今天被称为"皮亚诺曲线"的例子）一个连续运动的点可以在有

---

① 我们尤其要将第一个实数不可测集的例子归功于朱塞佩·维塔利的贡献，这个子集是不可测的，没有限度，并且不受平移的影响（特别是根据亨利·勒贝格不可测的几何的例子）。
② 使用目前的语言，该定理指出，根据伯恩哈德·黎曼，当且仅当一个函数的不连续点集合具有勒贝格测度为零时，该函数是可积分的。
③ 公理是：零是一个数；一个数的后继是一个数；具有相同后继的两个数是相等的；零不是任何数的后继；任何包含零和其任何元素的后继的数集包含所有的数。

限时间内穿过一个正方形的所有点。由于一个点连续运动的所有可能出现轨迹都被定义为曲线，人们发现正方形等物体也被包括在定义中：这个意外的结论刺激了对几何学基础的深化。①

皮亚诺最具野心的项目之一是用一种能消除任何可能出现的模糊性的术语重写所有的数学问题。在他 1895 年到 1908 年间问世的《数学公式汇编》(*Mathematical formulary*)中，他为此引入了许多新的符号；最后一卷是用"拉丁国际语"写的，即用他自己发明的一种人造语言，基于拉丁文的简化形式，由不可分割的单词构成。《数学公式汇编》中引入的一些符号已经被普遍使用，例如数学的属于符号"∈"和存在量词符号"∃"。不幸的是，皮亚诺决定不仅在他的会议发言中，而且在他的教学活动中，均完全使用他的新语言（和他的符号）来进行学术表达，以至于发表的演讲对学生来说完全无法理解！然而，他赋予了一个极具价值的数理逻辑学派以生命，这个学派中包括切萨雷·布拉里 - 福蒂（Cesare Burali-Forti）、马里奥·皮耶里（Mario Pieri）和乔瓦尼·瓦拉蒂（Giovanni Vailati）等人，我们将在后文见到他们。

维多·沃尔泰拉则完全是另一个类型的数学家，他对真实现象的建模感兴趣，就像皮亚诺对抽象和基本问题感兴趣一样。他来自一个经济状况不佳的家庭，在进入技术研究所的物理和数学部后，跟随恩里科·贝蒂和乌利塞·迪尼学习。② 他很快就作为一个数学分析家和物理学家而声名鹊起，既能对理论做出重要贡献，又能为实际现象构建独创的数学模型。他在解决数学物理学问题时，除了使用微分方程这一经典工具外，还使用了现在以他名字命名的积分方程和积分微分方程，他引入这些方程是为了描述他所谓的"继承现象"，即现在的状态不足以决定未

---

① 写给数学家们的笔记：这里我们将"曲线"与其"支集"混淆，以适应学校教科书中使用的术语，这是非数学家（该段落主要针对他们）唯一知道的术语。

② 关于维多·沃尔泰拉生平的简明阐述和对他的几本传记的评论，见 [Coen]。

来的发展,而未来也会受到以前历史的影响。尤其重要的是他对"线性函数"(即变量为其他函数的函数)的研究尤为重要,且为函数分析的诞生做出了不可或缺的贡献。

1901年,已经在数学分析和物理学方面取得重要成果的维多·沃尔泰拉,在罗马大学教学的就职演说中专门阐述了数学在生物和社会科学中日益增长的作用。他从中选取了一篇文章,发表在《经济学人杂志》(*Giornale degli economisti*)和《生理学档案》(*Archivio di fisiologia*)上。以下是部分摘录:

> 阿纳托尔·法朗士(Anatole France)讲述了这样一则轶事。
>
> 他说,几年前,我和一位保守派人士一起参观欧洲一个大城市的自然历史陈列馆,他非常高兴地向我描述动物化石。
>
> 他讲得很好,一直到上新世的地质,但当我问到人类的第一批遗迹时,他说这不是他的研究范畴。
>
> 我感到自己的失态。人们永远不应该向科学家询问宇宙的秘密,这些秘密不在他的研究之中。
>
> 但在科学界的人身上,有一种巨大的好奇心,想看看外面的世界,看看更远的地方;有一种强烈的愿望,想在别人的领域里挖掘出自己的价值。
>
> 但在一心扑在数学研究的人身上,这种相似的、巨大的好奇和渴望,远比其他领域的人来得更甚。
>
> 数学家们会发现自己身怀一种令人钦佩的珍贵工具,它是由有史以来最敏锐的头脑和最崇高的思想在几个世纪里积淀的努力所创造的。
>
> 但是,对于那些数学最近才试图深入的科学领域,即生物学和社会科学,人们的好奇心是最强烈的,因为人们强烈希望确定,

在机械物理科学中取得如此巨大成果的经典方法,是否有可能将同样的成功带入他们面前正在开辟的新领域。①

在维多·沃尔泰拉看来,一门科学的渐进式发展阶段是以数学在其中发挥的作用为特征的:

一门科学从前数学时代到它倾向于成为数学时代的过程中,其特点是它所研究的元素被定量地而不是定性地研究。②

文章的前言中还回顾了政治经济学如何在维尔弗雷多·帕累托的研究中成为一门数学科学,其中它以力学的共有概念为基础,而生物学也开始出现这样的倾向,例如在赫尔曼·冯·亥姆霍兹的生理声学工作中或在天文学家乔凡尼·维尔吉尼奥·斯基亚帕雷利试图用几何学方法研究生物形态的研究中都能看出。③我们可以看出维多·沃尔泰拉本人对生物数学做出的贡献多么重要。

数学方法在越来越多的应用中发挥着核心作用,意大利数学家的国际声望在那些年里也得到了相应的增长,他们的数量和学术分量也在增加。1890 年,在大学中有 77 个数学教席,占科学院系所有教席当中的 40%。④

---

① [Volterra] 第 3-5 页。

② [Volterra] 第 9 页。

③ 维多·沃尔泰拉引用了乔凡尼·维尔吉尼奥·斯基亚帕雷利,《天然有机形状与几何形状的比较研究》(*Studio comparativo tra le forme organiche naturali e le forme geometriche*),乌尔里科·霍普利,米兰,1898。1917 年,随着达西·汤普森(D'Arcy Wentworth Thompson)的《论生长与形态》(*On growth and form*)的出版,这一研究方向有了质的飞跃。

④ [Guerraggio Nastasi GMI] 第 25 页。

2　数学家的外部活动以及与贝内德托·克罗齐和乔瓦尼·秦梯利的冲突

乔瓦尼·瓦拉蒂（1863—1909）先是担任朱塞佩·皮亚诺的助手，后又担任都灵的维多·沃尔泰拉的助手。他于1899年离开大学，此后作为一名中学教师，以科学史家和哲学家的身份开展了丰富的文化活动，他在国外也受到了赞赏。沃尔泰拉在准备1901年的演讲时曾向他咨询，乔瓦尼·瓦拉蒂写了一篇评论，他也把这篇评论寄给了贝内德托·克罗齐（Benedetto Croce）。作为回应，他收到了以下明信片：

> 亲爱的朋友，谢谢你对维多·沃尔泰拉演讲的评论。我怀着一如既往的兴致阅读了它。毫无疑问，数学的应用对于解决或简化实际性质的复杂问题的实践很有帮助。它不可能对哲学科学的特性产生影响——如果有的话，那也是一种不好的影响，也就是说，它将倾向于歪曲它们，掩盖那些科学应有的和特有的东西。数学会对物体进行编号和测量，但经济事实是选择、意志等，也就是说，它完全不可以被还原为一种数学动机。
>
> ——来自贝内德托·克罗齐的问候。[①]

贝内德托·克罗齐对数学在经济科学中的作用估计不足，这源于肯定不同于维多·沃尔泰拉的论点的哲学概念。

通过对数学的核心作用的强行要求，沃尔泰拉也提出了意大利数学家在国家文化和科学发展中站在领导行列所应用的候选资格。这种竞争资

---

① [Croce Vailati] 第99-100页（我们将手稿中的下划线重新标明了，它们在印刷版中已被改为斜体）。

格（也由公认的国际层面获得成功和自起义以来在国家科学和教育结构建设中数学家们已经发挥的作用所证明）将导致与贝内德托·克罗齐和乔瓦尼·秦梯利（Giovanni Gentile）的激烈冲突，其结果将在很长一段时间内影响了科学在意大利文化中的作用。

1905 年，贝内德托·克罗齐出版了《作为纯粹概念科学的逻辑学》（*Logica come scienza del concetto puro*）一书，在该书中，他重振了可追溯到帝国时期并由维科在意大利复兴的传统，否认了科学特别是数学具备的一切真理价值——对此他肯定对数学产生了特别的厌恶。我们抄录了几段话：

> 数学原理是真实的？这是绝不可能！相反，如果严格地审视它们，它们将会被证明是完完全全和彻头彻尾的错误。数字数列是通过从 1 开始并依次增加一个单位而得到的；但在现实中，没有任何东西可以充当数列的领导者，也没有任何东西可以从另一个事物中分离出来，从而产生一个不连续的数列。
>
> 正如它们是不可想象的一样，数学的原理也是不可想象的。它们是先验的，但没有真理的特征：它们是一些被精心组织在一起的矛盾。如果数学［正如约翰·弗里德里希·赫尔巴特（Johann Friedrich Herbart）所说］会因为它所提出的矛盾而死亡，那它很久以前就应该死了。但它不会因此而死亡，因为人们没有尝试去想它们，就像有毒的动物不会死于自己的毒药，因为它不会给自己注射毒液。
>
> 其中［数学］，以纯粹的概念运作，是真正的猴子哲学（Simia Philosophiae）［正如神学家把魔鬼称为猴神（Simia Dei）］。
>
> 詹巴蒂斯塔·维科承认，在研究几何学时，他没有超越欧几里得的第五条公设，因为"已经被形而上学所普及的思想，并没

有得到这种研究的帮助,而这种研究是适合于小思想的"。① 这并不是指责,只是证实了那些精神形态的真实的性质——永恒的——正如哲学的性质和精神的性质。②

当时朱塞佩·皮亚诺的助手乔瓦尼·瓦卡(Giovanni Vacca)在《莱昂纳多》(Leonardo)上发表了《捍卫数学》(In difesa della matematica)和《驳数学家》(Adversus mathematicos)③两篇文章,对此,贝内德托·克罗齐在同一杂志上再次发表了《围绕"逻辑"》(Intorno alla "logica")一文,其中他专门提到:

乔瓦尼·瓦卡想暗示我对数学知之甚少,在这一点上他犯了一个也许他没有想象到的错误:我不是知之甚少,而是非常少;我对数学的无知比瓦卡怀疑的程度要大得多。

数学既不具备历史真理,也不具备(因为它建立在任意的假设之上)哲学真理,它不是科学,而是一种工具和实用的构造。④

尽管贝内德托·克罗齐对数学很反感,但那些年的意大利数学家还是把他们的影响扩大到了自己的学科之外。维多·沃尔泰拉是国际上最知名的意大利科学家,1905年被任命为王国参议员,1906年成为意大利物理学会主席,他曾在1897年帮助创立该学会。1907年,他重新创立了意大利科学进步协会(Società Italiana per il Progresso delle Scienze, SIPS),

---

① *Autob.*, in *Opp.*, ed. Ferrari², IV, 第336页(N.d.A)。
② [Cross LSCP] 第236、237、240、241页。也许对自己在学生时代遇到困难的学科的憎恨也是永恒的。
③ 本文的标题取自塞克斯图斯·恩丕里柯的作品,贝内德托·克罗齐反对数学的论点可以追溯到该作品(基本上否认现实的科学模型的一切有效性,正因为它们不是真实的)。
④ [Croce IL] 第177页。

该协会是在斯坦尼斯劳·坎尼扎罗的倡议下于 1862 年成立的,但自 1875 年以来一直完全没有活动。该协会的目标是主要从大学和中学教师中招募成员,打算将所有科学的学者和爱好者聚集在一起,组织会议,以增加不同学科的专家之间的交流,带来学术界以外的科学家之间的讨论,并刺激企业家和政治家为科学进步采取行动。维多·沃尔泰拉尤其对科学通过其应用在国家的经济和民事发展中可以发挥的作用感兴趣。1906 年 6 月 19 日,他在参议院的一次演讲中,就都灵理工学院的成立发表了讲话,他在其中特别说道:

> 技术教育直接触及国家财富的生产来源,观察这里的制度,给人最直观的感受是理论研究比应用研究多,必须把应用问题放在首位。[1]

维多·沃尔泰拉通过意大利科学进步协会实施的科学政策的一个具体成果是在 1910 年成立了皇家海洋学委员会(Regio Comitato Talassografico),目的是发展对意大利海洋的研究,以利于航海和捕鱼活动,并探索高层大气,以利于空中航行。[2] 维多·沃尔泰拉从该委员会成立直到 1925 年一直担任副主席(根据其章程规定,委员会的主席是海军部长)。

在对国家生产活动的关注中(我们能看到他对渔业的兴趣也产生了重要的理论成果),维多·沃尔泰拉在意大利数学家中并不是孤立的。例如,卢西安诺·奥兰多(Luciano Orlando,1877—1915),众多死于第一次世界大战的数学家之一,曾在 1913 年成立了意大利促进工业协会。许多数学学科出身的知识分子也赞同用一门以数学方法为中心的新的统一科学来克服特殊性,并且由于它对批判性反思持开放态度,因此广泛地包含了科学哲学在

---

[1] 引自 [Simili Paoloni] 第一卷第 77 页。
[2] [Simili Paoloni] 第一卷第 79 页。

内，他们在费德里戈·恩里克斯①身上找到了指导，他已经因其在代数表面的研究而在数学界闻名。在 1906 年出版的《科学问题》（*Problemi della scienza*）中，费德里戈·恩里克斯继续他对几何学基础展开的思考，提出了一个科学知识的普适性理论，他称之为"积极知识学"，他打算用这个理论来克服实证主义。乔瓦尼·秦梯利在贝内德托·克罗齐的杂志《批判》（*La critica*）上对该书进行了严厉的批评。

费德里戈·恩里克斯认为，哲学作为对其他思想形式的批判性反思，成为一门专业学科是没有意义的。他特别认为，科学哲学应该由科学家 – 哲学家来培养，能够克服科学之间和科学与哲学之间的学科分野。1906 年，当他发表他的知识学作品时，他推动了两个具体的举措。在 9 月 20 日于米兰举行的哲学文化协会大会上，他提出了一个议题，要求建立一个"包括并协调所有理论学科"的单一大学院系。②只有医学或工程学等实用学科被排除在外。这样一个由数学家提出的议题在一个哲学会议上被一致通过，这一事实足以让人了解到那些遥远时代的文化氛围。

另一项举措是与尤金尼奥·里尼亚诺（Eugenio Rignano）合作创办了《科学杂志》（*Rivista di scienza*），被定义为"科学综合的国际喉舌"，目的是为所有科学的讨论和反思提供一个跨学科的领域。该杂志也受到了秦梯利的严厉批评，他写道：

> 在我看来，一本杂志在同一册之中讨论宇宙的电磁学、灵媒、化学与生物学的关系、植物对光的需求、意识、奥地利经济学派、社会学的主要规律、宗教独身主义的起源、小学数学教学的

---

① 费德里戈·恩里克斯作品的国家版本正在编辑中。完整的作品清单和迄今已出版的作品文本可在以下网址查询：http://enriques.mat.uniroma2.it/italiano/。
② 该议程和费德里戈·恩里克斯提出的演讲《与哲学有关的大学组织》（*L'ordinamento dell'università in rapporto alla filosofia*），见 [Enriques PS] 第 79-83 页。

改革等，只能鼓励科学的业余性，我不知道科学能从中得到多少好处。[1]

在不同意秦梯利观点，愿意为该杂志（从1910年起称为"科学"）投稿的人士中，有许多欧洲最杰出的科学家和哲学家；我们可以列举出威廉·奥斯特瓦尔德（Friedrich Wilhelm Ostwald）、恩斯特·马赫（Ernst Mach）、瓦尔特·赫尔曼·能斯特（Walther Hermann Nernst）、朱尔·亨利·庞加莱、亨利·贝克勒尔、鲁道夫·卡尔纳普（Rudolf Carnap）、恩斯特·卡西尔（Ernst Cassirer）、欧内斯特·卢瑟福（Ernest Rutherford）、亨德里克·洛伦兹（Hendrik Antoon Lorentz）、爱因斯坦、罗素等。

1907年，费德里戈·恩里克斯成立了意大利哲学学会，并成为该学会的主席。1908年，他的新角色在国际上得到了认可；当年在海德堡举行的国际哲学大会上，博洛尼亚被选为1911年的会议地点，恩里克斯被委托组织会议。在贝内德托·克罗齐和乔瓦尼·秦梯利看来，恩里克斯是一个无知的哲学家，不知道自己的局限性，通过重新提出当时已经陷入危机之中的实证主义概念而侵入他们的领域，恩里克斯和这两位科学家之间的冲突因此变得愈加尖锐，而不可避免。克罗齐在《批判》中指责恩里克斯，他写道：

毫无自知之明地担任一个组织不力、慵懒怠惰的"意大利哲学会"主席，承担起哲学家大会的工作（如果我召开数学家大会，那我的功劳将是卓越而无私的）。[2]

在大会结束后的回程中，贝内德托·克罗齐接受了一次采访，采访内

---

[1] 引述于［Guerraggio Nastasi GMI］第59页。
[2]《批判》，X，79。该文章转载于［Croce PS］。

容发表在 4 月 16 日的《意大利日报》(*Giornale d'italia*)上,他专门表示:

> 我知道费德里戈·恩里克斯想组织一次大会,目的是将他对哲学形成的特殊概念——即科学的综合——贯彻实施。因此,他邀请物理学家、天文学家等人,在他们不可能被理解的场合下进行发言。但环境的力量使恩里克斯超越了,或者说跨越了他的意图:科学家们没有来,而哲学家们来了。
>
> 我对恩里克斯非常敬重,因为我知道他是一个极有价值的数学家,也因为对他而言,哲学即使不是他的领域,至少也是他的一种需求。只是,这种需求由于不能用真才实学来满足,他就用语言来满足。[①]

1912 年 6 月,费德里戈·恩里克斯发表了对克罗齐的激进批判,题为《是否存在贝内德托·克罗齐的哲学体系?》(*Esiste un sistema filosofico di benedetto croce?*),从而提高了争论等级。这里有两段摘录:

> 作者对科学的立场是根本性的反对,但这个立场并不十分有趣,因为它没有带来任何新的东西,也没有建立在对这个问题的彻底研究之上。在另一个场合[《实用主义》(*Il pragmatismo*),《科学》(*Scientia*), xv, 1910],我不得不指出,反科学运动是伴随着科学的发展和传播出现的,但这种运动对科学本身的理解和进步有着切实的重要性。然而,这种重要性与反对者对科学概念做出的批评有直接关系。正因为意识到这一责任,浪漫主义时期的哲学家们,以及格奥尔格·威廉·弗里德里希·黑格尔(Georg Wilhelm

---

[①] 采访内容见[Croce PS]第 342-349 页。

Friedrich Hegel）本人，一直在为那些没有受过科学学科教育的知识分子面对着特别是牛顿物理学对他们提出的难题而烦恼，而今天，比如说，受过不同教育的柏格森就愿意鼓励和促进对物理和数学概念的精细分析。

这一切都不能在贝内德托·克罗齐身上看到！

谁会乐于去消除不得不与科学，特别是数学打交道的紧迫危险，这种"专为小聪明的研究"对于"已经被形而上学所普及的心灵"而言并非易事。① 在这些人中，没有人怀疑可以看到贝内德托·克罗齐的身影，但可能没有那些数学家，如笛卡尔和莱布尼茨，他们曾经被认为是哲学的创始人。②

贝内德托·克罗齐在《批判》中以简短的讽刺性吹捧作了回应，他在其中写道：

（我不愿意）进行我认为没有任何利益和用处的争辩。事实上，甚至多只能证明一点，一个严谨的数学家也可以是一个幼稚的哲学家，以及在特定的情况下，有突出才华的恩里克斯教授所拥有的奇怪的狂热，这种狂热还导致他认为一定要经常去一个不属于他自己的世界，那么这种争论能起到什么作用？③

---

① "Vico in Croce"-Logica，第 259 页（N.d.A.）。
② [Enriques ESFBC] 第 411-412 页。
③ 贝内德托·克罗齐，《关于批评》（A proposito di una critica），《批判》，1911 年，第 IX 卷第 400 页。

1911年之后的几年里,贝内德托·克罗齐取得了明显的胜利,他在意大利哲学界占据了一个霸权地位,而意大利科学进步协会(SIPS)和其他倡议都没有成功地以一种足以实现其最初野心的方式影响文化现实。1913年,当弗朗切斯科·塞维里在帕多瓦大学的就职演说中攻击"贝内德托·克罗齐和乔瓦尼·秦梯利最近的理想主义"时,贝内德托·克罗齐在《批判》杂志的一篇小文章中回应说,请他留在自己学科的范围内,这篇文章的标题《如果他们谈论数学呢?》(*Se parlassero di matematica?*),在其简短的词句和轻蔑的语气中,明显显示出在所有战线上获胜的意识。

第二年,即1914年,随着乔万·巴蒂斯塔·古奇亚的去世,巴勒莫数学协会及其杂志开始迅速衰落。

这场战争最终结束了意大利数学家的文化幻想。维多·沃尔泰拉曾是一名深信不疑的干预主义者,在55岁时作为一名志愿者入伍。他暂时放弃了对文化政治的插手,致力于研究空对地火力弹道问题,作为工程兵部队的中尉进行飞艇升空的研究(他也走在了时代的前列,建议在航空气球中用氦气取代氢气,但未获成功)。

甚至《科学》(*Scientia*)杂志也部分地成为冲突的受害者。事实上,联合创始人尤金尼奥·里尼亚诺决定用大量篇幅介绍战争和政治主题,因此与希望保持杂志的纯科学性的恩里克斯发生冲突。由于里尼亚诺接管了处于亏损状态的该杂志的所有权,恩里克斯不得不和整个老编辑部的编辑一起辞职。

在接下来的几十年里,克罗齐所指责的学科侵占的问题在意大利将变得越来越罕见。人文知识分子对"专为小聪明的研究"(用詹巴蒂斯塔·维科的话说),也就是对科学,尤其是与数学的格格不入,再次成为意大利主流文化的一个特征,就像自18世纪以来的情况一样,并将一直持续到今天,一般来说,科学家对科学发展带来的认识论和伦理问题无论是否敏感,都会对其进行回应,进而引发论战。不管是因双方相互误解,还是因恩里克斯的哲学立场中存在薄弱环节，都能使我们可以判断克罗齐的胜利是意大利文化的严重倒退。

不仅仅是数学家，其他科学家也一样，在意大利再也无法发挥与他们在 20 世纪初所发挥的文化作用相媲美的作用，而且关于他们的记忆也常常被从历史中抹去。[①]

1929 年，鲁道夫·卡尔纳普、汉斯·哈恩（Hans Hahn）和奥图·纽拉特（Otto Neurath）特发表了通常被认为是维也纳学派的"宣言"。[②] 第一部分专门用于介绍历史背景，列出了圈子成员阅读和讨论最多的作者，以及他们认为与之最亲近的作者。在这份包含 33 个名字的名单中，我们发现了费德里戈·恩里克斯、朱塞佩·皮亚诺、马里奥·皮耶里和乔瓦尼·瓦拉蒂，但在其出版时，意大利在科学哲学领域已经没有任何重要活动了。

3 从电学到微观物理学

虽然意大利数学在第一次世界大战之前的几年中取得的成就得到了一致的认可，但其当代的物理学研究却被普遍认为意义不大。毋庸置疑，意大利物理学没有达到与数学相同的卓越水平。但是，仍有一些领先的领域。如放射性方面，意大利虽然起步较晚，但活跃在 20 世纪初的物理学家发挥了重要作用。他们保留了研究电和电磁波的传统，催生了微观物理学的研究，并建立了一些学校，从这些学校中涌现出具有高度国际地位的科学家 [恩里科·费米、佛朗哥·迪诺·拉塞蒂（Franco Dino Rasetti）、布鲁诺·贝内代托·罗西（Bruno Benedetto Rossi）、吉尔伯托·贝尔纳迪尼（Gilberto Bernardini）、雷东迪·奥基亚利尼

[①] 例如，像尤金尼奥·加林（Eugenio Garin）这样有影响力的知识分子，在他对文艺复兴的许多研究和对 20 世纪知识分子的研究中，几乎完全忽略了科学家，参见 [Garin]。

[②] [Hahn Neurath Carnap]。

(Redondi Occhialini)都位列其中]。

对 20 世纪初的物理学家的记忆，可能也会因为关于"帕尼斯佩纳街男孩"（I ragazzi di via Panisperna）① 庞大的历史文献和关于他们的前辈的研究的稀缺之间的不平衡而受到损害，这些前辈往往是通过对比自己更著名的学生进行严厉评判而为人所知的。

在世纪之交拥有最多学术力量的物理学家中，安吉洛·巴特里（1862—1916）在意大利物理学的发展中发挥了重要作用。他从 1893 年起在比萨担任教授，是意大利金融协会（SIF）的创始人，从 1894 年起担任《新实验》（Il nuovo cimento）（他成功地重新启动了这份杂志）的负责人，他曾作为 19 世纪传统的实验物理学家工作，尤其还研究了蒸汽的热特性和热电学问题，但当他不再年轻时，也开始对新物理学感兴趣，包括：阴极射线、X 射线和放射性。他与两位合作者撰写的关于放射性的论文于 1909 年出版，被翻译成德语和法语。

谈到生于 19 世纪 70 年代并活跃于 20 世纪初的一代人，不可能不提到古列尔莫·马可尼（Guglielmo Marconi，1874—1937）。今天，他确实不被认为是一位物理学家，而是被看作一位没有什么理论知识的技术发明家，但 1909 年颁发给他的诺贝尔物理学奖表明，他同时代人对他的判断完全不同。另一方面，他与奥古斯托·里吉（Augusto Righi）的关系以及对于特米斯托克莱·卡尔泽基·奥涅斯蒂的相参性的使用表明，他的无线电研究是意大利电和电磁波研究传统的一部分。

马可尼几乎没有接受过正规的学校教育，甚至没有完成技术学校的课程，但他以自学的方式学习电工技术，并私下里经常去找奥古斯托·里吉，还在博洛尼亚的物理研究所听里吉讲课，见证了他关于赫兹波的实验。他

---

① 译者注：意大利国内对于 20 世纪 30 年代在物理学界大放异彩的天才们的称呼，其中不乏多位诺贝尔奖得主。

与里吉是经朋友介绍认识的。① 奥古斯托·里吉的教诲和建议对于他设计无线电报的实验至关重要，古列尔莫·马可尼在位于庞特奇奥（今天是萨索马可尼的一个小村庄）的格里丰别墅的阁楼上开始了实验。

1895 年，他的兄弟阿方索·马可尼（Alfonso Marconi）开猎枪射击，用枪声提示古列尔莫·马可尼他收到了从山上发来的信号，这一刻从此成为传奇。无线电的诞生通常被认定为这一天。但这项发明经过了漫长的时间，并因多人的贡献而产生了有关于发明优先次序的常见争议。1943 年 6 月，美国最高法院将这项发明授予尼古拉·特斯拉，他在 1893 年发表了无线电传输装置的计划，比马可尼著名的枪声早两年。

就无线电这个案例而言，事件的进程似乎与我们所习惯的对意大利发明家的否定发生了逆转。当古列尔莫·马可尼向邮电部推荐他的发明时，遭到了对方的拒绝，这似乎又是一个老故事，但这一次，一个新的因素出现了：发明者只有一半的意大利血统。由于他的爱尔兰母亲（一位重要商人的侄女）在 1896 年陪同他来到伦敦，马可尼在英国为他的发明申请了专利，正因为他将一个原创的、大胆的实验者的素质与一个熟练的工业家的素质结合起来，他成了他的同胞中第一个获得其发明的全部经济利益的人，为他所创立的（英国）公司赢得了所有必要的法律和商业斗争。

也许发明者有限的理论知识也促成了技术上的成功。在物理学家看来，克服地球的曲率，将无线电信号送过大西洋是不可能的，但马可尼没有考虑那么多，他的决断得到了回报。关于这个问题，他写道：

> 我的长期经验教会了我，不要相信基于纯理论和数学知识的限制，众所周知，这种限制往往是基于对所有相关因素的不完全了解。我一直认为遵循新的研究方向是合适的，即使这些方向乍

---

① 关于奥古斯托·里吉和古列尔莫·马可尼的关系，见 [Dragoni Manferrari]。

第八章　从成功到灾难（1890—1945）

一看似乎没有好的结果。[1]

事实上，直到古列尔莫·马可尼成功地向美国发送无线电信号多年后，人们才清楚地认识到，这些电波之所以能够到达目的地，是因为它们被电离层反射了，而对电离层的发现正是在这段漫长的岁月中发生的。

乔瓦尼·乔治（Giovanni Giorgi，1871—1950）是一位工程师（从1906年到1921年，他还担任了罗马市政府技术办公室主任），他对所有的电气技术，从电力牵引到发电站，从远距离通信到各种机器和设备的制造，都做出了重大贡献，属于意大利电工传承者中一员。今天，人们首先记住的是他在1901年向意大利电工协会提出的单位制，该制度基于在传统的三个机械性质的基本单位基础上增加第四个电气性质的基本单位的想法。乔瓦尼·乔治的体系具有理论意义，认可了电学的自主性和机械主义范式的终结，于1935年在国际上被采用，并在1948年再次根据乔瓦尼·乔治的建议进行修改。

乔瓦尼·乔治的电气工程研究与他广泛的理论兴趣密切相关，这些兴趣包括相对论（他还与爱因斯坦进行了很有意思的通讯往来）和数学物理学的其他课题以及几何学的基础知识。[2]

罗马物理学家多梅尼科·帕西尼（Domenico Pacini，1878—1934）的研究是一个从电学到新物理学过渡的出色例子。1906年，多梅尼科·帕西尼被任命到中央气象学和地球动力学办公室研究大气中的电现象时，他已经研究过气体中的导电性。人们早就观察到验电器会自发放电（我们现在知道，这是由于宇宙射线在空气中产生的离子所带来的导电性）。20世纪初亨利·贝克勒尔对放射性的发现，使人们从土壤中含有的放射性物质的电离辐射中找到这一现象

---

[1] [Marconi ROC] 第 7 页。
[2] 关于恩尼奥·德·乔治（Ennio de Giorgi）的贡献的简要阐述见 [Egidi G] 和 [Rossi D'Agostino Morando]。

的原因成为可能：人们观察到，验电器在放射性物质附近放电更快。

从 1907 年到 1912 年，多梅尼科·帕西尼在海面和水下的不同深度进行了一系列实验，验证了电离辐射也存在于水中，并且随着深度的增加而减少；因此他得出结论，在大气中观察到的一些"穿透性辐射"不可能来自地壳中存在的放射性物质。① 1912 年，奥地利物理学家维克托·赫斯（Victor Hess）在测量气球升空时的辐射时发现，辐射会随着高度的增加而增加。帕西尼和赫斯趋同的结果证明了宇宙射线的存在，这一发现为赫斯赢得了 1936 年的诺贝尔奖，而 1928 年才成为正式教授的帕西尼则被人们遗忘。②

路易吉·普钱蒂（Luigi Puccianti, 1875—1952）是意大利光谱研究的先驱之一：在当时备受赞赏的作品中，他用自己设计的光谱仪研究红外吸收光谱，获得了关于分子结构的信息。由于路易吉·普钱蒂是恩里科·费米学位论文的导师，人们对他的记忆往往都是通过他著名的学生的言论来筛选的。在恩里科·费米的记忆中，路易吉·普钱蒂是一个善良而无知的人。作为学生，恩里科·费米曾仁慈地试图教自己的老师一点现代物理学。③ 佛朗哥·迪诺·拉塞蒂的证词鲜为人知，但同样重要，他回忆说，他从路易吉·普钱蒂那里学到了光谱技术，这些技术对于他和费米在几年内进行的实验研究至关重要，他们的研究先是在阿尔切特里，然后转移至罗马的帕尼斯佩纳路进行。④

---

① [Pacini]。
② 关于多梅尼科·帕西尼在该发现中的作用以及他与维克托·赫斯的通信，见 [De Angelis Giglietto et al.]。
③ 恩里科·费米的证词由他的妻子劳拉·卡彭·费米（Laura Capon Fermi）公之于众。她在丈夫的传记中说，路易吉·普钱蒂有一颗"金子般的心"，他对恩里科·费米说："我是一头驴，但如果你向我解释，我会理解它们"，见 [Laura Fermi] 第 37 页。埃米利奥·吉诺·塞格雷（Emilio Gino Segrè）在他的费米传记中也描绘了路易吉·普钱蒂以及他与神童学生的关系，见 [Segrè] 第 18 页。劳拉·卡彭·费米对乔瓦尼·乔治给出了非常负面的判断，在她看来，乔瓦尼·乔治在 1926 年就会绕过当时非常年轻的恩里科·费米而赢得主席职位，因为大多数委员不接受相对论，见 [Laura Fermi] 第 47 页。
④ [Rasetti] 第 6 页。

在19世纪70年代出生并活跃于20世纪初的物理学家中,有两位作为学校的创始人特别重要:安东尼奥·加尔巴索(Antonio Garbasso,1871—1933)和奥尔索·马里奥·科尔比诺(Orso Mario Corbino,1876—1937)。

从都灵毕业后,安东尼奥·加尔巴索在德国完成了他的培训,先是在波恩跟随海因里希·赫兹,然后在柏林成为赫尔曼·冯·亥姆霍兹的学生。[1] 在意大利,他同时获得了数学物理学和实验物理学的教席资格并选择了后者。1913年起,他在佛罗伦萨担任阿尔切特里物理研究所(Istituto di Fisica di Arcetri)的负责人。他的研究兴趣从电磁波转移到光谱学,这门学科正是他与路易吉·普钱蒂一起引入意大利的。[2]

在此我们最感兴趣的是他的方法论意识和他在培训研究人员方面做出的工作。受到他的德国导师以及朱尔·亨利·庞加莱的影响,加尔巴索认为,物理学的任务是构建有用的模型,而这些模型并不是由实验结果就可以明确决定的。特别是,他构建了一个原子模型,由运动中的导体系统组成,可以根据光谱数据解释光的发射。安东尼奥·加尔巴索的学生们早就意识到了他在方法论方面的信念,因为在第一个两年制课程中,为了强调他给出的解释不是为了描述现实,只是提供一个能够解释现实的模型,"一切可能发生,如果……"这句话在课程中一直重复出现。[3]

在"一战"之前的几年里,佛罗伦萨科学家小组所进行的研究在国际背景下处于有利地位。1913年夏天,安东尼奥·加尔巴索的助手安东尼诺·洛苏尔多(Antonino Lo Surdo),与约翰内斯·斯塔克(Johannes Stark)在同一时间,分别发现了重要的斯塔克-洛苏尔多效应,加尔巴索提出了一个理论解释,虽然这个解释中出现了一个错误而不具备价值,但也证明了佛罗伦萨小组在欧洲物理学的发展方面并不是特别落后:这个解

---

[1] 安东尼奥·加尔巴索的传记和科学成就见[Brunetti]。
[2] [Canzi]。
[3] [Mandò]第600页。

释实际上源于尼尔斯·玻尔（Niels Bohr）几个月前提出的原子模型，其中的错误也被玻尔自己指出。

奥尔索·马里奥·科尔比诺来自一个普通的西西里面食制造商家庭，他有4个姐妹（都没有读书）和3个兄弟：一个在移民美国途中去世，另一个叫埃皮卡莫，后来成了著名的经济学家和政治家，第三个终生都是宪兵队的军士。我们在这里看到了19世纪和20世纪之交意大利社会流动性的众多例子中的一个：这样的例子当然是稀缺的，但依然比今天的流动性要大得多。[①]

科尔比诺和加尔巴索一样，对物理理论的模型性质有着完美的认识（这在后世变得越来越少）。1909年11月4日他在罗马大学宣读的就职演说中的一段摘录，清楚地表明了他认为当时的物理学家所普遍接受的认识论概念：

人们可能会想，对主流理论及其实验基础的严格审查是否会导致我们某些信念的破灭，这些信念使我们将或许不具备什么实际内容的简单的图解装置，几乎当成真理。我的小孩习惯于给他的玩具车装上发条，在房间里跑来跑去，而不再去思考它是如何推动车辆的：发条对他来说是一个原始的概念，不需要其他解释，当他能把不明原因的运动追溯到并不可见的发条的作用时，他的头脑就满足了。站在一条真实的有轨电车上，看着司机操纵制动轮，他找到了运动的解释：司机通过操纵制动轮，拧紧发条，然后释放使汽车开始运动。

对我而言，我可以利用我更先进的知识，想到电流从电线上沿着受流器下降，并通过电感和电枢之间的电磁作用，在电机中

[①] 当然，兄弟姐妹的不同命运在当时取决于他们的教育成就，而后来通过将学校对社会的推动作用完全取消，几乎完全消除了社会流动。

形成汽车的推动力。

但是，一个心态比我优越得多的人，难道不会对我的解释报以微笑吗？就像我对能够满足我的孩子的心态的微笑一样！

他们（物理学家）不再问自己理论是否真实；他们只要求理论是有成果的，并允许自己在协调事实时夹杂一些经济思想。①

科尔比诺的科学成就包括磁光学（特别是于1898年发现和阐释的马卡鲁索-科尔比诺②效应）、科尔比诺效应（1911年左右发现的霍尔效应的一个变体）以及与金属在极高温度下的比热有关的成果，他在1912—1913年证明了金属在这种情况下是偏离德拜定律的（Legge di Debye）。

战争导致基础研究活动突然向应用方向转化，在物理学领域和其他领域都是如此。例如，加尔巴索着手开发一种定位敌人隐蔽炮台的声学方法，科尔比诺则致力于炸药的研究。

4　世纪之交的生命科学和化学

1890年至1914年是那不勒斯动物学研究所的黄金时代，当时该研究所已成为国际领先的生物研究中心。该研究所由德国动物学家安东·多恩③于1872年创建，是一个私人机构，依靠毗邻的水族馆的收入，尤其是政府、科学机构和协会支付的资金，确保他们的研究人员在那不勒斯的机构中能够拥有研究职位。1908年，在安东·多恩的最后一份报告中［他在1909年去世后，职位由他的儿子莱因哈德·多恩（Reinhard Dohrn）接替］，有1858名科学家在所内工作，其中有566名德国人。研究领域非常广泛，从胚胎学延伸到动

---

① ［Corbino］第25-26页。
② 达米亚诺·马卡鲁索（Damiano Macaluso）是意大利物理学家和学者。
③ ［Heuss］，［De Masi Gentile］。

物和植物生理学、化学和生态学的各个方面。动物学研究所吸引了来自所有发达国家的研究人员，因为那不勒斯湾的生态系统非常丰富，当时还没有受到污染，研究人员可以使用的设备（不仅包括仪器和藏书丰富的图书馆，还包括一支小型船队，配备有训练有素的水手确保海洋生物研究的顺利进行），最重要的是有这么多负有盛名的学者在场，确保了文化交流的丰富性。然而，要衡量该研究所对生物研究发展做出的真正贡献并不容易，因为研究人员在那里停留的时间有限（大多是一两年），他们带来了在其他地方已经培养的技能和研究课题，却没有在当地建立学校。无论如何，这是一个不适合意大利环境的机构，尽管它有助于丰富意大利的科学环境。

除了那不勒斯动物学研究所的反常情况外，在生命科学方面，世纪之交时期在意大利进行的最重要的研究是与医学直接相关的。当然，其中不乏动物学家和植物学家，但他们最有意义的成果也是那些对健康（或者有极少数对农业）具有效益的成果，而对理论生物学的基本主题的处理则处于边缘地位。对进化论的主要贡献可能是丹妮尔·罗沙（Daniele Rosa，1857—1944）的研究。他是专门研究兔科的动物学家，提出了达尔文主义的替代理论。在1899年的一本关于"逐步减少变异性"的小册子中，罗沙认为，进化应该必然导致固定的最终物种，而这些物种不再能够进化：这一想法后来被纳入他的泛生说理论，根据这一理论，进化将沿着预定的路线进行，类似于在胚胎发育中遵循的路线。这个立场也有一些追随者，但它首先作为对实证主义表现出的反应的氛围证据更有意义，也有利于实证主义回归到与目的论原则兼容的理论。

在世纪之交，意大利生理学的主要代表人物是路易吉·卢西亚尼（Luigi Luciani，1840—1919）和安杰洛·莫索（Angelo Mosso，1846—1910）；前者毕业于博洛尼亚，后者毕业于都灵，他们都在莱比锡完成了学业，莫索也在巴黎完成了学业。卢西亚尼的主要研究结果涉及心脏活动和大脑功能的定位，他还对狗和猴子进行了研究；他的论文《人类生理学》（*Fisiologia* dell'uomo）于1901年出版，共五卷，被翻译成多种语言，培训了几代意大利医生。卢西亚尼拒绝物理主义和机械主义，否认生命现象可以用物理和化学术语来解释。① 这种对活力论的回归也是当时反实证主义氛围的典型代表。

安杰洛·莫索曾是雅各布·莫尔肖特的学生，他在很长一段时间内都依附于他老师的唯物主义，但最终脱离了唯物主义，不采取任何哲学立场。他的研究涵盖了人类生理学的许多方面，重点是由于特定活动或环境条件引起的生理变化。他研究了各种工作带来的生理影响（不仅研究了肌肉疲劳，而且还研究了智力活动和大脑血液循环之间的相互影响），并在罗莎峰（Monte Rosa）建立了一个实验室，研究因海拔高度而产生的生理变化。当他在50多岁时，患上了导致他死亡的严重疾病（脊髓痨），并被医生建议在户外生活。莫索放弃了生理学，并迅速成为一名考古学家。他参加了克里特岛的重要发掘工作，并写了几本相关的书，从而为当时的科学家提供了一个广阔的文化视野的例子。

其中最重要的科学成就是与防治疟疾有关的成就。19世纪80年代中期，埃托尔·马尔基亚法瓦（Ettore Marchiafava）和安杰洛·切利（Angelo Celli）（他们还发现了细菌性脑膜炎的病原体——脑膜炎球菌）研究了由夏尔·路易·阿方斯·拉韦朗（Charles Louis Alphonse Laveran）发现的导致疟疾的原生动物，他们将其命名为疟原虫（plasmodium），并确定了其不同的发展阶段。乔瓦尼·巴蒂斯塔·格拉西（Giovanni Battista Grassi，1854—1925）是一位动物学家，也曾在那不勒斯的动物学研究所进行过海洋生物学研究，他在按蚊属的蚊子中发现了该疾病的媒介，并在罗马乡村组织了抗疟疾预防工作。

有几位临床医生在细菌学领域取得了重大成果：吉多·班蒂（Guido Banti，1852—1925）就是其中之一，他的《细菌学技术手册》（Manuale

---

① [Cosmacini SMSI] 第327页。

di tecnica batteriologica）是意大利第一部关于该主题的著作；阿德尔奇·内基里（Adelchi Negri, 1876—1912）是高尔基的学生，因其在患有狂犬病的动物的一些神经细胞中发现的"内基氏小体"而被人们记住。塞拉菲诺·贝尔凡蒂（Serafino Belfanti, 1860—1939），从1895年米兰血清疗法研究所（Istituto Sieroterapico di Milano）成立起就负责指导该研究所，使其成为意大利最早能够将科学研究与工业生产相结合的机构之一，他也贡献了重要的生物化学领域的成就。

昆虫学的发展与农业应用密切相关，特别是在波蒂奇市的高级农业学院的农业昆虫学实验室（Scuola Superiore di Agricoltura di Portici），这一领域的进步要感谢安东尼奥·贝尔莱斯（Antonio Berlese, 1863—1927）和他的学生菲利波·西尔维斯特里（Filippo Silvestri, 1876—1949）。然而，必须指出的是，生物研究对农业的影响远不如在卫生领域的影响有效。特别是，在米兰和波尔蒂奇的农业学院接受培训的农学家们所开展的工作，其实并不像人们所希望的那样对农业的进步产生巨大影响。①

化学研究传统的复苏可以追溯到拉斐尔·皮里亚和斯坦尼斯劳·坎尼扎罗，在19世纪末到第一次世界大战期间得到发展，取得了国际上重要的成果，特别是通过坎尼扎罗的几个学生的研究成果。其中包括威廉·科纳（Guglielmo Koerner, 1839—1925），一位入籍意大利的德国化学家，在成为斯坦尼斯劳·坎尼扎罗的助手之前曾是弗里德里希·奥古斯特·凯库勒·冯·斯特拉多尼茨（Friedrich August Kekulé von Stradonitz）的学生，以及埃马努埃莱·帕特诺（Emanuele Paternò, 1847—1935），拉斐尔·纳西尼（1854—1931）以及最重要的贾科莫·恰米奇安（1857—1922）等人。

---

① 在90年代初，也有关闭两所农业学院的计划，见［Mantegazza］第199-200页。

第八章 从成功到灾难（1890—1945）

埃马努埃莱·帕特诺在学生时代就率先提出了碳原子的四个价位是"按照正四面体四个角的形状排列"[1]的假说，他对冰点测定法[2]（也是与拉斐尔·纳西尼合作）和胶体溶液领域做出了重要贡献：这两个领域的研究在当时处于领先地位。他担任过许多公职，包括巴勒莫市长和王国参议员。正如我们已经指出的那样，在当时，科学家被任命为参议员的情况并不罕见：例如，在本段提到的那些人中，贾科莫·恰米奇安，埃托尔·马尔基亚法瓦，乔瓦尼·巴蒂斯塔·格拉西和路易吉·卢西亚尼都是参议员。

最突出的科学人物是贾科莫·恰米奇安，他是亚美尼亚裔的特里斯坦人，在加入斯坦尼斯劳·坎尼扎罗的小组之前曾在维也纳和吉森市（德国）学习。[3]他早期的工作涉及物理化学，特别是化学元素的发射光谱，但后来他主要致力于有机化学，以个人名义并与他的学校一起创立了对吡咯和吡咯衍生物的化学研究。这些物质（其中一些立即被用于药理学）具有重要的生物化学意义（这在后来变得更加清晰），因为它们参与了多种氨基酸、叶绿素和血红蛋白的组成。贾科莫·恰米奇安的研究扩展到植物的生化过程，特别是植物光化学，他有时也被认为是植物光化学的创始人，因此他的科学活动涵盖了整个实验科学的范围，从他的光谱工作涉及的物理学，到物理化学、无机、有机和生物化学，以及植物生理学。

学术界化学家和经济界之间的第一次关联可以追溯到1895年。拉斐尔·纳西尼是这方面最执着的学者，他利用一位对工业开发感兴趣的企业家提供的资金，开始研究拉德雷罗的地热蒸气，同年，一群企业家和化学

---

[1] 帕特诺的表达方式从数学的角度而言是不幸的，见于［Di Meo］，第286页中的记载。但它显然意味着其方向是与正四面体的面正交的方向。这一假设在被其他作者重新发现后，将对立体化学的发展起到相当大的作用，而帕特诺的工作与其他国家进行的当代立体化学研究没有关系，因此被忽略了。

[2] 冰点测定法主要研究由于加入溶质而降低溶剂的冰点，从而有可能推断出溶质分子量。帕特诺的研究阐述了这个方法的普遍理论，他也专门参与了该方法在聚合物上的应用。

[3] ［Bonino］。

家（其中包括威廉·科纳）成立了米兰化学协会。拉斐尔·纳西尼还获得了一些具有药理学意义的专利，但所有这些事件仍然是边缘化的。这表明人们越来越意识到需要让化学研究在工业化进程中发挥它应有的作用，而在意大利，这种作用是缺失的。1905 年，拉斐尔·纳西尼在他的《新世纪的化学问题》(*I problemi chimici del nuovo secolo*)[①] 一文中概述了化学研究的边界，也清晰地回应了意大利在工业化学方面的延迟及其责任的问题。以下是其中引用的几段话：

> 化学工业在大多数发达国家的经济中迅速占据了相当重要的地位。
>
> 德国化学工业产品的年商业价值在 1897 年上升到 9.5 亿马克，现在已远远超过 10 亿。而且应该注意到，这个数字不包括相关行业，如冶金、玻璃和瓷器、酒精、脂肪、糖类、纸张等，这些行业的化学也对其产生了巨大的影响。要想获得这样的成果，许多形势和时机必须结合在一起，而这些恰恰是不容易被了解和评估的。
>
> 在意大利，化学工业正显示出显著的复苏迹象，我们希望这将是一个美好未来的预兆。
>
> 但意大利仍然缺乏许多因素来提高自己的工业国家地位，而这些因素更多地取决于人而不是物。首先，政府和议会的行动应该作出表率。新产业是脆弱的小植物，在其最初的发展中需要辛勤的照顾，也许还需要温暖的温室保护。
>
> 化学工业自然需要化学家。而这对我们来说是非常痛苦的一点。毫无疑问，在德国，化学工业目前的繁荣归功于自尤斯图

[①] 这篇论文转载于 [Di Meo] 第 351-384 页。

斯·冯·李比希（Justus von Liebig）以来投资于化学学校的资本，因为在任何其他学科中，科学和工业之间都是如此密切相关。德国现在每年仅在大学（不包括理工学院）就花费近一百万马克用于装备化学实验室，这一数字与我国高等教育预算中用于同一目的的九万里拉形成了悲哀的对比。

最后，工业家也面临着相当大的责任，不承担这些责任，一切进步都是不可能的。一个工厂可以通过在几个试验好的配方的基础上生产就能获得丰硕成果的时代已经过去。如果把工业留给经验主义者，它们就无法繁荣；它们需要许多受过良好教育、高薪聘请的化学家。德国雇用了大约 4000 名这样的人才，其中大多数人都受过学术教育。

5 工业起飞、战争和研究组织

在经历了 19 世纪上半叶的几次扩张尝试和 19 世纪 80 年代的一次较为稳定的扩张之后，在 19 世纪 90 年代初，由于与法国的"贸易战"引起的经济危机和房地产市场崩溃引发的银行系统的灾难，意大利工业遭受了严重挫折：1889 年的钢铁产量为 15700 万千克，在 1894 年至 1895 年间降至最低约 5000 万千克。[①]

接下来的 20 年，即 1895 年至"一战"爆发前，是意大利真正的工业腾飞时期。最先进的工业系统的新的动力领域，即化学制品、电力和汽车，在意大利也开始迅速增长。到了 1915 年，虽然从对国内产品的贡献和雇员人数来看，农业仍然是主要部门，但意大利已经有了一个发达的工业体系，尽管对比少数大国的工业体系还有不小差距。

---

① [Castronovo II00] 第 53 页。

所谓"真正的意大利经济奇迹"[①]的创造者是新一代企业家，其中一些企业今天仍然以姓氏为名，乔瓦尼·巴蒂斯塔·倍耐力（Giovanni Battista Pirelli）、乔瓦尼·阿涅利（Giovanni Agnelli）、卡米洛·奥利维蒂（Camillo Olivetti）、吉多·多内加尼（Guido Donegan）和乔治·恩里科·法尔克（Giorgio Enrico Falck）都属于这类企业家。

在国际上，新的工业部门和科学之间的关系非常密切；在化学和电气工业方面的联系是尤为直接和明显的，在汽车和航空工业等部门则不那么直接，但同样重要。特别是在作为第二次工业革命主要地点的德国，科学和工业发展相互促进，带来了非常迅速的增长。

在意大利，情况则不同。意大利在科学和技术－工业水平上的落后，意味着意大利的科学家和工业家对于和他们各自领域的外国同事的关系比对工业界和科学界之间可能产生的互相促进更感兴趣。因此，科学界的发展被剥夺了许多应用刺激，而几乎总是使用进口技术的工业则被剥夺了尖端研究带来的收益。换句话说，研究和生产的立即国际化，在个别情况下是不至于使自己太过落后的最直接的方式，这就注定了国家系统几乎不可能走在科学或技术的最前沿。有关于新一代最能干的企业家之一的一个小插曲可以说明这种情况。菲亚特汽车（Fabbrica Italiana Automobili Torino，FIAT）（意大利都灵汽车制造厂的缩写）成立于1899年，是一家有30个股东的股份公司，其中一个股东乔瓦尼·阿涅利很快就获得了公司的控制权。公司的第一批汽车是在工程师阿里斯蒂德·法乔利（Aristide Faccioli）的技术指导下制造的（他已经为一家小公司设计了汽车，该公司已并入菲亚特），并使用他的专利技术。而阿涅利上台后做出的第一个强有力的行动，巩固了他在新公司中掌握的权力，就是解雇了阿里斯蒂德·法乔利，他打算通过试验新的解决方案继续进行原创性研究，并决定复制奔驰已经采用

---

① [Mori EI] 第51页。

的技术解决方案（特别是1900年12月在巴黎车展上展示的蜂窝状散热器）。[1] 这很可能是商业上最可行的解决方案（阿涅利在这方面的能力是毋庸置疑的），但另一方面，很明显，在一个工业体系中，如果每个公司都能轻易地取消研究，把自己框定在模仿外国技术参与竞争的范围内，就注定永远无法占据最高位置。

然而，工业和科学之间的关系并非总是缺失的，在意大利具有悠久传承的电工领域，这种关系非常重要。诚然，安东尼奥·帕奇诺蒂和加利莱奥·费拉里斯的发现并没有产生工业上的附带影响，意大利的第一座发电站是在美国技术人员的指导下，用进口材料于1883年建成的，[2] 但从90年代开始，取得了相当大的进展。电工设备，特别是发电机，大部分继续依赖进口（几乎总是从德国进口），但水电站和配电网络的发展（为经济增长提供了动力，使其部分摆脱了煤炭进口的需求）刺激了输电线路和涡轮机的研究。

加利莱奥·费拉里斯与里卡多·阿诺（Riccardo Arnò，1866—1928）合作，设计了一个以"移相变压器"为基础的配电系统，获得了极大的成功，出于对共同发明人的尊重，他同意为其申请专利。倍耐力实验室的主任伊曼纽尔·乔纳（Emanuele Jona）对电缆绝缘的研究做出了重要贡献。这项研究在当时的意大利是很特别的，因为它是在工业背景下进行的，也因为乔纳得到了图利奥·列维-齐维塔这样级别的数学家的合作。1903年，毕业于罗马的工程师洛伦佐·阿利维（Lorenzo Allievi）提出了"水锤"理论，他严格计算了涡轮调节引起的流量变化对压力管道的影响：一个对水力发电厂的设计建造非常重要的流体动力学问题。

1892年，随着月刊《电工》（*L'elettricista*）的创办，电气工程取得了重大进展，这是意大利第一本关于该主题的优秀杂志；更重要的是1896年意大利电气技术协会的成立，该协会汇集了来自大学、工业和专业公司的

---

[1] [Castronovo GA] 第11页。
[2] 关于当时意大利的科学研究和电气工程行业之间的关系，见 [Maiocchi RCE]。

| 意大利科学史——细微处的精巧

图 14　1899 年阿达河畔帕代尔诺市水电站的内部（该水电站由爱迪生拥有）

代表。尽管取得了以上这些成就，意大利电气工程行业的增长仍然更多地基于机械的进口和依靠经验提供的解决方案，而不是基于科学研究。在战前几年，意大利在电力能源分配方面是世界上第六或第七大国家（图14），但意大利在电气工程方面的出版物仅堪堪占据世界总量的百分之一。[①] 还是在1916年，指导意大利电气技术协会罗马分部的杰出电工莫伊塞·阿斯科利（Moisè Ascoli）批评了物理学家对工业的进步缺乏贡献，以清晰的思维关注了意大利自复兴以来发现的意大利科学研究（和教学）层面的一些问题：

> 直到现在，物理学家在工业生产中的参与是零！物理学家没有为工业家做出贡献，工业家没有对物理学家发起召唤。这是谁的错？我毫不犹豫地回答说，这是物理学家的错，或者说是他们的研究倾向和研究顺序的错，这使他们完全没有准备好与技术人员合作。
>
> 在我们的大学里，有志于攻读物理学学位的学生远离一切技术性的东西。事实上，有一种趋势是向他们灌输这样的信念：科学是技术的唯一创造者，还告诉他们，只要掌握一些普适性原理，就足以知道和理解所有的应用。
>
> 这是对整体知识的彻底匮乏！与其说是对细节的知识，不如说是对实际问题的本质的知识一无所知。
>
> 的确，在许多情况下（但并非所有情况），科学发现先于应用；物理学是技术之母。然而，技术虽然受到了薄待，但并不忘恩负义，而是将得到的好处回报给科学。只有两者的永久结合才能赋予并

[①] [Maiocchi RCE] 第188页。

保持青春的活力。①

一些工业家也清楚地认识到加强学术研究和工业界之间关联的必要性；例如，埃尔科尔·马瑞利（Ercole Marelli），他在机电领域开始了自己的事业；卡米洛·奥利维蒂，他曾是加利莱奥·费拉里斯的学生，在成立生产电子测量仪器的公司之前是斯坦福大学的助教。

当国家加入战争时，组织国家科学研究的需要变得很明显，这使得意大利在重要的经济战略领域，如化学和机电领域，对德国进口的依赖变得不可接受，另一方面，对这些领域的独立发展而言，研究是必不可少的。

"一战"导致所有参与国的科学家都被动员起来，这既是为了宣传的目的，也是因为科学的技术应用在军备领域的重要性也变得更加明显，特别是在德国人试图将他们在化学领域的优势应用于军事，并在1915年4月22日在伊普尔用窒息瓦斯发动了一次攻击之后。

正是在战争年代，工业化学开始在意大利发展，特别是由于贾科莫·恰米奇安的两个学生：朱塞佩·布鲁尼（Giuseppe Bruni，②1873—1946）和利维奥·坎比（Livio Cambi，③1885—1968）。战争期间，坎比是军火部副部长的顾问（后来成为部长），1916年，他受刚刚成为爱迪生公司总经理的贾辛托·莫塔（Giacinto Motta）的委托，设计建立了一个用电化学方法生产锌的工厂；1917年，他在一个试验工厂开始生产，1918年，根据取得的成果，他在圣达尔马佐镇设计了欧洲第一个工业化工厂，于1921年投入生产。

布鲁尼的第一批重要成果 [他也曾在柏林的雅各布斯·亨里克斯·范托夫

---

① 莫伊塞·阿斯科利，《物理学家参与工业工作》（*La partecipazione dei fisici al lavoro industriale*），《电工》，1916年4月15日第223-224页，重印于 [Casella Lucchini] 第404-407页。

② [Quilico]，[Cerruti CRF]。

③ [Marchese]。

（Jacobus Henricus van't Hoff）实验室工作过，并且是《科学》杂志的创始人之一]涉及固体溶液，属于理论性质，但当他于1917年搬到米兰理工大学时，倍耐力委托他指导学校的化学和化学物理研究实验室。布鲁尼随后开始解决工业问题，并取得了出色的成果，特别是说明了橡胶冷硫化过程的化学性质。1919年，他成为《工业与应用化学杂志》（*Giornale di chimica industriale e applicata*）的创始人之一。

朱塞佩·布鲁尼最好的学生之一乔治·雷纳托·列维（Giorgio Renato Levi,[①]1895—1965），在战争期间于1916年毕业，毕业后立即受雇于意大利炸药产品公司（SIPE），并在1919年至1921年在罗镇的意大利卡（Italica）公司担任偶氮染料研究实验室负责人，获得的成果部分被工业机密所掩盖。当回到学术界时，列维在工业化学方面进行了重要的研究，这也要归功于他有不少出色的学生，其中包括未来的诺贝尔奖得主居里奥·纳塔（Giulio Natta）。

工业化学发展的一个重要步骤也包括1921年蒙特卡蒂尼（Montecatini）公司创始人吉多·多内加尼（Guido Donegani）和诺瓦拉工程师贾科莫·福瑟（Giacomo Fauser）的合作，这导致福瑟从大气氮气中获得氨的工艺在工业上的使用，即蒙特卡蒂尼-福瑟工艺。

简而言之，意大利的工业化学在很大程度上是在大战中诞生的。尼古拉·帕拉瓦诺（Nicola Parravano）曾是斯坦尼斯劳·坎尼扎罗和埃马努埃莱·帕特诺的学生，在20世纪30年代的意大利化学界发挥了领导作用，他在战争期间也取得了关于炸药的重要成果（他以前就从事过这方面的研究）。

战争的作用还产生了对军事化利益的科学研究进行全国性协调的需要。虽然法国和英国为此目的建立了国家机构，但意大利的第一批举措是私人

---

① [Cerruti GRL]。

发起的。1915 年 7 月 19 日（意大利于 5 月 23 日参战），一个战争材料发明国家委员会成立了。其成员包括米兰工业和科学界的代表人物，如朱塞佩·科隆博、乔瓦尼·巴蒂斯塔·倍耐力,《晚邮报》(Corriere della sera) 的负责人路易吉·阿尔贝蒂尼（Luigi Albertini）和参议员古列尔莫·马可尼。[①]当政府选择该委员会的主管[费德里科·焦尔达诺（Federico Giordano）教授]作为意大利代表参加由协约国创建的国际发明委员会时，该委员会可以说几乎得到了官方认可。

一年后，即 1916 年 6 月至 7 月，为了动员意大利知识分子，意大利同盟国和友好国家之间的知识分子了解协会成立了，由维多·沃尔泰拉担任主席。1917 年 1 月 24 日，维多·沃尔泰拉（他除了是意大利最著名的科学家和参议院议员外，当时还是工程兵团的一名军官）收到了战争部长保罗·莫罗（Paolo Morrone）内的一封信，指示他计划成立一个发明办公室，该办公室于次年 3 月成立，并在 1918 年初转变为发明和研究办公室（Ufficio Invenzioni e Ricerche-UIR）。奥尔索·马里奥·科尔比诺、朱塞佩·保罗·斯塔尼斯劳·奥基亚利尼（Giuseppe Paolo Stanislao Occhialini）和安东尼诺·洛苏尔多等物理学家和拉斐尔·纳西尼等化学家加入了由维多·沃尔泰拉指导的办公室的工作，这使得战争材料发明国家委员会重要性减弱。

当时的意大利所面临的问题包括在光学设备（包括许多军事用途的仪器，如瞄准系统和潜望镜）领域对德国进口的依赖。最终国家决定，通过创建应用光学和精密机械实验室来加强自阿米奇时代就存在于佛罗伦萨天文台的光学领域建设活动，国家光学研究所正是从这里诞生的。

同时，自 1916 年 7 月起，为了意大利工业的发展和增长，工业家们还成立了自己的国家科学和技术委员会。

各国设立的对科学研究进行协调的政府机构的经验（1916 年，美国也设

---

① [Simili Paoloni] 卷一第 15 页。

立了国家研究委员会）似乎值得在和平时期延续下去。敌对行动结束后几天，1918年11月26日至29日在巴黎举行了一次联盟间会议，成立了临时国际研究理事会，该理事会任命了一个由5名成员组成的执行委员会，代表英国、法国、美国、意大利和比利时。意大利代表是维多·沃尔泰拉。

维多·沃尔泰拉致力于建立一个纳入临时国际研究理事会的国家机构。第一个具体成果是1919年2月17日在《官方公报》上发表的一项法令，该法令设立了一个委员会，"其任务是为国家研究委员会的建立准备一个项目"。新机构的战时起源在法令中说得很清楚，它规定了：

> 根据1918年11月26日至29日在伦敦和巴黎举行的科学组织联盟会议所提出的计划，国家研究委员会的建立目的，是组织和促进以工业科学和国防为目的的研究。

实际建立国家研究委员会的程序是漫长的，它将吸收先前存在的机构，如发明和研究办公室和国家科学和技术委员会，直到1923年11月，时值墨索里尼[①]政府能力的鼎盛时期才得以完成。在1924年1月12日召开的国家研究委员会第一次会议上，维多·沃尔泰拉被一致推选为主席。随后起草了章程，其中第二条规定了该组织的目标：

（a）协调和激励国家在科学及其应用的各个分支中的活动；
（b）就所有与科学及其实际应用有关的问题与各国家机构保持联系，这些问题的解决将对国家带来利益和实际用途；
（c）在资源允许的情况下，管理并在必要时建立用于一般或特殊研究的科学实验室。

---

① 贝尼托·墨索里尼（Benito Mussolini）。

6 两次战争之间的数学

在战后时期，数学研究虽然保持着良好的水平，但总体上进入了一个衰退阶段。在意大利人一直走在前列的研究领域——

> 两次世界大战之间是意大利代数几何学派退出的时期，这种退出将带来在 20 世纪 30 年代末的真正的、深刻的衰退。①

费德里戈·恩里克斯继续他的曲面分类研究计划，但在代数几何领域，主导人物变成了弗朗切斯科·塞维里，他是一位非常优秀的数学家，形成了一个十分具有价值的学派，但他肯定没有费德里戈·恩里克斯那样的文化深度。意大利的几何学家继续使用在战前工作中起过先锋作用的方法，导致了他们与国外使用新的代数和拓扑方法获得的数学进展逐渐失去联系。弗朗切斯科·塞维里仍然取得了高技术水平的成果，但由于他提出了几何学自给自足的理论，他的声望和影响力为意大利学派自给自足的封闭推波助澜。

即使是费德里戈·恩里克斯关于数学基础的研究，也不如他战前的工作那样具有原创性。他在新时期最有意义的非技术性作品涉及科学史和教学法。在其他方面，他与乔治·德·桑提拉纳（Giorgio de Santillana）一起开始了《科学史》(Storia del pensiero scientifico) 的写作，其中只有第一卷（专门介绍古代世界）得以出版。他编辑了欧几里得《几何原本》的注释版，并协调了《关于初等数学的问题》(Questioni riguardanti le matematiche elementari)，与路易吉·贝尔佐拉里（Luigi Berzolari）编

---

① [Brigaglia Ciliberto] 第 185 页。

辑的《初等数学百科全书》(Enciclopedia delle matematiche elementari)，使这两本书一起构成代数几何学校留给下一代数学教师的一份重要遗产。在恩里克斯的活动中，还有指导意大利百科全书的数学部分，这是乔瓦尼·秦梯利委托给他的工作，彼时的秦梯利行使了自己无可置疑的权力，可以利用他从前的对手的科学能力，为他最具挑战性的文化行动之一效劳。

在数学物理学和微分几何学方面，意大利仍有一些具有国际地位的成果，但主要是由于活跃于前一时期的数学家的贡献。特别是图利奥·列维-齐维塔，他既致力于发展绝对微分学的计算，又将其应用于相对论。

下一代数学家中，达里奥·格拉菲（Dario Graffi）脱颖而出，专注于连续体物理学（电磁学，特别是弹性理论），逐步将意大利数学物理学与现代物理学发展所带来的问题拉开距离。这在某种程度上来说是在意大利建立理论物理学作为独立于数学物理学的学科带来的影响。这两个学科之间的分离（经常被认为是科学进步的一个因素）必然导致前者（理论物理学）的严谨程度降低（免除了理论物理学家对无矛盾律的恼人的尊重，这种原则在传统上被认为是科学方法的一个不可或缺的要素），同时也削弱了后者（数学物理学）与事实的基本关联，以至于最终消除了这种关联性。对于第一点，人们可以引用理论物理学家雷斯·约斯特（Res Jost）的意见：

> 到了20世纪30年代，在量子力学微扰理论令人沮丧的影响下，理论物理学家所需的数学知识已经减少到只需认识拉丁文和希腊文字母。[1]

---

[1] 引用 [Streater Wightman] 第31页。

让我们说回意大利数学家，维托·沃尔泰拉在战后仍然很活跃。尤其是他获得了一个关于人口动态的著名结果，其动机是他的女婿、动物学家翁贝托·德安科纳（Umberto D'Ancona）对的里雅斯特鱼市的观察。为了解释战争对海湾生态系统的影响，维多·沃尔泰拉研究了一个简化模型，该模型仅包括两个物种，一个猎物和一个捕食者，其演变由两个一阶非线性微分方程系统进行描述。通过解决这些方程［现在被称为洛特卡－沃尔泰拉方程，因为这个方程也是由阿弗雷德·洛特卡（Alfred James Lotka）独立提出的[①]］，他解释了为什么战争导致的捕鱼放缓会造成捕食者族群的增加和猎物族群的减少。

在数学分析方面，相互之间形成激烈对比的主要流派（出于科学和政治原因）是列奥尼达·托内利和毛罗·皮康（Mauro Picone）的流派。托内利自1930年以来一直负责比萨师范学校的工作，他是一个有价值的分析家，培养了优秀的研究人员，但总体而言，他的学校并没有恢复到比萨在战前达到的研究水平。

毛罗·皮康（1885—1977），虽然不是一个杰出的数学家，但给意大利的舞台带来了重要的新元素。当他被征召服役时，他已经是一名微积分学的教授，他被交托的任务是修改火炮射表，使其适合在山区使用。[②]他说，就在那时，他对应用数学产生了兴趣。

战后，毛罗·皮康的研究从主要关注微分方程，逐渐转向应用方向。除了证明给定方程解的存在性和唯一性定理之外，他还对开发能够有效计算解的构造程序感兴趣。1927年，得益于那不勒斯银行（Banco di Napoli）

[①] 译者注：更为人所知的名称是"掠食者—猎物方程"，分别在1925年和1926年，由阿弗雷德·洛特卡与维多·沃尔泰拉独立发表。

[②] 当时使用的火炮射表是为只在平原地区使用的远距离火炮设计的，并且是基于目标至少与火炮大致处于同一高度的假设情形下。大口径火炮在山区的机械运输提供了新的运作可能，因此有必要编制新类型的表格。这个问题在［Guerraggio］第45-47页中引用的毛罗·皮康的一段自传中得到了解释。

的贷款，他在那不勒斯创立了计算研究所，该研究所于 1932 年迁至罗马，成为国家计算应用研究所。该研究所是未来数字分析研究所和计算中心的先驱性原型，不仅是一个非学术性的研究中心，而且还通过几个研究生雇员的工作为私营企业和各部委[1]提供咨询服务，首次为部分数学家提供了除中学和大学提供的传统就业之外的专业出路。

国家计算应用研究所允许皮康与年轻的毕业生聚集在一起，因此诞生了意大利领先的分析学派。第一代学生包括那不勒斯人雷纳托·卡乔波利（Renato Caccioppoli，1904—1959），他无疑是公众最熟悉的意大利数学家，这主要是因为他的政治信念［他是无政府主义者米哈伊尔·亚历山德罗维奇·巴枯宁（Michail Bakunin）的侄子，与国际独立运动组织（PCI）关系密切］，他的怪癖、无数轶事的主角，尽管大多是编造的，尤其是他的悲剧性结局。

泛函分析的创始人之一是维托·沃尔泰拉，但在战后，当它成为一门专业学科，有自己的语言和方法，由全职处理该问题的数学家推动前进时，意大利人被抛出了这个圈子，正如我们在其他类似情况下看到的那样。在 20 世纪 20 年代末，是雷纳托·卡乔波利重新闯入这个领域，并以最高水平的成果凯旋。毛罗·皮康的其他学生也跟随他进行了这次冒险。

在战时，发展势头强劲的一门数学学科是概率计算。意大利的贡献是巨大的，尽管意大利研究带来的影响最后往往被遗忘。在对这一领域感兴趣的数学家中，有一位代数几何学派的主要代表，吉多·卡斯泰尔诺沃，他发表于 1919 年的关于概率计算的论文，主要因为在理论基础上清晰而深刻地阐述了频率学派的观点而得到高度赞扬。[2] 然而，该领域主要的贡献来自弗朗切斯科·保罗·坎泰利（Francesco Paolo Cantelli，1875—1966）和布鲁诺·德·菲内蒂（Bruno de Finetti，1906—1985）。两位科学家

---

[1] 关于该研究所从成立到 1960 年的活动概况可参见［Picone］。
[2] 根据这种观点，随机事件的概率是一个可以通过计算其在大量独立试验中的发生频率来衡量的数量。

都涉及理论和应用问题。坎泰利在社会保障机构担任精算师直到 1923 年，他提出了许多精算理论的应用，但他也提出了基本的理论概念，如概率的收敛性，以及诸如波莱尔-坎泰利引理（Lemma di Borel-Cantelli）等成果。[1]

布鲁诺·德·菲内蒂是一位兴趣十分广泛的学者：非常卖力地将数学应用于具体问题［毕业后他受雇于由科拉多·基尼（Corrado Gini）刚刚成立的中央统计研究所，从 1931 年到 1946 年，他在意大利通用保险公司工作，此后长期教授金融数学］，他还参与了数学理论、经济、政治、教学和哲学等领域的研究。今天，他最出名的是他的主观主义理念，根据这一概念，一个事件发生的概率是对其发生的信心程度的数字化表达。在这一点上，布鲁诺·德·菲内蒂的想法显然是基于对频率学派解释的一个有趣的批评，即使它们无论过去还是如今都仍有支持者，但他对概率论的其他贡献，也许今天已经不太被人记得，如他关于可交换性的研究结果，是非常重要的。

7 "阿切特里的男孩"和"帕尼斯佩纳街的男孩"

战争对意大利物理学家这个小群体的影响比对数学家这个更大的群体造成的影响更大，以至于形成了明显的代沟。这种现象造成了意大利人在 20 世纪 20 年代在物理学中引入革命性创新的缺席，也造成了吸收这些创新内容的延迟。出生于本世纪头十年的意大利物理学家（即没有被战争摧残的第一代）不得不以自学的方式学习量子力学，但他们中的许多人取得的国际重要成果表明，他们从老师那里学到的即使不是物理学的最新发展，也肯定是研究所必需的方法论工具。

两次战争期间，意大利物理学的主要中心是佛罗伦萨和罗马的学校，

---

[1] 关于该定理中坎泰利做出的贡献，见［Regazzini］第 595-596 页。

分别由安东尼奥·加尔巴索和奥尔索·马里奥·科尔比诺建立和管理。在战后，两位物理学家在政治上都很活跃（安东尼奥·加尔巴索先是担任佛罗伦萨市长，后又担任城市执法主席，奥尔索·马里奥·科尔比诺在1921—1922年的博诺米[①]政府中担任教育部长，之后，虽然他不是法西斯党员，但在1923—1924年的墨索里尼政府中担任经济部长；两人都是王国的参议员），但他们对科学的贡献同样很重要，尤其在组织和管理方面。

伽利略在佛罗伦萨附近的阿切特里山上度过了他最后的岁月，这里有三个与物理学有关且相互联系的科学机构：物理学研究所、天文观测站和光学实验室。[②] 物理学研究所是作为佛罗伦萨高级研究学院的一个部门而设立的（佛罗伦萨当时没有大学），直到1924年才开始有正规的物理学学位课程。天文观测站自1872年起就设在那里，但其科学活动一直很平庸，直到1893年起领导该站的安东尼·阿贝提（Antonio Abetti），特别是他的儿子乔治·阿贝提（Giorgio Abetti），通过将研究的轴心转向天体物理学而重新启动了该站。1925年，欧洲第一座太阳能塔在阿切特里建成，设计时听取了美国天文学家乔治·埃勒里·海尔（George Ellery Hale）的建议，他曾构思过这种类型的结构，并为威尔逊山天文台建造了它。

自乔瓦尼·巴蒂斯塔·阿米奇时代起，佛罗伦萨天文观测站就与光学仪器制造活动联系在一起，这就产生了伽利略工作室（Officine Galileo）。为了满足战争的需要，成立了应用光学和精密机械实验室，该实验室在1928年成为国家光学研究所，其总部就在离天文观测站不远的一座大楼里。它的主管是瓦斯科·朗基（Vasco Ronchi），一位物理学家，他的设计主要包括一个测试，用来验证光学器件表面的质量（基于对特殊干涉条纹的观察），该测试至今仍在使用，特别是被业余望远镜制造商使用。

从1913年开始在那里工作的安东尼奥·加尔巴索和安东尼·阿贝提使

[①] 伊万诺埃·博诺米（Ivanoe Bonomi）
[②] 关于阿尔切特里物理学校，见 [Bonetti Mazzoni]。

阿切特里成为一个运作良好的科学中心，吸引了有才华的年轻人，并组织了天文学、物理学和数学的联合研讨会。

在被招募的年轻物理学家中，有两个各方面都非常不同的朋友，他们都于 1922 年在比萨出色地毕业于物理学专业：恩里科·费米[①]（1901—1954）和佛朗哥·迪诺·拉塞蒂（1901—2001）。拉塞蒂的家庭为他提供了丰厚的文化底蕴，[②] 他是一个极有天赋的博物学家（在 17 岁时就发表了一部关于昆虫学的作品），会说 4 种语言，并热衷于文学和其他学科；而费米来自一个文化贫乏的家庭背景，[③] 从高中时代起就对物理学有一种独特的热情，在很小的时候就掌握了超乎寻常的知识，在大学期间，他的实验和理论能力都得到了进一步发展。作为一名实验物理学家，拉塞蒂更胜一筹，但在理论层面，他却无法与费米相比。拉塞蒂在获得学位后立即受雇于阿切特里，而费米在哥廷根和莱顿工作了一段时间后，于 1924 年跟随他加入了阿切特里。在这里，两位年轻的物理学家在光谱学领域进行了实验研究，他们不仅得到了加尔巴索的指导，还得到了丽塔·布鲁尼蒂（Rita Brunetti）的指导，这位物理学家（当时是意大利唯一的女性物理学家）在战争期间曾指导过该研究所。此外，在 1926 年，费米获得了他的第一个重要理

---

① 关于恩里科·费米的书目非常多。他的 270 篇出版物被收集在 [Fermi] 中。在人文方面，他的妻子写的传记非常有趣（尤其坦率），见 [Laura Fermi]。科学传记是 [Segrè]。

② 他的父亲是为在农民中传播技术知识而设立的一个流动农业教授职位的持有人；他的母亲在跟随乔瓦尼·法托里（Giovanni Fattori）学习绘画后，曾担任过自然科学作品的插图画家；他的舅舅是一位医生和具有丰富文化的自然学家，曾把他介绍给生物学家朱塞佩·莱维（Giuseppe Levi）的家庭，莱维的女儿娜塔莉亚·金茨堡（Natalia Ginzburg）回忆起佛朗哥·迪诺·拉塞蒂在《家庭词典》(*Lessico famigliare*)（还根据记忆引用了他其中一首诗的段落）的童年形象。直到最近，人们只能在 [Ouellet]（在加拿大出版）中读到关于佛朗哥·迪诺·拉塞蒂的传记，但近年来出现了几卷，首先是 [Del Gamba]。

③ 阿尔贝托·费米（Alberto Fermi）家族以农为业。该家族的社会地位上升始于恩里科·费米的祖父斯特凡诺·费米（Stefan Fermi），他曾进入帕尔马公爵的麾下。他的儿子阿尔贝托，也就是恩里科的父亲，尽管没有高中文凭，却成功地在铁路管理部门工作。劳拉·费米将以下品质归于他们两人：责任感、恒心、意志力，以及实现适度财富的决心，见 [Laura Fermi] 第 23 页。

论成果，研究出了对受泡利不相容原理约束的粒子（现在被称为"费米子"的粒子）有效的统计力学。

1926年年底，这两位朋友搬到了罗马。1927年，布鲁诺·罗西（1905—1993）和次年的吉尔伯托·贝尔纳迪尼（1906—1995）的加入填补了阿切特里的空白。跟随着罗西和贝尔纳迪尼，1930年加入了朱塞佩·保罗·斯塔尼斯劳·奥基亚利尼（1907—1993），在阿切特里进行的实验工作从光谱学转向宇宙射线和核物理学。转折点的出现得益于罗西设计的符合电路。宇宙射线（当时称为"穿透性辐射"）的主流理论，确定主要部分为高能 γ 射线，尤其得到了罗伯特·安德鲁斯·密立根（Robert Andrews Millikan）（著名物理学家，曾成功测量电子的电荷）的支持。然而，正如这位年轻的科学家1931年在罗马组织的重要核物理[①]会议上当着罗伯特·安德鲁斯·密立根的面所解释的那样，罗西的实验使得确定电子的微粒性成为可能。在1931年，奥基亚利尼搬到了剑桥，两年后，他继续与布莱克特（Blackett）合作研究宇宙射线，在那里他发现了正电子。理论家朱利奥·拉卡（Giulio Racah）于1932年加入的阿塞特里（Arcetri）小组，取得了显著成果。但在1933年，加巴索去世后小组就解散了。

著名的团体"帕尼斯佩纳路的男孩们"（以罗马大学物理研究所的地址命名）是奥尔索·马里奥·科尔比诺科打造出来的，他在1926年年底把恩里科·费米和佛朗哥·迪诺·拉塞蒂从佛罗伦萨叫到罗马（为恩里科·费米设立了意大利第一个理论物理学教席），为了给他们提供学生，邀请最好的工程系学生转入物理学学位课程。埃米利奥·吉诺·塞格雷、爱德华多·阿马尔迪（Edoardo Amaldi）和埃托雷·马约拉纳（Ettore Majorana）接受了邀请。这群"科尔比诺的男孩"（他们当时被这么称呼）走的是与阿切特里小组类似的道路，他们与阿切特里小组一直保持着联系，但他们想方设法多坚持了几

[①] [Rossi PRP]。

年，取得了更大的成果，部分原因是科比诺一直活到 1937 年。

在帕尼斯佩纳路，实验工作由佛朗哥·迪诺·拉塞蒂（被戏称为"尊敬的大师"）指导，在早期，延续在佛罗伦萨已经决定了的研究方向，在光谱学领域继续开展工作。

佛朗哥·迪诺·拉塞蒂通过独自工作，在加利福尼亚取得了他的主要成果之一。1928 年，印度物理学家钱德拉塞卡拉·拉曼（Chandrasekhara Venkata Raman）发现，当一束单色光通过晶体或液体时，在射出的光束中的初始频率上会增加其他频率，这些频率是由光与被通过的物质相互作用产生的。拉塞蒂在 1929 年得知拉曼效应，当时他正在帕萨迪纳学习，他立即意识到，如果有可能在气体中观察到同样的效应，就有可能获得关于气体分子的基本信息；[1]利用他自己设计的实验仪器，他能够观察到在压缩氮中的效应，获得的数据使他能够得出结论，氮核是由偶数个成分形成。这是实验事实之一，它通过推翻由质子和电子组成的原子核模型，为中子的发现铺平了道路。[2]

1929 年，罗马的科学家小组决定将其实验活动从原子光谱学转向核物理学。由于这是一个他们缺乏专业知识的课题，因此决定让佛朗哥·迪诺·拉塞蒂去柏林的莉泽·迈特纳（Lise Meitner）实验室学习必要的技术。

1929 年 9 月 21 日，科尔比诺在给意大利科学进步协会（SIPS）的演讲中解释了选择核物理学的原因，其中有几段话值得引用，尽管它们部分地超越了我们在本章节中关注的时间段，因为它们显示了罕见的远见：

---

[1] 当时的知识不允许从拉曼效应产生的频率分析中获得关于晶体和液体（比气体的结构复杂得多）结构的信息。然而，在气体的情况下，对数据进行理论分析是可能的，但由于效果更弱，很难观察到。

[2] 由于氮的原子序数为 7，原子量为 14，在发现中子之前，人们认为其原子核由 14 个质子和 7 个电子组成，因此是奇数粒子。

理论层面落后的研究领域是指那些旨在阐明固体和液体中分子或原子结构的机制。

因此，研究物质的固态和液态以及由高压和极低或极高温度带来的影响的物理学，必然被视为一个充满希望的领域而我们涉及了物理学研究中至高无上的类别：发现新现象，就像曾经发现了电流（和它的多重影响）、X射线、放射性一样。

因此，可以毫不夸张地预见，就像声学，一旦脱离了它的实际应用，就会成为科学的一个枯竭的分支一样，热力学、光学和电学也即将成为枯竭的科学，除非有实际意义的发展；而且，在元素的原子核可能出现的变化发挥作用之前，物理学的任何新分支都将不会出现。

如果核物理学成功的希望被证明是错误的，我们的科学将迅速接近一种枯竭，即日后进一步研究的结果将不具有重要的概念意义。这并不意味着科学生产会停止，这也是因为专业和职业利益无论现在还是将来都会与这种生产紧密联系在一起；但它会越来越突出今天人们在翻阅堆积在我们桌子上的无数回忆录时已经感受到的那样，即对于正在进行的大部分研究的虚无感。

即使物理学走向某种形式的饱和，对其在其他学科中的应用的研究，如生物学也能带来最有价值的结果。赫尔曼·冯·亥姆霍兹，上世纪伟大的自然科学家，在50岁时离开生理学教席，在柏林教物理学。如果由于我有幸向你们阐述这些考虑，一些有才华的物理学家即将沿着与亥姆霍兹的道路相反的方向发展，我的这次演讲将使一些人感到失望，但它对科学的进步不会没有成果。[1]

---

[1] 讲话的部分内容，包括所引用的节选，见 [Segrè] 第66-71页。

奥尔索·马里奥·科尔比诺的意识显然不比费米差,事实上,他得到了不再有任何职业方面的顾虑的保证,因此带有一种超脱的心态。科尔比诺关于量子力学的想法可能并没有像年轻的费米看起来的那样落后,比起研究微妙的原则问题,费米显然对结果带来的效率更感兴趣。这就是埃米利奥·吉诺·塞格雷所表明的分歧所在:

> 恩里科·费米还抱怨说,他最尊敬和钦佩的人,如科尔比诺,有时对量子力学及其解释过于怀疑,他认为这是因为缺乏理解。然而,必须说,在他的晚年,恩里科·费米本人似乎不如他曾经那样相信正统方案对量子力学的解释。当然,他没有质疑这些公式,但他似乎不确定对这些公式的解释是否已经盖棺定论,再也没有未尽之意。①

今天我们已经了解到,量子力学的"正统"解释(即哥本哈根学派的解释)会受到严厉的批评,我们就更能理解科尔比诺的疑虑。

在帕尼斯佩纳路的团体所吸引的年轻人中,有埃托雷·马约拉纳(1906—?),这位物理学家的受欢迎程度更多的是基于关于他"天才"的轶事和关于他神秘失踪的推论,而不是他的科学成就。但正如弗朗切斯科·格拉(Francesco Guerra)和那蒂亚·罗博蒂(Nadia Robotti)最近所表明的,他的科学成就长期被低估了。②

1928年,恩里科·费米获得了他的第二个重要成果:现在被称为托马斯-费米模型的原子统计模型[因为它已经由卢埃林·托马斯(Llewellyn Thomas)在1927年提出]。几个月后,仍是学生的埃托雷·马约拉纳改进了该模型,使

---

① [Segrè] 第65页。
② 在 [Guerra Robotti] 和那里所引用的其他作品中。

其能够扩展到离子，但他的成果①显然被费米忽略了。直到1934年，在与阿马尔迪合作的一篇论文中，费米列出了马约拉纳的模型版本，但却懒得对其进行引用。②尽管有这些出人意料的突出成就（甚至由费米担任导师的关于α衰变的论文也包含了宝贵的原创成果），但埃米利奥·吉诺·塞格雷和爱德华多·阿马尔迪毕业后立即被聘用，而埃托雷·马约拉纳却没有得到任何大学职位。

1929年毕业后，埃托雷·马约拉纳在与大学没有任何正式关系的情况下开展了紧张的科学活动：在他的主要理论成果中，我们可以提到他的相对论波动方程，与保罗·阿德里安·莫里斯·狄拉克（Paul Adrien Maurice Dirac）提出的不同，它可以描述任意自旋的粒子，特别是零自旋。然而，埃托雷·马约拉纳的能力并不局限于纯粹的理论领域；他还特别擅长对实验事实进行解释。1931年，在《新实验》的两篇论文中，他对在氦和钙中发现的光谱线进行了理论解释。同年年底，伊雷娜·约里奥－居里（Irène Joliot-Curie）和她的丈夫弗让·雷德里克·约里奥－居里（Jean Frédéric Joliot-Curie）用粒子轰击铍，得到了一种他们无法理解的辐射，马约拉纳对该实验评论说："看看这些傻瓜，他们发现了中性质子，但他们压根没有意识到……"。③几个月后，詹姆斯·查德威克（James Chadwick）给出了同样的解释：这是中子的发现。

1933年，埃托雷·马约拉纳在莱比锡度过了一个学期，得到了国家研究委员会（CNR）的资助，在那里他遇到了维尔纳·海森堡（Werner Heisenberg），后者刚刚发展了他的原子核模型。在这种情况下，正如他对

---

① 1928年12月，埃托雷·马约拉纳在意大利金融协会第12届大会上就这一主题发表的通讯摘要出现在《新实验》上，但从未被引用，也没有被收录在爱德华多·阿马尔迪编辑的埃托雷·马约拉纳出版物集中，在被弗朗切斯科·格拉和那蒂亚·罗博蒂重新发现后，它被重印在 [Majorana]，第21-23页。

② [Guerra Robotti] 第18-23页。

③ 这句话是由埃米利奥·吉诺·塞格雷（[Segrè]，第72页）报告的。

费米的原子统计模型所做的那样，马约拉纳也做出了重要的改进，引入了今天所谓的"马约拉纳交换力"。这样的改进对于让人们解释为什么最稳定的核结构是 α 粒子的结构极有帮助。海森堡的反应与费米截然不同：他立即明白了这位意大利人的成果的重要性，他在 1933 年 10 月的索尔维会议上的演讲中谈到了这些成果，从而在国际上对其进行传播。马约拉纳获得了国际声誉，从他寄往意大利的信件中可以看出，他对德国的气氛充满热情。[1]

1934 年对于"帕尼斯佩纳路的男孩"而言是一个特别重要的年份。也是在这一年，该小组［布鲁诺·马克西莫维奇·庞蒂科夫（Bruno Maksimovic Pontecorvo）刚刚加入］发现，通过用中子轰击各种元素，有可能产生人工放射性，如果在源头和目标之间放置石蜡来减缓中子的速度，则放射性会大大增加。第一个意识到中子减速技术的应用意义的是奥尔索·马里奥·科尔比诺，他说服他的"男孩们"为其申请专利。这些技术将是运行核反应堆和军事应用的基础。[2]

通过轰击铀获得的放射性物质实际上是核裂变的结果（应用于核反应堆和原子弹的过程），但帕尼斯佩纳路的物理学家们并不了解这一点：在证明放射性不是由于铅和铀之间的元素同位素造成的之后，他们认为他们获得了超铀元素。40 年后，埃米利奥·吉诺·塞格雷评论说："我们那时候盲目的原因即使到今天也没搞清楚"。[3]

埃托雷·马约拉纳与罗马大学没有任何正式关系，他只会极偶尔地到访位于帕尼斯佩纳路的研究所。从德国回到罗马后，他直到 1937 年才发表更多的作品。关于他在那些年中作为物理学家的活动的唯一信息，只能从他与他的叔叔——实验物理学家奎里诺·马约拉纳（Quirino Majorana）的

---

[1] 埃托雷·马约拉纳在莱比锡的信件发表于［Recami］。
[2] 经过很长时间的谈判，1953 年美国政府将向专利持有人支付一笔费用，在扣除法律费用后，每笔费用约上升至 24,000 美元，见［Segrè］，第 88 页。
[3] ［Segrè］第 78 页。

通信中推断出来。① 在这些信件中，侄子对其叔叔获得的实验结果进行了理论上的解释。

8 战争期间的生活和思想科学

与生物化学和遗传学等学科在其他地方取得的非凡发展相比，意大利这一时期在生物学领域的贡献总体上似乎没有什么意义。甚至由于药理学的革命性发展和其他科学（如放射学）提供的新技术，使医学效果取得质的飞跃，也很少能归功于意大利研究人员。在药理学研究方面有所进展，但更多的是由于使意大利的产品与国际标准接轨，而不是进行尖端研究。

法西斯政权卫生政策的最大成功是将疟疾的死亡率②从1922年的4085人大幅降低到1935年的955人。然而，这一成功是通过将前几十年的研究成果投入应用（如我们所见，只有部分是由意大利科学家完成的），而不是通过新的科学发现实现的。此外，在拉齐奥被打败的疟疾，在南部和岛屿上却没有被抑制住，直到1935年后，死亡率稳定下来。

意大利的重大贡献可以在3条研究线中找到，它们在方法和结果上有很大的不同，但它们的共同点是由医生进行的，并都指向了注定要向神经科学靠拢的方向。这几条线分别是神经系统组织学、精神病学和心理学。

活跃在两次战争之间的最有影响力的意大利生物学家是朱塞佩·莱维（1872—1965）。他在毕业于佛罗伦萨的医学专业，在那里他开始了神经组织学的研究。在担任了各种职务（包括在佛罗伦萨的圣萨尔维精神病院和那不勒斯的动物学研究站）并作为医疗官员参加了在卡多雷的战争后，1919年朱塞佩·莱维成为都灵人类解剖学研究所的负责人，在那里他建立了一个重要的学校。他和他的学生（包括丽塔·列维-蒙塔尔奇尼、罗纳托·杜尔贝科和萨尔瓦多·爱德华·卢

---

① ［Guerra Robotti］第43-45页。

② ［Cosmacini SMSI］第389页。

里亚,这三位未来的诺贝尔奖获得者)一起进行组织学研究,特别是神经组织的研究,将体外细胞培养技术引入意大利。该技术由罗斯·格兰维尔·哈里森(Ross Granville Harrison)在美国开发。

体外培养使朱塞佩·莱维和他的小组处于线粒体研究的最前沿。其他重要研究成果主要关于不同动物的神经细胞的数量和大小。特别是得到了后来被称为"莱维定律"(Legge di Levi)的成果,根据该定律,所有哺乳动物的神经细胞数量大致相同,而它们的大小则与动物的大小成近似比例变化。莱维等人还通过研究微型截肢后的再生现象来研究组织,特别是神经组织的分化、发育和老化。朱塞佩·莱维是法西斯主义的公开反对者,脾气暴躁,易怒,但深刻而有人情味。我们通过他的女儿娜塔莉亚·金茨堡在《家庭词典》中留下的画像和他的学生了解到他极富科学性和人文主义的性格魅力。他们对他表示了尊敬和爱戴。①

乌戈·切莱蒂(Ugo Cerletti,1877—1963)是一位神经学家和精神病学家,曾在都灵和海德堡学习。他之所以被人们记住,首先是因为他是第一个在狗身上试验通过电刺激引发抽搐发作的可能性的人。1938年他将这种做法应用于人类,开发出被称为"电击"的治疗方法。这个理论的起源(其他研究人员也曾提到这一点,他们曾试图用癫痫患者发作后的血液来治疗精神分裂症患者)是基于一种信念,即癫痫发作时释放的某些物质对精神分裂症患者有治疗作用。乌戈·切莱蒂的方法很快在世界范围内确立,为他本人带来了名声和荣誉,但后来却遭到了严厉的批评。

19世纪末,在罗马大学的精神病诊所成立了一个重要的心理学研究小组,包括桑特·德·桑克蒂斯(Sante de Sanctis,1862—1935)和玛丽亚·泰科拉·阿尔缇米希亚·蒙台梭利(Maria Tecla Artemisia Montessori,1870—1952)。

---

① 尤其是在[Levi-Montalcini]。

第八章 从成功到灾难（1890—1945）

德·桑克蒂斯曾是切萨雷·龙勃罗梭的学生，但他很快就选择了自己的研究路线，与他那位不走运的老师的研究路线相去甚远。作为1905年意大利第一位实验心理学教授，德·桑克蒂斯被认为是意大利这门学科的创始人之一。他建立了一个实验心理学实验室，并创办了该领域的专业期刊。他的贡献包括从普通心理学和实验心理学到应用心理学，从儿童心理教育学到教育心理学。1899年，他创办了用于照顾和帮助智障人士康复的幼儿园。他修改了广泛使用的比奈-西蒙智商测试（Test Binet-Simon），开发了特定的精神反应物（德·桑克蒂斯反应物），用于对智力缺陷进行分级，以便对精神异常的人进行教育和培养。他1899年的作品《梦：一位精神病学家的临床和心理学研究》(*I sogni. Studi clinici e psicologici di un alienista*)被西格蒙德·弗洛伊德（Sigmund Freud）阅读和引用，德·桑克蒂斯与他有过通信联系。德·桑克蒂斯认为精神病理学是心理学研究最重要的内容之一，因为他认为可以用它来发现支配正常思维的现象和规律。

与德·桑克蒂斯合作的玛丽亚·泰科拉·阿尔缇米希亚·蒙台梭利也在世纪之交的罗马实证主义环境中接触了新生的精神病学，并由此转向了心理学和教育学。她是第一批毕业于医学专业的女性之一，一开始就为有严重精神障碍的儿童服务。在这些儿童身上试验了新的教学方法后，她将在此基础上发展的理论应用于健康儿童。1907年，她创办了儿童之家，成为开发六岁及以上儿童的能力的实验室。

她的第一部重要作品《应用于"儿童之家"的科学心理学教育方法》(*Il metodo della psicologia scientifica applicato all'educazione infantile nelle Case dei Bambini*)于1909年出版，使她广为人知。1924年，国家蒙台梭利剧院成立，在连锁学校中实施她的方法，1929年，国际蒙台梭利协会成立。在意大利，这一成功在1934年被打断，墨索里尼关闭了所有的儿童之家，正如在德国、西班牙和葡萄牙的极权主义政权以及更早的1918年在俄罗斯发生的那样。蒙台梭利离开意大利，搬到了荷兰。她对儿童心理教育学的贡献可能是这一时期来自意大利的唯一具有国际地位的贡献。特别有趣的是她在小学数学教学中引入的方法,这个方法的使用来源于这样的想法:对于儿童的学习,比起口头教学,让他们亲自操作以科学标准准备的教学材料是至关重要的。尽管她的名字享誉全球,但蒙台梭利对意大利学校的影响却微乎其微。①

9 科学与法西斯主义

第一次世界大战是欧洲文化的一个分水岭,特别是在科学界。虽然20世纪初的科学家一般多是知识分子,但战后形成的这一代人的文化兴趣却缩小了:科学研究大多成为专家的活动,他们对自己学科以外的其他学科知识兴趣不大。费德里戈·恩里克斯能够将代数几何的研究与古代科学史和认识论的研究交替进行,物理学家安东尼奥·加尔巴索是秕糠学会②的学者,而像安杰洛·莫索这样的生理学家则成为考古学家;恩里科·费米用不如人意的意大利语写作,对物理学以外的任何东西都没有文化兴趣,甚至佛朗哥·迪诺·拉塞蒂,在他那一代科学家中已经算拥有罕见的文化底蕴,也对哲学表示蔑视。③

文化视野的缩小和战争所助长的民族主义的蔓延,有助于我们理解意大利科学家几乎完全依附于法西斯主义的氛围。和大多数意大利人一样,科学家们也抱有这样的幻想:由一个强大的中央政权领导的规划可以解决

---

① 特别是意大利对玛丽亚·泰科拉·阿尔缇米希亚·蒙台梭利的数学教学思想缺乏兴趣,通过一个事实就能很好地展现出来:在我们写下这些文字时,她的《心理几何学》(*Psicogeometria*)一书的意大利版本[由贝内代托·斯科波拉(Benedetto Scoppola)编辑]正在编辑中。该书在1934年曾有过西班牙版本,但没有经过作者的修订。
② 译者注:秕糠学会(意大利文:Accademia della Crusca),1582年成立于佛罗伦萨,旨在纯洁意大利文艺复兴时期的文学语言托斯卡纳语。
③ [Goodstein]第307-308页。

国家的问题，特别是通过引导科研成果用于技术和民事进步。然而，1922年并不代表文化政策的中断，它继续遵循了前几年制定的指导方针。这是一个普遍现象：由于政治家们必须使用现有的文化工具，利用那些训练有素的合作者，因此文化政策不可能像经济或军事政策那样迅速改变。国家研究委员会和国家研究机构的成立是为了满足国家的实际需要，它发生在墨索里尼政府时期，但却是战争期间已经开始的进程导致的自然结果。

长期以来，该政权的文化政策的主要设计师是乔瓦尼·秦梯利，我们尤其要感谢他 1923 年的学校改革和《意大利百科全书》(*Enciclopedia Italiana*)的编纂，他曾长期指导比萨高等师范学院。这里没有必要深入探讨秦梯利进行学校改革的细节，但通过与博泰部长 1939 年的学校宪章相比较，可以彰显出法西斯主义的悲剧性演变。1923 年的改革是墨索里尼坚持秦梯利文化计划的结果，他被任命为部长正是为了给政权提供一条文化政策路线，而博泰的举措则走向了相反的方向，将政治性的指令强加给学校，以使其适应政权（例如通过强调军事文化的作用）。从我们本章中关注的角度来看，秦梯利在科学教育方面的主要创新是废除了技术学院中的物理和数学部分，并建立了"科学高中"，作为以前的高中和传统高中之间的折中方案而诞生：新高中的数学课程显然低于它所取代的旧高中里教授的物理和数学部分；教授拉丁语，但不教授希腊语；新高中允许学生进入所有大学院系，但不包括文学和法律系。随着改革的进行，没有学习过拉丁文的人不可能进入大学（以前可以通过从技术学院的物理和数学系转到理学院，然后还能转到工程学院），但首次出现了有可能在没有学习过希腊文的情况下在医学等院系毕业。

这项改革在科学家中引起了相当大的反对，因为他们认为这将导致技术和科学技能的降低。无论法西斯分子和反法西斯分子之间有什么分别，这样的反对意见是两者共通的。例如，法西斯物理学家安东尼奥·加尔巴索写信给维多·沃尔泰拉：

在这里，我们都对乔瓦尼·秦梯利先生的"改革"感到震惊。暂且不提科学利益，但我们不禁要问，当真的有需要时，如何才能从未来的年轻哲学家那里获得那些在上一次战争期间几个月内训练出来的数以千计的工兵部队和炮兵部队的少尉。难道这还不足以给墨索里尼先生以启迪吗？[1]

反法西斯的维多·沃尔泰拉完全赞同他的同事的担忧，并推动了在他担任主席的意大利猞猁之眼国家科学院对改革采取批评的立场。

《意大利百科全书》是乔瓦尼·秦梯利最好的成就之一，也为他提供了机会。正如我们上文已经提到过的，与费德里戈·恩里克斯进行合作，后者被任命协调数学部分条目的起草。

通过回顾毛罗·皮康和弗朗切斯科·塞维里之间的长期冲突，可以说明法西斯主义科学政策的缺失是一致的。这两位数学家对他们的学科有着截然相反的想法：塞维里认为唯一值得称道的科学是纯科学，它最终可以被应用（由非科学家）；而皮康则认为对数学发展（甚至是理论上的）的刺激必须来自具体问题。曾在第一时间投入法西斯主义阵营怀抱的皮康，把他的想法说成是法西斯主义思想在自己领域的应用。但人们不能落入陷阱，想当然地认为他把应用数学与"法西斯主义数学"相提并论，实际上这个说法是因为对于他为国家计算应用研究所获得资金肯定有帮助。[2] 就纯科学和应用科学之间的关系而言，经过几次摇摆，墨索里尼的解决方案是平行发展它们，将它们之间的相互作用减少到最低限度。因此，除了毛罗·皮康创建的国家计算应用研究所之外，墨索里尼在

---

[1] 这封信的节选可以在[Simili Paoloni]中找到，第一卷第92页。
[2] 例如，罗伯托·马奥基（Maiocchi Roberto）完全支持弗朗切斯科·塞维里的观点，认为国家计算应用研究所的成立是"对数学研究的纯洁性发起进攻的最重要时刻"，参阅[Maiocchi RSSII]第944页。这种说法非常令人费解。

1939年同意了国家高等数学研究所的成立，并委托弗朗切斯科·塞维里负责。

化学应用在战时的重要性，有助于解释法西斯高层对这一领域研究的特别兴趣以及意大利化学家对法西斯主义几乎一致的支持。事实上，在专制政权的推动下，科学研究的资金集中于少数机构，最初可能有利于一些应用型研究的发展（如帕尼斯佩纳路和国家计算应用研究所的工业化学）。但随着政治对科学的控制越来越具有侵入性和压迫性，科学研究走上了一条通向灭顶之灾的道路。

我们可以区分法西斯主义对科学研究的两条行动路线：控制科学家的政治观点和干预科学活动的成就。必须说，在这两种情况下，这不仅仅是一个来自上层的干预问题：法西斯主义首先是作为科学界的一种广泛的意识形态进行干预的。例如，在1930年，乔瓦尼·秦梯利作为高等师范学校的校长，想把当时最好的分析学家列奥尼达·托内利调到比萨来重新启动数学分析的研究。但在这件事上，他首先得克服比萨的数学家们的反对，他们不想接受一个有社会主义背景，不是共产党员，坚持贝内德托·克罗齐宣言的同事。乔瓦尼·秦梯利通过寻求墨索里尼的干预来解决这个问题，墨索里尼通过比萨省长强迫众人接受这位反法西斯的数学家。[1] 就第二个方向而言，我们可以回顾一下科学史研究的可悲演变：至少从复兴运动开始，沙文主义就时不时地表现出对这种研究可能造成的污染（其他国家的历史学派也是如此），但在法西斯时期，它采取了荒谬的，甚至往往是怪诞的形式，与其说由于它是上层强加的，不如说是由于导致法西斯主义胜利的情绪的广泛传播。

在列奥尼达·托内利一事中表现出的宽容后来被打破了，但这种宽容从不适用于科学机构的负责人。在这个职位上，具有明确法西斯信仰的人

---

[1] ［Guerraggio Nastasi GMI］第86页。

被毫无例外地安置在那里。维多·沃尔泰拉在参议院领导了一场勇敢的反对运动，于是他被解除了所有的职务：1925年，他不得不放弃参议院的副主席职位，1926年放弃了猞猁之眼国家科学院和国家研究委员会的主席职位，他的职位被古列尔莫·马可尼取代，后者同意让他的知名度为政权服务。

科学家以及更普遍的知识分子被纳入政权的另一个步骤是建立意大利皇家学院，该学院注定要取代（在声望上以及尤其是在资金上）被认为过于自主的猞猁之眼国家科学院。新的学院于1929年开始运行，由国王根据政府首脑的提议任命的成员组成。在第一批院士中，有恩里科·费米（除了他无可置疑的科学功绩外，他还是1926年第一批加入国家法西斯党的意大利物理学家之一[①]）和弗朗切斯科·塞维里。另一个步骤是在1931年要求所有大学教授进行忠于法西斯主义的宣誓。众所周知，拒绝宣誓的人很少（1200人中只有不到20人[②]）：其中有维多·沃尔泰拉，他不得不放弃了大学教授的职位。

1935年，随着埃塞俄比亚的战争、国际联盟对意大利的制裁以及不得不对自给自足发展模式的选择，导致灾难的事件发展加速。当时的政权对科学界的控制越来越严格，这一点从国家研究委员会（CNR）主席的继任上可以看出：1937年马可尼去世后，墨索里尼选择了彼得罗·巴多格里奥（Pietro Badoglio）将军作为他的继任者。

封闭加强了政权和化学界之间的联系，取得了重要成果，特别是在合成燃料的生产方面。1938年5月，尼古拉·帕拉瓦诺在罗马的新大学城组织了第十届国际化学大会，这似乎是意大利科学和政权胜利的标志。

两个月后，《种族主义科学家宣言》(*Manifesto degli scienziati razzisti*)

[①] 登记的日期可以在 [Guerra Robotti] 第193页转载的部长说明中找到。在教授中，费米的地位仅次于安东尼诺·洛苏尔多。
[②] 确切的数字或许值得商榷，因为无法确认这个数字中是否包括各种类别的人（如因各种原因要求退役的人）。

的发表预示了从次年9月开始颁布的种族法,这将在意大利科学界造成道德和实体上的双重破坏。① 道德上的破坏主要涉及支持作为种族主义基础的伪科学理论的生物学家群体,以及对这些理论没有表现出反对的更多群体。有像尼古拉·彭德（Nicola Pende）和萨巴托·维斯科（Sabato Visco）这样的生物学家,他们用自己的学术声望支持种族主义的选择,② 还有像圭多·兰德拉（Guido Landra）这样的人,他们试图把自己的学术财富建立在种族主义上。然而,整个科学界都卷入了这场荒诞剧,造成了包括道德上的影响,许多优秀成员从此被弃置和疏远。

10 灾难的各个层面

1938年的种族法（11月15日在单个文本中协调发布）规定将犹太裔学生和学者从国立学校、大学和学院中驱逐出去,使科学界遭受灭顶之灾并从此分崩离析。许多最杰出的科学家因为是犹太裔而直接受到影响。③ 在我们已经提到的数学家中,费德里戈·恩里克斯、圭多·富比尼、图利奥·列维－齐维塔和贝波·列维因种族原因被开除教职（吉多·卡斯泰尔诺沃和维多·沃尔泰拉也是犹太裔,但吉多·卡斯泰尔诺沃从1935年起就退休了,维多·沃尔泰拉在1931年被开除,因为他拒绝向政权宣誓效忠）。有27名成员被开除出意大利数学联盟,约占总数的十分之一。④

---

① 关于法西斯意大利的反犹太主义和科学之间关系的各个方面,值得阅读 [Israel Nastasi]。
② 尼古拉·彭德和萨巴托·维斯科对《种族主义科学家宣言》的起草提出异议,然而他们仍然签署了该宣言,只是在私下里与墨索里尼和一些高层人士一起,没有公开与他们分道扬镳。他们的异议并不涉及种族主义,只涉及文件中暴露的特定版本。这个问题在 [Israel Nastasi] 中得到了详尽的分析。
③ 犹太血统的意大利公民约占总数的0.1%,但在大学教授中,这一比例高出70倍:7%。顶级科学家中的比例甚至更高。犹太社区的文化传统无疑是这一现象的根源所在。
④ [Guerraggio Nastasi MCN] 第243页。

12月10日，意大利数学联盟的科学委员会（其中包括毛罗·皮康、弗朗切斯科·塞维里和列奥尼达·托内利，但列奥尼达·托内利被证实缺席）开会决定：

> 国际数学联盟的一名代表将去找国家教育部长阁下，并向他传达委员会的投票，"以便因种族完整性措施而导致空缺的数学教授职位不会从数学学科中被夺走"。投票结果显示，"在整个科学界获得巨大声誉的意大利数学学派，几乎完全是由古意大利人（雅利安人）种族的科学家创造的。即使在淘汰了一些犹太种族的学者之后，它仍然保留了一些科学家，他们在数量和质量上都足以维持意大利数学科学在国外的崇高地位，还有一些教师，他们以其紧张的科学传教工作，具有为国家担任所有必要的教授职位的因素"。[1]

这些句子让人不寒而栗，尤其是当想到这些句子是由曾经接受过"犹太种族学者"教导的人签署的，而这些学者的"淘汰"是被赞许的（例如，毛罗·皮康曾是弗朗切斯科·塞维里和费德里戈·恩里克斯的助手）。然而，意大利科学界的水平不应该由其管理机构的水平来评判。在公共生活退化的时代，为了达到权力的位置（即使是最小的具有权力的位置，如意大利数学联盟科学委员会的成员），事实上都必须通过一个严格的过滤器，淘汰最好的人。弗朗切斯科·塞维里是一位能干的数学家，但当然也深谙获得学术权力所需的"艺术"。在《种族法》通过的第二天，他就心满意足地用身体阻止吉多·卡斯泰尔诺沃、费德里戈·恩里克斯和图利奥·列维-齐维塔进入罗马大学数学研究所的图书馆。[2]

---

[1] Bollettino UMI, S. II, a. 1, 1（1939）第 89-90 页，转载于 [Guerraggio Nastasi MCN] 第 244 页和 [Israel Nastasi]，第 320-321 页。

[2] [Israel Nastasi] 第 258 页。

第八章　从成功到灾难（1890—1945）

　　物理学家群体也被驱离了许多最优秀的成员。逃到国外的犹太裔科学家有布鲁诺·贝内代托·罗和埃米利奥·吉诺·塞格雷，他们移民到了美国（在那里他们将发挥重要作用[①]），还有朱利奥·拉卡，他搬到了巴勒斯坦，为以色列理论物理学的诞生做出了根本性的贡献（他也将成为耶路撒冷希伯来大学的校长）。恩里科·费米［其妻子劳拉·卡彭·费米（Laura Capon Fermi）是犹太人］于1938年12月6日离开罗马前往斯德哥尔摩领取诺贝尔奖，但没有返回意大利，而是移民到了美国。朱塞佩·保罗·斯塔尼斯劳·奥基亚利尼［1947年与切萨雷·曼苏埃托·朱利奥·拉特斯（Cesare Mansueto Giulio Lattes）和塞西尔·鲍威尔（Cecil Frank Powell）一起发现了 π 介子］已经在1937年去了巴西。布鲁诺·马克西莫维奇·庞蒂科夫也是犹太人，1936年离开罗马前往巴黎。

　　1938年的《种族法》见证了意大利物理学界的又一次重大损失。埃托雷·马约拉纳在1937年初打破了长期的沉默，发表了他重要的作品之一，其中他阐述了一种对称处理电子和正电子的理论。这部作品的发表可能是为了教授职位的竞争。[②] 不久之后，他被任命为那不勒斯理论物理学教授，[③] 但几个月后，即1938年3月26日，他消失得无影无踪（我们在后文很快会回到这次失踪的话题上）。佛朗哥·迪诺·拉塞蒂于1939年移居加拿大。

　　朱塞佩·莱维和他的学生萨尔瓦多·爱德华·卢里亚和丽塔·列维-蒙塔尔奇尼是犹太血统的生物学家之一。萨尔瓦多·爱德华·卢里亚去了

[①] 除了在宇宙射线方面的工作外，布鲁诺·贝内代托·罗西还在天体物理学方面获得其他重要的成果。塞格雷则因发现反质子而被授予诺贝尔奖。

[②] ［Guerra Robotti］第48页。

[③] 埃托雷·马约拉纳参加了在巴勒莫获得教授职位的竞争，但由恩里科·费米担任主席的委员会向部长建议，应给予马约拉纳一个在此次竞争之外的额外教席，鉴于他当之无愧的名望。竞赛的胜出者由吉安·卡罗·威克（Gian Carlo Wick）、朱利奥·拉卡（Giulio Racah）和乔瓦尼·秦梯利组成。如果按照正常程序，埃托雷·马约拉纳、吉安·卡罗·威克和朱利奥·拉卡将成为赢家，而小乔瓦尼·秦梯利（Giovani Gentile Jr），一位优秀的理论物理学家，是极有声望的乔瓦尼·秦梯利的儿子，则将被排除在外。

法国，然后去了美国；朱塞佩·莱维去了比利时，但两年后，当比利时被德国人入侵时，他回到了意大利，在一个小型私人实验室里参与了年轻的丽塔·列维-蒙塔尔奇尼组织的鸡的胚胎神经组织的研究。1947年丽塔·列维-蒙塔尔奇尼和朱塞佩·莱维的另一位优秀学生罗纳托·杜尔贝科也移居美国。

《种族法》不仅使国家和社会失去了具有广泛影响力的科学家（这在科学层面上会产生非常严重的后果）；还有一些人通过家庭成员受到影响（如恩里科·费米的情况），更有一些人因为厌恶种族主义而离开意大利（如佛朗哥·迪诺·拉塞蒂的情况）；还有一些人被已经移民的同事所吸引，为了不在一个科学贫乏的环境中工作而加入他们。

然而，前面的原因并不能解释，为什么在数学界没有发生大规模的出走，却依然损失了最顶尖的实验研究团体，也不能解释为什么这个悲剧不是仅仅作为《种族法》的结果而发生，而是在战前开始并在战后延续。

事实上，从事前沿研究的物理学家很可能会离开意大利，而不去理会这该死的《种族法》。朱塞佩·保罗·斯塔尼斯劳·奥基亚利尼已经在剑桥获得了他的主要科学成果。至于帕尼斯佩纳路的小组，他们早就意识到，只有使用技术最先进的国家已经开始普及的加速器取代天然辐射源，他们的核物理实验研究才能保持竞争力。然而，建造回旋加速器的资金迟迟没有到位，1938年6月，国家研究委员会（CNR）拒绝了费米提出的建立国家放射性研究所的建议。[①] 在这些条件下，很明显，恩里科·费米（他的学术空间在科尔比诺去世后缩小了）离开意大利的决定已经很成熟了。[②]

因此，最先进的物理学研究小组的解体被《种族法》加速、扩大并变

[①] 恩里科·费米的提议可以追溯到1937年1月29日，并在 [Simili Paoloni]，第一卷第630-631页中有记载。

[②] 这也是乔瓦尼·巴蒂梅利（Giovanni Battimelli）和米开朗基罗·德·玛丽亚（Michelangelo de Maria）在 [Amaldi] 的引言中表达的观点。

得不可挽回，但实际上这是危机下的自然结果。一方面是由于实验研究所需的资源越来越多，另一方面是由于意大利科学政策的局限性。就物理学而言，与其他主要欧洲国家不同，意大利从未能对研究进行大量和富有成效的投资。现在，由于一些大国的出现（战争期间是德国以及再合理不过的美国，不久后苏联位列其中），它们能够以前所未有的大型规模投入物质和人力资源，而且是专门用于军事目的，情况就变得更加严峻。

战争结束后，人口外流的情况仍在继续。布鲁诺·马克西莫维奇·庞蒂科夫在巴黎工作后，首次将他在为一家美国石油公司工作时，在帕尼斯佩纳路学到的慢中子技术成功地投入实际运用，然后参与了英国原子弹的设计，他于1950年8月失踪，下落不明。5年后，他才出现在苏联，在那里他受到了规格很高的接待，因其对苏联核物理学进步的贡献而获得了很高的荣誉（他曾在1953年获得斯大林奖）。

是否也有可能，通过意大利物理学家普遍流向其工作更受重视的国家的过程，来解释埃托雷·马约拉纳的消失？

关于失踪的各种猜测已经提出，但有些可以通过阅读一封信来消除，这封信可以追溯到1938年4月至5月期间，是由吉尔伯托·贝尔纳迪尼寄给前往德国的小乔瓦尼·秦梯利的。以下是信件起始的摘抄：

> 亲爱的乔瓦尼，你可以想象，关于埃托雷·马约拉纳的消息给了我真正的快乐。这可能不是很好，但另一方面，它至少并不像我们想象的那样悲惨，我们可以欢欣鼓舞。我也对你要去德国的消息感到高兴，我非常赞同你的决定。[1]

至少这封信表明，这两位朋友（估计还有其他共同的朋友和家人：没有理由认

---

[1] 这封信的照片转载于 [Guerra Robotti] 第 218-219 页。

为这个"新闻"是只有吉尔伯托·贝尔纳迪尼和乔瓦尼·秦梯利才知道的秘密）知道埃托雷·马约拉纳的命运，而且这不是一个悲惨的命运。另一方面，在弗朗切斯科·格拉和格拉·罗博蒂所引用的作品中所审查的文件（他们没有就这个问题提出假设）清楚地表明，消失是马约拉纳的自由选择，他完全没有出现精神失常的情况，并一如既往地保持了对物理学的兴趣。因此，可以假设马约拉纳搬到了一个他认为自己的研究能得到更多赞赏的国家；所有知道他的决定的人甚至在战后都保持着绝对的保密性，这让我们相信，在1945年之后，这是一个最好保持沉默的选择。

物理学研究的演变随着曼哈顿计划（以及德国和苏联提出的同类型项目）而发生了质的飞跃，这给科学界带来了深刻的革新，不仅在伦理层面，利用科学专业知识设计出前所未有的破坏性工具，而且有所谓"大科学"（Big Science）的出现，即一种新型的知识生产，它可以被投入巨额的资金，但缺乏科学的一些基本历史特征。科学理论和技术之间的关系一直是必不可少的，但在之前，这种关系是作用于两个方向上，没有将这两个层面混为一谈，其中一个以思想的自由交流为特征，另一个则逃不开各种形式的保密，这种关系如今变得僵化和单向。在洛斯阿拉莫斯的军事化实验室里，个人自由受到严格限制的科学家们第一次作为军事化工业机器的组成部分工作，以生产可立即用于制造单一技术产品的秘密知识。意大利科学界的灾难是一个更普遍的戏剧的一部分，这场悲剧对于物理学而言尤其。

被邀请参加这项新的科学—军事冒险活动的意大利物理学家的反应各不相同。恩里科·费米、布鲁诺·贝内代托·罗西和埃米利奥·吉诺·塞格雷同意在"曼哈顿计划"上进行合作，而佛朗哥·迪诺·拉塞蒂则断然拒绝。[①]

在为原子弹的建造辛勤工作后（作为项目的助理主任和其中一个分支的负责人），恩里科·费米被要求与阿瑟·康普顿（Arthur Compton）、欧内斯特·奥

---

① 更确切地说，当时身在加拿大的佛朗哥·迪诺·拉塞蒂被要求参与英加两国的原子弹制造项目，该项目不久后将与美国的项目合并，形成"曼哈顿计划"。

第八章 从成功到灾难（1890—1945）

兰多·劳伦斯（Ernest Orlando Lawrence）和朱利叶斯·罗伯特·奥本海默（Julius Robert Oppenheimer）一同担任一个科学咨询委员会的成员。1945 年 6 月，当美国政府就原子弹的军事用途征求委员会的意见时，这 4 位科学家赞成直接对日本城市进行军事使用，拒绝了拟议的演习性实验的想法。8 月 6 日，广岛被摧毁；3 天后，长崎被摧毁（由于当时没有其他更多原子弹可用，其连续破坏才被中断）。8 月 28 日，费米写信给爱德华多·阿马尔迪：

> 从这封信的标题可以看出，我的地址已经不在芝加哥。事实上，我的工作搬到新墨西哥州的这个山丘已经一年多了，在那里我们被 3000—4000 米高的山峰包围。我们的村庄位于海拔 2220 米处，气候非常宜人；夏季从不炎热，冬季则有大量积雪，因此从 12 月初到 5 月底都可以滑雪。在夏季，钓鳟鱼是一种愉快的周日消遣。
>
> 通过几周前的报纸阅读，你可能已经意识到我们在过去几年中一直在做什么样的工作。这是一项具有相当大的科学意义的工作，而且我们帮助打破了一场有可能拖延数月或数年的战争，只要想到这一事实，我们就会感到满足。我们都希望这些新发明在未来的使用将建立在合理的基础上，并能达到一些更好的目的，而不是像这次一样，使国际关系变得前所未有的困难。[①]

在滑雪和钓鳟鱼之间，费米表现出对国际政治关系的些许关注，但没有提及数十万受害者，也没有被一个疑问所触动（塞格雷也有这样的疑问），即在着手摧毁长崎之前，他们本可以多等几天，等待日本已经注定的投降。

[①] 这封信被引用在 [Amaldi] 第 158-160 页。

1946年，他在给阿马尔迪和吉安·卡罗·威克（Gian Carlo Wick）的信中指出：

> 在美国，由于战争的原因，物理学情况也发生了非常深刻的变化。有些是为了更好的发展：现在人们已经相信物理学可以用来制造原子弹，每个人都在以明显的冷漠态度谈论着几百万美元的数字。令人吃惊的是，在财政方面，最大的困难将是想象这些经费应该怎么花出去。①

物理学家对原子弹的态度差别很大：大多数人接受它，认为它是一种必要的罪恶，因为意识到他们面临的是一个道德问题。曾指导曼哈顿计划的奥本海默在日本被原子弹轰炸后被深深的恐慌所攫取。布鲁诺·贝内代托·罗西也有了新的想法，成为氢弹的反对者。也许只有爱德华·泰勒（Edward Teller）（他将被视为氢弹之父）表现出了与费米相同的观点。

佛朗哥·迪诺·拉塞蒂是唯一以斩钉截铁的态度进行反对的人，因为他坚信核物理的军事用途不仅会造成前所未有的大屠杀，危及人类的生存，而且会给科学的运作方式带来深刻的变革。拉塞蒂拒绝了旨在设计死亡工具的秘密化且军事化的物理学，他选择研究生命的最早形式。事实上，自1941年以来，他在从事物理学工作的同时，一直在进行寒武纪古生物学的研究，这成为广岛事件后他唯一的科学活动。1952年，他赢得了查尔斯·杜立特·沃尔科特奖章（Charles Doolittle Walcott Medal）奖章，这是一个每五年颁发给在该领域做出最大贡献的科学家的国际奖项。

在1946年4月6日给恩里科·佩西科（Enrico Persico）的信中，佛朗哥·迪诺·拉塞蒂写道：

---

① [Amaldi] 第167页。

我对物理学的最新应用感到非常厌恶（上帝保佑，我已经设法与之撇清关系），以至于我认真考虑除了地质学和生物学之外不再处理任何事情。我不仅认为已经和正在利用物理学的应用是畸形的，而且更重要的是，目前的情况使我们不可能赋予这门科学以它曾经拥有的自由和国际性质，只是使它仅仅成为政治和军事压迫的手段。我曾经认为具有人类尊严感的人，理当不可能让自己成为这些畸形堕落的工具。然而事实正是如此，而他们似乎根本没有注意到。[①]

在他 1958 年写的自传笔记中，佛朗哥·迪诺·拉塞蒂明确提到了恩里科·费米的名字：

据报道，即使是最热衷于制造核武器的科学家也因鲁莽的政治和军事领导人使用核武器而感到羞愧。我认为，这些科学家，其中有我的几个朋友，包括恩里科·费米，将遭受历史的严厉审判。[②]

在这最后一点上，佛朗哥·迪诺·拉塞蒂猜错了。相反，正是他的"拒绝原子弹"和对恩里科·费米的批评受到了物理学家和物理学史家的严厉评判，他们对他的惩罚是在意大利对他去世后的名誉进行了长期的诋毁和排斥。[③]

[①] [Amaldi] 第 172 页。

[②] [Rasetti] 第 11 页：原文是英文文本：It has been reported that even the scientists who had been most eager to develop nuclear weapons, were ashamed of the use to which they had been put by reckless political and military leaders. In my opinion, these scientists among whom were several of my friends, including Fermi, may face a stern judgment of history.

[③] 例如，乔瓦尼·巴蒂梅利和米开朗基罗·德·玛丽亚认为，人们不能不注意到，他[di Rasetti]对核弹和制造核弹的物理学家的谴责完全无视历史，有一种贵族式的疏离。见[Amaldi]的介绍，第 46 页。

1945年，意大利的科学结构，就像整个国家一样，完全成了废墟。不仅可耻的《种族法》对科学界造成的破坏因战争造成的物质损失而加剧，而且人们还应该自问，虽然意大利试图效仿德国和法国的国家科学研究组织模式（确实取得了一部分卓有成效的成功），但这些同样的模式是否已经被一个新的国际研究组织所明确取代，这个组织剥夺了整个欧洲的研究空间。在美国洛斯阿拉莫斯的秘密和军事化实验室中诞生的新的大科学，当然需要仅有超级大国才能提供的人力和财力资源。甚至在其他领域，如生物学的最先进的科研机构中最好的研究人员逃到美洲，这对一门竞争性科学研究在意大利是否有继续存活的可能性而言并不是一个好兆头。

第九章

重建与危机
（1945—1973）

1　在灾难中幸存下来的意大利物理学

1945年，意大利物理学的状况危在旦夕，它几乎失去了所有最重要的代表人物。在"帕尼斯佩纳路的男孩"中，爱德华多·阿马尔迪是唯一决定不移民的人，他在重建工作中发挥了领导作用。他是这样回忆自己拒绝芝加哥教授职位的决定的（如果去那里他将与恩里科·费米重聚）：

> 我想我以前从未遇到过如此困难的两难局面。但很快我就有了这样的想法：通过留在意大利，我可以为保护一种文化形式做出贡献。从总体上看，这可能比我对美国物理研究长河的科学贡献要有用得多。[1]

---

[1] [Amaldi] 第106-107页。

爱德华多·阿马尔迪的任务并不容易。让我们再次给他发言的机会：

> 有必要修复国家遭受的物质损失，尽最大努力以求远超过去达到的水平，并为建设一个只保留和发展过去部分特征的社会做出贡献，拒绝和删去法西斯主义留下的有害方面，包括表面的和深层的。当然，第一条准则是努力认真工作，不搞无谓的民族主义资产阶级，不搞浮夸和修辞，但也不搞虚假的谦虚和自卑。①

实际上，罗马学校的实验研究活动在战争年代并没有完全停止。最重要的贡献来自与恩里科·费米一起毕业的奥雷斯特·皮乔尼（Oreste Piccioni）和 1940 年毕业于罗马的马塞洛·康维尔西（Marcello Conversi）的共同研究。这两位物理学家通过一系列的实验（部分是在维尔吉利奥高中的校舍里进行的，以躲避针对大学城附近的圣洛伦索火车站的轰炸），测量了宇宙射线中存在的粒子的平均寿命，这些粒子将被称为"μ 介子"。1946 年，他们的研究有了一个极其重要的突破：通过一个著名的实验，马塞洛·康维尔西和奥雷斯特·皮乔尼与曾在帕多瓦担任布鲁诺·贝内代托·罗西助手的年轻物理学家埃托雷·潘奇尼（Ettore Pancini）一起证明，μ 介子从未被原子核吸收过。② 由此推断，这些粒子并不像人们在此之前所认为的那样，负责原子核各组成部分之间的相互作用，有些人将基本粒子物理学的诞生归功于这一结果。

战后意大利物理学的一个重要的积极发展是商业界表现出的兴趣。在日本投下的原子弹也使核反应释放的巨大能量也可用于和平目的的想法在意大利流行起来，引起了各工业集团的兴趣。1946 年 11 月，爱迪

---

① [Amaldi] 第 99 页。
② 关于这一实验的描述以及马塞洛·康维尔西和奥雷斯特·皮乔尼的先例，请阅 [Salvini]。

生、菲亚特和科涅［不久之后，蒙特卡蒂尼和萨德加入其中，后来乔治·恩里科·法尔克（Giorgio Enrico Falck）、皮雷利、阿德里亚诺·奥利维蒂（Adriano Olivetti）和特尔尼也加入了］在米兰成立了一家有限责任公司——体验研究信息中心（Centro Informazioni Studi Esperienze，CISE），目的是促进核物理领域的应用研究（尽管官方宣布的公司对象是针对"任何领域"）。体验研究信息中心的科学委员会包括爱德华多·阿马尔迪和吉尔伯托·贝尔纳迪尼，该机构在几年内取得了重大成果，无论是在培训技术人员方面还是在应用研究方面。尤其是到1951年，它还建立了自己的试验工厂，用于生产重水。

1951年，国家核研究所（Istituto Nazionale di Fisica Nucleare，INFN）成立，次年，国家核研究委员会（Comitato Nazionale per le Ricerche Nucleari，CNRN）成立。国家核研究所，尽管它的名字如此，实际上并不涉及核物理学，而是涉及基本粒子物理学。国家核研究委员会（1960年成为国家核能委员会）的成立是为了协调和资助国家核研究所和体验研究信息中心（那时开始接受公共资助）的活动，并在罗马附近的卡萨恰市设立了自己的中心。国家核研究委员会第一年可获得的资金为10亿里拉，不到英国核机构的百分之一，约为美国原子能委员会的八百分之一，但也超过了国家研究委员会的全部预算。[①] 在随后的几年中，国家核研究委员会在应用核物理研究方面发挥了越来越大的作用。

在战后初期，由于缺乏建造加速器所需的资金，意大利新生的基本粒子物理学仅以研究宇宙射线（这是一种取之不尽的粒子来源）为基础，各研究小组都致力于此。为了研究高海拔地区的宇宙射线，1947年在马特峰山地海拔约3500米处建立了泰斯塔格里吉亚实验室。从1949年起，该实验室由埃托雷·潘奇尼领导。

当时的实验研究只能依靠最低限度的资金，使用了许多物理学家自己

---

① 数字和比较取自［Battimelli］第81页。

用临时设备建造的简易装置,在困难但毫无疑问极为振奋人心的条件下工作。乔瓦尼·博阿托(Giovanni Boato)回忆说:

> 潘西尼主张仪器必须完全在家里建造,因为为了培养优秀的技术人员,你必须学会如何建造自己的仪器;为了进行良好的实验研究,你必须知道仪器是如何制造的,因此不要购买它们。①

1953年,国家核研究所决定启动建造意大利的加速器项目。在选址问题上,米兰和罗马之间进行了长期的拉锯战,其中比萨被列为备选的第三种解决方案。1954年决定以首都为重,选择罗马附近的弗拉斯卡蒂。该项目由乔治·萨尔维尼(Giorgio Salvini)指导,并促成了意大利同步加速器的建造,该同步加速器于1959年投入使用。它是世界上第三台同类机器,可以与美国正在运行的另外两台机器相媲美。

同步加速器的实验研究刚刚开始,就出现了设计新机器的问题。针对越来越高的能量进行研究的国际竞赛,事实上,不可能允许这个领域(人们常称之为"高能物理学")在很长一段时间内进行有竞争力的实验研究而不需要更换使用的机器。布鲁诺·陶舍克(Bruno Touschek)提出了建立一个无需过多费用就能达到高能量的加速器的想法,这位奥地利物理学家自1952年以来一直在罗马工作,此后也在意大利进行了他的所有研究。当一个粒子击中一个固定的目标时,因为动量守恒定律,它的动能不能自我抵消;但如果两个相同的粒子以相同的速度迎面相撞,所有的初始动能就可以用来创造新的粒子。在美国,人们建造了一台有两个环在一点上相切的机器来使用这种类型的撞击:粒子在两个环中以相反的方向加速,并在相切点上碰撞。布鲁诺·陶舍克提出了建立一个单一环的想法,在同一磁场的作

---

① [Bonizzoni Giuliani] 第14页第29号。在[Chiarotti]中描述了当时用于高级物理学研究的一些自制仪器的优秀例子。

用下，电子和正电子以相反的方向行进，并可能在轨迹的任何一点发生碰撞和湮灭。

安妮罗的累积器[①]（Anello di Accumulazione）（一个直径为1.5米的小型机器）是由建造同步辐射的同一批物理学家在1962年建造的，是所有正负电子对撞机的原型。为了克服与正电子进入轨道有关的困难，决定将机器搬到巴黎附近的奥赛，那里有一个可以用于此目的的直线加速器。在创造了安妮罗的累积器之后，基于相同原理的更大的机器也立即开始着手设计，该机器被命名为"阿多尼斯"（Adone）。

在20世纪50年代，意大利在基本粒子领域进行的实验工作如同没有移民到美国的意大利物理学家进行的实验工作那样成功。例如，1955年2月在罗马，爱德华多·阿马尔迪的小组在观察宇宙射线在感光乳胶中产生的影像时，认为他们在一个事件中识别出了反质子的存在（这种粒子在当时只是一种假设），但爱德华多·阿马尔迪被他在美国伯克利工作的"朋友"埃米利奥·吉诺·塞格雷劝说不要发表基于单一实验数据的结果，而且即使在发现第二个相同类型的事件后，他仍然天真地遵循这一建议。因此，他给了埃米利奥·吉诺·塞格雷充足的时间，让塞格雷自己仅用一个实验来"发现"反质子，他利用手中专门为这个实验设计的性能强劲的加速器来得出了这个"发现"，并为他赢得了诺贝尔奖。在弗拉斯卡蒂进行的机器建造表明（图15），意大利物理学家甚至有能力在高能物理学领域进行竞争，同样是在这段时间内，在弗拉斯卡蒂进行的研究也产出了重要的理论成果，例如年轻的尼古拉·卡比博（Nicola Cabibbo）的研究成果就是其一。

在核物理学的民用应用方面，国家核研究委员会在1954年至1955年经历了一个严重的危机时期，当时该组织没有收到任何资金，主席职位空缺。就在那时，这个似乎濒临消失的组织由于其秘书菲利斯·伊波利托

[①] 译者注：这是世界上第一个正负电子储存环。

| 意大利科学史——细微处的精巧

图 15　位于弗拉斯卡蒂的安妮罗的累积器

（Felice Ippolito）（即使在 1960 年 CNRN 转变为 CNEN 时，他仍在其岗位上）而重新获得了活力。菲利斯·伊波利托是一位进入核部门负责铀研究的地质学家，他有非常明确的想法，并实施了加强机构的政策，以启动建设核电站生产电力的计划。1978 年，他在回忆自己那些年的行动时说：

> 与其说我是在清算国家核研究委员会,倒不如说我做的事有点像恩里科·马泰(Enrico Mattei)为意大利石油总公司所做的,我很满意它发挥的作用。①

菲利斯·伊波利托实施了一种集中和创新的管理方法,自主地选择他的合作伙伴。例如,在爱迪生的核电站项目上,优先考虑两个国有的公司:一个是工业复兴公司(Istituto Per La Ricostruzione Industrial,IRI)公司②,另一个是意大利埃尼集团(Ente Nazionale ldrocarburi,ENI)③。然而,体验研究信息中心在意大利反应堆的基础上创建一系列核电站的目标只是部分实现。意大利在民用这种新形式的能源方面,所处的情况与半个世纪前建造水力发电站的情况不太一样:它有一个高水平的科学传统,但它如今很薄弱,仅限于少数精英科学家能够踏入此地,而且它不具备实施该项目所需的所有工业能力。其结果与当时的其他情况一样,是一种妥协:发电站是利用国家科学和技术专长建造的,但人们更倾向于进口基本部件,也就是反应堆。意大利的第一座核电站,即埃尼集团的拉蒂纳核电站,其反应堆是在英国购买的,于1958年开始建设。由伊利公司拥有的加利格里阿诺河的工厂,则从美国通用电气公司购买了一个反应堆。第三座电站也选择了美国的反应堆,该电站由爱迪生公司拥有,选择了特里诺·韦尔塞莱斯场地。

高能物理学和核物理学的应用并没有能够完全地展现战后意大利物

---

① [Ippolito IRS]第41页。关于菲利斯·伊波利托在国家核研究委员会方向的政策,也见[Ippolito PC]。
② 译者注:工业复兴公司简称伊利公司,是意大利国家垄断资本组织,意大利最大的工业垄断集团。
③ 译者注:意大利埃尼集团,全称为国家碳化氢公司,是意大利政府为保证国内石油和天然气供应于1953年2月10日成立的国家控股公司,其前身是1926年成立的意大利石油总公司。

理学的全貌。早在 1929 年，奥尔索·马里奥·科尔比诺就已经强调了研究物质状态的重要性，尽管在他看来，这并不属于他的学科中的主流研究范畴。事实上，物质的属性根本无法从基本的相互作用的知识中推导出来，就像对一个生物体的研究，即使是那些拒绝生命论的人，也不可能认为这是物理学家和化学家可以进行的工作。核物理和基本粒子物理学没有覆盖的巨大空间将被统计力学、固态物理学、低温物理学和所有其他可被统称为物质物理学领域的各类学科所占据。20 世纪下半叶最重要的应用，从激光器到微处理器再到超导应用，都将从这个广阔的领域中出现。

在意大利，物质物理学的发展比基本粒子物理学的发展更加分散，而且往往是由个别研究人员从国外引进思想和研究课题而产生的。[①] 它享受的中央资金要少得多，因为与高能物理学不同，它无法受益于广岛和长崎轰炸后公众舆论和政治家对核物理学的高度重视。直到 1963 年，物质结构领域的研究人员才建立起了一个机构，这就是后来的国家物质结构小组，从国家研究委员会获得了平均占现有资源 2.3% 的资助。

自战后以来，这些研究的主要中心是帕维亚，与米兰密切互动。它的发起人是理论物理学家皮耶罗·卡尔迪罗拉（Piero Caldirola）和实验学家路易吉·朱洛托（Luigi Giulotto）。曾在美国工作过的福斯托·福米（Fausto Fumi）和包括詹弗兰科·基亚罗蒂（Gianfranco Chiarotti）在内的一群年轻毕业生加入了他们。该小组取得了重大成果，特别是在核磁共振和各种半导体物理问题上，并与该领域的第一家意大利通用半导体公司（Società Generale Semiconduttori）签订了协议，该公司由阿德里亚诺·奥利维蒂和泰莱特拉于 1957 年成立。

在都灵的加利莱奥·费拉里斯国家电子技术研究所和弗拉斯卡蒂的低

[①] 关于 1945—1960 年意大利的物质物理学，你可以阅读 [OSSPI] 和 [Bonizzoni Giuliani] 中的文章。

温领域也取得了其他重要成果；后者的研究是为了开发同步加速器运行所需的技术。

总而言之，在20世纪60年代初，意大利物理学似乎以一种意想不到的方式从20年前的灾难中恢复过来。少数逃亡的幸存者，其中包括爱德华多·阿马尔迪和吉尔伯托·贝尔纳迪尼，已经能够培训高质量的新兵，甚至吸引一些有价值的外国人，如布鲁诺·陶舍克。其他物理学家已确保意大利进入物质结构领域。此外，与工业世界的互动已经开始，尽管问题重重，但也有锦绣前景。困难和矛盾是存在的，比如高能物理学领域和物质物理学的"穷兄弟"之间的不平衡，或者由于学术界和工业界的不同目标，体验研究信息中心和国家核研究委员会之间的关系也困难频现，但总体情况比1945年人们对这个领域担心的情况要好得多。

2 "二战"后的数学与计算机

受到《种族法》重创的意大利数学也设法恢复了，尽管比物理学花的时间更长一些。

在冲突结束时，以罗马为主要中心的代数几何学派，尽管其产出的最佳时期已经结束，但仍保持了其文化和学术权威，在教学层面上产生了强烈的反响，包括在中学和大学教学中。不屑于应用的数学的纯粹主义者的愿景在弗朗切斯科·塞维里身上仍有其最权威的声音，尽管他对法西斯主义的追随和他在实施《种族法》方面的特殊热情，他的同事们很快回到了他身边，赋予他巨大的学术权力，特别是在意大利国家高等数学研究院（INdAM）的方向上认可了他（在他去世后也以他命名）。我们需要指出，这绝不是唯一的案例。罗马大学（Sapienza Università di Roma）的理学院，其成员大多是左翼，选举萨巴托·维斯科为院长，他是"种族主义科学家宣言"的签署者，与尼古拉·彭德一起，是意大利最权威的两位种族主理论家之一，也是大众文化部种族办公室的负责人。①萨巴托·维斯科还担任过其他各种职务，包括国家营养研究所的主席。正如我们在谈到 1922 年时指出的那样，突然的政治变化总是伴随着文化的持久性。

由于年龄原因，一些因种族或政治而被免职的老数学家，如费德里戈·恩里克斯和吉多·卡斯泰尔诺沃的回归并没有改善情况（吉多·卡斯泰尔诺沃在 1944 年罗马解放后被任命为意大利猞猁之眼国家科学院院长和国家研究委员会特别委员，但他已近八十岁；恩里克斯于 1946 年去世）。

意大利数学的普遍复兴发生在战争结束后约 10 年，即 20 世纪 50 年代中期，但法西斯时期的研究与 20 世纪 50 年代和 20 世纪 60 年代的复兴之间的一个重要的连续性因素是由毛罗·皮康的长期活动所代表的。他创立并领导的国家计算应用研究所形成了一个数学家的温床，战后几乎所有的分析学教授都是从这里走出来的。雷纳托·卡乔波利是他最早的学生之一（尽管他们的政治倾向相反，但他与皮康始终保持着尊敬和爱戴的关系），继续在函数分析方面取得高水平的成果，在那不勒斯数学研究所的重组中，他得到了卡洛·米兰达（Carlo Miranda）的帮助。米兰达是毛罗·皮康的另一个学生，活跃在分析的各个领域，从函数分析的抽象问题到积分方程和偏导数理论，以及数字分析。在皮康的年轻学生中，对意大利分析学进行了革新，也可能是 20 世纪下半叶在意大利工作的最伟大的数学家恩尼奥·德·乔治。1950 年毕业后，恩尼奥·德·乔治在国家计算应用研究所开始了他的研究活动，然后延续了雷纳托·卡乔波利关于"周长"理论的工作（这个术语所表示的基本概念的概括），于 1958 年得出了等周长不等式，即证明在所有具有指定"周长"的集合中，超球体具有最大体积。为他带来国际赞誉的成果之一是

---

① 1964 年，当乔治·伊斯雷尔（Giorgio Israel）问卢西奥·隆巴多·拉迪斯（Lucio Lombardo Radice），一位权威的数学家和教职员工，以及意大利共产党的成员，这样一个人怎么能成为这样一个著名的（和进步的）学院的院长，他回答说："是的，你说得对，但他太擅长找钱了。"（转录自 http://gisrael.blogspot.com/2005_12_01_archive.html）

在1956年解决了希尔伯特的第19个问题[①][几个月后，约翰·福布斯·纳什（John Forbes Nash）也以完全不同的方法独立找到了这个问题的解决方法[②]]。

战争期间，国家计算应用研究所继续为公共和私人机构提供咨询服务，没有中断。研究所活动的两个方面值得强调：首先，它的实用性表现在要求它提供咨询服务的组织和公司给予了十分可观的服务费用，因此研究所构成了国家预算中的一个活跃项目——这种情况在今天看来是不可思议的；其次，具体问题所提供的刺激的重要性，表现在通过在这个机构内经历过培训的许多数学家的质量上。

战后数学家对具体问题的关注并不是皮康的学生所独有的。例如，1946年，意大利领先的概率学家布鲁诺·德·菲内蒂是时度（Doxa）的创始人之一：这是意大利第一家也是最主要的市场调查公司。

在战争期间和随后的几年中，计算机科学迅速崛起。自动计算的古老项目可以追溯到布莱兹·帕斯卡和戈特弗里德·莱布尼茨。在19世纪由于查尔斯·巴贝奇的出现而得到更新，由于电子技术的进步与科学家的理论工作相结合，如艾伦·麦席森·图灵（Alan Mathison Turing）和克劳德·香农（Claude Shannon），他们分别是编程和信息理论的先驱，以及约翰·冯·诺伊曼（John von Neumann）。其结果是具有约翰·冯·诺伊曼结构（即包含一个CPU、一个存储单元和输入输出单元）的数字计算机的诞生，它具备了现代计算机的典型基本结构。在意大利，不仅没有这方面的贡献，而且战争期间取得的进展也不为人知，只是在战争结束后才发现。皮康受到

---

① 1900年8月在巴黎举行的国际数学家大会上，大卫·希尔伯特（David Hilbert）列举了一些问题，作为解决这些问题可能导致特别重要发展的例子。该清单包含了23个如今广为人知的著名的问题。第19个问题是指一类重要的变分问题的所有解是否都是解析的。

② 根据著名的约翰·福布斯·纳什传记[《美丽心灵》（*A beautiful mind*），作者是西尔维亚·娜萨（Sylvia Nasar），同名热门电影就是根据该传记改编的]，这位美国数学家在最终解决了这个著名的问题后，得知自己被意大利人领先了两个月，于是患上了严重的抑郁症。

了极大的震撼。他在 1947 年是这样表述的：

> 你会意识到盎格鲁-撒克逊人在建造强大的计算机方面做出的伟大的运动，有了这些计算机，就可以有效地进行偏微分方程的积分方法，这些方法是我们在研究所中长期研究以求进展，并且在最近才得到了深刻的改进和普及，这一切还需要特别感谢年轻数学家乔万尼·阿梅里奥做出的功绩。根据天才数学家约翰·冯·诺伊曼的一个项目，这些机器中最能预示未来发展方向的机器正在普林斯顿建造。我现在最大的愿望是用这台机器验证我们的方法。我相信，我们已经达到了数学应用的历史转折点，这也将对通常被称为"纯"数学的新方向的发展产生巨大影响。[①]

在战后时期，在意大利的各个办公室，部分模拟计算机被用于重要的应用活动，但意大利数学家与新的数字计算技术的接触直到 1954 年第一台电子计算机到达意大利时才发生：它是米兰理工大学的数值计算中心（Centro di Calcoli Numerici）购买的美国机器（型号为 Crc 102A）。第二年，毛罗·皮康的国家计算应用研究所买了一台英国电脑（型号为 Ferranti Mark I）。这两台机器都被广泛使用：米兰的那台主要用于进行大公司所需的计算，另一台主要用于为公共机构提供咨询。

然而，对于这一领域的研究并不限于学习如何使用在国外购买的机器。人们同时也对意大利的原创项目表现出了兴趣，在当时的环境下，这种兴趣得到了科学界和工业界的认同，这一点很重要。我们在上一小节中看到，比萨已经申请成为正在建造的同步加速器的安装地点。为了加强比萨的竞争资质，比萨省、卢卡省和利沃诺省已经为该计划拨款 1.5 亿里拉。当最终

---

① 1947 年 7 月 11 日毛罗·皮康给沃尔夫冈·格罗布纳（Wolfgang Gröbner）的信，在 [Guerraggio Mattaliano Nastasi] 中引用的段落。

第九章 重建与危机（1945—1973）

决定在弗拉斯卡蒂安装同步加速器时，出现了如何使用这笔钱的问题。当时正巧路过比萨的恩里科·费米建议资助设计一台电子计算机。该建议被接受后，1954年，在物理学家马塞洛·康维尔西和数学家亚历山德罗·法多（Alessandro Faedo）的指导下，比萨纳电子计算机（Calcolatrice Elettronica Pisana）项目诞生。1957年建造了一个原型，而最终的模型，使用了大约3500个电子管，在1961年落成。在所获得的性能的基础上，在比萨设立意大利第一个信息科学学位课程成了可能（今天看来或许很奇怪，但在当时人们认为，在开设技术产品的课程之前，最好是能够建造这些产品）。

由于阿德里亚诺·奥利维蒂有远见的倡议，意大利工业进入了计算机领域。[1] 由他父亲卡米洛创建的家族产业，在当时不仅是办公机械领域（即打字机和机械计算器，由18家工厂生产，其中9家在意大利，9家在国外，并出口到世界各地）的巨无霸，而且还是文化和社会活动的重要中心。

阿德里亚诺·奥利维蒂于1951年开始学习电子方面的专业知识。第二年，为了促进与该领域前沿中心的联系，他在康涅狄格州建立了一个小型电子实验室。1954年，除了通过提供资金援助和派遣自己的研究人员为比萨纳电子计算机项目做出贡献外，奥利维蒂的公司还去美国寻找一个专业人士，委托他对自己的生产项目进行技术指导：它找到了马里奥·朱（Mario Tchou）。马里奥·朱是一个年轻的意大利籍华人工程师，他曾在美国的计算机部门工作。来到意大利后，马里奥·朱挑选了一群合作者，并开始与他们一起设计计算机原型。这项工作最初是在比萨进行的，与在比萨纳电子计算机项目工作的大学研究人员合作，但这两个倡议最终分道扬镳，奥利维蒂小组搬到了米兰附近。1955年圣诞节前夕，阿德里亚诺·奥利维蒂在对员工的年终讲话中公开宣布了这个项目：

---

[1] 关于阿德里亚诺·奥利维蒂好利获得事件的新闻报道见［Soria］。［Filippazzi］提供了研究小组的一名成员的证言。

> 在电子领域，多年来只有最大的美国工厂占据了上风，我们已经有条不紊地工作了 4 年，建立了一个新的分支。在未来的几年里，可能会成立一个新的研究部门来发展电子技术的科学方面，无论好坏，它都在迅速影响着当今文明对进步的追求。在这个领域我们必定不能缺席，这在许多方面是决定性的。[1]

几年后，阿德里亚诺·奥利维蒂向普通股东大会提交了 1958 年的年度报告，重点阐述了新举措的经济原因。

> 在未来，电子技术可能会对目前以机械方式制造的产品的生产方式产生重大影响。因此，有一个至关重要的安全理由，当技术迫使我们的一些产品从机械方式转变为电子方式时，我们不应该毫无准备。[2]

1959 年，完全在意大利设计的 Elea 9003 开始生产。[3] 这是一台前卫的机器，完全是晶体管化的，能够并行地运行几个程序。1957 年，奥利维蒂公司为了开发相关的技术，与泰莱特拉（Telettra）一起成立了通用半导体公司（简称为 SGS，与帕维亚大学的固体物理学家合作），我们已经提到过。1961 年，一款更轻、更便宜的计算机 Elea 6001 加入了 9003 的行列。专门为大型公司和重要机构设计的较昂贵型号的 40 种，以及可供大学使用的约 150 个其他型号的机器也已经建成。1962 年，好利获得（Elettronica Olivetti）（意大利资讯科技公司，成立于 1908 年，专门研发和出品商业器材和电脑系统。目前母公司为

---

[1] 阿德里亚诺·奥利维蒂，《人类之城》（Città dell'uomo），《社区》（Comunità），米兰，1960 年，该段落引自［Gallino］第 15-16 页。
[2] 引自［Soria］第 18 页。
[3] 这个美丽的名字是自动电子处理器（Elaboratore Elettronico Automatico）的首字母缩写，但它也让人想起古代哲学学校的所在地。

意大利电信）公司在拥有自己的自主预算的前提下成立了。

3 工业化学品的成功

战后，化学与工业的关系变得越来越重要。在这几十年里，发达国家的工业化学品的经济比重迅速增加。汽车行业的快速增长导致了橡胶工业和炼油业的同样快速增长；化学受到了从天然橡胶到合成橡胶的过渡和大量可作为石油衍生物获得的物质的影响，这些物质促进了新的石油化学部门的快速增长；同时，在纺织业，合成纤维取代了从植物纤维素中获得的人造纤维。在意大利，能源问题变得越来越重要，因为水力发电的能源供应已不再充足，越来越多的燃油热电厂被使用。

意大利经济过度依赖石油进口的问题在两个层面上得到了解决：当国家核研究委员会（CNRN，后变更为CNEN）确定了我们已经提到的建设核电站的计划时，马泰的埃尼集团启动了在半岛上寻找石油和天然气的计划，同时启动了与生产国直接合作的政策，绕过了当时的几家大型石油公司（恩里科·马泰称它们为"七姐妹"）。

在化学领域，学术研究和工业界之间的关系在战时已经很重要，战后得到了进一步发展。自治时期，在生产合成燃料和其他具有工业意义的物质方面取得优异成绩的化学家有马里奥·贾科莫·列维（Mario Giacomo Levi）和居里奥·纳塔。在战后时期，他们都在米兰理工大学担任工业化学教授：这在当时是一个不正常的情况，因为前者在1938年因《种族法》而被迫离开教席时，居里奥·纳塔就被要求取代他的职位，然而列维随后被恢复了职务。

居里奥·纳塔在1927年至1969年拥有316项专利，是意大利科学家中少有的能够确定工业利益解决方案的科学家。他与意识到科学研究重要性的蒙特卡蒂尼公司高管皮耶罗·朱斯蒂尼亚尼（Piero Giustiniani）的会面，催生了 20 世纪 50 年代和 60 年代工业界和学术界之间最富有成效的合作。

从科学的角度来看，居里奥·纳塔的主要成就是发现了合成大分子的方法，他称之为立构规整聚合物，即不同构型的重复结构单元沿分子链规则排列的聚合物。[1] 由于与卡尔·齐格勒（Karl Waldemar Ziegler）领导的马克斯·普朗克研究所的小组合作，纳塔成功地获得了一系列新物质，其中包括具有特殊抗老化性能的合成橡胶和等规聚丙烯 [人们熟知的常常是它的各种商业名称，包括莫普纶（Moplen）]，该物质从 1957 年起开始进行工业化生产。这是一次科学和工业上的双重胜利：蒙特卡蒂尼公司获得了巨大的利润，纳塔和齐格勒在 1963 年获得诺贝尔奖。居里奥·纳塔的合作者之一乔治·马赞蒂（Giorgio Mazzanti）回忆说：

> 在米兰理工进行的研究取得了巨大的成功，这让皮耶罗·朱斯蒂尼亚尼确认了不仅对居里奥·纳塔，而且对作为化学工业重要工具的普遍研究的信任。这一成功也激起了公司各部门负责人的热情，并且"通过分支机构向下延伸"，这种热情蔓延到各个层面，促进了对创新的普遍关注和对正在进行的生产的持续改进。[2]

另一方面，对生产的研究需求也被一些同样的新成果所推动。例如，新的合成纤维需要新的染料，而该领域唯一能与跨国公司竞争的意大利公司，是由蒙特卡蒂尼公司控股 51% 的国家染料公司和附属公司（Azienda Colori Nazionali e Affini，ACNA）[3]，由于其自身高效的研究结构，能够达

---

[1] 这些结果的流行阐述见于 [Natta Farina]。纳塔的一些主要原创作品在 [Di Meo] 中被转载和介绍的第 409-639 页。

[2] [Mazzanti]。

[3] 译者注：在国内常常以"意大利阿克纳颜料厂"的名字为人们熟知。

成这一目标。①

4　新的生物学进入意大利

在两次战争之间，意大利生命科学领域的科学家几乎总是局限于解决对医学或农业有直接应用价值的问题，在生物学的更高级领域，如遗传学和生物化学方面严重滞后。1945年，由于《种族法》造成的损害（导致朱塞佩·莱维的学校分崩离析，该学校曾是意大利最好的学校）以及在分子生物学等新的前沿领域追赶更先进的国家（特别是美国和英国）时出现的客观困难，情况变得更加严重。尽管如此，战后时期，各机构在这一领域的研究也出现了重要的复苏。刺激意大利研究人员介入生物学领先部门的一个情况是，在药理学中越来越多地使用了具有巨大理论意义的新生物学科：这是一个长期以来都能引发科学家们兴趣的应用部门。

头孢菌素的发现很好地说明了意大利在与健康有直接利益关系的领域表现出来的研究活力，同时也揭露了当年政治局势的某些特点。在1923年卡利亚里的伤寒流行期间，卡利亚里大学的卫生学教授朱塞佩·布罗茨（Giuseppe Brotzu）观察到，导致该流行病的沙门氏菌在通过下水道被冲入大海后迅速从沿海水域消失。在接下来的20年里，朱塞佩·布罗茨主要参与了抗击疟疾的工作，并成为卡利亚里大学的校长，但他没有忘记沙门氏菌的消失，他假设这是一种生物制剂的作用。通过在1943—1945年进行的研究，他成功地从海水中分离出一种头孢属的微型真菌，在体外验证了其广泛的抗菌作用。②然而，在此期间，朱塞佩·布罗茨遭到了除名，因为他被认为是为了他的校长职位而向法西斯政权妥协，为此，他的资助请求被所有的意大利机构无视了（在这几年里，前大众文化部种族办公室的负责人萨巴

---

① [Trinchieri] 第247-251页。
② [Brotzu]，[Bo]。

› 435

托·维斯科由于接近了意大利共产党而重新获得了学术权力）。当朱塞佩·布罗茨把他的真菌培养物送到牛津大学，交给 1945 年诺贝尔青霉素研究奖的三位获奖者之一霍华德·弗洛里男爵（Sir Howard Florey）时，英国科学家提取了几种具有抗生素活性的物质，其中一种是头孢菌素 C，成为新一代抗生素的最初雏形。但即使是英国人也没有从他们的研究中获得好处；第一批商业产品是 1964 年在美国生产的。布罗茨被驱逐出他的研究发现的应用范围，不得不满足于牛津大学授予他的荣誉学位（牛津大学没有必要彰显其反法西斯主义，因此没有理由歧视这位意大利学者）。

战后帮助意大利恢复生物研究的机构之一是那不勒斯动物研究所（Stazione Zoologica di Napoli）。自第一次世界大战以来，该研究所面临着一系列危机，削弱了其国际重要性，在战争期间完全没有活动，但朱塞佩·蒙塔伦蒂（Giuseppe Montalenti）（自 1940 年起在那不勒斯担任意大利遗传学主席）通过与一群技术人员维护设施，成功地在冲突发生和德国及盟国占领期间保持了它的无损状态。[1] 战争结束后，瑞士、瑞典、英国和美国再次租借了他们的研究台，而且，由于后来的其他干预措施[由国家研究委员会（CNR）、教育部、教科文组织和洛克菲勒基金会等实施]，该站重新成为一个国际研究中心，其新的科学声望，即使没有达到结束于 1915 年的黄金时代的声望，也在战后十年中被众多重要国际会议选择其作为会议所在地的事实所证实。例如，在 1951 年，举行了一次关于 X 射线在细胞结构研究中的应用的会议，其间，莫里斯·威尔金斯（Maurice Wilkins）展示了一个由 DNA 分子产生的 X 射线衍射图案；在场的詹姆斯·杜威·沃森（James Dewey Watson）受到刺激，开始进行研究，这将导致他与弗朗西斯克里克（Francis Crick）一起发现双螺旋结构。[2]

尽管动物学研究所仍然是一个由多恩家族成员经营的国际机构[1954 年

---

[1] [Fantini SZ]。
[2] 这一事件在[Watson]中被回顾。

第九章 重建与危机（1945—1973）

彼得·多恩（Peter Dohrn）接替他父亲莱因哈德（Reinhard）进行管理］，但意大利学者的参与增加并确保了更多的研究成果能够转移到大学。战后在那里工作的科学家包括阿尔贝托·蒙罗伊（Alberto Monroy），他通过引入生化方法更新了意大利胚胎学传统知识，并为分子胚胎学的诞生做出了贡献，还有药理学家维托里奥·埃尔斯巴美尔（Vittorio Erspamer）。

维托里奥·埃尔斯巴美尔毕业于帕维亚的医学专业，随后在帕维亚、帕尔马和罗马的大学工作，是世界上非激素生物调节剂领域的权威。他对两栖动物的研究使他成功分离并研究了大量神经递质。1951年，他与Farmitalia（一家医药公司）的研究员比亚吉奥·阿塞罗（Biagio Asero）合作，取得的主要成就之一是确定了肠胺的化学性质，肠胺作为一种激素的生理作用是已知的，另一个成就则是把肠胺鉴定为血清素。

战后意大利研究的一个卓越中心是意大利国家卫生院。该研究所成立于1934年，当时名为公共卫生研究所，其所长自1935年以来一直是化学家多梅尼科·马洛塔（Domenico Marotta），甚至在战前就已经发挥了重要作用。其中，正是由于该研究所的合作，得到了放射性物质，帕尼斯佩纳路的物理学家们才得以开始他们的核物理研究。

有一个小插曲说明了那个时代的科学家精神。在意大利国家卫生院，电子显微镜研究始于多梅尼科·马洛塔在1942年购买的一台西门子仪器。该仪器被用于研究大约一年，但在1943年秋天被德国人没收了。马洛塔无力再买一台电子显微镜，又不愿意放弃这个重要的研究领域，于是提议在研究所的物理实验室的车间里再建一台。这个建议被接受了，建造花了两年半的时间，但似乎所生产的仪器提供了比原来更好的性能。[①]

战后，多梅尼科·马洛塔努力工作，使高级卫生研究院成为国际研

---

① ［Donelli］第12页。然而，必须指出的是，研究所的工作人员已经接管了西门子显微镜的所有技术数据，并保留了它的一些配件。

究中心。① 那些年的开创性研究包括由佛朗哥·格拉齐奥西（Franco Graziosi）和马里奥·阿吉诺（Mario Ageno）(物理学家，曾是费米的学生，被认为是意大利生物物理学的创始人)领导的小组进行的噬菌体研究。

通过吸引国外的知名科学家，也确保了研究所的高水平。瑞士生物化学家达尼埃尔·博韦是巴黎巴斯德研究所治疗化学实验室的负责人，因研究磺胺类药物和发现第一个抗组胺药物(吡拉明)而闻名，他于1947年移居罗马，接受马洛塔的邀请，指导意大利国家卫生院（ISS）的治疗化学实验室，并加入了意大利国籍。在罗马，博韦继续他的研究，特别是抗组胺剂和肌肉松弛剂的研究，这使他在1957年获得诺贝尔医学和生理学奖。1948年，已经在1945年因研究青霉素而获得诺贝尔生理学或医学奖[与弗洛里男爵和亚历山大·弗莱明爵士（Sir Alexander Fleming）一起]的恩斯特·鲍里斯·钱恩爵士（Sir Ernst Boris Chain）加入了国际科学理事会。恩斯特·鲍里斯·钱恩爵士被安排负责一个国际微生物化学中心，该中心除了基础研究外，还参与开发生产抗生素的发酵技术：正是由于他的努力，罗马研究所开发了一些技术，最终推动了1948年建造一个发酵罐的可能性，用发酵罐来激活青霉素的生产，标志着意大利开始独立生产抗生素(以前必须从美国或英国进口)。

多梅尼科·马洛塔在1961年介绍研究所的《科学报告》(*Scientific reports*)时说的一些话可以说明意大利国家卫生院的专业知识和研究的广度以及其负责人的文化态度，这是一份新的英文出版物，将与意大利文的《汇报》并列：

> 在一个科学期刊越来越趋向于专业出版物的时代，提出一个涵盖化学、工程、技术、生物化学、寄生虫学、电子学、微生物学和兽医学等不同学科的期刊，可能显得不合时宜。然而，这本

---

① [Pocchiari]。

杂志的目的是为了说明在高等卫生研究院正在进行的工作项目。不可否认的是，时至今日，专业化是一种必然。然而，像我们这样一个有着极其广泛的涉猎范围的机构，在其各个研究小组之间实现了日常的紧密合作。同时，它刺激了科学家的发展，这些科学家在研究特定问题的同时，能够整合广泛的科学知识领域。[1]

由于阿德里亚诺·布扎蒂-特拉弗索（Adriano Buzzati-Traverso）[作家迪诺·布扎蒂（Dino Buzzati）的弟弟] 进行的实验性遗传学研究，意大利生物学的复兴从另一个中心起步了，那就是帕维亚。阿德里亚诺·布扎蒂-特拉弗索曾在美国学习人口遗传学，从1938年起，他在柏林与尼古拉·蒂莫菲维-莱索夫斯基（Nikolaj Vladimirovič Timofeev-Resovsky）合作进行开创性的遗传学研究，主要研究方向是由辐射和化学制剂引起的突变，一部分是为了发展进化机制的实验性研究。战争期间，还是学生的路易吉·路卡·卡瓦利-斯福尔扎（Luigi Luca Cavalli-Sforza）[2] 开始与他合作进行果蝇种群的实验研究；后来，在布扎蒂的另一个学生尼科洛·维斯康蒂·迪·莫德罗内（Niccolò Visconti di Modrone）的合作下，在细菌的遗传学方面取得了重要成果。

几年后，这个团体解散了。卡瓦利-斯福尔扎在剑桥花了一段时间研究细菌之间的遗传交流（遗传工程将建立在这一现象上）之后，于1950年回到意大利，在米兰血清疗法研究所担任微生物研究主任，他在那里进行药理学和细菌遗传学的研究。在接下来的几年里，他的兴趣转向了人类遗传学。在美国与马克斯·路德维希·亨宁·德尔布吕克（Max Ludwig Henning

---

[1] 多梅尼科·马洛塔，引言，《意大利国家卫生院科学报告》（*Scientific Reports of the Istituto Superiore di Sanità*），1.1（1961年）。[Pocchiari] 中引用了该作品。

[2] 他当时实际上叫路易吉·卡瓦利（Luca Cavalli）。"斯福尔扎"这个姓氏是在他父亲去世后，他被米兰公爵的后裔（他的外祖父）弗朗切斯科一世·斯福尔扎（Francesco I Sforza）收养。他的科学自传载于 [Cavalli-Sforza]。

Delbrück）合作，在噬菌体之间发生的基因交换方面取得了重要的成果，之后维斯康蒂回到了意大利，并在那里创立了一个成功的制药工业：碧兰（Pierrel）制药公司。

1956 年，阿德里亚诺·布扎蒂－特拉弗索也带着他在加利福尼亚取得的科学成就回到意大利，并立即致力于提高意大利生物研究的水平和改造国家的科学结构，主要通过在所有主要的日报上写文章来完成其政治主张的宣传工作，首选的是恩里科·马泰的《日报》(*Il Giorno*)。[1]

阿德里亚诺·布扎蒂－特拉弗索在卫生研究院的研究人员中自然而然地找到了盟友，他的主要成果是创建了国际遗传学和生物物理学实验室（LIGB），该实验室根据国家研究委员会和国家核能委员会之间的协议于 1962 年在那不勒斯成立。[2] 除了阿德里亚诺·布扎蒂－特拉弗索被任命为负责人外，实验室的工作人员还包括担任副主任的佛朗哥·格拉齐奥西。路易吉·路卡·卡瓦利－斯福扎则回到了意大利，指导位于帕维亚的一个部门，专门研究人类遗传学。

享有完全行政自主权的国际遗传学和生物物理学实验室立即开始了高水平的活动，既研究各种前沿方向（1962 年成立了噬菌体生物物理学、噬菌体遗传学、动物遗传学、细胞生物化学、遗传生物化学和神经系统生物化学小组），又组织了国际最高水平的课程和会议，迅速成为欧洲领先的生物研究中心之一。

5　意大利国内情况和国际背景

20 世纪 60 年代初的意大利研究前景充满了光明，但其中也夹杂着阴郁。当然，意大利的科学结构大部分时候不仅无法与两个超级大国的科学

---

[1] 阿德里亚诺·布扎蒂－特拉弗索关于意大利大学的文章选集在 1969 年出版，见 [Buzzati-Traverso]。

[2] [Capocci Corbellini]。

第九章　重建与危机（1945—1973）

结构相提并论，而且也无法与英国或法国等国的科学结构相提并论，这是不争的事实。事后看来，我们也很容易列出当时研究状况存在的严重的弱点：特别是与较发达的国家相比，对研究的投资很低，部分原因是政治和商业阶层的严重限制。同时，必须承认，与冲突结束时继承的灾难性局势相比，在15年的时间里已经有很多成果得到了建立。在这些年里，意大利在各个领域都表现出巨大的文化活力，从电影到文学，从工业风格到广告。[①]

在许多情况下，意大利的研究已经达到了最先进的水平，这不仅仅是由于科学家们孤立研究的成果。诸如国家核研究所、意大利国家卫生院、国家核能委员会和国际遗传学和生物物理学实验室等国家机构在具有战略意义的部门展现出了极具竞争力的水准，诸如那不勒斯动物研究所等私营机构也是如此。一些大公司，包括私营公司，如阿德里亚诺·奥利维蒂和蒙特卡蒂尼，以及各种国营公司，如国家碳化氢公司，都资助了具有重要应用价值的研究，并与学术界进行了富有成效的合作。即使是人才流失（种族法和战争造成的人口外流在之后也并未完全停止），但也不是一个特别令人担忧的现象。不仅数位具有国际声誉的意大利学者，如恩尼奥·德·乔治、阿德里亚诺·布扎蒂-特拉弗索、路易吉·路卡·卡瓦利-斯福尔扎、爱德华多·阿马尔迪、居里奥·纳塔和维托里奥·埃尔斯巴美尔选择留在意大利，而且还有可能吸引国外有价值的科学家，如达尼埃尔·博韦、布鲁诺·陶舍克和恩斯特·鲍里斯·钱恩爵士就是最好的例子。

简而言之，虽然在1945年很少有人会对意大利科学研究复兴抱以厚望，但在20世纪60年代初，游戏似乎又开始了。这显然是一个困难的游戏，但意大利已经获得了重要的智力因素，在某些情况下还有组织上的强劲力量为后盾，准备好去豪赌一场了。

然而，竞争性科学结构的全面实现遇到了来自各方力量和利益纠葛的

---

① 即使在像广告这样美国影响力特别大的领域，美国模式也不是要求当地国家被动地接受，而是创造性地自我调整以适应不同的文化现实，例如见 [Vinti]。

强烈抵制，而这些力量和利益纠葛并不容易摆脱，当然也与通常的政治反对意见脱不了干系。其中包括害怕失去权力地位的学术圈内的贵族们，以及宁愿不在研究上投入资金，而是利用金融操纵手段或试图获得国家援助以换取对政治势力的资助而从中获利的企业家。另一方面，许多政治领导人赞同阿尔契德·加斯贝利（Alcide De Gasperi）的观点，认为科学研究是富裕国家的奢侈品，意大利负担不起。

这种局面的形成还必须考虑当时的国际背景。意大利是一个联盟体系的一部分，美国在这个体系中行使了所谓的共识霸权。[1] 广岛事件后，科学研究对于军事以及经济目的的巨大重要性对公众来说也变得非常清楚，而在"冷战"期间，科学成为两个超级大国之间竞争的主要领域之一。因此，科学政策是美国外交政策的主要方面之一。

到 1945 年，由于一些原因，美国和欧洲（特别是欧洲大陆）之间积累了科学知识的差距。首先，美国在战争对国家研究活动的破坏性行为中得以幸免，在战争期间取得了巨大的科学进步（特别是在一些关键领域，如核物理学、电子学、计算机科学和分子生物学），这也是由于大规模的人才聚集所带来的。这样的人才流动将许多欧洲科学家带到了美国，其中许多人是犹太裔，或者是反纳粹或反法西斯的，还有一些人只是为了寻找更安全和收入更高的工作场所［在战争结束后，前纳粹分子也加入了这个行列，如韦恩赫尔·冯·布劳恩（Wernher von Braun），他在为希特勒设计 V-2 火箭后，成为美国太空计划的主要管理人员］。考虑到经济资源和政治力量的巨大差异，很明显，欧洲科学研究的未来主要掌握在美国人手中。

美国对欧洲的科学政策可能具有的目的很容易猜到：占据西方民主国家在科学（以及随之而来的技术和军事）上对苏联的优势，加强欧洲知识精英对美国领导的共识，当然还有他们自己国家的经济利益。

---

[1] 协商一致的霸权，参阅［Maier］第 148 页。

第九章 重建与危机（1945—1973）

约翰·克里奇（John Krige）[①]分析了美国实际执行的政策，这些政策建立在应用研究和基础研究之间具有明确区分的基础上。根据洛斯阿拉莫斯的经验，具有直接军事或工业利益的研究保留在美国，并严格保密，而宣布为非机密的基础研究，即不受保密限制的那部分，被"国际化"，鼓励在欧洲发展，甚至得到"马歇尔计划"和各种美国组织，如洛克菲勒基金会的财政援助。

美国的战略有效地实现了其所有目标。在欧洲的公众舆论中（也包括许多科学家），科学研究被认定为基础研究，因此显得"自由"和"国际化"，但由于它是在美国的指导下进行的，有时还得到美国的财政援助，人员之间用英语交流，并借用美国的组织结构和评价标准，因此它在欧洲精英的文化同化中发挥了重要作用，并通过传播美国领导下的统一的"自由世界"的思想来对抗共产主义宣传。然而，对欧洲基础研究的支持不仅是政治性的；它也是一个严格意义上的经济事务，因为它允许将科学研究的相当一部分成本转移到国外，同时将经济利益保留给那些有能力获得技术成果的人。此外，欧洲的大学因良好的基础研究而变得高效，这使得美国能够利用欧洲当时巨大的人才流失，降低培训科学人员的成本。

美国的一些政策制定者对这种情况表现出了明确的认识。例如，1946年担任美国人占领的德国地区军事总督的将军卢修斯·杜比尼翁·克莱（Lucius Dubignon Clay）为将从德国人那里获得的科学信息传递给盟国的决定辩护说：

> 在让所有人都能获得这些信息的同时，我们的工业优势使这些资料对我们比对其他人更有价值。[②]

[①] [Krige]。
[②] 这句话的英文原文是：While we are making this information available to all, our own industrial advancement makes it of greater value to us than to the other. 参阅 [Krige] 第13页。

1952年，国家科学基金会主任艾伦·塔·沃特曼（Alan Tower Waterman）告诉美国国会移民和归化委员会：

> 我们所掌握的一些最有效的武器的开发，源于国外进行的公开和非公开的基础科学研究。雷达、原子弹、喷气式飞机和青霉素都是在我们可以自由获取的外国的发现和研究的基础上在美国开发的。[1]

几年后，在给外交关系委员会的一份报告中，艾伦·塔·沃特曼进一步说明了这一点：

> 意识到第二次世界大战的几乎每一种新武器都是欧洲而不是美国思维的产物是喜忧参半的。我们展示了我们组织、应用和大规模生产这种思维产品的一贯能力，但对不仅参与"曼哈顿计划"，而且参与随后的热核武器开发的人员的一项调查，表明了我们对外国科学理论和思想的依赖。[2]

---

[1] 这句话的英文原文是：The development of some of the most vital weapons in our armament stems from open, unclassified fundamental scientific research abroad. Radar, the atomic bomb, jet aircraft, and penicillin were perfected in the United States on the basis of discoveries and research in foreign countries to which we were given ready access. 参阅［Krige］第69页。

[2] 这句话的英文原文是：It is chastening but useful to realize that virtually every new weapon of the Second World War was the outgrowth of European, not American thinking. To be sure we have displayed our costumary ability in organizing, applying and massproducing the product of this thinking, but a roster of the personnel connected not only with the Manhattan project but with the subsequent development of thermonuclear weapons will show our dependence on foreign scientific thought and theory. 参阅［Krige］第291页第50段。

自然，美国保留了决定应用研究和基础研究之间界限的权利，应用研究最好留给自己的实验室，而基础研究则是欧洲人应该进行的。例如，他们认为高能物理学是一个可以在欧洲有效发展的研究领域，与美国进行的物理研究足够接近，可以进行有益的信息交流，但与应用研究有足够的距离。因此，他们为欧洲核子研究中心项目开了绿灯，但前提是在仔细界定了哪些机器可以在欧洲建造。在欧洲核子研究中心所涉及的领域中，不仅应该有（事实上没有）军事应用（当时美国正在开发氢弹），而且还应该有核能的和平利用。[1]

6 失败

对于恢复意大利科学研究的竞争力，赋予它在国家经济和公民增长中的重要作用做出的尝试，在战后曾经取得了重大的成功，尽管这样的成功是部分的，但最终在20世纪60年代以失败告终，这仍有待于进行彻底的历史分析，无论如何，这不能忽视我们试图说明的国际背景。

1962年是意大利历史上的一个关键年份。乍一看，这一年是意大利科学研究成功的一年：最主要的科学成就包括在弗拉斯卡蒂建造了电子对撞机，在那不勒斯建立了国际遗传学和生物物理学实验室，奥利维蒂公司成立了电子技术部；第二年，居里奥·纳塔获得了诺贝尔奖。然而，有三个事件为接下来几年爆发的危机奠定了基础，造成了灾难性的后果。

第一件事是一个明显不重要的事实，当时几乎没有人注意到：意大利国家卫生院的一个不起眼的雇员报告了他认为该机构管理中的行政违规行为。这样的案件注定会越来越多：行政调查将随之而来，在新闻宣传之后，还将进行司法调查。

---

[1] ［Krige］第57-73页。

另外两个事件在性质上非常不同，但都对意大利的能源政策产生了严重的直接后果，并对其科学政策产生了间接后果。

10月27日，国家碳化氢公司公司董事长恩里科·马泰乘坐的飞机从卡塔尼亚返回米兰时，在帕维亚省的巴斯卡佩的乡间坠毁。对于这次事件是一起谋杀事件的猜测当即就被提出，但在第一次官方调查时被抛弃了，直到1997年开启的后续调查中又被接受，但没有出现任何有用的证据来确定对这起事件负责的人。随着恩里科·马泰的去世，国家碳化氢公司不再追求意大利能源独立的目标，它作为研究的资助者的重要性也在下降。

一个月后，11月27日，在电力国有化之后，意大利国家电力公司（ENEL）成立了，接管了私营电力公司的工厂，与之相应的国家的补偿也发放给了这些企业。诸如爱迪生和萨德这样的公司，曾经为重要的研究活动提供资金，现在变成了与能源部门毫无关联的金融公司。意大利核电站计划的设计者——国家核能委员会的秘书长菲利斯·伊波利托也被任命为意大利国家电力公司公司的董事会成员，成为意大利能源政策的关键人物。

1963年8月，意大利民主社会党的书记和历史上的领导人朱塞佩·萨拉盖特（Giuseppe Saragat）发起了一场有力的新闻攻势，反对伊波利托和国家核能委员会的政策：在他看来，资助研究和实验会浪费公共资金。在回应伊波利托的反驳时，朱塞佩·萨拉盖特专门写道：

为什么不等待这种竞争力由有钱的国家来实现？[①]

从言语到行动的反应极为迅速：工业部部长朱塞佩·托尼（Giuseppe Togni）将菲利斯·伊波利托从国家核能委员会秘书处停职，随后立即启动了司法调查，导致他于1964年3月3日因涉嫌在国家核能委员会管理

---

① 《晚邮报》，1963年8月11日。

中的行政违规行为而被捕。一个月后的 4 月 8 日，意大利科学研究领域的另一位领军人物——78 岁的多梅尼科·马洛塔刚刚离开意大利国家卫生院的管理层，准备退休，最终被关进监狱。陪同他入狱的是研究所的行政办公室主任，随后意大利国家卫生院的其他 7 名官员也锒铛入狱。这些指控与对伊波利托的指控相似，也得到了意大利共产党机关报《统一》（L'Unità）的支持。在菲利斯·伊波利托的案件中，意大利民主社会党领导了这次攻击，再次表现出了对科学结构的攻击具有跨学科性。

科学家们试图做出反应。1964 年 4 月，在周刊《快报》（l'Espresso）的一篇文章中，阿德里亚诺·布扎蒂-特拉弗索写道：

> 一场新的迫害似乎已经在意大利展开，使整个科学阶层名誉扫地，同时对国民生活的一个部门造成了损害，而这个部门经过几十年的苦难和斗争，正在开始恢复，并且对整个国家的命运都至关重要。它的目的是什么？是希望意大利应该留在科学革命的伟大世界运动之外？还是希望最好的科学家离开这个国家？①

65 名意大利物理学家（他们几乎是当时所有的教授职位的持有人）给地方法官写了一封信，为菲利斯·伊波利托辩护，他们在信中特别写道：

> 国家核能委员会秘书长菲利斯·伊波利托教授对检察官的严肃要求深感震惊，检察官们认为司法过程可以从那些最能评估其工作成果的人的证词中受益。因此，他们声明如下：
>
> 1. 近年来，国家核研究委员会和国家核研究委员会对大学研究进行了干预，挽救了我国的科学声誉，当然，意大利的大部分物理

---

① 引述于 [Paoloni CM]。

研究都是在国家核研究委员会的设备和发起的基础上进行的，可以肯定的是，在我国，投入研究的资金所产生的科学成果肯定比任何其他国家的都要大。

2. 菲利斯·伊波利托教授，作为国家核能委员会的秘书长，对所取得的成就负有重大责任。[①]

两个审判同时进行，最后菲利斯·伊波利托被判处 11 年监禁，多梅尼科·马洛塔被判处 6 年监禁。对他们不利的证据被意大利最杰出的法学家和国际媒体[②]一致认为是荒谬的，而这些判决将始终被视为司法系统的耻辱，同时也是创建这一司法系统的政治家们的耻辱。对菲利斯·伊波利托先生最严重的指控是向财政部支付一笔款项（以税收的名义，向欧洲原子能共同体出售意大利国家环保局的收益份额），法官认为这是在没有得到必需的议会授权的情况下进行的。在他被认定有罪的许多其他指控中，有各种"挪用资金"的指控，但从来没有人说他个人私吞了钱财：菲利斯·伊波利托被指控"挪用"的资金，据法官说，是用于例如支付杂志订阅费或雇员奖金的款项，而没有遵循正确的程序。

在上诉之后，马洛塔被宣告无罪，对菲利斯·伊波利托的指控也被减轻，但对国际空间站和国家核能委员会造成的打击是不可弥补的。达尼埃尔·博韦离开了意大利国家卫生院，搬到了萨萨里；恩斯特·鲍里斯·钱恩爵士在 1963 年针对多梅尼科·马洛塔发起的反对运动中已经回到了伦敦；这个级别的科学家们都将不再在高等卫生研究院工作。意大利核电站的发展计划被明确地停止了，国家核能委员会的领导权移交给了一位部长级官员，意大利国家电力公司的董事会中不再有任何对能源研究感兴趣的人。已经成为共和国总统的朱塞佩·萨拉盖特随后满意地赦免了他的受害者伊

---

① 这封信转载于 [Bernardini Minerva] 第 154-155 页。
② 例如，见 [Paoloni CM] 和 [Paoloni INI]。

波利托，当然是在他经历了两年的监禁之后。

在同样悲惨的 1964 年，意大利技术研究的另一个主导者好利获得公司被淘汰了。公司的问题始于阿德里亚诺·奥利维蒂 1960 年 2 月去世后不久，他的继承人之间出现了纠纷。1962 年，由于销售量下降，公司出现了财务危机，1963 年，由于股票市场崩溃，使其无法在市场上筹集资金，从而加剧了财务危机。1964 年，根据恩里科·库恰（Enrico Cuccia）所在的 Mediobanca（意大利银行）和工业复兴公司副总裁布鲁诺·维森蒂尼（Bruno Visentini）拟定的协议，以菲亚特为首的公共和私人公司财团进入好利获得的资本。在 1964 年 4 月 30 日的菲亚特普通股东大会上，总经理维托里奥·瓦莱塔（Vittorio Valletta）在向股东解释好利获得公司的资本进入时说：

> 这家位于伊夫雷亚的公司结构健全，能够在关键时刻克服重大困难。然而，有一个威胁笼罩着它的未来，一个需要根除的缺陷：它已经进入了电子技术领域，这需要投资，没有任何一家意大利公司可以在没有钱的情况下解决这个问题。①

此后不久，好利获得公司的电子技术部被卖给通用电气公司，这个"内鬼"也因此被铲除了，而通用电气公司只对进入意大利市场感兴趣，逐渐弃置了这个研究小组。

然而，这是一个根深蒂固的缺陷，需要采取更多行动。留在好利获得的工程师们在皮尔·乔治·贝罗特（Pier Giorgio Perotto）的领导下，违反公司指示，设计了一款可编程的电子计算器——Programma 101，也就是人们熟悉的"Perottina"②，许多人认为这是个人电脑的第一个原型（图

---

① 引自 [Soria] 第 55 页。
② 译者注："Perottina"是世界上第一台商业电脑，以它的创作者贝罗特的名字命名。

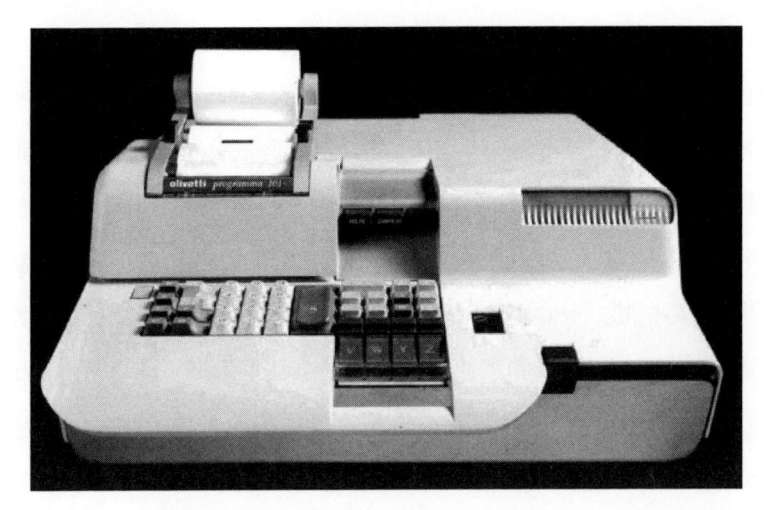

图 16　奥利维蒂公司的 Programma 101（又被称为"Perottina"）

16）。1965 年，Perottina 以 3000 美元的价格上市，取得了巨大的商业成功：售出了 40000 台。惠普公司复制了这台机器，并迅速生产了惠普 9100，但不得不向好利获得公司支付 70 万美元的专利侵权赔偿金（贝罗特获得了象征性的一美元）。然而，好利获得公司的管理层却没有为电子技术部门提供资金，并成功地阻挠了这一成功，任由贝罗特开辟的空间被竞争对手占据。

1968 年，好利获得公司的新经理们终于意识到，办公机械行业不可能一直与电子产品无关（正如阿德里亚诺·奥利维蒂在 1951 年就已经意识到的那样）。然而，好利获得公司的机器选择了只采用意大利制造的外观容器样式：内容物则从英特尔购买。好利获得公司对技术创新缺乏兴趣，这一点也从通用半导体公司的命运中就能体现出来。通用半导体公司早已停止了研究活动，1969 年被好利获得公司卖给了工业复兴公司。

我们将不再赘述化学工业的历史。1966 年，在全能的恩里科·库恰的指导下，蒙特卡蒂尼的财务困难通过与爱迪生公司（我们需要再次提醒一句，在电力国有化的时候，爱迪生已经成为一家金融公司）的合并得到解决；因此，巨大的蒙特爱迪生公司诞生了，其参考股东在 1968 年变为国有 Egam 集团。在 20 世纪 70 年代，国家碳化氢公司和蒙特爱迪生公司都被成为政治权力中心，导致研究活动的崩溃和国家化学工业的迅速衰退。

1968 年的学生运动有时被看作是意大利大学和研究的弊病的起源。从我们上文所说的情况可以看出，崩溃早在几年前就开始了，如果想要确定对这一弊病负责的人，必须在多个不同的实权人员中寻找。此外，至少有一部分"68"运动团体对出售好利获得等错误决定对意大利科学研究造成的损害感到震惊。① 然而，不可否认的是，学生运动和其他极左翼势力在对"资产阶级科学"进行意识形态上的谴责的思想驱使下，在那些年里经常与正在拆毁国家科学结构的势力汇合行动。

在这方面，国际遗传学和生物物理学实验室（Istituto Internazionale di Genetica e Biofisica）的故事特别具有代表性。一开始的困难出现于 1964 年。在多梅尼科·马洛塔和菲利斯·伊波利托被审判期间，国家研究委员会主席乔瓦尼·波尔瓦尼（Giovanni Polvani）认为应该降低实验室研究人员的高薪，导致阿德里亚诺·布扎蒂-特拉弗索辞职。路易吉·路卡·卡瓦利-斯福扎克服了这场危机，他接任了实验室负责人一职，并为几个月后阿德里亚诺·布扎蒂-特拉弗索的回归做准备。1968 年，实验室成为国家研究委员会的一个研究所，失去了行政自主权。一年之前，那不勒斯动物学研究所被降级为附属机构，也被剥夺了它的自主权。

阿德里亚诺·布扎蒂-特拉弗索成功地从美国国家科学基金会获得了约 50 万美元的资金，与伯克利大学合作，在那不勒斯组织了一个为期三年的分子生物学高校继续教育学院（这将是意大利的第一个博士生院：这个名称还没有正式进入法律体系，但阿德里亚诺·布扎蒂-特拉弗索的目的是获得国际认可）。学校原定于 1967 年开始使用遗传学和生物物理学国际实验室的实验室，但先是推迟到 1968 年，然后又推迟到 1969 年。1969 年 5 月 4 日至 6 月 11 日，包

---

① 这个声明是基于个人的回忆 [来自 L.R. 的回忆，他是左派大学（Sinistra Universitaria）的创始人之一，该协会由意大利地热联盟（Unione Geotermica Italiana, UGI）分裂而来，该联盟在 1968 年统领了那不勒斯的学生运动]。

括行政雇员、奖学金获得者和研究所的年轻研究人员在内的 82 人占领了该所，要求对该所进行"民主化"改造。尽管抗议活动使用了极左派的语言，但被敌视阿德里亚诺·布扎蒂-特拉弗索的反动学术界人士用来对付他；提出的要求包括将奖学金名额转变为永久性的国家工作，并与美国断绝关系，但出于意识形态方面的动机，抗议者还攻击了分子生物学本身。

抗议活动达到了组织者的目的：阿德里亚诺·布扎蒂-特拉弗索于 5 月 30 日辞职，学校项目被放弃。在接下来的 3 年里，遗传学和生物物理学国际实验室没有一个负责人。1970 年，该研究所收到的资金还不到 1966 年和 1967 年的三分之一。科学出版物的数量在 1968 年顶峰时期多达 85 种，而到了 1972 年则仅为 19 种。①

阿德里亚诺·布扎蒂-特拉弗索在联合国教科文组织任职，于 1969 年搬到巴黎。1971 年，路易吉·路卡·卡瓦利-斯福扎永久离开意大利，接受了斯坦福大学的教授职位，前往美国。在 1969 年至 1973 年，遗传学和生物物理学国际实验室的 30 名研究人员离开了研究所。

再举个例子，让我们回顾一下在弗拉斯卡蒂诞生的高能物理学的命运。朱利亚·潘切里（Giulia Pancheri）曾参与阿多尼斯（Adone）项目，为布鲁诺·陶舍克的形象作插图，她回忆说：

> 不幸的是，阿多尼斯项目被推迟了，导致推迟的方式和原因对布鲁诺·陶舍克和他对大学生活的设想产生了重大影响。阿多尼斯没能收获许多人预期中的成功，其原因和理由与所谓的伊波利托丑闻有关，该丑闻阻断了弗拉斯卡蒂实验室的资金和资源，但也许最重要的是，与 1967 年以来震动意大利系统的学生和工会抗议活动有关。从 1968 年起，学生抗议的语气和条件在布鲁

---

① 数据来自 [Capocci Corbellini]。

第九章 重建与危机（1945—1973）

诺·陶舍克和学生之间产生了深刻的裂痕，以至于他要求并获得允许，开始教授在职学生，而不是他的正常课程。[1]

在阿多尼斯被推迟的同时，其他地方正在开发更多、更强大的机器。在随后的几十年里，从事高能物理学工作的意大利物理学家主要是在日内瓦的欧洲核子研究中心进行工作。

在1973年的一次会议上，物理学家朱利亚诺·托拉尔多·迪·弗朗西亚（Giuliano Toraldo di Francia）用这样的话来总结意大利的科学状况：

> 意大利是一个不发达的国家。我们正处于一个悲惨的境地。有些人可能会说，我们还是可以弥补的。我对此是非常悲观的。我认为现在采取行动已经很晚了。我已经看到像我们这样的科学传统，曾经由于少数人的贡献和价值而被引领至一个很高的水平，如今则被分散并最终消失了。我已经看到，在科学进步领域，意大利只能依赖于国外发生的一切。我们只能购买国外的成品。[2]

---

[1] [Pancheri]。

[2] 引述于[Bellone]第17页。

第十章
对近期状况的一些考虑

由于缺乏真正的历史文献，以及事件之间太过于接近，不大可能以一种基本上不依赖于作者的特殊技能和经验的方式，来对过去几十年的情况进行综合介绍。然而，还有另一个更客观的理由，使我们的叙述只能止步于上一章：在许多人看来，[1]意大利的科学研究还没有从它在20世纪60年代和20世纪70年代遭受的失败中恢复过来，就像托拉尔多·迪·弗朗西亚在1973年预测的那样。似乎意大利的历史真的在那些年里走到了尽头。这并不是说从那时起就没有意大利研究人员取得过具有重大价值的成果［仅举一例，让我们回顾一下近几十年来在神经科学领域的主要发现，即镜像神经元的发现，是由贾科莫·里佐拉蒂（Giacomo Rizzolati）领导的帕尔马小组完成的］，而是说在意大利开展的科学研究已经不再对国家的现实生活产生重大影响。

为了说明这一点，考虑到时至今日仍然持续着的历史长河的长期性，以及当今社会下新的国际背景，我们在这里只挑选一些一般性意见来做

---

[1] 见［Bellone］。

解答。

对于科学发展来说，几个世纪以来，一个不变的事实是，理论水平和具体问题之间的持续互动是必不可少的，因为它可以应用于具体问题，或者反过来说，它可以从具体问题中得到启发。

纵观几百年的历程，具体问题的性质发生了深刻的变化，科学界涉及的范畴也随之不同。当推动科学发展的需求涉及精英阶层的消费时，因语言而团结起来的意大利科学界，即使在政治分裂的情况下也能走在欧洲的前列，因为当地王公的赞助足以满足所需的少量资金。然而，当科学成为航海、战争和国家行政组织的必要条件时，政治上四分五裂的意大利无法抵御其他欧洲大国的竞争，只有在统一后才设法收复一些失地。

事实上，从17世纪末到20世纪中叶，科学基本上是由国家科学团体推动发展的，这些团体彼此互动，但也保有自主的余地。每个国家都为自己的科学活动提供资金，并将其产出的专业知识用于生产、服务、军备发展和教育。

意大利国家科学界经由一个始于第二次世界大战（恰逢科学研究的重心从欧洲转移到美国）的过程，陷入了危机之中，这是民族国家危机的一个重要方面，通常会被简单粗暴地认为是有助于科学的"国际化"进程。

在现实中，这是一个更复杂的现象。在不把过去理想化的情况下（助长纳粹主义和法西斯主义的民族主义就是在这种情况下发展起来的），我们认为，我们需要现实地看待新制度，避免把它与乌托邦式的梦想相提并论，找出它的真正特点。

首先，必须指出的是，诞生于洛斯阿拉莫斯的机密化和军事化的实验室，并通过新的生物技术来生产已经专利化了的生物物种的新科学，其特点当然不是知识的自由传播，何况这本身也是不可能的。因为科学研究需要越来越多的资金，而这些资金（除了可以分配给纯文化目的的边缘性的零星占比）只能由有能力使用该资金成果的主体提供。

自由获取信息实际上只涉及基础科学。其他知识是科学研究资助者的专有财产。要估计这两个方面的相对数量并不容易，但可以肯定的是，在可以自由访问的领域国际化的同时，"保密"型研究也在大量增加。根据彼得·加里森（Peter Galison）的说法，他曾试图对目前的情况进行量化，今天被保密所覆盖的科学信息总量将超过可查阅文献的科学信息总量高达五到十倍。[①] 虽然一些秘密研究仍由国家机构进行，但企业在其中的角色已变得越来越重要：今天，世界各地的公司对研究的投资是公共部门的两倍。[②]

　　"公开"的基础科学和"保密"的应用科学（通常由在生理意义上和文化意义上都相距甚远的人进行研究培养，他们之间的交流几乎完全是单向的）之间日益扩大的鸿沟，是两者都具有的严重的普遍性危机的根源所在。事实上，前者在很大程度上被剥夺了与现实的联系，常常有把自己包裹得毫无生机，后继无力，而后者则以立即投入生产为目标，显而易见地缺乏同样重要的理论广度做支撑。

　　基础研究的全球化，虽然在效率和发展速度方面有明显的优势，但也有其弱点。在科学现在被划分成的每一个微观领域中，都形成了一个单一的科学共同体，他们拥有共同的价值观、语言和科研方法，在相同的期刊上撰写具有同质性的文章，经常使用相同的软件来制作出版物，并接受相同的"客观"评价标准（在没有具体成果的情况下，只能以自我参照的方式，以共同体的认可为依据）。这种现象类似于贸易和金融的全球化，和这些情况一样，系统获得了速度，但失去了其耐受性和稳定性。科学风尚的快速更迭瞬间就能传遍全球，扼杀了潜在的替代方案，直到被下一个风尚所取代，这与金融市场的全球危机非常相似，正如金融危机因金融与实体经济之间的距离越来越大而加剧一样，昙花一现的科学风尚的出现首先是远离现实问题的领

---

① [Galison] 第30页。
② [Greco Termini] 第43页。

域展现出来的特征。另一方面，具有不同文化传统但相互交流并与现实直接接触的不同学派你方唱罢我登场，在不同方向上轮番取得进展，是欧洲科学黄金时期的主要力量。那些认为科学作为"客观"知识不会受到不同文化传统影响的人，显然低估了德语和法语数学作品之间的差异，这些差异即使在翻译之后进行阅读也能立即辨认出来。

形成科学的单一文化主义的一个重要方面（奇怪的是，这似乎并没有让那些欣赏多元文化的丰富性的人担心）是单一语言主义，当然，这不应该与使用英语作为交流语言的普遍化相混淆。欧洲科学一直有国际交流的语言：几个世纪以来，拉丁语一直被用于这一目的，然后，在后来的时代，法语、德语和英语在很大程度上发挥了同样的功能，但也没有排除使用其他科学语言的可能性。（意大利语从未被用作交流语言，因为在它作为最重要的通行的科学语言的几个世纪里，这一功能由拉丁语来完成，但直到几代人之前，欧洲科学家都能理解它大部分的含义；埃托雷·马约拉纳甚至可以用意大利语给海森堡写信。）然而，在过去几十年里，出现了一个完全不同的现象：除英语之外的西方科学语言几乎完全消失（"几乎"是由于法语的长期抵抗，然而这似乎已经走到尽头了）。

在意大利，当战后似乎从法西斯主义产生的悲剧性崩溃中刚刚窥见恢复的可能性时，科学活动在某种程度上仍在国家背景下进行。正如我们已经看到的，爱德华多·阿马尔迪决定留在意大利，以便"为保护一种文化形式做出贡献"；意大利语仍然作为一种科学语言使用，许多科学家与国有公司合作，如国家核能委员会此类的国家机构在促进研究和国家经济方面同样发挥了重要作用。

为了举例说明 60 年代末开始的不同情况（以及看待新事物的方式），让我们读一下意大利药理学会历史上出现过的一段话，这段话是由吉安卡洛·佩佩（Giancarlo Pepeu）[①] 在 2005 年以意大利药理学会的名义写下的：

---

① 参阅 [Pepeu]。

药理学会领导层的代际跃迁，出现在1968年9月于佛罗伦萨举行的意大利药理学会和英国药理学会第一次联席会议期间发生的"文化革命"之前，或者这次"文化革命"可能正是为此做准备。如今参加意大利药理学会大会的年轻人并没有意识到，引入英语作为会议的唯一语言以及英国学会规定的向由两个学会成员共同组成的科学委员会提交文章的义务是对过去的一种突破。"文化革命"在1969年完成，用一份新的英文杂志《药理学研究交流》(*Pharmacological research communications*)取代了《意大利药理学档案》(*Archivio italiano di scienze farmacologiche*)。

所有这些，加上研究经费在一定程度上的增加，逐渐提高了意大利药理学的科学水平，使其成为一门具有国际竞争力的学科，这一点从意大利药理学会在1987—1992年、1993—1996年和1997—2001年对意大利的药理学研究进行的普查可以看出。

现在让我们来看看吉安卡洛·佩佩的论文的结论：

遗憾的是，意大利药理学会的政治影响力始终有限，它无法以任何方式影响国家在制药业方面的产业政策。因为近几十年来，制药业实际上已经消失了，在这一点上，意大利与法国等其他欧盟国家不同，因为其他欧盟国家都认为制药业是国家发展的战略产业。这减少了在业界工作的合作者的数量，也减少了从大学实验室出来的年轻博士的工作机会。

吉安卡洛·佩佩在提到药理学的特殊情况时，着重强调了60年代末至下一个十年初造成意大利发生了明显不可逆转的变化的两个特点：热情主动地放弃意大利语（这本身就构成了意大利历史的合理结局，而这一历史是以13世纪第一本用意大利白话写的算盘论文开始的）和国家在同一时间退出高科技生产领域。这两个因素有部分联系：事实上很明显，我们仍然以吉安卡洛·佩佩提出的事件为例，在药学文献中，使用一个没有制药业的国家的语言是很奇怪的。当维托里奥·埃尔斯巴美尔和居里奥·纳塔进行科学论文的写作时，他们仍然倾向于频繁地用意大利语写作而不是英语，不仅针对意大利期刊，在国际期刊上也一样，他们这样做也是因为，和他们的外国同事一样，他们也向为本国工业做出贡献的化学家和药理学家致意（没有人会因此认为他们的能力仅局限于地方：甚至在吉安卡洛·佩佩颂扬的"文化革命"发生之前，朱塞佩·布罗茨仍然用意大利语写他的药理学作品，但这并没有妨碍他获得牛津大学的荣誉学位）。

这两者之间的联系当然只是部分的，因为放弃语言但不放弃自己的产业的可能性依然存在。

事实上，虽然法国在捍卫自己的语言方面也是孤军奋战，但除意大利外，所有主要欧洲国家（甚至一些较小的国家）都在捍卫被认为是战略性产业的高科技产业。20世纪60年代对电子技术的放弃和对核电的阻止，开启了一条"欠发达之路"，正如朱利亚诺·托拉尔多·迪·弗朗西亚所说的那样，紧随其后的是对其他具有高知识含量的产品的放弃，以及随后发展的新技术的被迫缺席，意大利最多只是作为一个被动的消费者。[①] 朱塞佩·萨拉盖特和维托里奥·瓦莱塔的战略取得了胜利，但这并不能证明他们认为对意大利来说发展高科技需要过多的资本的想法是正确的。我们只要稍加回想苹果和微软在IT领域的成功就足够了：这两家公司是由年轻人在车库里创建的。

放弃尖端技术使意大利的成果（这些成果在许多领域中仍然是值得铭记的）集中在国际化的基础科学中，而应用科学（正如吉安卡洛·佩佩所言，如果我们对这个类别不基于研究人员自己进行的相关统计或与其他官僚式的标准，只根据所完成的应用程序的价

[①] 意大利对高科技的放弃在 [Gallino] 中得到了有效的总结。

值①进行定义）在国内的地位迅速下降，同时在国内科学工作者的工作意义也大幅度降低。更重要的是，对工业体系缺乏兴趣的同时，伴随着的是政治阶层的无能，他们无法将科学人员的成果用于民用目的：意大利地区水文地质的不稳定性提供了一个极具说服力的例子。随着劳动力市场对科学技能的需求下降，科学在学校课程中的占比也在降低。②虽然从复兴运动到"二战"后，科学家在国家教育政策的制订中发挥了重要作用，但特别是自20世纪80年代以来，这个部门主要被委托给那些在国家范围内有一定地位但对科学一窍不通的人。同时，大学系统的退化也被带动发生，特别是由于学生名额和学位课程的无节制扩散，教授任职资格竞争的地方化和旨在提高大学"生产力"的臭名昭著的"3+2"制度的实施，如今的大学被视为生产文凭的公司。

在这一点上很容易理解，意大利科学家被国内的一切重要职位都排除在外，并被统治阶级边缘化，最终成为（并自我认为）仅仅是国际社会的成员，一年中有一部分时间在半岛上度过，仅此而已。

在一个世界性的科学团体中，追求纯粹的认知理想，不受私人利益的污染，这似乎是一种特权条件，这样的想法尤其受那些与企业逻辑格格不入的人欣赏。然而，知识能量几乎完全集中在基础研究上，不仅对社会造成严重损害，因为它剥夺了发展的主要动力之一（科学知识的应用），而且对研究本身也会造成严重损害。

如果像在意大利那样，纯粹的基础研究科学家与参与工业研究的学者之间相互影响的现象几乎完全不可能发生，那么我们已经多次谈到的文化损害就会变得特别严重。另一个非常严重的损害是剥夺了纯研究的自然资

---

① 获得的经济成果显而易见为判断个人的科学贡献提供了一个糟糕的标准，但在我们看来，它为一个国家在一段确切历史时期内所开展的应用研究的总体有效性提供了一个合理的衡量标准。

② 在[Russo SB]中对中学课程设置的担忧已经被后来的发展所证实。

金来源。人们常感叹意大利在研究方面的投资占国内生产总值的比例很低。实际上，直到几年前，意大利的公共投资只比其他主要欧洲国家略低，而私人投资则急剧下降，①这在一个选择将其生产限制在科研成熟部门的国家是不可避免的。从中我们能够推断，用于研究的公共开支很低，但同时相对于像我们这样欠发达的体系所能获得的科研成果的经济价值来说，这个占比又是过大的。甚至只要机会一旦出现，这个开支就会立刻进一步减少，这也没什么值得惊讶的。

国家研究委员会和其他公共研究机构在本章节所谈及②的这几十年中的衰落，充分说明了通过资助所谓的最终项目来培育应用研究的尝试的失败。从1975年到1987年，这些项目的前两代产生了51819篇文章和61项专利，并出售给私人公司③：我们或许可以认为，这些项目旨在创造出对学术生涯有用的履历资格。1987年启动的第三代项目，明确了减少意大利对外国的技术依赖的目标，但以一个显而易见的失败告终，这是1994年以来资金的崩溃所带来的恶果。④

越来越多的研究人员不得不做出决定，是移民国外还是留在意大利，寻找除了国家和意大利公司以外的赞助者。许多优秀的科研人员都选择了移民。在学术界，"部分移民"的现象，即接受意大利大学和其他国家学校的教授职位，是相当普遍的：它是非法的，但被广泛容忍。另一些人则接受在跨国公司设立于意大利的研究实验室工作（然而，这些公司往往优先在其他国家，特别是亚洲国家设立这些实验室）。另一种选择，特别是在医学研究领域，是通过求助于公共慈善机构来乞求捐助：为此目的设立了诸如电视马拉松

---

① [Greco Termini] 第63页。
② 关于意大利研究系统的制度变化史的总结，请阅读 [Ruberti] 和 [Paoloni SRIN]。
③ [Numerical] 第103页。另外还申请了341项专利，但这些专利与私营公司无关。
④ [Numerico] 第114页。

（Telethon）[1]等项目。

鉴于正在发生的全球化趋势，在国家层面放弃科学研究往往被视为一种不可避免的积极现象，甚至在那些同时主张需要国家增加研究经费的人看来也是如此。基础研究（就其性质而言，没有地方性）当然必须用公共资金来资助，但如果它失去了作为开展其他能够带来经济效益的研究的基础的功能，那么从长远来看，其资金只会越来越少，正如近年来所发生的那样。显然，能够在研究经费和经济利益之间培育良性循环的机构，只有那些注定要作为科学产品生产者来维生的机构，人们可能会想，在今天的全球化世界中，除了跨国公司之外，这些机构中是否还有国家的一席之地。

事实上，近年来飞速发展的全球化现象，已经导致美国（引发了这一进程）和一些较小的西方国家的政府放弃了工业和科学政策，这些政策已被委托给跨国公司（在美国，与国防密切相关的某些部门除外）。然而，欧洲主要国家并没有完全放弃这些政策，亚洲国家也没有。由于这种不对称性，亚洲国家和以美国为主要基地的跨国公司的意志趋同，都将越来越多的工业生产、服务和研究活动的份额从美国转移到了亚洲，对美国经济造成了破坏性的后果，这在2008—2009年美国金融危机后变得愈发明显。[2]

即使在那些拒绝科学研究被彻底"全球化"的人中（这在很大程度上意味着这类研究会被西方国家所放弃），也有一种普遍的看法，即对于严肃的科学政策来说，像意大利这样的国家的规模太小了，只有一个欧洲大陆性的组织才能使我们与中国这样的大型国家实体进行竞争。

欧盟确实资助了自己的研究机构，如建立了欧洲核子研究中心和欧洲航天局（European Space Agency，ESA），以及在大学或其他地方开展的

---

[1] 译者注：意大利电视马拉松（Telethon）基金会，通常会组织和播放一些劝募节目，节目所筹集款项往往会定向捐赠给某些项目或机构。
[2] 这个过程的原因和后果是美国日益明显的衰落的根源，在［Prestowitz］中得到了很好的描述，其中除其他外，强调了在科学领域，著名的美国大学今天首先是为了培养年轻的中国人和印度人在亚洲的实验室（部分由源自西方的跨国公司拥有）进行研究而服务。

研究项目。但它从未获得其创始人希望得到的权力。没有一个真正的政府，没有外交政策，没有武装力量，联盟从未承担过旧有的民族国家的职能。更不足为奇的是，它甚至没有一项科学政策，能够以类似中国或日本政策的方式架构研究人员和生产领域之间的有效关系。它也不可能做到这一点，因为像德国和法国这样的民族国家的政府，与意大利境况不同，已经在其境内实施了类似政策，并且没有兴趣通过在欧洲层面上的重复来稀释其有效性。例如，德国在替代性能源领域的科学政策，使其成为该领域的世界工业领袖。欧盟的研究资金（约占欧盟国家投资的15%），就像战后的"马歇尔计划"一样，侧重于基础研究，其成果被那些有重要应用研究的国家使用。这样一来，在联盟内部，在强国和弱国的关系中，一种与战后美国和欧洲的关系部分相似的情况正在重现。在这种情况下，欧洲能够弥补我们的不足之处的希望不大。

总之，在欧洲的政治建设（看起来越来越遥不可及）缺位的情况下，严肃的国家科学政策似乎是不可或缺的，如果不进行生产系统的转型，这一切也无法实现。然而，要想出一个能够在国家层面引发良性循环的战略并不容易。

在缺乏适当的产业框架的情况下，对于应用性质领域的学术研究进行公共投资上的增加，并不能成为一项行之有效的措施。

回到药理学的案例，如果像吉安卡洛·佩佩所说的那样，国家的制药业实际上已经消失了，那为何纳税人要为进一步增加数量本就很多的药理学家提供资金。如果意大利药理学家的研究成果只有一般的文化价值，没有实际影响，纳税人可能更愿意资助音乐会或考古挖掘。另一方面，如果研究是有用的，那么由从中获利的跨国制药公司来资助似乎更公平。

即使是由国家投资，由公司开展的研究项目，也不可能自动产出积极的成效。其结果不可避免地存在风险，很有可能最终实施的项目，只是一个以获得资金为目的的"研究"项目，同时将资源转移到最有能力对项目进行拦截的人手中。

许多人已经正确地意识到，意大利的特点，如科学学科的研究人员和毕业生数量相对较少，与意大利经济的欠发达有关。然而，在缺乏能够使科学专业知识物尽其用的可行的经济举措的情况下，增加毕业生和研究人员的数量，或是制定"人才回归"的法律，并不意味着能够自动引发良性循环。

我们将所叙述的历史停止在20世纪70年代，因为到此为止我们已经可以得出结论，在那个时候，我们做出了一个选择，而除非发生一场真正的"文化革命"，否则这个选择很可能仍然会影响着意大利未来的发展。

致　谢

撰写本书的灵感源于保罗·瓦伦蒂尼（Paolo Valentini）组织的部分课程，在此致以诚挚感谢。亚历山德罗·德拉·科尔特（Alessandro Della Corte）、乔瓦尼·斯泰利（Giovanni Stelli）在本书撰写过程中给予了很多宝贵意见，不仅对本书所涉主题进行了详细的讨论，也对本书的初稿提出了诸多修改建议。最后，也要衷心感谢弗兰克·奇奥内（Franco Ghione）、伊玛科纳塔·洛克（Immacolata Rocco）为本书提出的极具指导性的建议。

参考书目缩写

[Abbri CT] Ferdinando Abbri, *La chimica in Toscana da Fontana a Gazzeri*, pp. 265–277 in [Barsanti Becagli Pasta].

[Abbri Segala] *Il ruolo sociale della scienza (1789-1830)*, a cura di Ferdinando Abbri e Marco Segala, Olschki, Firenze 2000.

[Abulafia DI] David Abulafia, *Le due Italie: relazioni economiche tra il Regno normanno di Sicilia e i Comuni settentrionali,* Guida, Napoli 1991 (trad. di: *The two Italies: economic relations between the Norman kingdom of Sicily and the northern communes,* University Press, Cambridge 1977).

[Abulafia Federico II] David Abulafia, *Federico II. Un imperatore medievale*, Einaudi, Torino 1993 (trad. di *Frederick II. A medieval emperor*, Allen Lane, London 1988).

[Accorti] Marco Accorti, *Le api di carta. Bibliografia della letteratura italiana sull'ape e sul miele,* Olschki, Firenze 2000.

[Acerbi] Fabio Acerbi, *Plato: Parmenides 149a7-c3. A Proof by Complete Induction?*, "Archive for History of Exact Sciences", 55, 57–76 (2000).

[Agazzi Palladino] Evandro Agazzi, Dario Palladino *Le geometrie non euclidee e i fondamenti della geometria*, Ed. La Scuola, Brescia 1998.

[Alberti De Pictura] Leon Battista Alberti, *De Pictura*, a cura di Cecil Grayson, Laterza, Roma–Bari 1980.

[Alberti Descriptio] *Leonis Baptistae Alberti Descriptio Urbis Romae. Édition critique par Jean-Yves Boriaud & Francesco Furlan*, Olschki, Firenze 2005.

[Alberti famiglia] Leon Battista Alberti, *I libri della famiglia*, a cura di Ruggiero Romano e Alberto Tenenti, Einaudi, Torino 1969.

[Almagià] Roberto Almagià, *Scritti geografici (1905-1957)*, Cremonese, Roma 1961.

[Amaldi] Edoardo Amaldi, *Da via Panisperna all'America*, a cura di Giovanni Battimelli e Michelangelo De Maria, Editori Riuniti, Roma 1997.

[Amici] *Edizione Nazionale delle Opere e della Corrispondenza di Giovanni Battista Amici*, vol. I (due tomi): *Opere edite*, a cura di Alberto Meschiari, Bibliopolis, Napoli 2006.

[Andalò di Negro] *Trattato sull'astrolabio di Andalò di Negro*, a cura di Paolo Edoardo Fornaciari e Ornella Pompeo Faracovi. Pubblicazione del Comune di Livorno in occasione della "Primavera della Scienza a Livorno" febbraio-maggio 2005.

[Andrewes] William J. H. Andrewes, *The Quest for Longitude: the proceedings of the Longitude Symposium, Harvard University, Cambridge, Mass., November 4-6, 1993*, Collection of Historical Scientific Instruments, Harvard University Press, Cambridge, Mass. 1996.

[Annali ST] Gianni Micheli (a cura di), *Storia d'Italia. Annali 3. Scienza e tecnica nella cultura e nella società dal Rinascimento a oggi*, Einaudi, Torino 1980.

[Antinori] Carlo Antinori, *La contabilità pratica prima di Luca Pacioli: origine della partita doppia,* "De Computis, Revista Espanola de Historia de la Contabilidad", Diciembre 2004.

[Archivio Luigi Cremona] sito Internet all' indirizzo www.luigi-cremona.it

[Arnold EDO] Vladimir I. Arnold, *Équations différentielles ordinaires*, Éditions Mir, Moscou 1974.

[Arnold SIM] Vladimir I. Arnold, *Sull'insegnamento della matematica*, "Punti Critici", 3 (1999) (trad. dell' originale pubblicato su "Russian Math. Surveys").

[Atti Prima Riunione] *Atti della Prima Riunione degli scienziati italiani tenuta in Pisa nell'ottobre del 1839*, Tipografia Nistri, Pisa 1840 (ristampa 1989).

[Avogadro: Ciardi] Amedeo Avogadro, *Saggi e memorie della teoria atomica* (*1811-1838*), a cura di Marco Ciardi, Giunti, Firenze 1995.

[Babbage] Charles Babbage, *Passages from the Life of a Philosopher*, edited with a new introduction by Martin Campbell-Kelly, William Pickering, London 1994.

[Bacone: Bettoni] Ruggero Bacone, *Lettera a Clemente IV* (*Epistola fratris Rogerii Baconi*), testo latino e trad. it. con introduzione e note di Efrem Bettoni, Biblioteca francescana provinciale, Milano 1964.

[Balbo] T. Balbo, *In memory of Edoardo Perroncito on the centenary of the founding of the first Chair of Parasitology*, "Parassitologia", 22 (3), 233-237 (1980).

[Baldi] Bernardino Baldi, *Le vite de' matematici*. Edizione annotata e commentata della parte medievale e rinascimentale a cura di Elio Nenci, Franco Angeli, Milano 1998.

[Baldi Canziani] Marialuisa Baldi e Guido Canziani (a cura di), *Cardano e la tradizione dei saperi*, Franco Angeli, Milano 2003.

[Baldini ASPS] Ugo Baldini, *L'attività scientifica nel primo Settecento*, pp. 469-545 in [Annali ST].

[Baldini Clavius] Ugo Baldini (a cura di), *Christoph Clavius e l'attività scientifica dei gesuiti nell'età di Galileo*, Atti del Convegno Internazionale (Chieti, 28-30 aprile 1993), Bulzoni, Roma 1995.

[Baldini LIS] Ugo Baldini, *Legem Impone Subactis. Studi su filosofia e scienza dei gesuiti in Italia, 1540-1632*, Bulzoni, Roma 1992.

[Baldini LVB] Ugo Baldini, *Brugnatelli, Luigi Valentino*, in [DBI].

[Baldini SG] Ugo Baldini, *La scuola galileiana*, pp. 383-463 in [Annali ST].

[Balducci-Pegolotti] Francesco Balducci-Pegolotti, *La pratica della mercatura*, Allan Evans (ed.), The Mediaeval Academy of America, Cambridge, Mass. 1936.

[Banfield] Edwin Banfield, *The Italian Influence on English Barometers from 1780*, Baros Books, Trowbridge 1993.

[Barbieri Cattelani] Francesco Barbieri, Franca Cattelani Degani, *Catalogo della corrispondenza di Paolo Ruffini*, Edizioni ETS, Pisa 1997.

[Barrow] J. D. Barrow, *Teorie del tutto*, Adelphi, Milano 1991.

[Barsanti Becagli Pasta] Giulio Barsanti, Vieri Becagli e Renato Pasta (a cura di), *La politica della scienza. Toscana e stati italiani nel tardo Settecento*, Olschki, Firenze 1996.

[Battimelli] Giovanni Battimelli (a cura di), *L'Istituto Nazionale di Fisica Nucleare. Storia di una comunità di ricerca*, Laterza, Roma-Bari 2001.

[Baudraz Palmucci] Marina Baudraz e Laura Palmucci (a cura di), *Alessandro Cruto ad Alpignano: nasce una fabbrica si illumina un paese*, Comune di Alpignano, Alpignano 1998.

[Belli] *La fisica a Pavia nell' '800 e '900. Scritti di Giuseppe Belli*, a cura di Giacomo Bruni, Overseas, Milano 1988.

[Bellone] Enrico Bellone, *La scienza negata. Il caso italiano*, Codice Edizioni, Torino 2005.

[Beltrami] Eugenio Beltrami, *Sulla teoria dei sistemi di conduttori elettrizzati*, "Rendiconti del Regio Istituto Lombardo", XV, 400-407 (1882).

[Benedetti DSMP] Giovanni Battista Benedetti, *Diversarum Speculationum Mathematicarum et Physicarum liber*, Taurini, 1585.

[Benedetti: Ferrari] Alessandro Benedetti, *Historia corporis humani sive Anatomice*. Introduzione, traduzione e cura di Giovanna Ferrari, Giunti, Firenze 1998.

[Benvenuto] Edoardo Benvenuto, *La scienza delle costruzioni e il suo sviluppo storico*, Edizioni di Storia e Letteratura, Roma 2006.

[Berengario: Lind] Jacopo Berengario da Carpi, *A Short Introduction to Anatomy (Isagogae breves)*, translated by L.R. Lind, The University of Chicago Press, Chicago 1959.

[Beretta] Marco Beretta, *Introduzione* a M. Landriani, *Ricerche fisiche intorno alla* salubrità dell'aria, Giunti, Firenze 1995.

[Bernardi FV] Walter Bernardi, *I fluidi della vita. Alle origini della controversia sull'elettricità animale*, Olschki, Firenze 1992.

[Bernardi ME] Walter Bernardi, *Le metafisiche dell'embrione. Scienze della vita e filosofia da Malpighi a Spallanzani (1672-1793)*, Olschki, Firenze 1986.

[Bernardini Minerva] Carlo Bernardini, Daniela Minerva, *L'ingegno e il potere*, Sansoni, Firenze 1992.

[Betti] Enrico Betti, *Sopra l'entropia di un sistema newtoniano in moto stabile*, "Rendiconti della Regia Accademia dei Lincei", IV, 113-115 (1888).

[Bianchi] Nicomede Bianchi, *Carlo Matteucci e l'Italia del suo tempo*, F.lli Bocca, Roma/Torino/Firenze 1874.

[Biringuccio] *The Pirotechnia of Vannoccio Biringuccio*, Dover, New York 1990.

[Bo] Giovanni Bo, *Brotzu, Giuseppe*, in [DBI].

[Boas HP] Marie Boas, *Hero's Pneumatica: A Study of its Transmission and Influence*, "Isis", vol. 40, 1, 38-48 (1949).

[Böhme Rapp Rösler] Hartmut Böhme, Christof Rapp, Wolfgang Rösler (eds.), *Übersetzung und Transformation*, de Gruyter, Berlin-New York 2007.

[Bombelli] Rafael Bombelli da Bologna, *L'algebra*, Feltrinelli, Milano 1966.

[Bonaparte] Luigi Napoleone Bonaparte, *Études sur le passé et l'avenir de l'artillerie*, J. Dumaine, Paris 1846-1871, 6 voll.

[Bonetti Mazzoni] Alberto Bonetti, Massimo Mazzoni, *The Arcetri School of Physics*, pp. 3-34 in [Redondi Occhialini].

[Bonino] G.B. Bonino, *Ciamician, Giacomo (Luigi)*, in [DBI].

[Bonizzoni Giuliani] Ilaria Bonizzoni e Giuseppe Giuliani, *La nascita della Fisica della materia: 1945-1965*, http://fisicavolta.unipv.it/percorsi/pdf/fisicamateria.pdf

[Bonoli Piliarvu] Fabrizio Bonoli e Daniela Piliarvu, *I lettori di astronomia presso lo studio di Bologna dal xii al xx secolo*, Clueb, Bologna 2001.

[Borchi Macii] Emilio Borchi e Renzo Macii, *Il carteggio Haehner (1853-54). I documenti del primo motore a scoppio di Barsanti e Matteucci*, Pagnini editore,

Firenze 2006.

[Borelli] Giovanni Alfonso Borelli, *Theoricae Mediceorum Planetarum ex causis physicis deductae*, Firenze, 1666 (testo disponibile in rete all'indirizzo: http://fermi.imss.fi.it/rd/bdv?/bdviewer/bid=300933#)

[Bottazzini] Umberto Bottazzini, *Va' pensiero: immagini della matematica nell'Italia dell'Ottocento*, il Mulino, Bologna 1994.

[Boyle] Robert Boyle, *The Sceptical Chymist*, Bibliobazar, La Vergne, TN Usa 2008.

[Brams] Jozef Brams, *La riscoperta di Aristotele in Occidente*, Jaca Book, Milano 2003.

[Brianta] Donata Brianta, *Education and Training in the Mining Industry, 1750-1860: European Models and the Italian Case*, "Annals of Science", 57, 267-300 (2000).

[Brigaglia] Aldo Brigaglia, *Luigi Cremona e la nuova scuola della nuova Italia: dagli obiettivi ai contenuti e alla loro valutazione*, in [Archivio Luigi Cremona].

[Brigaglia Ciliberto] Aldo Brigaglia e Ciro Ciliberto, *Geometria algebrica*, pp. 185-320 in [Di Sieno Guerraggio Nastasi].

[Brigaglia Masotto] Aldo Brigaglia e Guido Masotto, *Il circolo matematico di Palermo*, Dedalo, Bari 1982.

[Brotzu] Giuseppe Brotzu, *Ricerche su di un nuovo antibiotico*, "Lavori dell'Istituto di igiene dell'Università di Cagliari", 1948.

[Brunetti] Rita Brunetti, *Antonio Garbasso. La vita, il pensiero e l'opera scientifica*, "Il Nuovo Cimento", vol. 10, n. 4, 129-152 (1933).

[Bruno] Giordano Bruno, *La cena de le ceneri*, Venezia, 1584 (ristampa anastatica in Giordano Bruno, *Opere italiane*, II, Olschki, Firenze 1999).

[Bucciantini Torrini] Massimo Bucciantini e Maurizio Torrini (a cura di), *La diffusione del copernicanesimo in Italia*, Olschki, Firenze 1997.

[Bud Warner] Robert Bud, Deborah Warner (eds), *Instruments of Science: An Historical Encyclopaedia*, Garland Science, LondonNew York 1998.

[Buzzati-Traverso] Adriano Buzzati-Traverso, *Il fossile denutrito: l'Università italiana*, Mondadori, Milano 1969.

[CAG] *Commentaria in Aristotelem Graeca*, Reimer, Berlin 1882-1909.

[Calcagnini] *Caelii Calcagnini Ferrariensis, ... Opera aliquot*, Froben, Hieronymus & Episcopius, Nikolaus, Basileae 1544.

[Campanus: Toomer] *Campanus of Novara and Medieval Planetary Theory. Teorica planetarum*, edited with an introduction, English translation and commentary by Francis S. Benjamin, Jr and G.J. Toomer, The University of Wisconsin Press, Madison, Milwaukee, and London 1971.

[Canadelli] Elena Canadelli (a cura di), *Milano scientifica. 1875-1924. Volume 1: La rete del grande Politecnico*, Sironi, Milano 2008.

[Cannizzaro Discorso] Stanislao Cannizzaro, *Discorso pronunziato inaugurando il busto di Piria il 14 marzo 1883 nell'Istituto chimico della R. Università di Torino*, pp. 3-45 in [Piria].

[Cannizzaro Sunto] Stanislao Cannizzaro, *Sunto di un corso di filosofia chimica*, a cura di Luigi Cerruti, Sellerio, Palermo 1991.

[Cantoni] Giovanni Cantoni, *Su alcune condizioni fisiche dell'affinità e sul moto browniano*, "Il Nuovo Cimento", 27, 156-157 (1867).

[Canzi] Manuela P. Canzi, *L'evoluzione della spettroscopia in Italia: l'opera di Puccianti e di Garbasso*, Atti del XIV e del XV Congresso Nazionale di Storia della Fisica, a cura di Arcangelo Rossi, Conte, Lecce 1995.

[Capecchi Ruta] Danilo Capecchi e Giuseppe C. Ruta, *Piola's contribution to continuum mechanics*, "Archive for History of Exact Sciences", 51, 4, 303-342 (2007).

[Capocci Corbellini] Mauro Capocci e Gilberto Corbellini, *Adriano Buzzati-Traverso and the foundation of the International Laboratory of Genetics and Biophysics in Naples (1962-1969)*, "Studies in History and Philosophy of Biological and Biomedical Sciences" 33, 489-513 (2002).

[Cardano: Ingegno] Girolamo Cardano, *Della mia vita*, a cura e con una prefazione di Alfonso Ingegno, Serra e Riva, Milano 1982.

[Cardano OO] Girolamo Cardano, *Opera Omnia*, Lyon, Jean Antoine Huguetan/ Marc Antoine Ravaud, 1663 (consultabile all'indirizzo http://www.filosofia.unimi.it/cardano/testi/opera.html).

[Cardano: Tamborini] Girolamo Cardano, *Liber de ludo aleae*, a cura di Massimo Tamborini, Franco Angeli, Milano 2006.

[Cardano: Witmer] *The great art or The Rules of Algebra* by Girolamo Cardano, translated and edited by T. Richard Witmer, The MIT Press, Cambridge, Mass. 1968.

[Casella Lucchini] Antonio Casella e Guido Lucchini, *Graziadio e Moisè Ascoli. Scienza, cultura e politica nell'Italia liberale*, La Goliardica Pavese, Pavia 2002.

[Casini] Paolo Casini, *Boscovich, Ruggero Giuseppe*, in [DBI].

[Castagnetti Camerota] Giuseppe Castagnetti e Michele Camerota, *Raffaello Caverni and his History of Experimental Method in Italy*, pp. 327–339 in [Renn].

[Castellani LS] Carlo Castellani, *Un itinerario culturale: Lazzaro Spallanzani*, Olschki, Firenze 2001.

[Castellani RS] Carlo Castellani, *La réception en Italie et en Europe du "Saggio di osservazioni microscopiche" de Spallanzani (1765)*, "Dixhuitième siècle", XXIII, 85–95 (1991).

[Castelli calamita] Benedetto Castelli, *Discorso sopra la calamita*, in "Bullettino di bibliografia e di storia delle scienze matematiche e fisiche", XVI, ottobre 1883.

[Castelli MAC] Benedetto Castelli, *On the measurement of running water*, a facsimile edition of *Della misura dell'acque correnti*, together with English translation and commentary by Deane R. Blackman, Olschki, Firenze 2004.

[Castronovo GA] Valerio Castronovo, *Giovanni Agnelli: il fondatore*, Utet, Torino 2003.

[Castronovo IIOO] Valerio Castronovo, *L'industria italiana dall'Ottocento a oggi*, Mondadori, Milano 1980.

[Catastini Ghione] Laura Catastini e Franco Ghione, *Le geometrie della visione*, CD-ROM + manuale, Springer Italia, Milano 2003.

[Cavalli-Sforza] Luca e Francesco Cavalli-Sforza, *Perché la scienza. L'avventura di un ricercatore*, Mondadori, Milano 2005.

[Caverni] Raffaello Caverni, *Storia del metodo sperimentale in Italia*, 6 voll., Civelli, Firenze 1890-1909.

[Celoria] Giovanni Celoria, *Sulle Osservazioni di Comete fatte da Paolo Dal Pozzo Toscanelli e sui lavori astronomici suoi in generale*. Pubbl. Reale Osservatorio Astronomico di Brera, Milano 1921.

[Cerruti CON] Luigi Cerruti, *La chimica tra Ottocento e Novecento*, pp. 147-173 in [Lacaita].

[Cerruti CRF] Luigi Cerruti, *I chimici e il regime fascista*, http://www.minerva.unito.it/Storia/ChimicaClassica/ChimiciItaliani/Chimici4.htm

[Cerruti GRL] Luigi Cerruti, *Levi, Giorgio Renato*, in [DBI].

[Cerruti LS] Luigi Cerruti, *Il luogo del "Sunto"*, pp. 73-286 in [Cannizzaro Sunto].

[Cesalpino DP] Andrea Cesalpino, *De plantis libri XVI*, apud Georgium Marescottum, Florentiae 1583.

[CFN 1931] *Convegno di Fisica Nucleare, Ottobre 1931-IX*, Reale Accademia d'Italia, Roma 1932-X.

[Chiarotti] Gianfranco Chiarotti, *Research on color centers and semiconductors in Pavia*, pp. 121-136 in [OSSPI].

[Chinnici] Ileana Chinnici, *Nascita e sviluppo dell'Astrofisica in Italia nella seconda metà dell'Ottocento*, pp. 51-63 in *Atti del XVIII Congresso di Storia della Fisica e dell'Astronomia*, Como 1998.

[Ciardi] Marco Ciardi, *Ordine e progresso. Il ruolo sociale delle scienze fisiche nel Regno di Sardegna durante la Restaurazione*, pp. 87-99 in [Abbri Segala].

[Cipolla MT] Carlo M. Cipolla, *Le macchine del tempo*, il Mulino, Bologna 1981.

[Cipolla PHMPR] Carlo Maria Cipolla, *Public Health and the Medical Profession in the*

Renaissance, Cambridge University Press, Cambridge 1976.

[Cipolla SFEI] Carlo M. Cipolla e altri, *Storia facile dell'economia italiana dal Medioevo a oggi*, Mondadori, Milano 1996.

[Clagett Marliani] Marshall Clagett, *Giovanni Marliani and late medieval physics*, AMS Press, New York 1967.

[Clagett SMME] Marshall Clagett, *La scienza della meccanica nel Medioevo* (traduzione di *The Science of Mechanics in the Middle Ages*, Madison, University), Feltrinelli, Milano 1972.

[Cleomede] Cleomedes, *Caelestia,* ed. R. Todd., B.G. Teubner, Leipzig 1990.

[Coen] Salvatore Coen, *La vita di Vito Volterra vista anche nella varia prospettiva di biografie più o meno recenti*, "La Matematica nella società e nella Cultura. Rivista dell'Unione Matematica Italiana", Serie I, vol. I, 443–476, dicembre 2008.

[Commandino Elementi] *De gli Elementi d'Euclide libri quindici tradotti prima in lingua latina da M. Federico Commandino da Urbino & con Commentarij illustrati, et hora ... trasportati nella nostra vulgare ...,* Frisolino, Urbino 1575 (ristampa anastatica: Accademia Raffaello, Urbino 2009).

[Commandino: Sinisgalli] Rocco Sinisgalli, *La prospettiva di Federico Commandino*, Edizioni Cadmo, Firenze 1993.

[Contardi] Simone Contardi, *Felice Fontana e l'Imperiale e Regio Museo di Firenze. Strategie museali e accademismo scientifico nella Firenze di Pietro Leopoldo*, pp. 37–56 in [Abbri Segala].

[Corbino] *Conferenze e discorsi di O.M. Corbino*, Edizioni Enzo Pinci, Roma, s.d.

[Cormack] Lesley B. Cormack, *Mathematics and Empire: The Military Impulse and the Scientific Revolution*, pp. 181–203 in [Steele Dorland].

[Corsi CGI] Pietro Corsi, *La Carta Geologica d'Italia: agli inizi di un lungo contenzioso*, pp. 255–279 in [Vai Cavazza].

[Corsi LI] Pietro Corsi, *Lamarck en Italie*, "Revue d'histoire des sciences", 37, 47–64 (1984).

[Cosmacini SMSI] Giorgio Cosmacini, *Storia della medicina e della sanità in Italia*, Laterza, Roma-Bari 2005.

[Costituzioni di Melfi] in *Monumenta Germaniae Historica - Die digitale Monumenta*, http://mdz10.bib-bvb.de/~db/bsb00000802/images/index.html?seite=151 .

[Cremona] *La corrispondenza di Luigi Cremona (1830-1903)*, vol. III, a cura di L. Dell'Aglio, S. Di Sieno, R. Gatto, M. Menghini, A. Millan Gasca, P. Nastasi, L. Nurzia, P. Testi Saltini, con una premessa di G. Israel, Serie dei Quaderni P.RI.ST.EM (Per l'Archivio della Corrispondenza dei Matematici Italiani), Quaderno n. 9 (a cura di M. Menghini), Palermo 1996.

[Crespi Gaudiano] M. Crespi e A. Gaudiano, *Beccari, Iacopo Bartolomeo*, in [DBI].

[Crisogono] *Federici Chrisogoni [...] de modo Collegiandi Prognosticandi et curandi Febris Necnon de humana Felicitate ac denique de Fluxu et Refluxu Maris, etc.*, Venetiis 1528.

[Croce IL] Benedetto Croce, *Intorno alla "Logica"*, "Leonardo", ottobredicembre 1905, 177-216.

[Croce LSCP] Benedetto Croce, *Logica come scienza del concetto puro,* Gius. Laterza & Figli, Bari 1920.

[Croce PS] Benedetto Croce, *Pagine sparse*, vol. I, *Letteratura e critica*, Laterza, Roma-Bari 1960.

[Croce Vailati] Benedetto Croce, Giovanni Vailati, *Carteggio (18991905)*, a cura di Cinzia Rizza, Bonanno editore, Acireale-Roma 2006.

[Crombie RG] Alistair Cameron Crombie, *Robert Grosseteste and the origins of experimental science 1100-1700*, Clarendon Press, Oxford 1953.

[D'Abano: Benedicenti] Pietro D'Abano, *Il Trattato "De venenis",* commentato ed illustrato dal prof. Alberico Benedicenti, Olschki, Firenze 1949.

[D'Abano: Federici Vescovini] Graziella Federici Vescovini (a cura di): Pietro D'Abano, *Trattati d'astronomia. Lucidator dubitabilium astronomiae, De motu octavae sphaerae e altre opere*, Editoriale Programma, Padova 1992.

[Dalai Emiliani] Marisa Dalai Emiliani (a cura di), *La prospettiva rinascimentale.*

Codificazioni e trasgressioni, Atti del convegno internazionale tenuto a Milano il 15/10/1977, Centro DI, Firenze 1980.

[Dalai Emiliani Curzi] Marisa Dalai Emiliani e Valter Curzi (a cura di), *Piero della Francesca tra arte e scienza*, Marsilio, Venezia 1996.

[Daly Davis] Margaret Daly Davis, *Piero della Francesca's Mathematical Treatises*, Longo Editore, Ravenna 1977.

[Darwin] George Howard Darwin, *The Tides and kindred phenomena in the solar system*, John Murray, London 1898.

[DBI] *Dizionario biografico degli italiani*, Istituto della Enciclopedia Italiana, Roma 1960 sgg. (anche in rete all'indirizzo http://www.treccani.it/Portale/ricerche/searchBiografie.html).

[De Angelis Giglietto et al.] A. De Angelis, N. Giglietto, L. Guerriero, E. Menichetti, P. Spinelli, S. Stramaglia, *Domenico Pacini, un pioniere dimenticato dello studio dei raggi cosmici*, http://www.scienze.uniba.it/news/raggi_cosmici.pdf.

[De Blasi] Nicola De Blasi, *Bartoli, Cosimo*, in [DBI].

[De Dominis, De radiis] Marc'Antonio de Dominis, *De radiis visus et lucis in vitris perspectivis et iride tractatus*, per Ioannem Bartolum in lucem editus, Tommaso Baglioni, Venetiis 1611.

[De Dominis, Euripus] Marc'Antonio de Dominis, *Euripus, seu de fluxu et refluxu maris sententia*, Andreas Phaeus, Roma 1624.

[Dehn Hellinger] Max Dehn and Ernst Hellinger, *On James Gregory's Vera Quadratura*, pp. 468-478 in *The James Gregory Tercentenary Memorial Volume* (London 1939).

[Del Gamba] Valeria Del Gamba, *Il ragazzo di via Panisperna. L'avventurosa vita del fisico Franco Rasetti*, Bollati Boringhieri, Torino 2007.

[Della Corte] Alessandro Della Corte, *Giacomo Leopardi. Il pensiero scientifico*, Firenze Atheneum, Firenze 2008.

[Della Porta] Giovanni Battista Della Porta, *Magia Naturalis*, Napoli 1589.

[Della prospettiva] Paolo dal Pozzo Toscanelli, *Della prospettiva*, Edizioni Il Polifilo, Milano 1991.

[Del Monte P] Guidobaldo Del Monte, *Perspectivae libri tres*, Concordia, Pesaro 1600.

[De Masi] Domenico De Masi (a cura di), *L'emozione e la regola. I gruppi creativi in Europa dal 1850 al 1950*, Laterza, Roma-Bari 1989.

[De Masi Gentile] Domenico De Masi e Paolo Gentile, *Anton Dohrn e la Stazione Zoologica di Napoli*, pp. 29-57 in [De Masi].

[DG] Hermann Diels, *Doxographi graeci*, Reimer, Berlin 1879 (rist. de Gruyter, Berlin 1976).

[Di Meo] Antonio Di Meo (a cura di), *Storia della chimica in Italia*, Vignola, Roma 1996.

[Dini] Alessandro Dini, *Vita e organismo: Le origini della fisiologia sperimentale in Italia*, Olschki, Firenze 1991.

[Di Sieno Guerraggio Nastasi], Simonetta Di Sieno, Angelo Guerraggio e Pietro Nastasi (a cura di), *La matematica italiana dopo l'Unità. Gli anni tra le due guerre mondiali*, Marcos y Marcos, Milano 2000.

[Dolza] Luisa Dolza, *Utilitas o Utilitarismo? Il ruolo sociale della scienza nell'Accademia delle Scienze di Torino*, pp. 17-35 in [Abbri Segala].

[Dondi Astrarium] Giovanni Dondi Dall' Orologio, *Il Tractatus Astrarii. Biblioteca Capitolare di Padova (Cod. D.39)*, Biblioteca Apostolica Vaticana, 1960.

[Dondi: Baillie] G. H. Baillie, H. Alan Lloyd, F. A. B. Ward, *The Planetarium of Giovanni De Dondi citizen of Padua*, The Antiquarian Horological Society, London 1974.

[Dondi: Revelli] *Il trattato della marea di Jacopo Dondi*, Introduzione, testo latino e versione italiana, Memoria del prof. Paolo Revelli, "Rivista geografica italiana", XIX, 200-283 (1912).

[Donelli] Gianfranco Donelli, *La microscopia elettronica all'Istituto Superiore di Sanità dal 1942 al 1992: dai Laboratori di Fisica al Laboratorio di Ultrastrutture*,

"Quaderni dell'Istituto Superiore di Sanità" (http://www.iss.it/binary/publ/cont/QUADERNO4.pdf).

[Dragoni Manferrari] Giorgio Dragoni e Marina Manferrari, *Il rapporto Righi-Marconi attraverso nuovi documenti inediti*, consultato al sito http://www.radiomarconi.com/marconi/dragoni.html.

[Drake] Stillman Drake, *Galileo. Una biografia scientifica*, il Mulino, Bologna 1988 (traduzione di *Galileo at Work. His Scientific Biography*, The University of Chicago Press, Chicago 1978).

[Duris Gohau] Pascal Duris e Gabriel Gohau, *Storia della biologia*, Einaudi, Torino 1999 (traduzione di: *Histoire des sciences de la vie*, Éditions Nathan, Paris 1997).

[Edgerton] Samuel Y. Edgerton Jr., *The Renaissance Rediscovery of Linear Perspective*, Basic Books, New York 1975.

[Egidi EI] Claudio Egidi, *Gli elettrotecnici italiani fra i due secoli*, "Giornale di fisica", vol. XXXV, n. 1-2, 23-58 (1994).

[Egidi G] Claudio Egidi, *Giorgi, Giovanni*, in [DBI].

[Enriques ESFBC], Federigo Enriques, *Esiste un sistema filosofico di Benedetto Croce?*, "Rassegna contemporanea", IV, 405-418 (1911).

[Enriques PS] Federigo Enriques, *Per la Scienza. Scritti editi e inediti*, a cura di Raffaella Simili, Bibliopolis, Napoli 2000.

[Erone: Carra de Vaux] *Les Mécaniques... de Héron d'Alexandrie, publiée.... sur la version arabe de Qostà Ibn Luqà*, et traduites en frangais par M. le baron Carra de Vaux, "Journal Asiatique", sèrie 9, 1-2, 1893 (rist. Les Belles Lettres, Paris 1988).

[Erone PA] *Heronis Alexandrini Opera Quae Supersunt Omnia*. Volumen I: *Pneumatica et Automata*, recensuit G. Schmidt, Teubner, Stuttgart 1976.

[Falchetta] Piero Falchetta, *Fra Mauro's World Map*, Brepols, Turnhout (Belgium) 2006.

[Fantini AM] Bernardino Fantini, *Molecularizing Embryology: Alberto Monroy and the origins of* Developmental Biology *in Italy*, "The international journal of developmental biology", 44: 537–553(2000).

[Fantini SZ] Bernardino Fantini, *The History of the "Stazione zoologica Anton Dohrn" and the History of Embryology*, "The international journal of developmental biology", 44: 523–535(2000).

[Faraday SC] *The Selected Correspondence of Michael Faraday*, a cura di Pearce Williams(2 voll.), Cambridge University Press, Cambridge 1971.

[Farinella] Calogero Farinella, *Sopra gli Stati. L'organizzazione degli scienziati italiani e il modello della Società dei Quaranta*, pp. 509–530 in [Barsanti Becagli Pasta].

[Fausti] Daniela Fausti, *Teofrasto come fonte dei Commentarii del Mattioli*, comunicazione presentata al convegno *La Complessa Scienza dei Semplici, Celebrazioni del V Centenario della Nascita di Pietro Andrea Mattioli*, Siena 12 marzo 2001–19 novembre 2001(inedita, ma per qualche anno accessibile in rete).

[Febvre Martin] Lucien Febvre and Henri-Jean Martin, *The Coming of the Book*, Verso, London-New York 1997(trad. di *L'apparition du livre*, Albin Michel, Paris 1958).

[Federici Vescovini] Graziella Federici Vescovini, *Le teorie della luce e della visione ottica dal ix al xv secolo. Studi sulla prospettiva medievale e altri saggi*, Morlacchi editore, Perugia 2003.

[Federico II: Trombetti Budriesi] Federico II di Svevia, *De Arte venandi cum avibus*, a cura di Anna Laura Trombetta Budriesi, Laterza, Roma-Bari 2000.

[Feingold], Mordechai Feingold(ed.), *Jesuit science and the republic of letters*, the MIT Press, Cambridge, Mass. /London 2003.

[Fermi] Enrico Fermi, *Collected papers*(*Note e memorie*), University of Chicago Press, Chicago 1962.

[Ferraris] Galileo Ferraris, *Rotazioni elettrodinamiche prodotte per mezzo di correnti alternate*, "Atti della R. Accademia delle Scienze di Torino", vol. 23, 360–375(1887–88).

[Ferraris Provini] Paola Ferraris e Luciano Provini, *Arturo Malignani: scienziato e industriale*, Camera di commercio industria artigianato e agricoltura, Udine 1992.

[Ferreiro] Larrie D. Ferreiro, *Ships and Science*, The MIT Press, Cambridge, Mass./London, 2007.

[Ferrone] Vincenzo Ferrone, *I profeti dell'Illuminismo*, Laterza, RomaBari 2000.

[Feynman] Richard P. Feynman, *QED: The Strange Theory of Light and Matter*, Princeton University Press, Princeton 1988.

[Fibonacci: Sigler] L.E. Sigler, *Fibonacci's Liber Abaci. A Translation into Modern English of Leonardo Pisano's Book of Calculation*, Springer, Berlin-Heidelberg 2002.

[Field] J.V. Field, *Piero della Francesca. A Mathematician's Art*, Yale University Press, London 2005.

[Filippazzi] Franco Filippazzi, *Elea 9003: storia di una sfida industriale. Gli elaboratori elettronici Olivetti negli anni 1950-1960*, Università di Udine, Udine 2008 (consultato al sito http://nid.dimi.uniud.it/history/papers/filippazzi_08.pdf).

[Filone: Prager] Philo of Byzantium, *Pneumatica*, ed. Frank David Prager, Reichert, Wiesbaden 1974.

[Finó], José Federico Finó, *L'artillerie en France à la fin du Moyen Age,* "Gladius", XII (1974), pp. 13-31.

[Fiocca Lamberini Maffioli] Alessandra Fiocca, Daniela Lamberini, Cesare Maffioli (a cura di), *Arte e scienza delle acque nel Rinascimento*, Marsilio, Venezia 2003.

[Firpo] Luigi Firpo, *Galileo Ferraris*, "L'Elettrotecnica", n. 10, (1973).

[Flourens], P. Flourens, *A History of the Discovery of the Circulation of the Blood* (translated from the French), Rickey, Mallory & Company, Cincinnati 1859 (rist. in The Michigan Historical Reprint Series, s.d.).

[Focà Cardone], Alfredo Focà e Francesco Cardone, *Raffaele Piria*, Laruffa, Reggio Calabria 2003.

[Fontana: Barsanti] Felice Fontana, *Ricerche filosofiche sopra la fisica animale, Introduzione e cura di Giulio Barsanti*, Giunti, Firenze 1996.

[Franceschini] Pietro Franceschini, *Ancora su Leonardo anatomista*, in *Leonardo nella Scienza e nella Tecnica, Atti del simposio Internazionale di Storia della Scienza, Firenze-Vinci, 23-26 giugno 1969*, Giunti Barbera, Firenze 1975.

[Franci Pagli Simi] Raffaella Franci, Paolo Pagli e Annalisa Simi (a cura di), *Il sogno di Galois, scritti di storia della matematica dedicati a Laura Toti Rigatelli nel suo 60° compleanno*, Centro Studi della Matematica Medioevale, Università di Siena, Siena 2003.

[Freedberg] David Freedberg, *The Eye of the Lynx. Galileo, his friends, and the beginning of modern natural history*, The University of Chicago Press, Chicago and London 2002.

[Galileo Discorsi] Galileo Galilei, *Discorsi e dimostrazioni matematiche intorno a due nuove scienze*, pp. 43-448 in [Galileo EN], vol. 8.

[Galileo EN] *Edizione Nazionale delle Opere di Galileo Galilei*, 20 voll. (21 tomi), Barbera, Firenze 1890-1909 (rist. Giunti, Firenze 1968).

[Galileo Mecaniche] Galileo Galilei, *Le mecaniche*, edizione critica e saggio introduttivo di Romano Gatto, Olschki, Firenze 2002.

[Galileo: Sosio] Galileo Galilei, *Dialogo sopra i due massimi sistemi del mondo, tolemaico e copernicano*, a cura di Libero Sosio, Einaudi, Torino 1970.

[Galison] Peter Galison, *Removing Knowledge*, "Critical Inquiry", 31, 1(2004).

[Gallavotti] Giovanni Gallavotti, *Theoretical Mechanics in Italy between 1860 and 1922* (http://ipparco.roma1.infn.it/pagine/deposito/2003/6022.pdf).

[Gallino] Luciano Gallino, *La scomparsa dell'Italia industriale,* Einaudi, Torino 2003.

[Galluzzi IR] Paolo Galluzzi, *Gli ingegneri del Rinascimento da Brunelleschi a Leonardo da Vinci*, Giunti, Firenze 1996.

[Galluzzi PL] Paolo Galluzzi (a cura di) *Prima di Leonardo. Cultura delle macchine a Siena nel Rinascimento* (in occasione dell'omonima mostra a Siena, Magazzini del Sale, 9 giugno-30 settembre 1991), Electa, Milano 1991.

[Galvani OS] Luigi Galvani, *Opere scelte*, a cura di Gustavo Berbensi, Utet, Torino 1967.

[Gamba] Enrico Gamba, *Matematici urbinati del Cinque-Seicento*, pp. 9-211 in [Gamba Montebelli].

[Gamba Montebelli] Enrico Gamba e Vico Montebelli, *Le scienze a Urbino nel tardo Rinascimento*, Quattroventi, Urbino 1988.

[Gamba Montebelli Piccinetti] Enrico Gamba, Vico Montebelli e Pierluigi Piccinetti, *La matematica di Piero della Francesca*, "Lettera Matematica Pristem", 59, 49-59 (2006).

[Garbarino] Giuseppe Garbarino, *Alla scoperta di Ascanio Sobrero*, Centro studi Ascanio Sobrero, Cavallermaggiore 1995.

[Garin] Eugenio Garin, *Intellettuali italiani del XX secolo*, Editori Riuniti, Roma 1974.

[Garzoni: Ugaglia] Leonardo Garzoni, *Trattati della calamita*, a cura di Monica Ugaglia, Franco Angeli, Milano 2005.

[Gauss] Cari Friedrich Gauss, *Werke,* vol. VIII, Gottingen, 1900.

[Gemino] Geminus, *Introduction aux phénomènes*, Germaine Aujac ed., Les Belles Lettres, Paris 1975.

[Generali AV] Dario Generali (a cura di), *Antonio Vallisneri. La figura, il contesto, le immagini storiografiche*, Olschki, Firenze 2008.

[Generali Intr] Dario Generali, *Introduzione* a [Vallisneri: Pennuto].

[Gentile da Foligno: Timio], Gentile da Foligno, *Carmina de urinarum iudiciis et de pulsibus*, a cura di Mario Timio, Fabrizio Fabbri editore, Perugia 1998.

[Ghiberti] Lorenzo Ghiberti, *I commentarii*, introduzione e cura di Lorenzo Bartoli, Giunti, Firenze 1998.

[Ghini] *I placiti di Luca Ghini intorno a piante descritte nei Commentarii al Dioscoride di P.A. Mattioli*, "Memorie del Reale Istituto veneto di scienze, lettere ed arti", vol. XXVII, N. 8, Venezia 1907.

[Giacobini Panattoni] Giacomo Giacobini e Gian Luigi Panattoni (a cura di),

Il darwinismo in Italia, testi di Filippo De Filippi, Michele Lessona, Paolo Mantegazza, Giovanni Canestrini, Utet, Torino 1983.

[Giacomini] Valerio Giacomini, *Brocchi, Giovanni Battista*, in [DBI].

[Gilbert] William Gilbert, *De Magnete*, Dover, New York, 1991.

[Gille LIR] Bertrand Gille, *Leonardo e gli ingegneri del Rinascimento*, Feltrinelli, Milano 1972 (trad. di *Les ingénieurs de la Renaissance*, Hermann, Paris 1964).

[Gioseffi] Decio Gioseffi, *Perspectiva artificialis. Per la storia della prospettiva - Spigolature e appunti*, Università degli studi di Trieste, Trieste 1957.

[Giusti LA] Enrico Giusti: *Matematica e commercio nel liber abaci,* pp. 59-120 in [Giusti LP].

[Giusti LP] Enrico Giusti (a cura di), *Un ponte sul Mediterraneo. Leonardo Pisano, la scienza araba e la rinascita della matematica in Occidente*, Edizioni Polistampa, Firenze 2002.

[Giusti PMR] Enrico Giusti (a cura di), *Luca Pacioli e la matematica del Rinascimento,* Atti del convegno internazionale di studi, Sansepolcro 13-16 aprile 1994, Petruzzi editori, Città di Castello 1998.

[Gliozzi] M. Gliozzi, *Bina, Andrea*, in [DBI].

[GN Badeker] *Die gesammten Naturwissenschaften*, Druck und Verlag von G.D. Badeker, 1873.

[Goodstein] Judith R. Goodstein, *A Conversation with Franco Rasetti*, "Physics in Perspective", 3, 271-313 (2001).

[Gould BB] Stephen J. Gould, *Bravo Brontosauro*, Feltrinelli, Milano 2002.

[Gould QCAD] Stephen J. Gould, *Quando i cavalli avevano le dita. Misteri e stranezze della natura*, Feltrinelli, Milano 1983.

[Govi] Gilberto Govi, *Il microscopio composto inventato da Galileo*, "Atti della Reale Accademia delle Scienze fisiche e matematiche", Napoli, II, 1-33 (1888).

[Graffi concorsi] Sandro Graffi, *Considerazioni sulla grandezza e decadenza dei concorsi universitari italiani*, intervento al Convegno di Arcidosso su "Scienza e Società negli ultimi 50 anni", 1-3 settembre 2005, all' indirizzo http://

www.dm.unibo.it/cdfm/notizie.html .

[Graffi SFM] Sandro Graffi, *Sezione fisico-matematica degli Istituti tecnici*, "Punti Critici", I, 2(1999).

[Greco Termini] Pietro Greco, Settimio Termini, *Contro il declino*, Codice Edizioni, Torino 2007.

[Grender] Paul F. Grender, *La scuola nel Rinascimento italiano*, Laterza, Roma-Bari 1991.

[Guareschi AS] Icilio Guareschi, *Ascanio Sobrero nel centenario della sua nascita*, "Isis", vol. 1, n. 3, 351–358(1913).

[Guareschi NSMB] Icilio Guareschi, *Nota sulla storia del movimento browniano*, "Isis", vol. 1, n. 1, 47–52 (1913).

[Guerra Robotti] Francesco Guerra, Nadia Robotti, *Ettore Majorana. Aspects of his Scientific and Academic Activity*, Edizioni della Normale, Pisa 2008.

[Guerraggio] Angelo Guerraggio, *L'Analisi*, pp. 1–158 in [Di Sieno Guerraggio Nastasi].

[Guerraggio Mattaliano Nastasi] Angelo Guerraggio, Maurizio Mattaliano, Pietro Nastasi, *L'IAC e il Centro Internazionale di Calcolo dell'Unesco,* Introduzione al numero 21–22 della rivista "PRISTEM/Storia Note di Matematica, Storia, Cultura", consultato al sito http://matematica.unibocconi.it/articoli .

[Guerraggio Nastasi GMI] Angelo Guerraggio e Pietro Nastasi (a cura di), *Gentile e i matematici italiani. Lettere 1907-1943*, Bollati Boringhieri, Torino 1993.

[Guerraggio Nastasi MCN] Angelo Guerraggio e Pietro Nastasi, *Matematica in camicia nera. Il regime e gli scienziati*, Paravia Bruno Mondadori, Milano 2005.

[Hahn Neurath Carnap] Hans Hahn, Otto Neurath, Rudolf Carnap, *La concezione scientifica del mondo. Il Circolo di Vienna*, a cura di Alberto Pasquinelli, Laterza, Roma-Bari 1979 (trad. di *Wissenschaftliche Weltauffassung. Der Wiener Kreis*, Artur Wolf Verlag, Wien 1929).

[Hall] A. Rupert Hall, *La Rivoluzione scientifica. 1500/1800*, Feltrinelli, Milano 1976 (trad. di *The Scientific Revolution 1500-1800*, Longmans, Green and Co. Ltd,

London 1954).

[Haskins RTC] Charles Homer Haskins, *The Renaissance of the twelfth Century*, Harvard University Press, Cambridge, Mass. 1927.

[Haskins SHMS] Charles Homer Haskins, *Studies in the history of medieval science*, Harvard University Press, Cambridge, Mass. 1924.

[Heilbron] J. L. Heilbron, *Electricity in the 17th and 18th Centuries. A study of Early Modern Physics*, Dover, New York 1999.

[Heuss] Theodor Heuss, *L'"Acquario" di Napoli e il suo fondatore Anton Dohrn*, Casini, Roma 1959.

[Holmes] Frederic Lawrence Holmes, *Antoine Lavoisier—The Next Crucial Year, or The Sources of His Quantitative Method in Chemistry*, Princeton University Press, Princeton 1998.

[Hosle] Vittorio Hosle, *Introduzione a Vico. La scienza del mondo intersoggettivo*, Guerini, Milano 1997.

[HUE I] *A History of the University in Europe,* General Editor Walter Ruegg, volume I, *Universities in the Middle Ages*, Cambridge University Press, Cambridge 1992.

[HUE II] *A History of the University in Europe,* General Editor Walter Ruegg, volume II, *Universities in Early Modern Europe (1500-1800)*: Cambridge University Press, Cambridge 1996.

[Infusino Win O'Neill] Mark H. Infusino, Dorothy Win e Ynez O'Neill, *Mondino's book and the human body*, "Vesalius", I, 2, 71-76 (1995).

[Ippolito IRS] Felice Ippolito, *Intervista sulla ricerca scientifica,* Laterza, Roma-Bari 1978.

[Ippolito PC] Felice Ippolito, *La politica del Cnen*, il Saggiatore, Milano 1965.

[Israel CSNS] Giorgio Israel, *Chi sono i nemici della scienza? Riflessioni su un disastro educativo e culturale e documenti di malascienza*, Lindau, Torino 2008.

[Israel Nastasi] Giorgio Israel e Pietro Nastasi, *Scienza e razza nell'Italia fascista*, il Mulino, Bologna 1998.

[Kantorowicz] Ernst Kantorowicz, *Federico II imperatore*, Garzanti, Milano

1981 (trad. di *Kaiser Friedrich der Zweite*, Kupper vorm. Bondi, Dusseldorf/ Munchen 1927).

[Karrow] Robert Karrow, *Centers of Map Publishing in Europe, 14721600*, pp. 611-621 in [Woodward HC], Part 1.

[King] Henry C. King, *The History of the Telescope*, Charles Griffin, London 1955.

[Kline] Morris Kline, *Storia del pensiero matematico*, Einaudi, Torino 1991 (trad. di *Mathematical Thought from Ancient to Modern Times*, Oxford University Press, New York 1972).

[Koyré RA] Alexandre Koyré, *La rivoluzione astronomica. Copernico Keplero Borelli*, Feltrinelli, Milano 1966 (trad. di *La révolution astronomique*, Hermann, Paris 1961).

[Koyré SG] Alexandre Koyré, *Studi galileiani*, Torino, Einaudi, 1976 (trad. di *Études galiléennes*, Hermann, Paris 1966).

[Krige] John Krige, *American Hegemony and the Postwar Reconstruction of Science in Europe*, the MIT Press, Cambridge, Mass./London 2006.

[Kristeller PAR] Paul Oskar Kristeller, *Il pensiero e le arti nel Rinascimento*, Donzelli, Roma 1998 (trad. di *Renaissance Thought and the Arts. Collected Essays*, Princeton University Press, Princeton 1990).

[Kristeller Salerno] Paul Oskar Kristeller, *The School of Salerno: Its Development and its Contribution to the History of Learning*, pp. 495551 in [Kristeller SRTL].

[Kristeller SRTL] Paul Oskar Kristeller, *Studies in Renaissance Thought and Letters*, Edizioni di storia e letteratura, Roma 1984.

[Kuhn] Thomas S. Kuhn, *The Structure of Scientific Revolutions*, Chicago University Press, Chicago 1962.

[Lacaita] Carlo G. Lacaita (a cura di), *Scienza tecnica e modernizzazione in Italia tra Ottocento e Novecento*, Franco Angeli, Milano 2001.

[Lacaita Silvestri] Carlo G. Lacaita e Andrea Silvestri (a cura di), *Francesco Brioschi e il suo tempo (1824-1897). I: Saggi*, Franco Angeli, Milano 2000.

[Lamberini] Daniela Lamberini, *"A beneficio dell'universale". Ingegneria idraulica e privilegi di macchine alla corte dei Medici*, pp. 47-72 in [Fiocca Lamberini

Maffioli].

[Lane] Frederic C. Lane, *Storia di Venezia*, Einaudi, Torino 1991 (trad. di *Venice. A Maritime Republic*, The Johns Hopkins University Press, Baltimore and London 1973).

[Langins] Janis Langins, *Conserving the Enlightenment. French Military Engineering from Vauban to the Revolution*, The MIT Press, Cambridge, Mass./London 2004.

[Lattis] James M. Lattis, *Between Copernicus and Galileo. Cristoph Clavius and the Collapse of Ptolemaic Cosmology*, The University of Chicago Press, Chicago 1994.

[Laura Fermi] Laura Fermi, *Atomi in famiglia*, Mondadori, Milano 1954.

[legge Casati] Legge in data 13 novembre 1859 sul Riordinamento dell'Istruzione pubblica (parzialmente riportata al sito: www.dircost.unito.it/root_subalp/docs/1859/1859-3725.htm).

[Leonardo Pisano: Boncompagni] Baldassarre Boncompagni (a cura di), *Scritti di Leonardo Pisano*, volume I, *Liber abaci*, Tipografia delle scienze matematiche e fisiche, Roma 1857.

[Leonardo pittura] Leonardo da Vinci, *Trattato della pittura*, Le bibliophile, Neuchatel 1995.

[Leopoldo ii] *Il governo di famiglia in Toscana. Le memorie del granduca Leopoldo ii di Lorena (1824-1859)*, a cura di Franz Pesendorfer, Sansoni, Firenze 1987.

[Leschiutta] Sigfrido Leschiutta, *Gli "elettricisti" italiani della prima metà dell'Ottocento*, "Giornale di fisica", vol. XXXV, 1-2 (1994).

[Levi-Montalcini] Rita Levi-Montalcini, *Elogio dell'imperfezione*, Garzanti, Milano 1987.

[Liberti] Leo Liberti, *Ottaviano Fabrizio Mossotti: the Youth Years (1791-1823)* (consultato all'indirizzo http://www.lix.polytechnique.fr/~liberti/maths-history/mossotti/mossotti.html).

[Libri] Guillaume Libri, *Histoire des sciences mathématiques en Italie, depuis la*

Renaissance des lettres jusqu'à la fin du dix-septième siècle(tomes I-IV), Elibron Classics, 2001.

[Lyell] Charles Lyell, *Principles of Geology*, Penguin Books, London 1997.

[Maffioli C] Cesare Maffioli, *Cardano e i saperi delle acque*, pp. 83-104 in [Baldi Canziani].

[Maffioli CS] Cesare Maffioli, *Tra Girolamo Cardano e Giacomo Soldati. Il problema della misura delle acque nella Milano spagnola*, pp. 105136 in [Fiocca Lamberini Maffioli].

[Magalotti] Lorenzo Magalotti, *Saggi di naturali esperienze fatte nell'Accademia del Serenissimo Principe Leopoldo di Toscana e descritte dal Segretario di essa Accademia*, ristampa integrale illustrata a cura di Enrico Falqui, Sellerio, Palermo 2001.

[Maier] Charles Maier, *The Politics of Productivity: Foundations of American International Economic Policy after World War II*, in Maier, *In Search of Stability: Explorations in Historical Political Economy*, Cambridge University Press, Cambridge 1987.

[Maiocchi MIC] Roberto Maiocchi, *Osservazioni sui manoscritti inediti di Alessandro Cruto*, "Museoscienza", a. XVI, 10-24(1976).

[Maiocchi RCE] Roberto Maiocchi, *La ricerca in campo elettrotecnico*, pp. 155-199 in [Mori SIEI].

[Maiocchi RSSII] Roberto Maiocchi, *Il ruolo delle scienze nello sviluppo industriale italiano*, pp. 863-999 in [Annali ST].

[Majorana] Ettore Majorana, *Scientific papers*, edited by G.F. Bassani and the Council of the Italian Physical Society, Springer, BerlinHeidelberg 2006.

[Manacorda] Giuseppe Manacorda, *Storia della scuola in Italia, Vol. 1: Il medio evo, Parte 2: Storia interna della scuola medievale*, Sandron, Milano 1914.

[Mancini] Girolamo Mancini, *L'Opera "De Corporibus Regularibus" di Pietro Franceschi detto della Francesca usurpata da Fra Luca Pacioli*(con dodici tavole), "Atti R. Acc. Dei Lincei", vol. XIV, 446-487(1915).

[Mandò] Manlio Mandò, *Notizie sugli studi di Fisica*(*1859-1949*), pp. 585-619 in [St. At. Fior.].

[Manetti] Antonio Manetti, *Vita di Filippo Brunelleschi*, Salerno editrice, Roma 1992.

[Mantegazza] Amilcare Mantegazza, *Laboratori di chimica, campi sperimentali e gabinetti di zoologia. La scuola superiore di agricoltura*, pp. 185-207 in [Canadelli].

[Marchese] G.P. Marchese, *Cambi, Livio*, in [DBI].

[Marconi ROC] Guglielmo Marconi, *Radiocomunicazioni a onde cortissime*, "Alta frequenza", II, 5-24 (1933).

[Marliani] Giovanni Marliani, *De proportione motuum in velocitate*, D. Confaloneriis, Pavia 1482.

[Martini] Laura Martini, *The politics of unification: Barnaba Tortolini and the publication of research mathematics in Italy, 1850-1865*, pp. 171-198 in [Franci Pagli Simi].

[Maurolico: Napolitani Takahashi], Pier Daniele Napolitani e Ken'ichi Takahashi (a cura di), *Optica*, in [F. Maurolyci Opera Mathematica].

[Maurolico: Sinisgalli Vastola], Rocco Sinisgalli e Salvatore Vastola, *Le sezioni coniche di Maurolico*, edizioni Cadmo, Fiesole 2000.

[Maurolyci Opera Mathematica] consultabile al sito http://www.dm.unipi.it/pages/maurolic/intro.htm.

[Maxwell] James Clerk Maxwell, *A Treatise on Electricity and Magnetism*, Dover, New York 1954.

[Mayor] Adrienne Mayor, *The first fossil hunters. Paleontology in Greek and Roman times*, Princeton University Press, Princeton 2000.

[Mayr] Ernst Mayr, *Storia del pensiero biologico. Diversità, evoluzione, eredità*, Bollati Boringhieri, Torino 1990 (trad. di *The Growth of Biological Thought. Diversity, Evolution, and Inheritance*, Harvard University Press, Cambridge, Mass./London 1982).

[Mazzanti] Giorgio Mazzanti, *La collaborazione tra Politecnico e la Montecatini negli anni '50-'60*, consultato al sito http://www.rivistapolitecnico.polimi.it/rivista/politecnico_rivista_7.26.pdf.

[Mazzarello] Paolo Mazzarello, *Il Nobel dimenticato. La vita e la scienza di Camillo Golgi*, Bollati Boringhieri, Torino 2006.

[Mazzolini] R.G. Mazzolini, *Il contributo di Leopoldo Nobili all'elettrofisiologia*, pp. 183-199 in [Tarozzi].

[Micheli] Gianni Micheli, *Scienza e filosofia da Vico a oggi*, pp. 551-675 in [Annali ST].

[Mobley Mendz Hazell] Harry L.T. Mobley, George L. Mendz, Stuart L. Hazell, *Helicobacter pylory: Physiology and Genetics*, ASM Press, 2001.

[Mollat du Jourdin La Roncière] Michel Mollat du Jourdin, Monique de La Roncière, *Les Portulans. Cartes marines du XIIIe au XVIIe siècle*, Office du Livre S.A., Fribourg (Suisse) 1984.

[Mondino dei Liuzzi], Mondino dei Liuzzi, *Anothomia*, a cura di Piero Giorgi, edizione digitale (testo latino e traduzione italiana) consultata all'indirizzo http://cis.alma.unibo.it/Mondino/textus.html.

[Monfasani] John Monfasani, *Greeks and Latins in Renaissance Italy*, Ashgate, Aldershot-Burlington 2004.

[Moody Clagett] Ernest A. Moody, Marshall Clagett, *The medieval science of weights,* University of Wisconsin, Madison 1952.

[Mori EI] Giorgio Mori, *L'economia italiana dagli anni Ottanta alla Prima guerra mondiale*, pp. 1-106 in [Mori SIEI].

[Mori SIEI] Giorgio Mori (a cura di), *Storia dell'industria elettrica italiana. 1. Le origini. 1882-1914*, Laterza, Roma-Bari 1992.

[Mottana Napolitano] Annibale Mottana e Michele Napolitano, *Il libro "Sulle pietre" di Teofrasto*, "Rendiconti Lincei di Scienze fisiche e naturali", serie IX, volume VIII, fascicolo 3 (1997).

[Munro] Dana Carleton Munro, *The Renaissance of the twelfth Century*, pp. 43-49 in

Annual Report of the American Historical Association, 1906, vol. 1, Government Printing Office, Washington 1908.

[Narducci] Emanuele Narducci, *Cicerone. La parola e la politica*, Laterza, Roma-Bari 2009.

[Natta Farina] Giulio Natta, Mario Farina, *Stereochimica. Molecole a 3D*, Mondadori, Milano 1968.

[Nenci] Elio Nenci, *"Mechanica" e "machinatio" nel De subtilitate,* pp. 67–82 in [Baldi Canziani].

[Netz Noel] Reviel Netz e William Noel, *The Archimede's Codex: How a Medieval Prayer Book is Revealing the True Genius of Antiquity's Greatest Scientist*, Da Capo Press, 2007.

[Neugebauer ESA] Otto Neugebauer, *Le scienze esatte nell'Antichità*, Feltrinelli, Milano 1974 (trad. di *The Exact Sciences in Antiquity*, Brown University Press, Providence 1957).

[Newton Opticks] Isaac Newton, *Opticks*, Dover, New York 1959.

[Newton: Mamiani] Isaac Newton, *Trattato sull'Apocalisse*, a cura di Maurizio Mamiani, Bollati Boringhieri, Torino 1994.

[Nollet] Jean Antoine Nollet, *Essai sur l'électricité des corps*, Paris 1750^2.

[Numerico] Teresa Numerico, *I Progetti finalizzati dal 1976 ad oggi*, pp. 92–116 in [Simili Paoloni], vol. 2.

[O'Malley] C.D. O'Malley, *A Latin translation of Ibn Nafis (1547) related to the problem of the circulation of the blood*, "Journal of the History of Medicine and Allied Sciences", 12(2), 248–253 (1957).

[Ongaro] Giuseppe Ongaro, *Introduzione*, in [Santorio].

[Ore] Oystein Ore, *Cardano, the gambling scholar*, Princeton University Press, Princeton 1953.

[OSSPI] Italian Physical Society, *Conference Proceedings. Volume 13: The Origins of Solid-State Physics in Italy: 1945-1960* (edited by G. Giuliani), Società Italiana di Fisica, Bologna 1988.

[Ouellet] Danielle Ouellet, *Franco Rasetti, physicien et naturaliste (il a dit non à la bombe)*, Guerin, Montréal 2000.

[Pacini] Domenico Pacini, *La radiazione penetrante alla superficie ed in seno alle acque*, "Il Nuovo Cimento", serie VI, tomo III, 93-100 (1912).

[Pacinotti] *Descrizione di una piccola macchina elettromagnetica del dottor Antonio Pacinotti*, "Il Nuovo Cimento", 19, 27-35 (1865).

[Pagel] Walter Pagel, *Le idee biologiche di Harvey*, Feltrinelli, Milano 1979 (trad. di *William Harvey's Biological Ideas. Selected Aspects and Historical Background*, Hafner, New York 1967).

[Pancheri] Giulia Pancheri, *Bruno Touschek e la nascita della fisica $e^+ e^-$. Una storia europea,* "Analysis. Rivista di cultura e politica scientifica" n. 4/2005 (http://www.analysis-online.net/numero05-4/pancheri_tous.pdf).

[Pannekoek] Anton Pannekoek, *A history of astronomy*, Dover, New York 1989.

[Panofsky] Erwin Panofsky, *La prospettiva come forma simbolica*, Feltrinelli, Milano 1961 (trad. di *Die Perspektive als "symbolische Form"*, in "Vortrage der Bibliothek Warburg, 1924-1925", Teubner, Leipzig-Berlin 1927).

[Paoloni CM] Giovanni Paoloni, *Il caso Marotta: la scienza in tribunale*, in "Le Scienze", luglio 2004.

[Paoloni INI] Giovanni Paoloni, *Ippolito e il nucleare italiano*, in "Le Scienze", aprile 2004.

[Paoloni SRIN] Giovanni Paoloni, *Il sistema della ricerca nell'Italia del Novecento. Aspetti istituzionali e storico-politici*, in *La ricerca scientifica in Italia*, Istituto Italiano per gli studi filosofici, 2004 (consultato in rete all'indirizzo http://www.unisi.it/criss/download/marcia2004/ paoloni.pdf).

[Parent] André Parent, *Giovanni Aldini (1762-1834)*, "Journal of Neurology", vol. 251, n. 5, 637-638 (2004).

[Pasta] Renato Pasta, *Scienza, politica e rivoluzione. L'opera di Giovanni Fabbroni (1752-1822) intellettuale e funzionario al servizio dei Lorena*, Olschki, Firenze 1989.

[Pedretti A] Carlo Pedretti, *L'anatomia di Leonardo da Vinci fra Mondino e Berengario*, Cartei & Becagli, Firenze 2005.

[Pedretti M] Carlo Pedretti, *Leonardo. Le macchine*, Giunti, Firenze 1999.

[Pepe] Luigi Pepe (a cura di), *Universitari italiani nel Risorgimento*, CLUEB, Bologna 2002.

[Pepeu] Giancarlo Pepeu, *La storia della società italiana di farmacologia (SIF), 1939-2005*, consultato in rete all'indirizzo http://farmacologiasif.unito.it/societa/storia_sif_1939-2005.pdf

[Pera] Marcello Pera, *La rana ambigua*, Einaudi, Torino 1986.

[Perroncito] Edoardo Perroncito, *La malattia dei minatori. Dal S. Gottardo al Sempione. Una questione risolta*, C. Pasta libraio editore, Torino 1909.

[Petrus Peregrinus: Sturlese Thompson] Petrus Peregrinus de Marincourt, *Opera. Epistola de magnete. Nova compositio astrolabii particularis*. A cura di Loris Sturlese e Ron B. Thompson, Scuola Normale Superiore, Pisa 1995.

[Pianciani] Giovanni Battista Pianciani, *In historiam Creationis Mosaicam commentatio*, Typis Paschalis Androsii, Napoli 1851.

[Picone] Mauro Picone, *Presentazione di pubblicazioni riguardanti l'attività dell'Istituto per le Applicazioni del Calcolo, dal 1927, anno della sua fondazione, al 1960, in cui fu sottratto dalla direzione del suo ideatore*, "Rendiconti della Classe di Scienze fisiche, matematiche e naturali dell'Accademia Nazionale dei Lincei", vol. XLIV, fasc. 4 (1968).

[Picutti] Ettore Picutti, *Sui plagi matematici di Luca Pacioli*, "Le Scienze", 246, pp. 72-79 (1989).

[Piero della Francesca DPP] Piero della Francesca, *De prospectiva pingendi*, edizione critica e note a cura di G. Nicco-Fasola, con due note di E. Battisti e F. Ghione ed una bibliografia a cura di E. Battisti e R. Pacciani, Le lettere, Firenze 1984 (rist. anastatica 2005).

[Pignatti] Sandro Pignatti, *Flora d'Italia*, Edagricole, Bologna 1984 (3 voll.).

[Pilla] Leopoldo Pilla, *Notizie storiche della mia vita quotidiana a cominciare dal Primo*

Gennaro 1830 in poi, a cura di Massimo Deiscenza, Edizioni Vitmar, Venafro 1996.

[Piovan] Francesco Piovan, *Giovanni Battista Amico, Bernardino Telesio, Giovanni Battista Doria: documenti e postille*, "Quaderni per la storia dell'Università di Padova", 38(2005).

[Piria] Raffaele Piria, *Lavori scientifici e scritti vari*, a cura di Domenico Marotta, TEI, Roma 1931.

[Pittarelli] Giulio Pittarelli, *Luca Pacioli usurpò per se stesso qualche libro di Pier dei Franceschi?*, Atti del IV Congresso Internazionale dei Matematici (Roma, 6-11 aprile 1908), 3, 436-440, Tipografia della Reale Accademia dei Lincei, Roma 1909.

[Pocchiari] Francesco Pocchiari, *Lo sviluppo delle biotecnologie in Italia: intuizioni e ruolo di Domenico Marotta*, "Annali dell'Istituto Superiore di Sanità", vol. 26, 1, suppl., 15-20(1990).

[Polizzi] Gaspare Polizzi, *Leopardi e "le ragioni della verità". Scienze e filosofia della natura negli scritti leopardiani*, Carocci, Roma 2003.

[Polvani] G. Polvani (a cura di), *Antonio Pacinotti - La vita e l'opera*, Comitato nazionale onoranze di A. Pacinotti, Pisa 1934.

[Porter] J.R. Porter, *Agostino Bassi bicentennial (1773-1973)*, "Bacteriological Review", vol. 37, 3, 284-288(1973).

[Prager] Frank D. Prager, *Berti's Device and Torricelli's Barometer from 1641 to 1643*, "Annali dell'Istituto e Museo di Storia della Scienza", 2, 35-53(1981).

[Prestowitz] Clyde Prestowitz, *The Betrayal of American Prosperity: Free Market Delusions, America's Decline, and How We Must Compete in the Post-Dollar Era*, Free Press, New York/London/Toronto/Sidney 2010.

[Processo Galileo] *I documenti del processo di Galileo Galilei*, a cura di Sergio M. Pagano, "Pontificiae Academiae Scientiarum Scripta Varia", 53, Ex aedibus Academicis in Civitate Vaticana 1984.

[Proverbio] Edoardo Proverbio, *Le tavole copernicane in Italia nel XVI secolo*, pp.

37-55 in [Bucciantini Torrini].

[Quilico] Adolfo Quilico, *Bruni, Giuseppe*, in [DBI].

[Rabinovitch] N.L. Rabinovitch, *Rabbi Levi Ben Gershon and the Origins of Mathematical Induction*, "Archive for History of Exact Science", 6, 237-248 (1970).

[Ramazzini] Bernardino Ramazzini, dal *De morbis artificum*, pp. 535606 in [Scienziati Settecento].

[Ramelli] *The Various and Ingenious Machines of Agostino Ramelli*, translated from the Italian and French with a biographical study of the author by Martha Teach Gnudi, Dover, New York 1976.

[Randall Leonardo] John Herman Randall Jr, *Il ruolo di Leonardo da Vinci nella nascita della scienza moderna*, pp. 214-227 in [Wiener Noland].

[Randall Padova] John Herman Randall Jr, *Il metodo scientifico allo studio di Padova*, pp. 147-156 in [Wiener Noland].

[Rasetti] Franco Rasetti, *Biographical notes and scientific work of Franco Rasetti*, dattiloscritto conservato presso l'Archivio Amaldi dell'Università "La Sapienza" di Roma.

[Rashed IM] Roshdi Rashed, *L'induction mathématique: al-Karaji, asSamaw'al*, "Archive for History of Exact Sciences", 9, 1-21 (1972).

[Recami] Erasmo Recami, *Il caso Majorana*, Di Renzo, Roma 2002.

[Redi] Francesco Redi, *Esperienze intorno alla generazione degl' insetti*, ed. Walter Bernardi, Giunti, Firenze 1996 (il testo è consultabile all' indirizzo: http://www.francescoredi.it/).

[Redondi GSIP] Paolo Redondi, *Cultura e scienza dall'Illuminismo al positivismo*, pp. 677-812 in [Annali ST].

[Redondi Occhialini] Pietro Redondi, Giuseppe Occhialini, *The scientific legacy of Beppo Occhialini*, Springer, Berlin-Heidelberg 2007.

[Regazzini] Eugenio Regazzini, *Teoria e calcolo delle probabilità*, pp. 569-621 in [Di Sieno Guerraggio Nastasi].

[Reiser 1983] Stanley J. Reiser *La medicina e il regno della tecnologia*, Feltrinelli, Milano 1983.

[Renn] Jurgen Renn (ed.), *Galileo in context,* Cambridge University Press, Cambridge 2001.

[Renn Damerow Rieger] Jurgen Renn, Peter Damerow, and Simone Rieger with an appendix by Domenico Giulini, *Hunting the White Elephant: When and How did Galileo Discover the Law of Fall?*, pp. 29-149 in [Renn].

[Restoro d'Arezzo: Morino] Restoro d'Arezzo, *La Composizione del Mondo*, a cura di Alberto Morino, Guanda, Parma 1997.

[Reynolds] Terry S. Reynolds, *Stronger than a Hundred Men: A History of the Vertical Water Wheel*, Johns Hopkins University Press, Baltimore and London 2003.

[Riché], Pierre Riché, *Écoles et enseignement dans le haut Moyen Age*, Aubier Montaigne, Paris 1979.

[Rifkin Ackerman Folkenberg] Benjamin A. Rifkin, Michael J. Ackerman, Judith Folkenberg, *Human Anatomy. Depicting the Body from the Renaissance to Today*, Thames & Hudson, London 2006.

[Rolando: Dini] Luigi Rolando, *Saggio sopra la vera struttura del cervello dell'uomo e degli animali e sopra le funzioni del sistema nervoso*, introduzione e cura di Alessandro Dini, Giunti, Firenze 2001.

[Rossi PRP] Bruno Rossi, *Il problema della radiazione penetrante*, pp. 51-64 in [CFN 1931].

[Rossi ST] Paolo Rossi, *I segni del tempo*, Feltrinelli, Milano 1979.

[Rossi D'Agostino Morando] Arcangelo Rossi, Salvo D'Agostino, Adriano Paolo Morando, *Giovanni Giorgi e la tradizione dell'elettrotecnica italiana*, consultato all'indirizzo http://www.fisicamente.net/FISICA/ index-1378.htm.

[Ruberti] Antonio Ruberti, *Riflessioni sul sistema della ricerca dopo il 1945*, pp. 213-230, in [Simili RISI].

[Rudwick] Martin J. S. Rudwick, *Bursting the Limits of Time: The Reconstruction of Geohistory in the Age of Revolution*, The University of Chicago Press, Chicago and London 2005.

[Ruffini] Paolo Ruffini, *Teoria generale delle equazioni: in cui si dimostra impossibile la soluzione algebraica delle equazioni generali di grado superiore al quarto*, Bologna, stamperia S. Tommaso d'Aquino, 1799. Il testo è disponibile all'indirizzo: http://books.google.com/books?id=lNU2AAAAMAAJ&printsec=titlepage&hl=it

[Ruffo] Giordano Ruffo, *L'Arte di Curare il Cavallo*, Editrice Vela, Velletri 1999.

[Russo FR] Lucio Russo, *Flussi e riflussi. Indagine sull'origine di una teoria scientifica*, Feltrinelli, Milano 2003.

[Russo RD] Lucio Russo, *La rivoluzione dimenticata. Il pensiero scientifico greco e la scienza moderna*, Feltrinelli, Milano 2003.

[Russo SB] Lucio Russo, *Segmenti e bastoncini. Dove sta andando la scuola?*, Feltrinelli, Milano 2000.

[Saccheri: Frigerio] Gerolamo Saccheri, *Euclide liberato da ogni macchia*, a cura di Pierangelo Frigerio, Bompiani, Milano 2001.

[Salvi] Paola Salvi, *Leonardo e la scienza anatomica del pittore*, saggio introduttivo in [Pedretti].

[Salvini] Giorgio Salvini, *La vita di Oreste Piccioni e la sua attività scientifica in Italia*, "Rend. Fis. Acc. Lincei" s. 9, v. 15, 289-324 (2004). (http://www.lincei.it/pubblicazioni/rendicontiFMN/rol/pdf/S200404-21.pdf).

[Santorio] Santorio Santorio, *La medicina statica*, introduzione e cura di Giuseppe Ongaro, Giunti, Firenze 2001.

[Scarpelli] Giacomo Scarpelli (a cura di), *Storia della biologia in Italia*, Edizioni Theoria, Roma-Napoli 1988.

[Schiaparelli Boscovich] Giovanni Virginio Schiaparelli, *Sull'attività di Boscovich quale astronomo a Milano*. Ruggero Giuseppe Boscovich, *Carteggio con corrispondenti diversi. Dall'archivio del R. Osservatorio di Brera a Milano*, Hoepli, Milano 1938.

[Scienziati Seicento], *Galileo e gli scienziati del Seicento. Tomo II: Scienziati del*

Seicento, a cura di Maria Luisa Altieri Biagi e Bruno Basile, Ricciardi, Milano-Napoli 1980.

[Scienziati Settecento] *Scienziati del Settecento,* a cura di M.L. Altieri Biagi e B. Basile, Ricciardi, Milano-Napoli 1983.

[Scilla] Agostino Scilla, *La vana speculazione disingannata dal senso*, a cura di Marco Segala, Giunti, Firenze 1996.

[Segrè] Emilio Segrè, *Enrico Fermi, fisico. Una biografia scientifica*, Zanichelli, Bologna 1971.

[Seligardi] Raffaella Seligardi, *Lavoisier in Italia. La comunità scientifica italiana e la rivoluzione chimica*, Olschki, Firenze 2002.

[Selmi] Francesco Selmi, *Compendio storico della chimica*, in Enciclopedia di chimica scientifica e industriale, a cura di F. Selmi, vol. 11, Utet, Torino 1878.

[Sguario] Eusebio Sguario, *Dell'elettricismo: o sia delle forze elettriche de' corpi svelate dalla fisica sperimentale, con un'ampia dichiarazione della luce elettrica, sua natura e maravigliose proprietà; aggiuntevi due dissertazioni attinenti all'uso medico di tali forze*, presso Gio. Battista Recurti, Venezia 1746.

[Shea] William R. Shea, *Designing Experiments & Games of Chance. The unconventional science of Blaise Pascal*, Science History Publications, New York 2003.

[Shelby] Lon R. Shelby, *The Geometrical Knowledge of Mediaeval Master Masons,* "Speculum", 47, 395-421 (1972).

[Siemens] Werner von Siemens, *La mia vita e le mie invenzioni*, Longanesi, Milano 1982 (traduzione di *Lebenserinnerungen*, Springer, Berlin 1901).

[Silva] Giovanni Silva, *Galileo Ferraris, il campo magnetico ruotante e il motore asincrono*, "L' Elettrotecnica", 9, 10-25 (1947).

[Simili RISI] Raffaella Simili (a cura di), *Ricerca e istituzioni scientifiche in Italia*, Laterza, Roma-Bari 1998.

[Simili Paoloni] Raffaella Simili e Giovanni Paoloni (a cura di), *Per una storia del Consiglio Nazionale delle Ricerche*, 2 voll., Laterza, RomaBari 2001.

[Singer Anatomy] Charles Singer, *The Evolution of Anatomy*, London, Kegan, Trench, Trubner & Co., 1925.

[Siraisi] Nancy G. Siraisi, *Medieval & early Renaissance medicine. An Introduction to Knowledge and Practice*, The University of Chicago Press, Chicago and London 1990.

[Smith] A. Mark Smith, *Alhazen's debt to Ptolemy's Optics*, in *Nature, Experiment and the Science,* Trevor H. Levere and William R. Shea eds., Kluwer, Dordrecht 1990.

[Snyder] John P. Snyder, *Flattening the Earth. Two Thousand Years of Map Projections*, The University of Chicago Press, Chicago and London 1993.

[Sobel] Dava Sobel, *Longitude: the true story of a lone genius who solved the greatest scientific problem of his time*, Walker, New York 1995.

[Soria] Lorenzo Soria, *Informatica: un'occasione perduta. La divisione elettronica dell'Olivetti nei primi anni del centrosinistra*, Einaudi, Torino 1979.

[de Soto] Domingo de Soto, *Super octo libros Phisicorum Aristotelis quaestiones*, s.n., Salmanticae 1555.

[Spallanzani: Castellani] Lazzaro Spallanzani, *Opere scelte*, a cura di Carlo Castellani, Utet, Torino 1978.

[von Staden] Heinrich von Staden, *Herophilus. The Art of Medicine in Early Alexandria. Edition, translation and essays*, Cambridge University Press, Cambridge 1989.

[St. At. Fior.], Autori vari, *Storia dell'Ateneo fiorentino. Contributi di studio*, Edizioni F.&F. Parretti Grafiche, Firenze, s.d.

[Steele] Brett D. Steele, *Military "Progress" and Newtonian Science in the Age of Enlightenment*, pp. 361-390 in [Steele Dorland].

[Steele Dorland] *The Heirs of Archimedes. Science and the Art of War through the Age of Enlightenment*, edited by Brett D. Steele and Tamara Dorland, The MIT Press, Cambridge, Mass./London 2005.

[Stigler] Stephen Stigler, *Statistics on the Table: The History of Statistical Concepts and Methods*, Harvard University Press, Cambridge, Mass./London 1999.

[Streater Wightman] Ray F. Streater, Arthur S. Wightman, *PCT, Spin and Statistics, and All That*, W.A. Benjamin, New York/Amsterdam 1964.

[Stringari Wilson] Sandro Stringari e Robert R. Wilson, *Romagnosi and the discovery of elettromagnetism*, "Atti della Accademia Nazionale dei Lincei", serie IX, volume XI, fascicolo 2, 115-136 (2000).

[Suter] Rufus Suter, *The Scientific Work of Alessandro Piccolomini*, "Isis", 60, 210-222 (1969).

[SVF] Hans von Arnim, *Stoicorum veterum fragmenta*, 4 voll., Teubner, Leipzig 1903-1924 (trad. it. *Stoici antichi. Tutti i frammenti*, a cura di Roberto Radice, Rusconi, Milano 1998).

[Swerdlow] Noel Swerdlow, *Aristotelian Planetary Theory in the Renaissance: Giovanni Battista Amico's Homocentric Spheres*, "Journal for the History of Astronomy", iii, 36-48 (1972).

[Tacchini] Pietro Tacchini, *Sulle attuali condizioni degli osservatori astronomici in Italia*, "Memorie della Società degli Spettroscopisti Italiani", Appendice al vol. IV (1875).

[Tampoia] Francesco Tampoia, *Vitale Giordano. Un matematico bitontino nella Roma barocca*, Armando, Roma 2005.

[Tarozzi] G. Tarozzi (a cura di), *Leopoldo Nobili e la cultura del suo tempo. Atti del Convegno internazionale di studi organizzato per il II centenario della nascita di Nobili, 25-27 ottobre 1985*, Nuova Alfa editoriale, Bologna 1985.

[Tartaglia NS] Nicolò Tartaglia, *La nova scientia*, Arnaldo Forni editore, Bologna 1984 (rist. anastatica dell'edizione del 1550).

[Tartaglia QID] Nicolò Tartaglia, *Quesiti et inventioni diverse*, Venezia 1546 (rist. in fac-simile La Nuova Cartografica, Brescia 1959).

[Telesio] Bernardino Telesio, *Varii de naturalibus rebus libelli*, testo critico a cura di Luigi De Franco, La Nuova Italia Editrice, Firenze 1981.

[Tomasi Paoli] Tina Tomasi e Nella Sistoli Paoli, *La Scuola Normale di Pisa dal 1813 al 1945*, ETS, Pisa 1990.

[Torricelli] *Opere scelte di Evangelista Torricelli*, a cura di Lanfranco Belloni, Utet, Torino 1975.

[Toscanelli cartografia] *Paolo dal Pozzo Toscanelli e la cartografia delle grandi scoperte*. Contributi di F. Ammannati, S. Calzolari, F. Cardini, C.A. Castagna, B. Chiarelli, L. Rombai, Fratelli Alinari, Firenze 1992.

[Toscano] Fabio Toscano, *La formula segreta. Tartaglia, Cardano e il duello matematico che infiammò l'Italia del Rinascimento*, Sironi, Milano 2009.

[Toth Cattanei] Imre Toth e Elisabetta Cattanei, *Saggio introduttivo*, in [Saccheri: Frigerio].

[Trinchieri] Giuseppe Trinchieri, *Industrie chimiche in Italia dalle origini al 2000*, Arvan, Mira (Venezia) 2001.

[Ulivi SMA] Elisabetta Ulivi, *Scuole e maestri d'abaco in Italia tra Medioevo e Rinascimento*, pp. 121-155 in [Giusti LP].

[Vaccari AM] Ezio Vaccari, *Le accademie minerarie come centri di formazione e di ricerca geologica tra Sette e Ottocento*, pp. 153-167 in [Abbri Segala].

[Vaccari CSN] Ezio Vaccari, *Cultura scientifico-naturalistica ed esplorazione del territorio: Giovanni Arduino e Giovanni Targioni Tozzetti*, pp. 243-277 in [Barsanti Becagli Pasta].

[Vaccari GA] Ezio Vaccari, *Giovanni Arduino (1714-1795). Il contributo di uno scienziato veneto al dibattito settecentesco sulle scienze della Terra*, Olschki, Firenze 1993.

[Vai Cavazza] G.B. Vai et W. Cavazza (eds.), *Four centuries of the word 'Geology', Ulisse Aldrovandi 1603 in Bologna*, Minerva Edizioni, Bologna 2003.

[Valerio] Vladimiro Valerio, *Cartografia militare e tecnologie indotte nel Regno di Napoli tra Settecento e Ottocento*, pp. 551-567 in [Barsanti Becaglia Pasta].

[Valleriani] Matteo Valleriani, *From "Condensation to compression": how Renaissance Italian engineers approached Hero's "Pneumatics"*, pp. 333-353 in [Bohme Rapp Rösler].

[Vallisneri: Pennuto] Antonio Vallisneri, *Quaderni di Osservazioni*, Volume I, a cura di

Concetta Pennuto, Olschki, Firenze 2004.

[Van Egmond] W. Van Egmond, *Practical Mathematics in the Italian Renaissance. A catalog of Italian abbacus manuscripts and printed books to 1600*, Annali dell'Istituto e Museo di Storia della Scienza, Firenze 1980.

[Veltman] Kim H. Veltman, *The sources and literature of perspective*, vol. I: *The sources*, disponibile all'indirizzo: http://www.sumscorp. com/books/pdf/2004%20 Sources%20of%20Perspective.pdf; vol. III: *Literature on perspective*, disponibile all'indirizzo: http://www. sumscorp.com/perspective/Vol3/title.html.

[Vesalio] *Andreae Vesalii Bruxellensis, scholae medicorum Patauinae professoris, de Humani corporis fabrica libri septem*, Basileae 1543.

[Vigliani] R. Vigliani, *Giulio Bizzozero: ricordo nel centenario della morte*, "Pathologica" 94, 206-215(2002).

[Villani: Aquilecchia] Giovanni Villani, *Cronica. Con le continuazioni di Matteo e Filippo*, ed. Giovanni Aquilecchia, Einaudi, Torino 1979.

[Villard de Honnecourt: Bowie] Villard de Honnecourt, *Sketchbook*, ed. Theodore Bowie, University of Indiana and New York, Wittenbom, Bloomington 1959(i disegni sono accessibili in rete all'indirizzo: www.newcastle.edu.au/ discipline/fine-art/pubs/villard/).

[Vinti] Carlo Vinti, *Gli anni dello stile industriale(1948-1965)*, Marsilio, Venezia 2007.

[Vita di Maurolico] *Vita dell'Abbate del Parto D. Francesco Maurolico scritta dal Barone della Foresta*, disponibile al sito http://www.dm.unipi.it/pages/maurolic/ instrume/biografi/vita/intro.htm.

[Volta OS] Alessandro Volta, *Opere scelte*, a cura di Mario Gliozzi, Utet, Torino 1967.

[Volterra] Vito Volterra, *Saggi scientifici*, Zanichelli, Bologna 1920(ristampa anastatica con un'introduzione di Raffaella Simili; 1990).

[Wallace] William A. Wallace, *Galileo's Jesuit Connections and Their Influence on His Science*, pp. 99-126 in[Feingold].

[Wallis] *An Essay of Dr. John Wallis, exhibiting his Hypothesis about the Flux and Reflux of the Sea*, "Philosophical Transactions", 16, 263–289, August 1666.

[Watson] James Dewey Watson, *The Double Helix: A Personal Account of the Discovery of the Structure of DNA*, Touchstone Books, New York 2001.

[Weitzmann] Kurt Weitzmann, *Illustrations in roll and codex: A study of the origin and method of text illustration*, Princeton University Press, Princeton 1970.

[Wiener Noland] Philip P. Wiener e Aaron Noland (a cura di), *Le radici del pensiero scientifico*, Feltrinelli, Milano 1971 (trad. di *Roots of scientific thought. A cultural perspective*, Basic Books, New York 1957).

[Woodward HC] David Woodward (ed.), *The History of Cartography,* vol. 3: *Cartography in the European Renaissance*, The University of Chicago Press, Chicago and London 2007.

[Woodward IR] David Woodward, *Cartografia a stampa nell'Italia del Rinascimento*, Edizioni Sylvestre Bonnard, Milano 2002.

[Yadegari] Mohammad Yadegari, *The Use of Mathematical Induction by Abu Kamil Shuja' Ibn Aslam (850-930)*, "Isis", vol.69, 2, 259–262 (1978).

[Ziggelaar] August Ziggelaar, *Die Erklarung des Regenbogens durch Marcantonio de Dominis, 1611. Zum Optikunterricht am Ende des 16. Jahrhunderts*, "Centaurus", 23, 21–50 (1979).

人名对照

A

Abel, Niels Henrik 尼尔斯·亨利克·阿贝尔

Abetti, Antonio 安东尼·阿贝提

Abetti, Giorgio 乔治·阿贝提

Abramo di Echel 亚伯拉罕·埃切尔

Abulafia, David 大卫·阿布拉菲亚

Achille 阿喀琉斯

Acquapendente, Girolamo Fabrici d' 西罗尼姆斯·法布里休斯

Ageno, Mario 马里奥·阿吉诺

Agnelli, Giovanni 乔瓦尼·阿涅利

Agnesi, Maria Gaetana 玛丽亚·加埃塔纳·阿涅西

Agricola, Georgius 格奥尔格·阿格里科拉

al-Ashraf, sultano di Damasco 大马士革阿尔·阿什拉夫

Alberti, Leon Battista 莱昂·巴蒂斯塔·阿尔伯蒂

Albertini, Luigi 路易吉·阿尔贝蒂尼

Alberto Magno 艾尔伯图斯·麦格努斯

Albumasar 阿布·马谢尔

Aldini, Giovanni 乔瓦尼·阿尔迪尼

Aldrovandi, Ulisse 乌利塞·阿尔德罗万迪

Aleotti, Giovanni Battista 乔瓦尼·巴蒂斯塔·阿莱奥蒂

Alessandro di Afrodisia 阿弗罗迪西亚的亚历山大

Alessandro Magno 亚历山大大帝

Alessandro Poliistore 亚历山大·波里希斯托

Alfano, vescovo di Salerno 阿尔法诺·德·萨勒诺

al-Farghani, Ahmad ibn Muhammad ibn Kathir 法甘哈尼

Alhazen (ibn al-Haytham) 阿尔哈曾

al-Karaji 卡拉吉

Allievi, Lorenzo 洛伦佐·阿利维

Alpago, Andrea 安德里亚·阿尔帕戈

Alpetragio (Nur al-Din al-Bitruji) 阿尔佩特尔吉斯

› 505

al-Razi（Abu Bakr Mohammad Ibn Zakariya al-Razi）拉齐
al-Samaw'al 萨马瓦尔
Amaldi, Edoardo 爱德华多·阿马尔迪
Amerio, Giovanni 乔万尼·阿梅留
Amici, Giovanni Battista 乔瓦尼·巴蒂斯塔·阿米奇
Amico, Giovanni Battista 乔瓦尼·巴蒂斯塔·阿米科
Ampère, André Marie 安德烈·玛丽·安培
Andalò di Negro 安达洛迪·内格罗
Andrea, medico della scuola di Erofilo 安德烈（希罗菲卢斯的学生）
Angeli, Angelo 安杰罗·安杰利
Angeli, Stefano degli 斯特凡诺·德·安杰利
Apollonio di Perga 阿波罗尼奥斯
Appert, Nicolas 尼古拉·阿佩尔
Arago, François 弗朗索瓦·阿拉戈
Aranzio, Giulio Cesare 朱利叶斯·凯撒·阿兰齐
Arato di Soli 阿拉托斯
Arcangeli, Giovanni 乔瓦尼·阿尔坎杰利
Archimede 阿基米德
Arduino, Giovanni 乔瓦尼·阿杜诺
Argiropulo, Giovanni 约翰内斯·阿尔吉罗波洛斯
Aristarco di Samo 阿里斯塔克斯
Aristotele 亚里士多德
Arnò, Riccardo 里卡多·阿诺
Arnold, Vladimir I. 弗拉基米尔·阿诺尔德

Arzelà, Cesare 切萨雷·阿尔泽拉
Asclepiade di Prusa 阿斯克莱皮亚德斯
Ascoli, Giulio 朱利奥·阿斯科利
Ascoli, Moisè 阿斯科利
Aselli, Gasparo 加斯帕罗·阿塞利
Asero, Biagio 比亚吉奥·阿塞罗
Aubry, Claude 克劳德·奥布里
Aurispa, Giovanni 乔瓦尼·奥里斯帕
Autolico di Pitane 奥托里库斯
Avicenna（Ibn Sina）伊本·西那
Avogadro, Amedeo 阿梅代奥·阿伏伽德罗

B

Babbage, Charles 查尔斯·巴贝奇
Bacone, Francesco 弗兰西斯·培根
Bacone, Ruggero 罗吉尔·培根
Badoglio, Pietro 佩特罗·巴多格里奥
Bagellardo, Paolo 保罗·巴格拉多
Bagnera, Giuseppe 朱塞佩·巴涅拉
Bakunin, Michail 米哈伊尔·亚历山德罗维奇·巴枯宁
Baldi, Bernardino 贝纳丁诺·巴耳蒂
Baldini, Ugo 乌戈·巴尔迪尼
Balducci-Pegolotti, Francesco 弗朗切斯科·巴尔杜奇·佩戈洛蒂
Baliani, Giambattista 巴蒂斯塔·巴利阿尼
Banti, Guido 吉多·班蒂
Barlaam di Seminara 塞米纳拉的巴拉姆
Barrow, Isaac 伊萨克·巴罗
Barsanti, Eugenio 欧金尼奥·巴桑蒂
Bartoli, Cosimo 科西莫·巴托利

Bartoli, Daniello 丹尼洛·巴托利
Bassi, Agostino 阿戈斯蒂诺·巴西
Battaglini, Giuseppe 朱塞佩·巴塔格利尼
Battelli, Angelo 安杰洛·巴泰利
Battimelli, Giovanni 乔瓦尼·巴蒂梅利
Beccari, Jacopo Bartolomeo 雅格布·巴托洛梅奥·贝卡里
Beccari, Odoardo 奥多阿多·贝卡里
Beccaria, Giovanni Battista 乔瓦尼·巴蒂斯塔·贝卡里亚
Becquerel, Antoine César 安托万·塞萨尔·贝克勒尔
Becquerel, Antoine Henri 亨利·贝克勒尔
Belfanti, Serafino 塞拉菲诺·贝尔凡蒂
Bell, Alexander Graham 亚历山大·格拉汉姆·贝尔
Bell'Armato, Girolamo 吉罗拉莫·贝尔阿玛托
Bellarmino, cardinale Roberto 罗伯·贝拉明
Belli, Giuseppe 朱塞佩·贝利
Bellini, Lorenzo 洛伦佐·贝里尼
Beltrami, Eugenio 欧金尼奥·贝尔特拉米
Bembo, Pietro 皮埃特罗·本博
Benedetti, Alessandro 亚历山德罗·贝内代蒂
Benedetti, Giovanni Battista 乔万尼·巴蒂斯塔·贝内代蒂
Berengario da Carpi, Jacopo 雅各布·贝伦加里奥·达·卡尔皮
Bergson, Henri 亨利·贝克勒尔
Berlese, Antonio 安东尼奥·贝尔莱斯

Bernardi, Walter 沃尔特·贝尔纳迪
Bernardini, Gilberto 吉尔伯托·贝尔纳迪尼
Bernoulli, Daniel 丹尼尔·伯努利
Bernoulli, Johann 约翰·伯努利
Bertagnini, Cesare 切萨雷·贝尔塔尼尼
Bertelli, Timoteo 蒂莫特奥·贝尔泰利
Berthollet, Claude Louis 克劳德·贝托莱
Berti, Gasparo 加斯帕罗·贝尔蒂
Berzelius, Jöns Jacob 约恩斯·贝采利乌斯
Berzolari, Luigi 路易吉·贝尔佐拉里
Bessarione, cardinale Giovanni 贝萨里翁（主教）
Bessel, Friedrich Wilhelm 弗里德里希·威廉·贝塞尔
Betti, Enrico 恩里科·贝蒂
Bettini, Mario 马里奥·贝蒂尼
Biancani, Giuseppe 朱塞佩·比安卡尼
Bianchi, Luigi 路易吉·比安基
Bina, Andrea 安德里亚·比纳
Binet, Alfred 阿尔弗雷德·比奈
Biringuccio, Vannoccio 万诺乔·比林古乔
Bizzozero, Giulio 朱利奥·比佐泽罗
Blackett, Patrick Maynard 帕特里克·布莱克特
Blaserna, Pietro 彼得罗·布拉瑟纳
Bloch, Arthur 亚瑟·布洛赫
Boato, Giovanni 乔瓦尼·博阿托
Bock, Hieronymus 希罗尼穆斯·博克
Boezio 亚尼修·玛理乌斯·塞味利诺·

波爱修斯

Bohr, Niels 尼尔斯·玻尔

Bolyai, Wolfgang 沃尔夫·博利亚

Bombelli, Rafael 拉斐尔·邦贝利

Bonafede, Francesco 弗朗切斯科·博纳费德

Bonaparte, Carlo Luciano 夏尔·吕西安·波拿巴

Boncompagni, Baldassarre 巴尔达萨雷·邦康帕尼

Bonomi, Ivanoe 伊万诺埃·博诺米

Bordoni, Antonio Maria 安东尼奥·玛丽亚·博尔多尼

Borel, Émile 埃米尔·博雷尔

Borelli, Giovanni Alfonso 乔瓦尼·阿方索·博雷利

Boscovich, Ruggero Giuseppe 鲁杰尔·朱塞佩·博斯科维奇

Bottai, Giuseppe 朱塞佩·博泰

Botto, Giuseppe Domenico 朱塞佩·多梅尼科·博托

Boulliau, Ismael 伊斯梅尔·布里阿德斯

Bourguet, Louis 路易·布尔盖

Bovet, Daniel 达尼埃尔·博韦

Boyle, Robert 罗伯特·波义耳

Bozzolo, Camillo 卡米洛·博佐洛

Bracciolini, Poggio 波焦·布拉乔利尼

Bradwardine, Thomas 托马斯·布拉德华

Brahe, Tycho 第谷·布拉赫

Branca, Giovanni 乔瓦尼·布兰卡

Branly, Édouard Eugène 爱德华·布朗利

Braun, Wernher von 韦恩赫尔·冯·

布劳恩

Brecht, Bertolt 贝托尔特·布莱希特

Briggs, Henry 亨利·布里格斯

Brioschi, Francesco 弗朗切斯科·布里奥斯基

Brocchi, Giovanni Battista 乔瓦尼·巴蒂斯塔·布罗基

Brotzu, Giovanni 朱塞佩·布罗茨

Brown, Robert 罗伯特·布朗

Brugnatelli, Luigi Valentino 路易吉·瓦伦蒂诺·布鲁格纳泰利

Brunacci, Vincenzo 文森佐·布鲁纳奇

Brunelleschi, Filippo 菲利波·布鲁内莱斯基

Brunetti, Rita 丽塔·布鲁尼蒂

Brunfels, Otto 奥托·布伦费尔斯

Bruni, Giuseppe 朱塞佩·布鲁尼

Bruno, Giordano 焦尔达诺·布鲁诺

Buffon, Georges-Louis Leclerc, conte di 乔治-路易·勒克来克·布丰勋爵

Bunsen, Robert Wilhelm 罗伯特·威廉·本生

Buonarroti, Filippo 菲利波·博纳罗蒂

Buonarroti, Michelangelo 米开朗基罗

Buontalenti, Bernardo 贝尔纳多·布恩塔伦蒂

Burali-Forti, Cesare 切萨雷·布拉里-福蒂

Burgundio Pisano 勃艮第·皮萨诺

Buridano, Giovanni 让·布里丹

Buzzati, Dino 迪诺·布扎蒂

Buzzati-Traverso, Adriano 阿德里亚诺·布扎蒂-特拉弗索

C

Ca' da Mosto, Alvise 阿尔维塞·卡达·莫斯托

Cabeo, Niccolò 尼可罗·卡贝奥

Cabibbo, Nicola 尼古拉·卡比博

Caboto, Giovanni 乔瓦尼·卡博托

Caboto, Sebastiano 塞巴斯蒂安·卡伯特

Caccioppoli, Renato 雷纳托·卡乔波利

Cairoli, Benedetto 贝内代托·卡洛里

Calcagnini, Celio 西里奥·卡尔卡尼尼

Calcondila, Demetrio 德米特里奥·卡尔孔迪拉

Caldesi, Lodovico 洛多维科·卡尔德西

Caldirola, Piero 皮耶罗·卡尔迪罗拉

Callippo di Cizico 卡里普斯

Calzecchi Onesti, Rosa 罗莎·卡尔泽奇·奥涅斯蒂

Calzecchi Onesti, Temistocle 特米斯托克莱·卡尔泽奇·奥涅斯蒂

Cambi, Livio 利维奥·坎比

Campanella, Tommaso 托马索·康帕内拉

Campano da Novara 坎帕努斯

Canano, Giovanni Battista 乔瓦尼·巴蒂斯塔·卡纳诺

Canestrini, Giovanni 乔瓦尼·卡内斯特里尼

Cannizzaro, Stanislao 斯坦尼斯劳·坎尼扎罗

Cantelli, Francesco Paolo 弗朗切斯科·保罗·坎泰利

Cantoni, Giovanni 乔瓦尼·坎通尼

Cardano, Girolamo 吉罗拉莫·卡尔达诺

Carducci, Giosuè 焦苏埃·卡尔杜奇

Carlo Alberto di Savoia, re d'Italia 卡洛·阿尔贝托

Carnap, Rudolf 鲁道夫·卡尔纳普

Carnot, Nicolas Léonard Sadi 尼古拉·莱昂纳尔·萨迪·卡诺

Caro, Annibale 安尼巴莱·卡罗

Carpo, Mario 马里奥·卡波

Carra de Vaux, Bernard 伯纳德·卡拉·德沃

Casati, Gabrio 加布里奥·卡萨蒂

Caselli, Giovanni 乔瓦尼·卡塞利

Casorati, Felice 菲利斯·卡索拉蒂

Cassini, Giovanni Domenico 乔瓦尼·多梅尼科·卡西尼

Cassirer, Ernst 恩斯特·卡西尔

Castellani, Carlo 卡洛·卡斯特拉尼

Castelli, Benedetto 贝内代托·卡斯特利

Castelnuovo, Guido 吉多·卡斯泰尔诺沃

Cataldi, Pietro Antonio 彼得罗·安东尼奥·卡塔尔迪

Catania, Basilio 巴西里奥·卡塔尼亚

Cattaneo, Carlo 卡罗·卡塔尼奥

Cauchy, Augustin-Louis 奥古斯丁-路易·柯西

Cavalieri, Bonaventura 博纳文图拉·卡瓦列里

Cavalli-Sforza, Luigi Luca 路易吉·路卡·卡瓦利-斯福扎

Cavallo, Tiberio 提比略·卡瓦洛

Cavendish, Henry 亨利·卡文迪什

Caverni, Raffaello 拉斐尔·卡维尼

Cavour, Camillo Benso conte di 加富尔伯爵

Cayley, Arthur 阿瑟·凯莱

Carra de Vaux, Bernard 伯纳德·卡拉·德沃

Celli, Angelo 安杰洛·切利

Celso, Aulo Cornelio 凯尔苏斯

Cerletti, Ugo 乌戈·切莱蒂

Cerruti, Luigi 路易吉·切鲁蒂

Cesalpino, Andrea 安德烈亚·切萨尔皮诺

Cesati, Vincenzo de 文森佐·切萨蒂

Cesi, Federico 费德里科·切西

Cestoni, Giacinto 贾钦托·塞斯托尼

Chadwick, James 詹姆斯·查德威克

Chain, Ernst Boris 恩斯特·鲍里斯·钱恩

Chiarotti, Gianfranco 詹弗兰科·基亚罗蒂

Ciamician, Giacomo 贾科莫·恰米奇安

Ciardi, Marco 马可·恰尔迪

Cibo, Gherardo 赫拉尔多·西博

Cicerone, Marco Tullio 西塞罗

Cigna, Gianfrancesco 乔瓦尼·弗朗切斯科·西尼亚

Cipolla, Carlo Maria 卡洛·玛丽亚·奇波拉

Clausius, Rudolf 鲁道夫·克劳修斯

Clavio, Cristoforo 克里斯托佛·克拉维斯

Clay, Lucius Dubignon 卢修斯·杜比尼翁·克莱

Cognetti De Martiis, Salvatore 萨尔瓦多·科涅蒂·德·马蒂斯

Cogrossi, Carlo Francesco 卡洛·弗朗切斯科·科格罗西

Colbert, Jean-Baptiste 让－巴蒂斯特·柯尔贝尔

Colombo, Cristoforo 克里斯托弗·哥伦布

Colombo, Giuseppe 朱塞佩·科隆博

Colombo, Realdo 雷尔多·科隆博

Colonna, Fabio 法比奥·科隆纳

Comi, Vincenzo 文森佐·科米

Commandino, Federico 菲德利哥·科曼蒂诺

Compton, Arthur 阿瑟·康普顿

Conversi, Marcello 马塞洛·康维尔西

Copernico, Niccolò (Nicolaus Copernicus) 尼古拉·哥白尼

Corbino, Epicarmo 科尔比诺·埃皮卡莫

Corbino, Orso Mario 奥尔索·马里奥·科尔比诺

Corsi, Pietro 彼得罗·科西

Cosimo I de' Medici, granduca di Toscana 科西莫一世

Costantino l'Africano 康斯坦丁·阿非利加努斯

Coulomb, Charles Augustin de 夏尔·奥古斯丁·德·库仑

Cozzi, Geminiano 杰米尼亚诺·科齐

Cremona, Luigi (Antonio Luigi Gaudenzio Giuseppe Cremona) 安东尼奥·路易吉·高登齐奥·朱塞佩·克雷莫纳

Cremonini, Cesare 切萨雷·克雷莫尼尼

Crick, Francis 弗朗西斯·克里克

Crisogono, Federico 费德里科·克里索戈诺

Crisolora, Manuele 曼努埃尔·赫里索洛拉斯

Cristina di Svezia, regina 克里斯蒂娜女王
Croce, Benedetto 贝内德托·克罗齐
Cruto, Alessandro 亚历山德罗·克鲁托
Ctesibio 克特西比乌斯
Cuccia, Enrico 恩里科·库恰
Curie, Irène (Joliot-Curie, Irène) 伊雷娜·约里奥–居里
Cusano, Nicola 库萨的尼古拉
Cuvier, Georges 乔治·居维叶

D

D'Alembert, Jean-Baptiste 让·勒朗·达朗贝尔
D'Ancona, Umberto 翁贝托·德安科纳
D'Arcy, W. Thompson 达西·汤普森
D'Ovidio, Enrico 恩里科·德奥维迪奥
Da Empoli, Giuliano 恩波利·德·朱利安诺
Da Monte, Giovanni Battista 乔瓦尼·巴蒂斯塔·达蒙
Dal Pozzo, Cassiano 卡西亚诺·德尔·波佐
Dalton, John 约翰·道尔顿
Dal Ferro, Scipione 希皮奥内·德尔·费罗
Danti, Egnatio 伊尼亚齐奥·丹蒂
Darwin, Charles 查尔斯·达尔文
Darwin, George 乔治·达尔文
Dassié, Charles 查斯·达西
Davy, Humphry 汉弗里·戴维
De Dominis, Marco Antonio 马可·安东尼奥·德·多米尼斯

De Filiis, Anastasio 阿纳斯塔西奥·德·菲利斯
De Filippi, Filippo 菲利波·德·菲利皮
De Franchis, Michele 米歇尔·德·弗朗西斯
De Franco, Luigi 路易吉·德·弗兰科
De Gasperi, Alcide 阿尔契德·加斯贝利
De Giorgi, Ennio 恩尼奥·德·乔治
De Maria, Michelangelo 米开朗基罗·德·玛丽亚
De Sanctis, Francesco 弗朗切斯科·德·桑克蒂斯
De Sanctis, Sante 桑特·德·桑克蒂斯
De Santillana, Giorgio 乔治·德·桑提拉纳
Dedekind, Richard 理查德·戴德金
Degli Angeli, Stefano 斯特凡诺·德·安杰利
Dehn, Max 马克斯·德恩
Del Ferro, Scipione 希皮奥内·德尔·费罗
Del Fiore, Antonio Maria 安东尼奥·玛丽亚·德尔·菲奥雷
Del Monte, Guidobaldo 乌尔比诺侯爵季道波道
Delambre, Jean Baptiste Joseph 让·巴蒂斯特·约瑟夫·德朗布尔
Delbrück, Max Ludwig Henning 马克斯·路德维希·亨宁·德尔布吕克
Della Porta, Giovanni Battista 吉安巴蒂斯塔·德拉·波尔塔
Demonatte 泽莫纳克斯
Descartes, René 勒内·笛卡尔
Dini, Ulisse 乌利塞·迪尼

Diofanto 丢番图
Diogene Laerzio 第欧根尼·拉尔修
Dioscoride Pedanio 迪奥斯科里德斯
Dirac, Paul Adrien Maurice 保罗·阿德里安·莫里斯·狄拉克
Dirichlet, Johann Peter Gustav Lejeune 约翰·彼得·古斯塔夫·勒热纳·狄利克雷
Dohrn, Anton 安东·多恩
Dohrn, Peter 彼得·多恩
Dohrn, Reinhard 莱因哈德·多恩
Donati, Giovanni Battista 乔瓦尼·巴蒂斯塔·多纳蒂
Donati, Vitaliano 维塔利亚诺·多纳蒂
Dondi Dall'Orologio, Giovanni 乔瓦尼·唐迪·达尔奥洛吉奥
Dondi, Jacopo 雅格布·唐迪
Donegani, Guido 吉多·多内加尼
Du Bois-Reymond, Emil 埃米尔·杜·布瓦-雷蒙
Dubini, Angelo 安杰洛·杜比尼
Dufay, Charles François de Cisternay 查尔斯·弗朗索瓦·德·西斯特奈·杜菲
Dulbecco, Renato 罗纳托·杜尔贝科
Dumas, Jean-Baptiste André 让-巴蒂斯特·安德烈·杜马
Durer, Albrecht 阿尔布雷希特-杜勒

E

Edgerton, Samuel Y. Jr 小萨缪尔·Y.埃杰顿
Edison, Thomas Alva 托马斯·阿尔瓦·爱迪生

Egidio Corbaliense 埃吉迪奥·科巴利恩斯
Einaudi, Luigi 路易吉·伊诺第
Einstein, Albert 阿尔伯特·爱因斯坦
Enrico Aristippo 恩里科·阿里斯提普斯
Enriques, Federigo 费德里戈·恩里克斯
Epicuro 伊壁鸠鲁
Eraclide Pontico 埃拉克利德·庞蒂科
Erasistrato di Ceo 埃拉西斯特拉图斯
Eratostene 埃拉托斯特尼
Erba, Carlo 卡洛·埃尔巴
Erofilo di Calcedonia 希罗菲卢斯
Erone di Alessandria 亚历山大港的希罗
Erspamer, Vittorio 维托里奥·埃尔斯巴美尔
Euclide 欧几里得
Eudosso di Cnido 欧多克索斯
Eugenio di Palermo 欧金尼奥
Eugenio di Savoia, principe 欧根亲王
Euler, Paul Leonhard 莱昂哈德·保罗·欧拉
Eustachi, Bartolomeo 巴托罗梅奥·埃乌斯塔基奥

F

Fabbroni, Giovanni 乔瓦尼·法布罗尼
Faber, Johannes 约翰内斯·费伯
Fabrici d'Acquapendente, Girolamo 西罗尼姆斯·法布里休斯
Faccioli, Aristide 阿里斯蒂德·法乔利
Faedo, Alessandro 亚历山德罗·法多
Falck, Giorgio Enrico 乔治·恩里科·法尔克

Falloppio, Gabriele 加布里瓦·法罗皮奥
Faraday, Michael 迈克尔·法拉第
Farini, Luigi Carlo 路易吉·卡洛·法里尼
Fattori, Giovanni 乔瓦尼·法托里
Fauser, Giacomo 贾科莫·福瑟
Favaro, Antonio 安东尼奥·法瓦罗
Federico I, principe elettore poi re di Prussia 腓特烈一世（普鲁士国王）
Federico II, imperatore del Sacro Romano Impero 腓特烈二世（神圣罗马帝国）
Federico II, re di Danimarca e Norvegia 弗雷德里克二世（丹麦和挪威国王）
Felici, Riccardo 里卡多·费利西
Ferdinando II de' Medici, granduca di Toscana 费迪南多二世·德·美第奇（托斯卡纳大公）
Ferdinando IV di Borbone, re di Napoli e di Sicilia 费迪南多四世（那不勒斯和西西里王国国王）
Fermi Capon, Laura 劳拉·卡彭·费米
Fermi, Alberto 阿尔贝托·费米
Fermi, Enrico 恩里科·费米
Fermi, Stefano 斯特凡诺·费米
Ferrari, Elisa 艾丽莎·法拉利
Ferrari, Giovanna 乔瓦娜·法拉利
Ferrari, Giovanni Battista 乔瓦尼·巴蒂斯塔·法拉利
Ferrari, Ludovico 洛多维科·费拉里
Ferrari, Nicola 尼古拉·法拉利
Ferraris, Galileo 加利莱奥·费拉里斯
Feyerabend, Paul 保罗·费耶阿本德
Feynman, Richard Phillips 理查德·菲利普斯·费曼

Filippo II, re di Spagna 腓力二世（西班牙国王）
Filippo III, re di Spagna 腓力三世（西班牙国王）
Filone di Alessandria 斐罗
Filone di Bisanzio 拜占庭的斐罗
Filopono, Giovanni 约翰·费罗普勒斯
Finetti, Bruno de 布鲁诺·德·菲内蒂
Filopono, Giovanni 约翰·费罗普勒斯
Fleming, Alexander 亚历山大·弗莱明爵士
Florey, sir Howard Walter 霍华德·弗洛里（弗洛里男爵）
Fontana, Felice 菲丽丝·丰塔纳
Fontana, Giovanni 乔瓦尼·丰塔纳
Fontana, Niccolò 尼科洛·丰塔纳
Forest de Belidor, Bernard 贝尔纳·福雷斯特·德·贝利多尔
Foscarini, Paolo Antonio 保罗·安东尼奥·福斯卡里尼
Fourcroy, Antome-François de 安托万-弗朗索瓦·德·福克罗伊
Fourier, Jean Baptiste Joseph 让·巴普蒂斯·约瑟夫·傅里叶
Fra' Mauro 弗拉·毛罗
Fracastoro, Girolamo 吉罗拉莫·弗拉卡斯托罗
France, Anatole 阿纳托尔·法朗士
Francesco da Ferrara 弗朗切斯卡·达·费拉拉
Francesco di Giorgio 弗朗切斯科·迪·乔治
Franklin, Benjamin 本杰明·富兰克林
Freedberg, David 大卫·弗里德伯格

Freud, Sigmund 西格蒙德·弗洛伊德
Frisi, Paolo 保罗·弗里西
Frontino, Sesto Giulio 弗朗提努斯
Fubini, Guido 圭多·富比尼
Fuchs, Leonhart 莱昂哈特·福克斯
Fumi, Fausto 福斯托·福米
Fusinieri, Ambrogio 安布罗焦·富西涅里

G

Galeno (Galeno di Pergamo) 克劳狄乌斯·盖伦
Galiani, Ferdinando 费迪南多·加利亚尼
Galilei, Galileo 伽利略·伽利莱
Galison, Peter 彼得·加里森
Galluzzi, Paolo 保罗·加鲁齐
Galois, Évariste 埃瓦里斯特·伽罗瓦
Galvani, Luigi 路易吉·伽伐尼
Gamba, Enrico 恩里科·甘巴
Garbasso, Antonio 安东尼奥·加尔巴索
Garibaldi, Giuseppe 朱塞佩·加里波第
Garin, Eugenio 尤金尼奥·加林
Garzoni, Leonardo 莱昂纳多·加佐尼
Gassendi, Pierre 皮埃尔·伽桑狄
Gastaldi, Giacomo 贾科莫·加斯塔尔迪
Gatto, Romano 罗马诺·加图
Gaurico, Luca 卢卡·古里科
Gauss, Carl Friedrich 卡尔·弗里德里希·高斯
Gay-Lussac, Joseph Louis 约瑟夫·路易·盖-吕萨克
Gaza, Teodoro 西奥多勒斯·加沙

Gemino 杰米努斯
Genocchi, Angelo 安吉洛·杰诺其
Gentile da Foligno 詹蒂莱·达·福利尼奥
Gentile, Giovanni 乔瓦尼·秦梯利
Gentile, Giovanni Jr 小乔瓦尼·秦梯利
Gerberto d'Aurillac 葛培特
Gerson, Levi ben 列维·本·吉尔松
Gesner, Konrad 康拉德·格斯纳
Gherardi, Silvestro 西尔维斯特·盖拉尔迪
Gherardo da Cremona 克雷莫纳的杰拉德
Ghiberti, Lorenzo 洛伦佐·吉贝尔蒂
Ghini, Luca 卢卡·吉尼
Gibelli, Giuseppe 朱塞佩·吉贝利
Gilbert, William 威廉·吉尔伯特
Gini, Corrado 科拉多·基尼
Ginzburg, Natalia 娜塔莉亚·金茨堡
Gioia, Melchiorre 梅尔基奥·乔伊
Giordano Nemorario 焦尔达诺·内莫拉里奥
Giordano, Federico 费德里科·焦尔达诺
Giordano, Vitale 维塔尔·焦尔达诺
Giorgi, Giovanni 乔瓦尼·乔治
Giorgio da Trebisonda 特拉布宗的乔治
Giovanni da Casale 乔瓦尼·达·卡萨莱
Giovanni di Pian del Carpine 若望·柏郎嘉宾
Giovanni XXII, papa 若望二十二世
Giulotto, Luigi 路易吉·朱洛托
Giustiniani, Piero 皮耶罗·朱斯蒂尼亚尼
Giustiniano 查士丁尼一世

Gnudi, Martha Teach 玛莎·教格·努迪

Golgi, Camillo 卡米洛·高尔基

Gould, Stephen Jay 史蒂芬·杰伊·古尔德

Gouy, Louis Georges 路易斯·乔治·古伊

Graffi, Dario 达里奥·格拉菲

Graham, Thomas 格雷厄姆·托马斯

Gramme, Zénobe 齐纳布·格拉姆

Grassi, Giovanni Battista 乔瓦尼·巴蒂斯塔·格拉西

Graunt, John 约翰·葛兰特

Graziano, Giurista 格兰西（法学家）

Graziosi, Franco 佛朗哥·格拉齐奥西

Gregorio XIII, papa 教皇格里高利十三世

Gregory, James 詹姆斯·格雷果里

Grimaldi, Francesco Maria 弗朗切斯科·马里亚·格里马尔迪

Gröbner, Wolfgang 沃尔夫冈·格罗布纳

Grossatesta, Roberto 罗伯特·格罗斯泰斯特

Guareschi, Icilio 伊西利奥·瓜雷斯基

Guarino Veronese 瓜里诺·委罗内塞

Guccia, Giovan Battista 乔万·巴蒂斯塔·古奇亚

Guerra, Francesco 弗朗切斯科·格拉

Guglielmini, Domenico 多梅尼科·古列尔米尼

Guglielmo di Moerbeke 穆尔贝克的威廉

Guglielmo IV d'Assia-Kassel 黑森-卡塞尔的威廉四世

Guicciardini, Francesco 弗朗切斯科·圭恰迪尼

Guido da Vigevano 圭多·达·维杰瓦诺

Guidobaldo Del Monte 季道波道

Guillaume de Conches 孔什的威廉

Gutenberg, Johannes 约翰内斯·谷登堡

H

Hahn, Hans 汉斯·哈恩

Hale, George Ellery 乔治·埃勒里·海尔

Haller, Albrecht von 阿尔布雷希特·冯·哈勒

Halley, Edmond 爱德蒙·哈雷

Harrison, John 约翰·哈里森

Harrison, Ross Granville 罗斯·格兰维尔·哈里森

Harvey, William 威廉·哈维

Haskins, Charles Homer 查尔斯·霍默·哈斯金斯

Heckius, Joannes (Johannes van Heeck) 约翰内斯·凡·希克

Hegel, Georg Wilhelm Friedrich 格奥尔格·威廉·弗里德里希·黑格尔

Heiberg, Johan Ludvig 约翰·路德维格·海伯格

Heisenberg, Werner 维尔纳·海森堡

Hellinger, Ernst 恩斯特·海灵格

Helmholtz, Hermann von 赫尔曼·冯·亥姆霍兹

Henle, Friedrich Gustav Jakob 弗里德里希·古斯塔夫·雅各布·亨勒

Herbart, Johann Friedrich 约翰·弗里德里希·赫尔巴特

Hernàndez, Francisco 弗朗西斯科·埃尔南德斯

Hertz, Heinrich Rudolf 海因里希·鲁道夫·赫兹

› 515

Herzen, Aleksander 亚历山大·赫尔岑
Hess, Victor 维克托·赫斯
Hilbert, David 大卫·希尔伯特
Hobbes, Thomas 托马斯·霍布斯
Hoepli, Ulrico 乌尔里科·霍普利
Hooke, Robert 罗伯特·胡克
Honnecourt, Villard de 比利亚德·德·洪内库特
Huggins, William 威廉·哈金斯
Humboldt, Alexander von 亚历山大·冯·洪堡
Huygens, Christiaan 克里斯蒂安·惠更斯

I

Ibn Nafis 伊本·纳菲斯
Ibn Sahl 伊本·萨尔
Idrisi 伊德里西
Igino 伊吉诺
Ignazio di Loyola 依纳爵·罗耀拉
Imperato, Ferrante 费兰特·因佩拉托
Innocenzo Ⅳ, papa 教皇英诺森四世
Ipazia 希帕提娅
Ipparco di Nicea 喜帕恰斯
Ippocrate 希波克拉底
Ippolito, Felice 菲利斯·伊波利托
Irnerio 伊尔内留斯
Isidoro di Siviglia 圣依西多禄
Israel, Giorgio 乔治·伊斯雷尔
Izarn, Joseph 约瑟夫·伊萨恩

J

Jacobi, Carl Gustav Jacob 卡尔·古斯塔夫·雅各布·雅可比
Jacopo d'Angelo 雅各布·德安吉洛
Jacopo da Forlì 雅各布·达·弗利
Joliot, Frédéric (Joliot-Curie, Jean Frédéric) 让·弗雷德里克·约里奥-居里
Jona, Emanuele 伊曼纽尔·乔纳
Jost, Res 雷斯·约斯特

K

Kantorowicz, Ernst 恩斯特·康特洛维茨
Kekulé von Stradonitz, Friedrich August 弗里德里希·奥古斯特·凯库勒·冯·斯特拉多尼茨
Keltridge, William 威廉·凯尔特里奇
Kelvin, lord William Thomson 第一代开尔文男爵威廉·汤姆森
Keplero, Giovanni (Ioannes Keplerus) 约翰内斯·开普勒
Ketham, Johannes de' 约翰内斯·德·凯瑟姆
Kircher, Athanasius 阿塔纳修斯·基歇尔
Kirchhoff, Robert Gustav 古斯塔夫·基尔霍夫
Kline, Morris 莫里斯·克莱因
Klügel, Georg Simon 乔治·西蒙·克鲁格
Koch, Heinrich Hermann Robert 海因里希·赫尔曼·罗伯特·科赫
Koerner, Guglielmo 威廉·科纳
Kölliker, Rudolf Albert von 阿尔伯特·冯·科立克
Koyré, Alexandre 亚历山大·柯瓦雷

Kremer, Gerhard / Mercatore 杰拉杜斯·麦卡托

Krige, John 约翰·克里奇

Kronecker, Leopold 利奥波德·克罗内克

Kuhn, Thomas Samuel 托马斯·塞缪尔·库恩

Kyeser, Konrad 康拉德·凯瑟

L

Lacroix, Sylvestre François 西尔维斯特·弗朗索瓦·拉克鲁瓦

Lagrange, Joseph-Louis 朗切斯－路易·拉格朗日

Lagrangia, Giuseppe Ludovico 朱塞佩·洛多维科·拉格朗日亚

Lamarck, Jean-Baptiste de 让－巴蒂斯特·德·拉马克

Lambert, Johann Heinrich 约翰·海因里希·朗伯

Lana Terzi, Francesco 弗朗切斯科·拉娜·泰尔齐

Landra, Guido 圭多·兰德拉

Landriani, Marsilio 马西里奥·兰德里亚尼

Lanteri, Giacomo 贾科莫·兰泰里

Laplace, Pierre Simon 皮埃尔·西蒙·拉普拉斯

Lascaris, Andrea Giovanni 安德里亚·乔瓦尼·拉斯卡里斯

Lascaris, Costantino 康斯坦丁·拉斯卡利斯

Lattes, Cesare Mansueto Giulio 切萨雷·曼苏埃托·朱利奥·拉特斯

Laveran, Charles Louis Alphonse 夏尔·路易·阿方斯·拉韦朗

Lavoisier, Antoine 安托万－洛朗·德·拉瓦锡

Lawrence, Ernest Orlando 欧内斯特·奥兰多·劳伦斯

Lebesgue, Henri 亨利·勒贝格

Legendre, Adrien-Marie 阿德里安－马里·勒让德

Leibniz, Gottfried Wilhelm 戈特弗里德·威廉·莱布尼茨

Leonardo da Vinci 列奥纳多·达·芬奇

Leonardo Pisano detto Fibonacci 列奥纳多·斐波那契

Leopardi, Giacomo 贾科莫·莱奥帕尔迪

Leopoldo II de' Medici, granduca di Toscana 莱奥波尔多二世·德·美第奇（托斯卡纳大公）

Lessona, Michele 米歇尔·莱索纳

Leupold, Jacob 雅各布·利波德

Levi, Beppo 贝波·列维

Levi, Giorgio Renato 乔治·雷纳托·列维

Levi, Giuseppe 朱塞佩·莱维

Levi, Mario Giacomo 里奥·贾科莫·列维

Levi-Civita, Tullio 图利奥·列维－齐维塔

Levi-Montalcini, Rita 丽塔·列维－蒙塔尔奇尼

Leonardo Pisano 列奥纳多·斐波那契

Libri, Guglielmo 古列尔莫·利布里

Liebig, Justus von 尤斯图斯·冯·李比希

› 517

Lilio, Luigi 阿洛伊修斯·里利乌斯
Linneo（Carl von Linné）林奈
Liouville, Joseph 约瑟夫·刘维尔
Liuzzi, Mondino de' 蒙迪诺·德·卢齐
Lo Surdo, Antonino 安东尼诺·洛苏尔多
Lodge, Oliver Joseph 奥利弗·洛奇
Lombardo Radice, Lucio 卢西奥·隆巴多·拉迪斯
Lombroso, Cesare 切萨雷·龙勃罗梭
Lorentz, Hendrik Antoon 亨德里克·洛伦兹
Lorgna, Anton Mario 安东尼奥·玛丽亚·洛格纳
Lotka, Alfred James 阿弗雷德·洛特卡
Louis, Pierre 皮埃尔·路易斯
Luciani, Luigi 路易吉·卢西亚尼
Luciano di Samosata 琉善
Lucrezio（Tito L. Caro）卢克莱修
Luigi XIV, re di Francia 路易十四（法国国王）
Lunardi, Vincenzo 文森佐·卢纳尔迪
Luria, Salvador Edward 萨尔瓦多·卢里亚
Luria, Salvatore 萨尔瓦多·卢里亚
Lutero, Martin 马丁·路德
Lyell, Charles 查尔斯·莱尔

M

Macaluso, Damiano 达米亚诺·马卡鲁索
Mach, Ernst 恩斯特·马赫
Machiavelli, Niccolò 马基雅维利
Maffei, Scipione 斯基皮奥尼·马菲
Magalotti, Lorenzo 洛伦佐·马加洛蒂
Magendie, Frangois 弗朗索瓦·马让迪
Magini, Giovanni Antonio 乔瓦尼·安东尼奥·马吉尼
Maiocchi, Roberto 罗伯托·马奥基
Majorana, Ettore 埃托雷·马约拉纳
Majorana, Quirino 奎里诺·马约拉纳
Malignani, Arturo 阿图罗·马里尼亚尼
Malpighi, Marcello 马尔切洛·马尔比基
Mamiani, Maurizio 毛里齐奥·马米亚尼
Mamiani, Terenzio 特伦齐奥·马米亚尼
Manetti, Antonio 安东尼奥·马内蒂
Manetti, Giannozzo 吉安诺佐·马内蒂
Mantegazza, Paolo 保罗·曼特加扎
Manuzio, Aldo detto il Vecchio 阿尔杜斯·皮乌斯·马努提乌斯
Marchiafava, Ettore 埃托尔·马尔基亚法瓦
Marconi, Alfonso 阿方索·马可尼
Marconi, Guglielmo 古列尔莫·马可尼
Marelli, Ercole 埃尔科尔·马瑞利
Maria Teresa d'Asburgo, imperatrice 玛丽亚·特蕾西娅（女皇）
Mariano di Jacopo 马里亚诺·迪·雅各布
Mariotte, Edme 埃德姆·马略特
Marliani, Giovanni 乔瓦尼·马里安尼
Marotta, Domenico 多梅尼科·马洛塔
Marsili, Cesare 切萨雷·马西里
Marziano Capella 乌尔提亚努斯·卡佩拉
Mattei, Enrico 恩里科·马泰
Matteucci, Carlo 卡洛·马泰乌奇
Matteucci, Felice 费利斯·马图奇
Mattioli, Pier Andrea 彼得罗·安德里亚·马蒂奥利

Maurolico, Antonio 安东尼奥·毛罗利科

Maurolico, Francesco 弗朗切斯科·毛罗利科

Maxwell, James Clerk 詹姆斯·克拉克·麦克斯韦

Mayr, Ernst Walter 恩斯特·瓦尔特·迈尔

Mazzanti, Giorgio 乔治·马赞蒂

Mazzini, Giuseppe 朱塞佩·马志尼

Medici, Ferdinando II de' 费迪南多二世·德·美第奇

Medici, Giacomo 贾科莫·美第奇

Medici, Leopoldo de' 莱奥波尔多·德·美第奇

Meitner, Lise 莉泽·迈特纳

Melantone, Filippo 腓力·墨兰顿

Melloni, Macedonio 马其顿·梅洛尼

Memmo, Giovanni Battista 乔瓦尼·巴蒂斯塔·梅莫

Mendeleev, Dmitrij Ivanovič 德米特里·门捷列夫

Menelao di Alessandria 亚历山大的墨涅拉俄斯

Mengoli, Pietro 彼得罗·门戈利

Mercatore 麦卡托

Mesmer, Franz Anton 弗朗茨·梅斯梅尔

Metternich, Klemens Wenzel von 克莱门斯·冯·梅特涅

Meucci, Antonio 安东尼奥·穆齐

Mezzetti, Giulio 朱利奥·梅泽蒂

Michele Scoto 米歇尔·史考特

Millikan, Robert Andrews 罗伯特·安德鲁斯·密立根

Miranda, Carlo 卡洛·米兰达

Moleschott, Jacob 雅各布·莫尔肖特

Mondino de' Liuzzi 蒙迪诺·德·卢齐

Monfasani, John 约翰·蒙法萨尼

Monge, Gaspard 加斯帕尔·蒙日

Monroy, Alberto 阿尔贝托·蒙罗伊

Montalenti, Giuseppe 朱塞佩·蒙塔伦蒂

Montessori, Maria Tecla Artemisia 玛丽亚·泰科拉·阿尔缇米希亚·蒙台梭利

Montgolfier, Joseph-Michel e Jacques-Étienne 孟格菲兄弟

Morgagni, Giovanni Battista 乔瓦尼·莫尔加尼

Moro, Anton Lazzaro 安东·拉扎罗·莫罗

Morrone, Paolo 保罗·莫罗内

Morveau, Louis-Bernard 路易斯-伯纳德·居顿-莫尔沃

Mosso, Angelo 安杰洛·莫索

Mossotti, Ottaviano Fabrizio 奥塔维亚诺·法布里齐奥·莫索提

Motta, Giacinto 贾辛托·莫塔

Mussolini, Benito 贝尼托·墨索里尼

N

Napier, John 约翰·纳皮尔

Napoleone Bonaparte 拿破仑·波拿巴

Nasar, Sylvia 西尔维亚·娜萨

Nash, John Forbes 约翰·福布斯·纳什

Nasini, Raffaello 拉斐尔·纳西尼

Nasir al-Din al-Tusi 纳西尔丁·图西

Natta, Giulio 居里奥·纳塔

Needham, John Turbeville 约翰·特伯维尔·尼达姆

Negri, Adelchi 阿德尔奇·内格里

Nernst, Walther 瓦尔特·赫尔曼·能斯特

Neuman, Ernst 恩斯特·纽曼

Neumann, John von 约翰·冯·诺伊曼

Neurath, Otto 奥图·纽拉特

Newton, Isaac 艾萨克·牛顿

Nicola Damasceno 尼古拉·达马塞诺

Nicola di Oresme 尼克尔·奥里斯姆

Nicolucci, Giustiniano 查士丁尼·尼科鲁奇

Nobel, Alfred 阿尔弗雷德·诺贝尔

Nobili, Leopoldo 莱奥波尔多·诺比利

Nollet, Jean Antoine 让·安托万·诺莱

O

Occhialini, Giuseppe（Giuseppe Paolo Stanislao Occhialini）朱塞佩·保罗·斯塔尼斯劳·奥基亚利尼

Oddi, Muzio 穆齐奥·奥迪

Odoardi, Jacopo 雅各布·奥多尔迪

Oehl, Eusebio 尤西比奥·厄尔

Oliverio, Alberto 阿尔贝托·奥利维奥

Olivetti, Adriano 阿德里亚诺·奥利维蒂

Olivetti, Camillo 卡米洛·奥利维蒂

Omero 荷马

Oppenheimer, Robert 朱利叶斯·罗伯特·奥本海默

Oresme, Nicola 尼克尔·奥里斯姆

Orlando, Luciano 卢西安诺·奥兰多

Ørsted, Hans Christian 汉斯·奥斯特

Ostwald, Friedrich Wilhelm 威廉·奥斯特瓦尔德

Otto, Nikolaus 尼古拉斯·奥托

P

Pacini, Domenico 多梅尼科·帕西尼

Pacini, Filippo 菲利波·帕奇尼

Pacinotti, Antonio 安东尼奥·帕奇诺蒂

Pacinotti, Luigi 路易吉·帕西诺蒂

Pacioli, Luca 卢卡·帕西奥利

Pagliai, Luigi 路易吉·帕利亚伊

Paolo Veneto 保罗·威尼托

Pancheri, Giulia 朱利亚·潘切里

Pancini, Ettore 埃托雷·潘奇尼

Panfilo di Anfipoli 潘菲洛·迪·安菲波利

Panizza, Bartolomeo 巴托洛梅奥·帕尼扎

Panofsky, Erwin 欧文·潘诺夫斯基

Paolo V, papa 保禄五世（教皇）

Paolo Veneto 保罗·威尼托

Pappo（亚历山大的）帕普斯

Pareto, Vilfredo 维尔弗雷多·帕累托

Parlatore, Filippo 菲利波·帕拉托雷

Parmenide 巴门尼德

Parravano, Nicola 尼古拉·帕拉瓦诺

Pascal, Blaise 布莱兹·帕斯卡

Passerini, Napoleone 拿破仑·帕塞里尼

Pasteur, Louis 路易·巴斯德

Paternò, Emanuele 埃马努埃莱·帕特诺

Patroclo 帕特罗克洛斯

Pauli, Wolfgang 沃尔夫冈·泡利

Peano, Giuseppe 朱塞佩·皮亚诺

Pecham, John arcivescovo 约翰·佩查姆（大主教）

Pelacani, Biagio 比亚吉奥·佩拉卡尼

Pende Nicola 尼古拉·彭德

Pepeu, Giancarlo 吉安卡洛·佩佩

Perotto, Pier Giorgio 皮尔·乔治·贝罗特

Perrin, Jean Baptiste 让·巴蒂斯特·佩兰

Perroncito, Edoardo 爱德华多·佩龙西托

Persico, Enrico 恩里科·佩西科

Persio（Aulo P. Flacco）佩尔西乌斯

Petrarca, Francesco 弗朗切斯科·彼特拉克

Pierre de Marincourt 皮里格里努斯

Petty, William 威廉·配第

Peuerbach, Georg von 格奥尔格·冯·波伊尔巴赫

Pianciani, Giovanni Battista 乔瓦尼·巴蒂斯塔·皮安恰尼

Piazza, Pietro 彼得·皮亚扎

Piazzi, Giuseppe 朱塞普·皮亚齐

Piccioni, Oreste 奥雷斯特·皮乔尼

Piccolomini, Alessandro 亚历山德罗·皮科洛米尼

Pico della Mirandola, Giovanni 乔瓦尼·皮科·德拉·米兰多拉

Picone, Mauro 毛罗·皮康

Pieri, Mario 马里奥·皮耶里

Piero della Francesca 皮耶罗·德拉·弗朗切斯卡

Pierre de Marincourt 皮里格里努斯

Pietro d'Abano 彼得·德·阿巴诺

Pietro Leopoldo d'Asburgo-Lorena 莱奥波尔多二世

Pietro Peregrino 皮埃罗·佩来格里诺

Pietro（maestro d'abaco）彼得罗（算术大师）

Pilla, Leopoldo 莱奥波尔多·皮拉

Pincherle, Salvatore 萨尔瓦多·平切尔

Pio IX, papa 庇护九世

Piola, Gabrio 加布里欧·皮奥拉

Pirelli, Giovanni Battista 乔瓦尼·巴蒂斯塔·倍耐力

Piria, Raffaele 拉斐尔·皮里亚

Pittarelli, Giulio 朱利奥·皮塔雷利

Pixii, Hippolyte 希波吕忒·皮克斯

Platone 柏拉图

Pletone, Giorgio Gemisto 格弥斯托士·卜列东

Plinio il Vecchio 老普林尼

Plotino 普罗提诺

Plutarco 普鲁塔克

Poincaré, Jules Henri 朱尔·亨利·庞加莱

Poisson, Siméon Denis 西梅翁·德尼·泊松

Poliziano 波利齐亚诺

Pollaiolo, Antonio del 安东尼奥·德尔·波拉约洛

Polo, Marco 马可·波罗

Polvani, Giovanni 乔瓦尼·波尔瓦尼

Pomponazzi, Pietro 彼得罗·蓬波纳齐

Pontecorvo, Bruno Maksimovic 布鲁诺·马克西莫维奇·庞蒂科夫

Porro, Ignazio 伊格纳齐奥·普罗

Posidonio 波希多尼

Powell, Cecil Frank 塞西尔·鲍威尔
Prager, Frank David 弗兰克·大卫·普拉格
Priestley, Joseph 约瑟夫·普利斯特里
Prisciano Lidio 普里夏努斯·利迪奥
Proclo 普罗克洛
Proust, Joseph-Louis 约瑟夫–路易·普鲁斯特
Puccianti, Gaetano 加埃塔诺·普恰蒂
Puccianti, Luigi 路易吉·普钱蒂

R

Racah, Giulio 朱利奥·拉卡
Raman, Chandrasekhara Venkata 钱德拉塞卡拉·拉曼
Ramazzini, Bernardino 贝纳迪诺·拉马齐尼
Ramelli, Agostino 阿戈斯蒂诺·拉梅利
Rasetti, Franco Dino 佛朗哥·迪诺·拉塞蒂
Ravizza, Giuseppe 朱塞佩·拉维扎
Re Sole（参见 Luigi XIV）路易十四
Réaumur, René-Antoine Ferchault de 勒内–安托万·费尔绍·德·列奥米尔
Recchi, Nardo Antonio 纳尔多·安东尼奥·雷奇
Redi, Francesco 弗朗切斯科·雷迪
Regiomontano 雷焦蒙塔诺
Reinhold, Erasmus 莱因霍尔德
Renau d'Elizagaray, Bernard 伯纳德·雷诺·埃利萨加雷
Respighi, Lorenzo 洛伦佐·雷斯庇基
Restoro d'Arezzo 里斯托罗·达雷佐

Riccardi, Pietro 彼得罗·里卡尔迪
Riccati, Jacopo Francesco 雅各布·弗朗西斯科·黎卡提
Ricci Curbastro, Gregorio 格雷戈里奥·里奇–库尔巴斯托罗
Ricci, Michelangelo 米开朗基罗·里奇
Riccioli, Giovanni Battista 乔瓦尼·巴蒂斯塔·里乔利
Riemann, Bernhard 伯恩哈德·黎曼
Righi, Augusto 奥古斯托·里吉
Rignano, Eugenio 尤金尼奥·里尼亚诺
Rizzi Zannoni, Giovanni Antonio 乔瓦尼·安东尼奥·里兹·赞诺尼
Rizzolatti, Giacomo 贾科莫·里佐拉蒂
Roberto d'Angiò 罗贝托一世
Roberto Grossatesta（vescovo）罗伯特·格罗斯泰斯特（大主教）
Roberto il Guiscardo 罗伯特·圭斯卡德
Roberval, Gilles Personne de 吉尔·佩尔索纳·德·洛百瓦尔
Robins, Benjamin 本杰明·罗宾斯
Robotti, Nadia 纳蒂亚·罗博蒂
Rolando, Luigi 路易吉·罗兰多
Romagnosi, Gian Domenico 吉安·多梅尼科·罗马格诺西
Rømer, Ole 奥勒·罗默
Ronchi, Vasco 瓦斯科·朗基
Rosa, Daniele 丹妮尔·罗沙
Rosselli, Francesco 弗朗切斯科·罗塞利
Rossi, Bruno Benedett 布鲁诺·贝内代托·罗西
Rossi, Paolo 保罗·罗西
Ruffini, Paolo 保罗·鲁菲尼
Ruffo, Giordano 焦尔达诺·鲁福

Ruggero Ⅱ, re di Sicilia 鲁杰罗二世（西西里国王）
Russell, Bertrand 伯特兰·罗素
Rutherford, Ernest 欧内斯特·卢瑟福

S

Saccheri, Giovanni Girolamo 乔瓦尼·吉罗拉莫·萨切里
Sacrobosco, Giovanni（John of Holywood）约翰尼斯·德·萨克罗博斯科
Salmoiraghi, Angelo 安杰洛·萨尔莫伊拉吉
Saluzzo di Monesiglio, Angelo 莫内西利奥的安杰洛·萨卢佐
Salviati, Filippo 菲利波·萨尔维亚蒂
Salvini, Giorgio 乔治·萨尔维尼
Santorio, Santorio 圣托里奥·圣托里奥
Saragat, Giuseppe 朱塞佩·萨拉盖特
Sarpi, Paolo 保罗·萨尔皮
Scarpa, Antonio 安东尼奥·斯卡帕
Scheele, Carl Wilhelm 卡尔·威廉·舍勒
Scheiner, Christoph 克里斯多夫·沙伊纳
Schiaparelli, Giovanni Virginio 乔凡尼·维尔吉尼奥·斯基亚帕雷利
Schiff, Moritz 莫里茨·希夫
Scilla, Agostino 阿戈斯蒂诺·席拉
Scoppola, Benedetto 贝内代托·斯科波拉
Secchi, Angelo 安吉洛·西奇
Segre, Corrado 科拉多·赛格雷
Segrè, Emilio Gino 埃米利奥·吉诺·塞格雷

Seleuco di Seleucia 塞琉西亚的塞琉古
Sella, Quintino 昆蒂诺·塞拉
Selmi, Francesco 弗朗切斯科·塞尔米
Seneca 塞内卡
Senofane 色诺芬尼
Serlio, Sebastiano 塞巴斯蒂亚诺·塞利奥
Serveto, Michele 米格尔·塞尔韦特
Sesto Empirico 塞克斯图斯·恩不里柯
Severi, Francesco 弗朗切斯科·塞维里
Severino, Marco Aurelio 马可·奥雷利奥·塞韦里诺
Sforza, Francesco Ⅰ 弗朗切斯科一世·斯福尔扎
Sguario, Eusebio 尤西比奥·斯瓜里奥
Shakespeare, William 威廉·莎士比亚
Shannon, Claude 克劳德·香农
Shelley, Mary 玛丽·雪莱
Siemens, Werner von 维尔纳·冯·西门子
Silvestri, Filippo 菲利波·西尔维斯特里
Simplicio di Olbia 奥尔比亚的辛普利丘
Sisto Ⅴ, papa 西斯笃五世（教皇）
Sobrero, Ascanio 阿斯卡尼奥·索布雷洛
Soldani, Ambrogio 安布罗吉奥·索尔达尼
Soldati, Giacomo 贾科莫·索尔达蒂
Sorrentino, Ignazio 伊格纳齐奥·索伦蒂诺
Sosio, Libero 利贝罗·索西奥
Soto, Domingo de 多明戈·德·索托
Spallanzani, Lazzaro 拉扎罗·斯帕兰札尼
Stark, Johannes 约翰内斯·斯塔克

Stelluti, Francesco 弗朗切斯科·斯泰卢蒂
Stigler, Stephen 史蒂芬·史蒂格勒
Stobeo, Giovanni 约翰尼斯·斯托拜乌斯
Stoppani, Antonio 安东尼奥·斯托帕尼
Strabone 斯特拉波
Stratone di Lampsaco 兰萨库斯的斯特拉托
Swift, Jonathan 乔纳森·斯威夫特
Sylvester, James Joseph 詹姆斯·约瑟夫·西尔维斯特
Symmer, Robert 罗伯特·西默

T

Tacchini, Pietro 彼得罗·塔奇尼
Talete di Mileto 米利都的泰勒斯
Targioni Tozzetti, Giovanni 乔瓦尼·塔吉奥尼·托泽特
Tartaglia, Niccolò Fontana detto il 尼科洛·丰塔纳
Tassinari, Paolo 保罗·塔西纳里
Tchou, Mario 马里奥·朱
Telesio, Bernardino 贝纳迪诺·特莱西奥
Teller, Edward 爱德华·泰勒
Teodorico di Freiburg 弗莱堡的狄奥多里克
Teodoro (maestro e filosofo alla corte di Federico II) 特奥多罗（腓特烈二世的宫廷教师和哲学家）
Teodosio di Bitinia 比提尼亚的狄奥多西
Teofrasto 泰奥弗拉斯托斯
Tertulliano 特士良
Tesla, Nikola 尼古拉·特斯拉

Teti 忒提斯
Thomas, Llewellyn 卢埃林·托马斯
Timoffief-Ressovsky, Nikolay Vladimirovič 尼古拉·蒂莫菲维-莱索夫斯基
Tiziano Vecellio 提香
Togni, Giuseppe 朱塞佩·托尼
Tolomeo, Claudio 克劳狄乌斯·托勒密
Tommasi, Salvatore 萨尔瓦多·托马西
Tommaso d'Aquino 托马斯·阿奎那
Tonelli, Leonida 列奥尼达·托内利
Toraldo di Francia, Giuliano 朱利亚诺·托拉尔多·迪·弗朗西亚
Torre, Marcantonio Della 马尔坎托尼奥·德拉·托雷
Torricelli, Evangelista 埃万杰利斯塔·托里拆利
Tortolini, Barnaba 巴纳巴·托托里尼
Toscanelli, Paolo del Pozzo 保罗·达尔·波佐·托斯卡内利
Touschek, Bruno 布鲁诺·陶舍克
Turing, Alan Mathison 艾伦·麦席森·图灵

U

Ulpiano 乌尔比安
Urbano IV, papa 教皇乌尔班诺四世
Urbano VIII, papa 教皇乌尔班诺八世

V

Vacca, Giovanni 乔瓦尼·瓦卡
Vailati, Giovanni 乔瓦尼·瓦拉蒂
Valla, Lorenzo 洛伦佐·瓦拉
Valletta, Vittorio 维托里奥·瓦莱塔

Vallisneri, Antonio 安东尼奥·瓦利斯内里

Vallisneri, Antonio Jr 小安东尼奥·瓦利斯纳里

Valsalva, Antonio Maria 安东尼奥·玛丽亚·瓦尔萨尔瓦

Valturio, Roberto 罗伯托·瓦尔图里奥

van Helmont, Jean Baptiste 扬·巴普蒂斯塔·范·海尔蒙特

van Kalkar, Jan 杨·范·卡尔卡

van Leeuwenhoek, Antoni 安东尼·范·列文虎克

van 't Hoff, Jacobus Henricus 雅各布斯·亨里克斯·范托夫

Vannocci, Oreste 奥雷斯特·万诺奇

Vasari, Giorgio 乔尔乔·瓦萨里

Vegezio (Publius Flavius Vegetius Renatus) 普布利乌斯·弗莱维厄斯·维盖提乌斯·雷纳特斯

Veltman, Kim H. 金·H. 维尔特曼

Venturi, Giovanni Battista 乔瓦尼·巴蒂斯塔·文丘里

Veratti, Giuseppe 朱塞佩·维拉蒂

Verrazzano, Giovanni da 乔瓦尼·达·韦拉扎诺

Verrocchio, Andrea del 安德烈·德尔·委罗基奥

Vesalio, Andrea 安德雷亚斯·维萨里

Vespucci, Amerigo 亚美利哥·韦斯普奇

Vico, Giambattista 詹巴蒂斯塔·维柯

Villani, Matteo 马泰奥·维拉尼

Vindiciano, Aviano 阿维亚诺·维迪西亚诺

Visco, Sabato 萨巴托·维斯科

Visconti di Modrone, Niccolò 尼科洛·维斯康蒂·迪·莫德罗内

Visentini, Bruno 布鲁诺·维森蒂尼

Vitali, Giuseppe 朱塞佩·维塔利

Vitruvio (Marco V. Pollione) 马尔库斯·维特鲁威·波利奥

Vittorio Amedeo III (di Savoia, re di Sardegna) 维托里奥·阿梅迪奥三世（撒丁王国萨伏依王朝的第三任国王）

Vittorio Emanuele I (di Savoia, re di Sardegna) 维托里奥·埃马努埃莱一世（撒丁尼亚国王）

Vittorio Emanuele II (di Savoia, re d'Italia) 维托里奥·埃马努埃莱二世（意大利国王）

Vivanti, Corrado 科拉多·维万蒂

Viviani, Vincenzo 温琴佐·维维安尼

Volta, Alessandro 亚历山德罗·伏特

Voltaire (François-Marie Arouet) 伏尔泰

Volterra, Vito 维多·沃尔泰拉

W

Wallace, William 威廉·华莱士

Wallis, John 约翰·沃利斯

Walther, Bernhard 伯恩哈德·瓦尔特

Waterman, Alan Tower 艾伦·塔·沃特曼

Watson, James Dewey 詹姆斯·杜威·沃森

Weierstrass, Karl 卡尔·魏尔施特拉斯

Wells, John 约翰·韦尔斯

Wick, Gian Carlo 吉安·卡罗·威克

Wilkins, Maurice 莫里斯·威尔金斯
Witelo 威特罗
Wodderburn, John 约翰·沃德伯恩
Woodward, John 约翰·伍德沃德
Wotton, William 威廉·沃顿
Wren, Cristopher 克里斯多佛·雷恩

Y

Young, Thomas 托马斯·杨

Z

Zamboni, Giuseppe 朱塞佩·赞博尼
Zeno, Apostolo 阿波斯托罗·泽诺
Ziegler, Karl Waldemar 卡尔·齐格勒